에너지관리 기능사 필기시험

QR코드 무료강의

박병우 · 윤상민 공저

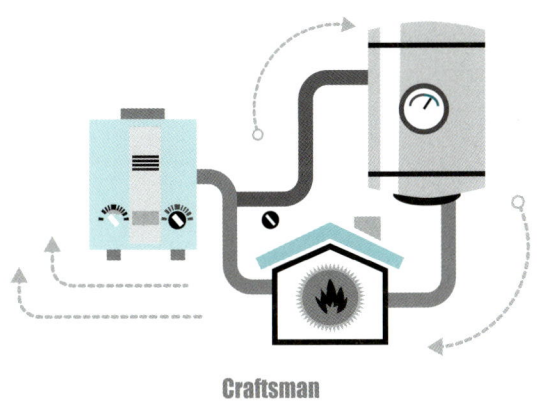

Craftsman
Energy Management

일진사

# 머리말

현대 사회에서 에너지 산업은 매우 중요한 비중을 차지하고 있다. 특히, 지하자원이 넉넉하지 못한 우리에게는 국가적인 차원에서 지속적인 관심을 가지며 투자를 하고 있는 분야이다. 에너지관리기능사는 에너지를 효율적으로 이용하고 배기가스로 인한 환경오염을 예방하기 위하여 보일러 설치, 시공, 운전 및 유지 관리에 필요한 배관, 용접, 검사, 조작, 보수, 정비 등을 수행하는데, 이러한 정부 시책에 따라 수요는 앞으로도 지속적으로 증가할 전망이다.

이러한 흐름에 맞추어 이 책은 에너지관리기능사 필기 시험을 준비하는 수험생들의 실력 배양 및 합격에 도움이 되고자 다음과 같은 부분에 중점을 두어 구성하였다.

첫째, 한국산업인력공단의 출제 기준에 따라 반드시 알아야 하는 기본 이론을 이해하기 쉽도록 일목요연하게 정리하였다.

둘째, 2012년 이후부터 지금까지 출제된 과년도 문제를 철저히 분석하여 핵심 문제를 수록하였으며, 각 문제마다 상세한 해설을 곁들여 이해를 도왔다.

셋째, 최근에 시행된 기출 문제를 수록하여 줌으로써 출제 경향을 파악하고, 이에 맞춰 실전에 대비할 수 있도록 하였다.

끝으로 이 책으로 에너지관리기능사 필기 시험을 준비하는 수험생 여러분께 합격의 영광이 함께 하길 바라며, 이 책이 나오기까지 여러모로 도와주신 모든 분들과 도서출판 **일진사** 직원 여러분께 깊은 감사를 드린다.

저자 씀

에너지관리기능사 출제기준(필기)

직무분야	환경에너지	중직무분야	에너지 기상	자격종목	에너지관리기능사	적용기간	2015.1.1~2017.12.31

○ **직무내용**: 건물용 및 산업용 보일러와 부대설비의 운영을 위하여 기기의 설치, 배관, 용접 등의 작업과 보일러 연료와 열을 효율적이고 경제적으로 사용하기 위한 관리, 운전, 정비 등의 업무를 수행

필기검정방법	객관식	문제수	60	시험시간	1시간

필기과목명	문제수	주요항목	세부항목
보일러설비 및 구조, 보일러시공 및 취급, 안전관리 및 배관일반, 에너지 이용합리화 관계 법규	60	1. 열 및 증기	1. 열에 대한 기초 이론
			2. 증기에 대한 기초 이론
		2. 보일러의 종류 및 특성	1. 보일러의 개요 및 분류
			2. 보일러의 종류 및 특성
		3. 보일러 부속장치 및 부속품	1. 급수장치
			2. 송기장치
			3. 열 교환장치
			4. 안전장치 및 부속품
			5. 기타 부속장치
		4. 보일러 열효율 및 정산	1. 보일러 열효율
			2. 보일러 열정산
			3. 보일러 용량
		5. 연료 및 연소장치	1. 연료의 종류와 특성
			2. 연소방법 및 연소장치
			3. 연소 계산
			4. 통풍장치 및 집진장치
		6. 보일러 자동제어	1. 자동제어의 개요
			2. 보일러 자동제어
		7. 난방부하	1. 부하의 계산
			2. 난방설비
			3. 난방기기

필기과목명	문제수	주요항목	세부항목
보일러설비 및 구조, 보일러시공 및 취급, 안전관리 및 배관일반, 에너지 이용합리화 관계 법규	60	8. 배관 공작	1. 배관 재료
			2. 배관 공작
			3. 배관 도시
		9. 배관 시공	1. 난방 배관 시공
			2. 연료 배관 시공
		10. 보온 및 단열재	1. 보온재
			2. 단열재
			3. 열전달
			4. 시공방법
		11. 보일러 설치 시공 및 검사 기준	1. 보일러 설치 시공 기준
			2. 보일러 설치 검사 기준
			3. 보일러 계속 사용 검사 기준
			4. 보일러 개조 검사 기준
			5. 보일러 설치장소변경 검사 기준
		12. 보일러 취급	1. 보일러 운전 및 조작
			2. 보일러 가동 전의 준비 사항
			3. 점화 및 운전 중의 취급
			4. 보일러 정지 시의 취급
			5. 보일러 보존
			6. 보일러 용수관리
		13. 보일러 안전관리	1. 안전관리의 개요
			2. 연소 및 연소장치의 안전관리
			3. 보일러 손상과 방지대책
			4. 보일러 사고 및 방지대책
		14. 에너지관계법규	1. 에너지법
			2. 에너지이용 합리화법
			3. 열사용기자재관리규칙
			4. 건설산업기본법
			5. 저탄소 녹색성장 기본법
			6. 신에너지 및 재생에너지 개발 이용보급 촉진법

차 례

제1장 열 및 증기
- 1-1 온도(temperature) ··· 9
- 1-2 압력(pressure) ·· 10
- 1-3 동력 ·· 11
- 1-4 열량 ·· 12
- 1-5 비열 ·· 12
- 1-6 열용량 ··· 14
- 1-7 현열과 잠열 ··· 14
- 1-8 엔탈피와 엔트로피 ··· 15
- 1-9 임계점 ··· 17
- 1-10 증기 ·· 17
- 1-11 증기의 열량 계산 ··· 19
- 1-12 열전달 ··· 20

제2장 보일러의 종류 및 특성
- 2-1 보일러의 개요 및 분류 ·· 23
- 2-2 보일러의 종류 및 특성 ·· 25
- 2-3 보일러의 부속장치 ·· 39

제3장 보일러의 부속장치
- 3-1 부속장치의 종류 ·· 47
- 3-2 계측기 ··· 47
- 3-3 안전장치 ·· 52
- 3-4 급수장치 ·· 59
- 3-5 송기장치 ·· 66
- 3-6 분출장치 ·· 76
- 3-7 연소 보조장치 ·· 77
- 3-8 통풍장치 ·· 81
- 3-9 집진장치 ·· 87
- 3-10 수트블로어(매연 분출기) ··· 88

제4장 보일러 열효율 및 열정산
- 4-1 보일러 열효율 ·· 89
- 4-2 보일러 열정산(열수지, heat balance) ·· 93

제5장 연료 및 연소장치
- 5-1 연료의 종류와 특성 ··· 96
- 5-2 연소방법 및 연소장치 ·· 105
- 5-3 연소 계산 ·· 110

제6장　보일러 자동제어
- 6-1　자동제어의 개요 ········· 117
- 6-2　보일러 자동제어 ········· 124

제7장　난방부하
- 7-1　난방부하 ········· 128
- 7-2　난방설비 ········· 131
- 7-3　난방기기 ········· 153

제8장　배관 공작
- 8-1　배관 재료 ········· 160
- 8-2　배관 공작 ········· 177
- 8-3　배관 도시 ········· 197

제9장　보일러 설치 시공 및 검사 기준
- 9-1　보일러 설치 시공 기준 ········· 203
- 9-2　보일러 설치 검사 기준 ········· 223
- 9-3　보일러 계속 사용 검사 기준 ········· 226

제10장　보일러 취급
- 10-1　보일러 취급 일반 ········· 229
- 10-2　보일러 운전 중의 사고 및 대책 ········· 239
- 10-3　보일러의 용수 관리 ········· 254
- 10-4　급수처리 방법 ········· 259
- 10-5　보일러 사용 후의 관리 ········· 263

제11장　에너지이용 합리화 관계법규
- 에너지이용 합리화법의 목적 ········· 267
- 에너지이용 합리화 관계법규에서의 용어 정의 ········· 268
- 권한의 보고·위임·위탁 ········· 269
- 검사대상기기조정자의 자격 및 조정범위 ········· 270
- 에너지다소비사업자(연간 석유 환산 2000T.O.E 이상 사용자) ········· 271
- 에너지다소비사업자 신고사항 ········· 271
- 에너지 저장 의무 부과 대상자 ········· 272
- 민간사업자의 시설 규모 ········· 273
- 검사대상기기설치자가 시·도지사에게 신고하여야 하는 경우 ········· 273
- 에너지이용 합리화법상 효율관리기자재 ········· 274
- 에너지이용 합리화법에 따른 고효율 에너지 인증대상 기자재 ········· 274
- 효율관리기자재 광고업자 ········· 275
- 효율관리시험기관 ········· 275
- 목표에너지원 단위 ········· 275
- 검사대상기기조정자를 선임하지 아니한 자에 대한 벌칙 ········· 276

- 에너지절약전문기업 ·· 276
- 검사대상기기 검사의무 위반 시 벌칙 ·· 277
- 검사대상기기의 계속사용검사 ··· 277
- 검사대상기기 폐기·사용중지 및 설치자의 변경 신고 ······················· 277
- 가정용 가스 보일러 시험성적서 기재 항목 ······································· 278
- 가스 보일러 에너지 소비효율등급 표시사항 ···································· 278
- 열사용기자재 ··· 278
- 열사용기자재 중 온수를 발생하는 소형 온수 보일러의 적용범위 ···· 279
- 열사용기자재 관리규칙 ··· 279
- 저탄소 녹색성장 국가전략 ·· 280
- 지역에너지계획 ·· 280
- 에너지 사용자 및 공급자의 책무 ·· 280
- 검사 유효기간이 1년인 보일러 검사 ·· 281
- 과태료 및 벌금 ·· 281
- 녹생성장위원회 및 신·재생에너지 정책심의회 ································· 283
- 온실가스 배출 ·· 283
- 온실가스의 종류 ·· 284
- 환경부 장관 수행 ··· 285
- 산업통상자원부 및 산업통상자원부 장관의 권한 ····························· 285
- 녹색성장위원회의 위원 ··· 286
- 신·재생에너지 설비의 설치 의무 ··· 287
- 에너지 관련 통계 및 에너지 총조사 ·· 287
- 효율관리기자재의 표시 ··· 287
- 에너지이용 합리화 기본계획 ·· 288
- 건물의 냉난방 제한 온도 ·· 288
- 신·재생에너지 ·· 289
- 에너지진단 면제(연장)를 받기 위한 첨부서류 ································· 289
- 온실가스 감축 목표 ··· 289
- 에너지 수급안정조치 ··· 290
- 자원순환산업의 육성지원시책 ·· 290
- 녹색성장위원회의 심의사항 ·· 291
- 기준량 이상의 에너지 소비업체를 지정하는 기준 ··························· 291
- 지역에너지계획에 포함되어야 할 사항 ·· 292
- 신·재생에너지 설비의 인증 심사기준 항목 ····································· 292
- 에너지기술개발사업비의 지원 항목 ·· 293

부록 과년도 출제문제

- 2012년 시행 문제 ··· 296
- 2013년 시행 문제 ··· 334
- 2014년 시행 문제 ··· 373
- 2015년 시행 문제 ··· 409
- 2016년 시행 문제 ··· 445

제1장 열 및 증기

1-1 온도(temperature)

(1) 섭씨온도(celsius)

표준 대기압(1 atm)하에서 순수한 물의 어는 점을 0℃, 끓는점을 100℃로 정하여 그 사이를 100등분한 것을 1℃로 정한 온도를 섭씨온도라고 한다.

(2) 화씨온도(fahrenheit)

표준 대기압(1 atm)하에서 순수한 물의 어는 점을 32°F, 끓는점을 212°F로 정하여 그 사이를 180등분한 것을 1°F로 정한 온도를 화씨온도라고 한다.

(3) 섭씨와 화씨온도의 관계

$$°F = \frac{9}{5} \times ℃ + 32 = 1.8℃ + 32 \qquad ℃ = \frac{5}{9} \times (°F - 32) = \frac{(°F - 32)}{1.8}$$

> **참고**
>
> $$°F \underset{\times 1.8,\ +32}{\overset{\div 1.8,\ -32}{\rightleftarrows}} ℃$$

[핵심문제] 화씨온도 55°F를 섭씨온도와 절대온도로 환산하면?

① 13℃, 286K
② 30℃, 303K
③ 41℃, 314K
④ 186.8℃, 459.8K

[해설] 55°F를 섭씨온도로 환산하면 $\dfrac{°F - 32}{1.8} = \dfrac{55 - 32}{1.8} = 13℃$

13℃를 절대온도로 환산하면 $273 + ℃ = 273 + 13 = 286K$

[답] ①

> [핵심문제] 5°F를 섭씨온도와 절대온도로 옳게 환산한 것은?
> ① -15℃, 258K ② 30℃, 303K
> ③ 20.5℃, 293.5K ④ -52.6℃, 220.4K
>
> [해설] 5°F를 섭씨온도로 환산하면 $\dfrac{°F-32}{1.8} = \dfrac{5-32}{1.8} = -15℃$
> -15℃를 절대온도로 환산하면 $273+℃ = 273-15 = 258K$
>
> 답 ①

(4) 절대온도(absolute temperature)

-273.15℃가 기준이 되는 온도로서 단위는 K(Kelvin)를 사용한다. 화씨온도를 절대온도로 표시한 것을 랭킨온도(rankin)라 한다.

① $K = ℃+273.15 ≒ ℃+273$ ② $°R = °F+459.67 ≒ °F+460$

1-2 압력(pressure)

(1) 표준 대기압

$1\text{ atm} = 760\text{ mmHg} = 760\text{ torr} = 76\text{ cmHg}$
$= 29.92\text{ inHg} = 1.0332\text{ kgf/cm}^2 = 10332\text{ kgf/m}^2$
$= 10.332\text{ mH}_2\text{O}(=10.332\text{ mAq}) = 1033.2\text{ cmH}_2\text{O} = 10332\text{ mmH}_2\text{O}$
$= 14.7\text{ lb/in}^2(=14.7\text{ psi}) = 1013\text{ mmbar} = 1.013\text{ bar} = 101325\text{ Pa} = 101325\text{ N/m}^2$
$= 101.325\text{ kPa} = 0.101325\text{ MPa}$

> [핵심문제] 다음 중 압력의 단위가 아닌 것은?
> ① mmHg ② mmAq
> ③ kgf/mm² ④ mmHq
>
> 답 ④

(2) 절대압력

절대진공을 0으로 기준한 압력이다(포화증기표가 나타내는 압력).

절대압력 = 대기압력 + 게이지 압력
      = 대기압력 - 진공압력

제1장 열 및 증기 11

[핵심문제] 다음 중 압력의 관계식이 옳은 것은?
① 절대압력 = 게이지압력 − 대기압
② 공학기압 > 표준 대기압
③ 게이지압력 = 절대압력 − 대기압
④ 절대압력 = 대기압 − 게이지압력

답 ③

[핵심문제] 게이지 압력이 15.7 kgf/cm² 이고 대기압이 1.03 kgf/cm² 일 때 절대압력은 몇 kgf/cm² 인가?
① 14.67 kgf/cm² ② 16.73 kgf/cm²
③ 17.83 kgf/cm² ④ 20.08 kgf/cm²

[해설] 절대압력 = 대기압 + 게이지 압력 = 1.03 + 15.7 = 16.73 kgf/cm²

답 ②

1-3 동력

(1) $1\,\text{PS} = 75\,\text{kg}\cdot\text{m/s} = 75\,\text{kg}\cdot\text{m/s} \times \dfrac{1}{427}\,\text{kcal/kg}\cdot\text{m} \times 3600\,\text{s/h} = 632.32\,\text{kcal/h} = 0.735\,\text{kW}$

(2) $1\,\text{kW} = 102\,\text{kg}\cdot\text{m/s} = 102\,\text{kg}\cdot\text{m/s} \times \dfrac{1}{427}\,\text{kcal/kg}\cdot\text{m} \times 3600\,\text{s/h} = 860\,\text{kcal/h} = 1.36\,\text{PS}$

[참고]

일 (kg·m) $\underset{427}{\overset{\frac{1}{427}}{\rightleftarrows}}$ 열 (kcal)

[핵심문제] 20마력(PS)인 기관이 1시간 동안 행한 일량을 열량으로 환산하면?
① 14360 kcal ② 15240 kcal
③ 12646 kcal ④ 20402 kcal

[해설] $20 \times 75\,\text{kg}\cdot\text{m/s} \times \dfrac{1}{427}\,\text{kcal/kg}\cdot\text{m} \times 3600\,\text{s/h} = 12646\,\text{kcal/h}$

답 ③

1-4 열량

열의 많고 적음을 나타내는 것을 열량이라 한다.

(1) 열량 단위

① 1 kcal : 표준 대기압하에서 순수한 물 1 kg 온도를 14.5℃의 상태에서 15.5℃로 상승시키는 데 소요되는 열량
② 1 BTU : 순수한 물 1 lb의 온도를 61.5°F에서 62.5°F로 높이는 데 소요되는 열량
③ 1 CHU : 순수한 물 1 lb의 온도를 14.5℃에서 15.5℃로 상승시키는 데 소요되는 열량

(2) 열량을 구하는 식

$$Q = C \cdot G \cdot (t_2 - t_1) = 비열 \times 질량 \times 온도차$$

여기서, Q : 열량(kcal) C : 비열(kcal/kg·℃)
G : 질량(kg) t_2 : 나중 온도(℃)
t_1 : 처음 온도(℃)

핵심문제 비열이 0.8 kcal/kg·℃인 물질 25 kg을 10℃에서 110℃까지 가열할 때 필요한 열량은?

① 1000 kcal   ② 2000 kcal
③ 3000 kcal   ④ 4000 kcal

해설 열량＝비열×질량×온도차＝0.8×25×(110−10)＝2000 kcal   **답** ②

1-5 비열

어떤 물질 1 kg을 1℃ 올리는 데 필요한 열량을 말한다(kcal/kg·℃).

(1) 비열식

① 열량＝비열×질량×온도차

② 비열＝$\dfrac{열량}{질량 \times 온도차}$

> [핵심문제] 다음 물질 중 비열이 가장 큰 것은?
> ① 황동 ② 수은
> ③ 아연 ④ 물
>
> [해설] ① 황동 : 0.092 kcal/kg·℃   ② 수은 : 0.035 kcal/kg·℃
> ③ 아연 : 0.094 kcal/kg·℃   ④ 물 : 1 kcal/kg·℃   답 ④

(2) 기체의 비열

기체의 비열에는 정압비열(C_p)과 정적비열(C_v)이 있다.

① 정압비열 : 압력이 일정할 때의 비열(C_p)

② 정적비열 : 체적이 일정할 때의 비열(C_v)

(3) 비열비(k)

정적비열에 대한 정압비열의 비

$$k = \frac{C_p}{C_v} > 1\,(C_p > C_v)$$

> [핵심문제] 다음 중 비열의 단위는 어느 것인가?
> ① kcal·kg/℃ ② kcal/h·℃
> ③ kcal/kg·℃ ④ kcal/℃   답 ③
>
> [핵심문제] 비열의 정의로써 옳은 것을 고르면?
> ① 어떤 물질의 온도를 100℃ 올리는 데 필요한 열량
> ② 어떤 물질 1 kg을 1℃ 올리는 데 필요한 열량
> ③ 순수한 물 1 kg을 100℃ 올리는 데 필요한 열량
> ④ 어떤 물질 1 kg이 보유하고 있는 열량   답 ②
>
> [핵심문제] 어떤 물질 1200 kg을 30℃에서 90℃까지 온도를 올리는 데 열량이 72000 kcal가 필요하다면 이 물질의 비열값은?
> ① 1 ② 2 ③ 3 ④ 4
>
> [해설] 비열 = $\dfrac{열량}{질량 \times 온도차} = \dfrac{72000}{1200 \times 60} = 1\,\text{kcal/kg·℃}$ 답 ①

1-6 열용량

어떤 물질의 온도를 1℃ 변화시키는 데 필요한 열량(kcal/℃)

(1) 열용량＝비열×질량

(2) 비열＝$\dfrac{열용량}{질량}$

[핵심문제] 열용량을 옳게 설명한 것은?
① 1 kg의 물체 온도를 100℃ 올리는 데 필요한 열량이다.
② 1 kg의 물체 온도를 1℃ 올리는 데 필요한 열량이다.
③ 비열비에 물질의 질량을 곱한 값이다.
④ 비열×질량값에 해당된다.

답 ④

1-7 현열과 잠열

(1) 현열(감열)

물체의 상태 변화는 없고 온도 변화에만 관여한 열량

[핵심문제] 0℃의 물을 100℃의 물로 변화시키기 위한 현열량은? (단, 표준 상태이며, 물의 질량은 1 kg이다.)
① 50 kcal
② 100 kcal
③ 150 kcal
④ 200 kcal

해설 $Q = C \times G \times \Delta t =$ 비열×질량×온도차＝$1 \times 1 \times 100 = 100$ kcal

답 ②

---

(2) 잠열(숨은열=기화열=증발열)

물체의 온도 변화는 없고 상태 변화에만 관여한 열량

$$Q = G \times r = 질량 \times 잠열(\text{kcal/kg})$$

> **핵심문제** 100℃의 물 1 kg을 100℃의 증기로 변화시키는 데 필요한 증발열은?
> ① 539 kcal   ② 639 kcal
> ③ 427 kcal   ④ 0 kcal
> **해설** $Q = G \times r = $ 질량 × 잠열 = 1 kg × 539 kcal/kg = 539 kcal
> **답** ①

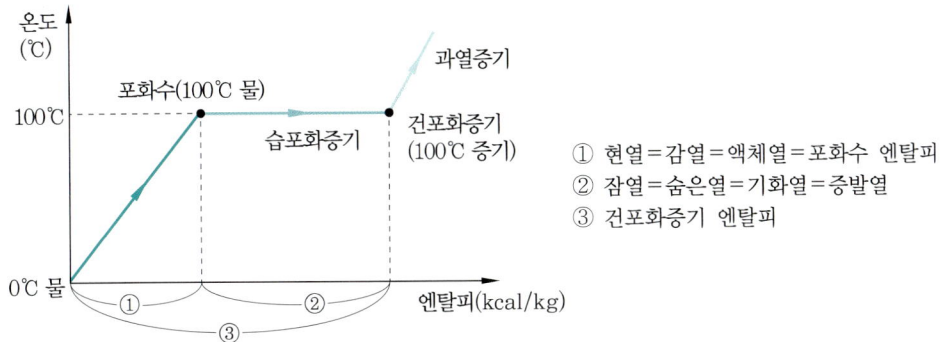

> **핵심문제** 물체의 온도를 변화시키지 않고 상(相) 변화를 일으키는 데만 사용되는 열량은?
> ① 반응열   ② 비열
> ③ 현열   ④ 잠열
> **답** ④
>
> **핵심문제** 다음 중 잠열에 해당하는 것은?
> ① 반응열   ② 기화열
> ③ 생성열   ④ 중화열
> **답** ②
>
> **핵심문제** 물질의 상태를 변화시키지 않고 온도를 높이는 데 사용되는 열은?
> ① 발열   ② 전열
> ③ 현열   ④ 숨은열
> **답** ③

1-8 엔탈피와 엔트로피

(1) 엔탈피(기호 : i, 단위 : kcal/kg)

액체나 기체가 갖는 모든 에너지를 열량 단위로 나타낸 것

① 공기 : 0℃ 건조 공기의 엔탈피를 0
② 액체 : 냉동의 냉매에 있어서 0℃ 포화액의 엔탈피를 100

$$i = u + APV$$

여기서, i : 엔탈피(kcal/kg)　　u : 내부에너지(kcal/kg)　　A : 일의 열당량(kcal/kg·m)
　　　　P : 압력(kg/m^2)　　V : 비체적(m^3/kg)

> **참고**
>
> **엔탈피** : 내부에너지와 외부에너지와의 합
> ① 건포화증기 엔탈피(kcal/kg) = 현열 + 잠열
> ② 습포화증기 엔탈피(kcal/kg) = 현열 + 잠열 × 건도
> ③ 과열증기 엔탈피(kcal/kg) = 현열 + 잠열 + 과열증기의 비열 × (과열증기온도 - 포화증기온도)
> ※ 1 atm하에서 건포화증기 엔탈피 = 100 + 539 = 639 kcal

핵심문제 다음 중 교축작용(throttling) 전후에서 일정한 값을 갖는 것은?
① 절대온도　　　　② 엔트로피
③ 절대압력　　　　④ 엔탈피

해설 교축작용(단열교축) : 응축기의 고온·고압의 액 냉매가 팽창면(교축밸브)을 통과할 때 저온·저압의 액 냉매로 변화되는 현상이며, 이때 엔탈피의 변화는 없다.　　**답** ④

핵심문제 다음 중 단열 변화 전후에서 일정한 값을 갖는 것은?
① 체적비　　　　② 엔트로피
③ 비중량　　　　④ 엔탈피　　**답** ④

핵심문제 다음 중 엔탈피 i의 정의식은 어느 것인가? (단, u : 내부에너지, P : 압력, V : 비체적, A : 일의 열당량)
① $i = u - APV$　　　② $i = u + PV/A$
③ $i = u + APV$　　　④ $i = u - PV/A$

해설 엔탈피 = 내부에너지 + 외부에너지　　**답** ③

---

(2) 엔트로피(기호 : S, 단위 : kcal/kg·K)

단위 중량의 물체가 일정 온도하에서 얻은 열량을 그 절대온도로 나눈 값

$$\Delta S = \frac{dQ}{T}$$

[핵심문제] 100℃ 물이 100℃ 증기로 되면 엔트로피의 증가는?
① 0.44 kcal/kg·K ② 1.44 kcal/kg·K
③ 2.44 kcal/kg·K ④ 3.44 kcal/kg·K

[해설] $\Delta S = \dfrac{539}{373.15} = 1.44 \text{ kcal/kg·K}$ 답 ②

[핵심문제] 엔트로피의 증가란 엔탈피의 증가 상태에서 무엇으로 나눈 것인가?
① 질량 ② 절대온도
③ 압력 ④ 유속 답 ②

1-9 임계점

액체와 기체의 상이 구분될 수 있는 최대의 온도와 압력 한계점을 말한다.
① 물의 임계압력 : 225.65 kgf/cm² = 22 MPa
② 물의 임계온도 : 374.15℃
③ 임계점에서의 증발잠열 : 0 kcal/kg

[핵심문제] 물의 임계온도와 임계압력으로 바르게 짝지어진 것은?
① 374.15℃, 225 kgf/cm² ② 474.15℃, 760 kgf/cm²
③ 273.15℃, 225 kgf/cm² ④ 212.15℃, 760 kgf/cm² 답 ①

1-10 증기

① 증발 : 포화온도 이하에서 액표면으로부터 증기가 발생하는 현상
   예 목욕탕의 증기 발생
② 포화수 : 비등 상태에 있는 물(＝포화액)
③ 포화온도 : 액체 상태로 존재할 수 있는 최고의 액체 온도
④ 포화압력 : 포화온도 상태로 되기 위하여 작용된 압력

⑤ 포화증기 : 포화액에서 발생된 증기로 습포화증기와 건포화증기가 있다.
  ㈎ 습포화증기 : 증기 속에 수분이 존재하는 증기
  ㈏ 건포화증기 : 수분이 없는 건조한 증기
⑥ 과열증기 : 압력은 동일한 상태에서 건포화증기에 온도만 높게 해서 만든 증기
  과열도(℃)=과열증기(온도)−발생증기온도(포화증기온도)

> **참고**
> 포화압력이 상승하면 포화온도가 상승하며 증발열은 감소한다.
>
> | 압력 | 증발열 |
> |---|---|
> | 1.033 kgf/cm² | 539 kcal/kg |
> | 2 kgf/cm² | 517 kcal/kg |
> | 5 kgf/cm² | 479 kcal/kg |

[핵심문제] 다음 중 과열증기에 대한 설명으로 옳은 것은?
  ① 포화증기에서 온도는 바꾸지 않고 압력만 높인 증기
  ② 포화증기에서 압력은 바꾸지 않고 온도만 높인 증기
  ③ 포화증기에서 압력과 온도를 높인 증기
  ④ 포화증기의 압력은 낮추고 온도는 높인 증기   답 ②

[핵심문제] 대기압 상태에서 포화수의 온도와 포화증기의 온도가 각각 옳게 표시된 것은?
  ① 포화수의 온도 : 100℃, 포화증기의 온도 : 100℃
  ② 포화수의 온도 : 100℃, 포화증기의 온도 : 200℃
  ③ 포화수의 온도 : 100℃, 포화증기의 온도 : 300℃
  ④ 포화수의 온도 : 100℃, 포화증기의 온도 : 539℃   답 ①

[핵심문제] 다음 중 증기압력이 높아질 때 발생하는 현상을 잘못 설명한 것은?
  ① 포화 온도가 높아진다.   ② 포화수 엔탈피가 증가한다.
  ③ 증발잠열이 증가한다.   ④ 포화수의 비중이 작아진다.
  [해설] 증기압력을 높이면 증발잠열은 감소한다.   답 ③

[핵심문제] 포화압력에 도달하여 발생한 증기가 수분을 포함한 상태는?
  ① 포화수   ② 습포화증기
  ③ 건포화증기   ④ 과열증기
  [해설] 습포화증기 : 수분+증기, 건포화증기 : 증기   답 ②

> [핵심문제] 과열증기의 온도가 400℃일 때 과열도는 몇 ℃인가? (단, 포화증기의 온도는 100℃이다.)
> ① 100℃ ② 200℃ ③ 300℃ ④ 400℃
> [해설] 과열도＝과열증기온도－포화증기온도＝400－100＝300℃ 답 ③

1-11 증기의 열량 계산

① 포화증기 엔탈피＝포화수 엔탈피＋증기의 증발잠열(kcal/kg)
② 습포화증기 엔탈피＝포화수 엔탈피＋증기의 증발잠열×건조도
　　　　　　　　　＝포화증기 엔탈피－(1－x)×증기의 증발잠열
③ 과열증기 엔탈피＝포화수 엔탈피＋증기의 증발잠열＋증기비열×과열도

> [참고]
> **건조도** : 습증기 질량 중에 포함된 건증기의 질량비(기호 : x)
> ① 포화수의 건조도 : $x=0$
> ② 습포화증기 건조도 : $0<x<1$
> ③ 건포화증기 건조도 : $x=1$

> [핵심문제] 습포화증기의 엔탈피를 구하는 식은?
> ① 포화수 엔탈피－증발열×건조도
> ② 포화수 엔탈피×증발열＋건조도
> ③ 포화수 엔탈피＋증발열×건조도
> ④ 포화수 엔탈피×건조도－증발열 답 ③
>
> [핵심문제] 증기의 건조도가 0이라 하면 무엇을 말하는가?
> ① 포화수　　　　　　② 건포화증기
> ③ 과열증기　　　　　④ 습증기 답 ①
>
> [핵심문제] x를 습포화증기의 건조도라 할 때 습도가 가장 낮은 증기의 x값은?
> ① $x=1$　　　　　　② $x=0$
> ③ $x=0.1$　　　　　④ $x=0.01$ 답 ①

> [핵심문제] 습포화증기의 건조도(x) 범위를 바르게 표현한 것은?
> ① $x = 1$　　　　　　② $0 < x < 1$
> ③ $x > 1$　　　　　　④ $x < 0$
> 답 ②
>
> [핵심문제] 건조도가 0.9일 때 건증기가 0.9 kg이면 수분은 몇 kg인가?
> ① 0　　② 0.01　　③ 0.1　　④ 1
> [해설] $1 - 0.9 = 0.1\,\mathrm{kg} \rightarrow 0 < x < 1$ (x는 건조도)
> 답 ③

1-12 열전달

물질과 물질 사이 온도차로 인한 열의 전달 방식(전도, 대류, 복사)

(1) 열전도 : 고체 간의 열전달(푸리에 열전도 법칙)

$$Q = \frac{\lambda \cdot A \cdot \Delta t}{l}$$

여기서, λ : 열전도율(kcal/m·h·℃)　　A : 면적(m²)
　　　　l : 길이(m)　　　　　　　　　Δt : 고온 측면의 온도 - 저온 측면의 온도(℃)

> [참고]
> **열전도율(kcal/m·h·℃)** : 넓이가 1m²인 물체에서 길이가 1m이고 양쪽 온도 차이가 1℃를 유지할 때 1시간 동안에 통과한 열량(kcal)을 말한다.
>
>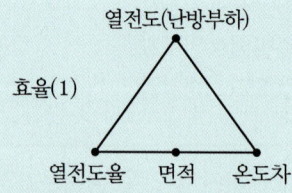
>
> $\mathrm{kcal/m \cdot h \cdot ℃} \times \mathrm{m}^2 \times ℃ = \dfrac{\mathrm{kcal \cdot m}}{\mathrm{h}} \quad \therefore \dfrac{\mathrm{kcal \cdot m}}{\mathrm{h}} \div 길이(\mathrm{m}) = 난방부하(\mathrm{kcal/h})$

(2) 대류 : 유체 간의 열전달(뉴턴의 냉각 법칙)
　① 자연대류 : 유체의 밀도차에 의한 열의 이동
　② 강제대류 : 인위적인 장치를 설치하여 강제로 열을 이동

(3) 복사

열복사선에 의한 열전달(스테판 볼츠만 법칙)로 중간 열매체를 통하지 않고 열이 전달된다. 특히 복사열을 잘 흡수하거나 잘 방사하는 물질을 흑체라 하며, 일반적으로 복사에너지는 절대온도(K)의 4제곱에 비례한다.

(4) 열전달률

① 단위 : kcal/m^2·h·℃ (중요)
② 열전달률 : 고온의 유체에서 저온의 고체면으로, 또는 고온의 고체면에서 저온의 유체로 열이 이동되는 비율을 말하며, 경막계수라고도 한다.

(5) 열통과(열관류)

고체벽의 한쪽에 있는 고온의 유체로부터 이 벽을 통과하여 다른 쪽에 있는 저온의 유체로 흐르는 열의 이동으로 열전도와 대류 열전달을 합성한 것이다.

$$Q = KA(t_1 - t_2) [\text{kcal/h}]$$

여기서, K : 열관류율(kcal/m^2·h·℃)
  A : 면적(m^2)
  t_1 : 고온측 온도(℃)
  t_2 : 저온측 온도(℃)

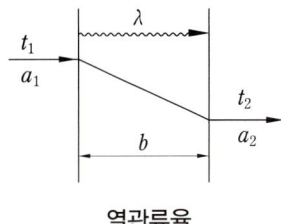

열관류율

$$\frac{1}{R} = K$$

여기서, R : 열저항(m^2·h·℃/kcal) K : 열관류율(kcal/m^2·h·℃)

$$\frac{1}{K} = \frac{1}{a_1} + \frac{b}{\lambda} + \frac{1}{a_2} \text{ (평면벽에서의 열관류)}$$

a_1 : 고온의 유체와 접하고 있는 벽면 사이의 열전달률(kcal/h·m^2·℃)
a_2 : 저온의 유체와 접하고 있는 벽면 사이의 열전달률(kcal/h·m^2·℃)
λ : 고체 벽면의 열전달률(kcal/h·m·℃)
b : 고체 벽면의 두께(m)

핵심문제 열의 전달 방법을 설명한 것 중 틀린 것은?

① 열전도는 고체 간의 열전달이다.
② 열대류는 유체 간의 열전달이다.
③ 열복사는 전도와 대류가 함께 작용하는 열전달이다.
④ 열복사는 열방사라고도 한다.

답 ③

[핵심문제] 열의 이동 방법에 속하지 않는 것은?
① 복사　　　　　　　② 전도
③ 대류　　　　　　　④ 증발

[해설] 열전달(열의 이동 방법) : 전도, 복사, 대류　　　　　　　답 ④

[핵심문제] 물체의 열의 이동과 관련된 설명 중 옳은 것은?
① 밀도차에 의한 열의 이동을 복사라 한다.
② 열관류율과 열전달률의 단위는 다르다.
③ 온도차가 클수록 이동하는 열량은 증가한다.
④ 열전달률과 열전도율의 단위는 동일하다.　　　　　답 ③

[핵심문제] 열전달률의 단위로 옳은 것은?
① kcal/℃　　　　　　② kcal/m³·h·℃
③ kcal/m·h·℃　　　　④ kcal/m²·h·℃　　　　답 ④

[핵심문제] 열관류율 값을 작게 하기 위한 방법으로 틀린 것은?
① 벽체의 두께를 두껍게 한다.
② 가급적 열전도율이 낮은 재료를 사용한다.
③ 가능한 한 건식 구조로 완전 밀폐한다.
④ 흡수성이 큰 보온재를 사용한다.

[해설] 흡수성이 작은 보온재를 사용해야만 열손실을 줄일 수 있다.　　답 ④

[핵심문제] 흑체로부터 복사전열은 절대온도 몇 제곱에 비례하는가?
① 2제곱　　　　　　② 3제곱
③ 4제곱　　　　　　④ 5제곱

[해설] 스테판 볼츠만의 법칙 : 흑체가 방출하는 열복사 에너지는 절대온도의 4제곱에 비례한다.　　　　　　　　　　　　　　　　　　　　　　답 ③

[참고]
- 열관류율 = 열통과율 = 열전달률(kcal/m²·h·℃)
- 열전도율(kcal/m·h·℃)

제 2 장 보일러의 종류 및 특성

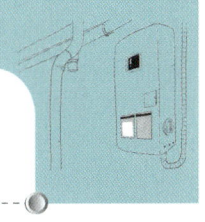

2-1 보일러의 개요 및 분류

(1) 보일러 구성의 3대 요소

① 보일러 본체 : 연소열을 받아 증기를 발생시키는 동체(드럼)
② 연소장치 : 연료를 연소시키기 위한 장치로 연소실, 연도, 연돌 등이 있다.
③ 부속장치 : 보일러를 안전하고 효율적으로 운전하기 위한 장치로 각종 계기류, 안전장치, 송기장치, 급수장치 등이 있다.

[핵심문제] 보일러 3대 구성 요소가 아닌 것은?
① 보일러 본체　　　　　② 연소장치
③ 분출장치　　　　　　④ 부속장치　　　　　　　　답 ③

---

(2) 보일러 용어와 용량 표시

① 최고사용압력 : 강도상 허용될 수 있는 최고의 사용 압력을 말한다.
② 전열면적 : 연소가스와 물(열매체)이 접촉할 때 열가스가 접촉하는 쪽에서 측정한 면적
③ 상용수위 : 운전 중 유지되는 수위
④ 안전수위 : 운전 중 유지해야 할 최저의 수위(안전 저수위)
⑤ 보일러의 용량 표시 : 100℃의 포화수를 100℃의 건조된 증기로 발생시켰을 때를 말한다(상당증발량=환산증발량).

　(가) 상당증발량(kg/h) = $\dfrac{\text{시간당 실제 증발량(증기엔탈피-급수엔탈피)}}{539}$

　(나) 보일러 마력 : 100℃의 포화수가 100℃ 건포화증기로 증발하는 양. 즉 상당증발량으로 15.65 kg/h를 1보일러 마력이라 한다.

$$\text{보일러 마력} = \frac{\text{상당증발량}}{15.65} = \frac{\text{시간당 실제 증발량(증기엔탈피}-\text{급수엔탈피)}}{539 \times 15.65}$$

> [참고]
> 보일러 1 ton이란 1000×539 = 539000kcal/h로써 100℃ 물 1000 kg을 1시간 동안에 전부 100℃ 증기 1000 kg으로 만들 수 있는 능력을 가진 보일러이다.

> [핵심문제] 증발량 3500 kg/h인 보일러의 증기엔탈피가 640 kcal/kg이고, 급수엔탈피는 20 kcal/kg이다. 보일러의 상당증발량은?
> ① 1325 kg/h　　② 2267 kg/h
> ③ 3510 kg/h　　④ 4026 kg/h
>
> [해설] $\dfrac{3500(640-20)}{539} = 4026 \text{ kg/h}$　　[답] ④

(3) 보일러의 분류

보일러의 종류			
원통형 (저압 보일러)	입형		입형 다관식, 입형 연관식, 코크란 보일러
	횡형	노통	코니시, 랭커셔 보일러
		연관	횡연관식, 기관차, 케와니 보일러
		노통 연관	스코치, 하우덴존슨, 노통 연관 패키지형 보일러
수관식 (고압 보일러)	자연순환식		배브콕, 타쿠마, 스네기찌, 2동 D형, 야로우 보일러
	강제순환식		벨록스, 라몬트 보일러
	관류식		벤슨, 슐처, 엣모스, 람진 보일러
주철제 (저압 보일러)	주철제 섹셔널 보일러		
특수 보일러 (저압 보일러)	특수 액체 보일러		수은, 다우섬, 카네크롤액, 세큐리티, 모빌섬 보일러
	특수 연료 보일러		버케이스, 흑액, 소다회수, 바크 보일러
	폐열 보일러		리히 보일러, 하이네 보일러
	간접 가열 보일러		슈미트, 뢰플러 보일러

> [핵심문제] 보일러의 종류 중 수관 보일러에 해당하지 않는 것은?
> ① 코니시 보일러　　② 배브콕 보일러
> ③ 관류 보일러　　　④ 라몬트 보일러　　[답] ①

> [핵심문제] 수관식 보일러에 속하지 않는 것은?
> ① 슈미트 보일러   ② 자연순환식
> ③ 강제순환식   ④ 관류식
> 달 ①
>
> [핵심문제] 다음 중 관류 보일러에 해당하는 것은?
> ① 벨록스 보일러   ② 벤슨 보일러
> ③ 하이네 보일러   ④ 랭커셔 보일러
> 달 ②
>
> [핵심문제] 특수 열매체 보일러에서 사용되는 열매체의 종류가 아닌 것은?
> ① 다우섬   ② 수은
> ③ 카네크롤 ④ 암모니아
> 달 ④

> [참고]
> **수관식 보일러**
> • 자연순환식 보일러 : 배브콕, 타쿠마, 스네기찌 등
> • 강제순환식 보일러 : 벨록스, 라몬트
> • 관류 보일러 : 벤슨, 슐처, 람진, 엣모스

2-2 보일러의 종류 및 특성

1 원통형 보일러

보일러 본체가 큰 동(胴)으로 구성되어 있으며, 이 동 내부에서 증기를 발생시키는 형식이다.

> [참고]
> 동(胴)이란 우리말로 통(筒)이라고도 하며 영어로 shell drum으로 부른다.

(1) 입형 보일러(vertical boiler)

■ 특징(최고사용압력 7 kgf/cm² 이하의 저압 보일러)
  - 전열면적이 적고 효율이 나쁘다.
  - 청소, 검사, 수리가 비교적 곤란하다.

- 이동 설치가 간편하다.
- 증기부가 적고 건증기를 얻기가 힘들다.

① 횡관식 보일러
  (가) 횡관(갤러웨이관) 설치상의 이점 [중요]
    ㉮ 관수의 순환을 양호하게 한다.
    ㉯ 전열면적이 증가한다.
    ㉰ 노통(화실벽)의 강도를 보강한다.
  (나) 동 : 동관과 경판을 합하여 동(胴)이라 한다. 그리고 수관식 보일러에서는 드럼(drum)이라고 한다. 동 내부에는 $\frac{2}{3} \sim \frac{4}{5}$ 정도 물이 들어 있고 나머지는 증기로 차 있다.

② 입형 다관식(연관식) : 다수의 연관을 사용하여 상부관판 및 연관 등이 부식되기 쉬우며 최근에는 많은 수관까지 연결한 보일러가 제작되었다.

③ 코크란 보일러 : 선박 보조용 보일러이며, 입형 보일러 중 열효율이 가장 좋다.

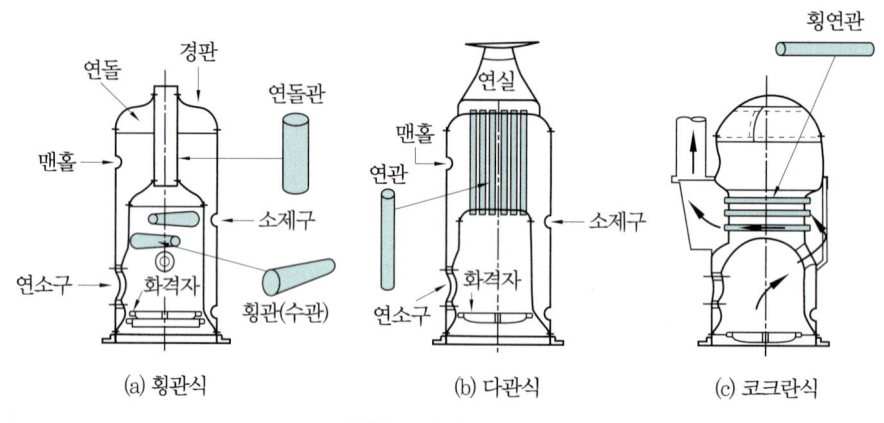

입형 보일러의 종류

[핵심문제] 입형 횡관식 보일러에서 횡관을 설치하는 목적으로 틀린 것은?
  ① 횡관을 설치함으로써 연소 상태가 양호하고, 연소가 촉진된다.
  ② 횡관을 설치하면 전열면적이 증가되고 증발량도 많아진다.
  ③ 횡관에 의해 내압이 약한 화실벽이 보강된다.
  ④ 횡관을 설치함으로써 수(水) 순환이 좋아진다.

답 ①

> **핵심문제** 입형 보일러에 대한 설명으로 틀린 것은?
> ① 비교적 장소가 좁은 곳에도 설치가 가능하다.
> ② 수관 보일러에 비하여 효율이 높다.
> ③ 고압력의 보일러로는 부적합하다.
> ④ 수면이 좁고 증기부가 적어 습증기가 발생할 수 있다.
>
> [참고] 증기부 : 증기로 차 있는 부분, 수부 : 물이 담겨져 있는 부분, 수면 : 증기와 수부가 닿는 면
>
> 답 ②

> **핵심문제** 입형 보일러의 일반적인 특징 중 틀린 것은?
> ① 일반적으로 소용량 보일러이다.
> ② 설치 장소가 넓지 않아도 된다.
> ③ 설비비가 적게 든다.
> ④ 경유 등 저급 연료를 사용한다.
>
> 답 ④

(2) 횡형 보일러(horizontal boiler)

① 노통 보일러

㈎ 노통의 종류

파형 노통		평형 노통	
장점	단점	장점	단점
• 전열면적 증가 • 노통의 신축 흡수 • 노통의 강도 증가	• 청소가 어렵다. • 스케일이 철매에 부착되기 쉽다. • 제작이 어렵고 가격이 비싸다.	• 청소가 쉽다. • 스케일이 철매 등에 부착이 잘 안 된다. • 제작이 쉽고 가격이 저렴하다.	• 전열면적 감소 • 노통의 신축작용이 어렵다. • 노통의 강도 감소

㈜ 철매란 전열면적 부분에 부착되는 검댕을 말한다.

㈏ 노통 보일러의 특징 : 발생 증기압이 낮으나 구조가 간단하여 저압공장용 보일러로 많이 사용되고 있다.

> **핵심문제** 보일러 노통에서 가장 열손실이 큰 부위는?
> ① 바닥 ② 측면
> ③ 후면 ④ 천장
>
> 답 ④

> [핵심문제] 원통형 보일러에 관한 설명으로 틀린 것은?
> ① 일반적으로 수관 보일러보다 효율이 떨어진다.
> ② 구조가 간단하고 취급 및 정비가 용이하다.
> ③ 보일러 내 보유수량이 많다.
> ④ 전열면적이 커서 증기 발생시간이 짧다.
> [해설] 원통형 보일러는 보유수량이 많아서 증기 발생시간이 많이 걸린다.   답 ④

㈐ 브리딩 스페이스(breathing space : 노통 호흡 장소) : 거싯 버팀의 하단부와 노통의 상단부와의 공간 거리로 노통의 신축으로 인한 응력을 받게 되므로 평판의 손상이 쉽다. 이를 방지하기 위하여 225 mm 이상의 거리를 두게 된다. 경판 두께에 따라 거리는 달라진다.

㈑ 애덤슨 조인트(Adamson joint) : 평형 노통을 일체형으로 제작하면 강도가 약해지는 결점이 있다. 이러한 결점을 보완하기 위하여 플랜지형으로 몇 개의 노통으로 분할 제작하며 이때의 이음부를 애덤슨 조인트라 한다.

[참고]

애덤슨 조인트의 이점
• 노통의 강도 보강   • 리벳 보호   • 노통의 신축 조절

㈒ 버팀(stay) : 강도가 약한 부분의 강도 보강을 위하여 사용되는 이음 부분
  ■ 버팀의 종류
    – 나사 버팀(볼트 스테이 : bolt stay)
    – 거싯 버팀
    – 관 버팀(튜브 스테이 : tube stay)
    – 막대 버팀(봉 버팀)
    – 시렁 버팀(가이드 스테이)
    – 도그 버팀

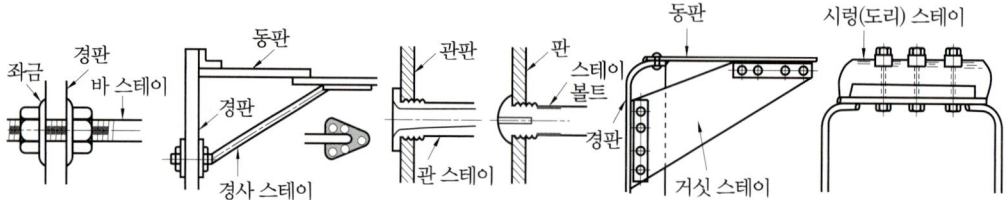

스테이의 종류

> [참고]
> 노통 보일러의 노통을 편심시켜 설치하는 이유 : 관수(보일러수)의 순환을 좋게 하기 위함

[핵심문제] 보일러 스테이 종류 중 주로 경판의 강도를 보강할 목적으로 경판과 동판 사이에 설치되는 스테이는?
 ① 볼트 스테이   ② 거싯 스테이
 ③ 튜브 스테이   ④ 바 스테이   답 ②

[핵심문제] 코니시 보일러에서 노통을 편심으로 설치하는 이유는?
 ① 제작을 용이하게 하기 위하여
 ② 청소 및 수리를 편리하게 하기 위하여
 ③ 노통의 강도를 증가시키기 위하여
 ④ 보일러의 순환을 좋게 하기 위하여   답 ④

⑷ 노통 보일러의 종류
  ㉮ 코니시 보일러 : 노통이 1개인 보일러
  ㉯ 랭커셔 보일러 : 노통이 2개인 보일러
   • 전열 면적이 넓다.
   • 증기의 발생이 빠르다.
   • 건조한 증기를 얻을 수 있다.
   • 석탄을 투입할 때 교대로 할 수 있어서 온도 변화가 작다.
   • 연소가스가 뒤에서 합쳐져 미연소 가스가 뒤에서 완전 연소할 수 있다.

[핵심문제] 랭커셔 보일러에 브리딩 스페이스를 너무 적게 하면 다음 중 어떤 현상이 발생하는가?
 ① 발생 증기가 습하기 쉽다.
 ② 수격 작용이 일어난다.
 ③ 불완전 연소가 발생할 수 있다.
 ④ 그루빙을 일으키기 쉽다.
 [해설] 그루빙=구식=도랑부식   답 ④

② 연관 보일러(smoke tube boiler)
- 장점
    - 전열면적이 크고 효율은 노통 보일러보다 좋다.
    - 외분식으로 연료질에 관계없다(횡연관식).
    - 연소실 크기를 내화 벽돌 쌓기로 조절할 수 있다(횡연관식).
    - 같은 용량이면 노통 보일러보다 설치 면적이 작다.
    - 증기 발생 시간이 빠르다(횡연관식).
- 단점
    - 청소, 검사, 수리가 어렵다.
    - 고장이 많다.
    - 급수 처리를 해야 한다.
    - 분출관 수면계에 관한 급수관을 고온 가스로부터 보호처리한다.

(가) 횡연관식 보일러(horizontal smoke tube boiler)
- 연관의 설치 : 바둑판 모양은 관수의 순환을 잘 시키기 위해서이다.
- 수관의 설치 : 다이아몬드형 배열(마름모꼴 위치)은 열가스의 접촉을 양호하게 하기 위해서이다.

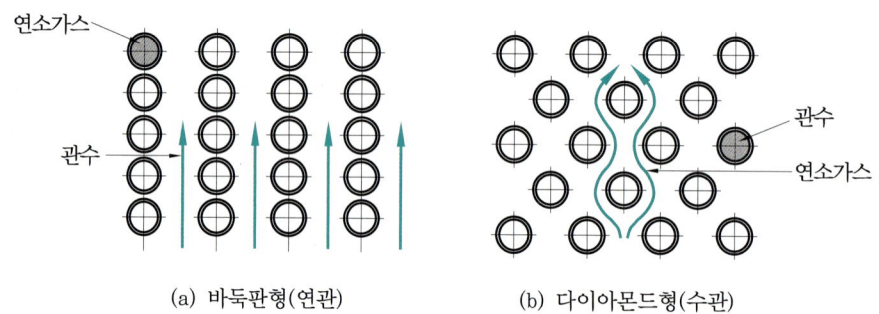

(a) 바둑판형(연관)   (b) 다이아몬드형(수관)

연관 및 수관의 배치

> [참고]
> **보일러의 증기량을 크게 하기 위한 조건**
> ① 연료를 완전 연소시킨다.   ② 연소율을 크게 한다.
> ③ 연소가스 유동을 좋게 한다.   ④ 관수의 순환을 양호하게 한다.
> ⑤ 스케일 부착 방지   ⑥ 철매 부착 방지

(나) 케와니 보일러(기관차형 정치 보일러)

> [참고]
> 정치 보일러란 일정한 위치에 설치하는 보일러이다.

③ 노통 연관식 보일러(flue smoke tube boiler) : 노통 보일러와 연관 보일러의 장점을 취하고, 단점을 보완한 보일러이다. 노벽방산 열량이 적으며 전열면적이 크고, 증기 발생 시간이 단축되며 효율도 좋다(80% 이상). 증기 발생속도가 빠르기 때문에 비수 현상이 발생되기 쉬워 비수 방지관을 설치한다.
  ㈎ 스코치 보일러(scotch boiler, 습 연실형)
  ㈏ 하우덴 존슨 보일러(Howden-Johnson boiler, 건 연실형)
  ㈐ 노통 연관 패키지형 보일러

[핵심문제] 다음 중 효율이 가장 높은 보일러 형식은?
  ① 노통 연관식   ② 관류식
  ③ 수관식   ④ 입형
  [해설] 효율(η) : 관류식 > 수관식 > 노통 연관식 > 입형   답 ②

[핵심문제] 케와니 보일러와 스코치 보일러는 어떤 형식의 보일러인가?
  ① 원통형 보일러   ② 노통 연관 보일러
  ③ 수관식 보일러   ④ 관류 보일러   답 ①

---

2 수관식 보일러(water tube boiler) 중요

다수의 수관과 동으로 구성된 보일러로서 고압 대용량으로 사용되며 효율이 좋다.
■ 장점
  - 구조상 고압 대용량으로 제작
  - 전열면적이 크고 효율이 좋다(90% 정도).
  - 증기 발생 시간이 빠르다.
  - 관수 순환 방향이 일정하여 순환이 잘 된다.
  - 패키지형으로 제작할 수 있다.
  - 동일 용량이면 연관식보다 설치면적이 작다.
  - 수관의 배열이 용이하다.
  - 사고 시 피해가 적다.
■ 단점
  - 청소, 검사, 수리가 곤란하다.
  - 구조가 복잡하여 관수 처리가 필요하다.

- 배수 현상이 발생되기 쉽다.
- 스케일(관석)이 부착되기 쉽다.
- 부하변동에 따른 압력 변화가 크다.
- 철저한 급수 처리가 필요하다.
- 보유 수량에 대한 증발속도가 빠르고 습증기의 발생 우려가 있다.

> **참고**
> 수관식 보일러는 고온·고압의 대용량 보일러이며 전열면적이 크고 효율이 좋다. 그리고 보유 수량이 적어 증기 발생 시간이 빠르고 파열 시 피해가 적다. 단점으로는 부하변동에 따른 압력 변화가 크며 급수 처리가 필요하다.

[핵심문제] 수관 보일러의 특징으로 틀린 것은?
① 고압, 대용량이기 때문에 수질에 영향을 받지 않는다.
② 보일러 파열 시 피해가 비교적 적다.
③ 효율이 비교적 높다.
④ 고온·고압의 대용량 보일러로 적합하다.
답 ①

[핵심문제] 다음 보일러 중 일반적으로 효율이 가장 좋은 것은?
① 노통 보일러   ② 연관 보일러
③ 직립 보일러   ④ 수관 보일러
답 ④

[핵심문제] 가동 후 증기의 발생속도가 제일 빠른 보일러는?
① 연관 보일러   ② 노통 연관 보일러
③ 수관 보일러   ④ 노통 보일러
답 ③

[핵심문제] 수관식 보일러의 장점을 설명하였다. 맞지 않는 것은?
① 전열면적이 크고 증발률이 크므로 고온·고압의 대용량 증기 발생에 적합하다.
② 보일러의 효율이 원통 보일러에 비해 우수하다.
③ 드럼의 지름이 극히 작고 수관의 지름도 작으므로 고압에 잘 견딘다.
④ 순도가 높은 급수를 필요로 하지 않는다.
답 ④

---

(1) 수관식 보일러의 분류

① 관수의 순환 : 자연순환식, 강제순환식(관류식)
② 관의 배열 형태 : 직관식, 곡관식

③ 관의 경사도 : 수평관식, 경사관식, 수직관식
④ 동의 수 : 무동형, 1동형, 2동형, 3동형
⑤ 통풍 형식 : 자연통풍형, 강제통풍형, 가압연소형

(2) 외분식 연소장치의 특징

① 연소실의 크기의 제한을 받지 않는다.
② 완전 연소가 가능하다.
③ 연소 효율이 좋아 노내 상승이 쉽다.
④ 노벽 방사 손실이 있다.
⑤ 연료의 질에 크게 상관하지 않는다.

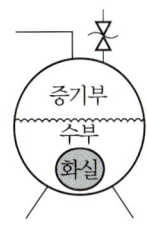

외분식

(3) 내분식 연소장치의 특징

① 연소실 크기의 제한
② 완전 연소가 어려워 노벽에 검댕이 축적된다.
③ 주위 온도가 냉각되어 노내 온도 상승이 어렵다.
④ 열손실이 극히 적다.
⑤ 연료의 질이 양호해야 한다.

내분식

[핵심문제] **외분식 보일러의 특징 설명으로 적당하지 않은 것은?**

① 연소실의 크기나 형상을 자유롭게 할 수 있다.
② 연소율이 좋다.
③ 방사열의 흡수가 크다.
④ 사용 연료의 선택이 자유롭다.

[해설] 방사열 흡수가 큰 것은 내분식 보일러이다.　　　　　　　　　　답 ③

[핵심문제] **원통형 보일러 중 외분식 보일러로서 대표적인 것은?**

① 횡연관 보일러
② 노통 보일러
③ 코크란 보일러
④ 노통 연관 보일러

[해설] 내분식 보일러는 연소실(화실)이 보일러 본체 내부에 위치하는 보일러로 입형 보일러, 노통 보일러, 노통 연관 보일러 등이 있다. 외분식 보일러는 연소실이 보일러 본체 외부에 위치하는 보일러로 횡연관 보일러, 수관 보일러, 관류 보일러 등이 있다.
답 ①

(4) 관수의 순환 촉진 방법
① 포화수와 포화증기의 비중차를 크게 한다.
② 관경을 크게 한다.
③ 수관의 경사도를 크게 한다.
④ 강수관의 가열을 피한다.

(5) 수관식 보일러의 종류 및 특성
① 자연순환식 보일러
 (가) 배브콕 보일러
 (나) 하이네 보일러(연소실이 없다.)
 (다) 타쿠마 보일러
 (라) 스네기찌 보일러(경사수관식, 직관식, 2동형 자연순환식)
② 강제순환식 보일러(forced circulation type boiler)
 (가) 강제순환 이유 : 압력이 임계 압력에 가까우면 관수의 비중량과 증기의 비중량 차이가 감소하여 자연 순환이 어렵게 된다. 따라서 이러한 문제를 해결하기 위하여 특수 펌프를 설치하여 관수를 강제 순환시킨다.
 (나) 고압 보일러 제작의 난점 : 고압증기 등 제작의 난점과 급수 성질의 어려움, 보일러 용적 축소, 시동 시간을 최소한으로 단축하는 문제와 고온·고압하에서 증기와 물의 비중량차 감소로 인한 관수의 순환 문제 등이 있다.
 (다) 종류 : 라몬트 보일러, 벨록스 보일러

[핵심문제] 강제순환식 수관 보일러에서 보일러수를 강제 순환시키는 이유는?
① 증기압력이 높아지면 보일러수와 증기의 비중차가 작아지므로
② 보일러 용량을 증대시키기 위하여
③ 파열 사고 시 폭발 범위를 줄이기 위하여
④ 수관 보일러의 수관 지름이 작기 때문에
[해설] 관수를 강제 순환시키는 이유 : 포화증기와 포화수의 비중차가 작기 때문 답 ①

[핵심문제] 크기에 비하여 전열면적이 크고 보유 수량이 적으므로 증기의 발생도 빠르고 또한 고압용으로 만들기 쉬우므로 육상용 및 선박용으로 많이 사용되는 보일러는?
① 수관식 보일러 ② 연관식 보일러
③ 원통형 보일러 ④ 특수 보일러 답 ①

[핵심문제] **라몬트 및 벨록스 보일러는 어떤 형식의 보일러인가?**
① 자연순환식 노통 보일러 ② 강제순환식 연관 보일러
③ 자연순환식 수관 보일러 ④ 강제순환식 수관 보일러   답 ④

[핵심문제] **수관 보일러의 특징 설명으로 잘못된 것은?**
① 고압이기 때문에 급수의 수질에 영향을 받지 않는다.
② 보일러 파열 시 피해가 비교적 적다.
③ 고온·고압의 대용량 보일러로 적합하다.
④ 효율이 비교적 높다.
[해설] 수관 보일러는 스케일 생성이 빨라 수질에 영향을 크게 받는다.   답 ①

③ 관류식 보일러 : 초임계 압력하에서 증기를 얻을 수 있고 하나로 된 관만으로 구성되며 드럼이 없는 보일러이다. 일종의 강제순환식 보일러이며, 관 하나에서 가열, 증발, 과열이 일어난다.

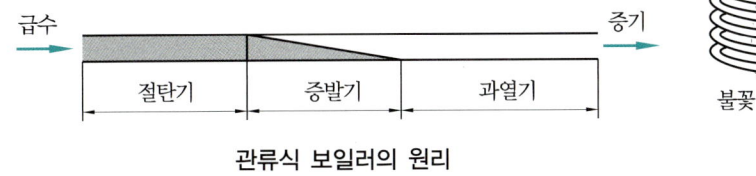

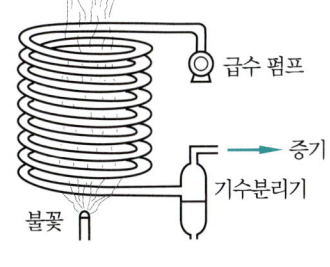

관류식 보일러의 원리   관류식 보일러

㈎ 관류식 보일러의 종류
㉮ 슐처   ㉯ 엣모스   ㉰ 벤슨   ㉱ 람진

> **참고**
>
> **관류 보일러의 특징**
> • 장점
>   ① 드럼이 필요 없다. $\left(\text{순환비} = \dfrac{\text{급수량}}{\text{증발량}} = 1\right)$
>   ② 고압이므로 증기의 열량이 크다.
>   ③ 전열면적이 크고 효율이 높다.
>   ④ 가동 부하가 짧아 부하측에 대응하기 쉽다.
> • 단점
>   ① 급수의 유속을 일정하게 유지해야 한다.
>   ② 내부 구조가 복잡하여 청소, 검사, 수리가 곤란하다.
>   ③ 급수 처리가 까다롭다(양질의 급수 사용).

> [핵심문제] 긴 관의 한끝에서 펌프로 압송된 급수가 관을 지나는 동안 차례로 가열, 증발, 과열되어 다른 끝에서 과열증기가 되어 나가는 형식의 보일러는 무엇인가?
> ① 수관 보일러
> ② 관류 보일러
> ③ 원통 연관 보일러
> ④ 입형 보일러
> 답 ②

> [핵심문제] 다음은 관류 보일러에 대한 특징이다. 틀린 것은?
> ① 순환비가 1이므로 드럼이 필요 없다.
> ② 급수량 및 연료량은 자동제어로 해야 한다.
> ③ 부하변동에 민감하며 초고압용으로 사용한다.
> ④ 전열면적이 넓고 효율이 매우 좋으나 가동시간이 길다.
> 답 ④

> [핵심문제] 다음 중 관류 보일러에 속하는 것은?
> ① 벨록스 보일러　　② 라몬트 보일러
> ③ 뢰플러 보일러　　④ 벤슨 보일러
> 답 ④

> [핵심문제] 관류 보일러의 단점에 해당되는 것은?
> ① 드럼이 필요 없다.
> ② 고압이므로 증기의 열량이 크다.
> ③ 전열면적이 크고 효율이 높다.
> ④ 급수 처리가 까다롭다.
> 답 ④

3 특수 보일러

(1) 간접 가열 보일러(2중 증발 보일러)

연소가스가 접촉하는 수관에는 순수한 물을 보내서 이때 받은 열로 증기를 발생통 안에 넣어서 증기 발생통 안의 물을 간접 가열시켜 증발시키는 방식이다. 종류에는 슈미트 보일러와 뢰플러 보일러가 있다.

(2) 폐열 보일러

용광로, 제강로, 유리용융로 등의 폐가스를 받아들여 온수 보일러나 소형 증기난방에 사용한다. 종류에는 하이네 보일러와 리히 보일러가 있다.

(3) 열매체 보일러

물을 사용하여 높은 온도의 증기를 증발시키려면 고압력을 내야 하며 고압의 증기를 사용하면 보일러에 무리가 오게 된다. 즉, 포화증기의 온도가 300℃ 정도를 내려면 압력을 90 kgf/cm² 까지 올려야 하지만, 다우삼 열매체를 이용하면 2 kgf/cm² 만 올리면 된다. 그러나 인화성이 68~109℃ 정도로 낮기 때문에 주의가 필요하다. 종류에는 카네크롤, 수은, 세큐리티, 다우섬, 모빌섬 보일러가 있다.

[핵심문제] 다음 중 간접 가열식 보일러에 해당하는 것은?
① 벤슨 보일러　　　　② 라몬트 보일러
③ 벨록스 보일러　　　④ 슈미트 보일러　　　답 ④

[핵심문제] 다음 중 특수 보일러의 분류에 해당되지 않는 것은?
① 다우섬 보일러　　　② 배브콕 보일러
③ 슈미트 보일러　　　④ 리히 보일러　　　답 ②

[핵심문제] 다음 중 간접 가열식 보일러에 해당되는 것은?
① 라몬트 보일러　　　② 뢰플러 보일러
③ 벨록스 보일러　　　④ 벤슨 보일러　　　답 ②

[핵심문제] 특수한 열매체를 사용하여 저압하에서 고온을 얻을 수 있게 한 보일러를 특수 열매체 보일러라고 한다. 다음 중 이 보일러에 사용되는 열매체의 종류에 속하지 않는 것은?
① 다우섬　　　　　　② 수은
③ 카네크롤　　　　　④ 아세틸리이드　　　답 ④

---

4 주철제 보일러(cast-iron boiler)

(1) 주철제 보일러[최고사용압력 1 kgf/cm²(증기)]

주물로서 각 섹션(section)을 제작하고 여러 개의 섹션을 조합하여 1개의 보일러가 된다. 주로 난방용 또는 급탕용으로 널리 사용되고 있으나 그 사용 목적 및 재질에서 일반 강철제 보일러와는 구조와 형상이 전혀 다르며 모두 조립 보일러로 되어 있다.

① 장점
  ㈎ 주물로 제작하기 때문에 복잡한 구조도 제작이 가능하다.
  ㈏ 전열면적이 크고 효율이 좋다.
  ㈐ 저압이기 때문에 사고 시 피해가 적다.
  ㈑ 내식성, 내열성이 좋다(주철이기 때문).
  ㈒ 섹션의 증감으로 용량의 조절이 가능하다.
  ㈓ 조립식으로 반입 또는 해체가 용이하다.
② 단점
  ㈎ 내압에 대한 강도가 약하다(굽힘, 충격 등).
  ㈏ 구조가 복잡하여 청소, 검사, 수리가 곤란하다.
  ㈐ 열충격에 약하다(부동팽창).
  ㈑ 균열이 생기기 쉽다.
  ㈒ 대용량, 고압에 부적당하다.

[핵심문제] 주물제 섹션을 여러 개 조합하여 각 섹션의 플랜지를 맞추어 볼트로 조이게 되어 있는 보일러로서 증기 보일러 및 온수 보일러로 나눌 수 있는 것은?
  ① 주철제 섹셔널 보일러
  ② 타쿠마 보일러
  ③ 관류 보일러
  ④ 수관식 섹셔널 보일러   답 ①

[핵심문제] 주철제 섹셔널 보일러의 특징이 아닌 것은?
  ① 강판제 보일러에 비하여 부식성이 적다.
  ② 조립식이므로 보일러 용량을 쉽게 증감할 수 있다.
  ③ 재질이 주철이므로 사고 시 화재가 많다.
  ④ 고압 및 대용량에 부적당하다.
  [해설] 저압이기 때문에 사고 시 피해가 적다.   답 ③

[핵심문제] 주철제 보일러의 장점으로 틀린 것은?
  ① 조립식으로 분해, 조립, 운반이 편리하다.
  ② 섹션수의 증감에 따라 용량이 조절된다.
  ③ 내열·내식성이 좋고 파열 시에 재해가 적다.
  ④ 충격에 강하고 내부 소제 및 보수가 쉽다.
  [해설] 주철제 보일러는 열충격에 약하고, 균열이 생기기 쉽다.   답 ④

[핵심문제] 다음 중 주철제 보일러에서 증기 발생용에 사용되는 최고사용압력은 어느 것인가?
① 1 kgf/cm² ② 5 kgf/cm²
③ 10 kgf/cm² ④ 15 kgf/cm²

답 ①

2-3 보일러의 부속장치

1 폐열회수장치(열효율증대장치)

(1) 증기과열기(super heater)

포화증기를 과열하여 압력은 일정하게 유지하면서 증기의 온도를 높이는 장치

① 열가스 접촉에 의한 분류
 (가) 대류 과열기 : 대류열을 이용(대류형)
 (나) 복사 과열기 : 복사열을 이용(방사형)
 (다) 복사 대류 과열기 : 복사열과 대류열을 이용

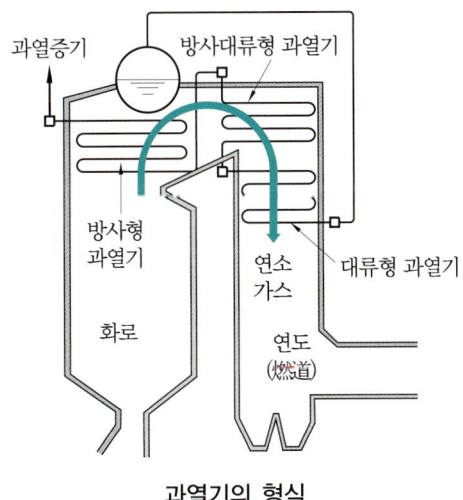

과열기의 형식

② 열가스 흐름에 의한 분류
 (가) 병류형 : 증기와 열가스 흐름의 방향이 같다.

(나) 향류형 : 증기와 열가스 흐름의 방향이 반대이다.
(다) 혼류형 : 병류형과 향류형의 조합이다.

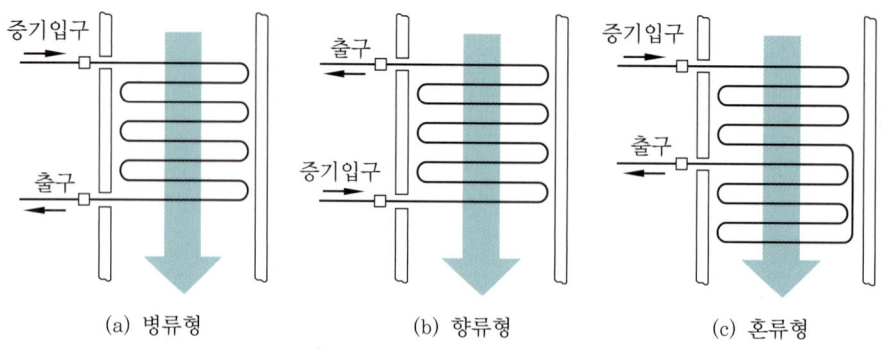

과열기의 가스·증기의 흐름 방향

핵심문제 과열기를 가스·증기의 흐름 방향에 따라 분류한 것 중 아닌 것은?
① 병류형　　　　　　　② 향류형
③ 직류형　　　　　　　④ 혼류형　　　　　　　답 ③

핵심문제 보일러 본체에서 발생한 포화증기, 즉 습증기를 가열하여 수분을 증발시키고 다시 과열증기로 하는 장치가 과열기이다. 과열기의 종류 중 틀린 것은?
① 대류 과열기
② 복사 과열기
③ 복사 대류 과열기
④ 포화증기 과열기　　　　　　　답 ④

핵심문제 증기와 열가스 흐름의 방향이 서로 반대인 과열기의 형식은?
① 병류형　　　　　　　② 향류형
③ 혼류형　　　　　　　④ 역류형　　　　　　　답 ②

---

③ 과열증기의 장점
　(가) 엔탈피 증가로 적은 증기로 많은 열을 얻는다.
　(나) 마찰 저항 감소
　(다) 관내부식 방지(수격작용 방지)
　(라) 증기 보일러의 효율 증대

> [핵심문제] 과열증기 사용 시의 장점 중 틀린 것은 어느 것인가?
> ① 열효율이 증가한다.
> ② 증기 소비량을 감소시킨다.
> ③ 보일러 관내의 물때가 적어진다.
> ④ 습증기로 인한 부식을 방지한다.
> 답 ③

④ 과열증기 온도 조절 방법
  (가) 연소실의 화염의 위치를 조절하는 방법
  (나) 연소가스의 재순환 방법
  (다) 과열증기를 통하는 열가스량의 조절
  (라) 과열저감기를 사용하는 방법
  (마) 과열증기에 습증기나 급수를 분무하는 방법

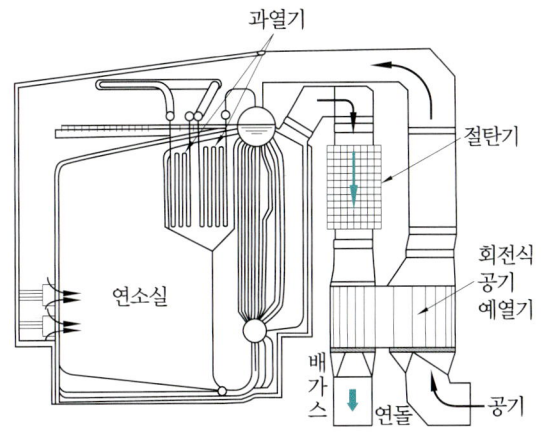

과열기, 절탄기, 공기예열기

> [핵심문제] 증기의 과열 온도 조절 방법으로 옳지 않은 것은?
> ① 배기가스 일부를 재순환시켜 과열기를 가열한다.
> ② 미분탄 버너의 위치를 조정하여 열량을 변화시킨다.
> ③ 스프레이로 과열증기 속에 물을 분사 저하시킨다.
> ④ 댐퍼를 닫고 과열기 속의 증기를 외부로 배출시킨다.
> 답 ④

(2) 재열기(reheater)

과열기에서 발생한 과열증기가 고압 터빈에서 팽창이 끝나고 응축하기 직전에 회수하여 재가열, 과열증기로 만들어 저압 터빈에서 팽창하도록 하는 장치로 주로 발전소, 선박 기관 등에 설비한다. 종류와 용도 등은 과열기와 비슷하다.

(3) 절탄기(economizer)

배기가스의 현열을 이용하여 급수를 예열하는 장치로 보일러의 열효율을 높게 하고 연료를 절약하는 장치이다.

① 장점
　㈎ 보일러 열효율 향상
　㈏ 급수와 관수의 온도차 감소로 보일러판의 열응력 발생 방지
　㈐ 급수 중 불순물 일부 제거
　㈑ 보일러 증발능력 증가
② 단점
　㈎ 통풍력 감소(배기가스 온도 저하)
　㈏ 연소가스의 마찰손실
　㈐ 저온 부식 발생
　㈑ 청소 및 점검 곤란

> [참고]
> 급수 온도를 10℃ 상승시키면 보일러의 효율은 약 1.5% 향상된다.

[핵심문제] 절탄기의 설치 위치로 다음 중 가장 적당한 곳은?
① 연소실 내에 설치한다.
② 연도에서 공기예열기 바로 앞에 설치한다.
③ 연도 바로 하부에 설치한다.
④ 연도에서 공기예열기 바로 위에 설치한다.   답 ②

[핵심문제] 절탄기의 역할을 설명한 것으로 맞는 것은?
① 연도에서 증기를 가열하는 것
② 연도에서 급수를 예열하는 것
③ 연도에서 공기를 예열하는 것
④ 증기를 사용해서 공기를 예열하는 것   답 ②

[핵심문제] 보일러의 부속장치 중 열효율을 높이기 위한 장치는?
① 분출관　　　② 절탄기
③ 수면계　　　④ 압력계   답 ②

[핵심문제] 여분의 열을 이용하여 보일러에 공급하는 급수를 가열하여 주는 장치는?
① 복수기　　　② 과열기
③ 절탄기　　　④ 열교환기   답 ③

(4) 공기예열기(air preheater)

① 연소용 공기를 예열(豫熱)하는 장치이다. 즉, 보일러에서 굴뚝으로 나가는 가스의 온도(약 200~400℃)의 여열을 이용하여 화실에 보내는 연소용 공기를 가열하는 장치이다.

② 공기예열기의 종류

㈎ 증기식 공기예열기 : 증기에 의하여 공기를 가열하는 것으로 부식의 염려가 없다.

㈏ 급수식 공기예열기

㈐ 가스식 공기예열기

　㉮ 전열식
　　• 강관형(鋼管形) : 강도가 약하고 공작이 불편하나 설치 공간을 적게 차지한다.
　　• 강판형(鋼板形) : 구조가 튼튼하고 소제가 간단하나 설치 공간을 많이 차지한다.

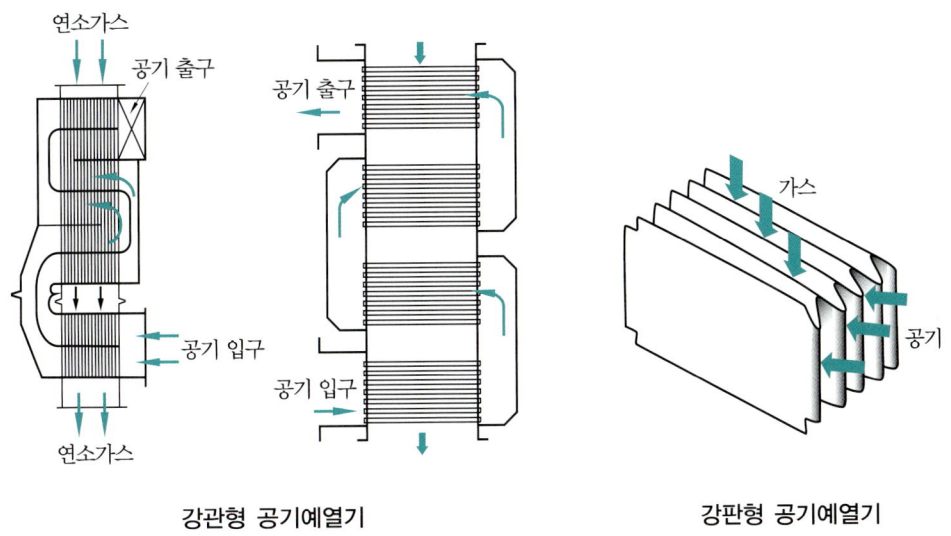

강관형 공기예열기　　　　　강판형 공기예열기

　㉯ 재생식 : 축열식이라고도 하며 가스와 공기를 교대로 금속판에 접촉시켜 축열시킨 후 공기에 열을 주는 형식으로 융스트롬식이 있다.

> [참고]
> 주로 가스식이 사용되며 가스식은 배기가스 현열을 이용하여 연소용 공기를 예열하는 장치이다.

③ 공기예열기의 장점

㈎ 연소실의 온도 상승

㈏ 연료의 완전 연소

(대) 전열효율 및 연소효율의 향상
(라) 보일러 열효율 향상(5% 이상)
(마) 수분이 많은 저질탄의 연료도 사용 가능

[핵심문제] 굴뚝으로 나가는 가스 온도의 여열로 화실에 보내는 연소용 공기를 가열하는 장치는 어느 것인가?
① 공기예열기　　　　② 과열기
③ 오일 프리히터　　　④ 절탄기　　　　　　　　　　답 ①

[핵심문제] 공기예열기의 분류에 속하지 않는 것은?
① 열팽창식　　　　　② 재생식
③ 증기식　　　　　　④ 전열식　　　　　　　　　　답 ①

[핵심문제] 공기예열기를 설치하였을 경우의 이점이 아닌 것은?
① 통풍 저항이 감소된다.
② 보일러의 열효율이 높아진다.
③ 적은 과잉공기로서 완전 연소시킨다.
④ 수분이 많은 저질탄의 연료도 유효하게 연소할 수 있다.
[해설] 폐열 회수장치에 의해 통풍력이 감소한다.　　　　　　답 ①

[핵심문제] 공기예열기가 보일러에 주는 효과로서 틀린 것은?
① 폐열을 이용하므로 열손실을 감소시킨다.
② 열손실을 감소시키므로 열효율을 높인다.
③ 공기의 온도를 높이므로 연소효율을 높인다.
④ 공기의 습도가 높아져서 보내는 공기량을 그만큼 감소시킬 수 있다.
[해설] 공기예열기는 효율 증대 및 열손실 감소 효과가 있다.　답 ④

[핵심문제] 보일러에 공기예열기를 사용하였을 경우의 장점이 아닌 것은?
① 수분이 많은 저질탄의 연소에 유효하다.
② 화로의 온도가 낮게 되어 노내의 열전도가 순조롭다.
③ 연소의 상태가 순조롭다.
④ 보일러의 효율이 향상된다.　　　　　　　　　　　　　답 ②

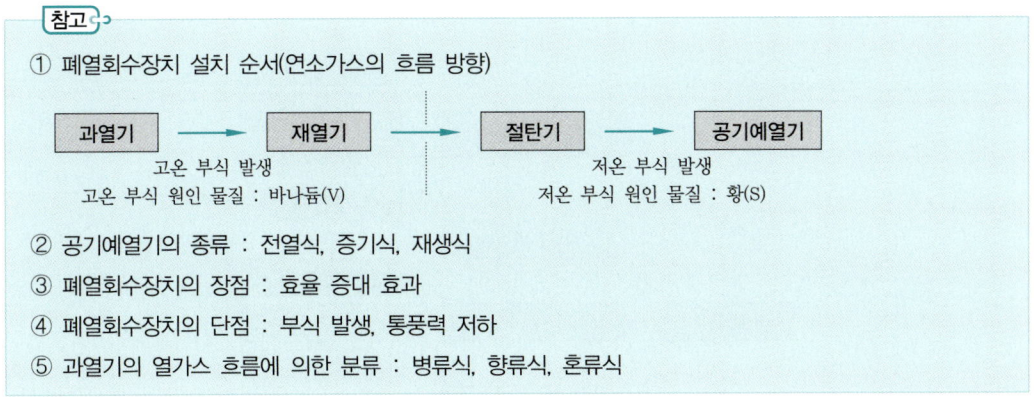

① 폐열회수장치 설치 순서(연소가스의 흐름 방향)

과열기 → 재열기 → 절탄기 → 공기예열기

고온 부식 발생   저온 부식 발생
고온 부식 원인 물질 : 바나듐(V)   저온 부식 원인 물질 : 황(S)

② 공기예열기의 종류 : 전열식, 증기식, 재생식
③ 폐열회수장치의 장점 : 효율 증대 효과
④ 폐열회수장치의 단점 : 부식 발생, 통풍력 저하
⑤ 과열기의 열가스 흐름에 의한 분류 : 병류식, 향류식, 혼류식

[핵심문제] 다음에서 보일러의 효율을 올리기 위한 3가지 부속장치는?
① 수면계, 압력계, 안전밸브
② 절탄기, 공기예열기, 과열기
③ 버너, 댐퍼, 송풍기
④ 인젝터, 저수위 경보장치, 유인 배풍기   답 ②

[핵심문제] 보일러의 부속설비가 연소실에서 굴뚝에 이르기까지 배치되는 순서로 맞는 것은?
① 절탄기 → 공기예열기 → 과열기
② 과열기 → 절탄기 → 공기예열기
③ 공기예열기 → 과열기 → 절탄기
④ 과열기 → 공기예열기 → 절탄기   답 ②

2 열교환기

열교환기(heat exchanger)는 석유 화학 공업 배관, 고분자 화학, 일반 화학 공업 배관, 난방 배관 등 각종 화학장치 공업에 널리 사용되고 있으며, 그 용도도 냉각, 응축, 가열, 증발 및 폐열 회수 등 다양하다. 용량, 압력, 온도 등 광범위한 사용 조건에 따라 여러 가지의 형식 구조가 있으나 현재 가장 많이 쓰이는 형식은 다관 원통형 열교환기이다.

■ 형식 구조별 분류

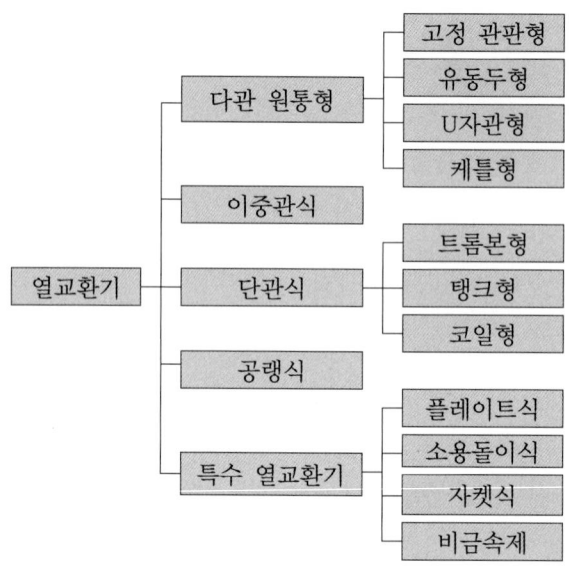

> [핵심문제] 열교환기를 형식, 구조별로 나눈 것을 열거한 것 중 아닌 것은?
> ① 다관 원통형　　② 이중관식
> ③ 수랭식　　　　 ④ 단관식　　　　　　　　　🔑 ③

> [핵심문제] 다관 원통형 열교환기의 종류에 속하지 않는 것은?
> ① 고정 관판형　　② 유동두형
> ③ 케틀형　　　　 ④ 소용돌이식　　　　　　　🔑 ④

제 3 장 보일러의 부속장치

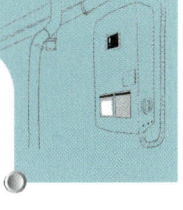

3-1 부속장치의 종류

(1) **계측기** : 압력계, 수면계, 온도계, 유량계, 통풍계, 수고계
(2) **안전장치** : 안전밸브, 고저 수위 경보기, 가용전, 방폭문, 화염검출기, 팽창탱크, 방출밸브, 증기압력 제한 스위치
(3) **급수장치** : 급수펌프, 급수역정지밸브, 급수정지밸브, 급수내관
(4) **송기장치** : 비수장치관, 기수분리기, 주증기 정지밸브, 주증기관, 감압밸브, 축열기(어큐뮬레이터), 증기헤드, 신축 이음, 트랩
(5) **분출장치** : 수저분출장치, 수면분출장치
(6) **통풍장치** : 송풍기, 덕트, 댐퍼
(7) **가열장치** : 급수가열기, 급탕가열기, 온수가열기
(8) **제어장치** : 자동 유면조절장치, 압력조절장치, 전자밸브, 급수조절장치, 유량조절장치, 자동 온도조절장치, 컨트롤 모터
(9) **처리장치** : 급수처리장치, 집진장치, 재처리장치

> 참고
> 계측기 중에 압력계나 수면계는 안전장치에도 포함되며, 제어장치 중 전자밸브는 안전장치에도 포함될 수 있다.

3-2 계측기

(1) **압력계**
 ① 부르동관식 압력계를 가장 많이 사용한다.
 ② 문자판 지름 100 mm 이상
 ③ 최고 눈금은 보일러 최고사용압력의 1.5배 이상 3배 이하
 ④ 압력계 연결관(사이펀관 설치 이유 : 압력계 파손 방지)
  (가) 동관 안지름 6.5 mm 이상(210℃ 이하에만 사용)

(내) 강관 안지름 12.7 mm 이상

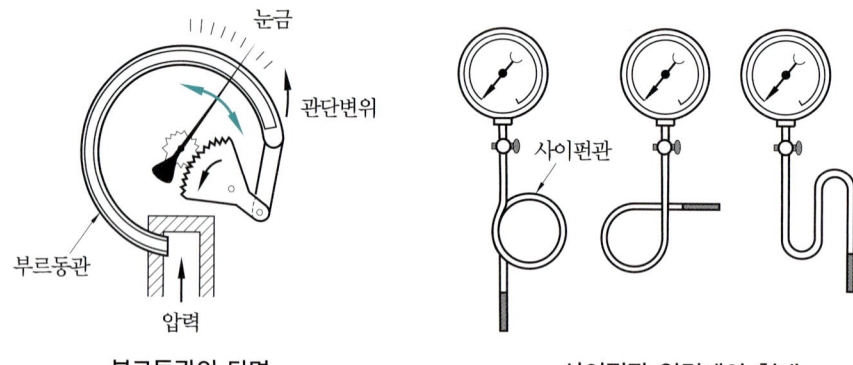

부르동관의 단면   사이펀관 압력계의 형태

⑤ 압력계의 종류
  (개) 액주식 압력계 : U자관식, 경사관식, 단관식, 링 밸런스식(환상 천평식)
  (내) 탄성식 압력계 : 벨로스식, 부르동관식, 다이어프램식
⑥ 압력계 점검 시기
  (개) 보일러 휴관 후 재사용 시(점화 전)
  (내) 두 개의 압력계 지시값이 다를 때
  (대) 압력계 지침이 의심스러울 경우
  (라) 프라이밍, 포밍 현상 발생 시
  (마) 압력이 오르기 시작할 때(신설 보일러)

핵심문제 다음 중 증기 보일러에 일반적으로 가장 많이 사용되는 압력계는?
① 침종식 압력계 ② 다이어프램식 압력계
③ 부르동관식 압력계 ④ 액주식 압력계   답 ③

핵심문제 보일러에서 압력계는 일반적으로 사용 최고 압력의 몇 배 정도의 능력을 가진 것을 사용하는가?
① 1∼1.5배 ② 1.5∼3배
③ 2∼4배 ④ 2.5∼4배   답 ②

핵심문제 고압의 증기로부터 압력계를 보호하기 위하여 무엇을 설치하는가?
① 사이펀 관 ② 부르동관
③ 갤러웨이관 ④ 애덤슨 조인트   답 ①

> [핵심문제] **압력계를 검사해야 할 시기를 열거한 것 중 틀린 것은?**
> ① 신설 보일러일 경우에는 압력이 오르기 전
> ② 두 개를 설치하여 서로 지시값이 같을 때
> ③ 부르동관이 높은 열을 접촉하였을 때
> ④ 프라이밍 또는 포밍 등의 현상이 발생하였을 때
> [해설] 두 개의 압력계 지시값이 다를 때 압력계를 점검해야 한다.   답 ②
>
> [핵심문제] **압력계를 증기 보일러에 부착하려 할 때의 지켜야 할 사항 중 틀린 것은?**
> ① 압력계는 보일러에 1개 이상 설치한다.
> ② 문자판의 지름은 80 mm 이상으로 한다.
> ③ 압력계 최고 눈금은 보일러 제한압력의 1.5~3배의 것을 장치한다.
> ④ 압력계 장착 시에는 사이펀관을 사용한다.
> [해설] 문자판의 지름은 100 mm 이상으로 한다.   답 ②

(2) 수면계

증기 보일러에만 부착하고 온수 보일러에는 수고계 부착

> [참고]
> • **수면계** : 기관 안의 수위를 측정
> • **수고계** : 온수 보일러의 압력을 측정(수두압 측정)

① 증기 보일러에는 유리관식 수면계를 2개 이상 부착해야 한다. 단, 최고사용압력이 10 kg/cm²(1 MPa) 이하이고 동체 안지름이 750 mm 미만인 경우에는 수면계를 1개 이상 부착할 수 있다.
② 수면계의 종류
    ㈎ 2색식   ㈏ 원형 유리관식   ㈐ 평형 반사식
    ㈑ 평형 투시식   ㈒ 멀티 포트식
③ 수면계 점검 시기
    ㈎ 점화 전(보일러 가동 직전)
    ㈏ 두 개의 수면계 수위가 서로 다를 때
    ㈐ 수면계 수위가 의심스러울 경우
    ㈑ 프라이밍, 포밍 현상 발생 시
    ㈒ 압력이 오르기 시작할 때(보일러 가동 후)

④ 수면계의 점검 순서 : 물밸브와 증기밸브는 열려 있고 드레인밸브는 닫혀 있는 상태이다.
  ㈎ 증기밸브, 물 밸브를 닫는다.
  ㈏ 드레인밸브를 연다.
  ㈐ 물밸브를 열어 관수를 취출 후 닫는다.
  ㈑ 증기밸브를 열어 증기를 취출 후 닫는다.
  ㈒ 드레인밸브를 닫는다.
  ㈓ 물밸브와 증기밸브를 서서히 연다.

> [참고]
> ① 인젝터 작동 순서와 수면계 점검 순서에서 위험 요소가 적은 물밸브(급수밸브)부터 검사를 한 후 증기밸브를 검사한다.
> ② 수면계 점검은 반드시 1일 1회 이상 해야 한다.

⑤ 수면계 파손 원인
  ㈎ 수면계 조임 너트의 무리한 조임
  ㈏ 외부·내부에서 충격을 받았을 때
  ㈐ 장기간 사용 시 알칼리에 의한 노후
  ㈑ 상하부의 축이 이완되었을 때

핵심문제 증기 보일러에는 유리관식 수면계를 몇 개 이상 부착해야 하는가? (단, 사용압력이 10 kg/cm^{2}을 초과하고 동체 안지름이 750 mm를 초과할 경우)
  ① 1개   ② 2개
  ③ 3개   ④ 4개   답 ②

핵심문제 수면계의 종류를 열거한 것 중 틀린 것은?
  ① 원형 유리식   ② 평형 투시식
  ③ 2색식   ④ 곡관형 포트식   답 ④

핵심문제 수면계 유리관 파손의 원인이 아닌 것은?
  ① 상하의 바탕쇠 구멍의 중심선이 일직선이 될 때
  ② 죄임 너트를 너무 죄었을 때
  ③ 외부로부터 타격을 가했을 때
  ④ 유리관의 길이가 상하의 바탕쇠 위치에 대해 너무 길 때   답 ①

[핵심문제] **수면계의 점검 순서를 옳게 적은 것은?**

① 증기밸브, 물밸브 폐쇄 → 드레인밸브 개방 → 물밸브, 증기밸브 개방 후 폐쇄 → 드레인밸브 폐쇄 → 물밸브 개방
② 드레인밸브 폐쇄 → 증기밸브, 물밸브 폐쇄 → 드레인밸브, 물밸브, 증기밸브 개방 → 물밸브 개방
③ 물밸브 개방 → 드레인밸브 폐쇄 → 증기밸브, 물밸브 개방 → 드레인밸브 개방 → 물밸브, 증기밸브 개방
④ 증기밸브, 물밸브 폐쇄 → 드레인밸브 폐쇄 → 드레인밸브, 물밸브, 증기밸브 개방 → 물밸브 개방

답 ①

[핵심문제] **수면계의 수면이 불안정한 원인 중 옳은 것은?**

① 급수가 되지 않을 경우
② 고수위가 된 경우
③ 비수가 발생한 경우
④ 분출관에서 누수가 생길 경우

답 ③

(3) 온도계

① 온도계의 종류
　(가) 접촉식 온도계 : 유리제 온도계, 전기저항식 온도계, 압력식 온도계, 열전대 온도계, 바이메탈 온도계
　(나) 비접촉식 온도계 : 방사 온도계, 광전관식 온도계, 색 온도계, 광고 온도계

② 온도계 설치 장소
　(가) 급수 입구의 급수온도계
　(나) 버너 입구의 급유온도계
　(다) 보일러 본체 배기가스 온도계
　(라) 유량계를 통과하는 온도를 측정할 수 있는 온도계
　(마) 절탄기 또는 공기예열기가 설치된 경우에는 각 유체의 전후 온도를 측정할 수 있는 온도계
　(바) 과열기 또는 재열기가 있는 경우에는 그 출구 온도계

[핵심문제] **비접촉식 온도계의 종류가 아닌 것은?**

① 방사 온도계
② 광전관식 온도계
③ 광고 온도계
④ 평형 유리관식 온도계

[해설] 비접촉식 온도계 : 방사 온도계, 광전관식 온도계, 색 온도계, 광고 온도계

답 ④

3-3 안전장치

보일러 사고로부터 보일러를 보호하는 장치를 말한다.

(1) 안전밸브(safety valve)

① 작용 : 보일러 증기압이 이상 상승할 때 증기압을 외부로 방출하여 보일러를 기계적으로 보호하는 장치

  (가) 증기 보일러에는 2개 이상의 안전밸브를 설치한다. 단, 전열면적 50 m² 이하의 증기 보일러에서는 1개 이상 설치한다.

  (나) 안전밸브 호칭 지름은 25 mm 이상으로 한다. 단, 다음 보일러는 20 mm 이상으로 한다.

    ㉮ 최고사용압력이 1 kgf/cm²(0.1 MPa) 이하

    ㉯ 최고사용압력이 5 kgf/cm²(0.5 MPa) 이하, 동체 안지름 500 mm 이하, 길이는 1000 mm 이하

    ㉰ 최고사용압력 5 kgf/cm²(0.5 MPa) 이하로 전열면적 2 m² 이하

    ㉱ 최대증발량 5 ton/h 이하의 관류 보일러

    ㉲ 소용량 보일러

핵심문제 전열면적 50 m² 이하의 증기 보일러에는 몇 개 이상의 안전밸브를 설치하는가?

① 1개 이상   ② 2개 이상
③ 3개 이상   ④ 4개 이상   답 ①

---

② 안전밸브의 종류

  (가) 지렛대식 : 지렛대의 원리를 이용한 것

  (나) 중추식(추식) : 추의 중량을 밸브에 연결시켜 분출 압력을 조절한다.

  (다) 스프링식 : 스프링의 탄성을 나사의 조임으로 분출 압력을 조절한다(가장 많이 사용). 양정(lift)에 따라 분류하면 다음과 같다.

    ㉮ 저양정식 : 양정이 밸브 시트 지름의 $\frac{1}{40} \sim \frac{1}{15}$

    ㉯ 고양정식 : 양정이 밸브 시트 지름의 $\frac{1}{15} \sim \frac{1}{7}$

    ㉰ 전양정식 : 양정이 밸브 시트 지름의 $\frac{1}{7}$ 이상

    ㉱ 전양식 : 밸브 시트 지름이 목부 지름의 1.15배 이상

> [참고]
> 분출 용량이 큰 순서대로 나열하면 전양식 → 전양정식 → 고양정식 → 저양정식 순이다.

[핵심문제] 이동용 보일러에 가장 적합한 안전밸브는?
① 중추식　　　　　　　　② 지렛대식
③ 스프링식　　　　　　　④ 겹판식　　　　　　　　　　답 ③

[핵심문제] 다음 안전밸브의 종류 중 선박용 보일러에 가장 적합한 것은?
① 증기식 안전밸브　　　　② 추식 안전밸브
③ 레버식 안전밸브　　　　④ 스프링식 안전밸브　　　　답 ④

[핵심문제] 다음 중 보일러에 사용하는 안전밸브의 종류가 아닌 것은?
① 레버식 안전밸브　　　　② 스프링식 안전밸브
③ 추식 안전밸브　　　　　④ 각형 안전밸브　　　　　　답 ④

---

③ 안전밸브의 시험 : 안전밸브 작동시험은 1년에 2회 정도 행하며, 표준 압력을 기준으로 작동 압력을 조정한다. 점검은 분출압력의 75% 이상 되었을 때 1일 1회 이상 행한다.

[핵심문제] 안전밸브는 규정상 그 작동시험을 얼마만에 행하면 되는가?
① 6개월에 1회 정도　　　② 1년에 1회 정도
③ 18개월에 1회 정도　　④ 2년에 1회 정도　　　　　　답 ①

---

④ 안전밸브의 단면적 계산식

(가) 저양정식 : $A = \dfrac{22E}{1.03P+1}$ 　　　(나) 전양정식 : $A = \dfrac{5E}{1.03P+1}$

(다) 고양정식 : $A = \dfrac{10E}{1.03P+1}$ 　　　(라) 전양식 : $S = \dfrac{2.5E}{1.03P+1}$

여기서, A : 단면적(mm^2)　　　P : 분출압력 또는 최고사용압력(kg/cm^2)
　　　　E : 증발량 또는 최대연속증발량(kg/h)　　S : 목부 단면적(mm^2)

> [참고]
> ① $1.03P$는 분출압력의 1.03배를 뜻하며, 1은 대기압을 말한다.
> ② 안전밸브 시트의 단면적은 분출압력에 반비례하고 증발량에 비례한다.

⑤ 안전밸브 분출 용량 계산식 : 단면적 계산을 역계산하면 된다.

㈎ 저양정식 : $W = \dfrac{1.03P+1}{22}AC$ ㈏ 전양정식 : $W = \dfrac{1.03P+1}{5}AC$

㈐ 고양정식 : $W = \dfrac{1.03P+1}{10}AC$,   ㈑ 전양식 : $W = \dfrac{1.03P+1}{2.5}SC$

여기서, W : 분출용량(kg/h) P : 분출압력(kg/cm^2)
A : 안전밸브 차단 면적(mm^2) S : 목부 단면적(mm^2)
C : 상수(증기온도 280℃ 이하, 최고사용압력 120 kg/cm^2 이하는 1이다.)

핵심문제 최고사용압력이 7 kg/cm^2, 보일러 용량이 5 ton/h인 보일러에 안전밸브 2개를 설치하려고 한다. 호칭 지름 몇 mm 이상의 것을 사용해야 되는가? (단, 호칭 지름은 같은 것을 사용한다. 안전밸브는 고양정식이다.)

① 61.3 mm   ② 62.3 mm   ③ 63.4 mm   ④ 64.4 mm

해설 $A = \dfrac{10 \times 5000}{1.03 \times 7 + 1} = 6090\,\text{mm}^2$, $\dfrac{\pi D^2}{4} = 6090 \div 2 = 3045\,\text{mm}^2$

$D^2 = 3045 \times \dfrac{4}{\pi}$, $D = \sqrt{3865} = 62.28\,\text{mm}$ 답 ②

핵심문제 최고사용압력(분출압력)이 5 kg/cm^2, 변좌 지름이 50 mm인 전양정식 안전밸브 2개가 설치되어 있다. 1개당 분출용량은 얼마인가? 또 증발량이 몇 톤 정도 되는 보일러인가?

① 4828 kg/h, 9.7 ton/h   ② 4280 kg/h, 8.7 ton/h
③ 5211 kg/h, 3.2 ton/h   ④ 5499 kg/h, 4.3 ton/h

해설 안전밸브 차단면적 $A = \dfrac{3.14 \times 50^2}{4} = 1962.5\,\text{mm}^2$

$W = \dfrac{1.03 \times 5 + 1}{2.5} \times 1962.5 = 4828\,\text{kg/h}$

$4828 \times 2 = 9656\,\text{kg/h}$ 답 ①

---

(2) 방폭문(폭발문)

연소실 내에서 미연소 가스 폭발, 역화 등으로 인하여 노내압이 상승하면 사고가 발생한다. 이때 상승한 노내압을 대기로 방출시켜 파열 사고를 사전에 방지하는 장치이다. 작동압력은 방폭문 지지용 스프링의 장력을 조절한다.

참고
방폭문의 종류 : ① 개방식 : 자연통풍식(스윙식), ② 밀폐식 : 가압연소식(스프링식)

> [핵심문제] 보일러에서 노내 연소가스의 폭발 시 노벽 등 벽돌 쌓음의 붕괴를 방지하기 위해 설치하는 안전장치는?
> ① 방폭문 ② 안전관
> ③ 방출밸브 ④ 인젝터
> 답 ①

(3) 고·저수위 경보장치

보일러 수위가 안전 수위가 되기 전에 경보를 발하는 장치이며, 연료 차단까지 할 수 있다.

① 종류
  ㈎ 코프스식(열팽창력식) : 금속의 열팽창력을 이용하여 수위를 제어하는 형식
  ㈏ 전기식
    ㉮ 부자식
      • 맥도널식 : 부자 위치 변위에 따른 수은 스위치 작동
      • 자석식 : 부자 위치에 따른 자석 위치 변위로 수은 스위치 작동
    ㉯ 전극식 : 관수의 전기 전도성 이용
② 저수위 경보기는 경보 및 연료 차단 이외에도 급수 조절 기능까지 할 수 있도록 제작되는 것이 좋다.

> [참고]
> 수위가 높으면 비수 현상이 일어나기 쉽고, 낮으면 과열 사고가 일어난다.

> [핵심문제] 보일러의 운전 중 수위가 높거나 낮을 때 작동되는 안전장치는?
> ① 안전밸브 ② 화염검출기
> ③ 고·저수위 경보장치 ④ 압력 차단 스위치
> 답 ③

> [핵심문제] 고·저수위 경보장치에 관한 다음 설명 중 틀린 것은?
> ① 보일러 운전 중 부주의로 위험 고수위가 되거나 위험 저수위가 되는 현상을 막는다.
> ② 내부에 플로트 등을 장치해 놓고, 그 운동으로 벨을 울리게 하여 경보하는 원리로 되어 있다.
> ③ 크게 기계식과 전기식으로 나눈다.
> ④ 경보의 기능만 갖고 있어도 충분하며 연료 차단, 급수 조절의 기능 발휘는 할 필요가 없다.
> 답 ④

> [핵심문제] 보일러 수위제어 검출 방식에 해당되지 않는 것은?
> ① 유속식 ② 전극식
> ③ 차압식 ④ 열팽창식
>
> 답 ①

(4) 가용전(가용 플러그 : fusible pulg)

고온에서 녹기 쉬운 합금은 노통 또는 화실 천장부에 나사 형태로 끼워져 위치한다. 그런데 사용 중 보일러 수위가 낮아져 그 부분이 과열될 경우에는 나사가 끼워져 있는 부분에 합금이 녹아서 구멍이 뚫려 그 부분으로부터 증기가 분출하고 노내의 화력을 약하게 하는 동시에 그 음향으로 위험을 알리는 안전장치의 일종이다.

① 합금 원소 : 납과 주석
　㈎ 납의 융점 : 327℃
　㈏ 주석의 융점 : 232℃
② 1년에 1회씩 교체한다.
③ 노통 상단부에 부착한다.

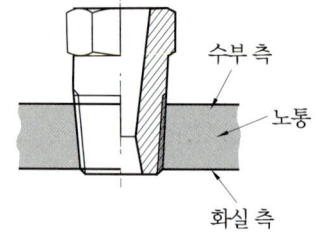

가용전

> [핵심문제] 가용전에 쓰이는 합금 금속은 무엇과 무엇의 합금인가?
> ① Pb + Sn ② Pt + Zn ③ Fe + Pb ④ Pb + Ni
>
> 답 ①
>
> [핵심문제] 다음 중 안전장치가 아닌 것은?
> ① 수면 고·저 경보기 ② 안전밸브
> ③ 가용마개 ④ 드레인 콕
>
> 답 ④
>
> [핵심문제] 안전장치인 가용 플러그의 설치위치는 어느 곳이 가장 적당한가?
> ① 버너 장착부 ② 연소실 내부
> ③ 노통 상단부 ④ 안전밸브와 같이 설치
>
> 답 ③

(5) 증기압력 차단기 및 압력 제한기

압력이 조정압력에 도달하면 자동적으로 접점을 단락하여 전자밸브를 닫아 연료를 차단하여 보일러를 증기압으로부터 안전하게 전기적으로 보호하는 장치를 말한다. 안전밸브 작동압력보다 약간 낮게 조정한다.

> [참고]
> **압력 제한기와 압력 조절기의 차이**
> ① 압력 제한기 : 주로 소용량 보일러에 많이 사용된다. 즉, 증기압력을 검출하여 설정 상·하위에서 각각 보안 제어기에 착용하여 자동적으로 연소를 on-off시키는 것으로써 압력 변화에 따라 기내의 벨로스가 신축하여 수은 스위치를 작동, 전기 회로를 개폐시키는 장치이다.
> ② 압력 조절기 : 증기압력을 검출하여 기내의 벨로스가 신축함으로써 와이퍼를 움직임에 따라 전기 저항을 변화시켜 연료량과 함께 공기량을 조절하여 컨트롤 모터를 작동시키는 장치이다.

[핵심문제] **압력 차단 스위치에 관한 설명 중 잘못된 것은?**
① 압력 제한용 제어장치의 일종이다.
② 압력이 조정압력에 도달하면 자동적으로 접점을 떼어 전자밸브를 열어 연료를 차단한다.
③ 보일러를 증기압으로부터 안전하게 전기적으로 보호하는 장치이다.
④ 이 스위치는 안전밸브의 작동압력보다 약간 낮게 조정한다.   답 ②

[핵심문제] **압력 차단 스위치는 제어장치의 일종이다. 그렇다면, 이 스위치의 작동압력은 어떻게 조정하여야 하는가?**
① 작동압력은 그렇게 중요하지 않으므로 그냥 내버려 둔다.
② 안전밸브 작동압력보다 약간 낮게 조정한다.
③ 안전밸브 작동압력보다 약간 높게 조정한다.
④ 안전밸브의 작동압력과 동일하게 조정한다.   답 ②

---

(6) 화염검출기

연소실 내의 소화, 실화, 정상 연소 상태를 감시하며, 실화 소화 시 긴급 연료차단밸브를 닫아 연료 누입을 막고, 점화 시에는 불꽃 검출 후에 연료밸브를 열어 연소가스 폭발 사고를 방지한다.

① 화염 검출기의 종류 [중요]
  ㈎ 플레임 아이(발광 이용)
    ㉮ 황화카드뮴 광도전 셀 : 경유 버너에 주로 사용
    ㉯ 황화납 광도전 셀 : 기름 가스에 사용
    ㉰ 적외선 광전관 : 적외선 이용
    ㉱ 자외선 광전관 : 기름 가스에 사용
  ㈏ 플레임 로드 : 전기 전도성 이용(가스 점화 버너에 주로 사용)

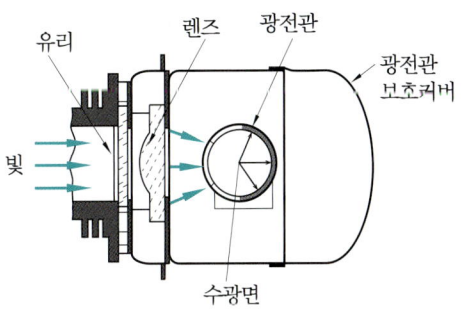

화염검출기

㈐ 스택 스위치(발열 이용) : 바이메탈 이용, 연도에 설치, 소용량, 온수 보일러에 주로 사용(연료 소비량 10L/h 이하)

> [참고]
> 광전 효과란 빛을 받으면 광전자가 튀어나오는 현상을 말한다.

[핵심문제] 화염검출기의 종류가 아닌 것은?
① 플레임 아이　　　　② 플레임 로드
③ 스택 스위치　　　　④ 플로트식　　　　답 ④

[핵심문제] 플레임 아이는 화염의 어떠한 성질을 이용하여 화염을 검출하는가?
① 화염의 스파크를 이용한 방식　② 화염의 발광체를 이용한 방식
③ 화염의 발열체를 이용한 방식　④ 화염의 이온화를 이용한 방식

[해설] 플레임 아이는 화염의 발광체를 이용한 것으로 화염의 복사선을 광전관으로 잡아 전기 신호로 변환해서 화염의 유무를 검출하는 장치이다.　　답 ②

[핵심문제] 소용량 온수 보일러용 화염검출기로 바이메탈에 의한 발열을 이용하여 작동되며, 연도에 설치되는 것은?
① 적외선 광전관　　　② 자외선 광전관
③ 스택 스위치　　　　④ 플레임 로드　　　答 ③

---

(7) 방출밸브와 팽창탱크

온수 보일러에 부착되는 안전장치이다.
① 방출밸브 : 온수 온도가 120℃ 이하인 보일러에 부착한다. 호칭 지름은 20 mm 이상, 조정압력은 최고사용압력+10% 이하로 조정한다. 온수 온도가 120℃ 이상인 보일러에는 안전밸브를 설치한다.

전열면적(m²)	방출관의 안지름(mm)
10 미만	20 이상
10 이상 15 미만	30 이상
15 이상 20 미만	40 이상
20 이상	50 이상

② 팽창탱크 : 가열에 의한 온수의 팽창으로 보일러 내부 압력이 증가하여 파열 사고를 발생시킨다. 이러한 온수의 팽창을 흡수하기 위하여 설치한 장치이다. 보일러 보충수 공급도 팽창탱크로 행한다. 종류에는 개방식, 밀폐식이 있다.

> [참고]
> 보일러와 팽창탱크를 연결하는 관(팽창관)에는 밸브를 설치할 수 없다.

> [핵심문제] 온수 보일러에만 부착되는 안전장치인 방출밸브는 온수 온도가 몇 ℃ 이하일 경우에 부착하는가?
> ① 80℃　　　　　　　　② 100℃
> ③ 120℃　　　　　　　　④ 140℃
> 답 ③

> [핵심문제] 방출밸브에 관한 장착 기준을 옳게 열거한 것은?
> ① 온수 온도가 100℃ 이하인 온수 보일러에 부착한다.
> ② 호칭지름 20 mm 이상의 관을 방출 관경으로 정한다.
> ③ 조정압력은 최고사용압력보다 15% 이하의 압력을 더한 값으로 조정한다.
> ④ 온수 온도가 140℃를 초과할 경우에는 안전밸브를 설치해 준다.
> 답 ②

3-4 급수장치

(1) 급수장치의 개요

① 증기 보일러일 경우 2세트 이상 설치한다.
② 전열면적 12 m² 이하는 1세트 이상 설치한다.
③ 관류 보일러는 전열면적 100 m² 미만일 때 1세트 이상 설치한다.
④ 소용량 보일러는 1세트 이상 설치한다.
⑤ 급수능력은 최대증발량의 25% 이상이어야 한다.
⑥ 최고사용압력 이상 20%, 수압으로 급수할 수 있는 급수탱크 또는 최고사용압력보다 1 kgf/cm² 이상 높은 압력을 갖는 급수원은 급수펌프로 사용한다.
⑦ 최고사용온도가 120℃ 이하인 온수 보일러의 수두압이 10 m를 초과할 경우에는 온수의 온도가 120℃를 초과하지 않도록 온도·연소 제어장치를 설치한다.

(2) 급수펌프

① 급수펌프의 구비 조건
　(가) 작동이 확실하고, 취급이 용이할 것
　(나) 부하변동에 대응할 수 있을 것
　(다) 고속 회전에 지장이 없을 것
　(라) 저부하에서도 효율이 좋을 것
　(마) 병렬 운전에 지장이 없을 것

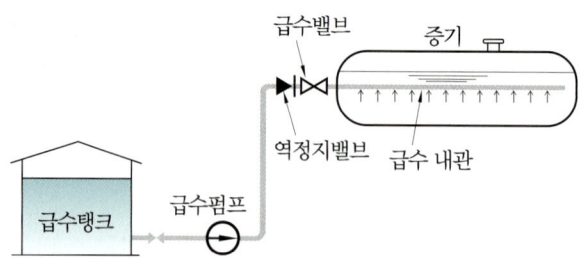

보일러의 급수 계통도

> [핵심문제] 급수펌프의 구비 조건 중 틀린 것은?
> ① 급격한 부하 변동에 대응할 수 있어야 한다.
> ② 저부하에서는 관계가 없으나 고부하에서는 효율이 좋아야 한다.
> ③ 고온 및 고압에 충분히 견디어야 한다.
> ④ 병렬 운전에 지장이 없어야 한다.　　　　　　　　　　답 ②

② 급수펌프의 종류 중요
　㈎ 회전식(원심식)
　　㉮ 벌류트 펌프 : 저속, 저양정
　　㉯ 터빈 펌프 : 고속, 고양정
　㈏ 왕복식
　　㉮ 워싱턴 펌프 : 보일러의 증기를 이용하여 급수
　　㉯ 위어 펌프 : 보일러의 증기를 이용하여 급수
　　㉰ 플런저 펌프 : 증기 및 동력을 이용하여 급수
　㈐ 기타 : 인젝터, 환원기

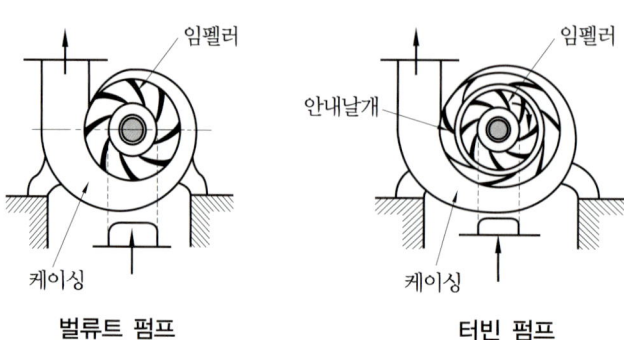

벌류트 펌프　　　　터빈 펌프

> **핵심문제** 보일러용 급수 펌프의 명칭 중 증기 왕복동식 기관 형식인 것은?
> ① 터빈 펌프
> ② 벌류트 펌프
> ③ 워싱턴 펌프
> ④ 플런저 펌프
> [해설] 증기 왕복동식 급수장치로는 워싱턴 펌프와 위어 펌프가 대표적이다.   답 ③

> **핵심문제** 왕복식 펌프에 해당되지 않는 것은?
> ① 플런저 펌프   ② 피스톤 펌프
> ③ 워싱턴 펌프   ④ 터빈 펌프
> [해설] ④는 회전식 펌프이다.   답 ④

> **핵심문제** 급수펌프에 대한 설명 중 틀린 것은?
> ① 왕복펌프는 단동식과 복동식이 있고 워싱턴 펌프와 위어 펌프가 있다.
> ② 급수펌프는 용량이 중요하나 펌프 압력과는 관계가 없다.
> ③ 급수펌프는 보일러에 부착 시 병렬식으로 연결하여야 한다.
> ④ 회전펌프는 벌류트 펌프와 터빈 펌프가 있다.
> [해설] 급수펌프 설치 시 펌프의 용량 및 압력을 고려하여 설치한다.   답 ②

③ 인젝터(injector : 무동력 급수보조장치) : 증기의 열에너지를 압력에너지로 전환시키고 다시 운동에너지로 바꾸어 급수하는 장치로 중소형 보일러에 많이 설치한다.
  (가) 장점
    ㉮ 설치 장소가 적게 필요하다.
    ㉯ 구조가 간단하고 취급이 용이하다.
    ㉰ 급수가 예열되어 열응력 발생을 방지한다.
    ㉱ 열효율이 좋아진다.
    ㉲ 가격이 저렴하다.
    ㉳ 동력이 필요 없다.
  (나) 단점
    ㉮ 인젝터 자체의 흡입 양정이 낮다.
    ㉯ 급수 온도가 높으면 급수가 곤란하다.
    ㉰ 증기압이 낮으면 급수가 곤란하다.
    ㉱ 급수 조절이 곤란하다.

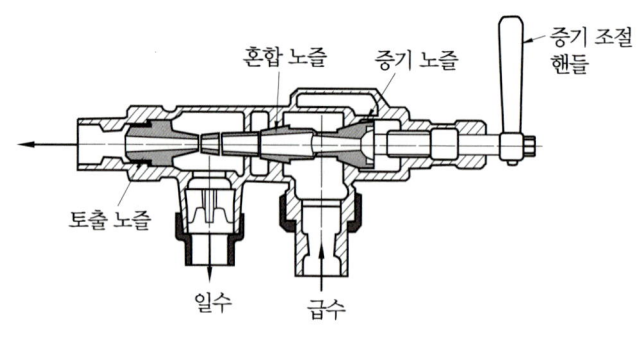

인젝터의 단면도

> [참고]
> - **일수밸브** : 인젝터 동작 시 인젝터 내의 응축수나 여분의 급수를 제거하기 위한 밸브
> - 인젝터로 급수하는 경우에 옥상 급수조에서 급수한다.
> - **인젝터 급수의 불량 원인** [중요]
>   ① 급수 온도가 높을 때(50℃ 이상)   ② 증기압이 낮을 때(2 kgf/cm² 이하)
>   ③ 노즐의 마모 시   ④ 흡입판(급수관)에 공기 누입 시
>   ⑤ 인젝터 자체 온도가 높을 때   ⑥ 증기가 너무 건조하거나 습할 경우
> - **인젝터 작동 순서** [중요]
>   ① 인젝터 출구 측 밸브를 연다.   ② 인젝터 급수밸브를 연다.
>   ③ 인젝터 증기밸브를 연다.   ④ 인젝터 조절 핸들 밸브를 연다.
> ※ 인젝터 작동 순서에 있어서 위험 요소가 크지 않은 급수밸브를 먼저 개방 후 증기밸브를 열어준다.

[핵심문제] **인젝터에 관한 다음 설명 중 틀린 것은?**
① 증기의 응축에 따라 보유 열에너지는 운동에너지로 변하며, 빠른 속도로 물에 에너지를 주고, 그 속도는 다시 압력에너지로 변하여 급수된다.
② 급수온도 50℃ 이하용 그레삼형과 65℃ 이하용 메트로폴리탄형이 있다.
③ 구조가 간단하고 취급이 쉬우며 설치 장소가 필요없다.
④ 급수온도 및 증기압이 낮으면 급수가 곤란하다. 답 ①

[핵심문제] **인젝터의 작동이 불량하게 되는 이유는?**
① 수원의 수압이 높다.
② 증기압이 높다.
③ 급수의 온도가 너무 높다.
④ 보일러 관 내압이 너무 낮다. 답 ③

[핵심문제] **다음은 인젝터의 정지 순서를 나열한 것이다. 옳은 것은?**

> ㉠ 급수밸브를 닫는다.
> ㉡ 증기밸브를 닫는다.
> ㉢ 핸들을 닫는다.
> ㉣ 출구 정지밸브를 닫는다.

① ㉠ → ㉡ → ㉢ → ㉣   ② ㉠ → ㉢ → ㉣ → ㉡
③ ㉢ → ㉠ → ㉡ → ㉣   ④ ㉢ → ㉡ → ㉣ → ㉠

답 ③

[핵심문제] **인젝터의 장점을 잘못 열거한 것은?**

① 설치 장소를 크게 차지하지 않는다.
② 가격이 저렴하다.
③ 동력이 불필요하다.
④ 인젝터 자체의 흡입 양정이 높다.

답 ④

[핵심문제] **인젝터에 관한 단점을 열거한 것이다. 잘못된 것은?**

① 급수온도가 높으면 급수가 곤란하다.
② 급수가 예열되지 않아 열응력이 많이 발생된다.
③ 증기압이 낮으면 급수가 곤란하다.
④ 급수의 조절이 어렵다.

답 ②

(3) 급수정지밸브 및 역정지밸브

① 급수정지밸브의 크기
  ㈎ 전열면적 $10\,m^2$ 초과 : 호칭지름 20 mm 이상
  ㈏ 전열면적 $10\,m^2$ 이하 : 호칭지름 15 mm 이상
② 정지밸브는 보일러 동체와 최대한 근접하게 설치하고 역정지밸브(체크밸브)는 정지밸브와 근접 거리에 설치한다.
③ 역정지밸브(체크밸브) : 유체의 흐름 방향을 한쪽으로만 흐르게 하는 밸브

[참고]
체크밸브의 종류
① 스윙식 : 수평·수직 배관에 사용 가능
② 리프트식 : 수평 배관에만 사용 가능

[핵심문제] 보일러 급수밸브에서 역류를 방지하기 위하여 반드시 설치해야 하는 밸브는?
① 체크밸브　　　　② 슬루스밸브
③ 글로브밸브　　　④ 앵글밸브　　　답 ①

[핵심문제] 보일러의 전열면적이 10 m²를 초과할 경우 사용되는 급수밸브의 크기는 호칭지름 몇 mm 이상인가?
① 15　　　　② 20
③ 25　　　　④ 32　　　답 ②

[핵심문제] 보일러에 체크밸브 및 급수밸브를 설치할 때의 사항 중 틀린 것은?
① 보일러의 급수관에는 급수밸브를 먼저 보일러 가까이에 설치하고, 그 다음에 체크밸브를 설치한다.
② 급수밸브는 보일러 전열면적 10 m² 이하 시 호칭지름 15 mm 이상의 것을 설치한다.
③ 체크밸브는 최고사용압력 1 kgf/cm² 이상인 보일러에는 장착하지 않는다.
④ 체크밸브는 7 kgf/cm²의 기계적인 강도에 견딜 수 있는 구조이어야 한다.
답 ③

[핵심문제] 체크밸브의 종류를 옳게 짝지은 것은?
① 스윙식과 앵글식
② 벨로스식과 슬리브식
③ 스윙식과 리프트식
④ 그레삼식과 메트로폴리탄식　　　답 ③

[핵심문제] 수평 배관용으로만 사용되는 체크밸브 방식은?
① 자체 중력식　　　② 리프트식
③ 스윙식　　　　　　④ 중력식　　　답 ②

(4) 급수 내관

보일러에 집중 급수를 방지하여 부동 팽창을 방지하고 열응력 발생을 방지하기 위하여 보일러 통 내부에 설치하는 관을 말한다.

① 설치상 특징

　(개) 내관을 통과하면서 급수가 예열된다.

(나) 급수를 산포시켜 열응력, 부동 팽창 방지
② 설치 위치 : 안전 수위 약간 아래에 설치한다(50mm 아래).

설치 위치가 높을 때	설치 위치가 낮을 때
• 정상 수위가 보다 조금만 낮아도 급수 내관이 노출되기 쉽다. • 노출된 상태로 급수하면 수격 작용 발생	• 보일러 동 저부 냉각 조장 • 온도차 감소로 인한 관수의 순환 저해

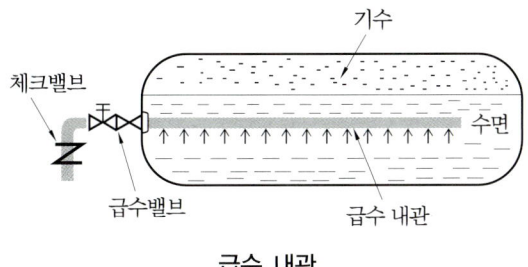

급수 내관

[핵심문제] 급수 내관에 관한 설명으로 틀린 것은?
① 급수 내관의 설치 위치가 지나치게 높으면 급수 시 수격 작용을 일으킨다.
② 급수 내관의 설치 위치는 안전 저수면보다 조금 위에 설치하는 것이 좋다.
③ 통에 직접 급수온도의 영향을 받지 않도록 하기 위하여 설치한다.
④ 급수 내관의 설치 위치가 지나치게 낮으면 보일러수의 순환이 나쁘고 동 저부의 냉각을 조장한다.　　답 ②

[핵심문제] 급수 내관의 설치에 관한 다음 설명 중 틀린 것은?
① 급수 내관은 지름 38~75 mm의 약간 긴 강관에 다수의 구멍을 뚫어 보일러동 내부에 설치하는 관이다.
② 급수 내관을 통과하면서 급수가 예열된다.
③ 급수를 산포시켜 열응력, 부동 팽창을 방지할 목적으로 설치한다.
④ 급수 내관의 설치 위치가 안전수위보다 훨씬 높게 설치되면 보일러 동 저부의 냉각을 조장하게 된다.　　답 ④

[핵심문제] 급수 내관의 부착 위치에 대한 다음 설명 중 옳은 것은?
① 보일러의 상용수위와 일치되게 부착한다.
② 보일러의 기준수위와 일치되게 부착한다.
③ 보일러의 안전수위보다 조금 높게 부착한다.
④ 보일러의 안전수위보다 조금 낮게 부착한다.　　답 ④

3-5 송기장치

보일러에서 발생하는 증기를 사용 장소에 보내기 위하여 사용되는 장치를 말한다.

(1) 비수방지관(증기내관)

비수 현상을 방지하기 위하여 동(胴) 내부의 증기부 상단에 설치하는 관이다.

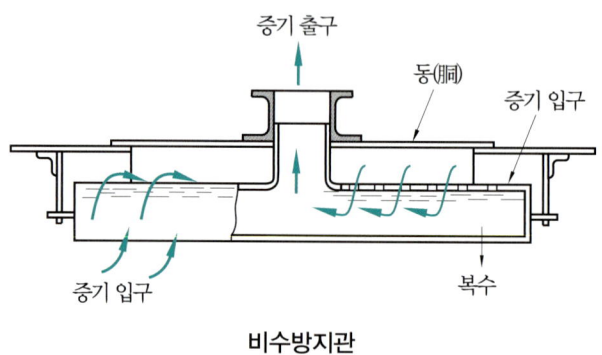

비수방지관

> [참고]
> - 원통형 보일러에서는 증기부가 적은 경우에 건증기를 얻기 위하여 스팀돔(증기통)을 설치하는 경우가 있다.
> - **구조** : 관 양단을 막고 상단에 구멍을 두어 증기가 흡입되도록 되어 있다. 비수 방지관에 뚫린 구멍의 총 면적이 증기 취출구 증기관 면적의 1.5배 이상이어야 한다.

① 비수 현상(프라이밍) : 물방울이 수면 위로 튀어올라 송기되는 증기 속에 포함되어 나가는 현상을 말한다.

> [참고]
> - **비수 현상의 발생 원인** (중요)
>   ① 주증기밸브의 급개   ② 증기발생 속도의 빠름
>   ③ 관수의 농축   ④ 관수의 수위가 높을 때
>   ⑤ 유지분, 알칼리분, 부유물 함유   ⑥ 부하의 급변
> - **비수 현상 시 피해**
>   ① 수위 오인(저수위 사고)   ② 계기류 연락관의 막힘
>   ③ 송기되는 증기의 불순   ④ 증기의 열량 감소
>   ⑤ 배관 부식   ⑥ 배관, 기관 내에서 수격 작용 발생 등
> - **비수 현상의 방지 방법**
>   ① 비수 방지관을 설치한다.   ② 주증기밸브를 천천히 연다.
>   ③ 관수 중에 불순물, 농축수 제거   ④ 수위를 고수위로 하지 않는다(정상 수위 유지).

• 비수 현상 시 조치
① 연료 차단
② 공기 차단
③ 주증기밸브를 닫고 수위 안정
④ 급수 및 분출 반복
⑤ 계기류 점검
⑥ 수질 분석

유지분 부유물질 → 포밍 프라이밍 →(캐리오버)→ 수격작용 배관의 부식 → 보일러 효율 감소

② 포밍 현상(거품 발생) : 화학적 원인은 다음과 같다.

관수 중에 용존 고형물, 유지분, 부유물 등이 다량 함유되어 농축되면 증기 발생 시 거품이 안전한 상태로 유지되어 거품이 없어지지 않는다.

[핵심문제] 프라이밍의 원인으로서 옳게 설명된 것은?

① 수위가 낮을 때
② 보일러의 부하가 적을 때
③ 증기밸브를 급개할 때
④ 급격히 급수를 공급했을 때

답 ③

[핵심문제] 프라이밍을 일으키기 쉬운 경우로 틀린 것은?

① 증기밸브를 급히 열었을 때
② 보일러수가 농축된 경우
③ 공기를 함유한 물을 관내에 송급하였을 때
④ 고수위인 경우

답 ③

[핵심문제] 보일러에서 증기관 쪽에 보내는 증기에 수분이 많이 함유되는 것은?

① 아웃 오버
② 포밍
③ 프라이밍
④ 캐리오버

답 ④

[핵심문제] 비수의 원인이 아닌 것은?

① 증기밸브를 갑자기 열어 한꺼번에 송기를 개시했을 때
② 보일러 안의 수위가 너무 높을 때
③ 갑자기 연소를 중지시켰을 때
④ 보일러수가 농축되었을 때

답 ③

[핵심문제] 프라이밍이나 포밍이 일어난 경우 필요한 조치가 아닌 것은?
① 증기밸브를 열고 수면계 수위의 안정을 기다린다.
② 보일러수의 자료를 얻어 수질시험을 한다.
③ 연소량을 가볍게 한다.
④ 보일러수의 일부를 취출하여 새로운 물을 넣는다.   답 ①

③ 수격작용(워터 해머) : 배관 내부에 존재한 응축수가 송기 시에 밀려 배관 내부를 심하게 타격하여 소음을 발생시키는 현상

[참고]
- 수격 작용이 심하면 배관의 파열 현상이 발생한다.
- **수격 작용의 발생 원인**
  ① 포밍, 프라이밍 현상 발생 시
  ② 배관 구배 선정의 잘못
  ③ 배관면으로 열량 손실 과대
  ④ 주증기밸브의 급개(急開)
  ⑤ 부하 변동이 극심할 때
- **수격 작용 발생 방지 방법**
  ① 배관의 보온을 철저히 한다.
  ② 구배 선정을 잘한다.
  ③ 응축수가 고이는 곳에는 트랩을 설치한다.
  ④ 증기를 과열시킨다.
  ⑤ 송기 시에는 완만 조작 및 드레인 제거를 잘한다.

[핵심문제] 보일러 내에서 수격 작용이 발생되는 가장 큰 원인은?
① 증기압력이 낮았을 때
② 증기압력이 너무 높을 때
③ 급수 용량이 저하될 때
④ 송기밸브를 갑자기 전개할 때   답 ④

[핵심문제] 배관 내부에 존재한 응축수가 송기 시에 밀려 배관 내부를 심하게 타격하여 소음을 발생시키는 현상은?
① 증발력 증강 현상   ② 수격 작용
③ 포밍   ④ 캐리오버   답 ②

> [핵심문제] 수격 작용을 방지하기 위한 방법으로서 틀린 것은?
> ① 증기관의 보온
> ② 증기관 말단에 트랩 설치
> ③ 캐리오버를 방지
> ④ 안전밸브 설치
>
> 답 ④

(2) 기수분리기(steam separator)

수관식 보일러에는 증기 발생 속도가 극히 빠르기 때문에 비수 방지관만으로는 건조 증기를 얻기가 어려우므로 동 내부에서나 배관에 기수분리기를 설치한다.

> [참고]
> **보일러에 비수방지관이나 기수분리기를 설치함으로써 얻을 수 있는 이점** [중요]
> ① 건도가 높은 증기를 공급할 수 있다.
> ② 워터 해머(water hammer : 수격 작용)를 방지할 수 있다.
> ③ 증기의 마찰저항을 감소시킬 수 있다.
> ④ 수분으로 인한 관내 및 부속 밸브류의 부식을 감소시킬 수 있다.
> ⑤ 드레인(응축수)으로 인한 열손실을 방지할 수 있다.

기수분리기의 분류 및 원리

분 류	원 리
사이클론형	원심력을 이용
스크레버형	다수 강판을 이용(파도형)
건조 스크린형	금속망판 이용
배플형	방향 전환 이용

> [참고]
> 기수분리기는 기수 분리, 증기 청정, 건조 순으로 행하여진다.

> [핵심문제] 다음 중 기수분리기의 설명으로 틀린 것은?
> ① 사이클론 – 원심력 이용
> ② 건조 스크린 – 내마모성 이용
> ③ 스크레버 – 강판 이용
> ④ 배플 – 방향 전환 이용
>
> 답 ②

> [핵심문제] 배관 중 기수분리기의 원리는 동 내부에 설비되는 기수 분리장치와 같은 것이지만, 기수 분리의 방법에 따라 다음과 같이 구분된다. 이중 관계없는 것은?
> ① 방향 전환을 이용한 것
> ② 압력을 이용한 것
> ③ 장애판을 이용한 것
> ④ 금속망판을 이용한 것
> 답 ②

(3) 주증기밸브 및 주증기관

증기를 송기 및 정지하기 위하여 보일러 증기부 상단에 부착되며, 일반적으로 앵글밸브가 이용된다.

> [참고] 증기관은 보온도 철저하게 해야 되지만 배관 구배 선정을 잘하여 응축수 배출이 용이하도록 해야 한다.

> [핵심문제] 보일러의 송기장치에 속하지 않는 것은?
> ① 비수방지관 ② 저수위경보기
> ③ 주증기밸브 ④ 기수분리기
> [해설] 저수위 경보기는 안전장치이다. 답 ②

> [핵심문제] 보일러 부속장치 설명 중 잘못된 것은?
> ① 기수분리기 : 증기 중에 혼입된 수분을 분리하는 장치
> ② 증기 헤더 : 발생증기를 한 곳에 모아 필요한 곳에 공급하는 장치
> ③ 수트블로어 : 보일러 동 저면의 스케일, 침전물 등을 밖으로 배출하는 장치
> ④ 스팀트랩 : 응결수를 자동으로 배출하는 장치
> 답 ③

(4) 감압밸브

보일러에서 발생한 증기의 압력을 내리기 위하여 사용되는 장치이며, 주로 스프링식이 이용된다.
① 설치 목적
  ㈎ 고압 증기를 저압 증기로 전환하기 위하여
  ㈏ 부하측의 압력을 일정하게 유지하기 위하여

㈐ 부하 변동에 따른 증기의 소비량을 줄이기 위하여
② 고압 증기보다 저압 증기를 사용하는 이유 중요
저압 증기는 증발잠열이 크므로 사용할 수 있는 열량이 많고, 열응력에 의한 부속장치 및 증기배관에 미치는 영향이 적다.
③ 감압밸브의 종류
㈎ 작동 방법에 따른 분류 : 벨로스식, 피스톤식, 다이어프램식
㈏ 구조에 따른 분류 : 스프링식, 추식
④ 감압밸브의 주위 배관도(by-pass도)

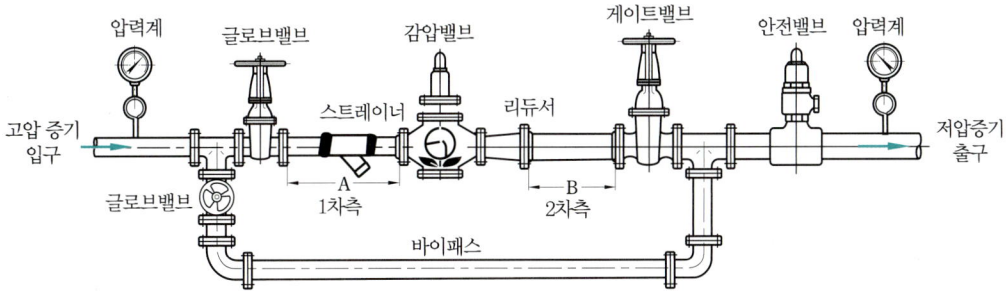

㈎ 감압밸브 입구측(고압측) : 글로브밸브, 여과기, 압력계
㈏ 감압밸브 출구측(저압측) : 게이트밸브, 안전밸브, 압력계

> [참고]
> **리듀서(reducer)를 사용하는 이유** : 감압밸브 2차측에 리듀서를 사용하면 압력이 감소되어 증기의 체적이 증가하게 된다.

[핵심문제] **감압밸브의 종류가 아닌 것은?**
① 지렛대식　　② 추식
③ 다이어프램식　　④ 피스톤식　　　답 ①

[핵심문제] **감압밸브의 작용을 옳게 설명한 것은?**
① 증기의 엔탈피를 증가시키는 장치이다.
② 증기의 과열도를 높이는 장치이다.
③ 증기의 압력만 낮추는 장치이다.
④ 고압증기를 저압으로 하고 부하측 압력을 일정하게 유지하는 장치이다.
답 ④

> [핵심문제] 감압밸브를 설치할 때 고압측에 부착하는 장치가 아닌 것은?
> ① 정지밸브　　　　② 안전밸브
> ③ 압력계　　　　　④ 여과기
> 　답 ②

> [핵심문제] 바이패스 배관으로 증기배관 중에 감압밸브를 설치하는 경우 필요 없는 것은?
> ① 스트레이너　　　② 압력계
> ③ 슬루스밸브　　　④ 에어벤트
> 　답 ④

(5) 증기축열기(steam accumulator)

보일러에서 과잉 발생한 증기를 저장하고, 부하가 증가하면 증기를 방출하여 증기의 과부족을 해소하는 장치로서 일종의 증기은행이라 할 수 있다.

> [참고]
> 증기를 저장하는 매체는 물이다.

(6) 증기헤더(스팀헤더)

보일러 주증기관과 부하측 증기관 사이에 설치하여 운영되는 압력용기(제2종 압력용기)로서 송기 및 정지가 편리한 장점이 있으며, 헤더에 부착되는 가장 큰 관의 2배 이상 크기로 설치한다.

> [핵심문제] 증기헤더를 설치했을 때의 장점이 아닌 것은?
> ① 증기의 송기 및 정지가 편리하다.
> ② 증기의 과부족 현상을 조절할 수 있다.
> ③ 보일러의 용량을 증가시킬 수 있다.
> ④ 배관에서의 열손실을 줄일 수 있다.
> 　답 ③

(7) 신축 이음(신축 조인트)

배관이 열에 의하여 팽창과 수축을 하게 된다. 이러한 작용으로 인하여 배관 이음부 장치 등에 무리가 발생한다. 그러므로 이러한 신축 작용을 흡수할 수 있도록 이음하는 것을 신축 이음이라 한다.

① 신축 이음의 종류 중요
    ㈎ 루프형(만곡형, ⌒) : 실외 고압 배관에 사용
    ㈏ 벨로스형(주름통형, ─MMM─) : 포화증기 및 과열증기에 사용
    ㈐ 스위블형(저압 배관,) : 주관에서 분기되는 관에 사용(두 개 이상의 엘보 사용)
    ㈑ 슬리브형(미끄럼형, ─□─) : 온수나 저압 배관에 사용
② 설치 위치 : 직관 길이 약 15 m마다 1개소 정도 설치

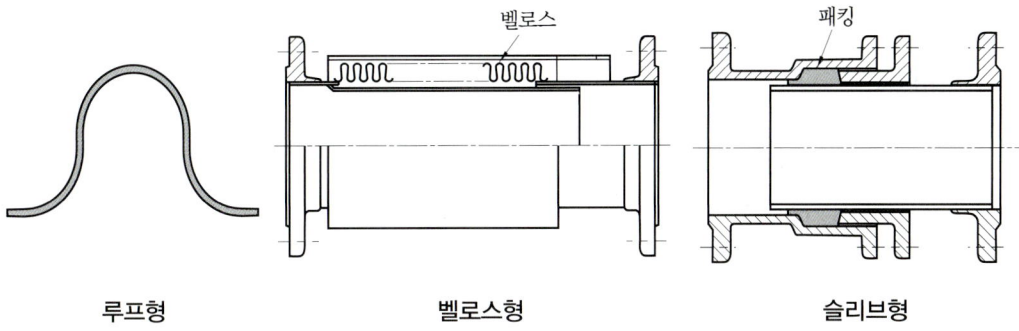

루프형   벨로스형   슬리브형

핵심문제 신축 이음의 종류가 아닌 것은?
① 루프형   ② 벨로스형
③ 스위블형   ④ 맥도널형   답 ④

핵심문제 신축 이음의 작용을 옳게 설명한 것은?
① 배관의 열팽창 시 그 피해를 방지한다.
② 배관의 수격 작용을 방지한다.
③ 응축수를 한 곳으로 모은다.
④ 응축수를 제거한다.   답 ①

---

(8) 방열기(radiator)
직접 난방에 쓰이는 방열기는 주철제가 가장 많으나 강판제, 강관제, 알루미늄제도 있다.
① 방열기의 설치 형태에 따른 분류
    ㈎ 주형 방열기(columm radiator) : 2주형, 3주형, 3세주형, 5세주형

(나) 벽걸이 방열기(wall radiator) : 주철제로서 횡형과 종형이 있다.
(다) 길드 방열기(gilled radiator) : 1 m 정도의 주철제로 된 파이프 방열기
(라) 대류 방열기(convector radiator) : 캐비닛 속에 가열기(방열판)가 들어 있어 공기의 대류 작용으로 난방

② 방열기 표준방열량($kcal/m^2 \cdot h$) 〔중요〕
(가) 증기 : 방열기 방열면적 $1 m^2$(EDR)당 $650 kcal/m^2 \cdot h$(증기난방 : 증기온도 102℃, 실내온도 21℃)
(나) 온수 : 방열기 방열면적 $1 m^2$(EDR)당 $450 kcal/m^2 \cdot h$(온수난방 : 온수온도 80℃, 실내온도 18℃)

〔핵심문제〕 주형 방열기의 종류가 아닌 것은?
① 2주형 방열기　　　　② 3주형 방열기
③ 4주형 방열기　　　　④ 5세주형 방열기　　　　답 ③

〔핵심문제〕 온수를 사용할 때 주철제 방열기의 표준방열량은 얼마인가?
① $450 kcal/m^2 \cdot h$　　　　② $539 kcal/m^2 \cdot h$
③ $639 kcal/m^2 \cdot h$　　　　④ $650 kcal/m^2 \cdot h$　　　　답 ①

---

(9) 증기트랩(steam trap)

증기 사용 설비 배관 내의 응축수를 자동적으로 배출하여 수격 작용 등을 방지한다.
① 증기트랩의 설치 목적 : 배관 내 응축수 배출, 수격 작용 방지
② 증기트랩의 설치 위치 : 배관 중 응축수가 고이기 쉬운 곳
③ 증기트랩의 구비 조건 〔중요〕
　(가) 공기의 배기가 가능할 것
　(나) 작동이 확실할 것(압력과 유량 변화 시)
　(다) 내식성, 내구성이 있을 것
　(라) 유체에 대한 마찰저항이 작을 것
　(마) 정지 후에도 응축수를 뺄 수 있을 것
　(바) 봉수가 확실할 것
④ 증기트랩의 종류 〔중요〕
　(가) 기계적 트랩 : 포화수와 포화증기의 비중차를 이용
　　〔예〕 버킷 트랩, 플로트 트랩(부자식 트랩)

(나) 온도조절 트랩 : 포화수와 포화증기의 온도차를 이용
   예 바이메탈 트랩, 벨로스 트랩(열동식 트랩)
(다) 열역학적 트랩 : 포화수와 포화증기의 열역학적 특성차를 이용
   예 오리피스식 트랩, 디스크식 트랩

핵심문제 다음 중 증기트랩을 설치하는 목적은?
① 신축 작용을 방지　　② 증기의 방출
③ 응축수 배출　　　　④ 불순물 제거　　　　답 ③

핵심문제 증기설비에 사용되는 증기트랩으로 과열증기에 사용할 수 있고 수격 현상에 강하며 소음 발생 및 증기 누설 등의 단점이 있는 트랩은?
① 버킷 트랩　　　　　② 플로트 트랩
③ 오리피스식 트랩　　④ 디스크식 트랩　　　답 ④

핵심문제 증기트랩에 대한 설명으로 틀린 것은?
① 내식성, 내구성이 있어야 한다.
② 응축수를 배출할 목적으로 설치한다.
③ 부식에 잘 견디며 마찰저항이 클 것
④ 공기 배기가 가능한 구조일 것　　　　　　답 ③

핵심문제 버킷 트랩은 어떤 종류의 트랩인가?
① 열역학적 트랩　　　② 온도조절식 트랩
③ 기계적 트랩　　　　④ 팽창형 트랩　　　　답 ③

핵심문제 일명 실로폰 트랩이라고도 부르며 밸브 작동은 간헐적이고 저압용 방열기나 관말 트랩용으로 사용되는 트랩은?
① 열동식 트랩　　　　② 버킷식 트랩
③ 오리피스식 트랩　　④ 플로트식 트랩　　　답 ①

핵심문제 응축수의 양이 많은 곳에 적합하며 일명 다량 트랩 및 부자식 트랩이라고 하는 트랩은?
① 열동식 트랩　　　　② 버킷식 트랩
③ 오리피스식 트랩　　④ 플로트식 트랩　　　답 ④

3-6 분출장치

관수의 농축을 방지하고 신진대사를 양호하게 하기 위해 관수를 배출하는 장치로 단속 분출 장치와 연속 분출장치가 있다.

(1) 분출장치의 종류 중요
① 단속 분출장치 : 수저 분출장치(침전물이나 농축수를 필요시에 배출)
② 연속 분출장치 : 수면 분출장치(관수를 연속적으로 일정량씩 배출)

(2) 분출의 목적 중요
① 관수의 농도를 낮춘다.
② 관수의 pH 조절
③ 관수의 신진대사 촉진
④ 캐리오버 현상 방지
⑤ 슬러지, 스케일 생성 방지

> **참고**
>
> • 분출 시기
> ① 포밍, 프라이밍 현상 발생 시
> ② 주야 연속 가동 시 부하가 가장 작을 때
> ③ 매일 아침 가동 전
> ④ 보일러수가 정지하여 불순물 침전 시
> ⑤ 고수위일 때

핵심문제 수면 분출은 보통 어떻게 행하는가?
① 침전물이나 농축수를 필요시에 배출하는 단속 분출을 행한다.
② 관수를 연속적으로 일정량씩 배출하는 연속 분출을 행한다.
③ 단속 및 연속 분출을 병행해서 진행한다.
④ 단속 분출장치이든 연속 분출장치이든 무관하다. 답 ②

핵심문제 단속 분출장치에서 분출밸브는 몇 mm가 쓰이는가? (단, 전열면적 10 m²를 초과한 보일러일 경우)
① 20 mm 이상
② 25 mm 이상
③ 20~50 mm 이하
④ 32 mm 이상

해설 분출밸브의 크기
• 전열면적 10m² 초과 : 25 A 이상
• 전열면적 10m² 이하 : 20 A 이상
답 ②

[핵심문제] **분출장치의 설치 목적을 잘못 나타낸 것은?**
① 관수의 불순물 농도를 한계치 이하로 유지
② 청소 및 보존을 위해
③ 관수의 신진대사를 원활하게 하려고
④ 보일러의 증기압력을 계측하기 위하여

답 ④

[핵심문제] **분출을 행하는 시기를 잘못 열거한 것은?**
① 불을 때지 않던 보일러는 불때기 직전
② 계속 운전 중인 보일러는 부하가 가장 많이 걸릴 때
③ 야간에 쉬던 보일러는 증기가 발생되기 시작할 때
④ 비수 현상이 발생할 때

답 ②

[핵심문제] **관수의 분출 시 주의사항을 잘못 열거한 것은?**
① 두 개의 밸브가 설치된 것은 보일러 가까운 쪽부터 열어준다.
② 1일 1회 이상 분출을 행한다.
③ 2대 이상의 보일러의 분출을 동시에 진행해도 무관하다.
④ 저수위 이하로 분출하지 않는다.

답 ③

3-7 연소 보조장치

① 저장탱크(저유조, 메인탱크) : 보통 7~15일분의 연료를 저장할 수 있다(송유 시 온도 40~50℃ 정도)
② 서비스 탱크 : 최대 연료소비량이 2~3시간 정도가 적당(예열온두는 60~70℃ 정도)

[참고] 서비스 탱크는 버너 선단보다 1.5~2 m 정도 높게 설치한다.

[핵심문제] **다음 중 연소 보조장치에 속하지 않는 것은?**
① 중유 저장탱크 ② 화염검출기
③ 오일 프리히터 ④ 여과기

[해설] 화염검출기는 안전장치에 속한다.

답 ②

> [핵심문제] 서비스 탱크에 관한 다음 설명 중 틀린 것은?
> ① 벙커C유를 보일러에 보내기 전에 일시 저장하는 탱크이다.
> ② 구조는 중유 저장탱크와 유사하며 기름이 넘치면 밖으로 빼내는 오버 플로관을 바로 보일러에 연결한다.
> ③ 버너 선단보다 1.5~2 m 정도 높게 설치하는 것이 좋다.
> ④ 용량은 최대 연료소비량의 2~3시간 정도가 적합하다. 답 ②
>
> [핵심문제] 서비스 탱크의 설치 위치는 버너 선단보다 몇 m 정도 높게 설치하는가?
> ① 0.8~1 m   ② 1.2~1.5 m
> ③ 1.5~2 m   ④ 2~2.5 m 답 ③

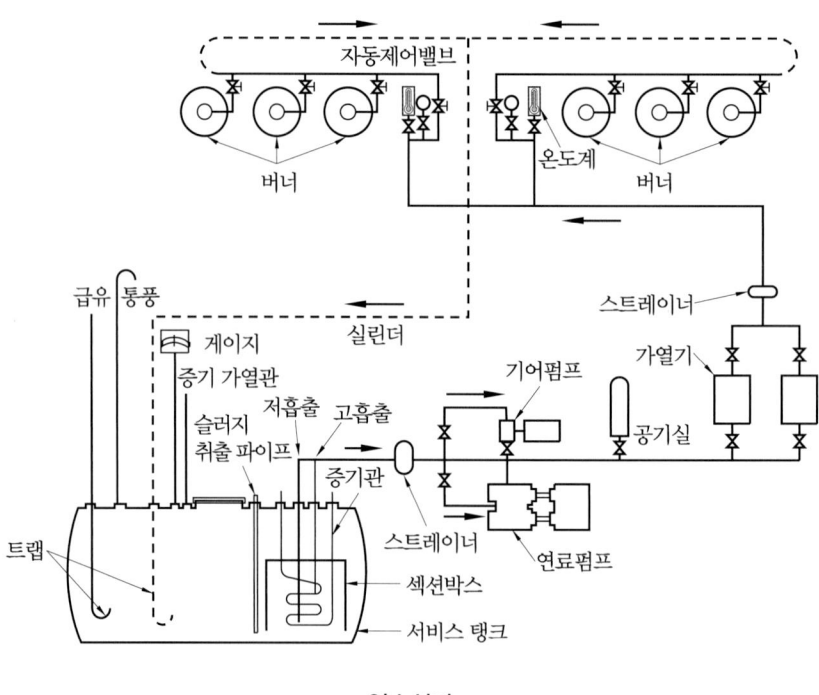

연소설비

③ 여과기(오일 스트레이너)
  ㈎ 연료 중에 포함되어 있는 불순물을 분리하기 위하여 사용된다.
  ㈏ 흡입측 여과기 : 펌프 입구측(20~60 메시)
  ㈐ 토출측 여과기 : 펌프 출구측(60~120 메시)

㈜ 유량계 입구측에는 Y형 여과기가 주로 사용되며 배관 중에는 단식, 복식형이 많다.

> [참고]
> 메시(mesh)란 1인치 안의 체의 눈금수를 말한다.

[핵심문제] **여과기에 대한 설명으로 옳지 않은 것은?**
① 연료 중에 포함된 협잡물, 슬러지분 등을 분리한다.
② 유량계 등의 입구측에는 Y형 여과기를 주로 병행하여 장착한다.
③ 흡입측 여과기의 여과망 구멍 크기는 출구측 여과망마다 훨씬 미세한 것을 사용한다.
④ 배관 중에 사용되는 여과기는 단식 및 복식형이 있다.   답 ③

[핵심문제] **유량계 등의 계기 입구측에 사용되는 여과기의 형식은?**
① Y형   ② 단식
③ 복식   ④ U형   답 ①

---

④ 오일펌프(oil pump)
  ㈎ 저장탱크로부터 서비스 탱크로 송유하기 위한 이송펌프와 버너에서 무화에 필요한 유압으로 상승시키기 위한 분연펌프(미터링 펌프)가 있다.
  ㈏ 오일펌프의 종류
    ㉮ 원심 펌프   ㉯ 기어 펌프   ㉰ 스크루 펌프

[핵심문제] **오일펌프로 잘 사용되지 않는 것은?**
① 기어 펌프   ② 스크루 펌프
③ 회전식 펌프   ④ 워싱턴 펌프   답 ④

---

⑤ 유량계, 유압계, 온도계
  ㈎ 유량계는 오벌기어형과 로터리 피스톤식이 주로 이용된다(입구측에 여과기 설치).
  ㈏ 유압계는 연료 무화에 적당한 유압을 유지하는가를 알기 위해 설치한다.
  ㈐ 온도계는 버너 입구측에 급유 온도를 측정하거나 서비스 탱크, 오일 프리히터의 유온을 측정한다(주로 유리온도계 사용).

⑥ 오일 프리히터(oil preheater)
㈎ 연료의 점도를 내리기 위하여 가열하는 장치를 말하며, 저장탱크와 서비스 탱크에 설치하는 석션히터(suction heater)와 분무 온도를 유지하는 오일 프리히터가 있다.
㈏ 종류
  ㉮ 증기식 : 증기나 온수를 사용
  ㉯ 전기식 : 전기의 열작용에 의하여 연료를 가열

[핵심문제] 오일 프리히터는 어떤 작용을 하는가?
① 연료유의 점도를 내리기 위하여 가열한다.
② 연료 찌꺼기를 연소하기 전에 태워버린다.
③ 보일러 기름의 양을 조절한다.
④ 화실에 보내는 연소용 공기를 예열한다.   답 ①

[핵심문제] 오일 프리히터의 종류는?
① 유압식과 공압식   ② 증기식과 온수식
③ 증기식과 전기식   ④ 전열식과 대류식   답 ③

[핵심문제] 중유 연소에서 버너에 공급되는 중유의 가열온도가 너무 높을 때 발생되는 이상현상이 아닌 것은?
① 분무상태가 고르지 못하다.
② 분사각도가 흐트러진다.
③ 관내에서 기름의 분해를 일으킨다.
④ 그을음, 분진의 발생이 심하다.
[해설] 가열온도가 너무 높을 때
  ① 분무상태가 고르지 못함   ② 분사각이 흐트러짐
  ③ 관내에서 기름의 분해를 일으킴 ④ 탄화물 생성 원인   답 ④

㈐ 전기식 오일 프리히터 용량 계산식

$$kW = \frac{\text{시간당 연료소비량} \times \text{연료의 비열} \times (\text{히터 출구 온도} - \text{히터 입구 온도})}{860 \times \text{효율}}$$

[참고]

1 kW = 102 kg·m/s × 3600 s/h × $\frac{1}{427}$ kcal/kg·m = 860 kcal/h

[핵심문제] 증기 보일러 1 ton/h당 연료사용량이 75 kg/h이고, 히터 입구 온도가 60℃, 출구 온도가 85℃이다. 오일 프리히터 용량은? (단, 연료의 비열 0.45 kcal/kg·℃, 효율 80%)

① 1.23 kW ② 2.45 kW
③ 3.07 kW ④ 4.68 kW

[해설] $kW = \dfrac{\text{시간당 연료소비량} \times \text{비열} \times \text{온도차}}{860 \times \text{효율}} = \dfrac{75 \times 0.45 \times (85-60)}{860 \times 0.8} = 1.23 \text{ kW}$

여기서, 1 kW=860 kcal/h이고, ∴ $1 \text{ kW} = \dfrac{\text{kg/h} \times \text{kcal/kg} \cdot ℃ \times ℃}{\text{kcal/h}} = \dfrac{\text{kcal/h}}{\text{kcal/h}}$

[참고] 비열과 질량 및 온도차를 곱하면 분모의 단위와 일치된다.

$1 \text{ kW} = 102 \text{ kg} \cdot \text{m/s} \times \dfrac{1}{427} \text{ kcal/kg} \cdot \text{m} \times 3600 \text{ s/h} = 860 \text{ kcal/h}$

일 (kg·m) $\underset{427}{\overset{\frac{1}{427}}{\rightleftarrows}}$ 열 (kcal)

답 ①

⑦ 전자밸브(솔레노이드 밸브, 긴급 연료차단밸브) : 긴급 상황(인터록) 시 연료를 차단하여 보일러를 안전하게 하며, 실화 시에도 연소실 내에 연료 유입을 막아 미연소 가스 발생을 방지한다. 단, 전자밸브는 by-pass 배관을 하지 않는다.

3-8 통풍장치

(1) 통풍의 종류

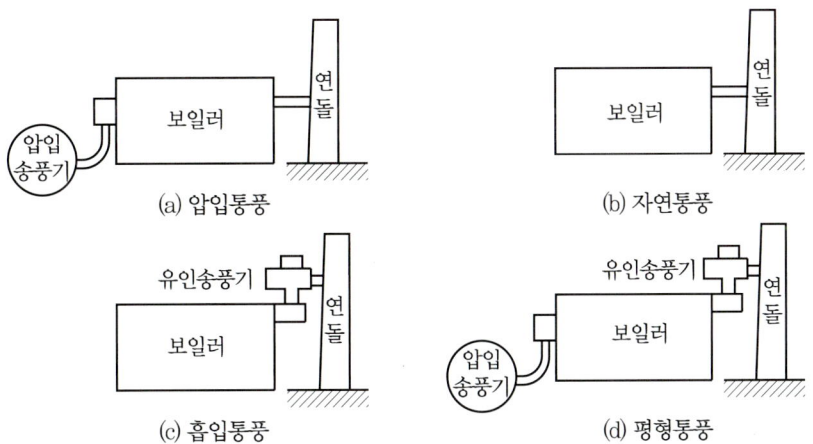

(a) 압입통풍
(b) 자연통풍
(c) 흡입통풍
(d) 평형통풍

통풍의 종류

① 자연통풍 : 연돌에 의한 통풍
② 강제통풍
　㈎ 압입통풍 : 연소 공기를 버너 쪽에 밀어넣어 통풍시키는 방법
　㈏ 흡입통풍 : 연돌 쪽에서 연소 가스를 흡입 배출하면서 통풍시키는 방법(유인통풍)
　㈐ 평형통풍 : 압입통풍과 흡입통풍을 병행한 것

(2) 통풍력의 조절 방법 중요
① 전동기의 회전수에 의한 방법
② 댐퍼 조절에 의한 방법
③ 섹션 베인의 개도에 의한 방법

(3) 자연 통풍력의 상승 조건 중요
① 배기가스의 온도가 높을수록
② 외기의 온도가 낮을수록
③ 연돌의 높이가 높을수록
④ 연돌의 단면적이 클수록

(4) 통풍력 계산 중요
① 이론 통풍력 : 연소 가스의 압력손실이 없는 상태로 계산된 통풍력

압력 = 비중량 × 높이
　　 = (외기의 비중량 − 배기가스의 비중량) × 높이
　　 = $\left(\text{외기의 비중량} \times \dfrac{273}{(273+\text{외기 온도})} - \text{배기가스의 비중량} \times \dfrac{273}{(273+\text{배기가스의 온도})}\right) \times$ 높이

외기의 비중량(kg/m^3)　　배기가스의 비중량(kg/m^3)
연돌의 높이(m)　　　　　외기 온도(℃)
배기가스의 평균온도(℃)　통풍력(압력) : $kg/m^2 = mmH_2O$

> 참고
> • 압력 = 비중량 × 높이
> 　　　= (비중량 × 온도보정) × 높이
> 　　　= $\left(\text{비중량} \times \dfrac{273}{273+t\,℃}\right) \times$ 높이

> [핵심문제] 연돌의 높이가 100 m, 배기가스의 평균 온도가 200℃, 외기 온도 27℃, 대기의 비중량은 1.29 kg/m³, 가스의 비중량은 1.34 kg/m³인 경우의 통풍력 Z는 몇 mmAq인가?
> ① 13.24 mmAq　　　② 26.69 mmAq
> ③ 30.15 mmAq　　　④ 40.05 mmAq
>
> [해설] $Z = \left(1.29 \times \dfrac{273}{(273+27)} - 1.34 \times \dfrac{273}{(273+200)}\right) \times 100$
> 　　　= 40.05 mmAq
> 　　　　　　　　　　　　　　　　　　답 ④

② 실제 통풍력 : 이론 통풍력의 80% 정도

(5) 연돌의 설치 목적 및 상부 단면적

① 설치 목적 : 유효한 통풍력을 얻고 대기오염을 방지하기 위하여
② 연돌의 상부 단면적 [중요]

유량=단면적×유속, 따라서 단면적=$\dfrac{유량}{유속}$

∴ 상부 단면적=$\dfrac{유량}{유속} \times \dfrac{(273+배기가스\ 온도)}{273}$

유량 : m³/s, 유속 : m/s, 면적 : m², 온도 : ℃

> [참고] 주택에서 연돌 상단부에 가스 배출기를 설치한 경우는 유인통풍에 속하며, 온수 보일러의 연돌 상단부 면적은 90 cm² 이상이어야 한다. 그리고 순간적인 역풍을 방지하기 위하여 개자리를 설치한다.

> [핵심문제] 통풍력에 대한 설명 중 맞는 것은?
> ① 통풍력은 외기 온도와 배기가스 온도의 합에 연돌높이를 곱한 값이다.
> ② 연소가스의 온도가 높으면 통풍력은 증가한다.
> ③ 통풍력은 공기 중의 습도와 비례한다.
> ④ 외기 온도와 통풍력은 비례 관계이다.
>
> [해설] 연소가스의 온도가 높고 외기 온도가 낮을수록 통풍력은 증가한다.
> 　　　　　　　　　　　　　　　　　　답 ②

[핵심문제] **다음 설명 중 틀린 것은?**

① 자연통풍 : 굴뚝에 송풍기를 이용한 것
② 압입통풍 : 압입 송풍기를 이용한 것
③ 흡입통풍 : 굴뚝 밑에 흡입 송풍기를 사용한 것
④ 평형통풍 : 압입·흡입 송풍기를 병행한 것

[해설] 자연통풍은 연돌에 의한 통풍 방식을 뜻한다. 답 ①

[핵심문제] **연돌의 통풍력을 좋게 하려면?**

① 연돌의 단면적과 높이가 클수록 좋다.
② 연돌 내의 가스는 온도가 낮을수록 좋다.
③ 연돌 내의 가스와 대기의 온도차가 작을수록 좋다.
④ 노 틈으로 불꽃이 나오면 통풍력은 아주 크다.

[해설] 연돌의 통풍력은 연돌의 높이, 연돌의 단면적, 연돌가스(배기가스)의 온도에 정비례한다. 즉, 연돌의 높이가 클수록, 연돌의 단면적이 클수록, 배기가스의 온도가 높을수록 크다. 답 ①

[핵심문제] **압입통풍 방식이란?**

① 연돌로서 배기가스와 외기의 비중량 차를 이용한 통풍 방식이다.
② 배기가스를 송풍기로 빨아내어 통풍을 행하는 방식이다.
③ 밀어넣는 방식과 빨아내는 방식을 병용한 통풍 방식이다.
④ 연소용 공기를 송풍기로 연소실 내에 밀어 넣는 통풍 방식이다. 답 ④

[핵심문제] **강제통풍의 종류에 들지 않는 것은?**

① 압입통풍　　② 흡입통풍
③ 대류통풍　　④ 평형통풍　　답 ③

[핵심문제] **연돌의 유효높이를 증가시키는 방법으로 옳은 것은?**

① 배기가스 온도를 높인다.
② 배기가스의 배출속도를 떨어뜨린다.
③ 배기가스의 유량을 감소시킨다.
④ 연돌 끝의 지름을 크게 한다. 답 ①

(6) 송풍기

① 송풍기의 종류

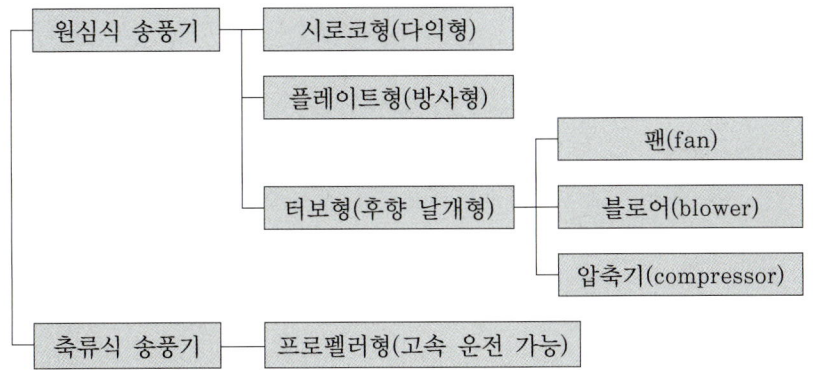

[핵심문제] 송풍기를 송풍 방식에 따라 두 가지로 나눈 것끼리 바르게 짝지은 것은?
① 터보식과 플레이트식
② 원심식과 축류식
③ 시로코식과 로코코식
④ 일반식과 특수식   답 ②

[핵심문제] 다음 중 원심식 송풍기의 종류가 아닌 것은?
① 다익형   ② 플레이트형
③ 축류형   ④ 터보형   답 ③

---

② 송풍기의 소요마력 및 소요동력 계산

(가) $\text{마력(HP)} = \dfrac{\text{정압}(\text{kgf/m}^2) \times \text{송풍량}(\text{m}^3/\text{min})}{75 \times 60 \text{ s/min} \times \text{효율}}$

(1 HP = 75 kgf·m/s)

(나) $\text{동력(kW)} = \dfrac{\text{정압}(\text{kg/m}^2) \times \text{송풍량}(\text{m}^3/\text{min})}{102 \times 60 \text{ s/min} \times \text{효율}}$

(1 kW = 102 kgf·m/s)

[참고]
kgf/m² = mmH₂O = mmAq

핵심문제 어떤 송풍기를 송풍기 전압 100 mmAq, 풍량 10 m³/min에서 운전할 때, 전효율이 50%가 되려면 축동력은 몇 PS이면 좋은가?
① 0.44 PS ② 1.22 PS
③ 2.78 PS ④ 3.04 PS

해설 $\text{PS} = \dfrac{Z \times Q}{75 \times 60 \times \eta} \xrightarrow{\text{단위환산}} \dfrac{100 \times 10}{4500 \times 0.5} \fallingdotseq 0.44 \text{ PS}$

여기서 1 PS=75 kg·m/s이고, mmAq=mmH₂O=kg/m²이다.

∴ $1 \text{ PS} = \dfrac{\text{kg/m}^2 \times \text{m}^3/\text{min}}{\text{kg}\cdot\text{m/s}} = \dfrac{\text{kg}\cdot\text{m/s}}{\text{kg}\cdot\text{m/s}}$

참고 전압과 풍량을 곱해서 분모의 단위와 일치시킨다. 답 ①

핵심문제 상온의 물을 양수하는 펌프의 송출량이 0.5 m³/s이고, 전양정이 20 m일 때 펌프의 축동력은 약 몇 kW인가? (단, 펌프의 효율은 70 %이다.)
① 89 kW ② 102 kW
③ 128 kW ④ 140 kW

해설 $\text{kW} = \dfrac{\text{물의 비중}(r) \times \text{펌프의 유량}(Q) \times \text{펌프의 전양정}(H)}{102 \times \text{효율}(\eta)}$

$= \dfrac{1000 \times 0.5 \times 20}{102 \times 0.7} = 140 \text{ kW}$

여기서 1 kW=102 kg·m/s이고, 물의 비중 1000 kg/m³이다.

∴ $1 \text{ kW} = \dfrac{\text{kg/m}^3 \times \text{m}^3/\text{s} \times \text{m}}{\text{kg}\cdot\text{m/s}} = \dfrac{\text{kg}\cdot\text{m/s}}{\text{kg}\cdot\text{m/s}}$

참고 비중과 유량 및 전양정을 곱해서 분모의 단위와 일치시킨다. 답 ④

핵심문제 10 m의 높이에 0.05 m³/s의 물을 퍼올리는 데 필요한 펌프의 축마력은? (단, 효율은 75 %이다.)
① 3.04 PS ② 5.12 PS
③ 7.54 PS ④ 8.89 PS

해설 $\text{PS} = \dfrac{r \times Q \times H}{75 \times \eta} = \dfrac{1000 \times 0.05 \times 10}{75 \times 0.75} = 8.89 \text{ PS}$

여기서 1 PS=75 kg·m/s이고, 물의 비중 1000 kg/m³이다.

∴ $1 \text{ kW} = \dfrac{\text{kg/m}^3 \times \text{m}^3/\text{s} \times \text{m}}{\text{kg}\cdot\text{m/s}} = \dfrac{\text{kg}\cdot\text{m/s}}{\text{kg}\cdot\text{m/s}}$

답 ④

3-9 집진장치

연소에 의해 배출되는 가스가 대기오염에 심각한 영향을 주는데, 이를 방지하기 위하여 집진장치를 설치한다.

(1) 집진장치의 종류 중요

① 건식 : 관성식, 사이클론식(원심식), 음파진동식, 중력식, 여과식
② 습식
  (가) 유수식
  (나) 가압수식 : 제트 스크레버식, 벤투리 스크레버식, 사이클론 스크레버식, 세정탑
  (다) 회전식
③ 전기식 : 코트렐식(유지비 및 장치비가 많이 드나 효율이 가장 좋다.)

[핵심문제] 세정식 집진장치의 종류에는 두 가지 방식이 있다. 맞는 것은?
① 중력식과 배기식
② 사이클론식과 멀티 사이클론식
③ 유수식과 가압수식
④ 건식 및 습식
답 ③

[핵심문제] 대용량의 미분탄 연소장치에 가장 많이 쓰이는 집진장치의 방식은?
① 수세식   ② 기계식
③ 전기식   ④ 여과식
답 ③

[핵심문제] 다음 중 가장 작은 분진을 포집할 수 있는 집진장치는?
① 사이클론   ② 여과 집진장치
③ 벤투리 스크루버 ④ 코트렐 집진기
답 ④

[핵심문제] 다음 중 집진효율(%)이 높은 순서대로 집진장치를 나열한 것으로 옳은 것은?
① 전기식>세정식>원심력식>관성식>중력식
② 세정식>전기식>중력식>원심력식>관성식
③ 중력식>관성식>원심력식>세정식>전기식
④ 원심력식>전기식>관성식>세정식>중력식
답 ①

3-10 수트블로어(매연 분출기)

보일러의 전열면 외측에 부착되는 그을음이나 재를 불어 제거하는 장치

(1) 종류

① 고온 전열면 블로어 : 롱 레트랙터블형
② 연소 노벽 블로어 : 쇼트 레트랙터블형
③ 전열면 블로어 : 건타입형

(2) 수트블로어 사용 시 주의사항 [중요]

① 분출 전에 분출기 내부에 드레인을 제거시킨다.
② 부하가 50% 이하일 때는 수트블로어 사용 금지
③ 소화 후 수트블로어 사용 금지(폭발 위험)
④ 분출 시에는 유인통풍을 증가시킨다.

[핵심문제] **수트블로어의 종류 중 틀린 것은?**
① 증기 분사식   ② 가스 분사식
③ 공기 분사식   ④ 물 분사식   답 ②

[핵심문제] **보일러 부속장치 중 수트블로어의 역할은?**
① 버너를 소제할 수 있다.
② 복수기를 소제할 수 있다.
③ 보일러 전열면에 그을음을 소제할 수 있다.
④ 연관을 소제할 수 있다.   답 ③

[핵심문제] **수트블로어의 취급상 주의에 대한 설명으로 틀린 것은?**
① 수트블로어를 사용할 경우 댐퍼의 개도를 늘리고 통풍력을 크게 한다.
② 수트블로어를 사용하기 전에는 반드시 응축수를 배제한다.
③ 사용 시 한 개소에 오래 머물지 않도록 조작한다.
④ 회전식 수트블로어의 노즐 구멍 위치는 수관과 수관 사이에 설치한다.

[해설] 보일러의 전열면 외측에, 특히 수관 주위에 부착하는 그을음이나 재를 불어 제거하는 장치가 수트블로어로서 증기 또는 압축공기를 사용한다. 그리고 회전식 수트블로어의 노즐 구멍 위치는 수관을 손상시키지 않는 위치에 설치한다.   답 ④

제 4 장

보일러 열효율 및 열정산

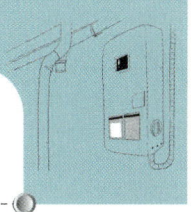

4-1 보일러 열효율

(1) 증기 보일러의 용량 표시법

① 상당(환산)증발량(kg/h)
② 보일러 마력(마력)
③ 전열면적(m²)
④ 정격출력(kcal/h)
⑤ 정격용량(kg/h, ton/h)

[핵심문제] 보일러 용량 표시에 관한 다음 설명 중 틀린 것은?

① 보일러의 크기는 정격용량에서 단위 시간당의 증기 발생량으로 표시한다.
② 단위 시간당의 증기 발생량을 증발량이라 한다.
③ 1보일러 마력이란 1시간에 34.5 lb의 상당증발량을 가진 능력을 말한다.
④ 증발량의 단위는 kg/h이며 증기의 압력, 온도, 보일러 동체의 이음 방법 등에 따라 다르다.

답 ④

---

(2) 상당(환산)증발량

① 상당증발량 = $\dfrac{\text{매시 실제증발량} \times (\text{증기 엔탈피} - \text{급수 엔탈피})}{539}$

상당증발량 : kg/h 매시 실제증발량 : kg/h
증기 및 급수 엔탈피 : kcal/kg 물의 증발잠열 : 539 kcal/kg

따라서, 상당증발량 = $\dfrac{\text{시·증}(\text{증·엔} - \text{급·엔})}{539}$ = $\dfrac{\text{난방부하}}{539}$

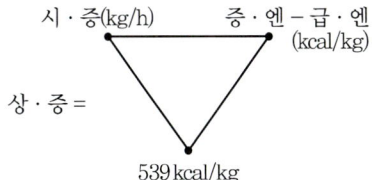

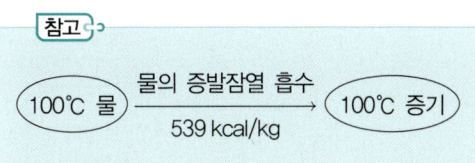

[핵심문제] 급수온도 15℃에서 압력 15 kg/cm², 온도 300℃의 증기를 1시간당 12000 kg 발생시키는 경우의 상당증발량은 얼마인가? (단, 발생증기의 엔탈피는 725 kcal/kg, 급수의 엔탈피는 15 kcal/kg이다.)

① 15807 kg/h ② 15204 kg/h
③ 13768 kg/h ④ 12537 kg/h

[해설] $\dfrac{12000(725-15)}{539} = 15807 \text{ kg/h}$

답 ①

② 증발계수(증발량) $= \dfrac{(\text{증기 엔탈피} - \text{급수 엔탈피})}{539}$

[핵심문제] 어느 보일러의 증기압력이 6 kg/cm², 매시 증발량 1400 kg, 급수 온도 30℃, 매시 연료소비량이 1200 kg이라면 증발계수는 얼마 정도인가? (단, 증기압력 6 kg/cm²에서 포화증기 엔탈피는 658 kcal/kg이다.)

① 1.17 ② 2.42 ③ 3.86 ④ 4.01

[해설] 증발계수 $= \dfrac{658-30}{539} = 1.17$

[참고] 급수 엔탈피=급수 온도

답 ①

(3) 보일러 마력 **중요**

① 보일러 1마력은 STP 상태(0℃, 1 atm)에서 100℃ 물 15.65 kg을 1시간 동안 같은 온도인 증기로 바꿀 수 있는 능력을 갖는 보일러

② 보일러 마력 $= \dfrac{\text{매시 실제증발량}(\text{증기 엔탈피} - \text{급수 엔탈피})}{539 \times 15.65}$

$= \dfrac{\text{상당증발량}}{15.65} = \dfrac{\text{난방부하}}{539 \times 15.65} = \dfrac{\text{시·증}(\text{증·엔} - \text{급·엔})}{539 \times 15.65}$

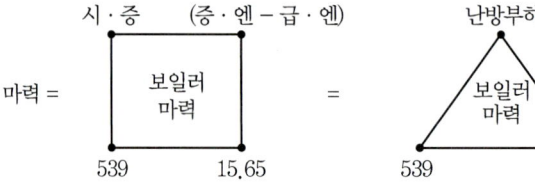

> [핵심문제] **1 보일러 마력이란?**
> ① 1시간에 156.5 kg의 물을 증기로 변화시키는 보일러의 능력
> ② 1시간에 15.65 kg의 물을 처리하는 보일러의 능력
> ③ 15.65 kg의 물을 1시간에 같은 온도의 증기로 변화시키는 보일러의 능력
> ④ 1시간에 15.65 kg의 기준 증발량을 가진 보일러의 마력
>
> 답 ③

(4) 전열면 증발률

$$\text{전열면 증발률} = \frac{\text{매시 실제증발량(kg/h)}}{\text{전열면적(m}^2)} \ [\text{kg/m}^2 \cdot \text{h}]$$

(5) 환산 증발 배수

$$\text{환산 증발 배수} = \frac{\text{환산증발량}}{\text{매시 연료소모량}} \ [\text{kg/kg, kg/m}^3]$$

> [핵심문제] 전열면적 240 m², 급수 온도 35℃, 증발량 400000 kg, 총 연료사용량 4600 kg, 시험시간 5시간인 보일러의 전열면적당 매시간 증발률은 얼마인가?
> ① 225 kg/m²·h ② 288 kg/m²·h
> ③ 333 kg/m²·h ④ 370 kg/m²·h
>
> [해설] 전열면 증발률 = $\dfrac{\text{매시 실제증발량}}{\text{전열면적}}$
>
> 여기서, 매시 실제증발량 = $\dfrac{400000}{5}$ = 80000 kg/h
>
> ∴ 전열면 증발률 = $\dfrac{80000}{240}$ ≒ 333 kg/m²·h
>
> 답 ③

(6) 보일러 연소실 열발생률

$$\text{연소실 열발생률} = \frac{\text{매시 연료사용량} \times (\text{저위발열량} + \text{공기 현열} + \text{연료 현열})}{\text{연소실 용적(m}^3)}$$

연소실 열발생률 : kcal/m³·h, 매시 연료사용량 : kg/h, 저위발열량 : kcal/kg

(7) 보일러 열출력(kcal/h) 중요

① 증기 보일러 열출력 = 상당증발량×539 = 매시 증발량(증기 엔탈피−급수 엔탈피)

② 온수 보일러 열출력＝온수 비열×온수 발생량(보일러 입구 온도－보일러 출구 온도)
　　온수 비열 : kcal/kg·℃, 온수 발생량 : kg/h, 보일러 입구 온도 및 출구 온도 : ℃

(8) 보일러 효율 중요

① 연소 효율(%) = $\dfrac{\text{시간당 실제 연소실 발생열량}}{\text{시간당 연료량×연료의 저위발열량}} \times 100$

② 전열 효율(%) = $\dfrac{\text{시간당 증기량(증기 엔탈피－급수 엔탈피)}}{\text{시간당 실제 연소실 발생열량}} \times 100$

③ 보일러 효율

＝연소 효율×전열 효율＝$\dfrac{\text{시간당 증기량(증기 엔탈피－급수 엔탈피)}}{\text{시간당 연료량×연료의 저위발열량}} \times 100$

＝$\dfrac{\text{시간당 증기량(증·엔－급·엔)}}{\text{시간당 연료량×연료 1 kg당 발열량}} \times 100 = \dfrac{\text{난방부하}}{\text{시·연×저·발}} \times 100$

시간당 실제 연소실 발생열량 : kcal/h　　시간당 연료량 : kg/h
연료의 저위발열량 : kcal/kg　　　　　　시간당 증기량 : kg/h
증기 엔탈피 및 급수엔탈피 : kcal/kg

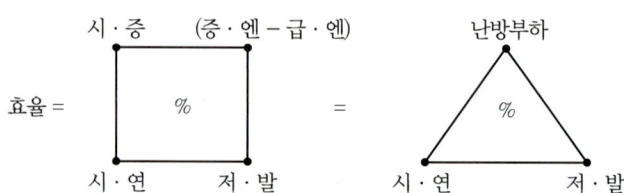

[핵심문제] 급수의 엔탈피 50 kcal/kg, 발생하는 증기의 엔탈피 700 kcal/kg, 1시간에 발생하는 증기량 200 kg, 1시간에 소모되는 연료량이 20 kg일 때, 이 보일러의 효율은? (단, 연료의 저위발열량은 10000 kcal/kg이다.)

① 45%　　② 55%　　③ 65%　　④ 75%

[해설] $\dfrac{200 \times (700-50)}{20 \times 10000} \times 100 = 65\%$

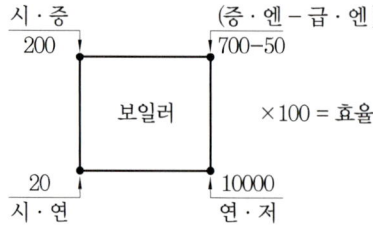

답 ③

[핵심문제] 6000 kcal/kg의 석탄 100 kg을 연소해서 실제로 보일러에 흡수된 열량이 360000 kcal이면, 이 보일러의 효율은 몇 %인가?

① 30　　② 40　　③ 50　　④ 60

[해설] $\dfrac{360000}{100 \times 6000} \times 100 = 60\%$

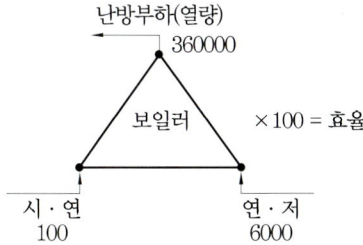

답 ④

[핵심문제] 매시간 1500 kg의 석탄을 연소시켜서 12000 kg/h의 증기를 발생시키는 보일러의 효율은? (단, 석탄의 발열량 : 6000 kcal/kg, 발생증기의 엔탈피 : 742 kcal/kg, 급수의 엔탈피 : 20 kcal/kg이다.)

① 약 86.37%　　② 약 96.27%
③ 약 78.37%　　④ 약 66.77%

[해설] $\dfrac{12000 \times (742 - 20)}{1500 \times 6000} \times 100 = 96.27\%$

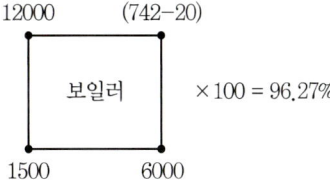

답 ②

4-2　보일러 열정산(열수지, heat balance)

연료가 보유하고 있는 열량으로부터 실제 유효하게 이용된 열량의 출입을 계산한 것이다.

(1) 열정산의 목적 중요

① 열의 손실 파악　　② 열설비의 성능 파악
③ 조업 방법 개선　　④ 열의 행방 파악

[핵심문제] **보일러의 열정산 목적이 아닌 것은?**
① 보일러의 성능을 증진시키기 위한 자료를 얻을 수 있다.
② 열 이용 상태를 밝힐 수 있다.
③ 연소실의 구조를 알 수 있다.
④ 열의 효율 향상의 방책을 알 수 있다.   답 ③

(2) 열정산 기준 중요

① 기준 온도 : 외기 온도 0℃
② 발열량 : 고위발열량(저위발열량을 사용 시에는 기준발열량을 분명하게 명기)
③ 단위 : kcal/kg(고체 및 액체 연료) kcal/m³(기체 연료)
④ 결과 표시 : 입열(input heat), 출열(output heat) 순환열
⑤ 측정 시간 : 2시간 이상으로 하고 측정은 10분마다 한다.
⑥ 부하 상태 : 정격출력(정격부하)
⑦ 압력 변동 : ±7% 이내

[핵심문제] **열정산의 기준온도로서 어느 것을 쓰는 것이 편리한가?**
① 1℃   ② 50℃   ③ 18℃   ④ 0℃   답 ④

(3) 입열(input heat)의 분류 중요

① 연료의 발열량   ② 연료의 현열
③ 공기의 현열   ④ 급수의 현열
⑤ 노내 분입증기의 열량

[참고]
열정산에서는 입열항목과 출열항목의 합계는 같아야 한다.

[핵심문제] **열정산에서 입열과 출열의 관계는?**
① 입열과 출열은 반드시 같아야 한다.
② 방열손실로 인하여 입열이 항상 크다.
③ 열효율에 따라 입열과 출열은 서로 다르다.
④ 연소 효율에 따라 입열과 출열은 서로 다르다.   답 ①

[핵심문제] 다음 중 요로의 열정산에서 입열에 속하는 것은?
① 설비 내에서 흡수한 열
② 설비 내에서 발생한 열
③ 피열물이 가지고 나가는 열
④ 배기가스가 가지고 나가는 열

[해설] ①, ③, ④는 모두 출열(열손실 포함)에 해당되는 요로 중에서 발생하는 열, 즉 가열에 쓰이는 열이다. 답 ②

(4) 출열(output heat)의 분류

① 유효출열
② 손실출열 <중요>
 ㈎ 배기가스에 의한 열손실 : 손실출열 항목 중 가장 크다.
 ㈏ 불완전 연소에 의한 열손실
 ㈐ 미연분에 의한 열손실
 ㈑ 방산(확산)에 의한 손실열
 ㈒ 과열기, 재열기, 절탄기, 공기예열기에 의한 순환열

[핵심문제] 열정산에서 출열 항목에 속하는 것은?
① 공기의 보유열량
② 증기의 보유열량
③ 연료의 현열
④ 화학반응열 답 ②

[핵심문제] 다음 중 출열 항목은?
① 노벽의 흡수열량 ② 공기의 보유열량
③ 연료의 발생열량 ④ 연료의 현열 답 ①

[핵심문제] 축로의 열정산에서 유효하게 이용될 수 있는 출열 항목은?
① 연소가스가 가지고 있는 열량
② 연소가 가지고 가는 열량
③ 노벽의 복사·전도에 따른 열량
④ 피열물이 가지고 가는 열량 답 ④

제 5 장 연료 및 연소장치

5-1 연료의 종류와 특성

1 연료의 개요

(1) 연료의 뜻과 종류

연료란 공기 중에서 쉽게 연소하고, 그 연소에 의하여 생긴 열을 경제적으로 이용할 수 있는 물질을 말한다. 연료는 상온(20℃)에서 고체 연료, 액체 연료, 기체 연료의 3종류로 나누어진다.

> [핵심문제] 다음 중 연료의 정의와 관계가 먼 것은?
> ① 질소와 화학작용을 일으켜 연소하는 물질이다.
> ② 공기와 화합하여 연소하는 물질이다.
> ③ 연소열을 경제적으로 이용할 수 있는 물질이다.
> ④ 연소할 때 빛을 발하며 생성된 열을 유효하게 이용할 수 있는 물질이다.   답 ①

(2) 연료의 구비 조건 〈중요〉

① 공기 중에 쉽게 연소할 수 있을 것
② 인체에 유해하지 않을 것
③ 발열량이 클 것
④ 저장·운반·취급이 용이할 것
⑤ 구입하기가 쉽고 가격이 저렴할 것

> [핵심문제] 다음 중 연료의 구비 조건으로 틀린 것은?
> ① 조달이 용이하며 풍부하게 산출되어야 한다.
> ② 연소가 어렵고 값이 비싸야 한다.
> ③ 저장과 운반이 편리해야 한다.
> ④ 취급이 용이하고 공해가 없어야 한다.   답 ②

(3) 연소의 3대 조건

① 가연성 물질   ② 산소 공급원   ③ 점화원

> [핵심문제] **다음 중 연소의 3요소가 아닌 것은?**
> ① 가연성 물질   ② 산소 공급원
> ③ 점화원   ④ 질소 성분   답 ④

(4) 연료의 주성분

① 주성분 : 탄소(C), 수소(H), 산소(O)
② 가연성분 : 탄소(C), 수소(H), 황(S)
③ 불순물 : 질소(N), 황(S), 수분(W), 회분(A) 등

> [핵심문제] **다음 중 연료의 주성분은?**
> ① 탄소, 수소, 산소   ② 탄소, 수소, 황
> ③ 황, 탄소, 염소   ④ 수소, 황, 염소   답 ①

2 고체 연료

(1) 고체 연료의 장점 및 단점

① 장점
 (가) 저장, 취급이 용이하다.　　(나) 구입하기 쉽고, 가격이 저렴하다.
 (다) 연소장치가 간단하다.　　　(라) 노천야적이 가능하다.
② 단점
 (가) 완전 연소가 곤란하다.　　(나) 연소 효율이 낮고 고온을 얻기가 힘들다.
 (다) 회분이 많아 재의 처리가 곤란하다. (라) 착화 및 소화가 어렵다.
 (마) 연소 조절이 어렵다.

(2) 고체 연료의 특성

① 고체 연료 중에는 석탄과 석탄을 분쇄한 미분탄이 가장 널리 이용되며, 코크스, 연탄, 목탄, 나무 등도 사용된다.
② 나무는 식물체 그대로이며, 이 식물체들이 땅속에서 오랜 세월 동안 탄화작용을 받아 생성된 것이 석탄이다.

③ 석탄의 탄화도에 따른 구분 및 특성

무연탄	역청탄(유연탄)	갈탄
• 연료비 7 이상 • 발열량이 크다. • 고정탄소가 많다. • 휘발분이 적다(장염). • 연소속도가 느리다.	• 연료비 1~7 • 휘발분이 많다(그을음 발생). • 점화가 쉽다. • 점결성이 있다. • 코크스 제조에 사용된다.	• 연료비 1 이하 • 휘발분이 너무 많다. • 수분과 재가 많다. • 발열량이 작다.

참고

- 연료비 = $\dfrac{\text{고정탄소}}{\text{휘발분}}$ → 연료비는 고정탄소에 비례하고 휘발분에 반비례한다.

  연료비가 크다는 것은 고정탄소가 많고 발열량이 높은 것을 의미한다. 그리고 휘발분이 적으며 그을음 발생의 원인이 된다.
- **점결성** : 석탄을 고온 건류하면 휘발분이 발산한 후 잔유물 등이 덩어리화 되는 현상(점결성은 역청탄에만 있다.)
- **미분탄** : 갈탄 또는 무연탄을 200메시의 체에 통과시켜 미세한 분말 상태로 만든 것으로 중유와 혼합해서 분사한다.

④ 코크스

 ㈎ 역청탄(점결탄)을 고온 건류(공기의 공급이 없이 가열하여 열분해를 시키는 조작)하여 얻은 잔사로서 제철공업용, 가정용 등 용도가 많다.

  ㉮ 고온 건류 : 1000℃ 내외

  ㉯ 저온 건류 : 500~600℃ 내외

 ㈏ 코크스 기공률 $= \dfrac{\text{참비중} - \text{겉보기 비중}}{\text{참비중}} \times 100\%$

$$= \left(1 - \dfrac{\text{겉보기 비중}}{\text{참비중}}\right) \times 100\%$$

참고

① 코크스는 기공률이 높으며 반응성 증가 및 강도 감소에 영향을 준다. (기공률은 비중과 관계가 있다.)
② 참비중 = 진(眞) 비중
③ 겉보기 비중 = 시(視) 비중

⑤ 석탄의 저장 시 준수사항

 ㈎ 석탄의 높이는 4 m 이하로 한다.

 ㈏ 저온이고 그늘지며 통풍이 잘 되는 곳을 택한다.

(다) 크기를 구분하여 쌓는다.
(라) 표면에서 깊이 1 m 되는 곳의 온도를 수시로 측정한다.
(마) 석탄의 종류별로 칸막이를 한다.
(바) 바닥은 경사지게 하여 배수가 용이하게 한다.
(사) 바닥은 콘크리트로 하며 지붕을 설치한다.

[핵심문제] 다음 석탄의 종류 중 연료비가 가장 큰 것은?
① 무연탄　　　　　② 역청탄
③ 갈탄　　　　　　④ 아탄　　　　　　　　　　　　　답 ①

[핵심문제] 다음 석탄의 주성분 중 가장 많이 함유된 것은?
① 탄소　　　　　　② 수소
③ 산소　　　　　　④ 유황　　　　　　　　　　　　　답 ①

[핵심문제] 다음 중 석탄의 연료비가 큰 순서로 나열한 것은?
① 갈탄>역청탄>무연탄　　② 무연탄>역청탄>갈탄
③ 역청탄>갈탄>무연탄　　④ 무연탄>갈탄>역청탄　　답 ②

[핵심문제] 석탄은 저장하는 방법이 나쁘면 자연 발화하고 풍화하여 열량 손실을 가져온다. 다음 중 석탄 저장법에 대한 준수 사항으로 틀린 것은?
① 석탄은 크기를 구분하여 쌓는다.
② 온도가 높고 햇빛이 잘 들며 통풍이 잘 되는 곳을 택해야 한다.
③ 석탄의 높이는 4 m 이하로 한다.
④ 표면에서 깊이 1 m 되는 곳의 온도를 수시로 측정한다.　　답 ②

[핵심문제] 코크스에 관한 설명으로 틀린 것은?
① 역청탄을 고온 건류하여 얻은 잔사이다.
② 타르 제조 목적으로 만들어진 코크스는 가스 코크스이다.
③ 반성 코크스는 휘발분을 10% 정도 함유한다.
④ 코크스 기공률은 $\left(1-\dfrac{겉보기\ 비중}{참비중}\right)\times 100\%$의 식에 의해 계산한다.　　답 ②

3 액체 연료(liquid fuel)

보일러용의 대부분은 중유이고, 등유 및 경유 등도 사용된다.

(1) 종류 및 특성

휘발유	등유(케로신)	경유	중유
• 비점 : 150℃ 인하 • 인화점 : -43℃ 정도 • 용도 : 내연기관용 • 옥탄가에 따라 고급과 저급으로 분류된다.	• 비점 : 150~300℃ • 인화점 : 30~70℃ • 발열량 : 11000 kcal/kg • 용도 : 소형 내연기관	• 비점 : 250~350℃ • 인화점 : 50~70℃ • 발열량 : 11000 kcal/kg • 착화온도 : 257℃	• 비점 : 300℃ 인하 • 인화점 : 60~140℃ • 발열량 : 10000 kcal/kg • 착화온도 : 530℃

(2) 중유의 사용상 장점 및 단점

① 장점
  ㈎ 품질 균일, 발열량이 크다.
  ㈏ 저장 중 품질 변화가 작다.
  ㈐ 연소 효율이 높고, 완전 연소가 쉽다.
  ㈑ 저장 취급이 용이하다.
  ㈒ 연소 조절이 용이하다.
  ㈓ 회분이 적다.
  ㈔ 고온을 얻기 쉽다.
  ㈕ 관수송을 하기 쉽다.

② 단점
  ㈎ 연소 온도가 높아 국부과열 위험이 크다.
  ㈏ 화재, 역화 등의 위험이 크다.
  ㈐ 황분을 일반적으로 많이 함유하고 있다.
  ㈑ 버너에 따라 소음이 발생된다.

(3) 중유의 분류

중유는 점도에 따라 A중유, B중유, C중유로 나뉘고, A중유는 점도가 낮아 예열이 불필요하나 B중유와 C중유는 예열 후 점도를 내려 사용해야 한다.

중유의 점도가 높은 경우	중유의 점도가 낮은 경우
• 송유 곤란 • 무화 불량, 불완전 연소 • 버너 선단에 카본 부착 • 연소 상태 불량 • 화염 스파크 발생	• 연료소비량 과다 • 불완전 연소 • 역화의 원인

> [참고]
> - 중유의 유동점 = 응고점 + 2.5℃
> - 중유의 예열온도 = 인화점 - 5℃
> - 비중이 작을수록 온도가 높을수록 점도는 낮다.
> - 절대점도 : 정지 상태의 점도(g/cm·s) = $\dfrac{질량}{길이 \times 시간}$
> - 동점도 : 유동 상태의 점도(cm²/s) = $\dfrac{(길이)^2}{시간}$

[핵심문제] **다음 중 액체 연료의 인화점이 가장 높은 것부터 순서대로 열거된 것은?**

① 중유 → 경유 → 등유 → 휘발유
② 휘발유 → 등유 → 경유 → 중유
③ 등유 → 경유 → 휘발유 → 중유
④ 중유 → 휘발유 → 등유 → 경유

[해설] 인화점 크기 순서 : 중유 > 경유 > 등유 > 휘발유(가솔린)   답 ①

[핵심문제] **중유를 A, B, C중유로 나눌 때 3가지로 분류하는 기준은?**

① 밀도   ② 비중   ③ 압력   ④ 점도   답 ④

[핵심문제] **다음은 중유의 선택 시 주의해야 할 사항이다. 틀린 것은?**

① 비중이 적은 것이 좋다.   ② 유황분이 적은 것이 좋다.
③ 점도가 큰 것이 좋다.   ④ 균질의 중유가 좋다.

[해설] 중유는 점도가 작을수록 품질이 좋다.   답 ③

[핵심문제] **다음 중 중유에 대한 설명으로 옳지 않은 것은?**

① 점도가 커짐에 따라 화염 방사열은 커진다.
② 인화점이 높아질수록 점도는 커진다.
③ 비중이 커지면 점도가 작아진다.
④ 황분은 보일러의 전열면을 부식시킨다.

[해설] 비중이 클수록 점도가 커진다.   답 ③

[핵심문제] **다음 중 연료의 대기오염이 큰 순서로 나열한 것은?**

① 고체 연료 > 액체 연료 > 기체 연료
② 액체 연료 > 고체 연료 > 기체 연료
③ 기체 연료 > 액체 연료 > 고체 연료
④ 고체 연료 > 기체 연료 > 액체 연료   답 ①

4 기체 연료(gaseous fuel)

(1) 기체 연료의 장점 및 단점 _{중요}

① 장점
  ㈎ 국부 가열, 균일 가열 가능
  ㈏ 회분이 없고, 황분도 거의 없어 전열면에 오손이 없다.
  ㈐ 가스의 완전 연소 시 매연 발생이 적고 대기 오염도가 적다.
  ㈑ 저발열량의 연료로도 고온을 얻을 수 있다.
  ㈒ 적은 공기비로 완전 연소시킬 수 있다.
  ㈓ 연소 효율이 높고 연소 제어도 용이하다.

② 단점
  ㈎ 가격이 비싸다.
  ㈏ 저장이나 수송이 곤란하다.
  ㈐ 누설 시 화재 폭발의 위험이 크다.
  ㈑ 가스의 불완전 연소 시 CO 가스의 생성으로 몸에 치명적이다.
  ㈒ 시설비가 많이 들고 설비 공사에 많은 기술을 요한다.

[핵심문제] 다음 중 기체 연료의 장점이 아닌 것은?
① 누설되더라도 유해한 가스가 존재하지 않는다.
② 연소의 조절 및 점화, 소화가 간단하다.
③ 연소 효율이 높고 소량의 과잉공기로 완전 연소가 가능하다.
④ 연료 및 연소용 공기도 예열되어 고온을 얻을 수 있다.   답 ①

[핵심문제] 기체 연료의 단점이 아닌 것은?
① 가격이 비싸다.
② 누설 시 화재 폭발의 위험이 크다.
③ 저장이나 수송이 곤란하다.
④ 질소같은 유해 가스가 많이 포함되어 있다.   답 ④

---

(2) 종류 및 특성

① 천연가스 : 천연으로 발생하는 가스 가운데 탄화수소를 주성분으로 하는 가연성 가스이다.

② 액화석유가스 : LPG는 석유계, 저급 탄화수소계 혼합물로서 상온에서는 기체 상태이나 가압하거나 냉각하면 쉽게 액화하므로 액화가스로 취급되어 사용하고 있다. 액화석유가스의 특징 및 주성분은 다음과 같다.
  ㈎ 천연가스 : 천연가스에서 휘발유를 뽑아낸 뒤에 제조
  ㈏ 정제 과정 중 부산물 : 석유원을 정제하면서 얻는다(정유·공장).
  ㈐ 주성분 : 프로판(C_3H_8), 부탄(C_4H_{10}), 프로필렌(C_3H_6), 부틸렌(C_4H_8)
③ 석탄가스
  ㈎ 석탄을 1000℃ 내외로 건류할 때 얻어지는 가스이다.
  ㈏ 메탄(CH_4) 가스와 수소(H_2)를 다량 함유하고 있다.
  ㈐ 도시가스 제조용이나 화학공업 원료로 사용된다.
  ㈑ 발열량이 높다(5670 kcal/m^3).
④ 고로가스
  ㈎ 용광로(고로)에서 얻어지는 부산물 가스이다.
  ㈏ 다량의 질소(N_2)와 일산화탄소(CO)로 구성된다.
  ㈐ 발열량이 낮다(900 kcal/m^3).
  ㈑ 자가 소비용으로 사용된다.
⑤ 발생로가스
  ㈎ 적열 상태로 가열한 탄소분이 많은 고체 연료에 공기나 산소를 공급하여 일산화탄소(CO)를 발생시킨 가스이다.
  ㈏ 많은 질소(N_2)와 일산화탄소로 구성된다.
  ㈐ 발열량이 낮다(1100 kcal/m^3).
  ㈑ 가격이 저렴하고 제조 방법이 간단하다.
⑥ 수성가스 중요
  ㈎ 고온의 코크스에 수증기를 작용시켜 발생된 가스이다.
  ㈏ 수소(H_2)와 일산화탄소(CO)로 구성된다.
  ㈐ 발열량이 2500 kcal/m^3이다.
⑦ 도시가스
  ㈎ 최근 가스 보일러용으로 많이 사용되고 있으며, 종래의 LPG보다 공급 안정도가 높은 LNG로 대체되고 있다.
  ㈏ 수성가스, LPG, LNG, 발생로가스, 석탄가스 등으로부터 제조한다.
  ㈐ 발열량이 10500 kcal/m^3이다.

[핵심문제] **LPG가 증발할 때에 흡수하는 열은?**
① 현열 ② 잠열
③ 융해열 ④ 화학반응열
[해설] 액체가 기체로 기화할 때 필요한 증발열을 잠열이라 한다. [답] ②

[핵심문제] **다음 중 LPG의 성분을 조성하는 데 주체가 되지 않는 것은?**
① 프로필렌 ② 부탄
③ 메탄 ④ 프로판 [답] ③

[핵심문제] **석탄가스에 대한 다음 설명 중 틀린 것은?**
① 석탄을 1000℃ 내외로 건류해서 얻는다.
② 발열량이 높고 연소성이 우수하다.
③ 고온 건류 조작 및 저온 건류 조작에 의해 만들어진다.
④ 고온의 코크스에 수증기를 작용시켜 발생된 가스이다.
[해설] ④는 수성가스에 대한 설명이다. [답] ④

[핵심문제] **용광로에서 얻어지는 부산물 가스로서 다량의 질소와 일산화탄소로 구성되며 발열량이 낮은 기체 연료는?**
① 석탄가스 ② 고로가스
③ 발생로가스 ④ 수성가스 [답] ②

[핵심문제] **주성분이 질소(N_2)나 일산화탄소(CO)로 구성된 부생가스를 열거한 것 중 아닌 것은?**
① 석탄가스 ② 발생로가스
③ 수성가스 ④ 고로가스 [답] ①

[핵심문제] **다음 기체 연료 중 발열량이 가장 높은 것은?**
① LNG ② 석탄가스
③ 발생로가스 ④ 고로가스
[해설] ① LNG : 10500 kcal/Nm^3
② 석탄가스 : 5670 kcal/Nm^3
③ 발생로가스 : 1100 kcal/Nm^3
④ 고로가스 : 900 kcal/Nm^3 [답] ①

> [핵심문제] 고로가스의 대부분은 다음 중 어느 것인가?
> ① CO_2와 CO ② O_2와 CH_4
> ③ H_2와 N_2 ④ CO와 N_2 답 ④

> [핵심문제] 수성가스를 석유(중유 또는 타르)로부터 열분해하여 만든 가스는?
> ① 오일가스 ② 발생로가스
> ③ 증열 수성가스 ④ 고로가스 답 ③

> [핵심문제] 다음 중 액화천연가스의 약자는?
> ① LPG ② COG
> ③ LNG ④ LDG
> [해설] • LPG : 액화석유가스   • COG : 코크스로 가스
> • BFG : 고로가스   • EFG : 전로가스 답 ③

5-2 연소방법 및 연소장치

1 연소

(1) 연소의 정의

연소란 가연성 물질이 공기 중의 산소와 급격히 반응하여 열과 빛을 내는 현상이다(연소 반응은 산화 반응이며, 연소 속도는 산화 반응속도이다).

(2) 연소의 조건 및 분위기

① 연소가 쉽게 되기 위한 요건
  (가) 산화 반응은 발열 반응일 것
  (나) 열전도율이 낮으며, 단위 중량당 발열량이 클 것
  (다) 산소와 접촉면이 클 것
  (라) 가연물의 건조도가 좋을 것
② 연소의 분위기
  (가) 산화 분위기 : 과잉 공기량의 과다로 인하여 산소가 많은 상태 → 연소실의 온도가 내려가는 원인

(나) 환원 분위기 : 공기 부족으로 인하여 일산화탄소가 많은 상태 → 불완전 연소로 인한 일산화탄소의 증가

핵심문제 연소에 필요한 공기가 너무 많을 때의 영향으로 틀린 것은?
① 미연분이 남는다. ② 연소 효율의 저하
③ 배기가스량 증가 ④ 연소실 온도 저하

해설 완전 연소에 필요한 공기가 과잉인 경우 연소실의 온도가 낮아지고 배기가스량이 증가하며 연소 효율이 낮아진다. **답** ①

핵심문제 다음 중 산소 부족 현상은?
① 산화염 ② 중성염
③ 환원염 ④ 휘염

해설 산화염과 휘염은 산소 공급이 많은 경우이며, 중성염은 가연성분과 공기(산소)의 양이 적당한 경우이다. **답** ③

---

(3) 인화점과 착화점(발화점)

① 인화점 : 액체 연료를 가열하면 일부분이 증기화되는데, 이때 불씨를 가까이 하면 불이 붙는 최저 온도
② 착화점 : 공기를 충분히 공급하면서 연료를 천천히 가열하여 외부에서 점화하지 않아도 연소를 시작하는 최저 온도

핵심문제 다음 기술 중 틀린 것은?
① 연소를 공기의 존재하에서 가열하여 다른 곳에서 점화하지 않고 연소를 시작하는 최저 온도를 착화온도라 한다.
② 액체 연료에 점화원을 줌으로써 연소를 시작하는 최저 온도를 인화점이라고 한다.
③ 기름 연소에 있어서 연소용 공기의 공급 방법과 양의 변화에 따라 불꽃 길이는 어느 정도 변화하여 공기량이 과다하면 장염이 된다.
④ 가스 연소에는 예혼합연소, 확산연소가 있으며 고도의 고부하 연소를 가능하게 하는 방식은 예혼합연소이다.

해설 공기량의 과다는 연소실의 온도를 낮추고 불꽃 길이를 짧게 형성한다. **답** ③

(4) 연소의 종류

① 표면연소 : 휘발분이 없는 연료의 연소 예 목탄, 코크스, 숯 등
② 분해연소 : 휘발분이 있는 고체 연료 또는 증발이 일어나기 어려운 액체 연료의 연소
　　예 석탄, 목탄, 중유 등
③ 증발연소 : 액체 연료로부터 발생한 증기의 연소
　　예 경유, 등유, 휘발유, 나프탈렌 등
④ 확산연소 : 공기 중에 가연성 가스가 확산에 의해 연소하는 현상
　　예 부생가스, 도시가스, 액화석유가스 등
⑤ 예혼합연소 : 기체 연료의 연소 방법으로 역화의 우려가 있다.

[핵심문제] 다음 연소의 종류 중 화염이 없는 연소는?
　① 증발연소　　　② 분해연소
　③ 표면연소　　　④ 확산연소

[해설] 표면연소는 화염이 없다.
　① 증발연소 : 액체 연료
　② 분해연소 : 석탄, 목재, 고분자량의 가연성 고체
　④ 확산연소 : 기체 연료
　　　　　　　　　　　　　　　　　　　답 ③

[핵심문제] 석탄, 목재 혹은 고분자량의 가연성 고체는 열분해하여 발생한 가연성 가스가 연소하며, 이 열로 다시 열분해를 일으킨다. 따라서 화염이 많이 난다. 어떤 연소인가?
　① 증발연소　　　② 분해연소
　③ 표면연소　　　④ 확산연소
　　　　　　　　　　　　　　　　　　　답 ②

---

(5) 연소 온도

가연물과 산소가 점화원에 의해 연소를 하면 빛과 열을 발생하는데, 이때 발생되는 연소가스의 온도를 말한다.

① 연소 온도에 영향을 주는 요소
　㈎ 산소의 농도
　㈏ 공기의 온도
　㈐ 연료의 저위발열량
　㈑ 연소 시 압력
　㈒ 공기비(공기비가 1에 가까울 때 최고)

2 성상에 따른 연소장치 및 특징

(1) 고체 연료 연소장치 중요
① 화격자 연소장치 : 수분식과 기계식이 있다.
② 미분탄 연소장치 : 미분탄 연소 시에 사용한다.
③ 유동층 연소장치 : 화격자와 미분탄의 절충식이다.

[핵심문제] 고체 연료 연소장치를 연소 방법에 의해서 나눈 것이 아닌 것은?
① 화격자 연소   ② 유동층 연소
③ 미분탄 연소   ④ 무상(霧狀) 연소   답 ④

---

(2) 액체 연료의 연소장치
① 연소 방식 중요
  (개) 기화 연소 방식 : 연료를 고온의 물체에 접촉 또는 충돌시켜 가연성 가스를 발생하여 연소하는 방식
  (내) 무화 연소 방식 : 연료를 안개와 같이 분사 연소하는 방식
② 연소용 공기
  (개) 1차 공기 : 연료의 무화와 산화 반응에 필요한 공기로서 버너에서 직접 공급된다.
  (내) 2차 공기 : 연료를 완전 연소시키기 위해서 송풍기를 이용하여 연소실로 공급되는 공기
③ 무화의 목적 중요
  (개) 단위 면적당 표면적을 넓게 한다.
  (내) 연소 효율을 높게 해준다.
  (대) 공기와 혼합이 잘 되게 한다.
  (래) 연소실을 고부하로 유지한다.
④ 버너의 종류
  (개) 회전식 버너 : 구조가 간단하고 자동화에 편리하며 고속으로 회전하는 분무컵으로 연료를 비산·무화시키는 버너
  (내) 고압기류식(고압증기 공기 분무식) 버너 : 유류 버너의 종류 중 수 기압(MPa)의 분무 매체를 이용하여 연료를 분무하는 형식의 버너로서 2유체 버너라고 한다.
  (대) 유압분무식 버너 : 압력분무식 버너라고도 하며, 연료유에 0.5~2 MPa(5~20 kgf/cm^2) 정도의 압력을 가하여 노즐로부터 고속으로 분출 무화시키는 방식

㈔ 초음파 버너 : 초음파를 이용하여 연료 자체에 진동을 주어 무화시키는 형식의 버너

핵심문제 중유 연소법은 증기식과 무상식으로 구분된다. 무상식에서의 무화의 목적을 잘못 설명한 것은?
① 연소실을 고부하로 유지시킨다.
② 연소 효율을 높인다.
③ 공기와의 혼합이 잘 되게 한다.
④ 단위 면적당 표면적을 작게 한다.
답 ④

핵심문제 중유 연소장치에서 사용하는 버너의 종류에 해당되지 않은 것은?
① 압력분사식　　② 증기분무식
③ 살포식　　　　④ 회전분무식
해설 중유 버너의 종류 : 압력분사식, 증기분무식, 회전분무식
답 ③

핵심문제 설비가 간단하고 자동화에 편리한 버너는 어느 것인가?
① 회전분무식 버너　　② 압력분사식 버너
③ 증기분무식 버너　　④ 기류식 버너
해설 압력분사식 버너는 설비가 간단하고 자동화에 편리한 장점이 있지만 압력이 낮으면 무화가 불량하게 되는 단점이 있다.
답 ②

---

(3) 기체 연료의 연소장치

확산연소 방식과 예혼합연소 방식이 있다.
① 확산연소 방식 : 기체 연료와 공기를 따로 분출시켜 확산 혼합하면서 연소시키는 방식으로 버너형과 포트형이 있다.
② 예혼합연소 방식 : 연소 전에 공기와 연소가스를 일정한 혼합비로 미리 혼합시켜 노즐을 통해 분사 연소시키는 방식으로 완전 예혼합형과 부분 예혼합형이 있다(역화의 위험성이 있다).

핵심문제 기체 연료의 연소 방식 중 역화의 위험성이 가장 높은 것은?
① 포트형　　　　② 확산연소식
③ 예혼합식　　　④ 무화연소식
답 ③

5-3 연소 계산

연료 속의 가연성 물질이 산소와 불씨에 의해 화학 반응을 일으키는 현상을 연소라고 한다. 연소 계산은 연소에 의해 발생된 생성물질의 양적 관계를 명확히 함으로써 효율적인 연소에 이바지하기 위함이다.

$$C_3H_8 + 5O_2 \rightarrow 3CO_2 + 4H_2O$$

프로판 + 산소 = 이산화탄소 + 물

반응물질 → 생성물질

- 완전 연소 : 연소에 의하여 생긴 배기가스 중에 가연물질이 포함되어 있지 않을 때
- 불완전 연소 : 연소에 의하여 생긴 배기가스 중에 가연물질이 포함되어 있을 때

참고

각 원소의 원자량과 분자량

원소명	원소 기호	원자량	분자식	분자량
탄소	C	12	C	12
수소	H	1	H_2	2
산소	O	16	O_2	32
질소	N	14	N_2	28
황	S	32	S	32
공기				29
메탄			CH_4	16
에탄			C_2H_6	30
프로판			C_3H_8	44
부탄			C_4H_{10}	58
탄산가스			CO_2	44
물분자			H_2O	18
아황산가스			SO_2	64
일산화탄소			CO	28

(1) 이론산소량(연료 중 가연물질만 산소가 필요하다)

연료 중의 가연성 물질 1 kg을 완전 연소시키기 위해 필요로 하는 산소량

① $C + O_2 \longrightarrow CO_2$

$\begin{cases} 12 \text{ kg} \\ 1 \text{ kg} \end{cases} \begin{cases} 32 \text{ kg} \\ O_o \text{ [kg]} \end{cases} \quad \therefore O_o = \dfrac{32}{12} = 2.667 \text{ kg/kg}$

$\begin{cases} 12 \text{ kg} \\ 1 \text{ kg} \end{cases} \begin{cases} 22.4 \text{ Nm}^3 \\ O_o \text{ [Nm}^3] \end{cases} \quad \therefore O_o = \dfrac{22.4}{12} = 1.867 \text{ Nm}^3/\text{kg}$

- C의 기준
  12 kg = 22.4 Nm³ = 1 kmol
  12 g = 22.4 L = 1 mol
- O_2의 기준
  32 kg = 22.4 Nm³ = 1 kmol
  32 g = 22.4 L = 1 mol

> **참고**
>
> $\begin{cases} 12 \text{ g} \\ 1 \text{ g} \end{cases} \begin{cases} 32 \text{ g} \\ O_o \text{ [g]} \end{cases} \begin{cases} 22.4 \text{ L} \\ O_o \text{ [L]} \end{cases} \longrightarrow O_o = 1.867 \text{ g/g} \qquad O_o = 1.867 \text{ L/g}$

② $H_2 + \dfrac{1}{2} O_2 \longrightarrow H_2O$

$\begin{cases} 2 \text{ kg} \\ 1 \text{ kg} \end{cases} \begin{cases} \dfrac{1}{2} \times 32 \text{ kg} \\ O_o \text{ [kg]} \end{cases} \quad \therefore O_o = \dfrac{16}{2} = 8 \text{ kg/kg}$

$\begin{cases} 2 \text{ kg} \\ 1 \text{ kg} \end{cases} \begin{cases} \dfrac{1}{2} \times 22.4 \text{ Nm}^3 \\ O_o \text{ [Nm}^3] \end{cases} \quad \therefore O_o = \dfrac{11.2}{2} = 5.6 \text{ Nm}^3/\text{kg}$

- H_2의 기준
  2 kg = 22.4 Nm³ = 1 kmol
  2 g = 22.4 L = 1 mol

③ $S + O_2 \longrightarrow SO_2$

$\begin{cases} 32 \text{ kg} \\ 1 \text{ kg} \end{cases} \begin{cases} 32 \text{ kg} \\ O_o \text{ kg} \end{cases} \quad \therefore O_o = \dfrac{32}{32} = 1 \text{ kg/kg}$

$\begin{cases} 32 \text{ kg} \\ 1 \text{ kg} \end{cases} \begin{cases} 22.4 \text{ Nm}^3 \\ O_o \text{ [Nm}^3] \end{cases} \quad \therefore O_o = \dfrac{22.4}{32} = 0.7 \text{ Nm}^3/\text{kg}$

- S의 기준
  32 kg = 22.4 Nm³ = 1 kmol
  32 kg = 22.4 L = 1 mol

[핵심문제] 탄소 12 kg을 완전 연소시킬 때 필요 산소량은?

① 44 kg   ② 32 kg   ③ 18 kg   ④ 12 kg

[해설]
$$C + O_2 \longrightarrow CO_2$$
12 kg 32 kg
12 kg O_o [kg] $O_o = \dfrac{32 \times 12}{12}$

∴ $O_o = 32$ kg

답 ②

[핵심문제] 탄소 1 kg을 완전 연소시키는 데 필요한 산소량을 체적으로 나타내면 몇 Nm^3인가?

① 1.867 Nm^3/kg   ② 2.867 Nm^3/kg
③ 3.867 Nm^3/kg   ④ 4.867 Nm^3/kg

[해설]
$$C + O_2 \longrightarrow CO_2$$
12 kg 22.4 Nm^3
1 kg O_o [Nm^3]   ∴ $O_o = \dfrac{22.4}{12} = 1.867\ Nm^3$

답 ①

[핵심문제] 수소 1 kg의 연소 시 생성되는 수증기 양은?

① 0.5 Nm^3/kg   ② 11.2 Nm^3/kg
③ 22.4 Nm^3/kg   ④ 44.8 Nm^3/kg

[해설]
$$H_2 + \dfrac{1}{2}O_2 \longrightarrow H_2O$$
2 kg 22.4 Nm^3
1 kg O_o [Nm^3]   ∴ $O_o = \dfrac{22.4}{2} = 11.2\ Nm^3$

[참고] 공기 중의 질소·산소비

구분	산소	질소	비고
중량비	0.232	0.768	공기 1 kg 중의 비
체적비	0.21	0.79	공기 1 Nm^3 중의 비

답 ②

[참고]

- **연료의 이론산소량(O_0) 및 이론공기량(A_0)**

$$O_0 = 1.867C + 5.6\left(H - \dfrac{O}{8}\right) + 0.7S\ [Nm^3/kg]$$

$$A_0 = \dfrac{O_0}{0.21} = \dfrac{1.867C + 5.6\left(H - \dfrac{O}{8}\right) + 0.7S}{0.21}\ [Nm^3/kg]$$

- **유효 수소($H - \dfrac{O}{8}$)** : 연료 속에 포함된 수소의 일부는 산소를 포함하여 결합하고 있다. 따라서 연료 연소 시 산소를 필요로 하지 않기 때문에 수소에서 $\dfrac{O}{8}$ 만큼의 산소를 빼준다.

[핵심문제] 다음과 같은 성분을 가진 경유의 이론공기량(Nm^3)은 얼마인가?

$$C : 85\%, H : 13\%, O : 2\%$$

① 4.28 Nm^3/kg
② 8.3 Nm^3/kg
③ 10.96 Nm^3/kg
④ 12.34 Nm^3/kg

[해설] $A_0 = \dfrac{1.867 \times 0.85 + 5.6\left(0.13 - \dfrac{0.02}{8}\right)}{0.21} = 10.96 \, Nm^3/kg$ **[답]** ③

(2) 실제공기량(A)

① 실제공기량(A) = 이론공기량(A_0) + 과잉공기량
② 공기비(과잉공기계수) : 실제공기량이 이론공기량의 몇 배에 해당하는가를 나타내는 계수

$$공기비(m) = \dfrac{A}{A_0} \, (m > 1)$$

③ 과잉공기 : 연소 시 완전 연소를 위하여 공급하는 여분의 공기를 말한다.
   과잉공기량 = 실제공기량(A) − 이론공기량(A_0) ($A > A_0$)

[참고]
실제공기량(A) ≠ 이론공기량(A_0) → $A = mA_0$
　　같지 않다　　　　　　　　　같아지기 위해 공기비(m)를 곱해준다.

[핵심문제] 과잉공기율이란?

① $\dfrac{이론공기량}{실제공기량}$
② $\dfrac{실제연소량}{이론연소량}$
③ $\dfrac{실제산소량}{이론산소량}$
④ $\dfrac{실제공기량}{이론공기량}$

[답] ④

[핵심문제] 불완전 연소 상태일 때의 공기비(m)는?

① $m > 1$　② $m = 0$
③ $m = 1$　④ $m < 1$

[해설] ① $m > 1$: 과잉공기의 상태에서 연소　② $m = 0$: 연소 불가능
　　　　③ $m = 1$: 완전 연소　　　　　　　　④ $m < 1$: 불완전 연소　**[답]** ④

④ 공기비$(m) = \dfrac{A_0 + 과잉공기량}{A_0} = 1 + \dfrac{과잉공기량}{A_0} = 1 + \dfrac{A - A_0}{A_0}$

[핵심문제] 공기비(m)를 구하는 식 중 옳지 않은 것은? (단, A : 실제공기량, A_0 : 이론공기량, P : 과잉공기량)

① $m = \dfrac{A}{A_0}$ ② $m = 1 + \dfrac{A - A_0}{A_0}$

③ $m = 1 - \dfrac{A - A_0}{A_0}$ ④ $m = 1 + \dfrac{P}{A_0}$

답 ③

---

⑤ 공기비와 배기가스와의 관계식

  (가) 완전 연소 시 : $m = \dfrac{21}{21 - O_2}$

  (나) 불완전 연소 시 : $m = \dfrac{N_2}{N_2 - 3.76(O_2 - 0.5CO)}$

  여기서, $N_2 = 100 - (CO_2 + O_2 + CO)\%$

[참고]

$\dfrac{공기 중 질소의 부피(79\%)}{공기 중 산소의 부피(21\%)} = 3.76$

공기비의 특징

(1) 공기비(m)가 적을 때
  ① 불완전 연소가 되기 쉽다.
  ② 미연소가스에 의한 가스 폭발과 매연 발생
  ③ 미연소가스에 의한 열손실 증가

(2) 공기비(m)가 클 때
  ① 연소실 온도 저하
  ② 배기가스량이 많아져서 열손실이 증가
  ③ 배기가스 중 NO 및 NO_2 발생으로 부식 촉진과 대기오염을 초래

(3) 연소가스량의 계산식

① 이론 연소가스량(G_o) : 이론공기량으로 연료를 완전 연소 시 발생하는 연소가스량

  (가) 이론 습연소가스량(G_{ow}) : 연료에 이론공기량을 공급한 후 완전 연소시켰을 때의 생성가스량

  체적 → $G_{ow} = (1-0.21)A_0 + 1.867C + 11.2H + 0.7S + 0.8N + 1.24W \,[\text{Nm}^3/\text{kg}]$

  여기서, N : 질소, W : 연료 중 수분, G_{od} : 이론 건연소가스량

  $G_{ow} = G_{od} + (11.2H + 1.24W)\,[\text{Nm}^3/\text{kg}]$

  (나) 이론 건연소가스량(G_{od}) : 이론 습연소가스량 중에서 수증기의 양을 제거한 것을 말한다.

  체적 → $G_{od} = (1-0.21)A_0 + 1.867C + 0.7S + 0.8N \,[\text{Nm}^3/\text{kg}]$

  $G_{od} = G_{ow} - (11.2H + 1.24W)\,[\text{Nm}^3/\text{kg}]$

② 실제 연소가스량(G_A) : 실제공기량으로 연소시킨 후 연소가스(배기가스)의 총량

  (가) 실제 습연소가스량(G_{AW}) : 연료에 실제공기량을 공급한 후 완전 연소시켰을 때의 생성가스량

  체적 → $G_{AW} = (m-0.21)A_0 + 1.867C + 11.2H + 0.7S + 0.8N + 1.24W \,[\text{Nm}^3/\text{kg}]$

  $G_{AW} = G_{Ad} + (11.2H + 1.24W)\,[\text{Nm}^3/\text{kg}]$

  $\quad\quad = G_{Ad} + 1.24(9H + W)$

  (나) 실제 건연소가스량(G_{Ad}) : 실제 습연소가스량 중에서 수증기의 양을 제거한 것을 말한다.

  체적 → $G_{Ad} = (m-0.21)A_0 + 1.867C + 0.7S + 0.8N \,[\text{Nm}^3/\text{kg}]$

  $G_{Ad} = G_{AW} - 1.24(9H + W)\,[\text{Nm}^3/\text{kg}]$

(4) 연소 생성 수증기량(W) 구하는 계산식

$$H_2 + \frac{1}{2}O_2 \longrightarrow H_2O$$

1 kmol   1 kmol
2 kg   22.4 Nm³

- 수소 1 kg 연소 시 H_2O 값 = $\dfrac{22.4\,\text{Nm}^3}{2\,\text{kg}}$ = $11.2\,\text{Nm}^3/\text{kg}$

- 연료 속의 수분(W)도 H_2O로 같이 나오므로

  $W = H_2O = \dfrac{22.4\,\text{Nm}^3}{18\,\text{kg}} = 1.244\,\text{Nm}^3/\text{kg}$

  체적 → $11.2H + 1.244W = 1.244(9H + W)\,[\text{Nm}^3/\text{kg}]$

> **참고**
> ① $(1-0.21)A_0$: 이론공기량 중의 질소량(Nm^3/kg)
> ② $(m-1)A_0$: 과잉공기량(Nm^3/kg)
> ③ $(m-0.21)A_0$: 이론공기량 중의 질소량과 과잉공기량의 합(Nm^3/kg)
> ④ $(1-0.79)A_0$: 이론공기량 중의 산소량(Nm^3/kg)
> ⑤ $(m-1)\times 100$: 과잉공기율(%)
> 위 식에서 0.21 : 공기 중 산소의 부피(%), 0.79 : 공기 중 질소의 부피(%)

[핵심문제] 건배기가스와 습배기가스량의 차를 구하는 식으로 맞는 것은?

① $9H+2W$
② $1.244(H+W)$
③ $9H+\dfrac{18}{22.4}W$
④ $9H+\dfrac{22.4}{18}W$

답 ④

[핵심문제] 수증기가 포함되어 있을 때에 실제 습배기가스량을 구하는 식 중 연료 연소에 의해 생성된 수증기의 양을 구하는 식은? (단, W는 수분)

① $9H+W$
② $9H+2W$
③ $1.244H+3W$
④ $G_1-(9H+3W)$

답 ①

[핵심문제] 유효수소값을 바르게 나타내는 것은?

① $H-O$
② $H-\dfrac{O}{8}$
③ $\dfrac{H}{8}-O$
④ $\dfrac{H}{2}-\dfrac{O}{8}$

답 ②

[핵심문제] 연료를 연소시키는 데 필요한 실제공기량과 이론공기량의 비, 즉 공기비를 m이라 할 때 다음 식이 뜻하는 것은?

$$(m-1)\times 100\%$$

① 과잉공기율
② 과소공기율
③ 이론공기율
④ 실제공기율

[해설] ① 과잉공기비$=(m-1)$, ② 과잉공기율$=(m-1)\times 100\%$

답 ①

[핵심문제] 천연가스의 주성분인 CH_4의 연소 반응식으로 옳은 것은?

① $CH_4+O_2=CO_2+H_2O$
② $CH_4+O_2=CO_2+4H_2O$
③ $CH_4+2O_2=CO_2+H_2O$
④ $CH_4+2O_2=CO_2+2H_2O$

[해설] $C_mH_n+(m+\dfrac{n}{4})O_2 \rightarrow mCO_2+\dfrac{n}{2}H_2O$

답 ④

제 6 장 보일러 자동제어

6-1 자동제어의 개요

(1) 자동제어 방식에 의한 분류 중요

① 피드백 제어 : 결과가 원인으로 되어 각 제어 단계를 진행
② 시퀀스 제어 : 미리 정해진 순서에 따라 각 제어 단계를 진행

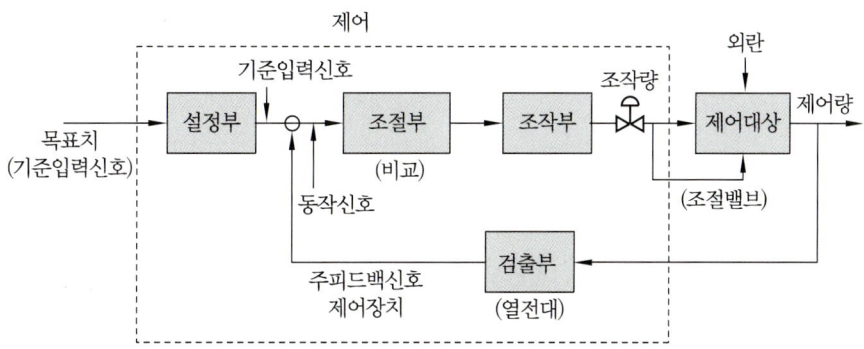

피드백 제어의 기본 회로(블록선도)

[핵심문제] 이미 정해진 순서에 따라 제어의 각 단계를 차례로 진행하는 제어는?
① 디지털 제어　　② 인터록 제어
③ 피드백 제어　　④ 시퀀스 제어　　　　답 ④

[핵심문제] 자동제어계의 동작 순서로 맞는 것은?
① 비교 → 판단 → 조작 → 검출
② 조작 → 비교 → 검출 → 판단
③ 검출 → 비교 → 판단 → 조작
④ 판단 → 비교 → 검출 → 조작
　[해설] 자동제어계의 동작 순서 : 검출 → 비교 → 판단 → 조작　　답 ③

[핵심문제] 다음 중 폐(閉) 루프를 형성하여 출력측의 신호를 입력측에 되돌리는 것은?
① 리셋   ② on-off 동작
③ 피드백 ④ 조절부   답 ③

[핵심문제] 다음은 자동제어의 기본 선도(block diagram)이다. 이 중 검출부는 어느 것인가?

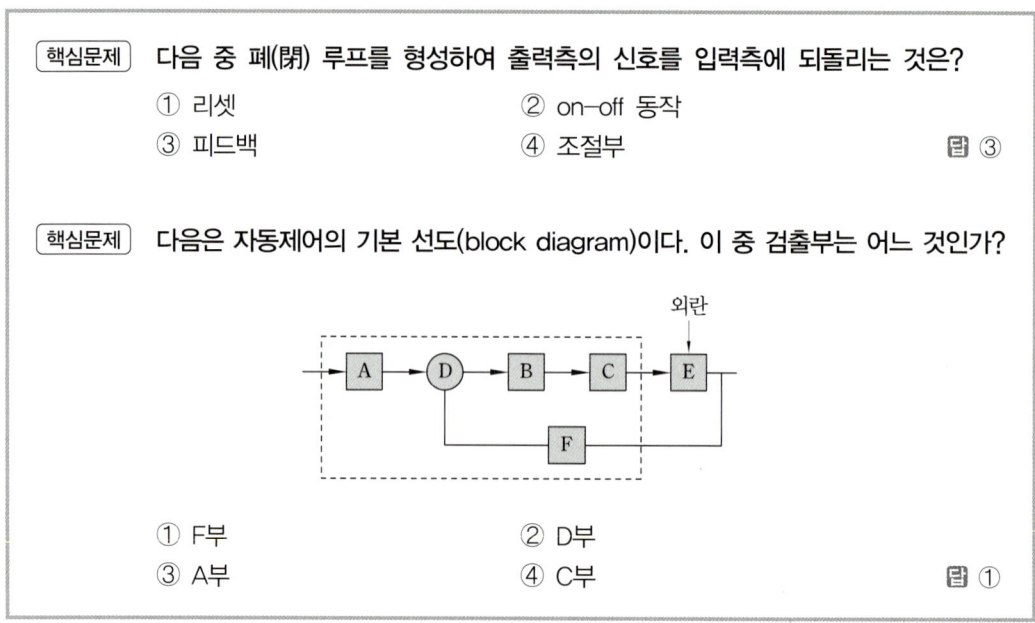

① F부   ② D부
③ A부   ④ C부   답 ①

(2) 블록선도를 구성하는 요소의 용어 해설

① 제어대상(controllod system) : 제어를 행하려는 대상물로써 기계 프로세스 시스템의 전체 또는 일부를 말한다.

② 제어량(controlled variable) : 출력이라고도 하며, 제어하고자 하는 양으로서 목표값과 같은 양이다.

③ 제어장치(control device) : 제어량이 목표값과 일치하도록 어떠한 조작을 가하는 장치이다.

④ 목표값(desired value) : 목표값에 의하여 자동제어가 목표값을 벗어나지 않으려고 제어하는 기준치이다.

⑤ 조작량(manipulated variable) : 제어량을 조정하기 위하여 제어장치가 제어대상에 주는 양

⑥ 외란(disturbance) : 제어계의 상태를 교란하는 외적 작용

⑦ 기준입력(reference input) : 제어계를 동작시키는 기준으로써 직접 폐회로에 가해지는 입력이다. 목표값과 항상 일정한 관계를 가지고 있다.

⑧ 주피드백량(main feedback) : 제어량의 값을 목표값(기준입력)과 비교하기 위한 피드백신호로 검출에서 발생시킨다.

⑨ 동작신호(actuating signal) : 기준입력과 제어량과의 차이로 제어동작을 일으키는 신호이다. 편차라고도 한다.

⑩ 검출부(detecting means) : 제어량을 검출하고 이것을 기준입력과 비교할 수 있는 물리량(주피드백신호)을 만드는 부분이다.
⑪ 조절부(controlling means) : 동작신호에 의하여 이에 대응하는 연산출력을 만드는 곳으로 조작신호를 조작부에 내보내는 부분이다.
⑫ 조작부(find control element) : 조작신호를 받아서 조작량으로 변환하여 제어대상에 작용시키는 역할을 한다.

[핵심문제] 자동제어 장치의 검출부에 대하여 옳게 설명한 것은?
① 제어량의 값을 기준입력과 비교하기 위한 신호 부분
② 압력, 온도, 유량 등의 제어량을 측정하여 신호로 나타내는 부분
③ 기준입력과 주피드백량을 비교하여 얻어진 편차량의 신호 부분
④ 실제로 제어대상에 대하여 작용을 걸어오는 부분
[해설] ①은 주피드백량, ③은 동작신호, ④는 조작부에 대한 설명이다. 답 ②

[핵심문제] "편차"의 설명으로 옳은 것은?
① 목표치와 압력량의 차   ② 기준압력과 사용압력의 차
③ 목표치와 제어량의 차   ④ 목표치와 측정량의 차   답 ③

(3) 목표값의 성질에 의한 분류
① 정치 제어 : 목표값이 일정한 제어, 즉 목표값이 시간적으로 변화하지 않는 제어
② 추치 제어 : 목표값이 변화하는 제어, 목표값을 측정하면서 제어량을 목표값에 일치되도록 맞추는 방식
  (가) 추종 제어 : 목표값이 시간적으로 변화되는 추치 제어로 자기 조정 제어라고 한다.
  (나) 비율 제어 : 목표값이 다른 양과 일정한 비율 관계에서 변화되는 추치 제어이다.
  (다) 프로그램 제어 : 목표값이 이미 정해진 계획에 따라 시간적으로 변화하는 제어이다.
③ 캐스케이드 제어 : 1차 제어장치가 작동하면 2차 제어장치가 이 명령을 바탕으로 제어량을 조절하는 장치이다(측정 제어).

[핵심문제] 자동제어는 목표값의 변화에 따라 구분된다. 다음 중 목표값이 일정한 경우 제어 방식은?
① 정치 제어   ② 추종 제어
③ 비율 제어   ④ 프로그램 제어   답 ①

(4) 제어량 성질에 따른 분류

① 프로세스 제어 : 생산 공장 등에서 생산 공정의 조건을 일정하게 유지하거나 또는 시간적으로 일정한 변화의 규격에 따르도록 제어하는 것이 중요한 일이다. 즉 온도, 압력, 유량, 농도, 습도 등과 같은 공업 프로세스의 상태량에 대한 제어를 프로세스 제어라고 한다.

② 다변수 제어 : 연료의 공급량, 공기 공급량, 보일러 내의 압력, 급수량 등을 각각 자동으로 제어하면 발생 증기량을 부하변동에 따라 일정하게 유지시켜야 한다. 그러나 각 제어량 사이에는 매우 복잡한 자동제어를 일으키는 경우가 있다. 이러한 제어를 다변수 제어라 한다.

③ 서보 기구 : 작은 입력에 대응해서 큰 출력을 발생시키는 장치를 말한다. 이는 프로세스 제어와 비슷하지만 그 차이점은 프로세스 제어가 시간 지연 요소를 포함하고 있는 것이다.

[핵심문제] **다음 설명 중 틀린 것은?**

① 목표값이 미리 정해진 시간적 변화를 할 경우의 추치 제어를 정치 제어라고 한다.
② 그 위치 동작은 반응속도가 빠른 프로세스에서 시간 지연이 크고 부하 변화가 크며 또 빈도가 많은 경우에 적합하다.
③ 1차 제어장치가 제어량을 측정하여 제어 명령을 발하고 2차 제어장치가 이 명령을 바탕으로 제어량을 조절하는 것을 캐스케이드 제어라고 한다.
④ 편차의 정부(+, -)에 의해 조작 신호가 최대, 최소가 되는 제어 동작을 온오프 동작이라고 한다.

답 ①

---

(5) 제어 동작(조정부 동작)에 의한 분류

① 연속 동작
  ㈎ 비례 동작(P 동작) : 입력인 편차에 대하여 조작량의 출력 변화가 일정한 비례 관계가 있는 동작이다(잔류편차 발생).

  [참고]
  P 동작은 잔류편차가 남는다. 이것을 오프셋이라 하며, 따라서 수동 리셋이 필요하다.

  ㈏ 적분 동작(I 동작) : 제어량에 편차가 생겼을 경우에 편차의 적분차를 가감하여 조작단의 이동 속도가 비례하는 동작으로 오프셋이 남지 않는다.(잔류편차가 없다.)
  ※ 제어의 안정성이 감소한다(동작신호에 비례한 속도로 조작량을 변화시키는 제어 동작이다).

㈐ 미분 동작(D 동작) : 외란에 의한 제어량 편차가 생기기 시작한 초기에 편차의 미분치를 가감하여 큰 정정 동작을 일으켜서 다른 동작일 때보다 초기에 조작단을 크게 움직인다. 제어편차가 변화 속도에 비례한 조작량을 내는 제어 동작으로 외란이 일정할 때 소멸된다.

㈑ 복합 동작
  ㉮ PI 동작(비례적분 동작)
  ㉯ PD 동작(비례미분 동작)
  ㉰ PID 동작(비례적분미분 동작)
    • PID 동작은 I 동작으로 오프셋을 제거한다.
    • D 동작으로 응답을 촉진시키고 동작의 안정화를 도모한다.

[핵심문제] **조절계의 출력이 편차에 비례하는 동작은?**
  ① on-off 동작　　② P 동작
  ③ PI 동작　　　　④ PID 동작　　　　　　　　　　답 ②

[핵심문제] **제어계를 안정화하고 정리를 빨리하는 목적으로 사용되는 제어 동작은?**
  ① 적분 동작　　② 비례 동작
  ③ 미분 동작　　④ 온오프 동작
  [해설] 미분 동작(D 동작) : 응답을 촉진시키고 동작의 안정화를 도모한다.　답 ③

[핵심문제] **I 동작으로 오프셋을 제거하고 D 동작으로 응답을 신속화, 안정화시키는 동작은?**
  ① PI 동작　　② PD 동작
  ③ ID 동작　　④ PID 동작　　　　　　　　　　　　답 ④

---

② 불연속 동작
  ㈎ 2위치 동작(on-off 동작) : 제어량이 설정치에 빗나갔을 때 조작부를 개(開) 또는 폐(閉) 2가지 동작 중 하나로 동작시키는 것
  ㈏ 다위치 동작 : 제어량이 변화했을 때 제어장치의 조작위치가 3위치 이상이 있어 제어량 편차의 크기에 따라 그중 하나의 위치를 취하는 것
  ㈐ 불연속 속도 동작(부동 제어) : 제어량 편차의 과소에 의하여 조작단을 일정한 속도로 정작동, 역작동 방향으로 움직이게 하는 동작이다.

> **참고**
> **정작동과 역작동**
> ① 정작동 : 제어량이 목표값보다 증가함에 따라서 조절계의 출력이 증가하는 방향으로 동작되는 경우를 말한다.
> ② 역작동 : 제어량이 목표값보다 증가함에 따라서 조절계의 출력이 감소하는 방향으로 동작되는 경우를 말한다.
> ※ 일반적으로 수면제어에는 역작동 밸브가 많이 이용된다.

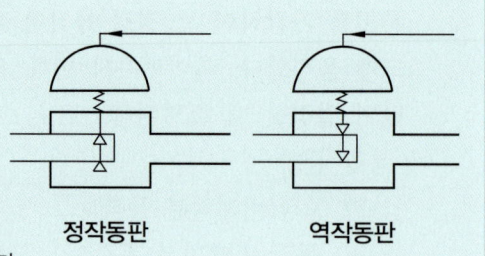

정작동판   역작동판

핵심문제 다음 중 2위치 동작이란?
① on-off 동작   ② P 동작
③ I 동작   ④ PID 동작   답 ①

핵심문제 솔레노이드 밸브는 다음 중 어느 동작에 적용하는가?
① 2위치 동작   ② 미분동작
③ 비례 동작   ④ 적분 동작
해설 솔레노이드 밸브(전자 밸브) : on-off 동작   답 ①

핵심문제 다음 중 프로세스 제어에서 대표적으로 쓰이는 밸브는?
① 스톱 밸브   ② 다이어프램 밸브
③ 체크 밸브   ④ 솔레노이드 밸브
해설 프로세스 제어에서 가장 많이 사용되는 밸브는 솔레노이드 밸브이다.   답 ④

핵심문제 다음 제어 동작 중 불연속 동작의 특징을 나타내는 것은?
① on-off 동작   ② P 동작
③ I 동작   ④ D 동작   답 ①

---

(6) 신호 전송 방법에 따른 분류

① 전기식 신호 전송
  ㈎ 4~20 mA, 10~50 mA의 DC 전류를 사용한다.
  ㈏ 전류량의 종류가 많고 통일되어 있지 않다.
  ㈐ 전송거리가 수 km까지 가능하다.
  ㈑ 방폭이 요구되는 지점은 방폭 시설이 필요하다.

㈒ 전송지연이 적다.
㈓ 큰 조작력이 필요한 경우에 사용한다.

② 유압식 신호 전송
  ㈎ 사용 유압 0.2~1 kgf/cm²
  ㈏ 전송거리 300 m 정도
  ㈐ 부식 염려가 없지만 인화의 우려가 있다.
  ㈑ 전송 지연이 적고 조작력이 크다.
  ㈒ 조작 속도와 응답 속도가 빠르다.
  ㈓ 온도에 따른 점도 변화에 유의해야 한다.

③ 공기식 신호 전송
  ㈎ 공기압 0.2~1 kgf/cm² 정도
  ㈏ 공기압이 통일되어 있어 취급이 용이하다.
  ㈐ 전송 시 지연이 생긴다.
  ㈑ 전송거리가 100~150 m 정도로 짧다.
  ㈒ 공기원에서 제진·제습이 요구된다.

[핵심문제] 다음 중 신호 전달 거리가 가장 긴 신호는 어느 것인가?
① 공기식   ② 유압식   ③ 전기식   ④ 팽창식   답 ③

[핵심문제] 자동제어에서 조절기의 작동 동력에 따른 분류라고 할 수 없는 것은?
① 공기식 조절기   ② 자석식 조절기
③ 유압식 조절기   ④ 전기식 조절기   답 ②

[핵심문제] 자동 제어장치에서 조절계의 종류에 속하지 않는 것은?
① 전기식   ② 수증기식
③ 유압식   ④ 공기식   답 ②

[핵심문제] 다음 제어기기의 신호 전송 방법에 관한 설명 중 틀린 것은?
① 조절계는 제어판넬에서 집중 관리하고 검출부나 조작부는 먼 거리에 두어 신호를 전송한다.
② 공기압 신호 전송의 전송거리는 100 m 정도이다.
③ 유압식 신호 전송의 사용 유압은 2~10 kgf/cm² 정도이다.
④ 복합식 조절기는 여러 가지 작동원의 장점만으로 구성되어 있다.   답 ③

6-2 보일러 자동제어

(1) 보일러 자동제어

① 보일러의 자동제어(automatic boiler control)에는 증기의 압력 또는 온수의 온도가 일정한 값이 되도록 연소량을 제어하는 자동연소제어(ACC : automatic combustion control)와 급수량을 보충하기 위하여 사용되는 급수제어(FWC : feed water control), 과열증기의 온도를 일정한 온도로 조절하기 위한 증기온도제어(STC : steam temperature control), 부속설비를 위하여 설치되는 로컬제어(local control), 점화 소화를 위한 시퀀스제어(sequence control) 등이 필요하다.

② 보일러 자동제어의 구분 [중요]

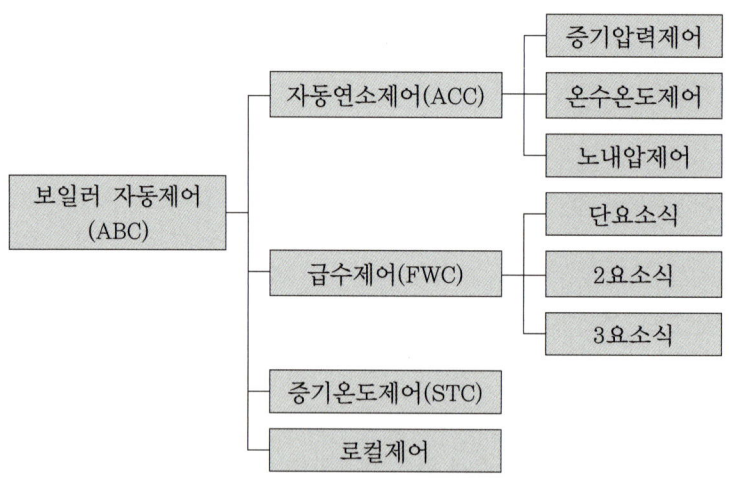

> [참고]
> **과열증기 온도 제어 방법**
> ① 과열 저감기를 사용한다. ② 연소가스의 화염의 위치를 바꾼다.
> ③ 열가스량을 댐퍼로 조절한다. ④ 배기가스를 연소실로 재순환시킨다.

③ 제어량과 조작량의 관계

종류	제어량	조작량
증기온도제어(STC)	증기온도	전열량
급수제어(FWC)	보일러수위	급수량
연소제어(ACC)	증기압력	연료량·공기량
	노내압력	연소가스량

(2) 인터록 제어(안전장치) 중요

전 동작이 끝나지 않은 상태에서 후 동작으로 넘어가지 못하게 하는 장치이다. 즉, 운전 상태에 있어서 조건이 불충분한 상태가 되면 동작을 다음 단계로 진행하지 않고 전자밸브로 신호를 보내 연료를 차단하는 안전장치이다.

① 저수위 인터록 : 수위가 소정 수위 이하인 때에는 전자밸브를 닫아서 연소를 저지한다.
② 압력 초과 인터록 : 증기압력이 소정 압력을 초과할 때에는 전자밸브를 닫아서 연소를 저지한다.
③ 불착화 인터록 : 버너에서 연료를 분사한 후, 소정의 시간이 경과하여도 착화를 볼 수 없을 때와 연소 중 어떠한 원인으로 화염이 소멸한 때에는 전자밸브를 닫아서 버너에서의 연료 분사가 중단된다.
④ 저연소 인터록 : 유량 조절 밸브가 저연소 상태로 되지 않으면 전자밸브를 열지 않아서 점화를 저지한다.
⑤ 프리퍼지 인터록 : 대형 보일러인 경우에 송풍기가 작동되지 않으면 전자밸브가 열리지 않고 점화를 저지한다.

> **참고**
> **급수제어**
> ① 단요소식 : 수위 검출 ② 2요소식 : 수위와 증기량 검출 ③ 3요소식 : 수위, 증기량, 급수량 검출

핵심문제 각종 제어량과 조작량을 표시한 것 중 틀린 것은?
① 노내압 → 연소가스량
② 보일러수위 → 급수량
③ 증기온도 → 연료량
④ 증기압력 → 연료량, 공기량

해설 ③ 증기온도 → 전열량   답 ③

핵심문제 다음 중 급수제어의 영문 약자는?
① ACC   ② FWC
③ STC   ④ ABC   답 ②

핵심문제 다음 중 자동 연소제어의 영문 약자는?
① ACC   ② FWC
③ STC   ④ ABC   답 ①

핵심문제 보일러에서 ABC란?

㉠ ACC	㉡ FWC
㉢ STC	㉣ 로컬 제어

① ㉠, ㉡, ㉢
② ㉡, ㉢, ㉣
③ ㉠, ㉡, ㉢, ㉣
④ ㉠, ㉢, ㉣

해설
- ABC : automatic boiler control(보일러의 자동제어)
- ACC : automatic combustion control(연소제어)
- FWC : feed water control(급수제어)
- STC : steam temperature control(증기온도제어)
- LC : local control(로컬 제어)

답 ③

핵심문제 인터록(inter lock)의 설명으로 옳은 것은?

① 어느 조건이 구비되지 않을 때 기관 작동을 저지한다.
② 목표값이 시간적으로 변화한다.
③ 목표값이 일정한 제어이다.
④ 정해진 순서에 따라 제어의 각 단계를 차례로 진행한다.

답 ①

핵심문제 보일러 수위가 안전 저수위 이하일 때는 버너에 자동적으로 착화되지 않도록 하는 장치는?

① 시퀀스 제어
② 피드백 제어
③ 디지털 제어
④ 인터록

답 ④

핵심문제 보일러에서 점화 시나 운전 중에 어느 조건이 불충분할 경우 전자밸브를 폐쇄하는 인터록을 열거한 것 중 잘못된 것은?

① 저수위 인터록
② 압력 초과 인터록
③ 바이패스 인터록
④ 저연소 인터록

답 ③

[핵심문제] **버너에서 긴급 연료차단밸브에 관한 다음 설명 중 잘못된 것은?**
① 전자밸브(solenoid valve)를 사용한다.
② 전자석의 작용으로 밸브를 개폐시켜 연료의 공급·정지를 행한다.
③ 버너의 입구측 유배관에는 통전개형을 사용한다.
④ 전자밸브 주위에는 반드시 바이패스 배관을 해야 한다.
[해설] 전자밸브는 바이패스 배관을 하면 안 된다. 답 ④

[핵심문제] **대형 보일러의 경우 송풍기가 작동되지 않으면 전자밸브가 열리지 않고 점화를 저지하는 인터록은?**
① 프리퍼지 인터록   ② 압력 초과 인터록
③ 불착화 인터록   ④ 저연소 인터록   답 ①

[핵심문제] **자동 급수 조정장치의 구조에서 3요소식이란?**
① 수위, 증기량, 토출량에 따라 조정
② 수위, 증기량, 상당증발량에 따라 조정
③ 수위, 증기량, 급수유량에 따라 조정
④ 수위, 급수유량, 액체 팽창률에 따라 조정   답 ③

[핵심문제] **보일러 인터록 장치에서 프리퍼지 인터록과 관련이 있는 것은?**
① 유량조절밸브
② 송풍기
③ 증기압력
④ 저수위   답 ②

[핵심문제] **보일러 급수 자동제어방식 중 2요소식이란 다음 중 어떤 양을 검출하여 급수량을 조절하는 것인가?**
① 급수와 수위
② 급수와 압력
③ 수위와 온도
④ 수위와 증기량
[해설] 수위제어방식
① 1요소식(단요소식) : 수위만을 검출하여 제어
② 2요소식 : 수위, 증기유량을 동시에 검출하여 제어
③ 3요소식 : 수위, 증기유량, 급수유량을 검출하여 제어   답 ④

제 7 장 난방부하

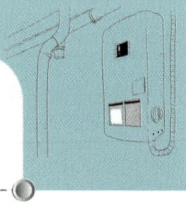

7-1 난방부하

난방을 목적으로 실내온도를 유지하기 위해 공급되는 시간당 열량(kcal/h)

(1) 난방부하의 개요

보일러의 출력은 증기(온수) 보일러에서는 kcal/h로 표시한다. 설치해야 할 보일러의 크기, 즉 출력은 필요한 열량(난방급탕)과 배관 중의 손실, 보일러 예열에 소비되는 열량 등의 총합으로 나타낼 수 있다. 일반적으로 보일러의 출력은 정격출력으로 표시한다.

> [참고]
>
>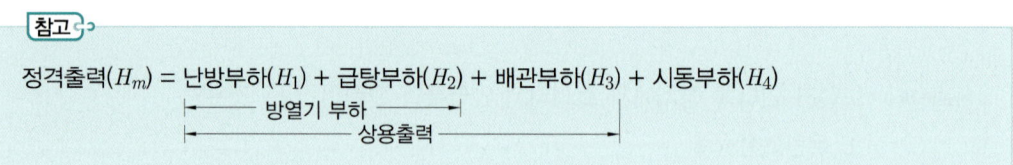
>
> 정격출력(H_m) = 난방부하(H_1) + 급탕부하(H_2) + 배관부하(H_3) + 시동부하(H_4)
> ← 방열기 부하 →
> ← 상용출력 →

[핵심문제] 다음 중 난방부하의 단위는?

① kg/h ② kcal/h
③ kcal/h·m²·℃ ④ kcal/m³

답 ②

[핵심문제] 어떤 방의 실내 온도를 20℃로 유지하는 데 소요되는 열량이 1200 kcal/h이고, 실내에서의 벽체 및 천장 등을 통한 손실열량이 250 kcal/h), 환기에 의한 손실열량이 150 kcal/h), 재실자의 몸에서 방출되는 열량이 70 kcal/h), 전등 및 조명기구에서의 방출열량이 130 kcal/h일 때 1시간에 보급해야 할 열량은?

① 1000 kcal/h ② 1100 kcal/h
③ 1400 kcal/h ④ 1600 kcal/h

해설 $Q = H + (h_1 + h_2) = \{1200 - (70 + 130)\} + (250 + 150) = 1400$ kcal/h

답 ③

> [핵심문제] 난방부하는 다음 인자에 따라 달라진다. 틀린 것은?
> ① 실내의 상태   ② 외기 상태
> ③ 벽체의 치수   ④ 작업의 종류
> 답 ④

(2) 상당방열면적(EDR)으로부터 난방부하의 계산 [중요]

① EDR : 상당방열면적이라고 말하며, 표준방열량(온수인 경우 450 kcal/m²·h)을 방열하는 면적 1 m²를 1EDR(표준방열면적)이라고 한다.
② 주철제 방열기인 경우 온수 평균온도 80℃, 실내온도 18.5℃인 경우에 방열량을 450 kcal/m²·h로 한 것을 말한다.
③ 레이팅(rating)이라고도 하며, 난방의 경우 방열기의 방열면적을 가지고 보일러 능력을 표시한다.

⑺ 표준방열량과 상당방열면적

구분	방열기내 평균온도(℃)	난방온도(℃)	온도차	방열계수	표준방열량 (kcal/m²·h)
증기	102	18.5	81	7.78	650
온수	80	18.5	62	7.31	450

> [참고]
> 상당방열면적 1 m²당 증기는 650 kcal/m²·h, 온수는 450 kcal/m²·h를 방열하는 것을 기준으로 한다.

> [핵심문제] 온수를 사용할 때 주철제 방열기의 표준방열량은?
> ① 450 kcal/m²·h   ② 539 kcal/m²·h
> ③ 639 kcal/m²·h   ④ 650 kcal/m²·h
> 답 ①

⑷ 방열량 계산
  ⑺ 방열기 방열량(kcal/m²·h) = 방열기 방열계수 × 온도차
                              = 표준방열량 × 방열량 보정계수
  ⑷ 온도차 = $\dfrac{\text{방열기 입구온도} + \text{방열기 출구온도}}{2}$ − 실내온도

㈐ 난방부하
  ⑺ 난방부하 = EDR × 방열기 표준방열량(kcal/h)

㈏ 난방부하 = 방열기 소요 방열면적 × 방열기 방열량
㈐ 방열기 소요 방열면적(m²) = 난방부하 ÷ 방열기 방열량
㈑ EDR = 난방부하 ÷ 표준방열량

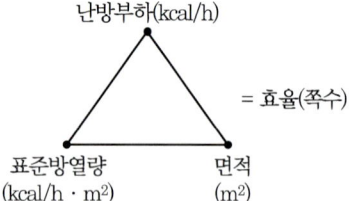

[참고] 보일러의 능력을 EDR로 표시하는 경우
보일러 출력 ÷ 표준방열량 = EDR(m²)이다.

[핵심문제] 방열기의 입구온도 70℃, 출구온도 55℃, 방열계수 6.8 kcal/m²·h·℃이고, 실내 온도가 18℃일 때, 이 방열기의 방열량은?

① 302.6 kcal/m²·h ② 408.3 kcal/m²·h
③ 580 kcal/m²·h   ④ 727.6 kcal/m²·h

[해설] 방열기 방열량 = 방열계수 × (평균온도 − 실내온도)
$= 6.8 \times \left(\dfrac{70+55}{2} - 18\right) = 302.6$ kcal/m²·h

답 ①

[핵심문제] 윗 문제에서 난방부하가 23200 kcal/h라면 소요방열면적과 상당방열면적은? (단, 온수 난방일 경우)

① 302.6 m², 408.5 m²   ② 76.669 m², 51.556 m²
③ 58.332 m², 97.437 m² ④ 23.876 m², 85.96 m²

[해설] • 소요방열면적 = $\dfrac{\text{난방부하}}{\text{방열기 방열량}} = \dfrac{23200}{302.6} = 76.669$ m²

• 상당방열면적(EDR) = $\dfrac{\text{난방부하}}{450} = \dfrac{23200}{450} = 51.556$ m²

답 ②

㈑ 방열기의 쪽수 계산(온수 난방 시)

쪽수 = $\dfrac{\text{난방부하}}{450 \times \text{쪽당 표면적}}$

[참고]
• 온수 난방 시 450 kcal/m²·h
• 증기 난방 시 650 kcal/m²·h

㈒ 상당방열면적 계산

상당방열면적(m²) = $\dfrac{\text{난방부하}}{450}$

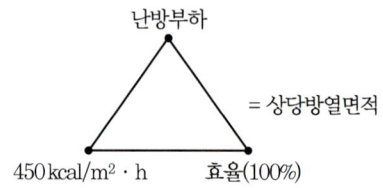

7-2 난방설비

■ 난방의 분류

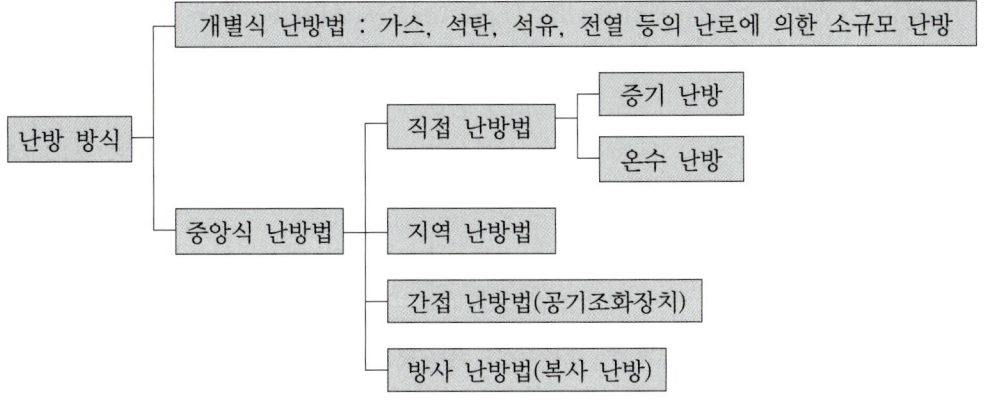

[핵심문제] **지하실 등 특정 장소에 보일러 등을 설치해서 각 방으로 열을 공급하는 난방법은 어느 것인가?**

① 개별식 난방법　　　　② 복사 난방법
③ 지역 난방법　　　　　④ 진공식 난방법

[해설] 지역 난방이란 집단 주택 등 소속구내의 각 건물 혹은 시가에서 특정 지역 전부에 걸쳐 특정의 보일러실에서 증기 또는 온수를 보내 전체를 난방하는 일종의 중앙식 난방법이다.　　답 ③

[핵심문제] **지역 난방 방법이 다른 난방 방법보다 우수한 점이 아닌 것은?**

① 각개의 건물에 보일러가 필요 없다.
② 설비가 대규모가 되어 열효율이 높다.
③ 인건비가 경감된다.
④ 요철(땅의 높이차)이 있는 지역에 적합하다.

[해설] 지역 난방은 각 건물에 보일러를 설치하는 경우에 비해 건물의 유효면적이 증대되며, 요철 지역에는 부적합하다.　　답 ④

[핵심문제] **다음 중 중앙식 난방법이 아닌 것은?**

① 개별 난방법　　　　② 직접 난방법
③ 간접 난방법　　　　④ 방사 난방법　　답 ①

1 증기 난방설비

(1) 증기 난방법의 분류 중요

	분류 기준	종류
1	증기압력	• 고압식(증기압력 $1\,kgf/cm^2$ 이상) • 저압식(증기압력 $0.15\sim0.35\,kgf/cm^2$)
2	배관 방법	• 단관식(증기와 응축수가 동일 배관) • 복관식(증기와 응축수가 서로 다른 배관)
3	증기 공급법	• 상향 공급식 • 하향 공급식
4	응축수 환수법	• 중력환수식(응축수를 중력 작용으로 환수) • 기계환수식(펌프로 보일러에 강제 환수) • 진공환수식(진공펌프로 환수관내 응축수와 공기를 흡인순환)
5	환수관의 배관법	• 건식환수관식(환수주관을 보일러 수면보다 높게 배관) • 습식환수식관(환수주관을 보일러 수면보다 낮게 배관)

핵심문제 증기 난방 방식을 응축수 환수법에 의해 분류한 것이 아닌 것은?
① 응축환수식　　　　② 기계환수식
③ 중력환수식　　　　④ 진공환수식　　　　답 ①

---

(2) 배관 방법에 따른 분류

① 단관식 : 증기와 응축수가 동일관 속을 흐르는 방식
　㈎ 난방이 불완전하다.
　㈏ 배관이 짧아 설비비가 절약된다.
　㈐ 환수관이 없기 때문에 충분한 난방을 위해 공기빼기 밸브를 장착한다.
　㈑ 방열기 밸브는 방열기의 하부 태핑에, 공기빼기 밸브는 상부 태핑에 장착한다.
　㈒ 방열기 밸브에 의해서 증기량을 조절할 수 없다.
② 복관식 : 증기와 응축수가 서로 다른 관으로 연결되어 흐르는 방식
　㈎ 방열기 밸브는 상하 어느 태핑에 장치해도 좋다(보통 방열기 밸브는 상부 태핑, 열동식 트랩은 하부 태핑).
　㈏ 공기 배기 방법에 따라 에어리턴식과 에어벤트식으로 나눌 수 있다.

(3) 응축수 환수법에 의한 분류 중요

① 중력환수식 증기 난방
  (가) 단관 중력환수식 증기 난방
  (나) 복관 중력환수식 증기 난방
② 기계환수식 증기 난방법 : 응축수가 중력 작용만으로는 보일러에 환수되지 않을 때 이용된다.
  (가) 응축수 환수 경로 : 방열기 → 응축수 펌프 내 응축수 탱크(중력 작용으로 집결) → 펌프로 보일러에 급수
  (나) 응축수 탱크(water receive tank) : 최하위의 방열기보다 낮은 곳에 설치한다.
  (다) 각 방열기에 공기빼기 밸브를 장착하는 일은 불필요하고 방열기 밸브의 반대편 하부 태핑에 열동식 트랩을 장치한다.
  (라) 응축수 펌프 : 저양정의 센트리퓨걸 펌프가 사용된다.
③ 진공환수식 증기 난방법 : 환수관 말단과 보일러 바로 앞 사이에 진공펌프를 접속하여 응축수를 환수시킨다.
  (가) 다른 방법보다 증기의 회전이 가장 빠르다.
  (나) 환수관의 지름을 가늘게 해도 된다.
  (다) 방열기 설치 장소에 제한을 받지 않는다.
  (라) 방열량이 광범위하게 조절되고 중력식, 기계식의 결점을 보완한 것이다.

(4) 증기 난방 배관 시공

① 배관 구배
  (가) 단관 중력환수식 : 상향 공급식, 하향 공급식 모두 끝내림 구배를 주며, 표준 구배는 다음과 같다.
    ㉮ 하향 공급식(순류관)일 때 : $\frac{1}{100} \sim \frac{1}{200}$
    ㉯ 상향 공급식(역류관)일 때 : $\frac{1}{50} \sim \frac{1}{100}$
  (나) 복관 중력환수식
    ㉮ 건식 환수관 : $\frac{1}{200}$의 끝 내림 구배로 보일러실까지 배관하며 환수관은 보일러 수면보다 높게 설치해 준다. 증기관 내 응축수를 환수관에 배출할 때는 응축수의 체류가 쉬운 곳에 반드시 트랩을 설치해야 한다.
    ㉯ 습식 환수관 : 증기관 내 응축수 배출 시 건식 환수관식에서와 같은 트랩 장치를 하지 않아도 되며 환수관이 보일러 수면보다 낮아지면 된다. 증기주관도 환수관의 수면보다 약 400 mm 이상 높게 설치한다.

(다) 진공환수식 : 증기주관은 $\dfrac{1}{200} \sim \dfrac{1}{300}$의 끝내림 구배를 주며 건식 환수관을 사용한다. 저압 증기환수관이 진공펌프의 흡입구보다 낮은 위치에 있을 때 응축수를 끌어올리기 위해 설치하는 시설인 리프트 피팅(lift fitting)은 환수 주관보다 지름이 작은 치수를 사용하고, 1단의 흡상 높이는 1.5 m 이내로 하며 그 사용 개수를 가능하면 적게 하고 급수펌프의 근처에서 1개소만 설치해 준다.

② 배관 시공 방법

(가) 편심 조인트 : 관경이 다른 증기관 접합 시공 시 사용하며 응축수 고임을 방지한다.

(나) 루프형 배관 : 환수관이 문 또는 보와 교차할 때 이용되는 배관 형식으로 위로는 공기(증기), 아래로는 응축수를 유통시킨다. 이때 응축수 출구는 입구측보다 25 mm 이상 낮게 배관한다.

(다) 증기관의 지지법

  ㉮ 고정 지지물 : 신축 이음이 있을 때에는 배관의 양 끝을, 없을 때는 중앙부를 고정한다. 주관에 분기관이 접속되었을 때는 그 분기점을 고정한다.

  ㉯ 행어 : 행어 볼트(hanger bolt)의 크기는 지지 관경에 따라 결정한다.

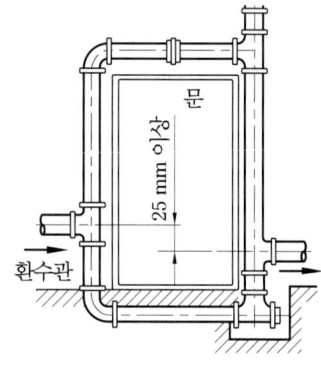

루프형 배관

(라) 분기관 취출 : 주관에 대해 45° 이상으로 지관을 상향 취출하고 열팽창을 고려해 스위블 이음을 해 준다. 분기관의 수평관은 끝올림 구배, 하향 공급관을 위로 취출한 경우에는 끝내림 구배를 준다.

(마) 매설 배관 : 콘크리트 매설 배관은 가급적 피하고 부득이할 때는 표면에 내산 도료를 바르든가 연관제 슬리브 등을 사용해 매설한다.

(바) 암거 내 배관 : 기기는 맨홀 근처에 집결시키고 습기에 의한 관 부식에 주의한다.

(사) 벽, 마루 등의 관통 배관 : 강관제 슬리브를 미리 끼워 그 속에 관통시킨 배관 방식으로 후일 관 교체 및 수리 등을 편리하게 해 준다.

[핵심문제] **다음은 증기 난방 배관 시공법에 관한 설명이다. 틀린 것은?**

① 분기관은 주관에 대해 45° 이상으로 취출해 낸다.
② 매설 배관 시에는 연관제 슬리브를 사용해 준다.
③ 이경 증기관 접합 시공 시 편심 이경 조인트를 사용하여 응축수의 고임을 방지한다.
④ 암거내 배관 시에는 밸브, 트랩 등을 가능하면 맨홀 근처에서 멀게 집결시킨다.

답 ④

> [핵심문제] 리프트 피팅의 흡상 높이는?
>
> ① 0.5 m　　② 1.0 m 이내　　③ 1.5 m 이내　　④ 2.5 m 이내　　　답 ③

> [핵심문제] 증기 난방 배관 시공법 중 환수관이 출입구나 보와 교차할 때의 배관으로 맞는 것은 어느 것인가?
>
> ① 루프형 배관으로 위로는 증기를, 아래로는 응축수를 흐르게 한다.
> ② 루프형 배관으로 위로는 응축수를, 아래로는 증기를 흐르게 한다.
> ③ 사다리꼴형으로 배관한다.
> ④ 냉각 레그를 설치한다.　　　답 ①

> [핵심문제] 증기 난방 배관 시공 시 루프형 배관에서 응축수관 출구는 입구보다 몇 mm 이상 낮은 곳에 배치시키는가?
>
> ① 15 mm　　② 20 mm　　③ 25 mm　　④ 30 mm　　　답 ③

> [핵심문제] 증기 난방 배관의 고정 지지물의 고정 방법을 잘못 설명한 것은?
>
> ① 신축 이음이 있을 때에는 배관의 양끝을 고정한다.
> ② 신축 이음이 없을 때에는 배관의 중앙부를 고정한다.
> ③ 주관에 분기관이 접속되었을 때에는 그 분기점을 고정한다.
> ④ 고정 지지물의 설치 위치는 시공상 많은 문제가 되지 않는다.　　　답 ④

③ 보일러 주관 배관 : 저압 증기 난방장치에서 환수주관을 보일러 밑에 접속하여 나쁜 결과를 막기 위해 증기관과 환수관 사이에 표준 수면 50 mm 아래에 균형관을 연결한다. 이러한 배관 방법을 하트포드 접속법이라고 한다.

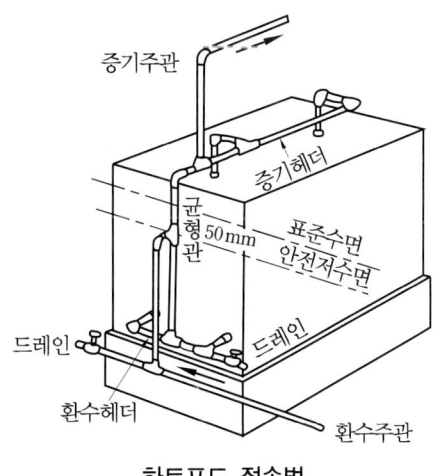

하트포드 접속법

> [핵심문제] 하트포드 접속법이란?
> ① 방열기 주위의 연결 배관법이다.
> ② 보일러 주위에서 증기관과 환수관 사이에 균형관을 연결하는 배관 방법이다.
> ③ 고압, 증기 난방장치에서 밀폐식 팽창탱크를 설치하는 연결법이다.
> ④ 공기가열기 주변의 트랩 부근 접속법이다. 답 ②

> [핵심문제] 하트포드 접속법을 하는 이유가 아닌 것은?
> ① 보일러 물이 환수관에 역류하는 것을 방지한다.
> ② 환수관 파손 시 보일러 물이 배출되어 안전 수위 이하로 내려가는 것을 방지한다.
> ③ 환수관의 침전물이 보일러로 들어가지 못하게 된다.
> ④ 환수의 온도를 고온으로 유지하기 위해서이다.
> [해설] 하트포드 접속법과 환수의 온도를 고온으로 유지시키는 것은 관계가 없다. 답 ④

> [핵심문제] 저압 증기 난방장치에서 증기관과 환수관 사이에 설치하는 균형관은 표준 수면에서 몇 mm 아래에 설치하는가?
> ① 30 mm   ② 40 mm
> ③ 50 mm   ④ 60 mm   답 ③

④ 방열기 주변 배관 : 방열기 지관은 스위블 이음을 이용해 따내고 지관의 구배는 증기관은 끝올림, 환수관은 끝내림으로 한다. 주형 방열기는 벽에서 50~60 mm 떼어서 설치하고 벽걸이형은 바닥에서 150 mm 높게 설치하며, 베이스 보드 히터는 바닥면에서 최대 90 mm 정도의 높이로 설치한다.

> [핵심문제] 벽걸이형 방열기는 바닥에서 아래면까지의 높이를 얼마로 설치하여야 하는가?
> ① 50 mm   ② 90 mm
> ③ 150 mm   ④ 300 mm   답 ③

⑤ 증기주관 관말 트랩 배관
   ㈎ 드레인 포켓과 냉각관(cooling leg)의 설치 : 증기주관에서 응축수를 건식 환수관에 배출하려면 주관과 동경으로 100 mm 이상 내리고 하부로 150 mm 이상 연장해 드레인 포켓(drain pocket)을 만들어 준다. 냉각관은 트랩 앞에서 1.5 m 이상 떨어진 곳까지 나관 배관한다.

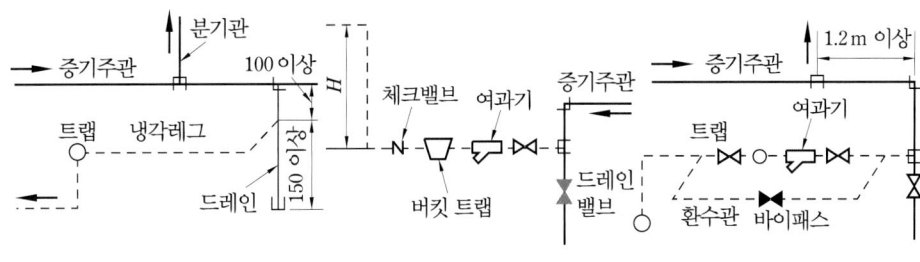

트랩 주위 배관

㈏ 바이패스관 설치 : 트랩이나 스트레이너 등의 고장, 수리, 교환 등에 대비하기 위해 설치해 준다.

㈐ 증기주관 도중의 입상 개소에 있어서의 트랩 배관 : 드레인 포켓을 설치해 준다. 건식 환수관일 때는 반드시 트랩을 경유시킨다.

㈑ 증기주관에서의 입하관 분기 배관 : T이음은 상향 또는 45° 상향으로 세워 스위블 이음을 경유하여 입하 배관한다.

㈒ 감압밸브 주변 배관 : 고압 증기를 저압 증기로 바꿀 때 감압밸브를 설치한다. 파일럿라인은 보통 감압밸브에서 3 m 이상 떨어진 곳의 유체를 출구측에 접속한다.

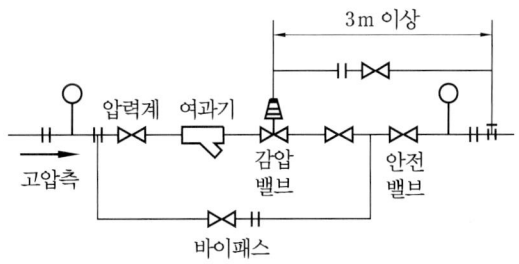

감압밸브의 설치 배관도

⑥ 증발탱크 주변 배관 : 고압 증기의 환수관을 그대로 저압 증기의 환수관에 직결해서 생기는 증발을 막기 위해 증발 탱크를 설치한다.

핵심문제 증기주관의 관말 트랩 배관 시공법 중 잘못 설명된 것은?

① 증기주관에서 응축수를 건식 환수관에 배출하려면 250 mm 이상 연장해서 드레인 포켓을 설치한다.
② 냉각관은 트랩 앞에서 2 m 이상 떨어진 곳까지 설치한다.
③ 증기주관이 길어져 응축수가 과다할 때는 플로트식 열동 트랩을 설치해 주면 좋다.
④ 고압 증기를 저압 증기로 바꿀 때는 감압밸브를 설치한다.　　답 ②

[핵심문제] 건식 환수관에서 증기관 내의 응축수를 환수관에 배출 시 응축수가 체류하기 쉬운 곳에 무엇을 설치하여야 하는가?
① 공기빼기 밸브 ② 드레인 포켓
③ 안전밸브 ④ 열동식 트랩
답 ④

[핵심문제] 난방 배관에서 나사 이음으로 바이패스관을 설치할 때 필요하지 않은 부속은?
① 엘보 ② 스트레이너
③ 유니언 ④ 플러그
[해설] 바이패스관을 설치할 때 필요한 부속은 엘보, 티, 밸브, 유니언, 스트레이너 등이다.
답 ④

[핵심문제] 바이패스관의 설치 목적은?
① 트랩, 스트레이너 등의 기기의 고장, 수리, 교환에 대비하기 위해 설치한다.
② 응축수의 역류를 방지하기 위해 설치한다.
③ 고압 증기를 저압 증기로 바꾸기 위해 설치한다.
④ 내부 증기의 완전 냉각을 위해 설치한다.
답 ①

2 온수 난방설비

(1) 온수 난방의 특징 및 개요

열매체로 물을 사용하며, 물의 온도를 높게 하여 가열된 온수를 난방개소로 공급하면 온수는 필요한 열을 방출하고, 냉각된 상태로 되는 방법을 이용해서 난방 목적을 달성하는 방법으로 물의 현열을 이용하는 방법을 총괄하여 온수 난방법이라 한다.

일반적으로 방열기를 이용하여 난방하는 경우를 온수 난방이라 하는데, 이는 대류 난방법에 속하며, 방바닥에 방열관을 매설하여 난방하는 경우를 온수 온돌이라 하는데, 이는 저온 복사 난방의 일종이다.

(2) 온수 난방이 증기 난방보다 우수한 점

① 난방부하의 변동에 따라 온도 조절이 쉽다.
② 가열시간은 길지만 잘 식지 않으므로 증기 난방에 비해 배관의 동결 우려가 적다.
③ 방열기의 표면온도가 낮으므로 쾌감도가 높고 화상의 위험이 없다.
④ 온수 보일러의 취급이 용이하여 소규모 주택에 적당하다.

> [핵심문제] 온수 난방이 증기 난방에 비해 우수한 특징은?
> ① 동일 방열량에 대하여 방열면적과 관의 지름이 작아진다.
> ② 난방부하의 변동에 따른 온도의 조절이 용이하다.
> ③ 건물 높이에 제한을 받지 않아 대규모 난방설비에 적합하다.
> ④ 예열하는 데 시간이 짧으며 동결될 우려가 없다.
> 답 ②
>
> [핵심문제] 다음은 온수 난방의 특징이다. 틀린 것은?
> ① 난방부하의 변동에 따라 열량 조절이 쉽다.
> ② 증기 난방에 비해 방열기 표면온도가 올라가기까지의 예열시간이 짧다.
> ③ 보일러의 취급이 쉽고 비교적 안전하다.
> ④ 온수용 주철제 보일러는 수두 30 m 이하로 제한되어 있다.
> [해설] 온수 난방은 증기 난방에 비해 예열시간이 길다.
> 답 ②

(3) 온수 난방의 분류 중요

분류 기준	온수 난방법의 종류
온수 온도	보통 온수식, 고 온수식
배관 방식	단관식, 복관식
온수 공급 방식	상향 공급식, 하향 공급식
온수 순환 방식	자연순환식(중력순환식), 강제순환식

① 온수 순환 방식에 의한 분류
  (가) 중력 순환식 온수 난방법 : 온수 온도차에 따른 온수 밀도차에 의한 순환력으로 순환된다.
  (나) 강제 순환식 온수 난방법 : 온수를 순환펌프에 의하여 순환시키는 방법
② 배관 방식에 의한 분류
  (가) 단관식 : 송수와 환수를 1개 배관으로 한다.
  (나) 복관식 : 송수관과 환수관을 별개로 한다.
③ 온수 공급 방식에 따른 분류
  (가) 상향 순환식 : 방열기 아래쪽에 송수주관을 설치하며, 송수주관을 상향 기울기로 배관하여 난방하는 방식이다.
  (나) 하향 순환식 : 송수주관을 연직으로 설치하여 송수주관 수평부를 방열기보다 높은 쪽에 오게 하여 온수를 하향으로 공급하여 난방하는 방식이다.

④ 배관 방식에 따른 분류
　㈎ 직렬식 : 송수주관과 환수주관 사이를 한 개의 관으로 길게 연결시키는 것으로 비교적 난방면적이 적은 곳에 사용되며, 호스(XL) 또는 동관 배관인 경우에 적용을 많이 한다.
　㈏ 병렬식 : 송수 및 환수주관 사이를 여러 갈래로 연결하여 배관한 것으로 인접주관식과 분리주관식이 있으며, 가장 많이 사용된다.

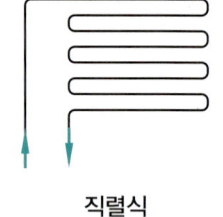
직렬식

　　㉮ 분리주관식 : 송수주관과 환수주관이 양쪽으로 분리되어 있도록 배관하고, 주관 사이를 여러 갈래로 벤드코일을 설치한 형식이다.
　　㉯ 인접주관식 : 송수주관과 환수주관이 같은 곳에 위치하도록 배관하고, 주관 사이를 여러 갈래로 벤드코일을 설치한 형식이다.

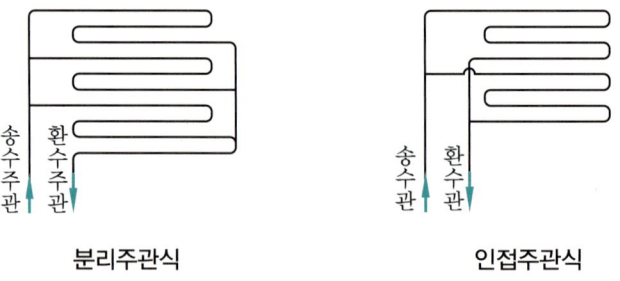
분리주관식　　　　　인접주관식

　㈐ 기타식(사다리꼴) : 기타식에는 여러 가지 방법이 있지만 가장 실용성이 있는 것으로는 사다리꼴을 생각할 수가 있다. 공동주택의 경우 규격이 같은 난방 공간이 많을 경우에 대량 생산을 하여 용접 이음으로 시공하면 공사기간을 단축할 수 있다.

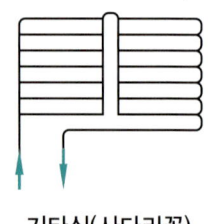
기타식(사다리꼴)

[핵심문제] **중력 순환식 온수 난방법에 관한 설명 중 틀린 것은?**
① 중력 작용에 의한 자연 순환 방식이다.
② 보일러는 최하위의 방열기보다 높은 곳에 설치한다.
③ 소규모일 때 보일러를 방열기와 같은 층에 둘 수 있다.
④ 소형 보일러용 온수 난방법이다.

[해설] 보일러는 최상위 방열기보다 높은 곳에 설치한다.　　　　[답] ②

[핵심문제] 보통 온수 난방에 쓰이는 온수의 온도는 어느 정도가 가장 좋은가?
   ① 30~45℃　　　② 50~65℃
   ③ 85~90℃　　　④ 100~120℃

[해설] 보통 온수 난방의 온수 온도 : 85~90℃
　　　고온수 난방의 온수 온도 : 100℃ 이상　　　　답 ③

[핵심문제] 고온수 난방의 온수 온도는?
   ① 85~90℃　　　② 100℃ 이상
   ③ 40~50℃　　　④ 150℃

[참고] 고온수 난방 : 밀폐형 팽창탱크 설치　　　　답 ②

⑤ 온수 난방 배관 시공법

　㈎ 배관 구배 : 공기빼기 밸브나 팽창탱크를 향해 끝올림 구배를 준다(구배 $\frac{1}{250}$ 이상).

　　㉮ 단관 중력 순환식 : 온수 주관은 끝내림 구배를 주며, 관내 공기는 팽창탱크로 유인한다.

　　㉯ 복관 중력 순환식 : 상향 공급식에서는 온수 공급관은 끝올림, 복귀관은 끝내림 구배를 주나 하향 공급식에서는 온수 공급관, 복귀관 모두 끝내림 구배를 준다.

　　㉰ 강제순환식 : 끝올림 구배이든 끝내림 구배이든 무관하다.

　㈏ 일반 배관법

　　㉮ 편심 리듀서 : 수평 배관에서 관지름을 바꿀 때 사용한다. 끝올림 구배 배관 시에는 윗면을, 끝내림 구배 배관 시에는 아랫면을 일치시켜 배관한다.

(a) 상향구배(관 윗면이 수평)　　(b) 하향구배(관 아랫면이 수평)

편심 리듀서

　　㉯ 지관의 접속 : 지관이 주관의 위로 분기될 때는 45° 이상 끝올림 구배로 배관한다.
　　㉰ 배관의 분류와 합류 : 직접 티를 사용하지 말고 엘보를 사용하여 신축을 흡수한다.
　　㉱ 배수 밸브의 설치 : 배관을 장기간 미사용 시 관내 물을 완전히 배출시키기 위해 설치한다.

㉮ 공기가열기 주위 배관 : 온수용 공기가열기는 공기의 흐름 방향과 코일 내 온수의 흐름 방향이 거꾸로 되게 접합 시공하며, 1대마다 공기빼기 밸브를 부착한다.

[핵심문제] **가정용 온수 보일러 설치 시공 시 일반적인 주의사항을 잘못 설명한 것은?**
① 통풍이 양호하며 배수가 잘 되는 곳에 설치한다.
② 연돌과 되도록 먼 곳에 보일러를 설치한다.
③ 보일러는 수평으로 설치하는 것을 원칙으로 한다.
④ 본체는 습기를 받지 않도록 지면과 직접 접하지 않도록 한다.   답 ②

[핵심문제] **온수 난방 배관 시공 시 배관의 이상적인 구배는 얼마를 주면 되는가?**
① $\dfrac{1}{40}$ 이상   ② $\dfrac{1}{200}$ 이상
③ $\dfrac{1}{250}$ 이상   ④ $\dfrac{1}{300}$ 이상   답 ③

[핵심문제] **온수 난방 배관 시공 시 배관의 구배에 관한 다음 설명 중 틀린 것은?**
① 배관의 구배는 $\dfrac{1}{250}$ 이상으로 한다.
② 단관 중력환수식의 온수 주관은 하향 구배를 준다.
③ 상향 복관 환수식에서는 온수 공급관, 복귀관 모두 하향 구배를 준다.
④ 강제 순환식은 배관의 구배를 자유로 한다.
[해설] ③ 온수 공급관 : 끝올림 구배, 복귀관 : 끝내림 구배   답 ③

[핵심문제] **다음은 온수 난방 배관 시 주관에서 지관을 분기할 때의 배관도를 그린 것이다. 잘못된 것은?**

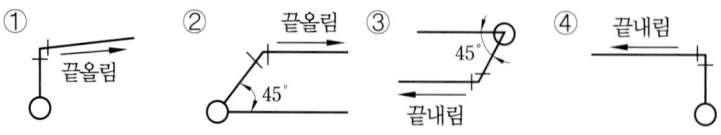

[해설] 지관이 주관의 위로 분기될 때는 45° 이상 끝올림 구배로 배관한다.

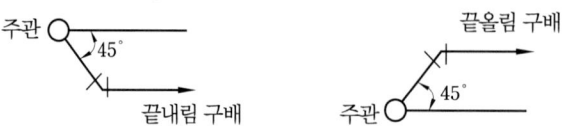

답 ④

> [핵심문제] 온수 난방 배관에서 수평 주관에 관지름이 다른 관을 접속하여 선상향 구배로 할 때 사용하는 가장 적당한 관 이음쇠는?
> ① 편심 리듀서 ② 동심 리듀서
> ③ 부싱 ④ 공기빼기 밸브
> 답 ①

3 복사 난방법(panel heating system)

(1) 복사 난방

벽 속에 가열 코일을 묻어 그대로 가열면으로 사용하고 그 코일 내에 온수를 보내 그 복사열로 방을 난방하는 방법이다.

(2) 복사 난방의 장단점

① 장점
  ㈎ 실내온도가 균등하게 되며 쾌적도가 높다.
  ㈏ 방열기의 설치가 불필요하므로 바닥면 이용도가 높다.
  ㈐ 동일 방열량에 대해 열손실이 대체로 적다.
  ㈑ 공기의 대류가 적어 실내 공기의 오염도 적어진다.

② 단점
  ㈎ 외기 온도 급변에 대해 온도 조절이 곤란하다.
  ㈏ 매입 배관이므로 시공, 수리가 불편하며 설비비가 많이 든다.
  ㈐ 고장 발견이 곤란하며, 모르타르 표면 등에 균열 발생이 용이하다.
  ㈑ 열손실이 대류 난방에 비해 크므로 열손실을 줄이기 위한 단열재가 필요하다.

(3) 복사 난방 배관 시공법

패널은 그 방사 위치에 따라 바닥 패널, 천장 패널, 벽 패널 등으로 나눈다. 패널의 재료는 강관, 폴리에틸렌관, 동관 등을 사용한다.

> [핵심문제] 복사 난방법에 대한 다음 설명 중 틀린 것은?
> ① 실내 온도가 균등하게 되고 쾌적도가 높다.
> ② 바닥면의 이용도가 높다.
> ③ 매입 배관이라 고장의 발견이 어렵다.
> ④ 외기 온도의 급변에 대한 온도 조절이 쉽다.
> 답 ④

> [핵심문제] 패널 난방이라고도 하는 난방법은?
> ① 증기 난방법 ② 온수 난방법
> ④ 개별식 난방법 ④ 복사 난방법   답 ④
>
> [핵심문제] 복사 코일 재료로 쓰이지 않는 것은?
> ① 동관 ② 주철관
> ③ 강관 ④ 폴리에틸렌관   답 ②
>
> [핵심문제] 패널 코일 배열법에 속하지 않는 것은?
> ① 그릿 코일법 ② 벤드 코일법
> ③ 벽면 그릿 코일법 ④ 링 코일법
> [해설] 패널 코일 배열법 : 그릿 코일법, 벤드 코일법, 벽면 그릿 코일법   답 ④

4 온수 온돌 시공

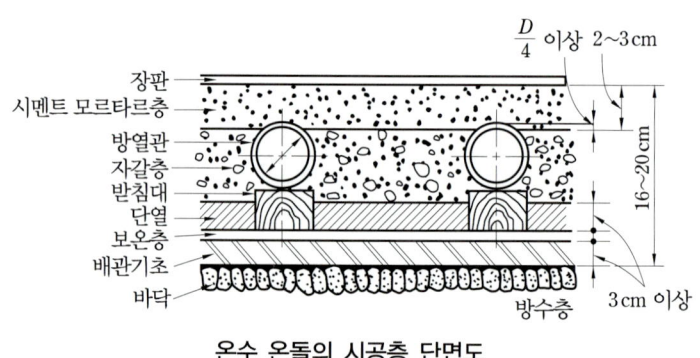

온수 온돌의 시공층 단면도

(1) 온수 온돌의 구조

① 바탕층 : 지면에 면하는 바탕은 배합비 1 : 3 : 6(시멘트 : 모래 : 자갈)인 콘크리트로 설치하고 두께 30 mm 이상이어야 한다.

② 단열층 : 단열재를 사용하고 그 두께는 건축법 시행규칙 제19조의 규정에 따른다.

③ 축열층 : 축열층의 두께는 40 mm 이상 70 mm 이하이어야 한다.

④ 방열관

  (가) 방열관은 호칭지름이 15 mm 이상인 것으로 하고 관의 간격은 150 mm 이상 400 mm 이하로 해야 한다.

  (나) 분기되는 1개 구간의 배관길이는 50 m를 초과해서는 안 된다.

⑤ 미장 시멘트 모르타르의 품질은 KS F 2262에 적합한 것이어야 하며 그 두께는 방열관의 윗 표면에서 15 mm 이상 25 mm 이하를 유지해야 한다.
⑥ 배관의 구배는 $\frac{1}{200}$ 정도로 해야 하며, 온수 온돌은 자연순환이 가능하도록 배관해야 한다.
⑦ 분기되는 방열관의 1개 구간마다 공기방출기를 설치해야 한다.

(2) 온수 온돌의 시공

① 기초
　㈎ 지면과 접하지 않는 슬라브인 경우에는 기초 콘크리트 및 방수층을 생략한다.
　㈏ 방수층은 주변 벽면의 10 cm 높이까지 방수 처리되도록 해야 한다.
② 단열층 : 단열재는 바닥 전체에 틈새가 없도록 시공해야 한다.
③ 축열층 : 축열재의 충진 시에 난방배관이 뒤틀리거나 밀리지 않도록 하고 보온재가 충격 등에 의해 손상을 입지 않도록 해야 한다.
④ 방열관
　㈎ 받침대 위에 배관을 하는 경우에는 관의 재질에 따라 1 m 이내의 적정 간격으로 받침대를 설치해야 하며 흔들림을 방지하기 위하여 클립프나 철선을 사용하여 연결해야 한다.
　㈏ 매립되는 부위에서는 되도록 이음을 피해야 한다.
⑤ 미장마감층 : 마감층은 수평이 되도록 하고 바닥의 균열 방지를 위하여 48시간 이상 습윤 상태로 자연 양생해야 한다.

(3) 자연순환 수두

자연순환 수두는 온수 온도차에 따른 송수와 환수의 밀도차에 의하여 자연적으로 생기는 순환 수두를 말하며, 온수 난방, 온수 온돌의 경우 온도차가 15~20℃ 정도 되기 때문에 자연순환 수두는 매우 작다.

순환 수두의 단위가 mmH$_2$O이므로 이는 압력차를 말한다. 따라서,
① 압력[mmH$_2$O] = 높이[m] × 비중량[kg/m^3]
② 압력차[mmH$_2$O] = 높이[m] × 비중량의 차[kg/m^3]
③ 순환 수두[mmH$_2$O] = 방열기 입·출구 비중량의 차 × 보일러 중심으로부터 최고부의 방열기 중심까지의 높이

$$P = (\rho_2 - \rho_1) \times 1000 \times h \,[\text{mmH}_2\text{O}]$$

여기서, ρ_1 : 방열기 입구 온수 비중량(kg/L)　　ρ_2 : 방열기 출구 온수 비중량(kg/L)
　　　　1000 : kg/L를 kg/m^{3}으로 환산하기 위한 배수　　h : 높이(m)

> **참고**
>
> 압력 = 1 kg/L × 1000 L/m³ × m = kg/m² = mmH₂O
>   (물의 비중)   (높이)   (압력)   (순환 수두)
>
> ∴ 순환 수두(mmH₂O) = 방열기 입·출구 비중량 차 × 1000 × 높이
>
>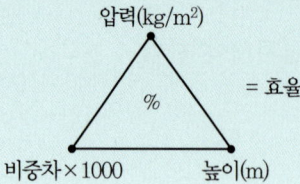
>
> 1 kg/L = 1000 kg/m³
> ∴ 압력 = 비중차 × 1000 × 높이 × 효율

[핵심문제] 중력 순환식 난방 방식에서 방열기의 출구측 온수 온도를 80℃(밀도 0.96876 kg/L), 환수관 온도를 60℃(밀도 0.98001 kg/L)라 하면, 이 난방 배관의 순환 수두는 얼마인가? (단, 보일러 중심에서 방열기 중심까지의 높이는 10 m이다.)

① 110 mmAq   ② 112.5 mmAq
③ 180 mmAq   ④ 154.3 mmAq

[해설] ① $H_w = 1000(\rho_1 - \rho_2)h = 1000 \times (0.98001 - 0.96876) \times 10 = 112.5$ mmAq

②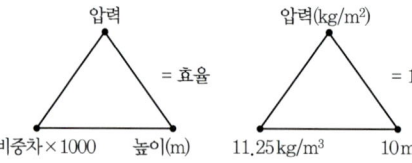

∴ 압력 = 11.25 × 10 = 112.5 kg/m²
여기서, kg/m² = mmAq = mmH₂O이므로 112.5 mmAq   **답** ②

---

(4) 온수 순환량

난방개소에 공급해야 할 부하가 결정되면 온수의 온도 차이에 따라 부하에 알맞는 온수 순환량을 결정해야만 관지름을 결정할 수 있다. 온수 순환량은 난방부하, 방열기나 방열코일의 입·출구 온도차에 의하여 결정된다. 난방부하량만큼 온수가 있어야 하므로 현열식에 의하여

$$난방부하(열량) = 온수의\ 비열 \times 온수\ 순환량(질량) \times 온도차$$

$$\therefore 온수\ 순환량(kg/h) = \frac{난방\ 부하}{온수의\ 비열 \times 온도차}$$

여기서, 난방부하 : kcal/h   온수의 비열 : kcal/kg·℃   온도차 : ℃

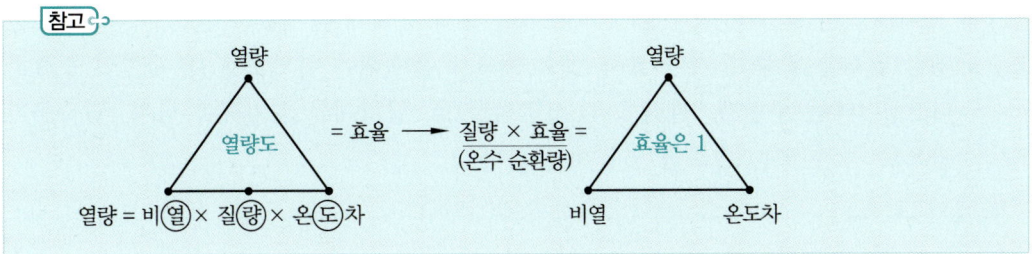

(5) 팽창탱크의 종류 및 구조

팽창탱크는 장치 내의 온수 온도가 상승함에 따라 온수 체적이 증가하여 장치 내의 수압 상승으로 인한 보일러의 파열 사고를 방지하기 위하여 설치되는 것으로 개방식과 밀폐식이 있으며, 보충수 공급 및 압력 유지, 열수의 넘침과 공기 누입 방지 등 부차적인 임무도 수행한다. 팽창탱크는 온수 보일러에서 주 안전장치가 된다.

① 설치 목적
 (가) 운전 중 장치 내의 온도 상승에 의한 체적 팽창, 이상 팽창 압력을 흡수한다.
 (나) 장치 내를 운전 중 소정의 압력으로 유지하고 온수 온도를 유지한다.
 (다) 팽창한 물의 배출을 방지하여 장치의 열손실을 방지한다.
 (라) 장치의 운전 정지 중에도 일정 압력을 유지하며 물의 누설 등에 의한 장애와 공기의 침입을 방지한다(물 보충 역할).

② 팽창탱크의 종류
 (가) 개방식 : 저온수 난방이나 일반 주택에서 온수 난방을 하는 경우에 주로 사용되며, 대기에 개방된 개방관을 팽창탱크 상부에 부착하여 온수 팽창에 의한 팽창압력을 외기로 직접 배출하는 형식이다.

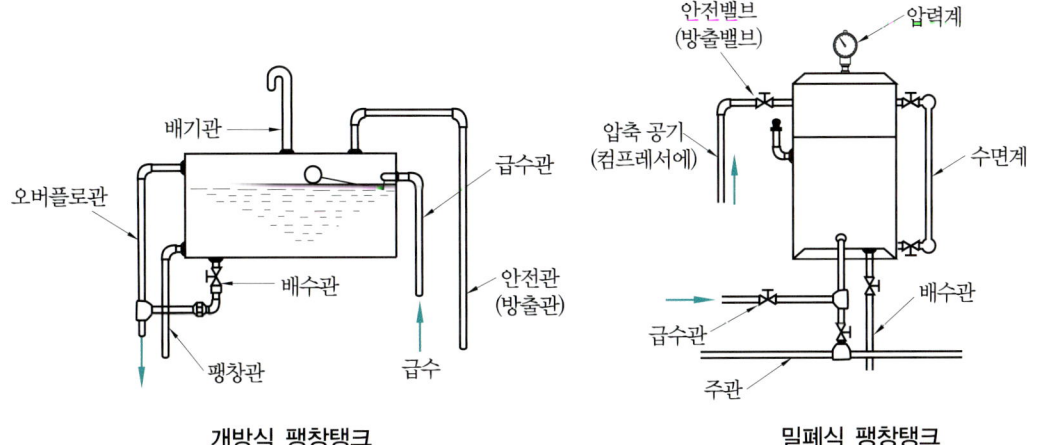

개방식 팽창탱크　　　　　　밀폐식 팽창탱크

(나) 밀폐식 : 주로 고온수 난방에 사용되며 설치 위치에 관계없이 설치가 가능하지만 팽창 압력을 압축 공기나 압축 질소 등으로 흡수해야 하므로 부대 시설이 필요하다. 탱크에는 수면계, 릴리프 밸브(안전밸브), 압력계를 설치해야 하며, 압축공기관으로 공기 또는 질소를 공급해야 한다.

핵심문제 팽창탱크에 대한 설명이다. 틀린 것은?
① 보일러 및 배관계 내에서 분리된 증기나 공기를 배출한다.
② 물의 팽창에 따른 위험을 사전에 막는 안전밸브의 역할을 한다.
③ 볼 탭을 통해서 자동 급수하고 항상 일정한 수면을 유지하여야 한다.
④ 최고층의 급탕전보다 1 m 이하 낮은 곳에 설치해야 한다.   답 ④

핵심문제 온수 난방 설비에서 팽창탱크를 바르게 설명한 것은?
① 고온수 난방장치에는 개방식 탱크를 사용한다.
② 개방식 팽창탱크는 반드시 방열기보다 높은 위치에 설치한다.
③ 밀폐식 팽창탱크에는 도피관, 팽창관 등을 설치한다.
④ 도피관 도중에는 반드시 밸브를 설치한다.   답 ②

핵심문제 다음 중 개방식 팽창탱크 주위의 배관과 관계 없는 것은?
① 팽창관   ② 배기관
③ 오버플로관   ④ 수위계   답 ④

핵심문제 온수 난방장치에서 개방식일 때의 팽창탱크 위치는?
① 최고 높은 관의 온수관이나 방열기보다 1 m 이상 높은 곳에 설치한다.
② 최고 높은 곳의 방열기보다 3 m 이상 높게 설치한다.
③ 최고 높은 곳의 방열기보다 5 m 이상 높게 설치한다.
④ 최고 높은 곳의 방열기보다 10 m 이상 낮게 설치한다.

해설 • 개방식의 경우 팽창탱크의 높이는 최고높이를 가진 방열기 또는 방열 코일면보다 1 m 이상 높은 곳에 설치하여야 하며, 얼지 않도록 적절한 보온을 하여야 한다.
• 팽창탱크에 연결되는 관로에는 밸브, 체크밸브 등의 것을 설치해서는 안 된다.
• 밀폐식 팽창탱크를 사용 시에는 보일러에 릴리프 밸브를 설치하여 배관계통 내의 압력이 제한압력 이상으로 되면 자동적으로 과잉수를 배출시킬 수 있는 구조를 하여야 한다.
• 팽창탱크의 용량은 보일러 및 배관 내의 보유수량이 200 L 이하인 경우에는 20 L 이상으로 하고, 보유수량이 100 L씩 초과할 때마다 10 L를 가산한 용량 이상이어야 한다.
• 팽창관 끝부분은 팽창탱크 바닥면보다 25 mm 높게 설치한다.   답 ①

[핵심문제] 다음에서 밀폐식 팽창탱크에 설치하지 않아도 되는 장치는?
① 압력계
② 수면계
③ 안전밸브
④ 배기밸브
답 ④

[핵심문제] 밀폐형 팽창탱크에는 통기관도 일수관도 설치할 수 없는데, 이러한 경우 안전을 도모하기 위해 설치하는 장치는?
① 수면계
② 릴리프 밸브
③ 슬루스 밸브
④ 유량계
답 ②

(6) 팽창관 및 방출관 설치 시 주의사항

보일러 내부에서 물의 팽창을 팽창탱크에 전달하는 관을 말하며, 이는 보일러 내부 물의 팽창을 흡수하기 위하여 보일러 최상부 또는 온수 출구관(송수주관)에 설치한다. 상향 순환식의 경우에는 보일러 최상부 또는 온수 출구관에 안전관(방출관)을 별도로 설치하며, 팽창관은 온수 입구관(환수주관)에 설치한다.

① 구멍탄 보일러인 경우 : 팽창관의 크기는 호칭지름 15A 이상으로 한다.
② 온수 보일러인 경우 관의 크기(보일러 전열면적 기준) 중요
　(가) 방출관
　　㉮ 전열면적 10 m² 미만, 25 A 이상
　　㉯ 전열면적 10 m² 이상, 30 A 미만
　(나) 팽창관
　　㉮ 전열면적 5 m² 미만, 25 A 이상
　　㉯ 전열면적 5 m² 이상, 30 A 이상
③ 팽창관, 안전관에는 밸브, 체크밸브 등의 것을 설치해서는 안 된다.
④ 팽창관은 굽힘이 적고 동결을 방지할 수 있는 조치가 되어야 한다.
⑤ 강제순환식인 경우 팽창관 및 안전관의 설치 위치는 순환펌프 작동에 의하여 작동의 폐쇄 또는 차단되지 않는 위치에 설치한다.
⑥ 팽창관을 탱크에 접속할 때 수평 부분은 상향 기울기를 주어야 한다.

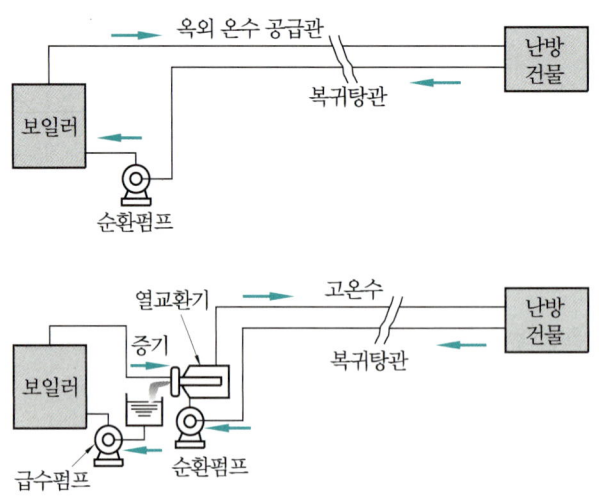

온수에 의한 지역 난방 배관 방식

(7) 공기방출기

장치 내에 침입하는 공기를 외부로 방출하기 위하여 설치한다. 구조에 따라 분류하면 다음과 같다.

① 자동 에어벤트 : 물과 공기와의 비중차 이용
② 에어핀 : 수동으로 공기 제거
③ 공기방출관 : 공기는 스스로 공기방출관을 통하여 외기로 나가게 된다(고층인 경우 부적당).

핵심문제 방열기 및 배관 중 가장 높은 곳에 설치하는 밸브는?
  ① 안전밸브   ② 감압밸브
  ③ 온도조절식 밸브   ④ 에어벤트 밸브

해설 에어벤트 밸브(air vent valve)란 공기빼기 밸브를 말하며 장치 내에 침입하는 공기를 외부로 방출하기 위해 방열기 및 배관의 가장 높은 곳에 설치한다. **답** ④

---

5 연료 배관

보일러에 연료를 공급하는 배관 방식에는 단관식과 복관식이 있다. 가스관을 사용한 관 연결 시 용접 또는 나사 접합 방법을 채택하고자 할 때에는 일반 도료를 사용하지 않고 광명단 도료를 글리세린에 녹여 접합부에 발라준다.

주 연료탱크와 서비스 탱크의 위치가 떨어져 있을 때에는 되도록 주 연료탱크에 가깝게 펌프를 배치시키고 펌프 토출구 쪽으로 기름예열기를 설치하여 기름의 점도를 낮추며 배관 저항을 적게 하도록 한다.

(1) 연료 배관의 설치 기준

① 보일러와 연료탱크 사이의 배관에는 기름과 물을 분리할 수 있는 유수분리기가 있어야 하며, 유수분리기에는 물빼기 밸브가 있어야 한다.
② 연료탱크와 버너 사이의 배관에는 여과기가 있어야 한다.
③ 연료 배관은 배관용 탄소 강관(KS D 3507) 또는 동등 이상의 것을 사용하여야 한다.

[핵심문제] 유류 연소 온수 보일러에서 연료탱크와 버너 사이에 반드시 설치되어야 하는 것은?
① 트랩 ② 여과기
③ 온도계 ④ 체크밸브

[해설] 연료탱크와 버너 사이에는 여과기, 유량계, 정지밸브, 기름가열기, 유수분리기가 필요하다.

[참고] 체크밸브 : 역류방지 밸브, 트랩 : 응축수 제거장치   **답** ②

[핵심문제] 연료 배관 시공에 관한 다음 설명 중 틀린 것은?
① 단관식, 복관식 모두 공기 배출장치가 필요하다.
② 보일러와 연료탱크 사이에는 기름과 물을 분리할 수 있는 유수분리기가 있어야 한다.
③ 연료 배관은 보온 배관을 원칙으로 하며, 비금속 배관이어야 한다.
④ 연료 배관의 길이는 짧고 굽힘이 적어야 한다.

[해설] 연료 배관은 노출 배관을 원칙으로 하며, 금속관에 의한 배관이어야 한다.   **답** ③

---

(2) 연료를 공급하는 배관 방식에 따른 분류 및 특징

단관식	복관식
• 왕복관 한 라인으로 기름을 버너에 공급하는 낙차 급유 방식이다. • 언료탱크는 버너보다 위에 설치해야 한다. • 배관에 공기를 빼주는 별도의 장치가 있어야 한다. • 소형 보일러(증발식)	• 연료 공급 배관이 왕복관과 복귀관 두 개의 라인으로 되어 있는 펌프에 의한 순환 방식이다. • 연료탱크의 위치는 별 문제가 되지 않는다. • 공기는 복귀관 쪽으로 빠진다. • 중형 보일러(압력분무식)

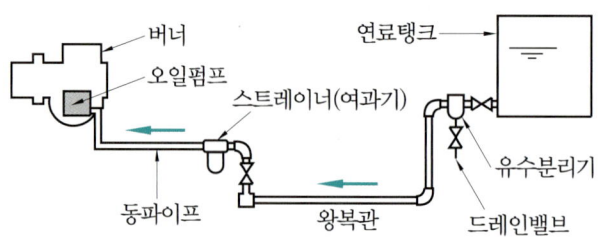

(a) 단관식(증발식)

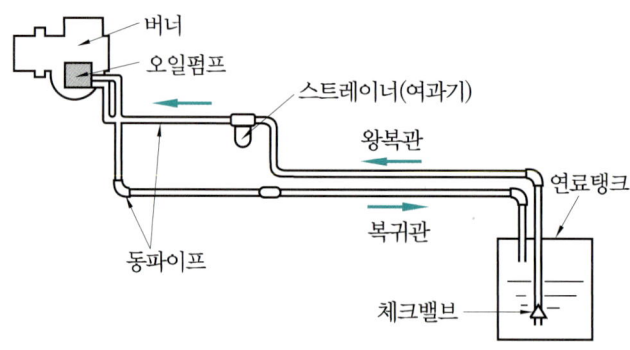

(b) 복관식(압력분무식)

연료 배관

[핵심문제] 복관식 연료 배관 방식에 관한 설명이다. 틀린 것은?
① 연료 공급 라인이 왕복관과 복귀관 두 개의 라인으로 되어 있다.
② 버너 펌프에 의한 순환 급유 방식이다.
③ 연료탱크는 버너보다 위에 설치하든, 아래에 설치하든 문제가 되지 않는다.
④ 배관 내에 공기가 차면 공기빼기 조작 방법이 매우 어렵다.   답 ④

[핵심문제] 왕복관 한 라인으로 연료를 버너에 공급하는 낙차 급유 방식은?
① 단관식
② 복관식
③ 왕복식
④ 회전식   답 ①

7-3 난방기기

1 방열기(radiator)

방열기는 주로 대류 난방에 이용되고 재질에 따라 알루미늄, 강, 주철이 있으며, 최근에는 주로 알루미늄 제품이 많이 사용되고 있다.

(1) 방열기의 종류

① 주형 : 2주형, 3주형, 3세주형, 5세주형
② 벽걸이형 : 종형(W-V), 횡형(W-H)
③ 길드형 : 1 m 정도의 주철제로 된 파이프 방열기
④ 대류 방열기 : 베이스 보드 히터
⑤ 강관 방열기
⑥ 관 방열기
⑦ 알루미늄 방열기

이외에 강제 대류식을 채용한 팬코일 유닛(FCU), 유닛 히터 등이 있다.

[핵심문제] 다음 중 주형(기둥형) 방열기의 종류가 아닌 것은?

① 5주형 방열기
② 2주형 방열기
③ 3주형 방열기
④ 5세주형 방열기   답 ①

[핵심문제] 구조에 따른 방열기의 종류가 아닌 것은?

① 주형(기둥형) 방열기
② 벽걸이형 방열기
③ 길드 방열기
④ 주철제 방열기

[해설] 구조에 따라 주형(柱形, 기둥형) 방열기, 벽걸이형 방열기, 길드 방열기, 대류 방열기, 관 방열기로 분류한다.   답 ④

---

(2) 방열기 설치 위치 및 간격

① 설치 위치 : 외기가 침입되는 창문 밑에 설치한다.
② 설치 간격 : 창문 및 벽으로부터 50~60 mm 정도 공간을 둔다.

> **핵심문제** 기둥형 방열기는 벽과 얼마 정도의 간격을 두고 설치하는 것이 좋은가?
> ① 10~20 mm   ② 30~40 mm
> ③ 50~60 mm   ④ 80~90 mm   답 ③

(3) 도시법
원을 그려 도면에 표시하면 다음과 같다.

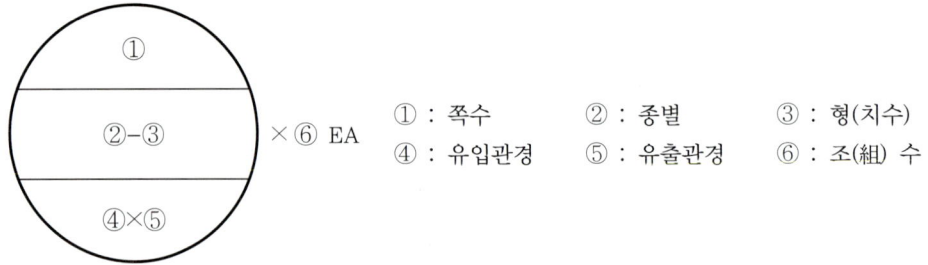

(4) 호칭법 : 종별-형×쪽수
① 주형 : II-700×5(2주형 높이 700 mm 5쪽)
② 벽걸이형 : W-H×3(벽걸이형 횡형 3쪽)

(5) 방열기의 호칭법 및 도시법

구 분	종 별	도시기호
주형	2주형	II
	3주형	III
세주형	3세주형	3
	5세주형	5
벽걸이형(W)	종형	V
	횡형	H

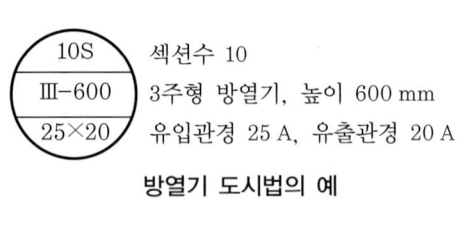

섹션수 10
3주형 방열기, 높이 600 mm
유입관경 25 A, 유출관경 20 A

방열기 도시법의 예

> **핵심문제** 벽걸이 횡형 주철제 방열기의 호칭 기호는?
> ① W-H   ② W-V
> ③ H×W   ④ H×V   답 ①

[핵심문제] 다음 방열기 도시 기호의 설명으로 옳은 것은?

① 벽걸이 방열기로 쪽수가 15개, S형이다.
② 길드 방열기로 쪽수가 4개, S형이다.
③ 주철제 방열기로 쪽수가 20개, S형이다.
④ 4세주형 방열기로 쪽수가 4개, G형이다.

[해설]

4쪽, 길드 방열기(G), S형, 유입관경 20 A, 유출관경 15A를 의미한다.   답 ②

(6) 방열기의 부속

① 방열기의 트랩 : 방열기 출구측에 설치하는 열동식 트랩이며 에테르 등의 휘발성 액체를 넣은 벨로스를 부착하여 이것에 접촉되는 열의 고저에 의한 팽창이나 수축 작용으로 응축수를 환수관에 보내는 역할을 한다.
② 방열기 밸브(팩리스 밸브, 방열기 앵글밸브) : 방열기 입구에 설치하여 증기나 온수의 유량을 수동으로 조절한다.

[핵심문제] 단관 중력환수식 온수 난방에서 방열기 입구 반대편 상부에 부착하는 밸브는?
① 방열기 밸브   ② 공기빼기 밸브
③ 온도조절 밸브   ④ 정지밸브

[해설] ① 방열기 밸브(RV)는 유수 저항이 작은 콕식을 쓰고 상부 태핑에 단다.
② 공기빼기 밸브(AV)는 방열기 입구 반대편 상부에 부착한다.   답 ②

공식 없이 계산 문제 풀이하기

공식 없이 계산 문제를 풀 수 있다.

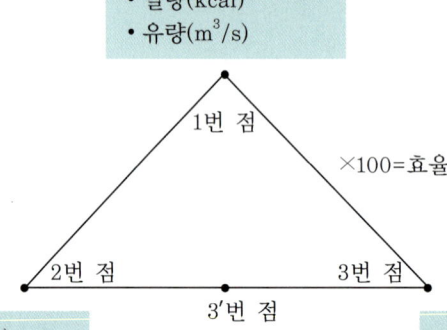

- 1번 꼭짓점 자리: 난방부하(kcal/h), 열량(kcal), 유량(m³/s)
- 2번 꼭짓점 자리(좌측 하단):
  - 시간당 연료량(kg/h)
  - 표준 방열량(kcal/m²·h)
  - 물의 비열(kcal/kg·℃)
  - 방열계수(kcal/m²·h·℃)
  - 유속(m/s)
  - 물의 증발잠열(539 kcal/kg)
- 3′번 점: 단위 짧은 것의 자리. 3′와 3번 점은 자리가 바뀌어도 상관없다.
- 3번 꼭짓점 자리(우측 하단):
  - 저위 발열량(kcal/kg)
  - 면적(m²)
  - 온도차(℃)
  - 질량(kg)
  - 온수순환량(kg/h)

① 1번 꼭짓점 자리에 올 수 있는 항목 : 난방부하(kcal/h), 열량(kcal), 유량(m³/s) 등
② 2번 꼭짓점 자리에 올 수 있는 항목 : 시간당 연료량(kg/h) 및 유속(m/s)
   예외로 문제에서 연료량 값이 주어지지 않으면 3개 이상의 단위로 구성된 것
③ 3번 꼭짓점 자리에 올 수 있는 항목 : 저위발열량(연료량이 주어진 경우)
   예외로 연료량이 없으면 단위가 2개 미만으로 구성된 것

[1] 사무실에 온수용 3세주 650 mm 주철제 방열기를 설치하고자 한다. 난방부하가 6750 kcal/h일 때 방열기의 섹션수는? (단, 방열기 방열량은 표준 방열량으로 하고 방열기 면적은 0.15m²이다.)

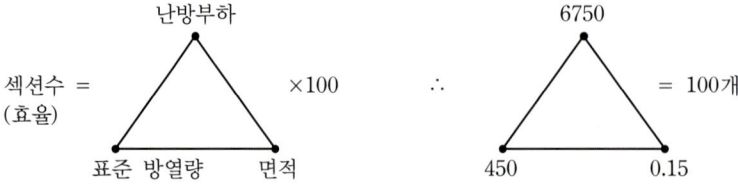

※ 문제에서 효율에 대하여 언급이 없으면 효율을 1로 보면 된다.

2 효율이 90 %인 보일러에 11000 kcal/kg인 연료를 시간당 60 kg을 사용한다면 이 보일러의 유효열(kcal/h)은?

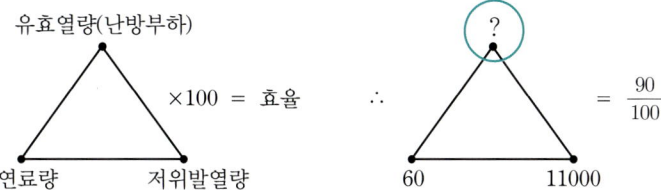

유효열(난방부하)=11000×60×0.9=594000 kcal/h

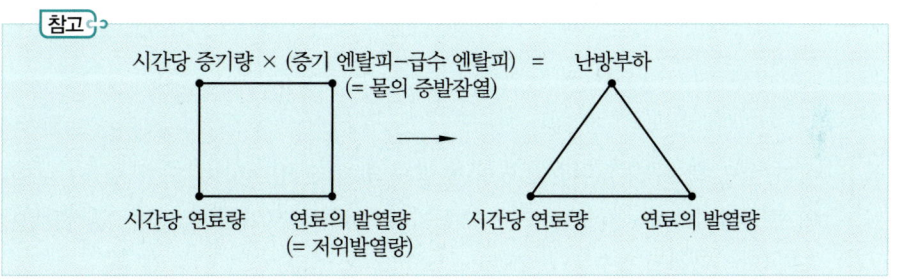

3 상향 공급식 중력 순환의 온수 난방에서 송수의 온도가 90℃이고 환수의 온도가 70℃이다. 실내 온도를 20℃로 할 경우 응접실에 설치할 방열기의 소요 방열면적(m^2)은? (단, 방열계수는 7 kcal/m^2·h·℃이고, 난방부하는 4200 kcal/h이다.)

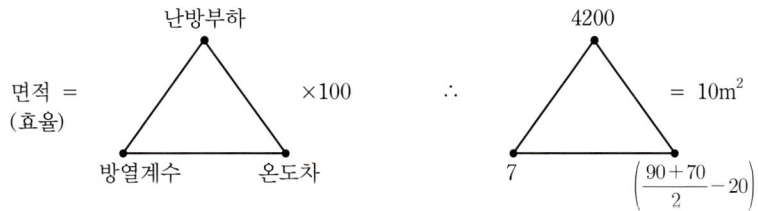

※ 문제에서 효율에 대하여 언급이 없으면 효율을 1로 보면 된다.

4 어떤 보일러의 급수 온도가 60℃, 증발량이 1시간당 2500 kg, 증기압력이 7 kgf/cm^2일 때 상당증발량(kg/h)은? (단, 발생 증기 엔탈피는 660 kcal/kg이다.)

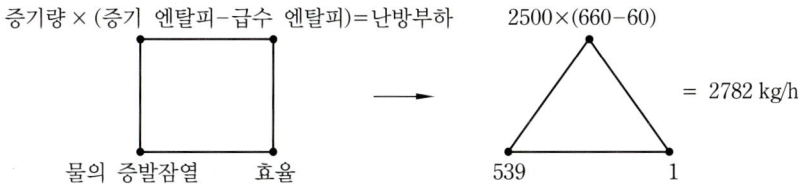

※ 급수 온도=급수 엔탈피

5 현재 보일러 온도가 20℃이고, 운전 온도가 80℃, 철의 무게가 0.8 ton, 철의 비열이 0.117 kcal/kg·℃이다. 철만 가열하는 데 필요한 예열부하는?

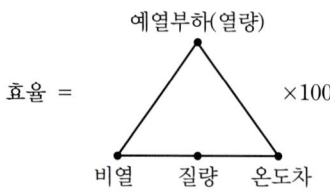 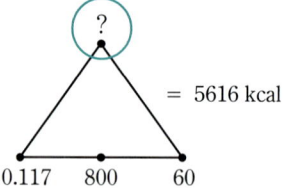

> **참고**
> 예열부하(열량) = 비열 × 질량 × 온도차

6 어떤 보일러 외부 표면으로부터 보일러실 내로 열전달이 되고 있다. 보일러 외부의 표면적이 40 m²이고 온도가 80℃이며, 실내 온도가 20℃이면, 열전달량(kcal/h)은? (단, 열전달계수는 0.25 kcal/m²·h·℃이다.)

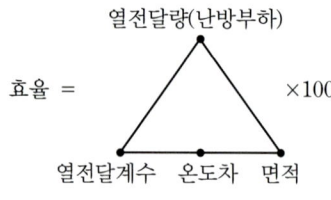 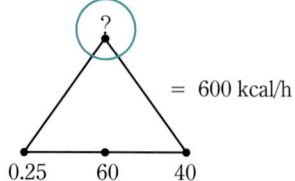

7 안지름 20 mm인 관을 통하여 보일러에 시간당 250 L의 급수를 하는 경우 관내 급수의 유속(m/s)은? (단, 급수 $1m^3$은 1000 L이다.)

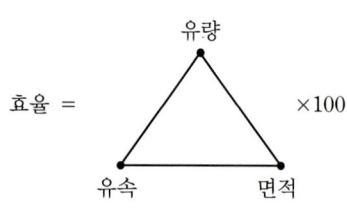 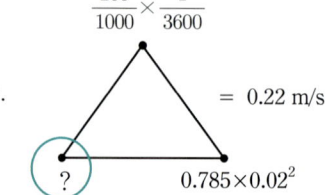

① 원의 단면적 = 0.785×(지름)² $\left(\dfrac{\pi}{4} = 0.785\right)$

② $\dfrac{250\ L}{h} \cdot \dfrac{1\ m^3}{1000\ L} \cdot \dfrac{1\ h}{3600\ s} = \dfrac{250}{1000 \times 3600}\ (m^3/s)$

8 온수 난방으로 방의 실내 온도를 18℃로 유지하는 데 14000 kcal/h의 열량이 소모된다. 송수주관의 온도가 88℃이고, 환수주관의 온도가 60℃라면 온수순환량(kg/h)은?

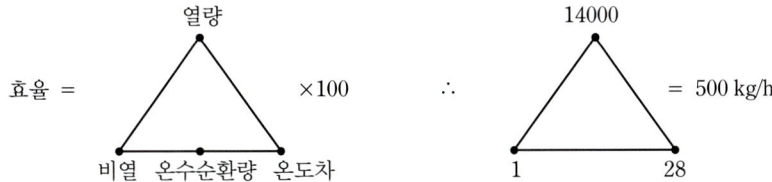

① 온수순환량 = 질량(배관에서 물의 순환량을 구할 때는 실내 온도와는 무관하다.)
② 온도차 = 송수주관의 온도 – 환수주관의 온도

9 시간당 증발량이 2000 kg/h이고 발열량이 9800 kcal일 때 연료사용량(kg/h)은? (단, 보일러 효율은 80%이다.)

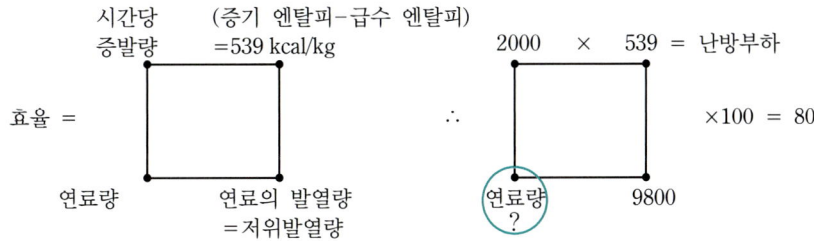

연료사용량 : 137.5 kg/h
① 위 문제에서 난방부하가 주어지지 않았기 때문에 도형은 사각형이다.
② 증기 엔탈피 – 급수 엔탈피(kcal/kg)

제 8 장

배관 공작

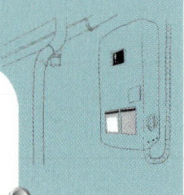

8-1 배관 재료

■ 배관의 관재료
① 철금속관 : 강관, 주철관
② 비철금속관 : 연관, 동관, 알루미늄관, 스테인리스관 등
③ 비금속관 : PVC관, 철근콘크리트관, 원심력 철근콘크리트관, 석면 시멘트관 등

1 강관(steel pipe)

(1) 용도 : 물, 공기, 유류, 가스, 증기 등의 유체 배관에 쓰인다.

(2) 분류
① 재질상 분류
　㈎ 탄소강 강관　㈏ 합금강 강관　㈐ 스테인리스 강관
② 탄소강 강관의 제조법상 분류
　㈎ 가스 단접관　㈏ 전기저항 용접관　㈐ 아크 용접관
　㈑ 이음매 없는 관(seamless pipe)

(3) 특징
① 연관, 주철관보다 가격이 저렴하다.　② 관의 접합 작업이 용이하다.
③ 가볍고, 인장강도가 크다.　④ 내충격성 및 굴요성이 크다.

> **참고**
>
> 스케줄 번호 : 관의 두께를 나타내는 번호
>
> 스케줄 번호(SCH) = $10 \times \dfrac{\text{사용압력}}{\text{허용응력}}$
>
> 여기서, 사용압력 : kgf/cm², 허용응력(= $\dfrac{\text{인장강도}}{\text{안전율}}$) : kgf/mm², 10 : 분모, 분자 단위를 맞춰 주기 위한 수

> [핵심문제] 다음은 강관에 대한 설명이다. 잘못된 것은?
> ① 연관, 주철관에 비해 무겁고, 인장강도가 작다.
> ② 굴요성이 풍부하며, 접합 작업도 쉽다.
> ③ 충격에 강인하다.
> ④ 연관, 주철관에 비해 값이 저렴하다. 답 ①

> [핵심문제] 사용압력이 40 kgf/cm², 인장강도가 20 kgf/mm²일 때의 스케줄 번호는? (단, 안전율은 4로 한다.)
> ① 50 ② 60 ③ 70 ④ 80
>
> [해설] 스케줄 번호 $= \dfrac{\text{사용압력}}{\left(\dfrac{\text{인장강도}}{\text{안전율}}\right)} \times 10$
>
> $\text{SCH} = \dfrac{40}{\left(\dfrac{20}{4}\right)} \times 10 = 80$ 답 ④

(4) 강관의 종류와 용도

종류		KS 규격 기호	용도
배관용	배관용 탄소 강관	SPP	사용 압력이 낮은 증기, 물, 기름, 가스 및 공기 등의 배관용, 호칭지름 15~650 A
	압력 배관용 탄소 강관	SPPS	350℃ 이하에서 사용하는 압력 배관용, 압력 10~100 kg/cm², 호칭지름 6~500 A
	고압 배관용 탄소 강관	SPPH	350℃ 이하에서 사용 압력이 높은 고압 배관용, 관지름 6~168.3 mm 정도
	고온 배관용 탄소 강관	SPHT	350℃ 초과 온도의 배관용, 호칭지름 6~500 A
	배관용 아크 용접 탄소 강관	SPW	사용 압력이 10 kg/cm²의 낮은 증기, 물, 기름, 가스 및 공기 등의 배관용, 호칭지름 350~1500 A
	배관용 합금 강관	SPA	주로 고온도의 배관용, 호칭지름 6~500 A
	저온 배관용 강관	SPLT	빙점 이하, 특히 저온도 배관용, 호칭지름 6~500 A
	배관용 스테인리스 강관	STS×TP	내식·내열용 및 고온·저온 배관용, 호칭지름 6~500 A
수도용	수도용 아연 도금	SPPW	급수 배관용, 호칭지름 10~300 A
	수도용 도복장 강관	STPW	급수 배관용, 호칭지름 80~2400 A

열전달용	보일러·열교환기용 탄소 강관	STH	관의 내외면에서 열의 교환을 목적으로 하는 곳에 사용된다.(보일러의 수관, 연관, 과열관, 공기예열관, 화학공업 및 석유공업의 열교환기, 가열로관 등에 사용)
	보일러·열교환기용 합금 강관	STHA	
	보일러·열교환기용 스테인리스 강관	STS×TB	
	저온·열교환기용 강관	STLT	빙점 이하의 특히 낮은 온도에서 열의 교환을 목적으로 하는 관에 사용된다.(열교환기관, 콘덴서관에 사용)

> [핵심문제] KS 규격 기호가 잘못 짝지워진 것은?
> ① SPP : 배관용 탄소 강관
> ② STA : 배관용 합금 강관
> ③ SPPS : 압력 배관용 탄소 강관
> ④ SPHT : 고온 배관용 탄소 강관
>
> 답 ②

2 주철관(cast iron pipe)

(1) 용도
급수관, 배수관, 통기관, 케이블 매설관, 오수관, 가스공급관, 광산용 양수관, 화학공업용 배관 등에 사용된다.

(2) 재질별 분류
① 일반 보통 주철관 : 외압 및 충격에는 약하나 내구성·내식성이 있다.
② 공급 주철관 : 흑연의 함량을 적게 하여 강성을 첨가한 것으로 기계적 성질이 우수하며 강도가 크다.
③ 구상 흑연 주철관 : 선철을 강에 배합한 것으로 질이 균일하고 강도가 크다.

(3) 특징
① 다른 관보다 강도가 크다.
② 내구성 및 내식성이 뛰어나 지중 매설용으로 적합하다.

> [핵심문제] 다음은 주철관에 대한 설명이다. 잘못된 것은?
> ① 내식성과 내마모성이 우수하다.
> ② 전성, 연성이 풍부하다.
> ③ 내구성이 특히 뛰어나다.
> ④ 가스 공급관, 화학공업용, 오수 배관용으로 사용된다.
> 답 ②
>
> [핵심문제] 수도, 가스 등의 지하 매설용 관으로 적당한 것은?
> ① 강관   ② Al관   ③ 주철관   ④ 황동관
> 답 ③

3 비철 금속관

(1) 동관

① 동관의 특징
  ㈎ 열전도성이 좋고 내식성이 매우 뛰어나다.
    ㉮ 산성(초산, 진한 황산, 암모니아수)에는 약하다.
    ㉯ 알칼리성(가성소다, 가성칼리)에는 강하다.
    ㉰ 연수에는 부식성이 있다(담수에는 보호피막이 생성되어 내식성이 있다).
  ㈏ 전성 및 연성이 풍부하다.
  ㈐ 마찰 저항에 의한 손실이 적다.
  ㈑ 무게가 가볍고 매우 위생적이다.
  ㈒ 외부 충격에 약하고 가격이 비싸다.

② 동관의 종류
  ㈎ 인탈산 동관(DCup : Deoxidized copper pipe)
  ㈏ 무산소 동관(OFCup : Oxygen Free copper pipe)
  ㈐ 터프 피치 동관(TCup : Tough pitch copper pipe)
  ㈑ 동합금관(copper alloy tube)

> [참고]
> ① 동관의 표준치수는 KS 기준에 따라 K, L, M형의 3가지로 구분된다.
>   • K : 의료 배관
>   • L : 의료 배관, 급·배수 배관, 급탕 배관, 냉·난방 배관
>   • M : L형과 같다.
> ② KS 기준에서는 질별 특성에 따라 연질(O), 반연질(OL), 반경질(1/2H), 경질(H)의 4종류로 나누기도 한다.

[핵심문제] 다음은 동관에 관한 설명이다. 틀린 것은?
① 전기 및 열전도율이 좋다.
② 산성에는 강하고, 알칼리성에는 심하게 침식된다.
③ 가볍고 가공이 용이하며 동파되지 않는다.
④ 전연성이 풍부하고 마찰저항이 작다.
[해설] 동관은 알칼리성에는 강하나 산성에는 심하게 침식된다. 답 ②

[핵심문제] 다음 중 동관에 대한 설명으로 옳은 것은?
① 유연성이 적고 가공하기가 어렵다.
② 마찰 저항 손실이 크다.
③ 외부 충격에 강하다.
④ 내식성, 열전도율이 크다. 답 ④

(2) 연관(납관, lead pipe)

① 산에는 강하나 알칼리에 침식된다.   ② 전연성이 풍부하고 가공성이 좋다.
③ 굴곡이 용이하다.   ④ 무겁고, 가격이 비싸다.

[핵심문제] 다음 재료 중 전성과 연성이 가장 풍부한 재료는?
① 주철관   ② 연관   ③ 강관   ④ PVC관   답 ②

(3) 알루미늄관(aluminium pipe)

① 동 다음으로 전기 및 열전도율이 높다.
② 전연성 및 가공성이 우수하다.
③ 내식성이 뛰어나다.
④ 가볍고, 기계적 성질이 우수하여 항공기에 많이 사용된다.

[핵심문제] 알루미늄관에 관한 설명 중 잘못된 것은?
① 전연성이 풍부하고 가공성도 좋다.
② 내식성이 뛰어나다.
③ 열교환기, 선박, 차량 등 특수 용도에 사용된다.
④ 동보다 훨씬 전기 및 열전도율이 좋다. 답 ④

(4) 스테인리스관(austenitic stainless pipe)

① 내식성, 내열성이 있다.
② 관내 마찰손실이 작다.
③ 강도가 크며 굽힘 작업이 곤란하다.
④ 열전도율이 낮다.
⑤ 나사식, 용접식, 몰코식, 플랜지 이음법 등의 특수 시공법으로 시공이 편리하다.

> [핵심문제] 최근에 주택 급수, 온수 난방 배관에 사용되고 있는 관으로 내열성, 내식성이 뛰어난 장점이 있으나 열전도율이 낮은 단점을 지닌 것은?
> ① 연관　　　　　　　　　　② Al관
> ③ 스테인리스관　　　　　　④ 주석관　　　　　　답 ③

(5) 주석관(tin pipe)

상온에서 물, 공기, 묽은 염산에 침식되지 않는다.

4 비금속관

(1) 합성수지관(plastic pipe)

① 경질 염화비닐관(PVC : poly vinyl chloride)
　㈎ 전기에 대한 절연성이 우수하다.
　㈏ 내식성, 내산성, 내알칼리성이 크다.
　㈐ 가볍고, 운반 취급이 용이하며 가공성이 풍부하다.
　㈑ 저온에 약하여 한랭시에서는 주의를 요한다.
　㈒ 가격이 저렴하고 시공비도 적게 든다.
② 폴리에틸렌관(PE : poly ethylene)
　㈎ 가볍고 유연성이 좋다.
　㈏ 전기적, 화학적 성질이 PVC관보다 뛰어나다.
　㈐ 내한성이 우수해 한랭지 배관으로 적합하다.
　㈑ 화력에 극히 약하고 장시간 일광에 노출 시 노화된다.
③ 고밀도 폴리에틸렌관(XL-pipe)
　㈎ 가격이 저렴하고 시공이 용이하다.
　㈏ 일반적으로 100℃ 이하의 온수 난방 배관용으로 사용된다.

㈐ 내식성 및 내구성이 크다.
④ 에이콘 관(acorn pipe)
㈎ 폴리부틸렌을 원료로 하여 제조된 관이다.
㈏ 나사 이음이나 용접 이음이 불필요하기 때문에 시공이 편리하다.
㈐ 내식성이 커서 온수 온돌 배관, 화학 배관, 압축 공기 배관용으로 사용된다.

[핵심문제] **경질 염화비닐관에 대한 설명으로 틀린 것은?**
① 전기 절연성이 좋아 전식 작용이 없다.
② 저온에 강하지만 외상을 받기 쉽다.
③ 열의 불량도체로 철의 $\frac{1}{350}$이다.
④ 가격이 저렴하고 시공비가 적게 든다.
[해설] 경질 염화비닐관은 내식성, 내산·내알칼리성이 크나 저온 및 고온에는 강도가 약해 증기, 고온수, −10℃ 이하의 한랭지 배관에는 부적당하다. 답 ②

[핵심문제] **폴리에틸렌관에 대한 설명으로 틀린 것은?**
① 유백색의 폴리에틸렌관은 직사일광을 쬐면 표면이 산화하여 황색으로 변한다.
② 내한성은 경질 염화비닐관에 비하여 작지만 내충격성은 크다.
③ 유연성 때문에 충격에는 강하지만 외부에 상처를 받기 쉽다.
④ 에틸렌 중합체에 안정제(카본 블랙)를 넣어 제조한다.
[해설] 폴리에틸렌관은 PVC관보다 내충격성이 크고 내한성이 우수하다. 답 ②

[핵심문제] **경질 염화비닐관의 특징이 아닌 것은?**
① 내산성, 내알칼리성이 크다.
② 가볍고 강인하며, 비중이 1.43으로 철의 $\frac{1}{5}$이다.
③ 전기의 절연성이 작다.
④ 열의 불량도체이다.
[해설] 전기의 절연성이 크다. 답 ③

[핵심문제] **XL관으로 온수 온돌 배관을 할 경우 이점이 아닌 것은?**
① 100℃ 이상의 온수용으로도 사용이 가능하다.
② 시공이 용이하다.
③ 가격이 싸고 시공비도 저렴하다.
④ 내식성, 내구성이 있어 장기간 사용해도 변질이 적다. 답 ①

(2) 석면 시멘트관(eternit pipe)
① 내식성, 내알칼리성이 크다.
② 재질이 치밀하고 강도가 크다.
③ 비교적 고압에도 잘 견딘다.
④ 석면과 시멘트의 비율을 1:5로 혼합하여 만든다.
⑤ 용도 : 수도용, 배수용, 가스용, 공업용수관 등의 매설관에 사용

> [핵심문제] 이터닛(eternit)관은 무슨 관을 말하는가?
> ① 석면 시멘트관 ② 철근콘크리트관
> ③ 원심력 철근콘크리트관 ④ 도관
> 답 ①

(3) 철근 콘크리트관(reinforced concrete pipe)
철근을 넣은 수제 콘크리트관이며, 옥외 배수관으로 사용된다.

(4) 원심력 철근 콘크리트관(hume pipe)
흄관이라고 하며, 상하수도 및 배수로 등에 많이 사용된다.

> [핵심문제] 흄관은 무슨 관에 대한 통용어인가?
> ① 철근 콘크리트관 ② 원심력 철근 콘크리트관
> ③ 도관 ④ 폴리에틸렌관
> 답 ②

(5) 도관(clay pipe)
점토를 주원료로 하여 성형 소성한 것으로, 내흡수성을 위해 유약으로 내처리하며 빗물 배수관으로 많이 사용된다.

5 배관 이음

(1) 강관용 이음
나사 결합형과 용접형이 있고 나사 결합형은 가단 주철제와 강관제가 있다.
① 나사 결합용
　㈎ 나사 결합용의 사용처별 분류
　　㉮ 관을 도중에서 분기할 때 : 티(tee), 와이(Y), 크로스(cross) 등

㉯ 동경관을 직선 결합할 때 : 소켓, 니플, 유니언, 플랜지 등
㉰ 배관의 방향을 바꿀 때 : 벤드, 엘보
㉱ 이경관의 연결 : 부싱, 리듀서, 이경 엘보, 이경 티
㉲ 관의 분해 수리 교체가 필요할 때 : 플랜지, 유니언 등
㉳ 관 끝을 막을 때 : 캡, 플러그

(나) 강관용 관 이음의 크기 표시 방법
  ㉮ 지름이 같은 경우 : 호칭지름으로 표시한다.
  ㉯ 지름이 2개인 경우 : 지름이 큰 관을 먼저 쓰고, 작은 관을 뒤에 쓴다.
    예 40×32, 20×15, 40×20
  ㉰ 지름이 3개인 경우 : 주관을 먼저 쓰고, 분기관을 나중에 쓴다.

    40A ─┬─ 32A   예 40×32×20
         │
        20A

  ㉱ 지름이 4개인 경우 : 주관의 지름이 큰 관부터 차례로 기입하고, 그 다음 분기관의 크기가 큰 관 순서로 기입한다.

              2B
    4B ──→ 주관 ── 3B   예 4B×3B×2B×1B
              1B

[핵심문제] 다음 강관 조인트의 크기를 표시하는 방법 중 잘못된 것은?
① 지름이 같은 경우에는 호칭지름으로 표시
② 지름이 2개인 경우 지름이 큰 것을 (1), 작은 것을 (2)의 순으로 표시
③ 지름이 3개인 경우 동일하거나 평행한 중심선상에 있는 지름 중 큰 것을 (1), 작은 것을 (2), 나머지를 (3)의 순으로 표시
④ 지름이 4개인 경우 큰 것부터 차례로 표시
답 ④

---

② 용접용 이음
  일반적으로 맞대기 용접용 이음은 사용압력이 비교적 낮은 물, 증기, 공기, 가스, 기름 등의 배관에 사용된다.
③ 플랜지 이음
  (가) 용도 : 배관 중간이나 밸브, 열교환기, 펌프, 각종 기기의 연결 및 보수·점검·교체 등 필요로 하는 곳에 많이 사용된다.
  (나) 플랜지용 개스킷 : 플랜지 접합부로부터의 누설을 방지하기 위한 패킹제이다.

(2) 주철관 이음

① 플랜지 이음(flange joint)
  ㈎ 뉴-메커니컬 이음이라고 하며, 고압 배관이나 펌프 등 장비 주위 배관에 사용된다.
  ㈏ 이음 부분에 고무링(rubber ring)을 끼우고 압착 플랜지를 직관에 끼워 볼트로 체결한다(직관의 경우 노-허브 직관을 사용).

② 기계적 이음(machanical joint)
  ㈎ 지진 등 외압에 잘 견디며, 작업이 용이하다.
  ㈏ 플랜지 이음과 유사하고, 고압에 잘 견딘다.

③ 소켓 이음(soket joint)
  ㈎ 관의 합부분에 얀(yarn)을 넣고 납을 부어 다져서 이음한다.
  ㈏ 급수관 : 합부분의 $\frac{1}{3}$을 얀, $\frac{2}{3}$를 납으로 채운다.
  ㈐ 배수관 : 합부분의 $\frac{2}{3}$를 얀, $\frac{1}{3}$을 납으로 채운다.

> [참고]
> **얀(yarn)** : 방적 공정으로 만들어진 실 또는 이러한 실 몇 올을 꼬아 만든 실을 말한다.

④ 빅토릭 이음(victoric joint) : 주철관을 U자형의 고무링과 주철제 칼라로 눌러서 접합하는 이음
⑤ 타이톤 이음 : 원형의 고무링만으로 접합(기계적 이음 방법과 유사)

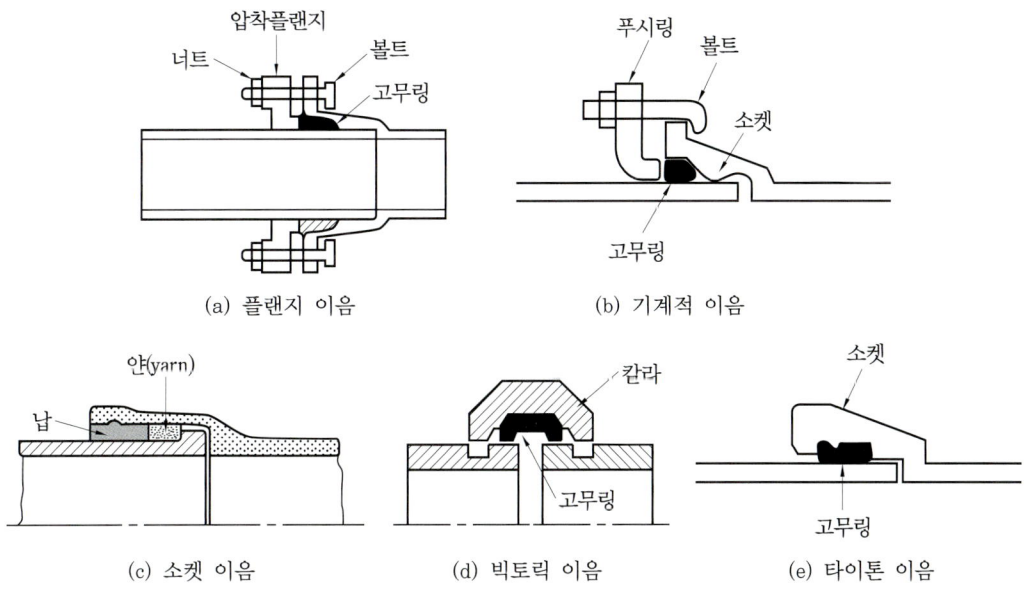

주철관 이음의 종류

[핵심문제] **주철관의 소켓 접합 방법 중 옳은 것은?**
① 관 삽입구를 수구에 맞대어 놓는다.
② 얀은 급수관이면 틈새의 1/3, 배수관이면 2/3 정도의 양으로 한다.
③ 접합부에 클립을 달고 2차에 걸쳐 납을 녹여 부어 넣는다.
④ 코킹 시 끝이 무딘 것부터 차례로 사용한다. 답 ②

[핵심문제] **다음 중 주철관의 접합이 아닌 것은?**
① 소켓 접합 ② 기계적 접합
③ 플랜지 접합 ④ 플레어 접합 답 ④

(3) 동관용 관이음

동관 이음쇠는 황동제 플레어 이음쇠와 청동주물 이음쇠 및 순동 이음쇠로 나누어진다.
① 플레어 이음(flared tube fitting) : 플레어 이음쇠는 황동제로서 주로 플레어 접합에 이용되며 분리, 재결합 등이 쉽다. 이것은 사용 도중 분리할 필요가 있는 곳 또는 물기가 많거나 물을 제거할 수 없어 용접 접합이 어려울 때나 화재의 위험 등으로 인하여 용접 접합을 할 수 없는 곳에 이용된다(나팔관식 이음).
② 동합금 주물 이음(cast bronze fitting) : 청동주물로 이음쇠 본체를 만들고 관과의 접합 부분을 기계 가공으로 다듬질한 것이다.
③ 순동 이음(copper wrought fitting) : 순동 이음쇠는 주물 이음쇠의 결점을 보완하기 위하여 1938년 미국에서 처음으로 개발되었다. 모두 동관을 성형 가공시킨 것으로 주로 엘보, 티, 커플링(통상 소켓, 슬리브라고도 부름) 등이 있다.

[핵심문제] **동관을 배관할 때 접합하는 방법으로 기계를 점검, 보수할 때 고려하여 사용하는 것은?**
① 납땜 이음 ② 플라스턴 이음
③ 압축 이음(플레어 이음) ④ 소켓 이음
[해설] 플레어 이음은 압축 이음이라고도 하며, 강관의 유니언에 의한 접합 방법과 매우 흡사하다. 답 ③

[핵심문제] **다음 중 동관 이음쇠의 종류가 아닌 것은?**
① 플레어 이음쇠 ② 동합금 주물 이음쇠
③ 순동 이음쇠 ④ TS식 이음쇠 답 ④

> [핵심문제] 다음 중 동관 접합법의 종류가 아닌 것은?
> ① 용접 접합   ② 몰코 접합
> ③ 플레어 접합   ④ 압축 접합
>
> [해설] ②는 스테인리스 이음 방법이다. 답 ②

> [핵심문제] 플레어 이음쇠가 쓰이는 곳을 열거하였다. 잘못 열거된 것은?
> ① 사용 도중 분리할 필요가 있는 곳
> ② 물기가 많아 용접 접합이 어려운 곳
> ③ 화재의 위험 등으로 용접 접합을 하기 어려운 곳
> ④ 배관 공간이 없어 나사 접합하기가 곤란한 곳 답 ④

> [핵심문제] 동관 이음쇠 중 한쪽은 나사 이음을, 다른 한쪽은 소켓 이음을 할 수 있도록 만들어진 동일 관경의 직관 이음쇠는?
> ① 티   ② 리듀서
> ③ 유니언   ④ 어댑터
>
> [해설] 어댑터의 한쪽은 강관의 나사 이음용으로 가공되어 있고, 다른 한쪽은 동관을 턱걸이(소켓) 이음 방식으로 연결하게 되어 있다. 답 ④

(4) 스테인리스 이음

용접 접합용과 몰코 조인트 접합용이 있으나 최근 온수 온돌 배관용으로 몰코 접합을 많이 사용하고 있다.

(5) 석면 시멘트관(이터닛관) 이음

① 기볼트 이음(gibault joint) : 관 이음부에 슬리브를 끼워 양단을 고무링으로 막고 이 고무링을 주철제의 플랜지로 조이는 이음 방법
② 칼라 이음(collar joint) : 이터닛 칼라를 이용하여 석면을 관과 칼라 사이에 넣은 후 모르타르를 채워 이음하는 방법
③ 심플렉스 이음(simplex joint) : 이터닛 칼라를 이용하여 모르타르 대신에 고무링을 사용하여 이음하는 방법

> [핵심문제] 다음 중 석면 시멘트관의 이음 방법이 아닌 것은?
> ① 기볼트 이음   ② 칼라 이음
> ③ 심플렉스 이음   ④ 플랜지 이음 답 ④

(6) 폴리에틸렌관 이음

① 융착 슬리브 이음   ② 인서트 이음   ③ 테이퍼 이음

(7) XL관 이음

엘보, 티, 유니언, 밸브 소켓 등이 있으며 주로 온수 보일러 입·출구에서 강관과 연결하여 사용되는 경우가 많으므로 이음부에서 동관 이음부 어댑터와 병용한다.

6 신축 이음(expansion joint) 중요

철은 선팽창계수가 1.2×10^{-5}이므로 강관인 경우 온도가 1℃ 변화함에 따라 1 m에 0.012 mm 정도 신축한다. 따라서 관내에 온수, 냉수, 증기 등이 통과할 때에 고온과 저온에 따른 관의 팽창, 수축이 생기며, 온도차가 커짐에 따라 배관의 팽창, 수축도 더욱 커져서 관, 기구 등을 파손하거나 구부려 뜨리는데 이런 현상을 막기 위해 직선 배관 도중에 신축 이음을 설치한다.

(1) 루프형(loop type)

① 신축 곡관이라고도 하며 강관을 루프 모양으로 구부려서 그 구부림을 이용하거나 관 자체의 가요성을 이용하여 배관의 신축을 흡수한다.
② 고압에 잘 견디며 고장이 적다(고온·고압용)
③ 설치 장소를 많이 차지한다(옥외 배관용).
④ 곡률 반지름은 관지름의 6배 이상이다.
⑤ 배관의 신축 흡수에 의해 응력이 생긴다.

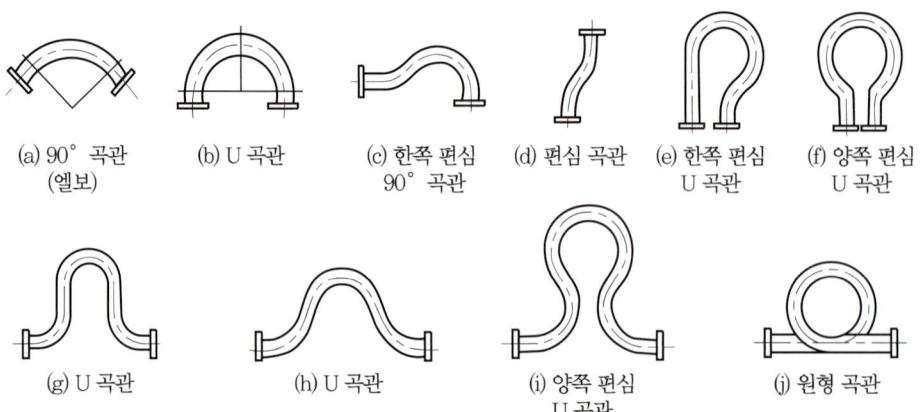

각종 신축 곡관

(2) 벨로스형(bellows type)
① 온도 변화에 의한 관의 신축을 벨로스(주름관)의 변형에 의해 흡수시키는 구조로서 팩리스 신축 이음이라고도 한다.
② 재료는 청동 또는 스테인리스강을 파형으로 주름 잡아 만든다.
③ 형식은 단식과 복식이 있으며, 기밀성이 우수하다.
④ 설치 장소는 적게 필요한 편이고, 응력이 생기지 않는다.
⑤ 고압 배관에는 부적당하다(80℃ 이하의 배관에 사용).

(3) 스위블형(swivel type)
① 스윙식이라고도 하며, 방열기 및 팬코일 유닛과 같은 장치 연결부에 사용된다.
② 2개 이상의 엘보를 사용하여 이음부의 나사 회전을 이용해서 배관의 신축을 흡수한다.
③ 굴곡부에서 압력 강하를 가져오고 신축량이 큰 배관에서는 나사 접합부가 헐거워져 누수의 원인이 된다.
④ 설비비가 싸고 쉽게 조립해서 사용할 수 있다.

(4) 슬리브형(sleeve type)
① 단식과 복식이 있고 50 A 이하의 것은 나사 결합식, 65 A 이상은 플랜지 결합식이다.
② 본체와 슬리브 사이에 설치된 패킹부를 슬리브가 미끄러지면서 신축을 흡수한다.
③ 저압 배관용이며, 장시간 사용 시 패킹의 마모로 누설의 위험이 있다.

(5) 볼 조인트(ball joint)
볼 부분의 회전에 의해 신축을 흡수하는 이음 방법이며 고온·고압의 배관에 사용된다.

> **참고**
> **신축량 비교**
> 볼 조인트 > 루프형 > 슬리브형 > 벨로스형 > 스위블형

핵심문제 신축 곡관이라고도 하며, 강관을 구부려 그 신축성을 이용한 것으로서 고압 증기의 옥외 배관에 많이 사용하는 것은?
① 벨로스형 신축 이음 ② 루프형 신축 이음
③ 슬리브형 신축 이음 ④ 스위블형 신축 이음   답 ②

[핵심문제] **배관 신축 이음의 허용 길이가 가장 큰 것은?**
① 루프형　　　　　　　　② 슬리브형
③ 벨로스형　　　　　　　④ 스위블형

[해설] 신축 이음을 허용 길이가 큰 순서대로 나열하면 루프형＞슬리브형＞벨로스형＞스위블형의 순이다.　　답 ①

[핵심문제] **다음 중 루프형 신축 조인트에 관한 설명으로 틀린 것은?**
① 설치 장소를 많이 차지하고 응력을 수반한다.
② 고압에 잘 견디고 고장이 적다.
③ 고압 증기의 옥외 배관 공장의 플랜트 배관 등에 사용된다.
④ 굽힘 반지름은 관지름의 4배 이하로 한다.　　답 ④

[핵심문제] **설치에 큰 장소를 필요로 하지 않으며, 패킹이 필요 없고 신축에 의한 응력을 일으키지 않는 신축 조인트는?**
① 벨로스형　　　　　　　② 루프형
③ 스위블형　　　　　　　④ 슬리브형　　답 ①

[핵심문제] **저압 증기의 분기점을 2개 이상의 엘보로 연결하여 한쪽이 팽창하면 비틀림을 일으켜서 팽창을 흡수시키며, 스위블 조인트라고 하는 신축 이음은?**
① 루프형 조인트　　　　　② 벨로스형 조인트
③ 슬리브형 조인트　　　　④ 스윙 조인트　　답 ④

[핵심문제] **다음 스위블형 이음의 설명 중 맞지 않는 것은?**
① 스위블 이음은 스윙 이음이라고도 한다.
② 주로 증기 및 온수 난방용 배관에 사용한다.
③ 2개 이상의 엘보를 사용하여 이음부의 나사 회전을 이용해서 배관의 신축을 이음부에 흡수시킨다.
④ 스위블 이음의 굴곡부에서의 압력 강하 및 신축은 누설의 우려가 없다.　　답 ④

[핵심문제] **신축 이음쇠 중 물 또는 압력 8 kgf/cm^2 이하의 포화증기, 그 밖의 공기, 가스, 기름 등의 배관에 사용되며 일명 미끄럼형 이음쇠라고도 하는 것은?**
① 슬리브형 신축 이음쇠　　② 벨로스형 신축 이음쇠
③ 루프형 신축 이음쇠　　　④ 스위블형 신축 이음쇠　　답 ①

7 밸브(vavle)

밸브는 직선 배관 중에 설치하여 유체의 유량, 흐름의 단속, 압력, 방향 전환 등을 조절하는 데 사용된다.

① 게이트밸브(gate valve) : 배관용으로 가장 많이 사용되는 밸브로서 슬루스밸브(sluice valve)라고도 한다.
  ㈎ 유체의 흐름에 따른 관내 마찰저항 손실이 적다.
  ㈏ 유량 조절용으로는 부적합하고 유로 개폐용으로 적합하다.
  ㈐ 단점 : 유량 조절에는 적당하지 않기 때문에 완전히 막고 사용하거나 완전히 열고 사용한다.

핵심문제 파이프 축에 대해서 직각 방향으로 개폐되는 밸브로 유체의 흐름에 따른 마찰저항 손실이 적으며 난방 배관 등에 주로 사용되나 유량 조절용으로는 부적합한 밸브는 어느 것인가?
① 앵글밸브　　　　　　　　② 글로브밸브
③ 슬루스밸브　　　　　　　④ 다이어프램밸브　　　　답 ③

---

② 글로브밸브(globe valve or stop valve)
  ㈎ 글로브밸브
    ㉮ 유체의 저항은 크나 가볍고 값이 싸다.
    ㉯ 관로 폐쇄 또는 유량 조절이 가능하다.
  ㈏ 앵글밸브(angle valve) : 직각으로 굽어지는 장소에서 사용한다. 엘보와 글로브밸브를 조합한 것이며, 유체의 저항을 막는다.
  ㈐ 니들밸브(needle valve) : 밸브의 디스크 모양을 원뿔 모양으로 바꾸어서 유체가 통과하는 평면이 극히 작은 구조로 되어 있으며, 특히 유량이 적거나 고압일 때에 유량 조절을 누설 없이 정확히 행할 목적으로 사용된다.
③ 체크밸브(check valve : 역지밸브)
  ㈎ 유체를 한 방향으로만 흐르게 하고 역류를 방지하는 목적으로 사용된다.
  ㈏ 종류
    ㉮ 리프트식 : 수평 배관용
    ㉯ 스윙식 : 수직, 수평 배관용
  ㈐ 펌프 흡입관 하부에 사용되는 풋밸브(foot valve)도 역지밸브의 일종이다.
④ 콕밸브(cock valve)
  ㈎ 콕을 90° 회전하면 유로가 완전히 개폐되는 구조로 유체에 대한 저항이 작다.

㈏ 기밀성이 좋지 않고 고압, 대용량에 부적합하다.
⑤ 볼밸브(ball valve)
㈎ 볼에 구멍이 있고 핸들의 90° 조작으로 유체의 개폐 조작이 된다.
㈏ 설치 공간을 적게 차지하며, 조작이 간단하다.
㈐ 가격이 저렴하다.
⑥ 버터플라이밸브(butterfly valve)
㈎ 밸브 안에 있는 원형 디스크를 회전시켜 유체 흐름을 조절한다.
㈏ 구조 및 조작이 간단하고 유량 조절이 가능하다.
㈐ 설치 공간을 적게 차지하기 때문에 구경이 큰 배관에 사용된다.
⑦ 감압밸브(pressure reducing valve) 중요
㈎ 설치 목적
  ㉮ 고압관과 저압관 사이에 설치하여 고압측 유체의 압력을 필요한 압력으로 낮추어 준다.
  ㉯ 부하를 받는 배관 내 유체의 압력을 일정하게 유지시켜 준다.
  ㉰ 고압의 증기와 저압의 증기를 동시에 사용 가능하다.
㈏ 종류
  ㉮ 작동 방법에 따라 : 피스톤식, 다이어프램식, 벨로스식
  ㉯ 내부 구조에 따라 : 스프링식, 추식
  ㉰ 압력 제어 방식에 따라 : 자력식(파일럿 작동식, 직동식), 타력식
⑧ 안전밸브(safty valve)
안전밸브의 종류는 다음과 같다.
㈎ 중추식(dead-weight type) : 정지 보일러용으로 추의 중량에 의하여 분출압력을 조절한다.
㈏ 레버식(lever type) : 추와 레버를 이용하여 추의 위치에 따라 분출압력을 조절하며, 고압용으로는 적당하지 않다.
㈐ 스프링식(spring type) : 스프링의 탄성에 의하여 분출압력을 조절하며, 안전밸브 중 가장 많이 사용된다. 이것은 형식에 따라 단식, 복식 및 이중식으로 분류된다.
⑨ 공기빼기밸브(air vent valve)
㈎ 배관 라인의 유체 속에 섞인 공기, 그 밖의 기체가 유체에서 분리, 체류하게 됨으로써 유량을 감소시키는 현상을 제거해주기 위해 장치하는 밸브이다.
㈏ 공기빼기 밸브는 난방장치에 주로 사용된다.
⑩ 솔레노이드밸브(solenoid valve : 전자밸브)
㈎ 화염 검출기, 저수위 경보기, 압력 차단 스위치, 송풍기 작동 여부에 따라 작동하고 비상시에 연료를 차단한다.

(나) 작동원리 : 전자기적인 현상에 의해 작동되며 파일럿식과 직동식이 있다.

> [참고]
> 솔레노이드밸브는 바이패스 배관을 하지 않는다.

[핵심문제] 유량 조절용 밸브로 적합한 밸브는?
① 글로브밸브　　　　　② 게이트밸브
③ 앵글밸브　　　　　　④ 다이어프램밸브
[해설] 글로브밸브는 관로 폐쇄 또는 유량 조절이 가능하다.　　　　　답 ①

[핵심문제] 유체 저항이 작고 유로를 급속하게 개폐하며 $\frac{1}{4}$ 회전으로 완전 개폐되는 것은?
① 글로브밸브　　　　　② 체크밸브
③ 슬루스밸브　　　　　④ 콕
[해설] 콕을 90° 회전하면 유로가 완전히 개폐된다.　　　　　답 ④

[핵심문제] 유체의 역류 방지용 밸브는?
① 앵글밸브　　　　　　② 체크밸브
③ 게이트밸브　　　　　④ 글로브밸브　　　　　답 ②

[핵심문제] 배관 라인에서 공기를 배출하기 위하 설치하는 밸브는?
① 에어벤트밸브　　　　② 풋밸브
③ 플러시밸브　　　　　④ 체크밸브
[해설] 에어벤트밸브(air vent valve)=공기빼기밸브　　　　　답 ①

8-2　배관 공작

1 배관 공작용 공구와 기계

(1) 강관 공작용 공구 및 기계

① 파이프 커터(pipe cutter) : 강관을 절단할 때 사용하며 1개의 날에 2개의 롤러가 장착되어 있는 것과 날만 3개로 되어 있는 것이 있다. 크기는 관을 절단할 수 있는 관지름으로 표시된다.

② 쇠톱(hack saw) : 관 절단용 공구로서 피팅홀(fitting hole)의 간격에 따라 200 mm, 250 mm, 300 mm의 3종류가 있다. 톱날의 산수는 공작물에 따라 선택 사용해야 한다.
③ 파이프 바이스(pipe vise) : 관의 절단과 나사 절삭 및 조립 시 관을 고정시키는 데 사용되며 파이프 바이스의 크기는 고정 가능한 관지름으로 표시한다.
④ 파이프 리머(pipe reamer) : 관 절단 후 생기는 거스러미(burr)를 제거한다.
⑤ 파이프 렌치(pipe wrench) : 관 및 부속품을 분해시키거나 나사를 조립할 때 사용하는 공구이며, 종류에는 보통형, 강력형, 체인형(200 A 이상 관에서 사용) 등이 있다. 크기는 입을 최대로 벌려 놓은 전장으로 표시한다.
⑥ 수동형 나사절삭기(pipe threader)
  ㈎ 오스터형 : 오스터의 날(체이서)은 보통 4개가 한 조(jaw)로 나사를 절삭한다.
  ㈏ 리드형 : 2개의 체이서와 4개의 조(jaw)로 되어 있고 좁은 공간에서의 작업이 가능하다.
⑦ 스패너(spanner) 및 멍키(monkey) : 각종 너트 및 볼트를 조이고 풀기 위하여 사용한다.
⑧ 동력 나사절삭기 : 오스터식, 호브식, 다이헤드식

> **참고**
> **다이헤드식 나사절삭기** : 관의 절단, 거스러미 제거, 나사 절삭을 연속적으로 작업할 수 있는 기계

⑨ 파이프 벤딩 머신(pipe bending machine)
  ㈎ 로터리식(rotary type) : 공장에서 같은 모양의 벤딩된 제품을 대량 생산할 때 적합하며 관에 심봉을 넣고 구부린다.
    ㉮ 상온에서는 관의 단면 변형이 없다.
    ㉯ 두께에 관계없이 강관, 동관, 황동관, 스테인리스 강관 등 어느 것이나 쉽게 벤딩할 수 있다.
  ㈏ 램식(ram type) : 현장용으로 많이 쓰이며 수동식은 50 A, 모터를 부착한 동력식은 100 A 이하의 관을 냉간 벤딩을 할 수 있다.

핵심문제 다음 공구 중 강관의 절단 공구가 아닌 것은?
① 파이프 커터   ② 쇠톱
③ 가스절단기   ④ 링 커터
해설 링 커터는 주철관 전용 절단 공구이다.   **답** ④

핵심문제 쇠톱은 피팅 홀의 간격에 따라 그 크기를 나타내는데, 그 크기별 종류에 들지 않는 것은?
① 150 mm ② 200 mm
③ 250 mm ④ 300 mm 답 ①

핵심문제 관을 절단한 후 관 안쪽에 생기는 거스러미를 제거하는 공구는?
① 파이프 커터 ② 파이프 리머
③ 파이프 렌치 ④ 파이프 벤더 답 ②

핵심문제 다음 중 쇠톱날의 크기를 나타내는 것으로 가장 적당한 것은?
① 전체 길이 ② 톱날의 폭
③ 톱날의 두께 ④ 양단 구멍간의 거리 답 ④

핵심문제 파이프 렌치의 호칭치수는 무엇으로 나타내는가?
① 파이프 렌치의 입의 나비
② 파이프 렌치의 몸체의 길이
③ 파이프 렌치의 무게
④ 사용할 수 있는 최대관을 물었을 때의 전 길이 답 ④

핵심문제 200 A 이상의 대형 관에 부속류를 분해 조립할 때 쓰이는 파이프 렌치는 어느 것인가?
① 보통형 ② 강력형
③ 체인형 ④ 리드형 답 ③

핵심문제 수동형 나사절삭기에 관한 다음 설명 중 틀린 것은?
① 관 끝에 나사를 절삭하는 수공구이다.
② 리드형은 2개의 체이서와 4개의 조로 되어 있다.
③ 오스터형은 4개가 한 조로 되어 있다.
④ 좁은 공간에서의 작업이 가능한 형식은 오스터형이다. 답 ④

핵심문제 관을 절단한 후 안쪽에 생기는 거스러미(burr)를 제거하는 공구는?
① 파이프 커터 ② 파이프 리머
③ 파이프 렌치 ④ 파이프 벤더 답 ②

> [핵심문제] 다이헤드식(diehead type) 나사절삭기로 할 수 없는 작업은?
> ① 관의 절단 ② 거스러미 제거
> ③ 나사 절삭 ④ 벤딩 작업   답 ④

> [핵심문제] 동력 나사절삭기의 종류에 해당되지 않는 것은?
> ① 호브식   ② 오스터식
> ③ 다이헤드식 ④ 익스팬더식   답 ④

> [핵심문제] 다음 강관 벤딩용 기계에 관한 설명 중 맞는 것은?
> ① 동일 모양의 관 굽힘을 생산하는 데 적당한 것은 램식이다.
> ② 로터리식은 이동식이므로 현장용으로 적당하다.
> ③ 램식은 관에 모래를 채우는 대신 심봉을 넣고 구부린다.
> ④ 로터리식은 두께에 관계없이 강관뿐만 아니라 동관, 스테인리스관 등도
>   구부릴 수 있다.   답 ④

2 기타 관용 공구

(1) 연관용 공구

① 벤드벤(bend ben) : 연관을 굽힐 때나 펼 때 사용한다.
② 턴핀(turn pin) : 접합하려는 연관의 끝부분을 소정의 관지름으로 넓힌다.
③ 맬릿(mallet) : 턴 핀을 때려 박든가 접합부 주위를 오므리는 데 사용한다.
④ 봄볼(bome ball) : 분기관 따내기 작업 시 주관에 구멍을 뚫는 공구
⑤ 드레서(dresser) : 연관 표면의 산화물을 깎아낸다.

> [핵심문제] 다음의 연관 공구 중 주관에서 분기 이음을 하는 경우, 주관의 구멍을 뚫기 위하여 사용하는 공구는?
> ① 봄볼   ② 벤드벤   ③ 턴핀   ④ 드레서   답 ①

> [핵심문제] 땜납 접합용 공구에 대하여 그 사용을 열거하였다. 잘못 설명된 것은?
> ① 토치 램프 : 땜납 접합 또는 관의 국부 가열에 사용한다.
> ② 봄볼 : 주관에서 분기할 때 주관에 구멍을 뚫는 공구이다.
> ③ 벤드벤 : 연관에 삽입해서 관을 굽히든가 관을 똑바로 할 때 사용한다.
> ④ 드레서 : 연관의 치수를 정확히 하기 위한 공구이다.   답 ④

[핵심문제] 다음 연관 공구 중 관을 굽히거나 펼 때 사용하는 것은?
① 턴핀   ② 봄볼   ③ 맬릿   ④ 벤드벤   답 ④

(2) 동관 작업 시 공구 중요

① 튜브 벤더(tube bender) : 동관 벤딩용 공구이다.
② 익스팬더(expander, 나팔관 확관기) : 동관의 관 끝 확관용 공구이다.
③ 파이프 커터(pipe cutter) : 동관(소구경) 절단용 공구이다.
④ 리머(reamer) : 동관을 절단 후 관의 내외면에 생긴 거스러미를 제거하는 데 사용한다.
⑤ 토치 램프(torch lamp) : 납땜 이음, 구부리기 등의 부분적 가열용, 가솔린용, 경유용이 있다.
⑥ 사이징 툴(sizing tool) : 동관의 끝부분을 원으로 정형한다.
⑦ 플레어링 툴 세트(flaring tool set) : 동관의 압축 접합에 사용된다(동관의 끝을 접시 모양으로 만들 때 사용된다).

[핵심문제] 다음 공구 중 동일한 지름의 동관을 이음쇠 없이 납땜 이음할 때 한쪽 관 끝에 소켓을 만드는 동관용 공구는?
① 익스팬더   ② 사이징 툴
③ 플런저   ④ 파이어 포트   답 ①

[핵심문제] 동관(구리관) 작업 시 관계없는 공구는?
① 사이징 툴   ② 익스팬더
③ 플레어 공구   ④ 오스터   답 ④

[핵심문제] 동관용 공구에 관한 다음 설명 중 틀린 것은?
① 사이징 툴 : 관경을 원형으로 정형
② 듀느 벤더 : 관올 구부림
③ 익스팬더 : 동관의 압축 접합용
④ 플레어링 툴 세트 : 관의 끝을 접시 모양으로 만들 때 사용   답 ③

[핵심문제] 동관의 끝부분을 정확한 치수의 원형으로 교정하기 위하여 사용되는 공구는?
① 익스팬더   ② 턴핀   ③ 플런저   ④ 사이징 툴   답 ④

(3) 주철관용 공구
① 납 용해용 공구 세트 ② 클립 ③ 코킹 정 ④ 링크형 파이프 커터

(4) PVC관 시공용 공구
① 가열기 ② 열풍 용접기 ③ 파이프 커터 ④ 리머

3 관의 접합 및 벤딩 가공

(1) 강관의 접합 및 벤딩 가공
① 나사 접합(50 A 이하의 소구경관용 접합 방법)
  ㈎ 관의 절단 : 수동 공구에 의한 방법과 동력 기계에 의한 방법, 가스 절단 방법 등이 있다.
  ㈏ 나사 절삭 및 조립 : 수동용 나사 절삭기로 나사 절삭을 하려면 절삭유를 수시로 치며 2~3회에 나누어 절삭해 준다. 나사 절삭 후에는 패킹제를 감은 후 이음쇠를 끼워준다. 동력에 의한 절삭 방법은 공장, 현장 등에서 다량의 나사를 단시간에 절삭할 때 사용되며, 능률이 좋고 힘도 적게 든다. 나사 절삭 시 나사부의 길이는 필요 이상으로 길게 만들지 말아야 하며, 흔히 현장에서 나사용 패킹제로 삼(麻) 또는 실을 감는 일이 있는데, 이는 후일 썩어서 누설의 원인이 되므로 바람직하지 못하다.
  ㈐ 관의 길이 산출법 : 배관 도면에서는 모든 치수가 관의 중심선을 기준으로 표시된다.

$$l = L - 2(A - a)$$

여기서, L : 배관의 중심선 길이
  l : 관의 실제 길이
  A : 이음쇠의 끝 단면에서 중심선까지의 길이
  a : 나사가 물리는 길이

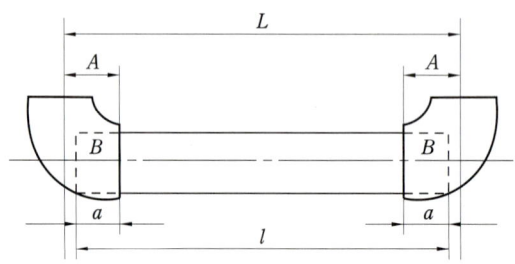

관의 실제 길이 산출

[핵심문제] 그림과 같이 관 규격 20 A로 이음 중심간의 길이를 300 mm로 할 때 직관길이 l은 얼마로 하면 좋은가? (단, 20 A의 90° 엘보는 중심선에서 단면까지의 거리가 32 mm이고, 나사가 물리는 최소 길이가 13 mm이다.)

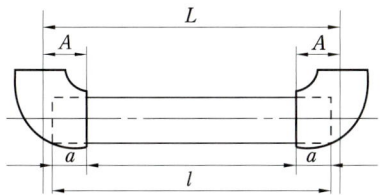

① 282 mm ② 272 mm ③ 262 mm ④ 252 mm

[해설] 배관의 중심선 길이를 L, 관의 실제 길이를 l, 부속의 끝 단면에서 중심선까지의 치수를 A, 나사가 물리는 길이를 a라 하면, $L = l + 2(A - a)$
∴ 실제 절단 길이 $l = L - 2(A - a)$ 식에 대입하여 풀면
$l = 300 - 2(32 - 13) = 262$ mm

답 ③

[핵심문제] 호칭지름 15 A인 강관으로 양쪽에 90° 엘보와 45° 엘보를 사용, 중심선 길이를 200 mm로 조립하고자 할 때 관의 실제 소요 길이는? (단, 나사의 물림 길이는 11 mm이다.)

① 152 mm ② 164 mm ③ 174 mm ④ 200 mm

[해설] 90° 엘보쪽에서의 여유 부분 치수는 27−11=16 mm
45° 엘보쪽에서의 여유 부분 치수는 21−11=10 mm
∴ $l = 200 - (16 + 10) = 174$ mm

부속명 호칭(A)	중심거리(A)		수나사 유효 나사부	최소 물림 길이(a)
	엘보·티	45° 엘보		
15	27	21	15	11
20	32	25	17	13
25	38	29	19	15
32	46	34	22	17
40	48	37	22	18
50	57	42	26	20

답 ③

② 용접 접합

㈎ 접합 방법의 종류 : 가스 용접에 의한 방법과 전기 용접에 의한 방법이 있다. 용접 가공 방법에 따라 맞대기 이음과 슬리브 이음이 있는데, 슬리브 이음은 누수의 염려도 없고 관경의 변화도 없다. 슬리브의 길이는 관지름의 1.2~1.7배로 하는 것이 좋다.

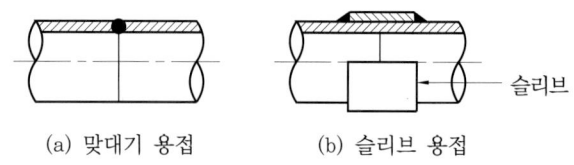

(a) 맞대기 용접   (b) 슬리브 용접

용접 가공 방법

(나) 용접 접합의 이점
   ㉮ 유체의 저항 손실이 적다.
   ㉯ 접합부의 강도가 강하며 누수의 염려도 없다.
   ㉰ 보온 피복 시공이 용이하다.
   ㉱ 중량이 가볍다.
   ㉲ 시설의 유지 보수비가 절감된다.

[핵심문제] 다음은 강관 용접 접합의 특성을 설명한 것이다. 틀린 것은?
① 관내 유체의 저항 손실이 적다.
② 접합부의 강도가 강하며 누수의 염려도 없다.
③ 중량이 가볍다.
④ 보온 피복 시공이 어렵다.   답 ④

[핵심문제] 다음 중 강관의 용접 접합법으로 적합하지 않은 것은?
① 맞대기 용접   ② 슬리브 용접
③ 플랜지 용접   ④ 플라스턴 용접
[해설] 플라스턴 용접 : 플라스턴(주석 40%+납 60%)을 녹여 접합하는 방식으로 연관 접합에 사용된다.   답 ④

---

③ 플랜지 접합
   ㈎ 접합 방법 및 용도 : 관 끝에 용접 이음 또는 나사 이음을 하고, 양 플랜지 사이에 패킹을 넣어 볼트 및 너트로 연결시키는 접합법이다. 배관 중간이나 밸브, 펌프, 열교환기, 각종 기기의 접속 및 기타 보수, 점검을 위하여 관의 해체, 교환을 필요로 하는 곳에 많이 사용된다.
   ㈏ 접합 작업 시 주의 사항
      ㉮ 작업하기 쉬운 위치를 선택한다.
      ㉯ 플랜지의 볼트 및 너트를 조일 때에는 균일하게 대칭으로 조인다.
      ㉰ 볼트의 길이는 완전히 조인 후, 나사산이 1~2산 정도 남도록 해주는 것이 좋다.

㉣ 플랜지를 관 끝에 부착시킬 때에는 플랜지용 직각자를 사용하여 각도를 조정해 준다.
㉤ 지름이 큰 직관은 공장에서 접합하고, 곡관 부분은 보통 현장에서 접합한다.

[핵심문제] 플랜지 이음에 대한 설명 중 틀린 것은?
① 플랜지 접촉면에는 기밀을 유지하기 위해 패킹을 사용한다.
② 플랜지 이음은 영구적인 이음이다.
③ 일반적으로 관지름이 큰 경우와 압력이 많이 걸리는 경우에 사용한다.
④ 패킹 양면에 그리스 같은 기름을 발라두면 분해 시 편리하다.   답 ②

---

④ 강관 굽힘(벤딩 가공)
  ㈎ 굽힘 방법의 분류

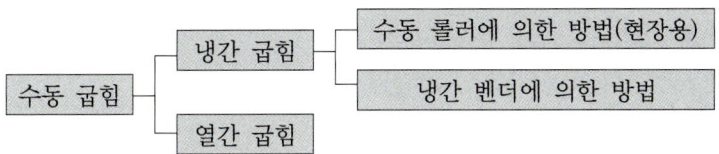

> 참고
> **열간 굽힘** : 800~900℃까지 가열하여 굽힌다. (관을 바이스에 물릴 때는 용접선이 중간에 놓이도록 한다.)

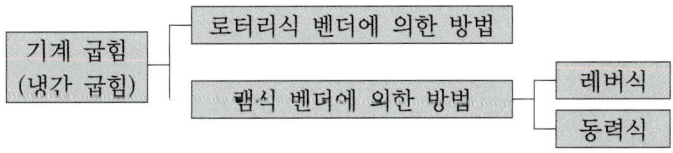

> 참고
> 로터리식 벤더에 의한 방법은 기계 굽힘 시 모래 충전이 불필요하고, 동일 치수의 것을 L형, U형 등으로 다량 생산하는 데 이용되며, 램식 벤더는 일반적으로 유압 작동식으로 현장에서 많이 이용된다.

  ㈏ 굽힘 작업의 이점
    ㉮ 연결용 이음쇠가 불필요하다(재료비가 절약됨).
    ㉯ 접합 작업이 불필요해서 작업 공정이 줄어든다.
    ㉰ 관 부속에 의한 마찰 저항 손실이 적다.

로터리식 벤더에 의한 굽힘의 결함과 원인

결 함	원 인
관이 미끄러진다.	• 관의 고정이 잘못되었다. • 관 고정용 클램프나 관에 기름이 묻었다. • 압력 조정이 너무 빡빡하다.
주름이 발생한다.	• 관이 미끄러진다. • 받침쇠가 너무 들어갔다. • 굽힘형의 홈이 관지름보다 크거나 작다. • 바깥지름에 비해 두께가 얇다. • 굽힘형이 주축에서 빗나가 있다.
관의 파손	• 압력 조정이 세고 저항이 크다. • 받침쇠가 너무 나와 있다. • 굽힘 반지름이 너무 작다. • 재료에 결함이 있다.
관이 타원형으로 된다.	• 받침쇠가 너무 들어가 있다. • 받침쇠와 관 안지름의 간격이 크다. • 받침쇠의 모양이 나쁘다. • 재질이 무르고 두께가 얇다.

[핵심문제] 관의 벤딩 시 이점을 설명한 것 중 가장 관계가 적은 것은?

① 미관상 좋다.
② 접합 작업의 불필요
③ 관내 유체의 마찰 저항 감소
④ 연결 부속의 불필요   답 ①

[핵심문제] 다음 강관의 기계 벤딩 방법에 관한 설명 중 잘못된 것은?

① 모래 충전이 불필요하다.
② 기계 구조상 재굽힘이 되지 않으므로 너무 굽히지 않는다.
③ 모형으로부터 분리하면 스프링백하므로 그 부분을 조금 더 굽힘한다.
④ 램식 파이프 벤더는 150 A 강관 벤딩도 가능하므로 그 이하이면 무리가 없다.

[해설] 기계적 벤딩
  • 램식에 의한 방법 : 모래나 심봉 없이 상온에서 굽힘한다. 현장용으로 수동식은 50 A, 동력식은 100 A까지 상온에서 구부릴 수 있다.
  • 로터리식에 의한 방법 : 모래 충전 없이 관에 심봉을 넣어 구부리는 것으로 대량 생산에 이용되며 상온에서 어느 관이라도 굽힘한다.   답 ④

[핵심문제] 파이프 벤더에 의한 굽힘 작업 시 관에 주름이 생기는 원인으로 가장 적당한 것은?
① 받침쇠가 너무 나와 있다.
② 굽힘 반지름이 너무 작다.
③ 재료에 결함이 있다.
④ 바깥지름에 비하여 두께가 얇다.   답 ④

⑤ 대각선(빗변) 관의 길이 산출
  피타고라스 정리에 의해 빗변의 중심 길이는 다음과 같다.

$$L^2 = l_1^2 + l_2^2$$

$$\therefore L = \sqrt{l_1^2 + l_2^2}$$

그리고 $l_1 = l_2 = l$ 이면 $L = l\sqrt{2}$

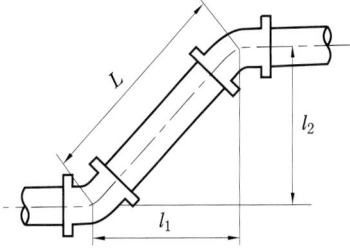

빗변 길이 계산

[핵심문제] 호칭지름 20 A인 강관을 2개의 45° 엘보를 사용해서 그림과 같이 연결하고자 한다. 밑변과 높이가 똑같이 150 mm라면 빗변 연결 부분의 관 실제 소요 길이는 얼마인가? (단, 물림 나사부의 길이는 13 mm로 한다.)

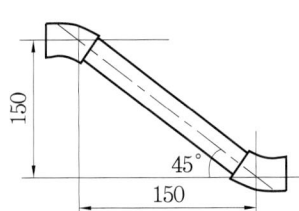

① 178 mm   ② 180 mm   ③ 188 mm   ④ 212 mm

[해설] 피타고라스 정리에 의해 빗변의 중심 길이 $L = 150\sqrt{2} ≒ 212$ mm, 20 A 강관 45° 엘보의 A의 길이는 25 mm이므로 $l = L - 2(A - a)$의 식에 대입하여 풀면
$l = 212 - 2(25 - 13) = 188$ mm   답 ③

⑥ 굽힘 길이(L) 산출

$$L = 2\pi r \times \frac{\theta}{360}$$

여기서, π(파이) : 근사값 3.14로 한다.
   θ(세타각) : 곡선의 벌어진 정도를 나타냄
   원둘레(원주) : $2 \times \pi \times$ 원의 반지름(r)

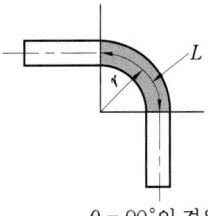

$\theta = 90°$인 경우

[핵심문제] 호칭지름 15 A의 강관을 반지름(R) 80 mm로 90°의 각도로 구부릴 때 곡선의 길이는?

① 약 80 mm   ② 약 126 mm
③ 약 315 mm   ④ 약 160 mm

[해설] 곡선의 길이(굽힘 길이) $= 2 \times \pi \times 반지름 \times \dfrac{\theta}{360}$
$\fallingdotseq 2 \times 3.14 \times 80 \times \dfrac{90}{360} \fallingdotseq 125.6$ mm

답 ②

[핵심문제] 호칭지름 20 A의 강관을 180°, 100 mm의 반지름으로 구부릴 때 곡선의 길이는?

① 약 280 mm   ② 약 158 mm
③ 약 315 mm   ④ 약 400 mm

[해설] 곡선의 길이(굽힘 길이) $= 2 \times \pi \times 반지름 \times \dfrac{\theta}{360}$
$\fallingdotseq 2 \times 3.14 \times 100 \times \dfrac{180}{360} \fallingdotseq 314$ mm

답 ③

4 배관지지장치(배관지지쇠) 중요

- 배관지지장치의 종류

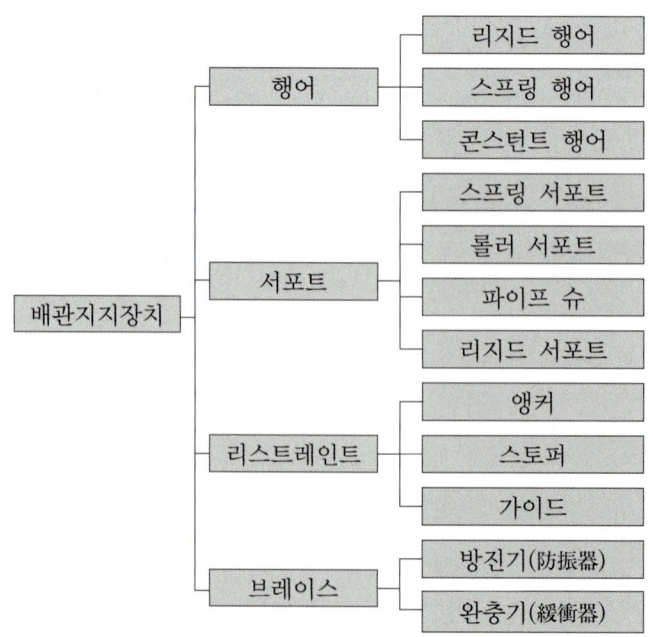

(1) 행어(hanger)

행어는 배관계에 걸리는 하중을 위에서 걸어당김으로써 지지하는 지지쇠로서 다음과 같은 종류가 있다.

① 콘스턴트 행어(constant hanger)
  (가) 지정된 이동거리 범위 내에서 배관의 상하 이동에 대하여 항상 일정한 하중으로 배관을 지지한다.
  (나) 스프링을 이용한 스프링식과 추를 이용한 중추식이 있다.

② 리지드 행어(rigid hanger)
  (가) I 빔에 턴 버클(turn buckle)을 연결하여 관을 걸어당겨 지지하는 행어로서 수직 방향에 변위(變位)가 없는 곳에 사용된다.
  (나) 턴 버클이란 지지봉, 지지용 로프 등을 조이거나 늦출 때 편리하게 사용되는 지지 부품으로서 양 끝에 오른나사 및 왼나사가 깎여 있는 구조로 되어 있다.

③ 스프링 행어(spring hanger) : 관의 수직 이동에 대해 지지하중이 변화하는 행어로서 현장에서 사용되는 대부분의 것은 적당한 길이로 압축된 상태의 코일 스프링이 내장되어 있다. 이음부에 로크핀이 있으며, 하중 조정을 턴 버클로 행한다.

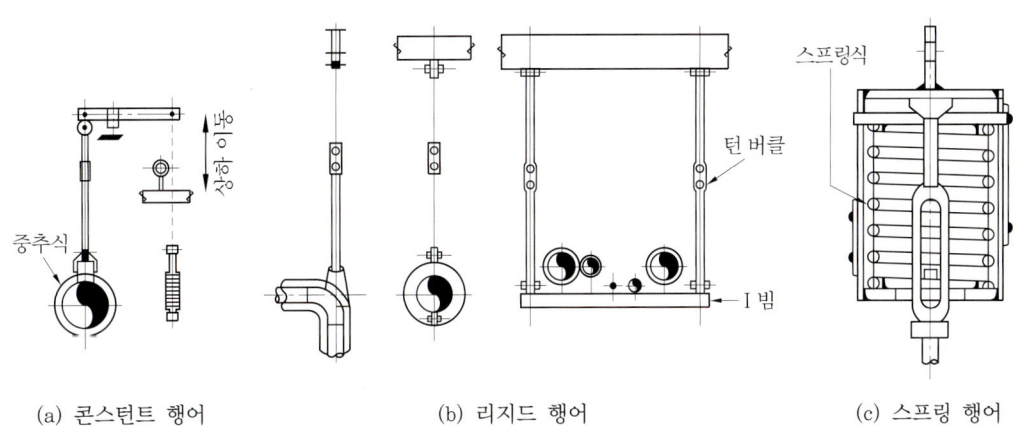

(a) 콘스턴트 행어   (b) 리지드 행어   (c) 스프링 행어

행어의 종류

핵심문제 행어는 배관의 중량을 지지하는 목적으로 사용된다. 다음 중 행어의 종류에 속하지 않는 것은?
① 리지드 행어   ② 스프링 행어
③ 콘스턴트 행어   ④ 서포트 행어   답 ④

> [핵심문제] 다음 중 서포트의 종류가 아닌 것은?
> ① 파이프 슈   ② 리지드 서포트
> ③ 롤러 서포트   ④ 콘스턴트 서포트   답 ④
>
> [핵심문제] 배관계의 중량을 천장이나 기타 위에서 매다는 방법으로 하는 배관지지장치는?
> ① 서포트   ② 행어   ③ 브레이스   ④ 앵커   답 ②
>
> [핵심문제] 콘스턴트 행어의 형식에는 두 가지가 있다. 바로 짝지은 것은?
> ① 스프링식과 중추식   ② 리지드식과 콘스턴트식
> ③ 변형식과 불변형식   ④ 중량식과 경량식   답 ①

(2) 서포트(support)

배관에 걸리는 하중을 아래에서 위로 떠받쳐 지지하는 것을 말하며, 다음과 같은 종류가 있다.

① 스프링 서포트(spring support) : 스프링의 작용으로 상하 이동이 자유롭고 배관에 걸리는 하중 변화에 따라 완충 작용을 해준다.

② 롤러 서포트(roller support) : 롤러가 관을 받침으로써 지지 목적을 달성하는 것으로 배관의 축방향 이동을 자유롭게 하기 위해 이용된다.

③ 파이프 슈(pipe shoe) : 배관의 굽힘부 또는 수평부에 관으로 영구히 고정시킴으로써 배관의 이동을 구속한다.

④ 리지드 서포트(rigid support) : 강성이 큰 빔 등으로 만든 배관지지쇠로서 정유공장 등 산업 설비 배관의 파이프 랙(pipe rack)으로 많이 이용된다.

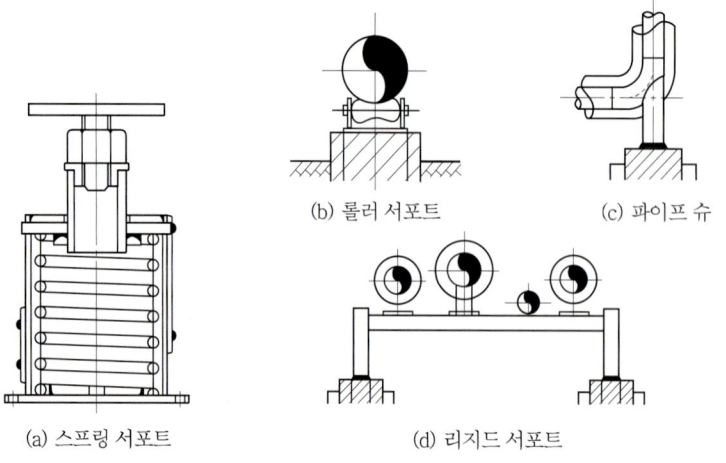

(a) 스프링 서포트   (b) 롤러 서포트   (c) 파이프 슈   (d) 리지드 서포트

서포트의 종류

> [핵심문제] 다음 중 서포트의 종류가 아닌 것은?
> ① 스프링 서포트 ② 롤러 서포트
> ③ 파이프 슈 ④ 앵커
> 답 ④

> [핵심문제] 배관에 걸리는 하중을 아래에서 위로 떠받쳐 지지하는 지지쇠는 어느 것인가?
> ① 행어 ② 서포트
> ③ 리스트레인트 ④ 브레이스
> 답 ②

> [핵심문제] 서포트의 종류별 설명 중 잘못 서술된 것은?
> ① 스프링 서포트는 스프링에 의한 완충 작용을 한다.
> ② 롤러 서포트는 배관의 축방향 이동을 자유롭게 해준다.
> ③ 배관의 굽힘부 및 수평부에 관을 영구히 고정시켜 배관 이동을 구속하는 서포트가 콘스턴트 서포트이다.
> ④ 리지드식 서포트는 각종 산업 설비 배관의 파이프 랙으로 많이 사용된다.
> 답 ③

(3) 리스트레인트(restraint)

열팽창 등으로 인한 신축에 의해 발생되는 좌우, 상하 이동을 구속하고 제한하며 앵커, 스토퍼, 가이드 등이 있다.

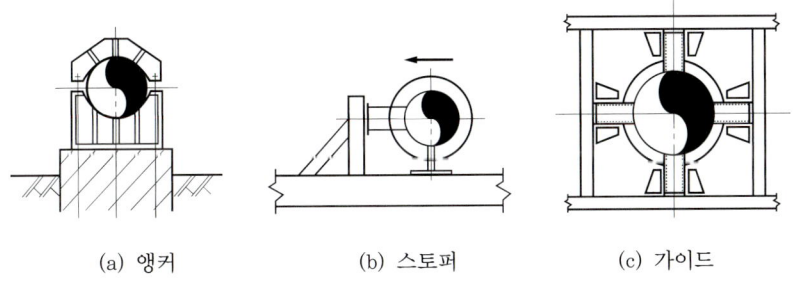

(a) 앵커   (b) 스토퍼   (c) 가이드

리스트레인트의 종류

① 앵커(anchor)
  ㈎ 일종의 리지드 서포트라고도 할 수 있는 지지쇠로 이동 및 회전을 방지하기 위해 지지점 위치에 완전히 고정한다.
  ㈏ 시공 시 열팽창, 신축에 의한 진동 등이 다른 부분에 영향을 미치치 않도록 배관을 분리 설치하여 고정해 준다.

② 스토퍼(stopper)
　㈎ 배관의 일정한 방향의 이동과 회전만 구속하고 나머지 방향은 자유롭게 이동할 수 있는 구조로 되어 있다.
　㈏ 배관 기기의 노즐 보호를 위해 안전밸브에서 분출되는 유체의 추력(推力)을 받는 곳, 신축 조인트 및 내압에 의해서 발생되는 축방향 힘을 받는 곳에 사용된다.
③ 가이드(guide)
　㈎ 파이프 랙 위의 배관의 곡관부와 신축 이음 부분에 설치한다.
　㈏ 관의 회전을 제한하기 위해 사용된다.
　㈐ 배관 라인의 축방향 이동을 허용하는 안내 역할을 하며, 축과 직각 방향의 이동을 구속한다.

[핵심문제] 열팽창에 의한 배관의 이동을 구속 또는 제한하는 역할을 하는 리스트레인트 지지 장치의 종류 중 맞지 않는 것은?
① 앵커　　　　　　　　　② 스토퍼
③ 파이프 슈　　　　　　　④ 가이드　　　　　　　　답 ③

[핵심문제] 열팽창에 의한 배관의 이동을 구속 또는 제한하는 역할을 하는 리스트레인트의 종류 중 배관의 일정한 이동과 회전만 구속하는 것은?
① 스토퍼　　　　　　　　② 앵커
③ 행어　　　　　　　　　④ 가이드　　　　　　　　답 ①

[핵심문제] 다음 배관 지지물 중 열팽창에 의한 배관의 이동을 구속 또는 제한하는 역할을 하는 것은?
① 서포트　　　　　　　　② 행어
③ 리스트레인트　　　　　④ 브레이스　　　　　　　답 ③

---

(4) 브레이스(brace)

배관 라인에 설치된 각종 펌프류, 압축기 등에서 발생되는 진동, 밸브류 등의 급속 개폐에 따른 수격 작용, 충격 및 지진 등에 의한 진동 현상을 제한하는 지지대(버팀대)이다.

배관계의 진동을 방지하거나 감쇠시키는 데 사용되는 방진기와 지진, 수격 작용, 안전밸브의 충격을 완화하기 위해 쓰이는 완충기가 있다. 방진기나 완충기는 그 구조에 따라 스프링식과 유압식이 있다.

> [핵심문제] 펌프, 압축기 등이 설치되어 있는 배관계에 진동을 억제하기 위해 지지구를 장치할 경우 가장 알맞은 지지구는?
> ① 콘스턴트 서포트 ② 브레이스
> ③ 행어 ④ 턴버클
> 답 ②

5 배관 보온 단열재

(1) 보온재의 구비 조건

① 보온 능력이 크고 열전도율이 작아야 한다.
② 장시간 사용온도에 견딜 수 있어야 하며 내구성이 커야 한다.
③ 배관계의 진동, 신축 등으로 인해 파손되지 않도록 기계적 강도를 지녀야 한다.
④ 보온재 자체의 비중이 작아야 한다.
⑤ 시공이 용이하고 확실하게 사용할 수 있어야 한다.
⑥ 흡습·흡수성이 없어야 한다(내흡습성·내흡수성).

> [핵심문제] 배관의 보온 재료로서 구비해야 할 조건 중 맞지 않는 것은?
> ① 다공질일 것 ② 흡수성이 작을 것
> ③ 열전도율이 양호할 것 ④ 부식성이 없을 것
> [해설] 열전도율은 비중이 작을수록, 온도차가 작을수록, 기공층이 많을수록, 두께가 두꺼울수록 작아진다.
> 답 ③

(2) 보온재의 종류 (재질에 따른 분류)

① 유기질 보온재 : 높은 온도에 견딜 수 없으므로 증기설비 보온재로는 사용하지 않고 주로 보랭재로 이용된다.
  (가) 코르크(cork) : 안전 사용온도 130℃ 이하
  (나) 텍스류 : 톱밥, 목재, 펄프를 주원료로 해서 압축판 모양으로 만든 단열재이며, 안전 사용온도는 120℃ 정도이다.
  (다) 펠트(felt)류 : 양모, 우모를 이용하여 펠트상으로 제작한 것으로 곡면 등에도 시공이 가능하며 안전 사용온도는 100℃ 이하이다.
  (라) 기포성 수지 : 일명 스펀지라고 하는 합성수지 또는 고무질 재료를 사용하여 다공질 제품으로 만든 폼(foam)류 단열재이며 안전 사용온도는 80℃ 이하이다.

> [핵심문제] 유기질 보온재의 특성 중 옳지 않은 것은?
> ① 안전 사용온도 범위가 일반적으로 150℃ 이하이다.
> ② 주로 보랭재로 사용된다.
> ③ 재질 자체가 독립기포로 된 다공성이다.
> ④ 열전도율이 무기질 보온재보다 크다.
> [해설] 열전도율이 무기질 보온재보다 작다.   답 ④
>
> [핵심문제] 다음 중 유기질 보온재가 아닌 것은?
> ① 펠트   ② 코르크
> ③ 규조토   ④ 기포성 수지   답 ③
>
> [핵심문제] 기포성 수지에 대한 설명 중 맞지 않는 것은?
> ① 열전도율이 극히 작다.   ② 가볍고 흡수성이 작다.
> ③ 부드럽고 거의 불연성이다. ④ 열전도율이 극히 크다.
> [해설] 기포성 수지는 열전도율이 매우 낮아 보랭재로 사용된다.   답 ④

② 무기질 보온재 : 보통 높은 온도에서도 견딜 수 있어서 배관 라인 또는 기기 등에 쓰이는 보온재로 많이 쓰인다.
  ㈎ 석면(asbestos) 보온재 : 안전 사용온도 400℃ 이하
  ㈏ 암면(rock wool) 보온재 : 안산암, 현무암 등에 석회석을 섞어 용융하여 섬유 모양으로 만든 것으로 띠 모양, 판 모양, 원통형으로 가공되며 안전 사용온도는 400℃ 이하이다.
  ㈐ 규조토 보온재 : 규조토의 건조 분말에 석면 또는 삼여물 등을 혼합하여 물반죽을 해서 시공하는 단열재이며 안전 사용온도는 500℃ 이하이다.
  ㈑ 탄산마그네슘 보온재 : 염기성의 탄산마그네슘(85%)에 석면(15% 정도)을 혼합한 것으로 물반죽을 하여 사용되며 안전 사용온도는 250℃ 이하이다.
  ㈒ 유리면(glass wool) 보온재 : 유리를 용융하여 섬유화한 보온재로 통상 글라스울이라고 부르며 안전 사용온도는 300℃ 이하이다.
  ㈓ 규산칼슘 보온재 : 규산질, 석회질 재료와 암면 등을 혼합하여 열을 받아 반응시킴으로써 만들어진 결정체 보온재이며 안전 사용온도는 650℃ 정도이다.
  ㈔ 펄라이트(pearlite) 보온재(팽창질석) : 흑요석, 진주암 등을 1000℃ 정도로 가열하여 체적을 8~20배 정도로 팽창시켜 다공질로 만든 것이며, 안전 사용온도는 650℃ 이하이다.

(아) 실리카 파이버 및 세라믹 파이버 : 실리카 파이버는 규산칼슘계 광물을 수열 반응시켜 고온용 결정 구조를 갖게 하여 보강 성형한 것이며, 세라믹 파이버는 고순도의 실리카 알루미나를 2000℃의 고온에서 용융, 섬유화한 초고온용 내화 단열재이다. 안전 사용온도는 실리카 파이버 : 1100℃, 세라믹 파이버 : 1300℃ 이다.

③ 금속질 보온재 : 금속 특유의 복사열에 대한 반사 특성을 이용한 것으로 가장 대표적인 것은 알루미늄박이며, 알루미늄박은 판(板) 또는 박(泊)을 사용하여 공기층을 중첩시킨 것이다.

[핵심문제] 다음 중 무기질 보온재는 어느 것인가?

① 기포성 수지   ② 석면
③ 코르크   ④ 펠트

답 ②

[핵심문제] 다음 보온재 중 고온에서 사용할 수 없는 것은?

① 석면   ② 규조토
③ 탄산마그네슘   ④ 스티로폼

[해설] 석면(400℃ 이하), 규조토(500℃ 이하), 탄산마그네슘(250℃ 이하)이 배관 보온재로 쓰이고 있으나 스티로폼(70℃ 이하)은 열에 몹시 약해 고온에서는 사용할 수 없다.

답 ④

[핵심문제] 안전 사용온도가 가장 높은 보온재는?

① 세라믹 파이버   ② 글라스울
③ 플라스틱 폼   ④ 규산칼슘

[해설] 세라믹 파이버는 융점이 높고 내약품성이 우수하며 안전 사용온도는 1300℃ 이상이다.

답 ①

[핵심문제] 초고온용 내화 단열재로 사용되는 실리카 파이버 및 세라믹 파이버에 관한 설명 중 틀린 것은?

① 실리카 파이버의 안전 사용온도는 1300℃이며, 세라믹 파이버의 안전 사용온도는 1100℃이다.
② 고온에서 타 내화재보다 열전도율이 낮다.
③ 가볍고 유연성이 크다.
④ 강도가 강해 시공상 유리하다.

답 ①

6 패킹(packing)

패킹은 배관 라인의 각종 접합부로부터의 누설을 방지하기 위해 사용되는 것으로 개스킷이라고도 한다.

(1) 플랜지 패킹

① 고무 패킹 : 천연고무, 네오프렌(합성고무)
② 석면 조인트 패킹
③ 합성수지 패킹(테플론 패킹)
④ 오일 실 패킹(oil seal packing)
⑤ 금속 패킹

(2) 나사용 패킹

① 페인트 : 광명단을 섞어 사용하며, 고온의 기름 배관을 제외한 모든 배관에 사용된다.
② 일산화연 : 페인트에 소량 타서 사용하며 냉매 배관용으로 많이 사용된다.
③ 액상 합성수지
  ㈎ 화학약품에 강하며 내유성이 크다.
  ㈏ -30~130℃의 내열범위를 지니고 있다.
  ㈐ 증기, 기름, 약품 수송 배관에 많이 쓰인다.

[핵심문제] **나사용 패킹의 종류가 아닌 것은?**
① 페인트　　　　　　　② 석면 조인트 패킹
③ 일산화연　　　　　　④ 액상 합성수지　　　　　답 ②

---

(3) 글랜드 패킹

밸브나 펌프 등의 핸들 또는 레버와 몸체 사이의 회전 부분에 사용되며, 누설을 방지하기 위해 끼워 주는 패킹으로 종류는 다음과 같다.

① 석면 각형 패킹 : 내열성, 내산성이 좋아 대형의 밸브 글랜드용으로 쓰인다.
② 석면 얀 패킹 : 소형 밸브, 수면계의 콕, 기타 소형 글랜드용으로 사용된다.
③ 아마존 패킹 : 면포와 내열 고무 콤파운드를 가공 성형한 것으로 압축기의 글랜드용에 쓰인다.
④ 몰드 패킹 : 석면, 흑연, 수지 등을 배합 성형한 것으로 밸브, 펌프 등의 글랜드용에 쓰인다.

> **핵심문제** 밸브, 펌프 기타의 글랜드에 사용되지 않는 패킹은?
> ① 오일 시트 패킹　　　② 석면 각형 패킹
> ② 아마존 패킹　　　　 ④ 몰드 패킹
>
> 답 ①

7 방청용 도료(paint)

① 광명단 도료　　　　　② 합성수지 도료
③ 산화철 도료　　　　　④ 알루미늄 도료(은분)
⑤ 타르 및 아스팔트　　　⑥ 고농도 아연 도료

> **참고**
> 합성수지 도료는 증기관, 보일러, 압축기 등의 도장용으로 쓰인다.

8-3 배관 도시

(1) 배관도의 종류

① 평면 배관도 : 배관장치를 위에서 아래로 내려다보며 그린 그림
② 입면 배관도 : 배관장치를 측면에서 본 그림
③ 입체 배관도 : 입체적 형상을 평면에 나타낸 그림
④ 부분 조립도 : 배관 일부를 인출하여 그린 그림

> **핵심문제** 배관을 측면에서 보고 그린 도면은?
> ① 계통도　　　　　② 배치도
> ③ 공정도　　　　　④ 입면도
>
> 답 ④

(2) 치수 기입법

① 치수 표시 : 치수는 mm 단위로 표시하되 치수선에는 숫자만 기입한다.
② 높이 표시 **중요**
　㈎ EL(elevation line) : 배관의 높이를 표시할 때 기준선에 의해 높이를 표시하는 법
　㈏ BOP(bottom of pipe) : 지름이 다른 관의 높이를 나타낼 때 적용되며, 관 바깥지

름의 아랫면까지를 기준으로 한다.

㈐ TOP(top of pipe) : BOP와 같은 목적으로 이용되나 관 윗면을 기준으로 하여 표시한다.

> [참고]
> EL- 600 BOP : 관의 밑면이 기준면보다 600 낮은 장소에 위치한다.
> EL- 400 TOP : 관의 윗면이 기준면보다 400 낮은 장소에 위치한다.

㈑ FL(floor line) : 1층의 바닥면을 기준으로 하여 높이를 표시한다.

[핵심문제] 다음 중 기준면에서 수평 배관의 관의 밑면까지의 높이 350 mm를 표시한 것은?
① EL+350 BOP
② EL-350 TOP
③ EL+350
④ 350 TOP
[답] ①

[핵심문제] 다음은 배관 도면상의 치수 표시법에 관한 설명이다. 잘못된 것은?
① 관은 일반적으로 한 개의 선으로 그린다.
② 치수는 mm를 단위로 하여 표시한다.
③ 배관 높이를 관의 중심을 기준으로 하여 표시할 때는 GL로 나타낸다.
④ 지름이 서로 다른 관의 높이를 표시할 때 관 바깥지름의 아랫면까지를 기준으로 하여 표시하는 EL법을 BOP라 한다.
[해설] 배관 높이를 관의 중심을 기준으로 표시할 때는 EL로 나타낸다.
[답] ③

[핵심문제] 포장된 지표면을 기준으로 나타내는 도시 기호는?
① EL
② GL
③ FL
④ BOP
[답] ②

[핵심문제] 다음 중 관의 윗면을 기준으로 나타내는 것은?
① SOP
② FL
③ TOP
④ GL
[답] ③

---

(3) 배관 도면 도시법
① 관의 도시법 : 하나의 실선으로 표시하며 동일 도면에서 다른 관을 표시할 때는 같은 굵기로 나타낸다.
② 유체의 종류·상태·목적 표시 기호 : 다음 표에 나타낸 대로 문자로 나타내되 관을 표시하는 선 위에 표시하거나 인출선에 의해 도시한다.

유체의 종류에 따른 문자의 기호 중요

유체의 종류	공기	가스	유류	수증기	물
문자 기호	A	G	O	S	W

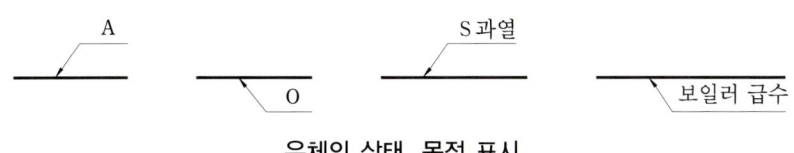

유체의 상태, 목적 표시

③ 유체의 유동 방향 : 유체의 유동 방향을 표시할 때에는 화살표로 나타낸다.

유체의 유동 방향

④ 관의 굵기와 종류 : 관의 굵기와 종류를 표시할 때는 관을 표시하는 선 위에 표시하는 것을 원칙으로 한다. 관의 굵기 및 종류를 동시에 표시하는 경우에는 관의 굵기를 표시하는 문자 다음에 관의 종류를 표시하는 문자 또는 기호를 기입한다. 다만 복잡한 도면에서 오해를 초래할 염려가 있는 경우에는 지시선을 써서 표시해도 좋다. 또한 관 이음쇠의 굵기 및 종류도 표시선에 따라서 주기의 방법으로 표시한다.

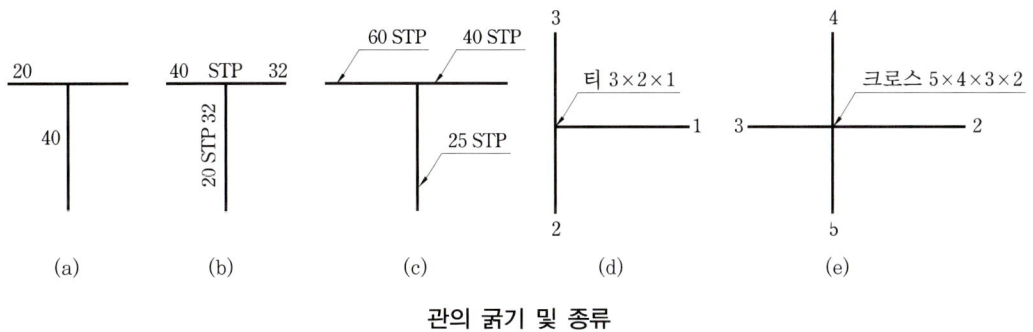

관의 굵기 및 종류

[핵심문제] 다음 그림은 배관도이다. 도면에 있는 숫자는 무엇을 나타내는가?
① 파이프 재질번호
② 파이프 길이
③ 파이프 굵기
④ 파이프 두께

답 ③

[핵심문제] 파이프 속을 흐르는 유체가 가스임을 나타내는 기호는?
① ─── A ───◉   ② ─── O ───◉
③ ─── G ───◉   ④ ─── S ───◉   답 ③

[핵심문제] 유체 문자 기호의 의미가 틀린 것은?
① 공기 – A   ② 가스 – G
③ 유류 – O   ④ 물 – S   답 ④

⑤ 관 연결 방법 도시 기호

이음 종류	연결 방법	도시 기호	예
관이음	나사형	─┼─	
	용접형	─✕─	
	플랜지형	─╫─	
	턱걸이형	─⊂─	
	납땜형	─○─	
	유니언형	─╫╫─	
신축 이음	루프형	Ω	
	슬리브형	─▭─	
	벨로스형	─⋈─	
	스위블형		
관의 접속 및 분기			
관이 접속하지 않을 때			

⑥ 관의 입체적 표시

관이 도면에 직각으로 앞쪽을 향해 구부러져 있을 때		
관이 앞쪽에서 도면 직각으로 구부러져 있을 때		
관 A가 앞쪽에서 도면 직각으로 구부러져 관 B에 접속할 때		

⑦ 밸브 및 계기의 표시

종 류	기 호	종 류	기 호
스톱밸브 (글로브, 옥형밸브)		일반 조작밸브	
게이트 밸브 (슬루스, 사절밸브)		전자밸브	
앵글밸브		전동밸브	
역지밸브(체크밸브)		토출밸브	
안전밸브(스프링식)		공기빼기밸브	
안전밸브(추식)		닫혀 있는 일반 밸브	
일반 콕		닫혀 있는 일반 콕	
삼방 콕		온도계·압력계	

[핵심문제] 다음의 KS 배관 도시 기호 중 관이 접속할 때를 나타낸 것은?

① ─●─   ② ─┼─
③ ─┬─   ④ ─┴─   [답] ①

[핵심문제] 다음 신축 조인트의 도면 기호 중 틀린 것은?

① 루프형: ⌒   ② 스위블형:
③ 슬리브형: ─◇─   ④ 벨로스형: ─〰〰─   [답] ③

[핵심문제] 다음 밸브에 관한 KS 도시 기호 중 유체의 역류를 방지하는 용도로 사용되는 밸브의 도시 기호는?

① ─▷◁─   ② ─▷◁─
③ ─▷│─   ④ ─▷◁─   [답] ③

[핵심문제] 배관 도시 기호 중 오는 엘보를 나사 이음으로 표시한 것은?

① ⊙─┼   ② ⊙─╫
③ ○─┼   ④ ⊙─●

[해설] ② : 오는 엘보 플랜지 이음   ③ : 가는 엘보 나사 이음
④ : 오는 엘보 용접 이음   [답] ①

[핵심문제] 관의 나사 이음 중 유니언의 도시 기호는?

① ─╂─   ② ─╫─
③ ─✕─   ④ ─○─   [답] ②

[핵심문제] 배관 도시 기호 중 추 안전밸브는?

① ─▷Ⓟ◁─   ② ─▷Ⓣ◁─
③ ─▷°◁─   ④ ─▷◁─   [답] ③

제 9 장

보일러 설치 시공 및 검사 기준

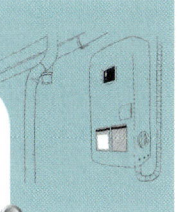

9-1 보일러 설치 시공 기준

1 설치 장소

(1) 옥내 설치

보일러를 옥내에 설치하는 경우에는 다음 조건을 만족시켜야 한다.

① 보일러는 불연성물질의 격벽으로 구분된 장소에 설치하여야 한다. 다만, 소용량 강철제 보일러, 소용량 주철제 보일러, 가스용 온수 보일러, 1종 관류 보일러(이하 "소형 보일러"라 한다)는 반격벽으로 구분된 장소에 설치할 수 있다.

② 보일러 동체 최상부로부터(보일러의 검사 및 취급에 지장이 없도록 작업대를 설치한 경우에는 작업대로부터) 천장, 배관 등 보일러 상부에 있는 구조물까지의 거리는 1.2 m 이상이어야 한다. 다만, 소형 보일러 및 주철제 보일러의 경우에는 0.6 m 이상으로 할 수 있다.

③ 보일러 동체에서 벽, 배관, 기타 보일러 측부에 있는 구조물(검사 및 청소에 지장이 없는 것은 제외)까지 거리는 0.45 m 이상이어야 한다. 다만, 소형 보일러는 0.3 m 이상으로 할 수 있다.

④ 보일러 및 보일러에 부설된 금속제의 굴뚝 또는 연도의 외측으로부터 0.3 m 이내에 있는 가연성 물체에 대하여는 금속 이외의 불연성 재료로 피복하여야 한다.

⑤ 연료를 저장할 때에는 보일러 외측으로부터 2 m 이상 거리를 두거나 방화격벽을 설치하여야 한다. 다만, 소형 보일러의 경우에는 1 m 이상 거리를 두거나 반격벽으로 할 수 있다.

⑥ 보일러에 설치된 계기들을 육안으로 관찰하는 데 지장이 없도록 충분한 조명시설이 있어야 한다.

⑦ 보일러실은 연소 및 환경을 유지하기에 충분한 급기구 및 환기구가 있어야 하며 급기구는 보일러 배기가스 덕트의 유효단면적 이상이어야 하고 도시가스를 사용하는 경우에는 환기구를 가능한 한 높이 설치하여 가스가 누설되었을 때 체류하지 않는 구조이어야 한다.

⑧ 보일러의 연도는 내식성의 재질을 사용하거나, 배가스 중 응축수의 체류를 방지하기 위하여 물 빼기가 가능한 구조이거나 장치를 설치하여야 한다.

[핵심문제] **보일러의 옥내 설치에 관한 기준을 잘못 열거한 것은?**

① 보일러 동체 최상부로부터 보일러 상부의 구조물까지 거리는 1.2 m 이상이어야 한다.
② 보일러의 연료탱크는 보일러 외측으로부터 5 m 이상 떨어져 있어야 한다.
③ 보일러에 부설된 굴뚝으로부터 0.3 m 이내에 있는 가연성 물체는 불연성 재료로 피복하여 준다.
④ 보일러실의 조명은 계기를 육안으로 관찰할 수 있어야 한다.

[해설] 연료탱크는 보일러 외측에서 2 m 이상 떨어져 있거나 방화격벽을 설치한다. 단, 소형일 경우에는 1 m 이상 떨어져 있거나 반격벽을 설치해도 된다. 답 ②

[핵심문제] **보일러를 옥내에 설치할 경우 보일러 동체 최상부로부터 천장, 배관 또는 그 밖의 보일러 동체 상부에 있는 구조물까지의 거리는 일반적으로 얼마 이상이어야 하는가?**

① 1.0 m ② 1.2 m
③ 1.5 m ④ 1.8 m

[해설] 소형 보일러일 경우는 0.6 m 이상이어야 한다. 답 ②

[핵심문제] **소용량 보일러를 설치할 때 연도 외측에 가연성 물체가 있는 경우 몇 m 이내에 불연성 재료로 피복해야 하는가?**

① 0.6 m ② 0.3 m
③ 0.15 m ④ 0.1 m

답 ②

---

(2) 옥외 설치

보일러를 옥외에 설치할 경우에는 다음 조건을 만족시켜야 한다.
① 보일러에 빗물이 스며들지 않도록 케이싱 등의 적절한 방지설비를 하여야 한다.
② 노출된 절연재 또는 래깅 등에는 방수처리(금속 커버 또는 페인트 포함)를 하여야 한다.
③ 보일러 외부에 있는 증기관 및 급수관 등이 얼지 않도록 적절한 보호조치를 하여야 한다.
④ 강제 통풍팬의 입구에는 빗물 방지 보호판을 설치하여야 한다.

> [핵심문제] 보일러 옥외 설치 시 내용 중 틀린 것은?
> ① 보일러에 빗물이 스며들지 않도록 방수처리 또는 적절한 설비를 해야 한다.
> ② 운전원을 위한 대피소를 설치하여야 한다.
> ③ 보일러 외부에 있는 증기관 및 수관들이 동계에 얼지 않도록 적절한 설비를 하여야 한다.
> ④ 강제 통풍팬의 입구에는 빗물 방지 보호판을 설치해야 한다.
> [해설] 빗물이 스며들지 않도록 풍우 방지 케이싱 또는 적절한 설비를 해야 하며, 노출된 절연재 또는 래깅에 방수처리(금속 커버 또는 페인트 포함)가 되어야 한다. 답 ②

(3) 보일러의 설치

보일러는 다음 조건을 만족시킬 수 있도록 설치하여야 한다.
① 기초가 약하여 내려앉거나 갈라지지 않아야 한다.
② 강 구조물은 빗물이나 증기에 의하여 부식이 되지 않도록 적절한 보호조치를 하여야 한다.
③ 수관식 보일러의 경우 전열면을 청소할 수 있는 구멍이 있어야 하며, 구멍의 크기 및 수는 강철제 보일러의 형식 승인 기준에 따른다. 다만, 전열면의 청소가 용이한 구조인 경우에는 예외로 한다.
④ 보일러에 설치된 폭발구의 위치가 보일러 기사의 작업 장소에서 2 m 이내에 있을 때에는 당해 보일러의 폭발가스를 안전한 방향으로 분산시키는 장치를 설치하여야 한다.
⑤ 보일러의 사용압력이 어떠한 경우에도 최고사용압력을 초과할 수 없도록 설치하여야 한다.
⑥ 보일러는 바닥 지지물에 반드시 고정되어야 한다. 소형 보일러의 경우는 앵커 등을 설치하여 가동 중 보일러의 움직임이 없도록 설치하여야 한다.

(4) 배관

보일러 실내의 각종 배관은 팽창과 수축을 흡수하여 누설이 없도록 하고, 가스용 보일러의 연료 배관은 다음에 따른다.
① 배관의 설치
　(가) 배관은 외부에 노출하여 시공하여야 한다. 다만, 동관, 스테인리스 강관, 기타 내식성 재료로서 이음매(용접 이음매를 제외한다) 없이 설치하는 경우에는 매몰하여 설치할 수 있다.

㈏ 배관의 이음부(용접 이음매를 제외한다)와 전기계량기 및 전기개폐기와의 거리는 60 cm 이상, 굴뚝(단열조치를 하지 아니한 경우에 한한다)·전기점멸기 및 전기접속기와의 거리는 30 cm 이상, 절연전선과의 거리는 10 cm 이상, 절연조치를 하지 아니한 전선과의 거리는 30 cm 이상의 거리를 유지하여야 한다.

[핵심문제] **가스용 보일러에서 유량계가 보일러실 안에 설치될 경우 구비 조건을 열거한 것 중 옳지 않은 것은?**
① 가스의 전체 사용량을 측정 가능한 유량계가 설치되었을 경우는 각각의 보일러마다 설치된 것으로 본다.
② 유량계는 화기와 2 m 이상의 우회거리를 유지하는 곳으로 수시로 환기 가능한 장소에 설치한다.
③ 유량계와 굴뚝·전기개폐기 및 전기콘센트와의 거리는 60 cm를 유지하도록 한다.
④ 유량계 앞에는 반드시 여과기를 설치한다.

[해설] 유량계는 전기계량기 및 전기안전기와의 거리를 60 cm 이상, 굴뚝·전기개폐기 및 전기콘센트와의 거리를 30 cm 이상, 전선과의 거리는 15 cm 이상 유지하도록 부착한다. 　답 ③

[핵심문제] **가스 보일러의 연료 배관에 관한 다음 사항 중 잘못된 것은?**
① 배관은 외부에 노출 시공하여야 한다.
② 내식성 재료의 배관도 반드시 외부에 노출 시공한다.
③ 배관과 굴뚝, 전기개폐기 및 전기콘센트와의 거리는 30 cm 이상으로 한다.
④ 배관과 전선과의 거리는 15 cm 이상 거리를 유지한다.

[해설] 내식성 재료의 배관은 매몰이 가능하다. 　답 ②

[핵심문제] **가스 보일러의 연료 배관은 전기계량기 및 전기안전기와 몇 cm 이상 떨어져 설치해야 하는가?**
① 15 cm　　② 30 cm
③ 45 cm　　④ 60 cm 　답 ④

---

② 배관의 고정 : 배관은 움직이지 아니하도록 고정 부착하는 조치를 하되 그 관지름이 13 mm 미만의 것에는 1 m마다, 13 mm 이상 33 mm 미만의 것에는 2 m마다, 33 mm 이상의 것에는 3 m마다 고정장치를 설치하여야 한다.

> [핵심문제] 가스 보일러 연료 배관의 관지름별 고정거리를 잘못 짝지은 것은?
> ① 13 mm 미만 : 1 m마다
> ② 13 mm 이상 ~ 33 mm 미만 : 2 m마다
> ③ 33 mm 이상 : 3 m마다
> ④ 40 mm 이상 : 4 m마다
>
> 답 ④

③ 배관의 접합
  ㈎ 배관을 나사 접합으로 하는 경우에는 KS B 0222(관용 테이퍼 나사)에 의하여야 한다.
  ㈏ 배관의 접합을 위한 이음쇠가 주조품인 경우에는 가단주철제이거나 주강제로서 KS 표시 허가 제품 또는 이와 동등 이상의 제품을 사용하여야 한다.

④ 배관의 표시
  ㈎ 배관은 그 외부에 사용가스명·최고사용압력 및 가스 흐름의 방향을 표시하여야 한다. 다만, 지하에 매설하는 배관의 경우에는 흐름 방향을 표시하지 아니할 수 있다.
  ㈏ 지상 배관은 부식 방지 도장 후 표면 색상을 황색으로 도색한다. 다만, 건축물의 내·외벽에 노출된 것으로서 바닥(2층 이상의 건물의 경우에는 각층의 바닥을 말한다)에서 1 m의 높이에 폭 3 cm의 황색띠를 2중으로 표시한 경우에는 표면 색상을 황색으로 하지 아니할 수 있다.

> [핵심문제] 가스 보일러 연료 배관 시공법을 옳게 설명한 것은?
> ① 배관의 외부에는 사용가스명, 최고사용압력 및 가스 흐름 방향을 표시한다.
> ② 배관의 나사 접합은 관용 평행 나사에 의한다.
> ③ 배관 이음쇠는 황동제나 플라스틱제로 한다.
> ④ 배관 표면 색상을 적색으로 한다.
>
> [해설] ② 배관의 나사 접합은 관용 테이퍼 나사에 의한다.
> ③ 배관 이음쇠는 가단주철제나 주강제로 한다.
> ④ 배관 표면 색상은 황색으로 한다.
>
> 답 ①

(5) 가스버너

가스용 보일러에 부착하는 가스버너는 액화석유가스의 안전관리 및 사업법 제21조의 규정에 의하여 검사를 받은 것이어야 한다.

2 급수장치

(1) 급수장치의 종류

① 급수장치를 필요로 하는 보일러에는 다음의 조건을 만족시키는 주펌프(인젝터를 포함한다. 이하 같다) 세트 및 보조펌프 세트를 갖춘 급수장치가 있어야 한다. 다만, 전열면적 12 m² 이하의 보일러, 전열면적 14 m² 이하의 가스용 온수 보일러 및 전열면적 100 m² 이하의 관류 보일러에는 보조펌프를 생략할 수 있다.

② 주펌프 세트는 동력으로 운전하는 급수펌프 또는 인젝터이어야 한다. 다만, 보일러의 최고사용압력이 0.25 MPa(2.5 kgf/cm²) 미만으로 화격자 면적이 0.6 m² 이하인 경우, 전열면적이 12m² 이하인 경우 상용압력 이상의 수압에서 급수할 수 있는 급수탱크 또는 수원을 급수장치로 하는 경우에는 예외로 할 수 있다.

③ 보일러 급수가 멎는 경우 즉시 연료(열)의 공급이 차단되지 않거나 과열될 염려가 있는 보일러에는 인젝터, 상용압력 이상의 수압에서 급수할 수 있는 급수탱크, 내연기관 또는 예비전원에 의해 운전할 수 있는 급수장치를 갖추어야 한다.

[핵심문제] 급수장치를 필요로 하는 보일러에는 주펌프 세트 및 보조펌프 세트를 갖춘 급수장치를 구비해야 하나 다음에 열거한 보일러는 보조펌프를 생략할 수 있다. 해당되지 않는 것은?

① 전열면적 12 m² 이하의 보일러
② 전열면적 14 m² 이하의 가스용 온수 보일러
③ 전열면적 100 m² 이하의 관류 보일러
④ 전열면적 150 m² 이하의 폐열 보일러

답 ④

[핵심문제] 보일러에 특별한 경우를 제외한 경우 급수장치는 몇 세트 이상 갖추어야 하는가?

① 1세트　　　　② 2세트
③ 3세트　　　　④ 4세트

[해설] 급수장치 보일러에는 주펌프 세트와 보조펌프 세트를 갖추어야 한다.

답 ②

---

(2) 2개 이상의 보일러에 대한 급수장치

1개의 급수장치로 2개 이상의 보일러에 물을 공급할 경우 위 (1)항의 규정은 이들 보일러를 1개의 보일러로 간주하여 적용한다.

(3) 급수밸브와 체크밸브

급수관에는 보일러에 인접하여 급수밸브와 체크밸브를 설치하여야 한다. 다만, 최고사용압력 0.1 MPa(1kgf/m²) 미만의 보일러에서는 체크밸브를 생략할 수 있으며, 급수가열기의 출구 또는 급수펌프의 출구에 스톱밸브 및 체크밸브가 있는 급수장치를 개별보일러마다 설치한 경우에는 급수밸브 및 체크밸브를 생략할 수 있다.

(4) 급수밸브의 크기

급수밸브 및 체크밸브의 크기는 전열면적 10 m² 이하의 보일러에서는 호칭 15 A 이상, 전열면적 10 m²를 초과하는 보일러에서는 호칭 20 A 이상이어야 한다.

[핵심문제] 다음 설명 중 옳은 것은?
① 최고사용압력 10 kgf/cm² 미만의 보일러에서는 체크밸브를 생략해도 좋다.
② 급수관에 급수밸브를 부착할 경우에는 급수가 밸브 몸체를 밀어 내리도록 부착하여야 한다.
③ 급수밸브의 크기는 전열면적 10 m² 이하의 보일러에서는 관의 호칭 15 A 이상의 것이어야 한다.
④ 급수밸브와 체크밸브의 기능을 겸하는 경우에는 체크밸브를 따로 설치하지 않아도 된다.   **답 ③**

---

(5) 급수 장소

복수를 공급하는 난방용 보일러를 제외하고 급수를 분출관으로부터 송입해서는 안 된다.

(6) 자동급수조절기

자동급수조절기를 설치할 때에는 필요에 따라 즉시 수동으로 변경할 수 있는 구조이어야 하며, 2개 이상의 보일러에 공통으로 사용하는 자동급수조절기를 설치하여서는 안 된다.

[핵심문제] 다음 설명 중 틀린 것은?
① 자동급수조절기를 설치할 때 필요에 따라 즉시 수동으로 변경할 수 있는 구조이어야 한다.
② 2대 이상의 보일러에 공통으로 사용하는 자동급수조절기를 설치해서는 안 된다.
③ 체크밸브의 크기는 전열면적 10 m²를 초과하는 보일러에서는 관의 호칭 15 A 이상이면 된다.
④ 압력방출장치의 분출용량은 강철제 보일러 형식 승인 기준에 따른다.   **답 ③**

(7) 급수처리 등

① 용량 1 t/h 이상의 증기 보일러에는 수질 관리를 위한 급수처리(이하 "수처리시설"이라 한다) 또는 스케일 부착 방지 및 제거를 위한(이하 "음향처리시설"이라 한다) 시설을 설치하여야 한다.

② ①의 수처리시설 및 음향처리시설은 국가공인시험 또는 검사기관의 성능결과를 에너지관리공단에 제출하여 인증받은 것에 한하며, 에너지관리공단은 인증 업무를 효과적으로 수행하기 위하여 내부 운영 규정을 수립할 수 있다.

3 안전밸브 및 압력방출장치

(1) 안전밸브의 개수

① 증기 보일러에는 2개 이상의 안전밸브를 설치하여야 한다. 다만, 전열면적 50 m² 이하의 증기 보일러에서는 1개 이상으로 한다.

② 관류 보일러에서 보일러와 압력방출장치와의 사이에 체크밸브를 설치할 경우 압력방출장치는 2개 이상이어야 한다.

(2) 안전밸브의 부착

① 안전밸브는 쉽게 검사할 수 있는 장소에 밸브축을 수직으로 하여 가능한 한 보일러의 동체에 직접 부착시켜야 하며, 안전밸브와 안전밸브가 부착된 보일러 동체 등의 사이에는 어떠한 차단밸브도 있어서는 안 된다.

② 안전밸브의 방출관은 단독으로 설치하되, 2개 이상의 방출관을 공동으로 설치하는 경우에 방출관의 크기는 각각의 방출관 분출용량의 합계 이상이어야 한다.

[핵심문제] **안전밸브에 관한 설명 중 틀린 것은?**

① 증기 보일러에는 2개 이상의 안전밸브를 설치한다.
② 안전밸브는 쉽게 검사할 수 있는 개소에 설치한다.
③ 보일러 몸체에 직접 부착하고 밸브축을 수직으로 한다.
④ 전열면적 50m² 이상의 증기 보일러에는 1개 이상의 안전밸브를 설치해야 한다.

답 ④

[핵심문제] **전열면적 50 m² 이하의 증기 보일러에는 몇 개 이상의 안전밸브를 부착해야 하는가?**

① 1개 이상   ② 2개 이상
③ 3개 이상   ④ 4개 이상

답 ①

(3) 안전밸브 및 압력방출장치의 크기

안전밸브 및 압력방출장치의 크기는 호칭지름 25 A 이상으로 하여야 한다. 다만, 다음 보일러에서는 호칭지름 20 A 이상으로 할 수 있다.

① 최고사용압력 0.1 MPa(1 kgf/cm^2) 이하의 보일러
② 최고사용압력 0.5 MPa(5 kgf/cm^2) 이하의 보일러로 동체의 안지름이 500 mm 이하이며 동체의 길이가 1000 mm 이하의 것
③ 최고사용압력 0.5 MPa(5 kgf/cm^2) 이하의 보일러로 전열면적 2 m^2 이하의 것
④ 최대증발량 5 t/h 이하의 관류 보일러
⑤ 소용량 강철제 보일러, 소용량 주철제 보일러

[핵심문제] 압력방출장치에 대한 설명 중 틀린 것은?
① 관류 보일러에서는 보일러와 압력방출장치와의 사이에 체크밸브를 설치할 경우 압력방출장치는 1개 이상이어야 한다.
② 압력방출장치의 크기는 호칭지름 25 A 이상으로 하여야 한다.
③ 압력방출장치는 보일러의 압력을 검출공기 유압 등의 힘으로 자동적으로 개폐하여 보일러 내의 유체를 대기 또는 저압용기로 방출하는 장치이다.
④ 소용량 보일러의 경우 압력방출관은 20 A 이상 크기로 할 수 있다.   **답** ①

[핵심문제] 호칭지름 20 A 이상으로 안전밸브 및 압력방출장치를 설치해도 되는 보일러를 열거한 것이다. 아닌 것은?
① 최고사용압력 1 kgf/cm^2 이하의 보일러
② 최고사용압력 5 kgf/cm^2 이하의 보일러로 동체의 안지름이 500 mm 이하, 동체의 길이가 1000 mm 이하인 것
③ 최고사용압력 5 kgf/cm^2 이하의 보일러로 전열면적 5 m^2 이하인 것
④ 최대증발량 5 t/h 이하의 관류 보일러   **답** ③

---

(4) 과열기 부착보일러의 안전밸브

① 과열기에는 그 출구에 1개 이상의 안전밸브가 있어야 하며, 그 분출용량은 과열기의 온도를 설계온도 이하로 유지하는 데 필요한 양(보일러의 최대증발량의 15%를 초과하는 경우에는 15%) 이상이어야 한다.
② 과열기에 부착되는 안전밸브의 분출용량 및 수는 보일러 동체의 안전밸브의 분출용량 및 수에 포함시킬 수 있다. 다만 관류 보일러의 경우에는 과열기 출구에 최대증발량에 상당하는 분출용량의 안전밸브를 설치할 수 있다.

(5) 재열기 또는 독립과열기의 안전밸브

재열기 또는 독립과열기에는 입구 및 출구에 각각 1개 이상의 안전밸브가 있어야 하며 그 분출용량의 합계는 최대통과증기량 이상이어야 한다. 다만, 보일러에 직결되어 보일러와 같은 최고사용압력으로 설계된 독립과열기에서는 그 출구에 안전밸브를 1개 이상 설치하고 그 분출용량의 합계는 독립과열기의 온도를 설계온도 이하로 유지하는 데 필요한 양 이상으로 한다.

(6) 안전밸브의 종류 및 구조

① 안전밸브의 종류는 스프링 안전밸브로 하며, 스프링 안전밸브의 구조는 KS B 6216(증기용 및 가스용 스프링 안전밸브)에 따라야 하며, 어떠한 경우에도 밸브 시트나 본체에서 누설이 없어야 한다. 다만, 스프링 안전밸브 대신에 스프링 파일럿 밸브 부착 안전밸브를 사용할 수 있다. 이 경우 소요 분출량의 $\frac{1}{2}$ 이상이 스프링 안전밸브에 의해 분출되는 구조의 것이어야 한다.

② 인화성증기를 발생하는 열매체 보일러에서는 안전밸브를 밀폐식 구조로 하든가 또는 안전밸브로부터의 배기를 보일러실 밖의 안전한 장소에 방출시키도록 한다.

(7) 온수 발생 보일러(액상식 열매체 보일러 포함)의 방출밸브와 방출관

① 온수 발생 보일러에는 압력이 보일러의 최고사용압력(열매체 보일러의 경우에는 최고사용압력 및 최고사용온도)에 달하면 즉시 작동하는 방출밸브 또는 안전밸브를 1개 이상 갖추어야 한다. 다만, 손쉽게 검사할 수 있는 방출관을 갖출 때는 방출밸브로 대응할 수 있다. 이때 방출관에는 어떠한 경우든 차단장치(밸브 등)를 부착하여서는 안 된다.

② 인화성 액체를 방출하는 열매체 보일러의 경우 방출밸브 또는 방출관은 밀폐식 구조로 하든가 보일러 밖의 안전한 장소에 방출시킬 수 있는 구조이어야 한다.

(8) 온수 발생 보일러(액상식 열매체 보일러 포함) 방출관의 크기

방출관은 보일러의 전열면적에 따라 다음 표의 크기로 하여야 한다.

방출관의 크기

전열면적(m^2)	방출관의 안지름(mm)
10 미만	25 이상
10 이상 15 미만	30 이상
15 이상 20 미만	40 이상
20 이상	50 이상

> [핵심문제] 온수 발생 보일러의 전열면적이 15~20 m² 미만일 때 방출관의 안지름은 얼마로 해야 하는가?
> ① 25 mm 이상   ② 30 mm 이상
> ③ 40 mm 이상   ④ 50 mm 이상
>
> [해설] 방출관의 안지름은 전열면적에 따라 그 크기를 달리한다. 보일러의 전열면적이 10 m² 이상 15 m² 미만일 경우 방출관의 안지름은 30 mm 이상으로 하고 전열면적 20 m² 이상일 때 방출관의 안지름은 50 mm 이상으로 정한다. [답] ③
>
> [핵심문제] 안전밸브의 구조에 대한 설명 중 잘못된 것은?
> ① 안전밸브는 스프링식으로 해야 한다.
> ② 스프링식 안전밸브 대신 스프링 파일럿 밸브 부착 안전밸브를 사용할 수 있다.
> ③ 열매체 보일러에서의 안전밸브는 개방식 구조로 한다.
> ④ 안전밸브는 산업안전보건법의 규정에 따른 성능검사를 받은 것이어야 한다.
> [답] ③

4 수면계

(1) 수면계의 개수

① 증기 보일러에는 2개(소용량 및 1종 관류 보일러는 1개) 이상의 유리 수면계를 보일러 내의 수위를 육안으로 확인할 수 있도록 동일한 높이에 나란히 부착하여야 한다. 다만, 단관식 관류 보일러는 제외한다.

② 최고사용압력 1 MPa(10 kgf/cm²) 이하로서 동체 안지름이 750 mm 미만인 경우에 있어서는 수면계 중 1개는 다른 종류의 수면 측정장치로 할 수 있다.

③ 2개 이상의 원격 지시 수면계를 시설하는 경우에 한하여 유리 수면계를 1개 이상으로 할 수 있다.

(2) 수면계의 구조

유리 수면계는 보일러의 최고사용압력과 그에 상당하는 증기온도에서 원활히 작용하는 기능을 가지며, 또한 수시로 이것을 시험할 수 있는 동시에 용이하게 내부를 청소할 수 있는 구조로서 다음에 따른다.

① 유리 수면계는 KS B 6208(보일러용 수면계 유리)의 유리를 사용하여야 한다.

② 유리 수면계는 상하에 밸브 또는 콕을 갖추어야 하며, 한눈에 그것의 개폐 여부를 알 수 있는 구조이어야 한다. 다만, 소형 관류 보일러에서는 밸브 또는 콕을 갖추지 아니할 수 있다.

③ 스톱밸브를 부착하는 경우에는 청소에 편리한 구조로 하여야 한다.

> [핵심문제] **수면계 부착에 대한 설명 중 옳지 않은 것은?**
> ① 소용량 및 소형 관류 보일러에는 2개 이상의 유리 수면계를 부착한다.
> ② 최고사용압력 10 kgf/cm² 이하로서 동체 안지름이 750 mm 미만인 경우 수면계 중 1개는 다른 종류의 수면 측정장치로 해도 좋다.
> ③ 유리 수면계는 상하에 밸브 또는 콕을 갖추어야 하며, 한눈에 그것의 개폐 여부를 알 수 있는 구조이어야 한다.
> ④ 2개 이상의 원격 지시 수면계를 시설하는 경우 유리 수면계는 1개 이상으로 부착할 수 있다.
> [해설] 증기 보일러에는 2개 이상의 유리 수면계를 부착한다. 　답 ①

5 계측기

(1) 압력계

보일러에는 KS B 5305(부르동관 압력계)에 따른 압력계 또는 이와 동등 이상의 성능을 갖춘 압력계를 부착하여야 한다.

> [핵심문제] **다음 중 증기 보일러에 가장 많이 사용되는 압력계는 어느 것인가?**
> ① 부르동관식　　　　② 벨로스식
> ③ 전기식　　　　　　④ 피스톤식　　　　답 ①

① 압력계의 크기와 눈금
　(개) 증기 보일러에 부착하는 압력계 눈금판의 바깥지름은 100 mm 이상으로 하고 그 부착높이에 따라 용이하게 지침이 보이도록 하여야 한다. 다만, 다음의 보일러에 부착하는 압력계에 대하여는 눈금판의 바깥지름을 60 mm 이상으로 할 수 있다.
　　㉮ 최고사용압력 0.5 MPa(5 kgf/cm²) 이하이고, 동체의 안지름 500 mm 이하, 동체의 길이 1000 mm 이하인 보일러
　　㉯ 최고사용압력 0.5 MPa(5 kgf/cm²) 이하로서 전열면적 2m² 이하인 보일러
　　㉰ 최대증발량 5 t/h 이하인 관류 보일러
　　㉱ 소용량 보일러
　(내) 압력계의 최고눈금은 보일러의 최고사용압력의 3배 이하로 하되 1.5배보다 작아서는 안 된다.

> [핵심문제] 압력계 눈금판 지름의 크기로 맞는 것은?
> ① 65 mm 이상
> ② 75 mm 이상
> ③ 100 mm 이상
> ④ 60 mm 이상
>
> 답 ③

② 압력계의 부착

증기 보일러의 압력계 부착은 다음에 따른다.

⑺ 압력계는 원칙적으로 보일러의 증기실에 눈금판의 눈금이 잘 보이는 위치에 부착하고 얼지 않도록 하며, 그 주위의 온도는 사용상태에 있어서 KS B 5305(부르동관 압력계)에 규정하는 범위 안에 있어야 한다.

⑷ 압력계와 연결된 증기관은 최고사용압력에 견디는 것으로서 그 크기는 황동관 또는 동관을 사용할 때는 안지름 6.5 mm 이상, 강관을 사용할 때는 12.7 mm 이상이어야 하며, 증기온도가 483K(210℃)를 초과할 때에는 황동관 또는 동관을 사용해서는 안 된다.

⒟ 압력계에는 물을 넣은 안지름 6.5 mm 이상의 사이펀관 또는 동등한 작용을 하는 장치를 부착하여 증기가 직접 압력계에 들어가지 않도록 하여야 한다.

⒭ 압력계의 콕은 그 핸들을 수직인 증기관과 동일 방향에 놓은 경우에 열려 있는 것이어야 하며 콕 대신에 밸브를 사용할 경우에는 한눈으로 개폐 여부를 알 수 있는 구조로 하여야 한다.

> [핵심문제] 압력계의 사이펀관에 대한 설명으로 틀린 것은?
> ① 황동관의 바깥지름은 6.5 mm 이상이다.
> ② 강관의 안지름은 12.7 mm 이상이다.
> ③ 증기온도가 210℃ 이상이면 동관은 사용할 수 없다.
> ④ 최고사용압력에 견디는 것으로 한다.
>
> 답 ①
>
> [핵심문제] 압력계 설치 시 6.5 mm 이상의 사이펀관을 설치하는 이유는?
> ① 미관상 아름답게 보이려고
> ② 관내 유체의 온도 변화에 따른 압력계의 신축 방지를 위해
> ③ 정확한 압력의 측정을 위해
> ④ 증기가 직접 압력계에 들어가지 않도록
>
> 답 ④

(2) 수위계

① 온수 발생 보일러에는 보일러 동체 또는 온수의 출구 부근에 수위계를 설치하고, 이것에 가까이 부착한 콕을 닫을 경우 이외에는 보일러와의 연락을 차단하지 않도록 하여야 하며, 이 콕의 핸들은 콕이 열려 있을 경우에 이것을 부착시킨 관과 평행되어야 한다.
② 수위계의 최고눈금은 보일러의 최고사용압력의 1배 이상 3배 이하로 하여야 한다.

(3) 온도계

다음의 곳에는 KS B 5320(공업용 바이메탈식 온도계) 또는 이와 동등 이상의 성능을 가진 온도계를 설치하여야 한다. 다만, 소용량 보일러 및 가스용 온수 보일러는 배기가스 온도계만 설치하여도 좋다.
① 급수 입구의 급수 온도계
② 버너 급유 입구의 급유온도계(다만, 예열을 필요로 하지 않는 것은 제외)
③ 절탄기 또는 공기예열기가 설치된 경우에는 각 유체의 전후 온도를 측정할 수 있는 온도계(다만, 포화증기의 경우에는 압력계로 대신할 수 있다.)
④ 보일러 본체 배기가스온도계(다만, ③의 규정에 의한 온도계가 있는 경우에는 생략할 수 있다.)
⑤ 과열기 또는 재열기가 있는 경우에는 그 출구 온도계
⑥ 유량계를 통과하는 온도를 측정할 수 있는 온도계

[핵심문제] 보일러에 온도계를 설치해야 할 위치를 나타내었다. 틀린 것은?
① 급수 입구
② 급유 입구
③ 부속기기가 설치된 경우 각 유체의 전·후 온도를 측정할 수 있는 곳
④ 과열기, 재열기 입·출구

[해설] ①, ②, ③의 위치 이외에 보일러 본체의 배기가스 방출구 및 과열기, 재열기의 출구를 들 수 있으며, 소용량 및 가스용 온수 보일러에는 배기가스 온도계를 설치한다.

답 ④

---

(4) 유량계

용량 1 t/h 이상의 보일러에는 다음의 유량계를 설치하여야 한다.
① 급수관에는 적당한 위치에 KS B 5336(고압용 수량계) 또는 이와 동등 이상의 성능을 가진 수량계를 설치하여야 한다. 다만 온수 발생 보일러는 제외한다.

② 기름용 보일러에는 연료의 사용량을 측정할 수 있는 KS B 5328(오일 미터) 또는 이와 동등 이상의 성능을 가진 유량계를 설치하여야 한다. 다만, 2 t/h 미만의 보일러로써 온수 발생 보일러 및 난방 전용 보일러에는 CO_2 측정장치로 대신할 수 있다.

③ 가스용 보일러에는 가스사용량을 측정할 수 있는 유량계를 설치하여야 한다. 다만, 가스의 전체 사용량을 측정할 수 있는 유량계를 설치하였을 경우는 각각의 보일러마다 설치된 것으로 본다.

㈎ 유량계는 당해 도시가스 사용에 적합한 것이어야 한다.

㈏ 유량계는 화기(당해 시설 내에서 사용하는 자체 화기를 제외한다)와 2 m 이상의 우회거리를 유지하는 곳으로서 수시로 환기가 가능한 장소에 설치하여야 한다.

㈐ 유량계는 전기계량기 및 전기개폐기와의 거리는 60 cm 이상, 굴뚝(단열조치를 하지 아니한 경우에 한한다)·전기점멸기 및 전기접속기와의 거리는 30 cm 이상, 절연조치를 하지 아니한 전선과의 거리는 15 cm 이상의 거리를 유지하여야 한다.

④ 각 유량계는 해당온도 및 압력 범위에서 사용할 수 있어야 하고 유량계 앞에 여과기가 있어야 한다.

(5) 자동 연료 차단장치

① 최고사용압력 0.1 MPa(1 kgf/cm^2)를 초과하는 증기 보일러에는 다음 각 호의 저수위 안전장치를 설치해야 한다.

㈎ 보일러의 수위가 안전을 확보할 수 있는 최저수위(이하 "안전수위"라 한다)까지 내려가기 직전에 자동적으로 경보가 울리는 장치

㈏ 보일러의 수위가 안전수위까지 내려가는 즉시 연소실 내에 공급하는 연료를 자동적으로 차단하는 장치

② 열매체 보일러 및 사용온도가 393 K(120℃) 이상인 온수 발생 보일러에는 작동유체의 온도가 최고사용온도를 초과하지 않도록 온도 연소 제어장치를 설치해야 한다.

③ 최고사용압력이 0.1 MPa(1 kgf/cm^2)(수두압의 경우 10 m)를 초과하는 주철제 온수 보일러에는 온수온도가 388 K(115℃)를 초과할 때에는 연료 공급을 차단하거나 파일럿 연소를 할 수 있는 장치를 설치하여야 한다.

④ 관류 보일러는 급수가 부족한 경우에 대비하기 위하여 자동적으로 연료의 공급을 차단하는 장치 또는 이에 대신하는 안전장치를 갖추어야 한다.

⑤ 가스용 보일러에는 급수가 부족한 경우에 대비하기 위하여 자동적으로 연료의 공급을 차단하는 장치를 갖추어야 하며, 또한 수동으로 연료 공급을 차단하는 밸브 등을 갖추어야 한다.

⑥ 유류 및 가스용 보일러에는 압력 차단장치를 설치하여야 한다.

⑦ 동체의 과열을 방지하기 위하여 온도를 감지하여 자동적으로 연료 공급을 차단할 수 있는 온도 상한 스위치를 보일러 본체에서 1 m 이내인 배기가스 출구 또는 동체에 설치하여야 한다.

⑧ 폐열 또는 소각 보일러에 대해서는 ⑦의 온도 상한 스위치를 대신하여 온도를 감지하여 자동적으로 경보를 울리는 장치와 송풍기의 가동을 멈추는 장치가 설치되어야 한다.

(6) 공기유량 자동조절 기능

가스용 보일러 및 용량 5 t/h(난방 전용은 10 t/h) 이상인 유류 보일러에는 공급연료량에 따라 연소용 공기를 자동조절하는 기능이 있어야 한다. 이때 보일러용량이 MW(kcal)로 표시되었을 때에는 0.6978 MW(600000 kcal/h)를 1 t/h로 환산한다.

(7) 연소가스 분석기

위 (6)항의 적용을 받는 보일러에는 배기가스 성분(O_2, CO_2 중 1성분)을 연속적으로 자동 분석하여 지시하는 계기를 부착하여야 한다. 다만, 용량 5 t/h(난방 전용은 10 t/h) 미만인 가스용 보일러로서 배기가스 온도 상한 스위치를 부착하여 배기가스가 설정온도를 초과하면 연료의 공급을 차단할 수 있는 경우에는 이를 생략할 수 있다.

(8) 가스누설 자동차단장치

가스용 보일러에는 누설되는 가스를 검지하여 경보하며 자동으로 가스의 공급을 차단하는 장치 또는 가스누설 자동차단기를 설치하여야 한다.

(9) 압력조정기

보일러실 내에 설치하는 가스용 보일러의 압력조정기는 액화석유가스의 안전관리 및 사업법 제21조 제2항 규정에 의거 가스용품 검사에 합격한 제품이어야 한다.

[핵심문제] **다음은 보일러에 부착해야 할 각종 계측기에 관한 설명이다. 잘못된 것은?**

① 5 t/h 이상의 유류 보일러에는 연소가스 자동분석계기를 부착한다.
② 가스용 보일러에는 가스누설 자동차단장치를 설치해야 한다.
③ 보일러실 내에 설치하는 가스용 보일러의 압력조정기는 가스용품 검사에 합격한 제품이어야 한다.
④ 최고사용압력 1 kgf/cm² 초과 주철제 온수 보일러에는 온수온도가 100°C를 초과할 경우 수동식 및 자동식의 연료공급 차단장치를 갖추어야 한다.

답 ④

6 스톱밸브 및 분출밸브

(1) 스톱밸브의 개수

① 증기의 각 분출구(안전밸브, 과열기의 분출구 및 재열기의 입구·출구를 제외한다)에는 스톱밸브(글로브 밸브)를 갖추어야 한다.
② 맨홀을 가진 보일러가 공통의 주증기관에 연결될 때에는 각 보일러와 주증기관을 연결하는 증기관에는 2개 이상의 스톱밸브를 설치하여야 하며, 이들 밸브 사이에는 충분히 큰 드레인밸브를 설치하여야 한다.

(2) 스톱밸브

① 스톱밸브의 호칭압력(KS 규격에 최고사용압력을 별도로 규정한 것은 최고사용압력)은 보일러의 최고사용압력 이상이어야 하며 적어도 0.7 MPa(7 kgf/cm^2) 이상이어야 한다.
② 65 mm 이상의 증기스톱밸브는 바깥나사형의 구조 또는 특수한 구조로 하고 밸브 몸체의 개폐를 한눈에 알 수 있는 것이어야 한다.

[핵심문제] 스톱밸브의 장착에 대한 내용이다. 틀린 것은? (단, 맨홀을 가진 보일러가 공통의 주증기관에 연결될 때)

① 주증기관에 연결될 때 증기관에는 2개의 스톱밸브를 설치한다.
② 보일러 가까이에 스톱밸브, 주증기관 가까이에 체크밸브를 설치한다.
③ 2개의 밸브 사이에는 충분하게 큰 드레인밸브를 설치한다.
④ 스톱밸브는 보일러의 최고사용압력과 사용온도에 견디고 적어도 7 kgf/cm^{2}의 압력에 견딜 것

[해설] 보일러 가까이에 체크밸브를, 주증기관 가까이에 스톱밸브를 설치한다. **답 ②**

---

(3) 밸브의 물빼기

물이 고이는 위치에 스톱밸브가 설치될 때에는 물빼기를 설치하여야 한다.

(4) 분출밸브의 크기와 개수

① 보일러 아랫부분에는 분출관과 분출밸브 또는 분출콕을 설치해야 한다. 다만 관류 보일러에 대해서는 이를 적용하지 않는다.
② 분출밸브의 크기는 호칭지름 25 mm 이상의 것이어야 한다. 다만, 전열면적이 10 m^2 이하인 보일러에서는 호칭지름 20 mm 이상으로 할 수 있다.

③ 최고사용압력 0.7 MPa(7 kgf/cm^2) 이상의 보일러(이동식 보일러는 제외한다)의 분출관에는 분출밸브 2개 또는 분출밸브와 분출콕을 직렬로 갖추어야 한다. 이 경우에 적어도 1개의 분출밸브는 닫힌 밸브를 전개하는데 회전축을 적어도 5회전하는 것이어야 한다.
④ 1개의 보일러에 분출관이 2개 이상 있을 경우에는 이것들을 공통의 어미관에 하나로 합쳐서 각각의 분출관에는 1개의 분출밸브 또는 분출콕을, 어미관에는 1개의 분출밸브를 설치하여도 좋다. 이 경우 분출밸브는 닫힌 상태에서 전개하는데 회전축을 적어도 5회전하는 것이어야 한다.
⑤ 2개 이상의 보일러에서 분출관을 공동으로 하여서는 안 된다. 다만, 개별 보일러마다 분출관에 체크밸브를 설치할 경우에는 예외로 한다.
⑥ 정상 시 보유수량 400 kg 이하의 강제 순환 보일러에는 닫힌 상태에서 전개하는데 회전축을 적어도 5회전 이상 회전을 요하는 분출밸브 1개를 설치하여야 좋다.

핵심문제 분출밸브의 크기와 개수에 대한 설명으로 틀린 것은?
① 관류 보일러에는 분출관, 분출밸브를 설치해야 한다.
② 분출밸브의 크기는 호칭지름 25 mm 이상의 것이어야 한다.
③ 전열면적 10 m^2 이하의 보일러는 지름 20 mm 이상으로 할 수 있다.
④ 최고사용압력 7 kgf/cm^2 이상의 보일러 분출관에는 분출밸브 2개를 직렬로 갖추어야 한다.

해설 보일러 하부에는 분출관과 분출밸브 또는 분출콕을 설치해야 하나 관류 보일러는 제외한다. **답** ①

---

(5) 분출밸브 및 콕의 모양과 강도

① 분출밸브는 스케일 그 밖의 침전물이 퇴적되지 않는 구조이어야 하며 그 최고사용압력은 보일러 최고사용압력의 1.25배 또는 보일러의 최고사용압력에 1.5 MPa(15 kgf/cm^2)를 더한 압력 중 작은 쪽의 압력 이상이어야 하고, 어떠한 경우에도 0.7 MPa(7 kgf/cm^2)(소용량 보일러, 가스용 온수 보일러 및 주철제 보일러는 0.5 MPa(5 kgf/cm^2), 관류 보일러는 1 MPa(10 kgf/cm^2) 이상이어야 한다.
② 주철제의 분출밸브는 최고사용압력 1.3 MPa(13 kgf/cm^2) 이하, 흑심 가단주철제의 분출밸브는 1.9 MPa(19 kgf/cm^2) 이하의 보일러에 사용할 수 있다.
③ 분출콕은 글랜드를 갖는 것이어야 한다.

(6) 기타 밸브

보일러 본체에 부착하는 기타의 밸브는 그 호칭압력 또는 최고사용압력이 보일러의 최고사용압력 이상이어야 한다.

7 운전 성능

(1) 운전 상태

보일러는 운전 상태(정격부하 상태를 원칙으로 한다)에서 이상 진동과 이상 소음이 없고 각종 부분품의 작동이 원활하여야 한다.

① 다음의 압력계들의 작동이 정확하고 이상이 없어야 한다.
  ㈎ 증기드럼 압력계(관류 보일러에서는 절탄기 입구 압력계)
  ㈏ 과열기 출구 압력계(과열기를 사용하는 경우)
  ㈐ 급수 압력계
  ㈑ 노내 압력계

② 다음의 계기들의 작동이 정확하고 이상이 없어야 한다.
  ㈎ 급수량계
  ㈏ 급유량계
  ㈐ 유리 수면계 또는 수면 측정장치
  ㈑ 수위계 또는 압력계
  ㈒ 온도계

③ 급수펌프는 다음 사항이 이상 없고 성능에 지장이 없어야 한다.
  ㈎ 펌프 송출구에서의 송출 압력 상태
  ㈏ 급수펌프의 누설 유무

[핵심문제] 보일러 운전 성능 시험 시 운전 상태를 설명했다. 틀린 것은?

① 가스용 보일러의 가스버너는 에너지이용 합리화법의 규정에 의해 검사를 받은 것이어야 한다.
② 정상 운전 상태에서는 이상 진동, 이상 소음이 없어야 한다.
③ 압력계들의 작동상황을 검사하여 이상이 없어야 한다.
④ 급수량계, 급유량계, 온도계 등의 계기의 작동 상황을 검사하여 이상이 없어야 한다.

[해설] 가스용 보일러의 가스버너는 액화석유가스의 안전 및 사업관리법의 규정을 준용한다.

답 ①

> [핵심문제] 보일러 성능 시험에서 강철제 증기 보일러의 증기건도는 몇 % 이상이어야 하는가?
> 　① 89%　　　　　　　　　② 93%
> 　③ 95%　　　　　　　　　④ 98%
> [해설] • 보일러 성능 시험 시 증기건도(%)
> 　강철제 보일러 : 98% 이상
> 　주철제 보일러 : 97% 이상　　　　　　　　　　　답 ④

(2) 배기가스 온도

① 유류용 및 가스용 보일러(열매체 보일러는 제외한다) 출구에서의 배기가스 온도는 주위온도와의 차이가 정격용량에 따라 다음 표와 같아야 한다. 이때 배기가스 온도의 측정위치는 보일러 전열면의 최종 출구로 하며 폐열회수장치가 있는 보일러는 그 출구로 한다.

배기가스 온도차

보일러 용량(t/h)	배기가스 온도차(K)
5 이하	300 이하
5 초과 20 이하	250 이하
20 초과	210 이하

주 1. 보일러 용량이 MW(kcal/h)로 표시되었을 때에는 0.6978 MW(600000 kcal/h)를 1t/h로 환산한다.
　2. 주위온도는 보일러에 최초로 투입되는 연소용 공기 투입 위치의 주위온도로 하며, 투입 위치가 실내일 경우는 실내온도, 실외일 경우는 외기온도로 한다.

② 열매체 보일러의 배기가스 온도는 출구 열매온도와의 차이가 150 K 이하여야 한다.

(3) 외벽의 온도

보일러의 외벽온도는 주위온도보다 30 K를 초과하여서는 안 된다.

(4) 저수위 안전장치

① 저수위 안전장치는 연료 차단 전에 70 dB 이상의 경보음이 울려야 한다.
② 온수 발생 보일러(액상식 열매체 보일러 포함)의 온도-연소 제어장치는 최고사용온도 이내에서 연료가 차단되어야 한다.

> [핵심문제] 저수위 안전장치에 대한 설명 중 틀린 것은?
> ① 경보음은 연료 차단 전에 울려야 한다.
> ② 온수 보일러의 온도 및 연소 제어장치는 최고사용온도 이내에서 연료 차단이 되어야 한다.
> ③ 경보음은 저수위가 되기 전에 울려야 한다.
> ④ 액상식 열매체 보일러의 온도-연소 제어장치는 표준사용온도 이내에서 연료가 차단되어야 한다.
>
> [해설] 액상식 열매체 보일러의 경우에도 온도-연소 제어장치는 최고사용온도 이내에서 연료 차단이 이루어져야 한다.   답 ④

9-2 보일러 설치 검사 기준

1 검사의 신청 및 준비

(1) 검사의 신청

검사의 신청은 관리 규칙 제39조의 규정에 의하되, 시공자가 이를 대행할 수 있으며 제조 검사가 면제된 경우는 자체검사기록서(별지 제6호 서식)를 제출하여야 한다.

(2) 검사의 준비

검사 신청자는 다음의 준비를 하여야 한다.
① 기기조종자는 입회하여야 한다.
② 보일러를 운전할 수 있도록 준비한다.
③ 정전, 단수, 화재, 천재지변 등 부득이한 사정으로 검사를 실시할 수 없을 경우에는 신청 없이 다시 검사를 하여야 한다.

2 검사

(1) 수압 및 가스누설시험

① 수압시험 대상
   (가) 수입한 보일러   (나) 내부 검사를 받아야 하는 보일러
② 가스누설시험 대상 : 가스용 보일러

③ 수압시험압력
  ㈎ 강철제 보일러
    ㉮ 보일러의 최고사용압력이 0.43 MPa(4.3 kgf/cm^2) 이하일 때에는 그 최고사용압력의 2배의 압력으로 한다. 다만, 그 시험압력이 0.2 MPa(2 kgf/cm^2) 미만인 경우에는 0.2 MPa(2 kgf/cm^2)로 한다.
    ㉯ 보일러의 최고사용압력이 0.43 MPa(4.3 kgf/cm^2) 초과 1.5 MPa(15 kgf/cm^2) 이하일 때에는 그 최고사용압력의 1.3배에 0.3 MPa(3 kgf/cm^2)를 더한 압력으로 한다.
    ㉰ 보일러의 최고사용압력이 1.5 MPa(15 kgf/cm^2)를 초과할 때에는 그 최고사용압력의 1.5배의 압력으로 한다.
  ㈏ 가스용 온수 보일러 : 강철제인 경우에는 위 ㈎의 ㉮에서 규정한 압력
  ㈐ 주철제 보일러
    ㉮ 보일러의 최고사용압력이 0.43 MPa(4.3 kgf/cm^2) 이하일 때는 그 최고사용압력의 2배의 압력으로 한다. 다만, 시험압력이 0.2 MPa(2 kgf/cm^2) 미만인 경우에는 0.2 MPa(2 kgf/cm^2)로 한다.
    ㉯ 보일러의 최고사용압력이 0.43 MPa(4.3 kgf/cm^2)를 초과할 때는 그 최고사용압력의 1.3배에 0.3 MPa(3 kgf/cm^2)를 더한 압력으로 한다.
④ 수압시험 방법
  ㈎ 공기를 빼고 물을 채운 후 천천히 압력을 가하여 규정된 시험 수압에 도달한 다음 30분이 경과된 뒤에 검사를 실시하여 검사가 끝날 때까지 그 상태를 유지한다.
  ㈏ 시험수압은 규정된 압력의 6% 이상을 초과하지 않도록 모든 경우에 대한 적절한 제어를 마련하여야 한다.
  ㈐ 수압시험 중 또는 시험 후에도 물이 얼지 않도록 하여야 한다.
⑤ 가스누설시험 방법
  ㈎ 내부누설시험 : 차압누설감지기에 대하여 누설확인작동시험 또는 자기압력기록계 등으로 누설 유무를 확인한다. 자기압력기록계로 시험할 경우에는 밸브를 잠그고 압력발생기구를 사용하여 천천히 공기 또는 불활성 가스 등으로 최고사용압력의 1.1배 또는 840 mmH$_2$O 중 높은 압력 이상으로 가압한 후 24분 이상 유지하여 압력의 변동을 측정한다.
  ㈏ 외부누설시험 : 보일러 운전 중에 비눗물시험 또는 가스누설검사기로 배관접속부위 및 밸브류 등의 누설 유무를 확인한다.
⑥ 판정기준 : 수압 및 가스누설시험결과 누설, 갈라짐 또는 압력의 변동 등 이상이 없어야 한다. 가스누설검사기의 경우에 있어서는 가스 농도가 0.2% 이하에서 작동하는 것을 사용하여 당해 검사기가 작동되지 않아야 한다.

(2) 설치 장소
설치 시공 기준에 따른 옥내 설치 및 옥외 설치 기준에 따른다.

(3) 보일러의 설치
보일러의 설치 시공에 따른 설치 및 배관의 설치 기준에 따른다.

(4) 급수장치
설치 시공 기준에 따른 설치 기준에 따른다.

(5) 압력방출장치
① 안전밸브 작동시험
 ㈎ 안전밸브의 분출압력은 1개일 경우 최고사용압력 이하, 안전밸브가 2개 이상인 경우 그 중 1개는 최고사용압력 이하, 기타는 최고사용압력의 1.03배 이하일 것
 ㈏ 과열기의 안전밸브 분출압력은 증발부 안전밸브의 분출압력 이하일 것
 ㈐ 재열기 및 독립과열기에 있어서는 안전밸브가 하나인 경우 최고사용압력 이하, 2개인 경우 하나는 최고사용압력 이하이고 다른 하나는 최고사용압력의 1.03배 이하에서 분출하여야 한다. 다만, 출구에 설치하는 안전밸브의 분출압력은 입구에 설치하는 안전밸브의 설정압력보다 낮게 조정되어야 한다.
 ㈑ 발전용 보일러에 부착하는 안전밸브의 분출정지압력은 분출압력의 0.93배 이상이어야 한다.
② 방출밸브의 작동시험 : 온수 발생 보일러(액상식 열매체 보일러 포함)의 방출밸브는 다음 각 항에 따라 시험하여 보일러의 최고사용압력 이하에서 작동하여야 한다.
 ㈎ 공급 및 귀환밸브를 닫아 보일러를 난방 시스템과 차단한다.
 ㈏ 팽창탱크에 연결된 관의 밸브를 닫고 탱크의 물을 빼내고 공기 쿠션이 생겼나 확인하여 공기 쿠션이 있을 경우 공기를 배출시킨다. 다만, 가압 팽창탱크는 배수시키지 않으며 분출시험 중 보일러와 차단되어서는 안 된다.
 ㈐ 보일러의 압력이 방출밸브의 설정압력의 50% 이하로 되도록 방출밸브를 통하여 보일러의 물을 배출시킨다.
 ㈑ 보일러수의 압력과 온도가 상승함을 관찰한다.
 ㈒ 보일러의 최고사용압력 이하에서 작동하는지 관찰한다.
③ 온수 발생 보일러의 압력방출장치의 작동시험 : 212쪽 (7), (8)에 적합한 방출관을 부착한 보일러는 압력방출장치의 작동시험을 생략할 수 있다.
④ 압력방출장치 작동시험의 생략 : 제조년월일로부터 1년 이내인 압력방출장치가 부착된 경우에는 그 작동시험을 생략할 수 있다.

9-3 보일러 계속 사용 검사 기준

1 검사의 신청 및 준비

(1) 검사의 신청
열사용기자재 관리 규칙 제41조(계속 사용 검사 신청서)의 규정에 따른다.

(2) 검사의 준비
① 개방검사
  ㈎ 연료공급관은 차단하며 적당한 곳에서 잠궈야 한다. 기름을 사용하는 곳에서는 무화장치들을 버너로부터 제거한다. 가스를 사용하는 경우에는 공급관에 이중 블록과 블라이드(2개의 차단밸브와 그 사이에 한 개의 통기구멍이 있는)가 설비되어 있지 않으면 공급관을 비게 하든지 가스차단밸브와 버너 사이의 연결관을 떼어내야 한다.
  ㈏ 보일러에 대한 손상을 방지하고 가열면에 고착물이 굳어져 달라붙지 않도록 충분히 냉각시켜야 한다. 맨홀과 청소구멍 또는 검사구멍의 뚜껑을 열어 환기시킬 때에는 보일러의 내부가 마를 수 있기에 충분한 열이 아직 보일러에 남아 있을 때 배수한다.
  ㈐ 모든 맨홀과 선택된 청소구멍 또는 검사구멍의 뚜껑 세척, 플러그 및 수주 연결관을 열고 보일러 장치 안에 들어가기 전에 체크밸브와 증기 스톱밸브는 반드시 잠그고 개폐 여부를 표시하여 고정시키며 두 밸브 사이의 배수밸브 또는 콕은 열어야 한다. 급수밸브는 잠그고 개폐 여부를 표시하여 고정시키는 것이 좋으며 두 밸브 사이의 배수밸브나 콕들은 열어야 한다. 보일러를 배수한 후에 블로오프 밸브는 잠그고 고정하여야 한다. 실제로 가능한 경우에는 내압 부분과 밸브 사이의 블로오프 배관은 떼어낸다. 모든 배수 및 통기배관은 열어야 한다.
  ㈑ 내부 조명 : 검사를 위한 내부 조명은 축전지로부터 전류가 공급되는 12볼트램프나 이동램프를 사용하여야 한다.
  ㈒ 화염측 청소 : 보일러의 내벽, 배플 및 드럼은 철저히 청소되어야 하고 모든 부품을 검사원이 철저히 검사할 수 있도록 재와 매연을 제거시켜야 한다.
  ㈓ 수부측 청소 : 동체, 급수내관 등 보일러의 수부측의 스케일, 슬러지, 퇴적물 등은 깨끗이 제거하여야 하며, 급수내관, 비수방지판은 동체에서 분리시켜야 한다.
  ㈔ 압력방출장치 및 저수위 감지장치는 분해 정비하여야 한다. 다만, 제조년월일로부터 1년 이내인 압력방출장치가 부착된 경우는 예외로 한다.

㈐ 화재, 천재지변 등 부득이한 사정으로 검사를 실시할 수 없는 경우에는 재신청 없이 다시 검사를 받을 수 있다.

② 사용 중 검사

㈎ 보일러를 가동 중이거나 또는 운전할 수 있도록 준비하고 부착된 각종 계측기 및 화염감시장치, 저수위안전장치, 온도상한스위치, 압력조절장치 등은 검사하는데 이상이 없도록 정비되어야 한다.

㈏ 정전, 단수, 화재, 천재지변 등 부득이한 사정으로 검사를 실시할 수 없는 경우에는 재신청 없이 다시 검사를 하여야 한다.

2 검사

(1) 개방검사

① 외부

㈎ 내용물의 외부 유출 및 본체의 부식이 없어야 한다. 이때 본체의 부식 상태를 판별하기 위하여 보온재 등 피복물을 제거하게 할 수 있다.

㈏ 보일러는 깨끗하게 청소된 상태이어야 하며 사용상에 현저한 부식과 그루빙이 없어야 한다.

㈐ 시험용 해머로 스테이볼트 한쪽 끝을 가볍게 두들겨 보아 이상이 없어야 한다.

㈑ 가용플러그가 사용된 경우에는 플러그 주위 금속 부위와 플러그면의 산화피막을 적절히 제거하여 육안으로 관찰하였을 때 사용상 이상이 없어야 하며 불완전한 경우에는 교환토록 해야 한다.

㈒ 보일러가 매달려 있는 경우에는 지지대와 고정구대를 검사하여 구조물의 과도한 변형이 없어야 한다.

㈓ 리벳이음 보일러에서 이음 부분에 누설 또는 그 밖의 유해한 결함이 없어야 한다.

㈔ 보일러 지지대의 균열, 내려앉음, 지지부재의 변형 또는 파손 등 보일러의 설치상태에 이상이 없어야 한다.

㈕ 모든 배관계통의 관 및 이음쇠 부분에 누기 및 누수가 없어야 한다.

㈖ 벽돌쌓음에서 벽돌의 이탈, 심한 마모 또는 파손이 없어야 한다.

㈗ 보일러 동체는 보온과 케이싱이 되어 있어야 하며, 손상이 없어야 한다.

② 내부

㈎ 관의 부식 등을 검사할 수 있도록 스케일은 제거되어야 하며, 관 끝부분의 손모, 취화 및 빠짐이 없어야 한다.

㈏ 보일러의 내부에는 균열, 스테이의 손상, 이음부의 현저한 부식이 없어야 하며, 침식, 스케일 등으로 드럼에 현저히 얇아진 곳이 없어야 한다.

㈐ 화염을 받는 곳에는 그을음을 제거하여야 하며 얇아지기 쉬운 관 끝부분을 가벼운 해머로 두들겨 보았을 때 현저한 얇아짐이 없어야 한다.
㈑ 관의 표면은 팽출, 균열 또는 결함 있는 용접부가 없어야 한다.
㈒ 관의 지나친 찌그러짐이 없어야 한다.
㈓ 급수관 및 그 밑의 물받이의 상태는 퇴적물이 없어야 하며, 이음쇠의 헐거워짐이나 개스킷의 손상이 없어야 한다.
㈔ 관판에 있는 관구멍 사이의 리거먼트를 조사하여 파단이나 누설이 없어야 한다.
㈕ 노벽 보호 부분은 벽체의 현저한 균열 및 파손 등 사용상 지장이 없어야 한다.
㈖ 맨홀 및 기타 구멍과 보강관, 노즐, 플랜지 이음, 나사 이음 연결부의 내외부를 조사하여 균열이나 변형이 없어야 한다. 이때 검사는 가능한 보일러 안쪽부터 시행한다.
㈗ 저수위 차단 배관 등의 외부 부착 구멍들이나 방출밸브 구멍들에 흐름의 차단 또는 지장을 줄 수 있는 퇴적물 등의 장애물이 없어야 한다.
㈘ 연소실 내부에는 부적당하거나 결함이 있는 버너 또는 스토커의 설치운전에 의한 현저한 열의 국부적인 집중으로 인한 현상이 없어야 한다.
㈙ 보일러 각부에 불룩해짐, 팽출, 팽대, 압궤 또는 누설이 없어야 한다.
③ 수압시험 : 중지 신고 후 1년 이상 경과한 보일러의 재사용검사 또는 부식 등 상태가 불량하다고 판단되는 경우에 한해 실시하며 시험압력은 최고사용압력으로 한다.

(2) 사용 중 검사

① 대상기기의 가동상태에서 화염감시장치, 저수위안전장치, 온도상한스위치, 압력조절장치 등의 정상 작동 여부를 검사하여야 하며, 이때 시험방법 및 시험범위가 안전장치의 작동 실패 시에도 안전사고로 이어지지 않도록 당해 검사대상기기조종자와 협의하여 충분한 주의를 기울여야 한다.
② 보일러가 매달려 있는 경우에는 지지대와 고정구대를 검사하여 구조물의 과도한 변형이 없어야 한다.
③ 리벳이음 보일러에서 이음 부분에 누설 또는 그 밖의 유해한 결함이 없어야 한다.
④ 보일러 지지대의 균열, 내려앉음, 지지부재의 변형 또는 파손 등 보일러의 설치상태에 이상이 없어야 한다.
⑤ 보일러 본체의 누설, 변형이 없어야 한다.
⑥ 보일러와 접속된 배관, 밸브 등 각종 이음부에는 누기, 누수가 없어야 한다.
⑦ 연소실 내부가 충분히 청소된 상태이어야 하고, 축로의 변형 및 이탈이 없어야 한다.
⑧ 보일러 동체는 보온과 케이싱이 되어 있어야 하며, 손상이 없어야 한다.

제10장 보일러 취급

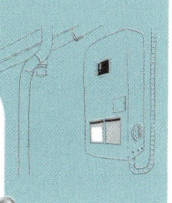

10-1 보일러 취급 일반

1 보일러의 사용 전 준비사항

(1) 신설 보일러

① 내부 점검

㈎ 동 내부 점검 : 공구나 기타 물건이 남아 있는지 확인한다.

㈏ 연소 계통 점검 : 보일러 설치 후 노벽, 연소실, 바닥, 연도 등에 불필요한 물건이 남아 있는지 확인하며, 특히 연도 내의 습기에 유의한다.

㈐ 노벽(내화재)의 건조 : 시공 후 자연 건조를 10~14일 정도 행한 후 가열 건조 시에는 4일 이상(96시간 이상) 목재를 약간씩 태워 노내를 계속 건조시키며, 다시 석탄 또는 기름으로 4주일 이상 천천히 건조시킨다.

㈑ 소다 보일링(유지분 제거) : 전열면에 유지분이 많이 부착되어 있는 경우에 가동을 하면 과열, 부식 촉진을 하게 되므로 동 내부는 탄산소다를 0.1% 정도 용해시킨 후, 증기압 $0.3 \sim 0.5\, \text{kgf/cm}^2$ 정도로 하여 2~3일간 끓인 다음, 분출을 하고 새로운 급수 후에는 규정 압력까지 올려 안전밸브의 분출시험을 한다.

> **참고**
>
> **소다 보일링 시 사용 약액** : 탄산소다(Na_2CO_3), 가성소다(NaOH), 제3인산소다($Na_3PO_4 \cdot 12H_2O$)

㈒ 노벽을 건조할 때에는 보일러수는 보통 때보다 많이 넣고 맨홀을 열어 놓는다. 댐퍼는 완전히 열어 놓고 굴뚝의 흡입이 나쁘면 굴뚝 밑에 불을 땐다(화기 건조).

㈓ 벽을 잘 점검하여 공기가 새는지 확인·조사하여 조금이라도 새면 수리하도록 한다.

② 외부 점검

각종 부속품 및 제어장치, 급수장치, 연소 보조 계통을 점검하며, 주유 및 시운전을 하여 완전한 기능을 가질 수 있도록 한다.

(2) 사용 중인 보일러

① 수면계의 수위를 확인한다.
② 수면계와 압력계의 기능을 점검하고 각종 계기류와 제어장치를 확인한다.
③ 수저 분출밸브의 잠긴 상태를 점검한다.
④ 연료 계통 및 급수 계통을 점검한다.
⑤ 연료가 중유인 경우에 오일펌프 및 프리히터를 작동시킨다.
⑥ 댐퍼를 완전히 열고 노내를 충분히 환기시킨다.
⑦ 각 밸브의 개폐 상태를 확인한다.

[핵심문제] 평소 사용하고 있는 보일러의 점화 전의 주의사항 중 제일 부적당한 것은?
① 모든 밸브와 콕을 열어 놓는다.
② 각종 계기의 기능을 검사하고 급수관의 이상 유무를 확인한다.
③ 보일러수의 물의 높이는 상용 수위로 하며 수면계로 확인한다.
④ 불을 묻어 두었을 때는 댐퍼를 서서히 전개시켜 연도 가스를 배출시키고, 댐퍼의 조절을 점검한 후 이것을 개방해둔 채 점화한다.
[해설] 각 밸브의 개폐 상태를 확인해야 한다. 답 ①

[핵심문제] 다음은 점화 전에 보일러의 점검사항이다. 이 중 점검하지 않아도 되는 것은?
① 보일러통 내 물때 점검   ② 수면계의 수위 점검
③ 급수계통 점검   ④ 연소장치 점검   답 ①

[핵심문제] 사용 중인 보일러의 점화 전 일반적인 준비사항 중 틀린 것은?
① 수면계의 수위, 기능을 확인한다.
② 각종 계기류와 제어장치를 확인한다.
③ 연료가 석탄인 경우에 오일펌프 및 프리히터를 작동시킨다.
④ 댐퍼, 안전밸브, 급수장치 등을 조절하여 놓는다.   답 ③

---

2 보일러의 점화

기름 연소 보일러나 가스 연소 보일러에서는 특히 점화 순서에 유의하여야 하며, 점화 순서의 잘못은 큰 사고를 유발하게 된다. 고체 연료를 사용하는 보일러가 노내 환기 불충분 또는 노벽의 열로 점화되거나 미연소 가스 충만 시 점화되면 연도가스 폭발이 일어난다.

[핵심문제] **보일러에 점화할 때 역화와 폭발을 방지하기 위해 어떤 조치를 하는 것이 좋은가?**
① 댐퍼를 열고 가스를 배출시킨다.
② 점화 시 화력의 상승속도를 빠르게 한다.
③ 연료의 점화가 빨리, 고르게 전파되게 한다.
④ 점화 시는 언제나 방화수를 준비한다.
[해설] 보일러의 폭발을 방지하기 위해 점화 전 댐퍼를 열어 프리퍼지를 해야 한다. 답 ①

[핵심문제] **점화 전에는 연도 내의 환기를 충분히 해야 하는 이유는?**
① 연료의 착화를 양호하게 한다.
② 아황산가스를 적게 하고 관판의 부식을 방지한다.
③ 가스 폭발을 방지한다.
④ 통풍력을 점검한다.
[해설] 연소실 및 연도에 남아 있는 미연소 가스에 의한 폭발을 방지하기 위하여 점화 전 반드시 프리퍼지(사전 환기)를 해야 한다. 답 ③

(1) 유류 보일러의 점화

자동 점화와 수동 점화(점화봉 점화)로 구분된다. 자동 점화에서는 시퀀스 제어로 행하면서 전자밸브가 인터록이 되어 있어 위험은 수동 점화보다 적다. 수동 점화는 특히 불씨를 투입한 후에 연료밸브를 열어 주는 것이 중요하며 연료 투입량이 많지 않도록 한다(저연소).

① 자동 점화

점화 전에 점검사항을 이행한 후 제어반의 모든 스위치의 위치를 확인(자동 위치)하며, 전원 스위치를 누른다(점화 동작 시작). 자동 점화 시의 점화 순서는 시퀀스 제어 방법과 인터록의 결합으로 행하여지며, 그 순서는 노내 환기 → 버너 동작 → 노내압 조정 → 파일럿 버너(점화 버너) 작동 → 화염 검출 → 전자밸브 열림 → 점화 → 공기 댐퍼 작동 → 저연소 → 고연소로 이어진다.

[참고]
① 프리퍼지, 수위 유지, 증기압, 저연소 상태가 정상인 경우에는 점화가 진행되지만 이상이 있을 경우에는 동작이 되지 않는다.
② 점화 도중에 화염 검출기의 기능 저하 또는 불착화로 인하여 화염이 검출되지 않으면 불착화 경보가 발생하여 모든 것은 정지되지만 송풍기에는 일정 시간(30초 정도) 작동, 프리퍼지를 행한다.

> [핵심문제] 보일러의 자동 점화 시 점화 순서로 맞는 것은?
> ① 버너 동작 → 노내 환기 → 화염 검출 → 고연소 → 저연소
> ② 노내 환기 → 버너 동작 → 화염 검출 → 점화 → 연소
> ③ 화염 검출 → 버너 동작 → 고연소 → 점화 → 환기
> ④ 연소 → 점화 → 화염 검출 → 버너 동작 → 환기
>
> 답 ②

② 수동 점화
 ㈎ 점화 전에 점검사항을 이행하여야 한다. 특히 프리퍼지는 더욱 유의하지 않으면 안 된다.
 ㈏ 버너를 작동시킨다.
 ㈐ 노내압(-2 mmH₂O 정도)을 조절한다. 이때 노내압이 높아지면 소화되기가 쉽기 때문이다.
 ㈑ 점화봉을 삽입한다(경유 점화봉). 투시창으로 확인하여 점화봉은 버너의 전방 10 cm 정도 하단에 위치시킨다. 이때 취급자는 역화에 피해를 입지 않는 위치에 서서 불꽃을 감시한다(좌측 방향에 위치하는 것이 안전함).
 ㈒ 연료밸브를 약간 열어 점화한다. 5초 이내에 점화되지 않을 경우에는 불씨를 제거하고 프리퍼지부터 점화 순서에 의거하여 재점화한다.
 ㈓ 저연소로부터 고연소로 옮긴다. 고연소 상태로 전환하는 경우 유량조절밸브는 한꺼번에 열지 않도록 하고 공기량을 증가시킨 후에 연료량도 증가시킨다.

> [핵심문제] 다음은 수동 점화 순서를 열거한 것이다. ( )에 알맞은 사항은?
>
> 노내 가스 배출 → 버너 작동 → ( ) → 점화봉 삽입 → ( ) → 점화 → 저연소 → 고연소
>
> ① 노내압 조절, 밸브 개방   ② 밸브 폐쇄, 밸브 개방
> ③ 프리퍼지, 유량 조절   ④ 댐퍼 폐쇄, 화력 조절
>
> 답 ①

(2) 가스 보일러의 점화
 ① 가스는 누설의 위험이 크고 또한 누설 여부의 점검이 어려우므로 특히 주의하여야 한다. 점화 전에는 연료 배관 계통에 가스의 누설 여부를 확인하기 위하여 배관의 이음부, 밸브 등에 비눗물을 사용하여 철저한 점검이 필요하다.

> [핵심문제] 다음 중 가스 누설 여부를 검사하는 데 사용되는 것은?
> ① 성냥불　② 촛불　③ 엷은 껌　④ 비눗물　　답 ④

② 점화 시의 주의사항
　㈎ 연소실 내의 용적 4배 이상의 공기로 충분한 사전 환기(프리퍼지)를 행한다. 이때 댐퍼는 완전히 열고 행하여야 한다.
　㈏ 점화는 1회로 착화될 수 있도록 하여야 하며 불씨는 화력이 큰 것을 사용한다.
　㈐ 갑작스런 실화 시에는 연료 공급을 즉시 차단하고 그 원인을 조사한다.
　㈑ 긴급 연료 차단밸브의 작동이 불량하면 점화 시의 역화 또는 가스 폭발의 원인이 되므로 점검을 철저히 행한다.
　㈒ 점화용 버너의 스파크는 정상인가 확인하며 카본 부착 시에는 청소를 하여야 한다.
　㈓ 점화용 연료와 주버너에 공급될 연료가스의 압력이 적당한가를 확인한다.
　㈔ 실화 시에는 충분한 환기를 요한다.
③ 점화 순서 : 주로 자동 점화를 행하므로 기름 연소 보일러의 순서와 같다.

3 증기 발생 시의 취급

(1) 연소 초기의 취급

① 연소량을 급속히 증가시키지 않을 것 : 연소량을 급속히 증가시키면 전열면의 부동 팽창, 내화물의 스폴링 현상, 그루빙, 균열 등을 초래한다.
② 압력 상승은 매우 느리게 행한다.
　㈎ 본체의 온도차가 크게 되지 않도록 한다.
　㈏ 국부 과열이나 균열, 누설 등이 생기지 않도록 충분한 시간을 주고 연소시킨다.
　㈐ 초기의 가동 시간은 보일러의 구조, 용량의 크기, 급수온도, 보일러수의 온도 등에 따르지만 패키지형 보일러는 1~2시간 안에 정상압력이 되도록 한다.

> [핵심문제] 처음부터 급속히 연소시킬 때의 가장 큰 장해는?
> 　① 불완전 연소가 되어 열손실이 커진다.
> 　② 통풍력이 강하여 역화 현상이 일어난다.
> 　③ 온도의 불균일과 급팽창으로 균열 손상이 된다.
> 　④ 송풍 압력이 커져서 소화되기 쉽다.
> 　[해설] 전열면의 부동 팽창으로 내화물의 균열 및 누설이 발생할 수 있다.　답 ③

(2) 증기압이 오르기 시작할 때의 취급

① 공기빼기밸브 닫기
② 수면계, 압력계, 분출장치의 기능 점검
③ 맨홀, 소제구, 검사구를 더욱 조여 준다.
④ 압력계 감시와 연소의 조정
⑤ 급수장치의 기능 확인
⑥ 절탄기, 공기예열기는 부연도를 이용한다(저온 부식, 과열 방지를 위해서).

(3) 증기압이 올랐을 때의 취급

① 안전밸브는 증기압력이 75% 이상 될 때 분출 시험한다.
② 수위를 감시한다.
③ 압력계를 감시한다.
④ 분출밸브, 수면계, 드레인밸브의 누설 유무를 확인한다.
⑤ 제어장치의 작동 상태를 점검한다.

(4) 송기 시의 취급

① 캐리오버, 수격 작용이 발생하지 않도록 한다.
② 스팀 헤더 주위의 밸브, 트랩의 바이패스 밸브를 열어 드레인을 제거한다.
③ 주증기밸브는 열기 시작하여 3분 이상 완전히 연다(서서히 연다).
④ 부하 측의 압력이 정상적으로 유지되고 있는가를 확인한다.
⑤ 드레인 배제가 된 경우에는 바이패스를 닫고 트랩을 사용한다.
⑥ 수위, 증기압을 일정하게 유지하고 연소를 조절한다.

[핵심문제] **송기밸브를 급격히 열 때 발생하는 장해는?**
① 증기관의 신축 현상이 심하게 일어난다.
② 수격 작용이 발생한다.
③ 증기 소비가 필요 없이 많아지게 된다.
④ 급수밸브에 고장이 발생되어 급수가 곤란하다.
[해설] 증기밸브를 급개하면 압력이 상승하여 수격 작용이 발생한다. 　　답 ②

4 보일러 운전 중의 취급

(1) 일반적인 유의사항

① 수면계의 수위는 항상 상용 수위가 되도록 하며 주위는 항상 확인한다.
② 증기압력은 사용압력 이상으로 하지 않도록 하고 부하에 대응하여 연료를 공급한다.
③ 안전밸브는 1일 1회 이상, 레버를 수동으로 열어서 작동 상태를 확인한다(분출압력 75% 이상에서). 안전밸브는 제한압력보다 4% 증가하면 자동적으로 증기를 분출하고 닫히는 것이 중요한 요건이다.
④ 보일러수는 1일 1회 이상 분출한다.
⑤ 여과기를 주 2회 이상 자주 청소한다.
⑥ 증기 누설이나 연도 내의 냉기 누입은 즉시 조치한다.
⑦ 급수장치의 누설이나 고장은 즉시 조치한다.
⑧ 배기가스 온도가 갑자기 올라가는가를 확인한다.
⑨ 저수위 안전장치의 작동 상태를 점검하고, 1일 1회 이상 분출한다.

[핵심문제] 다음 중 보일러 취급 방법으로 틀린 것은?
① 역화의 위험을 막기 위해 댐퍼를 닫아 놓아야 한다.
② 점화 후 화력의 급상승은 금지해야 한다.
③ 부속장치 작용의 정확성에 대한 점검을 게을리해서는 안 된다.
④ 내부 청소는 아세트산의 용액을 사용하는 것이 좋다.
[해설] 역화 및 보일러 폭발을 막기 위해 댐퍼를 열어 놓아야 한다. 　답 ①

[핵심문제] 보일러 운전 중 일반적인 주의사항이 아닌 것은?
① 수면계의 수위는 항상 저수위 이하로 되지 않도록 한다.
② 증기압력은 사용압력 이상으로 하지 않도록 하고 부하에 따른 연료를 공급한다.
③ 안전밸브는 제한압력보다 2% 증가하면 자동적으로 증기를 분출시키도록 조절한다.
④ 여과기를 주 2회 이상 청소해 준다. 　답 ③

---

(2) 수위 조절

급수는 1회에 다량으로 하지 않고 연속적인 소량으로 일정량씩 급수한다. 급수장치는 항상 기능을 완전하게 발휘할 수 있도록 하며, 급수는 약품 처리된 물을 사용하여야 한다. 수위는 일정하게 유지하며, 급수펌프의 출구 압력과 증기압의 압력차가 크면 급수장치의 이상이 있다고 생각하고 급수장치를 점검해야 한다.

(3) 압력 조절

압력 조절 스위치의 압력 검출에 의한 비율 제어 방식으로, 연료량과 공기량을 가감하여 조절하게 된다. 증기 사용처에서 요구하는 압력으로 유지하여야 하므로, 보일러에서 증기압력의 일정 유지는 중요하며, 특히 압력 초과에 의한 파열 사고를 사전에 방지할 수 있다.

핵심문제 보일러 운전 중 수위 및 압력 조절에 관한 다음 설명 중 틀린 것은?
① 급수는 연속적으로 소량으로 일정량씩 급수한다.
② 급수는 약품 처리된 물을 사용한다.
③ 압력 조절 스위치의 압력 검출에 의한 비율 제어 방식으로 압력을 조절한다.
④ 보일러에서 증기압력의 일정 유지는 신경을 쓰지 않아도 된다.   답 ④

---

(4) 연소 조절

증기압력과 밀접한 관계가 있는 연소 조절은 다음과 같다.
① 연료의 연소량과 그것에 적용하는 공기량과 비율이 항상 일정하게 되도록 조절해야 한다.
② 과잉 공기량을 적게 공급하여 완전 연소가 되도록 유의한다.
③ 통풍력의 조절이 극히 중요하다.
④ 압력 변화에 의한 연소용 공기 조절에 주의해야 한다.
⑤ 역화나 가스 폭발에 주의하고 통풍계, CO_2계, 배기가스 온도계, 매연 농도계 등을 설치하고 적절히 조절하여 연기의 색깔에 주의하면서 댐퍼를 조절하여야 한다.
⑥ 연소량 증가 시에는 공기량을 증가시키고, 연료량을 증가시킨다. 연소량을 감소시킬 때는 연료의 공급량을 감소시킨 뒤에 공기량을 감소시킨다. 만약, 순서가 잘못되면 역화 위험이 있다.
⑦ 화염 감시를 철저히 해야 된다.
⑧ 수관식 보일러에서는 때때로 그을음을 제거하여 전열을 유지하여야 한다.

중유 연소의 불꽃색과 공기량, 연기의 색

공기량	노내의 상태(불꽃의 색)	연기의 색
적당	오렌지색, 노의 구석이 약간 보인다.	엷은 회색 또는 무색
과잉	회백색, 노내가 밝다.	백색 또는 무색
부족	노내 전체가 암적색이다.	흑색

> **핵심문제** 다음 중 옳지 않은 것은?
> ① 증기 발생 중에는 수위에 조심하고 안전저수위 이하로 되지 않도록 하여야 한다.
> ② 압력을 일정하게 공급하여 과잉공기는 되도록 적게 하고 완전 연소하도록 댐퍼를 조절한다.
> ③ 보일러수는 계속 사용하면 농축되어 순환이 나빠지고 물때가 부착되기 쉽다.
> ④ 각부의 증기가 누설되지 않도록 하고 밸브를 급히 열고 빨리 닫아야 한다.
>
> [해설] 밸브 급개 시 수격 작용의 원인이 된다. 답 ④

> **핵심문제** 보일러의 분출 시 주의사항으로 틀린 것은?
> ① 분출할 때는 절대로 다른 작업을 하지 않는다.
> ② 분출은 2대의 보일러를 동시에 행하여야 한다.
> ③ 분출 종료 후에는 분출밸브를 확실히 닫는다.
> ④ 분출은 2명이 한 조가 되어 작업을 하도록 한다.
>
> [해설] 분출 시 2대의 보일러를 동시에 분출하면 안 된다. 답 ②

5 보일러 정지 시 취급

(1) 정상 정지 시 유의사항

① 보일러를 정지하고자 할 때에는 작업 종료 시에 필요한 증기를 남기고 정지시킨다. 이때 보일러 정지는 작업 종료보다 약 30분 정도 일찍 행한다.
② 노벽의 급랭, 전열면의 급랭을 방지할 수 있는 조치를 한다.
③ 남은 열로 인한 증기압력 상승을 확인한다.
④ 상용 수위보다 약간 높게 급수한 후 급수밸브와 주증기밸브를 닫고, 주증기관에 설치된 드레인밸브나 헤더의 드레인밸브를 연다.
⑤ 정지 후에는 노내 환기를 충분히 시키고 댐퍼를 닫는다.

> **핵심문제** 보일러의 정상 정지 시의 유의사항으로 틀린 것은?
> ① 보일러의 정지는 작업 종료보다 약 30분 정도 늦게 행한다.
> ② 노벽의 급랭, 전열면의 급랭을 방지할 수 있는 조치를 한다.
> ③ 급수밸브 → 주증기밸브의 순으로 닫고 드레인밸브를 열어준다.
> ④ 정지 후에는 노내 환기를 시킨 후 댐퍼를 닫는다. 답 ①

(2) 보일러의 정지 시 일반적인 순서
① 연료를 차단한다.
② 공기를 차단한다.
③ 급수 후 급수정지밸브를 닫는다(증기압은 떨어진다).
④ 주증기 정지밸브를 닫고 드레인을 연다.
⑤ 댐퍼를 닫는다.

[핵심문제] **보일러의 정지 시 일반적인 순서로 맞는 것은?**
① 연료 차단 → 댐퍼 폐쇄 → 공기 차단 → 급수정지밸브 폐쇄 → 주증기 정지밸브 폐쇄 → 드레인 밸브 개방
② 댐퍼 폐쇄 → 드레인밸브 개방 → 연료 차단 → 공기 차단 → 급수밸브 폐쇄
③ 공기 차단 → 댐퍼 폐쇄 → 급수정지밸브 개방 → 연료 차단 → 드레인밸브 개방
④ 연료 차단 → 공기 차단 → 급수정지밸브 폐쇄 → 드레인밸브 개방 → 댐퍼 폐쇄

답 ④

---

(3) 보일러 정지 후의 조치
① 버너 팁의 소제를 한다.
② 각종 밸브의 누설 유무를 점검한다.
③ 노벽의 열로 인한 압력 상승은 없는지 확인한다.
④ 수위를 확인한다.
⑤ 각종 배관의 누설 유무를 확인한다.

(4) 비상 정지시킬 때의 정지 순서
① 연료를 차단한다.
② 공기를 차단한다.
③ 급수를 한다(주철제, 심한 저수위의 경우는 급수 불가).
④ 다른 보일러와 연락을 차단한다.
⑤ 자연히 식는 것을 기다리며 사고 원인을 점검한다.
⑥ 전열면을 확인하여 변형 유무를 조사한다.
⑦ 급수 후 재점화하여 사용한다.

[핵심문제] 보일러의 비상 정지 순서를 가장 바르게 나타낸 것은?

㉠ 연료 공급 정지   ㉡ 수위 유지 도모
㉢ 주증기의 밸브 차단   ㉣ 연소용 공기 정지
㉤ 댐퍼는 개방한 그대로 취출 통풍을 가함

① ㉣→㉠→㉡→㉤→㉢
② ㉠→㉣→㉢→㉡→㉤
③ ㉤→㉣→㉠→㉢→㉡
④ ㉡→㉠→㉤→㉢→㉣

답 ②

10-2 보일러 운전 중의 사고 및 대책

보일러 운전 중에는 각종 사고가 발생되기 쉬우므로 주의를 요한다. 특히 과열 사고, 부식 사고, 압력 초과 사고, 미연소가스 폭발 사고 등에 관심을 가지고 방지하여야 한다.

1 과열 사고

과열 사고는 주로 관석(스케일) 부착에 의해 일어난다.

(1) 관석 부착 과열

보일러 용수에 녹아 있던 관석 성분이 온도 상승 때문에 고형화되어 동체 내부에 부착하게 된다. 이 관석은 용수 처리가 잘 안 되어 있고, 또 고온이 될수록 많이 발생되어 부착한다.

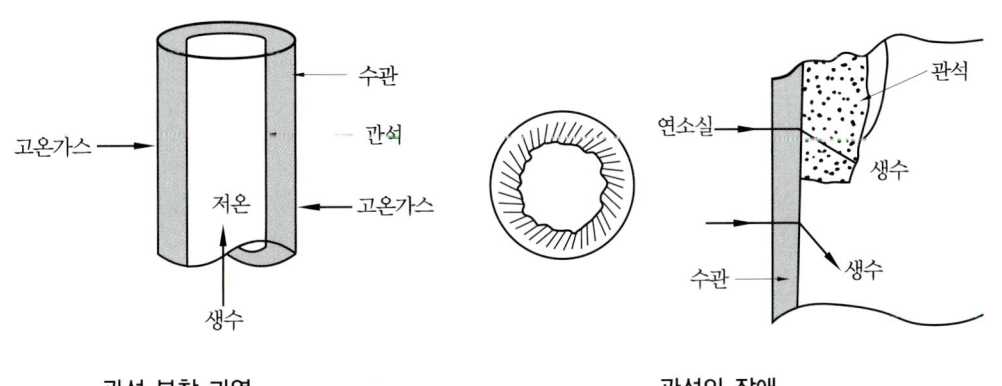

관석 부착 과열   관석의 장애

이와 같이 부착된 관석은 열전도율이 작아(철강재의 약 $\frac{1}{50} \sim \frac{1}{100}$) 연소열을 관수에 전달시키는 데 장애적 역할을 하게 된다. 그렇기 때문에 관석이 부착된 부분의 외부온도는 계속 상승되어 그 부위의 재질이 약화되는 것이다.

이렇게 관석이 많이 부착되면 안전도가 저하될 뿐 아니라, 연료 소비가 커지고, 따라서 연돌로 배출되는 배기가스의 온도도 상승하게 된다.

[핵심문제] **다음 중 스케일 부착이 보일러에 미치는 영향으로 옳은 것은?**
① 워터 해머를 일으킨다.
② 프라이밍을 일으킨다.
③ 연료의 손실을 초래한다.
④ 파이프 누설의 원인으로 된다.
[해설] 관석의 부착 → 열전달 저하 → 국부적인 과열 → 연료 손실 → 보일러 효율 저하
답 ③

[핵심문제] **관석이 많이 부착되면 발생되는 악영향에 들지 않는 것은?**
① 관석의 부착면 강도 증대
② 안전도 저하
③ 연료 소비량 증가
④ 배기가스의 온도 상승
[해설] 열전달 저하로 연료 소비량이 커져 배기가스의 온도가 상승한다.
답 ①

---

(2) 과열의 원인 중요

강(鋼)을 가열한 온도가 높거나 고온 상태에서 가열시간이 길어지면 강은 과열을 일으켜서 강 조직이 변화한다. 과열에 의하여 조직이 변하게 되면 열처리에 의해서만 조직 또는 성질을 회복시킬 수 있다. 과열의 원인은 다음과 같다.

① 보일러판에 관석이 많이 퇴적한 부분을 강하게 가열하여 열전달이 낮아진 때
② 보일러 물 중에 유지분이 포함되었을 때
③ 관석이 붙은 부분이 국부적으로 방사열을 받을 때(국부적인 과열)
④ 보일러의 이상 저수위에 의하여 빈 보일러를 운전했을 때
⑤ 화염이 본체(노통, 수관, 연관 등)의 전열면에 충돌할 때
⑥ 고온의 가스가 고속으로 전열면에 마찰할 때
⑦ 보일러수 순환이 불량일 때

> [핵심문제] 다음 중 보일러의 과열 원인이 아닌 것은?
> ① 보일러 중에 유지분이 포함되었을 때
> ② 보일러의 이상 저수위에 의하여 빈 보일러 운전 시
> ③ 고온의 가스가 저속도로 전열면에 영향을 줄 때
> ④ 보일러수의 순환이 나쁠 때
>
> [해설] 유지분에 의해 슬러지 생성 및 과열이 발생되어 보일러 파열 현상과 열손실을 초래한다.
> 답 ③
>
> [핵심문제] 보일러의 과열 소손 방지대책이 아닌 것은?
> ① 보일러 수위를 너무 낮게 하지 말 것
> ② 보일러수를 과도히 농축시킬 것
> ③ 보일러수의 순환을 좋게 할 것
> ④ 화염을 국부적으로 집중시키지 말 것
> 답 ②

(3) 팽출과 압궤

① 강철판은 상온에서는 강하고 350℃ 이상에서는 약해진다. 보일러의 구성 부분이 과열에 의해서 강도가 감소되고, 이 때문에 내부의 증기압력에 견디지 못하고 변형이 생기며 심할 때는 보일러 내부의 유체가 분출되고 파열을 일으키기도 한다. 이와 같은 변형 현상은 압축응력을 받는 부분과 인장응력을 받는 부분인 두 가지로 나눌 수 있다.

㈎ 압축응력을 받는 부분은 압궤를 일으킨다.
㈏ 인장응력을 받는 부분은 팽출한다.

② 압축응력을 받아 압궤를 일으키는 보일러의 구성 부분은 노통, 연소실, 관판 등이고 인장응력을 받아 팽출을 일으키는 부분은 횡연관 보일러의 농저부, 수관 등이 있다.

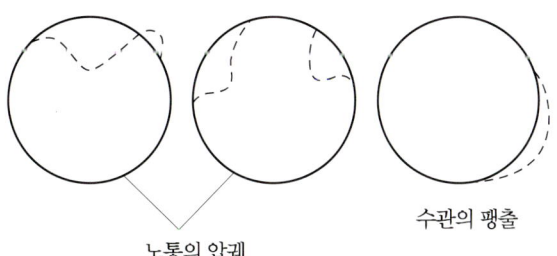

노통의 압궤   수관의 팽출

팽출과 압궤

> [핵심문제] 보일러에서 압궤(collapse)가 발생하기 쉬운 부분이 아닌 것은?
> ① 노통　　　　　　　② 연소실
> ③ 관판　　　　　　　④ 횡연관 보일러의 동저부　　　답 ④

(4) 강철관의 피로

보일러를 구성하고 있는 강판은 절대증기압력 및 열에 의하여 교번(交番)하중을 받는다. 교번하중을 받게 되면 판에 피로 현상이 와서 강도가 감소한다. 이 현상처럼 긴 세월 계속될 때 강도가 약해지는 것을 피로라고 하며, 이 때문에 판에 균열이 생길 수 있다.

> [핵심문제] 보일러의 재료인 강판은 긴 세월 동안 증기압력 또는 열 등에 의해 교번하중을 지속해서 받게 되어 강도가 약해지게 된다. 이렇게 강도가 약해지는 것을 무엇이라 하는가?
> ① 피로　　　　　　　② 균열
> ③ 응력　　　　　　　④ 변형　　　답 ①

(5) 강판의 균열

보일러는 오랜 기간 동안 반복적인 응력을 받으면 균열이 생기기 쉽다. 그 중요 부분은 다음과 같다.
① 이음 부분 : 가장 위험하다.
② 리벳 구멍 부분 : 리벳 구멍 주위의 집중응력에 의하여 발생한다.
③ 스테이가 부착되어 있는 부분

> [핵심문제] 보일러 강판이 반복응력을 받아 균열이 생기기 쉬운 부분을 열거한 것이다. 아닌 것은?
> ① 이음새 부분
> ② 리벳 구멍 부분
> ③ 스테이가 부착되어 있는 부분
> ④ 전열면 부분　　　답 ④

2 저수위 사고

보일러의 사고 통계 가운데 가스 폭발 다음으로 많은 사고 유형은 저수위 사고이다. 전열면이 물과 접촉하지 않고 증기와 접촉할 때는 증기의 비열이 작고 잠열이 없기 때문에 바로 증기의 온도가 상승한다. 과열기에서와 같이 증기의 속도가 빠르면 전열계수도 높아지고 새로운 증기가 지나가게 되므로 재질의 온도가 높아지지 않으나 일반 전열면에서는 발생 증기의 속도가 느리기 때문에 과열되기 쉬운 것이다.

장해의 내용을 보면 주로 응력이 낮아져 일어나는 것이 많다. 수관이 팽출하여 파손되고 노통이나 연관은 압궤가 생겨 파손된다.

(1) 저수위 사고의 원인

① 저수위 제어기의 고장
② 보일러수의 순환 불량
③ 수위의 오판
④ 수면계의 연결관 막힘
⑤ 분출장치의 누수
⑥ 급수배관의 막힘
⑦ 급수 역지밸브 고장
⑧ 증기 발생량의 과다
⑨ 급수장치의 고장

[핵심문제] 보일러 저수위 사고의 원인을 열거한 것 중 틀린 것은?
① 저수위 제어기가 고장이 났다.
② 수면계의 연결관이 막혔다.
③ 급수 역지밸브가 고장 나서 작동이 되지 않았다.
④ 증기 발생량이 너무 적었다.   답 ④

---

(2) 저수위의 사고 방지 대책

① 수면계의 수위를 감시한다.
② 수면계의 통수관이 관석으로 막혀 있지 않도록 적시에 청소한다.
③ 수면계 유리가 관석으로 오탁되어 있는 것을 닦아낸다.
④ 저수위 경보기의 기능이 유지되도록 한다(저수위 경보기 부착 시).
⑤ 자동 연소차단장치를 부착하고, 그의 기능을 유지하도록 적시에 점검한다.
⑥ 부하변동이 심할 때는 사전에 대비한다.
⑦ 보일러의 급수탱크 수원을 충분히 확보한다(저수위 사고 2차 원인).
⑧ 급수장치에 이상이 없도록 한다.
⑨ 저수위가 되면 즉시 연소를 중단하고 서서히 급수한다.

⑩ 관수 분출 작업은 부하가 적을 때 한다.
⑪ 분출밸브의 누설이 없도록 한다.
⑫ 처음 가동을 위한 점화 작업은 반드시 보일러 관수를 확인한 후 실시한다.
⑬ 저수위 경보기의 전기회로를 점검한다.
⑭ 예기치 않은 정전에 대비한다(인젝터의 설치 또는 연소 중단).
⑮ 급수관에 체크밸브를 부착한다.

[핵심문제] 보일러수의 부족으로 과열되어 위험할 때 가장 먼저 하는 응급처치는?
① 연료 공급을 중단하고 서서히 냉각시킨다.
② 증기밸브를 열고 압력을 낮춘다.
③ 안전밸브를 열고 압력을 낮춘다.
④ 증기밸브를 열고 즉시 급수한다.　　　　　　　　　　　　　답 ①

[핵심문제] 보일러의 저수위 사고는 가스 폭발 다음으로 많이 발생되는 사고 유형이다. 다음 중 저수위 방지 대책이 아닌 것은?
① 수면계의 통수관이 관석으로 막혀 있지 않도록 적시에 청소한다.
② 저수위 경보기가 부착되어 있다면 그 경보기 기능이 정상적으로 유지되도록 점검한다.
③ 급수장치의 이상 유무와는 무관하므로 분출밸브의 누설 여부를 확인한다.
④ 예기치 않은 정전에 대비하기 위하여 인젝터를 설치해 둔다.　　답 ③

---

3 부식 사고

보일러 구성 철재는 가동 시에는 항상 가열되고 내부에는 수분과 접하고 있기 때문에 부식이 발생된다.

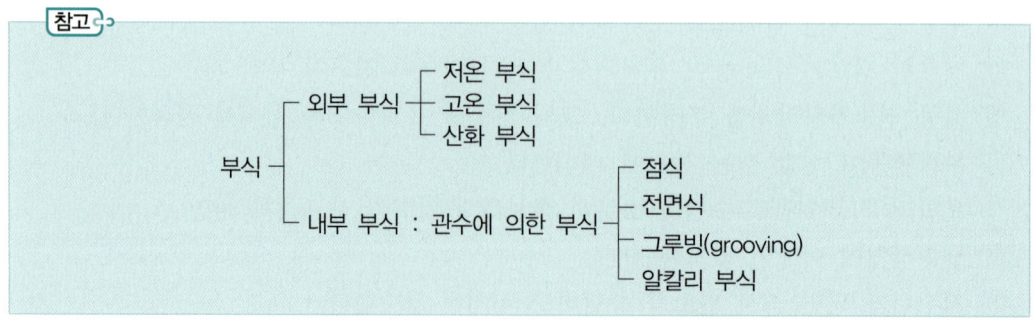

> [핵심문제] 관수에 의한 외부 부식이 아닌 것은?
> ① 저온 부식　　　② 고온 부식
> ③ 산화 부식　　　④ 구식(그루빙)　　　달 ④

> [핵심문제] 다음 부식의 종류 중 내부 부식에 속하지 않는 것은?
> ① 전면 부식　　　② 산화 부식
> ③ 점식　　　　　④ 구식　　　　　　달 ②

(1) 외부 부식

① **저온 부식** : 석탄 연료를 사용할 때에도 발생하나 특히, 황분이 많은 중유보일러에서는 보일러 본체(수관, 노통판 등)의 가스측과 절탄기, 공기예열기의 비교적 저온대에 위치하는 부분에서 발생하기 쉽다. 저온 부식은 황분에 의한 현상이며, 화학식으로 표시하면 다음과 같다.

$$S + O_2 \rightarrow SO_2 \quad 2SO_2 + O_2 \rightarrow 2SO_3 \quad SO_3 + H_2O \rightarrow H_2SO_4(황산)$$

발생한 황산분이 강재를 침식하는 것이며, 가스 통로 내에 이 작용을 촉진하는 촉매로서 녹과 다른 화학 성분과 기계적 작용(고속으로 접촉하는 분진)이 있다.

한편, 연료에 황분이 많이 함유되어 있으면 연료가스의 노점이 높아지므로 저온대에서 결로하기 좋은 조건(부식 작용의 증진)이 된다. 이것을 저온 부식이라 한다. 배기가스 노점온도가 약 150℃ 정도이며 황분 1%당 노점온도는 4℃ 상승한다고 생각하여, 일반적인 저온 부식 발생 온도는 170℃ 이하라고 볼 수 있다.

> [참고]
>
> **저온 부식의 방지대책** : 연료의 선택, 연료 공기의 예열이 그 대책이 되나 가스측 부착물의 조기 제거 작업이 가장 중요하다. 큰 시설에서는 연료에 첨가제로서 암모니아 가스, 백운석 또는 산화마그네슘의 분말을 혼합하여 SO_2의 발생을 방지하는 방법도 채택되고 있다.
>
> - 황분이 적은 연료(탈황중유 또는 저유황중유 등)를 사용할 것
> - 적은 과잉 공기량으로 연소할 것
> - 노점온도를 낮추는 연료첨가제(수산화마그네슘 등)를 이용할 것
> - 연소배기가스 온도가 너무 낮아지지 않도록 할 것
> - 증기식 공기예열기 등을 병설하여 저온 전열면을 통과하는 가스의 온도가 너무 낮아지지 않도록 한다.
> - 내식성 재료를 사용한다.
> - 연소 초기에는 부연도(바이패스 연도)를 사용한다.
> - 절탄기나 공기예열기에 공급되는 유체의 온도를 높게 유지한다.

[핵심문제] **다음 중 저온부(급수예열기, 공기예열기)를 부식하는 물질은?**
① SO_2
② 염소 및 염산(HCl)
③ 버드 네스트
④ 바나듐

답 ①

[핵심문제] **보일러의 저온 부식에 관한 설명으로 틀린 것은?**
① 오산화바나듐이 있으면 부식 발생률이 적게 된다.
② 석탄 및 중유 보일러에서 많이 발생되는 부식으로 중유 보일러에서는 본체의 가스측과 절탄기 등 저온대에 위치하는 부분에서 많이 일어난다.
③ 산과 황이 화합하여 황산(H_2SO_4)분을 발생시켜 강재를 침식한다.
④ 일반적으로 저온 부식 발생온도는 170℃ 이하 정도이다.

[해설] 오산화바나듐에 의해 고온 부식이 발생한다.

답 ①

[핵심문제] **중유 연소 시 저온 부식의 방지책으로 틀린 것은?**
① 첨가제를 사용하여 황산가스의 노점을 올린다.
② 배기가스 중의 O_2(%)를 내려 아황산가스의 산화를 제한한다.
③ 전열면의 표면에 보호피막을 사용한다.
④ 저온 전열면에 내식 재료를 사용한다.

[해설] 연료에 연료첨가제를 넣어 황산가스의 노점을 낮춘다.

답 ①

[핵심문제] **보일러의 저온 부식을 방지할 수 있는 대책이 아닌 것은?**
① 연료를 잘 선택한다.
② 연료 공기를 예열한다.
③ 가스측 부착물을 먼저 제거한다.
④ SO_2의 발생을 증가시킨다.

답 ④

[핵심문제] **저온 부식의 방지 대책 중 잘못된 것은?**
① 탈황중유 또는 저유황중유를 사용한다.
② 과잉 공기량을 더욱 증가시킨다.
③ 노점온도를 낮추기 위한 연료첨가제(수산화마그네슘)를 이용한다.
④ 절탄기나 공기예열기에 공급되는 유체의 온도를 높게 유지한다.

답 ②

② 고온 부식 : 노통 보일러의 특수 스토커연료 이외에서는 그다지 볼 수 없는 노내의 화면측의 손모 현상을 중유 보일러에서 볼 수 있다. 이것은 고온 부식, 바나듐 침식이라고 칭하는 현상이며, SO_2 침식과는 달리 비교적 고온대, 즉 노내와 이것에 가까운 통로 내에 위치하는 재열기 및 과열기 등에 일어나는 현상이다.

중유 연료의 연소 시에 중유 중에 포함되어 있는 바나듐(V)이 산화된 후 오산화바나듐(V_2O_5)으로 되어 고온의 전열면에 융착하여 550℃ 이상이 되면 부식이 발생한다.

> **참고**
>
> **고온 부식의 방지대책**
> - 연료 중의 바나듐, 나트륨, 황분을 제거할 것
> - 첨가제(돌로마이트, 알루미나 분말)를 가하여 바나듐의 융점을 높일 것
> - 전열면은 내식재료를 사용하거나 내식처리를 할 것
> - 저공기비의 연소를 시켜, 융점이 높은 바나듐 산화물을 생성시킨다.
> - 전열면의 표면온도가 높아지지 않도록 설계할 것

[핵심문제] 전열면 고온 부식 성분은?
① S   ② H_2 ③ O_2 ④ V   **답 ④**

[핵심문제] 고온 부식에 관한 설명 중 잘못된 것은?
① 중유 보일러 등의 노내 화염에 의한 손상이다.
② 노내와 보일러 본체 과열기 등에 일어난다.
③ 보일러 내의 온도가 올라갈수록 강재의 고온 부식 정도는 심해진다.
④ SO_2 침식이라고도 한다.
  [해설] 황분에 의한 부식은 저온 부식이다.   **답 ④**

[핵심문제] 보일러 고온 부식의 방지책에 속하지 않는 것은?
① 전열면의 표면온도가 높아지도록 설계한다.
② 돌로마이트, 알루미나 분말 등의 첨가제를 가한다.
③ 전열면을 내식 처리한다.
④ 저공기비의 연소를 시켜 융점이 높은 바나듐 산화물을 생성시킨다.   **답 ①**

---

③ 산화 부식 : 금속이 연소가스로 산화되어 표면에 산화 피막을 형성하는 것이다. 이러한 산화 작용은 금속 표면의 온도가 높을수록, 금속 표면이 거칠수록 강하게 나타난다.

[핵심문제] 산화 부식에 관한 설명 중 틀린 것은?
① 금속이 연소가스로 산화되어 표면에 산화 피막을 형성하는 부식이다.
② 금속 표면의 온도가 높을수록 산화 부식이 약하게 발생된다.
③ 금속 표면이 거칠수록 산화 피막은 더 많이 형성된다.
④ 보일러의 외부 부식 중 한 가지이다.   **답 ②**

(2) 내부 부식 : 점식, 전면식, 구식(그루빙)

① 내부 부식의 발생 원인

㈎ 보일러 급수 중에 유지, 공기(산소), 탄산가스 등의 유해한 불순물이 포함되어 있을 때

㈏ 보일러 각 부분의 가열 상태에 현저한 차이가 있는 부분은 부분적인 온도 차이가 생기고 그 고·저온부 간에 전류가 흐르며 고열부가 양극이 되어 부식된다.

㈐ 굽힘 때문에 분자 조직이 변화하면 굽힘이 있는 부분과 굽힘이 없는 부분 간에 전위차가 생기고 전류가 흘러서 이 전류 작용에 의해 굽힘이 있는 부분이 부식된다.

㈑ 보일러판의 표면에 녹이 부착되어 있으면 국부적으로 전위차가 생기게 되고 전류가 흘러 양극이 된 부분이 부식된다.

㈒ 강재가 다른 금속과 접촉하고 있을 때는 전류가 흐르고 양극이 된 금속이 부식된다.

㈓ 강은 포금, 동에 대해서 양극이 된다. 이러한 작용은 온도의 상승과 함께 그 반응이 활발해진다.

㈔ 공장 등의 전기시설에서 누전하고 있을 때 이것이 보일러를 통해서 흐르면 부식을 증가시킨다.

㈕ 강재에 포함된 인, 유황 등은 용이하게 산화하기 때문에 온도 상승과 함께 산을 만들고 부식시키게 한다.

[핵심문제] 보일러수에 함유된 탄산가스는 어떤 현상을 일으키는가?

① 부식   ② 절연   ③ 온도 상승   ④ 효율 증대   답 ①

[핵심문제] 내부 부식의 발생 원인에 대한 설명 중 틀린 것은?

① 보일러 급수 중에 유해 불순물이 포함되어 있다.
② 보일러 각 부분의 가열 상태에 현저한 차이가 있는 부분은 부분적인 온도 차이가 발생되었다.
③ 굽힘부에서 분자 조직이 변화되어 굽힘 없는 부분과 전위차가 발생되었다.
④ 강재에 포함된 인, 유황 등은 쉽게 산화하므로 온도가 상승됨에 따라 알칼리를 만들게 되어 부식을 촉진시킨다.   답 ④

[핵심문제] 보일러 급수 중에 유해 불순물이 포함되어 있을 때 내부 부식이 일어난다. 이때의 유해한 불순물에 속하지 않는 것은?

① 공기(산소)   ② CO_2
③ 나트륨   ④ 유지분   답 ③

② 내부 부식의 형태 : 전면 부식은 보일러판의 상당히 넓은 면적에 전반적으로 하나와 같이 부식되는 것이며, 점식은 부식이 점상으로 산재하고 있는 것이다. 구식은 홈 모양으로 어느 한 부분이 선상으로 깊이 파고 들어가는 부식이다.

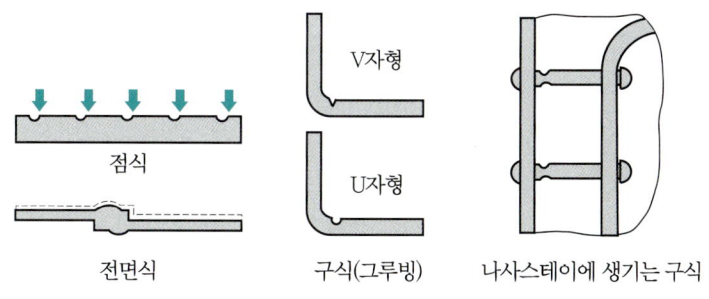

내부 부식의 형태

③ 내부 부식이 발생하기 쉬운 곳
   ⑦ 수면 이하
   ㈐ 침전물이 퇴적되기 쉬운 곳
   ㈑ 과열이 발생되기 쉬운 곳
   ㈒ 점검·청소가 어려운 곳
   ㈓ 물에 접촉하는 수면 부근
   ㈔ 반복응력을 많이 받는 곳
   ㈕ 산화 피막이 파괴된 곳
   ㈖ 강재 표면이 불균일한 곳

[핵심문제] **내부 부식이 발생되기 쉬운 장소가 아닌 곳은?**
① 점검·청소가 쉬운 곳
② 침전물이 퇴적되기 쉬운 곳
③ 물에 접촉하는 수면 부근
④ 반복응력을 많이 받는 곳
      답 ①

[핵심문제] **다음에 열거된 곳에 발생되기 쉬운 부식의 형태는?**

   ㉠ 수면 이하
   ㉡ 산화 피막이 파괴된 곳
   ㉢ 강재 표면이 불균일한 곳
   ㉣ 과열이 발생되기 쉬운 곳
   ㉤ 청소·점검을 하기 어려운 곳

① 고온 부식   ② 저온 부식
③ 산화 부식   ④ 내부 부식
      답 ④

④ 내부 부식 형태의 분류
 ㈎ 점식(點蝕 : pitting) : 내면에 발생하는 좁쌀알, 쌀알, 콩알 크기의 점상(點狀)을 이루는 부식을 말한다. 보일러의 강 표면에는 실제로 산화철이 엷게 쌓여서 보호 피막 구실을 한다. 그러나 이 막이 깨어지면 강은 양극으로, 산화철은 음극으로 되고 그로 인하여 국부전지가 형성되어 양극에서 용출한 Fe^{2+}과 물 안의 OH^-이 결합해서 $Fe(OH)_2$이 침전된다. 더욱이 이 부식 생성물의 안팎에도 산소농도 차가 생기므로 산소농염전지가 이루어지고 부식은 국부적으로 깊이 진행한다. 슬러지가 쌓여 있는 경우도 같은 산소농염전지가 되고 부식이 일어난다.
  ㉮ 점식 상태 : 급수 중에 포함되어 있는 공기에 의해 보일러 동 내부나 수관 내면에 점 상태로 반점이 생기고 심하면 구멍이 생긴다.
  ㉯ 방지법
   • 용존 산소 제거
   • 방청도장, 보호피막
   • 아연판 매달기
   • 약한 전류 통전

[핵심문제] 다음 중 보일러의 동판을 점식시키게 하는 것은?
 ① 급수 중에 포함되어 있는 황산칼슘
 ② 급수 중의 탄산칼슘
 ③ 급수 중의 인산마그네슘
 ④ 급수 중에 포함되어 있는 공기
[해설] 보일러수 중에 함유된 산소 및 탄산가스가 용해하면 부식이 발생되며, 특히 고온에서 산소의 용해가 심해진다. 답 ④

[핵심문제] 보일러 내면에 콩알, 좁쌀알 등의 크기로 점상을 이루는 내부 부식은?
 ① 국부 부식   ② 전면 부식
 ③ 점식   ④ 구식   답 ③

[핵심문제] 보일러 내부에서 발생하는 점식 현상을 방지할 수 있는 방법을 잘못 열거한 것은?
 ① 용존 산소를 제거한다.
 ② 아연판을 부착한다.
 ③ 강한 전류를 통하게 한다.
 ④ 방청용 도장을 한다.   답 ③

 ㈏ 국부 부식(局部 腐蝕) : 내면이나 외면에 얼룩 모양으로 생기는 부분적인 부식을 말한다.

> [핵심문제] 보일러 내·외면에 얼룩 모양으로 발생하는 부분적인 부식을 무엇이라 하는가?
> ① 국부 부식 ② 점식
> ③ 얼룩 부식 ④ 전면 부식
> 답 ①

㈐ 전면 부식(일반 부식) : 국부 부식에 상대되는 용어로 부식이 금속의 전표면에 걸쳐 균등하게 발생되는 현상이다. 대기 중의 부식, 수용액 속의 화학 부식 등이 있으며, 전면적에 균등화되어 있기 때문에 부식의 진행은 국부 부식만큼 빠르지 않다.

㈑ 그루빙(grooving : 도랑 부식) : 보일러판 등의 연결 부분에 따라 그 근처에 도랑 형태로 발생되고 V형, U형을 만들며, 이러한 부식은 특히 팽창, 수축 등에 의하여 재질이 피로한 부분에 발생된다.

> [참고]
> **그루빙(구식)의 발생 장소**
> • 노통 보일러의 경판과 접합부 및 만곡부
> • 관, 판, 나사 스테이 만곡부
> • 연돌관, 화실화단, 노통의 플랜지 만곡부
>
> **그루빙 발생 방지 방법**
> • 반복적인 열응력을 적게 한다.
> • 플랜지 만곡부의 반지름을 가능한 크게 한다.
> • 노통 호흡 장소(breathing space)를 설치한다.

㈒ 알칼리 부식 : 보일러 급수 중에 알칼리(수산화나트륨)의 농도가 너무 높아지면 $Fe(OH)_2$이 용해되고 강은 알칼리에 의해서 부식된다.

㈓ 가성 취화 : 보일러판의 국부 리벳 연결부 등이 농알칼리 용액의 작용에 의하여 취화 균열을 발생하는 일종의 부식 형태이다. 산이나 염류에 의한 부식과 다른 점은 철강 조직의 입자 사이가 부식되어 취약하게 되고 결정 입자의 경계에 따라 균열이 생기는 것이다.

> [핵심문제] 그루빙에 대한 설명 중 틀린 것은?
> ① V자형 홈 모양의 부식이다.
> ② 보일러 물이 약알칼리성의 경우 만들어진 부식이다.
> ③ 보일러수에 접촉되는 강판 이음부에서 발생되기 쉽다.
> ④ 주로 보일러 팽창 수축에 의해 일어난 부식이다.
> [해설] ②는 알칼리 부식에 대한 설명이다.
> 답 ②

[핵심문제] **그루빙이 발생하기 쉬운 부분은?**
① 수선 부근
② 수관 내부
③ 노통 전단의 플랜지 둥근 부분
④ 거싯 스테이판

[해설] 그루빙은 반복응력이 가해진 부분에 생기기 쉽다.   답 ③

[핵심문제] **그루빙이 발생하기 쉬운 위치가 아닌 곳은?**
① 노통 전단 플랜지의 둥근 부분
② 접시형 마구리판의 구석 둥근 부분
③ 수선부(水線部)의 부근
④ 거싯 스테이 소형강의 사각 부분   답 ③

[핵심문제] **보일러 급수 중에 어떤 물질의 농도가 너무 높아지면 알칼리 부식이 발생되는가?**
① 수산화나트륨
② 탄산칼슘
③ 탄산가스
④ 철   답 ①

(3) 보일러 판의 손상

① 래미네이션(lamination)과 블리스터(blister) : 압연 강판이나 관의 두께 내부에 가스가 존재한 상태로 압연을 하였을 때, 판이나 관의 살이 2장으로 분리되는 현상을 래미네이션이라 하고, 이러한 부분에 고온의 열가스가 접촉하여 팽출하는 것을 블리스터라고 한다.

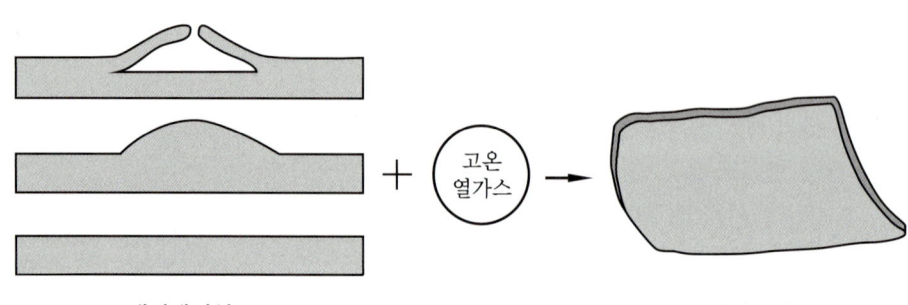

래미네이션   블리스터

② 크랙(균열) : 보일러는 반복적인 응력을 받으므로 무리를 하고 있는 부분은 균열이 생기기 쉽다.

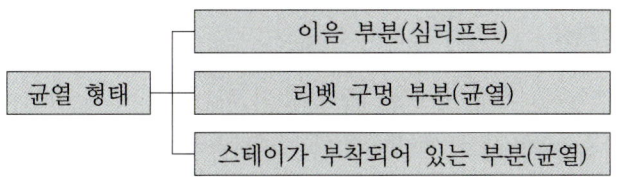

③ 보일러판의 파열 ⭐중요
  ㈎ 구조상 결함
    ㉮ 공작 불량 ⎫
    ㉯ 설계 불량 ⎬ 직접적인 원인이 된다.
    ㉰ 제작 불량 ⎪
    ㉱ 재료 불량 ⎭
  ㈏ 취급상 결함
    ㉮ 과열 : 스케일 부착, 저수위 사고 등으로 판의 강도 저하
    ㉯ 부식 : 급수처리 불량
    ㉰ 압력 초과 : 안전장치의 고장 또는 능력 부족

핵심문제 보일러의 파열 사고 원인 중 보일러 취급과 관계가 있는 것은?
　① 급수 불량　　　　　② 재료 불량
　③ 구조 불량　　　　　④ 공작 불량　　　　　　　답 ①

핵심문제 보일러 파열 사고 원인 중 구조물의 강도 부족에 의한 원인이 아닌 것은?
　① 용접 불량　　　　　② 재료 불량
　③ 동체의 구조 불량　　④ 용수 관리의 불량
　해설 ④는 취급상의 원인에 해당된다.　　　　　답 ④

핵심문제 다음 보일러 파열을 일으키는 결함 중 취급상의 결함에 해당되지 않는 것은?
　① 압력 초과　　　　　② 과열
　③ 부식　　　　　　　　④ 제작 불량　　　　　　답 ④

10-3 보일러의 용수 관리

1 급수 처리의 개요

보일러의 운전 관리 중 가장 중요한 관리 중의 하나이며 급수 처리 이상 시 보일러의 손상, 연료의 손실 등 많은 장해가 발생한다. 또한 보일러의 수명과 최대의 열효율이 보장될 수 있도록 운전 관리하기 위하여 최대한의 노력으로 급수 처리에 만전을 기하여야 한다.

(1) 보일러 용수 관리가 불량한 경우 미치는 장해
 ① 보일러 관내에 관석의 퇴적(스케일)
 ② 발생 증기의 불순(습증기)
 ③ 다량의 보일러수의 분출로 인한 열손실
 ④ 보일러수의 농축으로 보일러수의 순환 불량
 ⑤ 가성 취화 현상
 ⑥ 증기 및 급수계통, 본체 등의 부식
 ⑦ 비수 현상 등으로 인한 증기 속에 수분 혼입

> **참고**
> **급수 중의 중요 불순물(5대 불순물)**
> ① 염류 : 황산염, 탄산염, 규산염 등
> ② 유지분 : 과열, 포밍, 부식 촉진 등
> ③ 알칼리분 : 급수계통에 청동 부식, 알칼리 부식 등 유발
> ④ 가스분 : CO_2, O_2, N_2, H_2S 등
> ⑤ 산분 : pH 저하로 전면 부식 발생

[핵심문제] 급수 중의 불순물 중 과열 현상이나 포밍 현상 또는 부식 현상을 촉진시키는 것은?
 ① 염류 ② 유지분
 ③ 가스분 ④ 산분   답 ②

[핵심문제] 보일러수 속에 함유되어 있는 불순물 중 포밍 및 프라이밍을 유발하는 것은?
 ① 산소 ② 탄산칼슘
 ③ 유지분 ④ 황산칼슘   답 ③

(2) 수질에 관한 용어

① 경도(hardness) : 물의 세기 정도를 나타내는 것으로 주로 물에 녹아 있는 칼슘(Ca)과 마그네슘(Mg) 이온에 의해서 발생되며 경도의 정도에 따라 연수와 경수로 분류한다. 경도 성분이 많이 함유된 물은 경수(센물)라 하며, 이는 스케일 생성의 주원인이 된다. 특히 마그네슘에 의한 경도를 마그네슘 경도, 칼슘에 의한 경도를 칼슘 경도라 하며 이들의 합을 총경도라 한다.

㉮ 경도 표시 : 각국마다 경도 표시법은 다르다. 우리나라에서는 $CaCO_3$를 ppm으로 표시한 ppm 경도를 사용한다.

㉠ 독일 경도 : 물 100cc당 CaO(산화칼슘) 1mg 함유 시에 단위 1°dH로 표시
㉡ $CaCO_3$ ppm : 수중의 칼슘 이온과 마그네슘 이온의 농도를 $CaCO_3$ 농도로 환산하여 ppm 단위로 표시

[핵심문제] 물의 경도에 관한 설명 중 틀린 것은?
① 칼슘과 마그네슘 등의 불순물이 물속에 함유된 비율을 말한다.
② 경도 성분이 많은 물을 연수, 적은 물을 경수라 한다.
③ 총경도란 마그네슘 경도와 칼슘 경도를 합친 값이다.
④ 센물은 스케일 생성의 주원인이 된다.   답 ②

[핵심문제] 다음 중 보일러 용수의 일시적 경도를 일으키는 물질은 어느 것인가?
① 탄산염   ② 염화물
③ 마그네슘   ④ 황산염   답 ①

㉯ 연수(단물)와 경수(센물)

물 ─┬─ 경수 ─┬─ 영구 경수 : 비탄산염 경도 성분(염화물, 황산염)
　　│　　　　└─ 일시 경수 : 중탄산염 경도 성분(가열에 의하면 연수로 된다.)
　　└─ 연수 : 경도 성분이 적은 물(비누가 잘 풀린다.)

② pH(수소 이온 농도 지수) : 물(수용액)이 산성인지, 알칼리성인지는 수중의 수소 이온(H^+)과 수산화 이온(OH^-) 양에 따라 정해지는데, 이것을 표시하는 방법으로 수소 이온 지수 pH가 쓰인다. 상온(常溫)에서 pH 7 미만은 산성, 7은 중성, 7을 넘는 것은 알칼리성이다.

③ 알칼리도(산 소비량) : 수중의 수산화물, 탄산염, 중탄산염 등의 알칼리분을 표시하는 방법으로 산의 소비량을 epm 또는 $CaCO_3$ ppm으로 표시한다.

㈎ M알칼리도(전 알칼리도) : 메틸오렌지(중화 적정 pH 4.8)를 지시약으로 하여 규정액으로 변색하는 점까지 적정하고 수중의 알칼리분 전부를 $CaCO_3$ ppm으로 표시하는 알칼리도

㈏ P알칼리도 : 페놀프탈레인(중화 적정 pH 9)을 지시약으로 하여 규정액으로 변색하는 점까지 적정하여 구하며, 주로 수중의 수산화 이온 및 탄산 이온에 의한 알칼리도 측정 보일러는 주로 P알칼리도만 측정한다.

(3) 급수 속의 불순물로 인한 장해

① 급수 중의 불순물

㈎ 급수 중의 중요 불순물
 ㉮ 염류 ㉯ 유지분 ㉰ 산분 ㉱ 알칼리분 ㉲ 가스분

㈏ 물에 용해되어 있는 불순물
 ㉮ 산소 ㉯ 질소 ㉰ 탄산가스

㈐ 물에 녹기 쉬운 불순물
 ㉮ 중탄산칼슘 ㉯ 중탄산마그네슘 ㉰ 초산마그네슘 ㉱ 초산칼슘
 ㉲ 황산마그네슘 ㉳ 염화마그네슘 ㉴ 염화칼슘 ㉵ 염화나트륨

㈑ 물에 잘 용해되지 않는 불순물
 ㉮ 탄산칼슘 ㉯ 탄산마그네슘 ㉰ 탄산철
 ㉱ 황산칼슘 ㉲ 수산화마그네슘 ㉳ 규산 및 알루미늄

핵심문제 급수 중 중요 불순물에 들지 않는 것은?
① 염류   ② 알칼리분
③ 유지분   ④ 암모니아   답 ④

핵심문제 다음 중 물에 잘 용해되지 않는 불순물에 포함되지 않는 것은?
① 탄산칼슘   ② 황산칼슘
③ 수산화마그네슘   ④ 염화칼슘   답 ④

---

② 스케일

㈎ 스케일 성분 : 주로 경도 성분이며 칼슘, 마그네슘의 황산염과 규산염 및 탄산염 등으로 생성된다. 탄산염으로 된 스케일은 연질이나 황산염과 규산염은 경질 스케일을 만든다. 슬러지는 탄산마그네슘, 수산화마그네슘, 인산칼슘 등이 주축을 이룬다.

> [핵심문제] 슬러지 중 주로 포함되어 있는 물질이 아닌 것은?
> ① 탄산마그네슘   ② 수산화마그네슘
> ③ 황산염   ④ 인산칼슘   답 ③

㈏ 스케일로 인한 영향 : 스케일은 비교적 열전도율($0.2 \sim 2 \, kcal/m \cdot h \cdot ℃$)이 낮기 때문에 퇴적하면 다음과 같은 장해를 일으킨다.
  ㉮ 전열량 감소, 보일러 효율 저하
  ㉯ 연료 소비량 증대
  ㉰ 전열면 국부 과열 현상
  ㉱ 과열로 인한 파열 사고 발생 위험
  ㉲ 배기가스 온도 상승
  ㉳ 관수 순환 악화와 통수공 차단

> [핵심문제] 스케일로 인한 영향이 아닌 것은?
> ① 전열면의 국부 과열   ② 연료 소비량의 감소
> ③ 보일러 효율 저하   ④ 과열로 인한 파열 사고 발생   답 ②

㈐ 스케일 부착 방지 대책
  ㉮ 전처리된 용수를 사용한다.
  ㉯ 응축수는 회수하여 보일러 급수로 재사용한다.
  ㉰ 청관제를 적절히 사용한다.
  ㉱ 관석 부착 상태를 자주 점검한다.
  ㉲ 적기에 관석 제거를 하여야 한다.
  ㉳ 고온 화염의 집중 과열을 방지한다.
  ㉴ 관수 분출(블로 다운 작업) 작업을 적절히 한다.

> [핵심문제] 보일러 스케일의 방지 대책이 아닌 것은?
> ① 급수 중의 염류, 불순물을 되도록 제거한다.
> ② 보일러 페인트를 두껍게 바른다.
> ③ 보일러수의 농축을 방지하기 위하여 적당히 블로 다운한다.
> ④ 보일러수에 약품을 넣어서 스케일 성분이 고착하지 않도록 한다.   답 ②

> [핵심문제] 다음 중 스케일을 방지하는 방법으로 틀린 것은?
> ① 청관제를 사용한다.
> ② 응축수는 되도록이면 재사용하지 않는다.
> ③ 급수 중의 불순물을 제거한다.
> ④ 수질을 검사하여 양질의 물을 급수한다.   답 ②

③ 부식 : 일반 부식과 국부 부식으로 구별되며, 일반 부식은 표면 전체에 균일하게 발생하는 부식으로 진행이 완만하여 급격한 위험에 이르지 않는다. 국부 부식은 재질의 일부분에 발생하는데 진행이 급속하므로 위험하다. 이와 같은 부식을 촉진시키는 요인은 보일러수의 pH, 용존 산소, 유해 이온의 농도 등을 들 수 있다. 관수의 pH는 10.5~11.8을 유지해야 하며, 용존 산소 농도가 0.01 ppm 이상이면 국부 부식인 점식을 일으키는 원인이 된다. 그러므로 용존 산소에 의한 점식을 방지하려면 보일러수 중에 히드라진(N_2H_4)이나 아황산소다(Na_2SO_3)를 첨가하여 보일러수 중의 용존 산소가 부식에 관여하기 전에 이들 약품과 먼저 반응을 하게 한다.

> [핵심문제] 보일러수의 부식 촉진 요인에 속하지 않는 것은?
> ① 보일러수의 pH   ② 용존 산소
> ③ 유해 이온의 농도   ④ 히드라진의 농도   답 ④
>
> [핵심문제] 급수 중에 용해된 산소가 보일러에 미치는 가장 큰 영향은?
> ① 판, 관 등을 부식시킨다.
> ② 프라이밍을 일으키게 한다.
> ③ 전열면을 과열시킨다.
> ④ 습증기를 발생시킨다.   답 ①

④ 캐리오버(carry over) : 보일러수 중의 용존물이나 고형물이 증기에 혼입되어 증기 사용처로 배출되는 현상인데, 이는 포밍과 프라이밍 그리고 선택성 캐리오버로 나눌 수 있다.

포밍(거품 발생)은 기포가 상승하여 보일러수 중의 불순물이 증기와 함께 넘어가는 현상이며, 프라이밍(비수 발생)은 기포가 수면을 파괴하고 교란시켜 이로 인하여 물방울의 작은 입자가 분해하여 증기와 함께 이탈하는 현상이다. 프라이밍은 급격한 부하변동이나 청관제 주입 시 발생된다. 선택성 캐리오버는 증기 속에 녹기 쉬운 성질의 실리카만 선택적으로 용해되어 증기와 함께 운반되는 현상을 말하며, 실리카의 포화증기에 대한 용해도는 보일러수의 pH가 높을수록 증가한다.

[핵심문제] **캐리오버로 인하여 나타날 수 있는 현상이 아닌 것은?**
① 수격 현상　　　　② 프라이밍 현상
③ 열효율 저하　　　④ 배관의 부식

[해설] 유지분 등에 의해 포밍과 프라이밍 현상이 발생되며 포밍과 프라이밍으로 인하여 캐리오버 현상이 일어난다. 그리고 캐리오버에 의해 수격 현상이 발생된다.　　답 ②

[핵심문제] **프라이밍 현상의 방지책 중 틀린 것은?**
① 유지분, 부유물이 많은 물을 급수하지 않는다.
② 부하를 과대하게 하지 않는다.
③ 증기 사용량을 한번에 많이 하지 않는다.
④ 수위를 높게 유지한다.

[해설] 프라이밍 현상을 방지하기 위해 수위를 낮게 유지한다.　　답 ④

[핵심문제] **프라이밍과 포밍의 원인으로서 틀린 것은?**
① 수면과 증기 취출구의 거리가 가까이 있을 때
② 증기 부하가 커졌을 때
③ 수면이 지나치게 낮을 때
④ 증기 정지밸브가 급하게 열렸을 때　　답 ③

10-4　급수처리 방법

1 수처리 방법

수처리 방법에는 ① 화학적인 처리, ② 물리적 처리, ③ 전기적인 처리 방법이 있다.

[핵심문제] **다음 중 급수처리 방법에 관계되지 않는 것은?**
① 자연적 처리법　　② 물리적 처리법
③ 화학적 처리법　　④ 전기적 처리법　　답 ①

(1) 보일러수의 내처리 방법

① 청관제 사용법
② 아연판 부착법
③ 전기를 통하게 하는 법
④ 보호 피막에 의한 법
⑤ 페인트 도장법

> **핵심문제** 관외 처리만으로 급수처리가 부족할 때 보일러 동 내부에 청관제를 투입하여 처리하는 내부 처리 방법 중 기계적 방식에 속하는 것은?
> ① 무기 물질 성분을 지닌 청관제 주입 방법
> ② 보호 내부에 페인트 도장을 하는 방법
> ③ 유기 물질 성분을 지닌 청관제 주입 방법
> ④ 아연판을 부착하는 방법
> 답 ②

(2) 보일러수의 외처리 방법

① 여과법 ② 침전법 ③ 응집법 ④ 약품처리법
⑤ 증류법 ⑥ 탈기법 ⑦ 기폭법

2 급수 내처리

(1) 청관제의 종류 중요

① 무기물 : 탄산소다, 가성소다, 아황산소다, 인산제3소다, 황산알루미늄
② 유기물 : 탄닌류, 전분(녹말) 등

(2) 슬러지 조정제

① 리그닌   ② 전분   ③ 탄닌

(3) 탈산소제

① 아황산소다 ② 히드라진 ③ 탄닌

> **핵심문제** 관수 중의 용존 산소를 제거하기 위한 청관제는?
> ① 탄산소다
> ② 히드라진
> ③ 인산나트륨
> ④ 폴리아미드
> 답 ②

(4) 경도 성분 연화제
① 탄산나트륨   ② 수산화나트륨   ③ 인산나트륨

핵심문제 다음 약품 중 급수를 연화하는 데 사용되는 것이 아닌 것은?
① 생석회   ② 탄산소다
③ 가성 소다   ④ 황산칼슘
해설 황산칼슘은 경도 성분의 일종이다.   **답** ④

---

(5) 가성취화 억제제
① 리그닌   ② 탄닌   ③ 질산나트륨   ④ 인산나트륨

핵심문제 가성취화 현상을 방지하기 위하여 사용되는 청관제가 아닌 것은?
① 질산나트륨   ② 탄산나트륨
③ 인산나트륨   ④ 리그닌   **답** ②

---

(6) 포밍방지제(기포방지제)
① 폴리아미드   ② 프탈산아미드
③ 고급 지방산 에스테르   ④ 고급 지방산 알코올

3 급수 외처리

(1) 용존가스분의 처리
① 탈기법 : 급수 중에 용존되어 있는 O_2나 CO_2 제거에 사용되지만 주목적은 O_2 제거이다.
② 기폭법 : 급수 중에 용존되어 있는 CO_2, Mn, Fe 등을 제거한다.

(2) 현탁질 고형물(불순물)의 제거
① 여과법 : 여과기 내로 급수를 보내어 불순물을 제거하는 방법으로서 침전속도가 느린 경우에 사용한다.
② 침전법(침강법) : 탱크 속에 물을 담고 물보다 비중이 큰 0.1 mm 이상의 고형물이 비중차에 의한 침전으로 분리된다. 이 방법에는 자연 침전법과 기계적 침전법(원심

력에 의한 급속 침전처리장치)의 두 가지가 있으며, 침전을 촉진시키기 위해서는 명반을 사용한다.

③ 응집법 : 급수 중에 콜로이드와 같은 미세한 입자들은 여과법이나 침전법으로 분리가 곤란하므로, 이런 경우에는 응집제(황산알루미늄, 폴리염화알루미늄)를 첨가하여 콜로이드와 같은 미세한 물질들을 흡착 응집시켜 제거하는 방법이다.

[핵심문제] 급수 중 용존 가스를 제거하기 위한 방법은?
① 여과법   ② 탈기법
③ 소다법   ④ 바륨법   답 ②

[핵심문제] 현탁액을 맑게 처리하는 것과 관계없는 것은?
① 자연 침강 처리   ② 기폭 처리
③ 여과 처리   ④ 흡착제   답 ②

[핵심문제] 보일러 급수 중에 철염이 함유되어 있는 경우 처리하는 방법 중 가장 적합한 것은?
① 기폭법   ② 탈기법
③ 가열법   ④ 이온교환법   답 ①

[핵심문제] 현탁성 부유물 중 미세한 입자의 처리 방법은?
① 자연침강법   ② 여과법
③ 응집법   ④ 탈기법
[해설] 응집법은 불순물의 입자가 작고 침강속도가 느릴 때 사용된다.   답 ③

[핵심문제] 급수 속의 고형물을 제거하는 데 가장 간편한 방법은?
① 자연침강법   ② 여과법
③ 흡착법   ④ 압력여과법
[해설] 자연침강법 : 급수 속의 고형물을 제거하기 위해 탱크 속에 물을 체류시켜 부유물을 자연 침강시키는 방법   답 ①

(3) 용존 고형물의 처리
① 약품첨가법   ② 증류법   ③ 이온교환법

> **핵심문제** 이온교환수지법 중 유동법의 5공정을 순서대로 나열한 것은?
> ① 역세 → 재생 → 압출 → 수세 → 통수
> ② 통수 → 재생 → 수세 → 압출 → 역세
> ③ 재생 → 압출 → 수세 → 역세 → 통수
> ④ 역세 → 통수 → 재생 → 압출 → 수세
> **해설** 이온교환수지법은 유기물질을 센물 속에 용해시키면 전기적 변화가 일어나 센물 속의 광물질이 분리되는 현상을 이용한다. 답 ①

4 보일러수의 농축 장해

① 전열면의 과열　　② 물의 순환 방해　　③ 침전물의 생성
④ 포밍 현상 발생　　⑤ 가성취화 발생　　⑥ 물의 pH 상승

> **핵심문제** 다음 중 보일러수의 농축에 의한 장해를 설명한 것으로 틀린 것은?
> ① 스케일의 부착량이 증가한다.
> ② 보일러수의 순환이 불량하게 된다.
> ③ 부동 팽창에 의해 그루빙이 발생된다.
> ④ 포밍 현상이 발생된다.
> **해설** 보일수가 농축되면 포밍, 프라이밍을 일으키고 스케일이 생성되어 물 순환을 방해하거나 전열면의 과열 등을 유발한다. 답 ③

10-5 보일러 사용 후의 관리

1 보일러의 청소

(1) 청소의 목적

① 사용 수명을 연장하기 위하여
② 연료를 절감하기 위하여
③ 사고(부식, 과열 사고)를 방지하기 위하여
④ 열효율을 향상시키기 위하여
⑤ 통풍 저항을 방지하기 위하여

> [핵심문제] 보일러의 청소 목적이 아닌 것은?
> ① 보일러의 사용 수명 연장
> ② 부식, 과열 사고 등을 방지
> ③ 열효율 향상
> ④ 통풍 저항 증대
>
> 답 ④

(2) 청소 방법
① 내부 청소 : 기계적인 청소 방법, 화학적인 청소 방법
② 외부 청소 : 기계적인 청소 방법

(3) 각종 보일러에 알맞는 내부 청소 방법과 공구
① 노통 보일러
  • 기계적인 방법 : 스크레이퍼, 해머, 튜브클리너, 핸드브러시 등 공구 사용
② 연관 보일러와 노통연관 보일러
  • 화학세관방법 : 산세관, 알칼리세관, 유기산세관
③ 수관 보일러
  (가) 기계적인 방법 : 해머, 튜브클리너 등 공구 사용
  (나) 화학세관방법 : 산세관, 알칼리세관, 유기산세관

(4) 각종 보일러에 알맞는 외부 청소 방법
① 둥근 보일러 : 스크레이퍼, 튜브클리너, 와이어브러시, 전동 핸드브러시 등 공구 사용
② 수관 보일러
  (가) 에어쇼킹법 : 압축공기로 분무하는 방법
  (나) 스팀쇼킹법 : 증기압력으로 분사하는 방법
  (다) 워터쇼킹법 : 가압펌프로 물분무하는 방법
  (라) 샌드블라스트법 : 압축공기에 모래를 분사하는 방법
  (마) 스틸쇼트클리닝법 : 압축공기에 쇠 알갱이를 분사하는 방법
③ 기계적인 청소 방법으로 다음 공구를 사용한다.
  (가) 수관 : 수트블로어
  (나) 연관 : 와이어브러시, 튜브클리너
  (다) 동체 : 스크레이퍼, 튜브클리너
  (라) 노통 : 스크레이퍼, 튜브클리너

> [핵심문제] 보일러의 외부 청소 방법에 속하지 않는 것은?
> ① 샌드블라스트세정법 ② 스틸쇼트세정법
> ③ 워터충격법 ④ 소다세정법
> [해설] 소다세정법은 내부 청소 방법에 속한다. 🖉 ④

> [핵심문제] 다음 화학 세정용 약제 중 산에 해당되지 않는 것은?
> ① 염산 ② 설파민산 ③ 구연산 ④ 암모니아
> [해설] 화학 세정용 약제는 산, 알칼리, 유기용제로 분류된다.
> ① 산 : 염산, 설파민산, 불산, 구연산
> ② 알칼리 : 암모니아, 제3연산나트륨
> ③ 유기용제 : 4염화탄소, 트리클로로에틸렌 🖉 ④

2 보일러의 보존법

보일러를 사용 중지하고 방치하면 내외면에 부식이 촉진되어 안전도 저하, 수명 단축 등의 영향을 미친다. 이러한 영향을 줄이기 위하여 적절한 보존 유지 기술이 필요하며, 이 보존 기술은 중지 목적, 기간, 장소, 계절 등을 고려하여 행하여야 한다.

(1) 건조 보존법(밀폐식) - 장기 보존법

관수를 전량 배출 후 청소를 실시하고 완전히 건조시켜 밀폐 보존하는 방법(동결 사고 예상 시 실시)

① 방법 1 : 열풍으로 건조 후 흡수제나 산화방지제, 기화성방청제 등을 넣고 밀폐 보존한다. 특징은 다음과 같다.
  ㈎ 보존 기간이 6개월 이상일 경우
  ㈏ 1년 이상 보존 시는 내부 스케일 완전 제거 후 방청도료를 도포하는 것이 좋다.
  ㈐ 약품은 1~2주마다 상태 점검을 해야 한다.
  ㈑ 고압대용량은 질소를 봉입해 두는 것이 효과적이다.
② 방법 2 : 완전 건조 후 잘 피운 석탄불이나 숯불을 그릇에 담아 동 내부에 넣고 열기가 충만 시에 밀폐 보존한다(보존 기간 : 2~3개월 정도).

(2) 만수 보존법(습식 보존법) - 단기 보존법

보일러 내부를 충분히 청소하고 관수를 충만시켜 보존하는 방법으로 동결 우려가 없을 경우나 건식 보존이 어려울 경우에 실시한다.

① 방법 1 : 만수 후에 압력이 약간 오를 정도로 관수를 비등시켜 공기나 탄산가스 제거 후 관수가 식으면 급수하여 만수 보존하며, 2~3개월 정도 보존 시가 적당하다.
② 방법 2 : 위의 방법을 행한 다음, 가성소다, 히드라진 등 약품을 첨가하여 pH를 약간 높게 유지하면서 보존 약제 첨가량은 산소 용해량을 고려하여 첨가한다(pH 12~13 정도 유지).

[핵심문제] **보일러의 장기간 휴지 시 보일러수의 관리와 관계없는 것은?**
① 보일러수의 pH를 약간 높게 유지한다.
② 보일러수를 일정한 온도로 유지한다.
③ 물을 채우고 탈산소제를 첨가한다.
④ 수분을 제거하여 건조한 상태로 둔다.
[해설] ①, ②, ③항은 만수 보존법 시 관리 사항이며, ④항은 건조 보전법에 해당된다.
답 ④

[핵심문제] **보일러의 장기간 휴지 시 건조 보존법을 사용하는데, 이때 보일러 내부에 넣어두는 약품으로 적합치 못한 것은?**
① 생석회   ② 실리카겔
③ 탄산나트륨   ④ 염화칼슘
[해설] • 보일러 건조 보존법에서 습기의 방지를 위하여 생석회, 실리카겔, 염화칼슘 등을 넣어 둔다.
• 탄산나트륨(Na_2CO_3)은 청관제이다.
답 ③

[핵심문제] **보일러를 오랫동안(6개월 이상) 사용하지 않고 보존하는 방법으로 가장 적당한 것은?**
① 만수 보전   ② 청관 보존
③ 분해 보존   ④ 건조 보존
[해설] 보일러를 6개월 동안 사용하지 않을 때에는 건조 보존 방법이 이상적이다.
답 ④

[핵심문제] **보일러를 사용하지 않고 휴식 상태로 뒀을 때 부식을 방지시키기 위해서 채워두는 가스는?**
① 이산화탄소   ② 질소가스
③ 아황산가스   ④ 메탄가스
[해설] 보일러 장기 보존 시 부식을 방지하기 위하여 질소가스(99.5%)를 채워 보존한다.
답 ②

제11장 에너지이용 합리화 관계법규

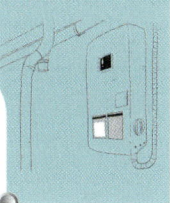

법·시행령·시행규칙 발췌

에너지이용 합리화법의 목적

① 에너지의 수급 안정 도모
② 에너지의 합리적이고 효율적 이용 증진
③ 에너지 소비로 인한 환경피해 감소
④ 국민 경제의 건전한 발전과 국민 복지 증진에 기여
⑤ 지구온난화를 최소화하려는 국제적 노력에 기여

[핵심문제] 에너지이용 합리화법의 목적이 아닌 것은?
① 에너지의 수급안정을 기함
② 에너지의 합리적이고 비효율적인 이용을 증진함
③ 에너지소비로 인한 환경피해를 줄임
④ 지구온난화의 최소화에 이바지함

[해설] 에너지이용 합리화법의 목적은 에너지의 합리적이고 효율적인 이용을 증진하는 것이다.

답 ②

[핵심문제] 에너지이용 합리화법의 목적과 거리가 먼 것은?
① 에너지소비로 인한 환경피해 감소   ② 에너지의 수급 안정
③ 에너지의 소비 촉진   ④ 에너지의 효율적인 이용 증진

[해설] 에너지는 소비를 절약하는 데 그 의의가 있다.

답 ③

[핵심문제] 다음 (   ) 안의 ㉠, ㉡에 각각 들어갈 용어로 옳은 것은?

> 에너지이용 합리화법은 에너지의 수급을 안정시키고 에너지의 합리적이고, 효율적인 이용을 증진하며, 에너지소비로 인한 (㉠)을(를) 줄임으로써 국민경제의 건전한 발전 및 국민복지의 증진과 (㉡)의 최소화에 이바지함을 목적으로 한다.

답 ㉠ 환경피해, ㉡ 지구온난화

에너지이용 합리화 관계법규에서의 용어 정의

① 에너지 : 연료, 열, 전기
② 에너지 사용자 : 에너지 사용시설의 소유자 또는 관리자
③ 지열에너지 설비 : 물, 지하수 및 지하의 열을 이용하여 에너지를 생산하는 설비
④ 태양열 설비 : 태양의 열에너지를 변환시켜 전기를 생산하는 설비
⑤ 에너지 공급 설비 : 에너지를 생산·전환·수송·저장하기 위하여 설치하는 설비
⑥ 에너지 자립도 : 국내 총소비에너지량에 대하여 신·재생에너지 등 국내 생산에너지량 및 우리나라가 국외에서 개발한 에너지량을 합한 양이 차지하는 비율

[핵심문제] 에너지법에서 사용하는 "에너지"의 정의를 가장 올바르게 나타낸 것은?
① "에너지"라 함은 석유·가스 등 열을 발생하는 열원을 말한다.
② "에너지"라 함은 제품의 원료로 사용되는 것을 말한다.
③ "에너지"라 함은 태양, 조파, 수력과 같이 일을 만들어낼 수 있는 힘이나 능력을 말한다.
④ "에너지"라 함은 연료·열 및 전기를 말한다.   답 ④

[핵심문제] 에너지법에서 정의하는 "에너지 사용자"의 의미로 가장 옳은 것은?
① 에너지 보급 계획을 세우는 자
② 에너지를 생산, 수입하는 사업자
③ 에너지 사용시설의 소유자 또는 관리자
④ 에너지를 저장, 판매하는 자   답 ③

[핵심문제] 신·재생에너지 설비 중 태양의 열에너지를 변환시켜 전기를 생산하거나 에너지원으로 이용하는 설비로 맞는 것은?
① 태양열 설비   ② 태양광 설비
③ 바이오에너지 설비   ④ 풍력설비   답 ①

[핵심문제] 신에너지 및 재생에너지 개발·이용·보급촉진법에서 규정하는 신·재생에너지 설비 중 "지열에너지 설비"의 설명으로 옳은 것은?
① 바람의 에너지를 변환시켜 전기를 생산하는 설비
② 물의 유동에너지를 변환시켜 전기를 생산하는 설비
③ 폐기물을 변화시켜 연료 및 에너지를 생산하는 설비
④ 물, 지하수 및 지하의 열 등의 온도차를 변환시켜 에너지를 생산하는 설비   답 ④

[핵심문제] 에너지법상 에너지 공급 설비에 포함되지 않는 것은?
① 에너지 수입 설비　　② 에너지 전환 설비
③ 에너지 수송 설비　　④ 에너지 생산 설비　　　　답 ①

[핵심문제] 저탄소 녹색성장 기본법에서 국내 총소비에너지량에 대하여 신·재생에너지 등 국내 생산에너지량 및 우리나라가 국외에서 개발(자본 취득 포함)한 에너지량을 합한 양이 차지하는 비율을 무엇이라고 하는가?
① 에너지 원단위　　　　③ 에너지 생산도
③ 에너지 비축도　　　　④ 에너지 자립도　　　　답 ④

권한의 보고·위임·위탁

■ **시·도지사가 산업통상자원부 장관에게 제출**

① 지역에너지계획안
② 지역에너지계획의 수립 및 시행권자-특별시장, 광역시장, 도지사, 특별자치도지사

■ **산업통상자원부 장관이 시·도지사에게 위임**

① 에너지 사용 신고의 접수
② 기록의 작성 및 보존에 대한 감독·확인
③ 시공업등록의 말소 또는 시공업의 전부 또는 일부의 정지요청
④ 열사용기자재의 제조업자·수입업자·판매업자·시공업자 및 검사대상기기 설치자에 대한 보고의 명령 및 검사의 실시
⑤ 과태료의 부과 징수

■ **산업통상자원부 장관 또는 시·도지사가 에너지관리공단 이사장에게 위탁**

① 효율기자재에 대한 측정결과 통보의 접수
② 에너지절약전문기업의 등록
③ 검사대상기기의 검사
④ 검사대상기기조종자의 선임·해임 또는 퇴직신고의 접수

■ **시·도지사가 공단 또는 시공업자 단체에 위탁**

확인대상기기의 설치 시공 확인 업무

- **시·도지사가 공단 또는 검사기관에 위탁**
  검사대상기기의 검사, 검사증 교부

> [핵심문제] 에너지법에서 정한 지역에너지계획을 수립·시행하여야 하는 자는?
> ① 행정자치부장관
> ② 산업통상자원부장관
> ③ 한국에너지공단 이사장
> ④ 특별시장·광역시장·도지사 또는 특별자치도지사   답 ④
>
> [핵심문제] 에너지절약전문기업의 등록은 누구에게 하도록 위탁되어 있는가?
> ① 산업통상자원부 장관   ② 에너지관리공단 이사장
> ③ 시공업자단체의 장   ④ 시·도지사   답 ②
>
> [핵심문제] 에너지법에 의거 지역에너지계획을 수립한 시·도지사는 이를 누구에게 제출하여야 하는가?
> ① 대통령   ② 산업통상자원부 장관
> ③ 국토교통부 장관   ④ 에너지관리공단 이사장   답 ①

검사대상기기조정자의 자격 및 조정범위

① 10톤/h 이하 : 모든 보일러 자격증으로 가능
② 10톤/h 초과 ~ 30톤/h 이하 : 에너지관리기능장, 에너지관리기사, 에너지관리산업기사
③ 30톤/h 초과 : 에너지관리기사, 에너지관리기능장

> [핵심문제] 에너지이용 합리화법에서 정한 검사대상기기 조정자의 자격에서 에너지관리기능사가 조정할 수 있는 조종범위로 옳지 않은 것은?
> ① 용량이 15 t/h 이하인 보일러
> ② 온수발생 및 열매체를 가열하는 보일러로서 용량이 581.5 kW 이하인 것
> ③ 최고상용압력이 1 MPa 이하이고, 전열면적이 10 m² 이하인 증기 보일러
> ④ 압력용기   답 ①

핵심문제 에너지이용 합리화법에 따라 검사대상기기의 용량이 15 t/h인 보일러의 경우 조종자의 자격 기준으로 가장 옳은 것은?

① 에너지관리기능장 자격 소지자만이 가능하다.
② 에너지관리기능장, 에너지관리기사 자격 소지자만이 가능하다.
③ 에너지관리기능장, 에너지관리기사, 에너지관리산업기사 자격 소지자만이 가능하다.
④ 에너지관리기능장, 에너지관리기사, 에너지관리산업기사, 에너지관리기능사 자격 소지자만이 가능하다.

답 ③

에너지다소비사업자(연간 석유 환산 2000 T.O.E 이상 사용자)

① 에너지 관리 지도 결과 10% 이상의 에너지 효율 개선이 기대되면 에너지 개선명령을 한다.
② 에너지다소비사업자는 개선 명령을 받은 날로부터 60일 이내에 개선계획을 수립하여 산업통상자원부장관에게 통보하여야 한다.

핵심문제 에너지이용 합리화법에 따라 에너지다소비사업자에게 개선명령을 하는 경우는 에너지 관리 지도 결과 몇 % 이상의 에너지 효율 개선이 기대되고 효율 개선을 위한 투자의 경제성이 인정되는 경우인가?

① 5%   ② 10%   ③ 15%   ④ 20%

답 ②

핵심문제 에너지이용 합리화법 시행령에서 에너지다소비사업자라 함은 연료·열 및 전력의 연간 사용량 합계가 얼마 이상인 경우인가?

① 5백 티오이   ② 1천 티오이
③ 1천5백 티오이   ④ 2천 티오이

답 ④

에너지다소비사업자 신고사항

① 전년도의 분기별 에너지사용량 및 제품생산량
② 해당 연도의 분기별 에너지사용예정량 및 제품생산예정량

③ 에너지사용기자재의 현황
④ 에너지 관리자 현황
⑤ 전년도의 에너지이용 합리화 실적 및 해당 연도의 계획

> [참고]
> 신고사항은 매년 1월 31일까지 시장 및 시·도지사에게 신고한다.

[핵심문제] 에너지이용 합리화법에 따라 에너지다소비사업자가 산업통상자원부령으로 정하는 바에 따라 매년 1월 31일까지 시·도지사에게 신고해야 하는 사항과 관련이 없는 것은?
① 전년도의 에너지사용량·제품생산량
② 전년도의 에너지이용 합리화 실적 및 해당 연도의 계획
③ 에너지사용기자재의 현황
④ 향후 5년간의 에너지사용예정량·제품생산예정량 답 ④

[핵심문제] 에너지다소비사업자가 매년 1월 31일까지 신고해야 할 사항에 포함되지 않는 것은 어느 것인가?
① 전년도의 분기별 에너지사용량·제품생산량
② 해당 연도의 분기별 에너지 사용 예정량·제품생산 예정량
③ 에너지사용기자재의 현황
④ 전년도의 분기별 에너지 절감량 답 ④

에너지 저장 의무 부과 대상자

연간 2만 석유환산톤 이상의 에너지를 사용하는 자

[핵심문제] 산업통상자원부 장관이 에너지 저장 의무를 부과할 수 있는 대상자로 맞는 것은?
① 연간 5천 석유환산톤 이상의 에너지를 사용하는 자
② 연간 6천 석유환산톤 이상의 에너지를 사용하는 자
③ 연간 1만 석유환산톤 이상의 에너지를 사용하는 자
④ 연간 2만 석유환산톤 이상의 에너지를 사용하는 자 답 ④

[핵심문제] 에너지이용 합리화법 시행령상 에너지 저장 의무 부과 대상자에 해당되는 자는?

① 연간 2만 석유환산톤 이상의 에너지를 사용하는 자
② 연간 1만 5천 석유환산톤 이상의 에너지를 사용하는 자
③ 연간 1만 석유환산톤 이상의 에너지를 사용하는 자
④ 연간 5천 석유환산톤 이상의 에너지를 사용하는 자

답 ①

민간사업자의 시설 규모

① 연간 2천만 킬로와트시 이상의 전력을 사용하는 시설
② 연간 5천 티오이 이상의 연료 및 열을 사용하는 시설

[핵심문제] 에너지이용 합리화법에 따라 에너지사용계획을 수립하여 산업통상자원부 장관에게 제출하여야 하는 민간사업주관자의 시설규모로 맞는 것은?

① 연간 2500 티오이 이상의 연료 및 열을 사용하는 시설
② 연간 5000 티오이 이상의 연료 및 열을 사용하는 시설
③ 연간 1천만 킬로와트 이상의 전력을 사용하는 시설
④ 연간 500만 킬로와트 이상의 전력을 사용하는 시설

답 ②

검사대상기기설치자가 시·도지사에게 신고하여야 하는 경우

① 검사대상기기를 설치하거나 개조 또는 폐기한 경우
② 검사대상기기의 사용을 중지한 경우
③ 검사대상기기의 설치자가 변경된 경우

[핵심문제] 에너지이용 합리화법상 검사대상기기설치자가 시·도지사에게 신고하여야 하는 경우가 아닌 것은?

① 검사대상기기를 정비한 경우
② 검사대상기기의 사용을 중지한 경우
③ 검사대상기기를 폐기한 경우
④ 검사대상기기의 설치자가 변경된 경우

답 ①

에너지이용 합리화법상 효율관리기자재

① 전기냉장고, 세탁기, 냉방기
② 자동차
③ 삼상유도전동기
④ 조명기기

> [참고]
> 승용자동차는 평균에너지소비효율에 대하여 에너지효율의 개선이 필요하다.

[핵심문제] 에너지이용 합리화법상 효율관리기자재가 아닌 것은?
① 삼상유도전동기 ② 선박
③ 조명기기 ④ 전기냉장고 **답 ②**

[핵심문제] 에너지이용 합리화법상 평균에너지소비효율에 대하여 총량적인 에너지효율의 개선이 특히 필요하다고 인정되는 기자재는?
① 승용자동차 ② 강철제보일러
③ 1종 압력용기 ④ 축열식 전기보일러 **답 ①**

에너지이용 합리화법에 따른 고효율 에너지 인증대상 기자재

① 펌프
② 산업건물용 보일러
③ 폐열회수형 환기장치
④ 무정전 전원장치
⑤ LED 조명기기
⑥ 산업통상자원부 장관이 인정한 기자재 및 설비

[핵심문제] 다음 중 에너지이용 합리화법에 따라 고효율 에너지 인증대상 기자재에 포함되지 않는 것은?
① 펌프 ② LED 조명기기
③ 전력용 변압기 ④ 산업건물용 보일러 **답 ③**

효율관리기자재 광고업자

효율관리기자재 광고업자는 에너지소비효율, 에너지소비효율등급의 광고 의무는 없다.

> [핵심문제] 에너지이용 합리화법에 따라 산업통상자원부령으로 정하는 광고매체를 이용하여 효율관리기자재의 광고를 하는 경우 그 광고 내용에 에너지소비효율, 에너지소비효율등급을 포함시켜야 할 의무가 있는 자가 아닌 것은?
> ① 효율관리기자재의 제조업자 ② 효율관리기자재의 수입업자
> ③ 효율관리기자재의 광고업자 ④ 효율관리기자재의 판매업자   답 ③

효율관리시험기관

효율관리시험기관은 에너지 소비효율을 해당 효율관리 기자재에 표시할 수 있도록 에너지 사용량을 측정하는 기관이다.

> [핵심문제] 에너지이용 합리화법상 에너지소비효율 등급 또는 에너지 소비효율을 해당 효율관리 기자재에 표시할 수 있도록 효율관리 기자재의 에너지 사용량을 측정하는 기관은?
> ① 효율관리진단기관 ② 효율관리표준기관
> ③ 효율관리전문기관 ④ 효율관리시험기관   답 ④

목표에너지원 단위

목표에너지원 단위는 에너지를 사용하여 만드는 제품의 단위당 에너지사용 목표량을 말한다.

> [핵심문제] 에너지이용 합리화법상 목표에너지원 단위란?
> ① 에너지를 사용하여 만드는 제품의 종류별 연간 에너지사용 목표량
> ② 에너지를 사용하여 만드는 제품의 단위당 에너지사용 목표량
> ③ 건축물의 총 면적당 에너지사용 목표량
> ④ 자동차 등의 단위연료당 목표주행거리   답 ②

검사대상기기조정자를 선임하지 아니한 자에 대한 벌칙

1천만원 이하의 벌금에 처한다.

[핵심문제] 에너지이용 합리화법상 검사대상기기조종자가 퇴직하는 경우 퇴직 이전에 다른 검사대상기기조종자를 선임하지 아니한 자에 대한 벌칙으로 맞는 것은?

① 1천만원 이하의 벌금
② 5백만원 이하의 벌금
③ 2천만원 이하의 벌금
④ 2년 이하의 징역

답 ①

에너지절약전문기업

제3자로부터 위탁을 받아 에너지사용시설의 에너지 절약을 위한 관리·용역 사업을 하는 자

> [참고]
> 국가에너지절약추진위원회의 위원장은 산업통상자원부 장관이다.

[핵심문제] 제3자로부터 위탁을 받아 에너지사용시설의 에너지 절약을 위한 관리·용역 사업을 하는 자로서 산업통상자원부 장관에게 등록을 한 자를 지칭하는 기업은?

① 에너지진단기업
② 에너지절약전문기업
③ 수요관리투자기업
④ 에너지기술개발전담기업

답 ②

[핵심문제] 에너지이용 합리화법에서 정한 국가에너지절약추진위원회의 위원장은 누구인가?

① 산업통상자원부 장관
② 지방자치단체의 장
③ 국무총리
④ 대통령

답 ①

검사대상기기 검사의무 위반 시 벌칙

1년 이하의 징역 또는 1천만원 이하의 벌금에 처한다.

> [핵심문제] 에너지이용 합리화법의 위반사항과 벌칙 내용이 맞게 짝지어진 것은?
>
> ① 효율관리기자재 판매금지 명령 위반 시 : 1천만원 이하의 벌금
> ② 검사대상기기 조종자를 선임하지 않을 시 : 5백만원 이하의 벌금
> ③ 검사대상기기 검사의무 위반 시 : 1년 이하의 징역 또는 1천만원 이하의 벌금
> ④ 효율관리기자재 생산명령 위반 시 : 5백만원 이하의 벌금
>
> [해설] ① : 2천만원 이하의 벌금형, ② : 1천만원 이하의 벌금형
> ④ : 2천만원 이하의 벌금형
>
> 답 ③

검사대상기기의 계속사용검사

유효기간 만료 10일 전까지 에너지관리공단 이사장에게 검사신청서를 제출

> [핵심문제] 특정열사용기자재 중 산업통상자원부령으로 정하는 검사대상기기의 계속사용검사 신청서는 검사유효기간 만료 며칠 전까지 제출해야 하는가?
>
> ① 10일 전까지   ② 15일 전까지
> ③ 20일 전까지   ④ 30일 전까지
>
> 답 ①

검사대상기기 폐기·사용중지 및 설치자의 변경 신고

15일 이내에 에너지관리공단 이사장에게 신고서를 제출하여야 하며 검사대상기기는 강철제 보일러, 주철제 보일러, 소형 온수 보일러(가스용), 철금속 가열로, 압력용기 1, 2종 등이 있다.

> [핵심문제] 특정열사용기자재 중 산업통상자원부령으로 정하는 검사대상기기를 폐기한 경우에는 폐기한 날부터 며칠 이내에 폐기신고서를 제출해야 하는가?
>
> ① 7일 이내에   ② 10일 이내에
> ③ 15일 이내에   ④ 30일 이내에
>
> 답 ③

가정용 가스 보일러 시험성적서 기재 항목

① 난방열효율 ② 가스소비량 ③ 대기전력

[핵심문제] 효율관리기자재 운용규정에 따라 가정용 가스 보일러의 시험성적서 기재 항목에 포함되지 않는 것은?
① 난방열효율   ② 가스소비량
③ 부하손실   ④ 대기전력   답 ③

가스 보일러 에너지 소비효율등급 표시사항

① 열효율 ② 난방출력 ③ 소비효율등급

[핵심문제] 에너지이용 합리화법에 따라 효율관리기자재 중 하나인 가정용 가스 보일러의 제조업자 또는 수입업자는 소비효율 또는 소비효율등급을 라벨에 표시하여 나타내야 하는데, 이때 표시해야 하는 항목에 해당하지 않는 것은?
① 난방출력   ② 1시간 사용시 CO_2 배출량
③ 표시난방열효율   ④ 소비효율등급   답 ②

열사용기자재

① 강철제 보일러   ② 주철제 보일러
③ 소형 온수 보일러   ④ 구멍탄용 온수 보일러
⑤ 축열식 전기보일러   ⑥ 1, 2종 압력용기
⑦ 요로(금속, 요업)

[참고] 전기순간온수기는 열사용기자재에서 제외한다.

[핵심문제] 에너지이용 합리화법상 열사용기재재가 아닌 것은?
① 강철제 보일러   ② 전기순간온수기
③ 구멍탄용 온수 보일러 ④ 2종 압력용기   답 ②

열사용기자재 중 온수를 발생하는 소형 온수 보일러의 적용범위

전열면적이 14 m² 이하이고 최고사용압력이 0.35 MPa 이하인 보일러

> [참고]
> 전열면적 30 m² 이하의 유류용 주철제 보일러는 설치검사가 면제된다.

[핵심문제] 열사용기자재 중 온수를 발생하는 소형 온수 보일러의 적용범위로 옳은 것은?

① 전열면적 12m² 이하, 최고사용압력 0.25 MPa 이하의 온수를 발생하는 것
② 전열면적 14m² 이하, 최고사용압력 0.25 MPa 이하의 온수를 발생하는 것
③ 전열면적 12m² 이하, 최고사용압력 0.35 MPa 이하의 온수를 발생하는 것
④ 전열면적 14m² 이하, 최고사용압력 0.35 MPa 이하의 온수를 발생하는 것

답 ④

[핵심문제] 에너지이용 합리화법에 따라 주철제 보일러에서 설치검사를 면제받을 수 있는 기준으로 옳은 것은?

① 전열면적 30제곱미터 이하의 유류용 주철제 증기 보일러
② 전열면적 50제곱미터 이하의 유류용 주철제 온수 보일러
③ 전열면적 40제곱미터 이하의 유류용 주철제 증기 보일러
④ 전열면적 60제곱미터 이하의 유류용 주철제 온수 보일러

답 ①

열사용기자재 관리규칙

열사용기자재 중 제1종 관류 보일러는 용접검사가 면제된다. 검사대상기기의 검사 중 유효기간이 없는 검사는 구조검사와 용접검사이다.

[핵심문제] 열사용기자재 관리규칙에서 용접검사가 면제될 수 있는 보일러의 대상 범위로 틀린 것은?

① 강철제 보일러 중 전열면적이 5m² 이하이고, 최고사용압력이 0.35 MPa 이하인 것
② 주철제 보일러
③ 제2종 관류 보일러
④ 온수 보일러 중 전열면적이 18m² 이하이고, 최고사용압력이 0.35 MPa 이하인 것

답 ③

> [핵심문제] 열사용기자재 관리규칙상 검사대상기기의 검사 종류 중 유효기간이 없는 것은?
> ① 구조검사   ② 계속사용검사
> ③ 설치검사   ④ 설치장소변경검사   답 ①

저탄소 녹색성장 국가전략

저탄소 녹색성장 국가전략을 효율적, 체계적으로 이행하기 위하여 5년마다 국가전략계획을 수립한다.

> [핵심문제] 정부는 국가전략을 효율적·체계적으로 이행하기 위하여 몇 년마다 저탄소 녹색성장 국가전략 5개년 계획을 수립하는가?
> ① 2년   ② 3년   ③ 4년   ④ 5년   답 ④

지역에너지계획

에너지법상 지역에너지계획은 5년마다 5년 이상을 계획기간으로 수립·이행한다.

> [핵심문제] 에너지법상 지역에너지계획은 몇 년마다 몇 년 이상을 계획기간으로 수립·시행하는가?
> ① 2년마다 2년 이상   ② 5년마다 5년 이상
> ③ 7년마다 7년 이상   ④ 10년마다 10년 이상   답 ②

에너지 사용자 및 공급자의 책무

에너지 사용자 및 공급자는 온실가스 배출을 줄이기 위한 노력이 필요하다.

> [핵심문제] 에너지이용 합리화법상 에너지 사용자와 에너지 공급자의 책무로 맞는 것은?
> ① 에너지의 생산·이용 등에서의 그 효율을 극소화
> ② 온실가스 배출을 줄이기 위한 노력
> ③ 기자재의 에너지효율을 높이기 위한 기술 개발
> ④ 지역경제발전을 위한 시책 강구   답 ②

검사 유효기간이 1년인 보일러 검사

① 개조검사 ② 안전검사 ③ 설치검사
④ 성능검사 ⑤ 재사용검사

> [핵심문제] 에너지이용 합리화법에 따라 보일러의 개조검사의 경우 검사 유효기간으로 옳은 것은?
> ① 6개월 ② 1년 ③ 2년 ④ 5년 답 ②

과태료 및 벌금

- **1천만원 이하의 과태료**
  ① 건축물 인증을 받지 않고 홍보한 자
  ② 에너지소비업체가 사업장별 명세서를 거짓으로 작성 시

- **2천만원 이하의 벌금**
  최저소비효율기준에 미달하거나 최대사용량기준을 초과하는 경우 생산 또는 판매 금지 명령을 위반한 자

- **1년 이하의 징역 또는 1천만원 이하의 벌금**
  ① 검사대상기기 검사를 받지 않고 사용한 자
  ② 규정에 위반하여 검사대상기기를 사용한 자

- **5백만원 이하의 벌금**
  ① 대기전력경고표지를 하지 아니한 자
  ② 규정에 의한 광고 내용이 포함되지 아니한 광고를 한 자

> [핵심문제] 신에너지 및 재생에너지 개발·이용·보급촉진법에 따라 건축물인증기관으로부터 건축물인증을 받지 아니하고 건축물인증의 표시 또는 이와 유사한 표시를 하거나 건축인증을 받은 것으로 홍보한 자에 대해 부과하는 과태료 기준으로 맞는 것은?
> ① 5백만원 이하의 과태료 부과 ② 1천만원 이하의 과태료 부과
> ③ 2천만원 이하의 과태료 부과 ④ 3천만원 이하의 과태료 부과 답 ②

[핵심문제] 에너지이용 합리화법상 에너지의 최저소비효율기준에 미달하는 효율관리기자재의 생산 또는 판매 금지 명령을 위반한 자에 대한 벌칙 기준은?

① 1년 이하의 징역 또는 1천만원 이하의 벌금
② 1천만원 이하의 벌금
③ 2년 이하의 징역 또는 2천만원 이하의 벌금
④ 2천만원 이하의 벌금

답 ④

[핵심문제] 에너지이용 합리화법상 대기전력경고표지를 하지 아니한 자에 대한 벌칙은?

① 2년 이하의 징역 또는 2천만원 이하의 벌금
② 1년 이하의 징역 또는 1천만원 이하의 벌금
③ 5백만원 이하의 벌금
④ 1천만원 이하의 벌금

답 ③

[핵심문제] 관리업체(대통령령으로 정하는 기준량 이상의 온실가스 배출업체 및 에너지소비업체)가 사업장별 명세서를 거짓으로 작성하여 정부에 보고하였을 경우 부과하는 과태료로 맞는 것은?

① 300만원의 과태료 부과
② 500만원의 과태료 부과
③ 700만원의 과태료 부과
④ 1천만원의 과태료 부과

답 ④

[핵심문제] 에너지이용 합리화법에서 정한 검사에 합격되지 아니한 검사대상기기를 사용한 자에 대한 벌칙은?

① 1년 이하의 징역 또는 1천만원 이하의 벌금
② 2년 이하의 징역 또는 2천만원 이하의 벌금
③ 3년 이하의 징역 또는 3천만원 이하의 벌금
④ 4년 이하의 징역 또는 4천만원 이하의 벌금

답 ①

[핵심문제] 효율관리기자재가 최저소비효율기준에 미달하거나 최대사용량기준을 초과하는 경우 제조·수입·판매업자에게 어떠한 조치를 명할 수 있는가?

① 생산 또는 판매 금지
② 제조 또는 설치 금지
③ 생산 또는 세관 금지
④ 제조 또는 시공 금지

답 ①

녹생성장위원회 및 신·재생에너지 정책심의회

① 녹색성장위원회의 위원장은 2명이며, 위원은 50명 이내로 구성한다.
② 신·재생에너지 정책심의회는 위원장 1명을 포함한 20명 이내의 위원으로 구성한다.

[핵심문제] 저탄소녹색성장 기본법상 녹생성장위원회는 위원장 2명을 포함한 몇 명 이내의 위원으로 구성하는가?

① 25 ② 30
③ 45 ④ 50

답 ④

[핵심문제] 신·재생에너지 정책심의회의 구성으로 맞는 것은?

① 위원장 1명을 포함한 10명 이내의 위원
② 위원장 1명을 포함한 20명 이내의 위원
③ 위원장 2명을 포함한 10명 이내의 위원
④ 위원장 2명을 포함한 20병 이내의 위원

답 ②

온실가스 배출

① 온실가스 배출량 관리업체는 에너지소비량 및 온실가스 배출량을 작성하고 검증기관의 검증결과를 다음 연도 3월 31일까지 관장기관에 제출한다.
② 온실가스 감축, 에너지절약 및 에너지이용효율 목표를 통보받은 관리업체가 규정의 사항을 포함한 다음 연도 이행계획을 전자적 방식으로 매년 12월 31일까지 관장기관에 제출한다.

[핵심문제] 온실가스 배출량 및 에너지 사용량 등의 보고와 관련하여 관리업체는 해당 연도 온실 가스 배출량 및 에너지 소비량에 관한 명세서를 작성하고 이에 대한 검증기관의 검증 결과를 언제까지 부문별 관장기관에게 제출하여야 하는가?

① 해당 연도 12월 31일까지
② 다음 연도 1월 31일까지
③ 다음 연도 3월 31일까지
④ 다음 연도 6월 30일까지

답 ③

> [핵심문제] 온실가스감축, 에너지 절약 및 에너지 이용 효율 목표를 통보받은 관리업체가 규정의 사항을 포함한 다음 연도 이행 계획을 전자적 방식으로 언제까지 부문별 관장기관에게 제출하여야 하는가?
> ① 매년 3월 31일까지 ② 매년 6월 30일까지
> ③ 매년 9월 30일까지 ④ 매년 12월 31일까지 답 ④

온실가스의 종류

① 이산화탄소   ② 메탄   ③ 육불화황   ④ 수소불화탄소

> [참고]
> ① 수소 가스는 가연성 가스이다.
> ② 저탄소는 온실가스를 적정 수준 이하로 줄이는 것을 뜻한다.

> [핵심문제] 저탄소 녹색성장 기본법상 온실가스에 해당하지 않는 것은?
> ① 이산화탄소 ② 메탄
> ③ 수소   ④ 육불화황 답 ③
>
> [핵심문제] 화석연료에 대한 의존도를 낮추고 청정에너지의 사용 및 보급을 확대하여 녹색기술 연구개발, 탄소흡수원 확충 등을 통하여 온실가스를 적정수준 이하로 줄이는 것에 대한 정의로 옳은 것은?
> ① 녹색성장 ② 기후변화
> ③ 저탄소   ④ 자원순환 답 ③
>
> [핵심문제] 다음은 저탄소 녹색성장 기본법에 명시된 용어의 뜻이다. ( ) 안에 알맞은 것은?
>
> > 온실가스란 (㉠), 메탄(CH_4), 아산화질소(N_2O), 수소불화탄소(HFCs), 과불화탄소(PFCs), 육불화황(SF_6) 및 그 밖에 대통령령으로 정하는 것으로 (㉡) 복사열을 흡수하거나 재방출하여 온실효과를 유발하는 대기 중의 가스 상태의 물질을 말한다.
>
> 답 ㉠ CO_2(이산화탄소), ㉡ 적외선

환경부 장관 수행

저탄소 녹색성장 기본법에 따라 온실가스 감축 목표의 설정·관리 및 필요에 관한 조치에 관하여 총괄, 조정한다.

> [핵심문제] 저탄소 녹생성장 기본법에 따라 온실가스 감축 목표의 설정·관리 및 필요한 조치에 관하여 총괄·조정 기능은 누가 수행하는가?
> ① 국토교통부 장관　　　② 산업통상자원부 장관
> ③ 농림수산식품부 장관　④ 환경부 장관
> 　　　　　　　　　　　　　　　　　　　　　답 ④

> [핵심문제] 온실가스 감축 목표의 설정·관리 및 필요한 조치에 관하여 총괄·조정 기능을 수행하는 자는?
> ① 환경부 장관　　　　　② 산업통상자원부 장관
> ③ 국토교통부 장관　　　④ 농림축산식품부 장관
> 　　　　　　　　　　　　　　　　　　　　　답 ①

산업통상자원부 및 산업통상자원부 장관의 권한

① 신·재생에너지 설비의 설치자는 자본금 및 기술인력을 산업통상자원부 장관에게 신고한다.
② 산업통상자원부는 산업 및 발전 분야를 관장하며, 에너지 사용계획의 검토 기준, 검토 방법, 그 밖에 필요한 사항은 산업통상자원부령으로 정한다.
③ 산업통상자원부 장관은 신·재생에너지 기본계획 수립권자이며, 에너지를 사용하여 만드는 제품의 단위당 에너지사용목표량을 정하여 고시한다.

> [참고]
> 에너지 진단기관의 지정기준은 대통령령으로 정한다.

> [핵심문제] 신·재생에너지 설비의 설치를 전문으로 하려는 자는 자본금·기술인력 등을 신고 기준 및 절차에 따라 누구에게 신고를 하여야 하는가?
> ① 국토교통부 장관　　　② 환경부 장관
> ③ 고용노동부 장관　　　④ 산업통상자원부 장관
> 　　　　　　　　　　　　　　　　　　　　　답 ④

핵심문제 저탄소 녹색성장 기본법에 의거 온실가스 감축목표 등의 설정·관리 및 필요한 조치에 관한 사항을 관장하는 기관으로 옳은 것은?
① 농림축산식품부 : 건물·교통 분야
② 환경부 : 농업·축산 분야
③ 국토교통부 : 폐기물 분야
④ 산업통상자원부 : 산업·발전 분야   답 ④

핵심문제 신에너지 재생에너지 개발·이용·보급 촉진법에 따라 신·재생에너지의 기술개발 및 이용보급을 촉진하기 위한 기본계획은 누가 수립하는가?
① 미래창조과학부 장관   ② 환경부 장관
③ 국토교통부 장관   ④ 산업통상자원부 장관   답 ④

핵심문제 에너지사용계획의 검토기준, 검토방법, 그 밖에 필요한 사항을 정하는 영은?
① 산업통상자원부령   ② 국토교통부령
③ 대통령령   ④ 고용노동부령   답 ①

핵심문제 에너지이용 합리화법상 에너지 진단기관의 지정기준은 누구의 령으로 정하는가?
① 대통령   ② 시·도지사
③ 시공업자단체장   ④ 산업통상자원부 장관   답 ①

핵심문제 에너지이용 합리화법상 에너지를 사용하여 만드는 제품의 단위당 에너지사용목표량 또는 건축물의 단위면적당 에너지사용목표량을 정하여 고시하는 자는?
① 산업통상자원부 장관   ② 에너지관리공단 이사장
③ 시·도지사   ④ 고용노동부 장관   답 ①

녹색성장위원회의 위원

① 국토교통부 장관   ② 미래창조과학부 장관   ③ 기획재정부 장관
④ 환경부 장관   ⑤ 농림식품부 장관   ⑥ 산업통상자원부 장관

핵심문제 저탄소 녹색성장 기본법상 녹색성장위원회의 위원으로 틀린 것은?
① 국토교통부 장관   ② 미래창조과학부 장관
③ 기획재정부 장관   ④ 고용노동부 장관   답 ④

신·재생에너지 설비의 설치 의무

 신·재생에너지를 이용하여 신·재생에너지 설비를 의무적으로 설치하게 할 수 있는 기관에는 국가 및 지방자치단체, 공기업, 특별법에 따라 설립된 법인 등이 있다.

> [핵심문제] 신축·증축 또는 개축하는 건축물에 대하여 그 설계 시 산출된 예상 에너지사용량의 일정 비율 이상을 신·재생에너지를 이용하여 공급되는 에너지를 사용하도록 신·재생에너지 설비를 의무적으로 설치하게 할 수 있는 기관이 아닌 것은?
> ① 공기업
> ② 종교단체
> ③ 국가 및 지방자치단체
> ④ 특별법에 따라 설립된 법인
>
> 답 ②

에너지 관련 통계 및 에너지 총조사

 에너지 총조사는 3년마다 실시하되, 산업통상자원부 장관이 필요하다고 인정할 때에는 간이조사를 실시할 수 있다.

> [핵심문제] 다음 (   ) 안에 알맞은 것은?
>
> > 에너지법령상 에너지 총조사는 (㉠)마다 실시하되, (㉡)이 필요하다고 인정할 때에는 간이조사를 실시할 수 있다.
>
> 답 ㉠ 3년, ㉡ 산업통상자원부 장관

효율관리기자재의 표시

 효율관리기자재의 제조업자 또는 수입업자는 산업통상자원부 장관이 지정하는 시험기관(이하 "효율관리시험기관"이라 한다)에서 해당 효율관리기자재의 에너지 사용량을 측정받아 에너지소비효율등급 또는 에너지소비효율을 해당 효율관리기자재에 표시하여야 한다.

> [핵심문제] 에너지이용 합리화법상 효율관리기자재의 에너지소비효율등급 또는 에너지소비효율을 효율관리시험기관에서 측정받아 해당 효율관리기자재에 표시하여야 하는 자는?
> ① 효율관리기자재의 제조업자 또는 시공업자
> ② 효율관리기자재의 시공업자 또는 판매업자
> ③ 효율관리기자재의 제조업자 또는 수입업자
> ④ 효율관리기자재의 시공업자 또는 수입업자
> 답 ③

에너지이용 합리화 기본계획

① 에너지이용효율의 증대
② 에너지절약형 구조로 전환
③ 에너지이용 합리화(홍보 및 교육)

> [핵심문제] 에너지이용 합리화법에 따라 에너지이용 합리화 기본계획에 포함될 사항으로 거리가 먼 것은?
> ① 에너지절약형 경제구조로의 전환
> ② 에너지이용 효율의 증대
> ③ 에너지이용 합리화를 위한 홍보 및 교육
> ④ 열사용기자재의 품질관리
> 답 ④

건물의 냉난방 제한 온도

① 난방 : 20℃ 이하   ② 냉방 : 26℃ 이상

> [핵심문제] 에너지이용 합리화법규상 냉난방 온도제한 건물에 냉난방 제한온도를 적용할 때의 기준으로 옳은 것은? (단, 판매시설 및 공항의 경우는 제외한다.)
> ① 냉방 : 24℃ 이상, 난방 : 18℃ 이하
> ② 냉방 : 26℃ 이상, 난방 : 18℃ 이하
> ③ 냉방 : 24℃ 이상, 난방 : 20℃ 이하
> ④ 냉방 : 26℃ 이상, 난방 : 20℃ 이하
> 답 ④

신·재생에너지

① 태양에너지
② 수소에너지(원자력에너지 제외)
③ 풍력 및 수력에너지
④ 해양 및 지열에너지

> [핵심문제] 신에너지 및 재생에너지 개발·이용·보급 촉진법에서 규정하는 신에너지 또는 재생에너지에 해당하지 않는 것은?
>
> ① 태양에너지　　　　② 풍력
> ③ 수소에너지　　　　④ 원자력에너지　　　　답 ④

에너지진단 면제(연장)를 받기 위한 첨부서류

① 중소기업임을 증명할 서류
② 에너지절약 유공자 표창 사본
③ 친에너지형 설비임을 증명할 서류

> [핵심문제] 에너지이용 합리화법에 따라 에너지 진단을 면제 또는 에너지진단주기를 연장받으려는 자가 제출해야 하는 첨부서류에 해당하지 않는 것은?
>
> ① 보유한 효율관리기자재 자료
> ② 에너지절약 유공자 표창 사본
> ③ 중소기업임을 확인할 수 있는 서류
> ④ 친에너지형 설비 설치를 확인할 수 있는 서류　　　　답 ①

온실가스 감축 목표

저탄소녹색성장기본법에 의해 온실가스 감축 목표는 2020년의 국가 온실가스 총배출량을 2020년의 온실가스 배출 전망치 대비 100분의 30까지 감축하는 것으로 한다.

> [핵심문제] 다음 중 저탄소녹색성장기본법에 따라 2020년의 우리나라 온실가스 감축 목표로 옳은 것은?
> ① 2020년의 온실가스 배출 전망치 대비 100분의 20
> ② 2020년의 온실가스 배출 전망치 대비 100분의 30
> ③ 2000년 온실가스 배출량의 100분의 20
> ④ 2000년 온실가스 배출량의 100분의 30
>
> 답 ②

에너지 수급안정조치

① 에너지의 배급
② 에너지공급설비의 가동 및 조업
③ 에너지의 비축과 저장
④ 에너지의 양도·양수의 제한 또는 금지

> [핵심문제] 에너지 수급안정을 위하여 산업통상자원부 장관이 필요한 조치를 취할 수 있는 사항이 아닌 것은?
> ① 에너지의 배급
> ② 산업별·주요공급자별 에너지 할당
> ③ 에너지의 비축과 저장
> ④ 에너지의 양도·양수의 제한 또는 금지
>
> 답 ②

> [핵심문제] 에너지이용 합리화법에 따라 국내외 에너지 사정의 변동으로 에너지 수급에 중대한 차질이 발생하거나 발생할 우려가 있다고 인정되면 에너지 수급의 안정을 기하기 위하여 필요한 범위 내에 조치를 취할 수 있는데, 다음 중 그러한 조치에 해당하지 않는 것은?
> ① 에너지의 비축과 저장
> ② 에너지의 배급
> ③ 에너지공급설비의 가동 및 조업
> ④ 에너지 판매시설의 확충
>
> 답 ④

자원순환산업의 육성지원시책

① 자원의 수급 및 관리
② 유해하거나 재제조·재활용이 어려운 물질의 사용억제
③ 에너지자원으로 이용되는 목재, 식물, 농산물 등 바이오매스의 수집·활용

[핵심문제] 자원을 절약하고, 효율적으로 이용하며 폐기물의 발생을 줄이는 등 자원순환산업을 육성·지원하기 위한 다양한 시책에 포함되지 않는 것은?
① 자원의 수급 및 관리
② 유해하거나 재제조·재활용이 어려운 물질의 사용억제
③ 에너지자원으로 이용되는 목재, 식물, 농산물 등 바이오매스의 수집·활용
④ 친환경 생산체제로의 전환을 위한 기술지원
답 ④

녹색성장위원회의 심의사항

저탄소녹색성장기본법상 녹색성장위원회의 심의사항 중 지방자치단체의 저탄소녹색성장의 기본 방향에 관한 사항은 생략된다.

[핵심문제] 저탄소녹색성장기본법상 녹색성장위원회의 심의사항이 아닌 것은?
① 지방자치단체의 저탄소녹색성장의 기본 방향에 관한 사항
② 녹색성장국가전략의 수립·변경·시행에 관한 사항
③ 기후변화대응 기본계획, 에너지기본계획 및 지속가능발전 기본계획에 관한 사항
④ 저탄소 녹색성장을 위한 재원의 배분방향 및 효율적 사용에 관한 사항
답 ①

기준량 이상의 에너지 소비업체를 지정하는 기준

해당 연도 1월 1일을 기준으로 최근 3년간 업체의 모든 사업체에서 소비한 에너지의 연평균 총량이 350 terajoules 이상

[핵심문제] 저탄소녹색성장기본법에 따라 대통령령으로 정하는 기준량 이상의 에너지 소비업체를 지정하는 기준으로 옳은 것은?(단, 기준일은 2013년 7월 21일을 기준으로 한다.)
① 해당 연도 1월 1일을 기준으로 최근 3년간 업체의 모든 사업체에서 소비한 에너지의 연평균 총량이 650 terajoules 이상
② 해당 연도 1월 1일을 기준으로 최근 3년간 업체의 모든 사업체에서 소비한 에너지의 연평균 총량이 550 terajoules 이상
③ 해당 연도 1월 1일을 기준으로 최근 3년간 업체의 모든 사업체에서 소비한 에너지의 연평균 총량이 450 terajoules 이상
④ 해당 연도 1월 1일을 기준으로 최근 3년간 업체의 모든 사업체에서 소비한 에너지의 연평균 총량이 350 terajoules 이상
답 ④

지역에너지계획에 포함되어야 할 사항

① 에너지 수급의 추이와 전망에 관한 사항
② 에너지이용 합리화와 이를 통한 온실가스 배출감소 대책
③ 미활용에너지원의 개발·사용을 위한 대책
④ 환경친화적 에너지 사용을 위한 대책

[핵심문제] 에너지법상 지역에너지계획에 포함되어야 할 사항이 아닌 것은?
① 에너지 수급의 추이와 전망에 관한 사항
② 에너지이용 합리화와 이를 통한 온실가스 배출감소를 위한 대책에 관한 사항
③ 미활용에너지원의 개발·사용을 위한 대책에 관한 사항
④ 에너지 소비촉진 대책에 관한 사항 답 ④

신·재생에너지 설비의 인증 심사기준 항목

① 성능 및 규격의 적합성
② 설비의 효율성
③ 설비의 내구성

[핵심문제] 신·재생에너지 설비의 인증을 위한 심사기준 항목으로 거리가 먼 것은?
① 국제 또는 국내의 성능 및 규격에의 적합성
② 설비의 효율성
③ 설비의 우수성
④ 설비의 내구성 답 ③

[핵심문제] 신·재생에너지 설비인증 심사기준을 일반 심사기준과 설비 심사기준으로 나눌 때 다음 중 일반 심사기준에 해당되지 않는 것은?
① 신·재생에너지 설비의 제조 및 생산능력의 적정성
② 신·재생에너지 설비의 품질유지·관리능력의 적정성
③ 신·재생에너지 설비의 에너지효율의 적정성
④ 신·재생에너지 설비의 사후관리의 적정성 답 ③

에너지기술개발사업비의 지원 항목

① 에너지기술의 연구·개발에 관한 사항
② 에너지기술의 수요 조사에 관한 사항
③ 에너지사용기자재와 에너지공급설비 및 그 부품에 관한 기술개발에 관한 사항
④ 에너지기술 개발 성과의 보급 및 홍보에 관한 사항
⑤ 에너지기술에 관한 국제협력에 관한 사항
⑥ 에너지에 관한 연구인력 양성에 관한 사항
⑦ 에너지 사용에 따른 대기오염을 줄이기 위한 기술개발에 관한 사항
⑧ 온실가스 배출을 줄이기 위한 기술개발에 관한 사항
⑨ 에너지기술에 관한 정보의 수집·분석 및 제공과 이와 관련된 학술활동에 관한 사항
⑩ 평가원의 에너지기술개발사업 관리에 관한 사항

[핵심문제] 에너지법에 따라 에너지기술개발사업비의 지원 항목에 해당되지 않는 것은?
① 에너지기술의 연구·개발에 관한 사항
② 에너지기술에 관한 국내협력에 관한 사항
③ 에너지기술의 수요 조사에 관한 사항
④ 에너지에 관한 연구인력 양성에 관한 사항   답 ②

[핵심문제] 에너지법에서 정한 에너지기술개발사업비로 사용될 수 없는 사항은?
① 에너지에 관한 연구인력 양성
② 온실가스 배출을 늘리기 위한 기술개발
③ 에너지 사용에 따른 대기오염 저감을 위한 기술개발
④ 에너지기술개발 성과의 보급 및 홍보   답 ②

부록

과년도 출제문제

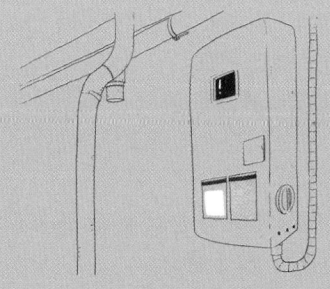

2012년 시행 문제

에너지관리기능사 2012. 2. 12 시행

1. 다음 중 수관식 보일러의 종류에 속하지 않는 것은?
① 자연순환식 ② 강제순환식
③ 관류식 ④ 노통연관식

[해설] 수관식 보일러의 종류
(1) 자연순환식 보일러
(2) 강제순환식 보일러
(3) 관류식 보일러

2. 건포화증기 100℃의 엔탈피는 얼마인가?
① 639 kcal/kg ② 539 kcal/kg
③ 100 kcal/kg ④ 439 kcal/kg

[해설] 100℃ 건포화증기 엔탈피
(1) 포화수 엔탈피 : 100 kcal/kg
(2) 물의 증발잠열 : 539 kcal/kg
∴ 엔탈피=100+539=639 kcal/kg

3. 분사관을 이용해 선단에 노즐을 설치하여 청소하는 것으로 고온의 전열면에 사용하는 수트블로어의 형식은?
① 롱 레트랙터블형 ② 로터리형
③ 건형 ④ 에어히터클리너형

[해설] 수트블로어의 형식
• 롱 레트랙터블형 : 고온의 전열면
• 로터리형 : 저온의 전열면
• 건타입형 : 일반 전열면

4. 공기 과잉계수를 증가시킬 때, 연소가스 중의 성분 함량이 공기 과잉계수에 맞춰서 증가하는 것은?

① CO_2 ② SO_2
③ O_2 ④ CO

[해설] 공기 과잉계수를 증가시키면 연소 후 배기가스 중 산소의 농도가 증가하여 산소에 의한 부식 현상이 발생된다.

5. 보일러의 연소가스 폭발 시에 대비한 안전장치는?
① 방폭문 ② 안전밸브
③ 파괴판 ④ 맨홀

[해설] 방폭문 : 보일러 노내 미연소가스에 의한 폭발 현상 발생 시 안전한 장소로 후폭풍을 배출시키며, 연소실 후부에 부착한다.

6. 연료의 인화점에 대한 설명으로 가장 옳은 것은?
① 가연물을 공기 중에서 가열했을 때 외부로부터 점화원 없이 발화하여 연소를 일으키는 최저 온도
② 가연성 물질이 공기 중의 산소와 혼합하여 연소할 경우에 필요한 혼합가스의 농도 범위
③ 가연성 액체의 증기 등이 불씨에 의해 불이 붙는 최저 온도
④ 연료의 연소를 계속 시키기 위한 온도

7. 다음 중 파형 노통의 종류가 아닌 것은?
① 모리슨형 ② 애덤슨형
③ 파브스형 ④ 브라운형

[정답] 1. ④ 2. ① 3. ① 4. ③ 5. ① 6. ③ 7. ②

[해설] 파형 노통의 종류
(1) 모리슨형 (2) 파브스형
(3) 브라운형 (4) 데이톤형
(5) 폭스형   (6) 리즈포즈형

8. 주철제 보일러의 일반적인 특징 설명으로 틀린 것은?
① 내열성과 내식성이 우수하다.
② 대용량의 고압 보일러에 적합하다.
③ 열에 의한 부동팽창으로 균열이 발생하기 쉽다.
④ 쪽수의 증감에 따라 용량 조절이 편리하다.
[해설] 주철제 보일러 : 소형 난방용 저압 보일러

9. 증기의 압력에너지를 이용하여 피스톤을 작동시켜 급수를 행하는 비동력 펌프는?
① 워싱턴 펌프 ② 기어 펌프
③ 벌류트 펌프 ④ 디퓨저 펌프
[해설] 비동력(무동력) 펌프 : 워싱턴 펌프, 위어 펌프

10. 보일러 효율을 올바르게 설명한 것은?
① 증기 발생에 이용된 열량과 보일러에 공급한 연료가 완전 연소할 때의 열량과의 비
② 배기가스 열량과 연소실에서 발생한 열량과의 비
③ 연도에서 열량과 보일러에 공급한 연료가 완전 연소할 때의 열량과의 비
④ 총 손실 열량과 연료의 연소 열량과의 비
[해설] 보일러 효율(%)
$$= \frac{증기 발생에 이용된 열량}{보일러에 공급한 연료가 완전 연소할 때의 열량} \times 100\%$$

11. 다음 중 매연 발생의 원인이 아닌 것은?
① 공기량이 부족할 때
② 연료와 연소장치가 맞지 않을 때
③ 연소실의 온도가 낮을 때
④ 연소실의 용적이 클 때
[해설] 연소실 용적이 작으면 불완전 연소하여 매연이 발생한다.

12. 절탄기에 대한 설명 중 옳은 것은?
① 절탄기의 설치 방식은 혼합식과 분배식이 있다.
② 절탄기의 급수예열온도는 포화온도 이상으로 한다.
③ 연료의 절약과 증발량의 감소 및 열효율을 감소시킨다.
④ 급수와 보일러수의 온도차 감소로 열응력을 줄여준다.
[해설] 절탄기는 무동력 급수보조장치로 열응력을 감소시킨다.

13. 어떤 고체 연료의 저위발열량이 6940 kcal/kg이고 연소 효율이 92%라 할 때 이 연료의 단위량의 실제 발열량을 계산하면 약 얼마인가?
① 6385 kcal/kg ② 6943 kcal/kg
③ 7543 kcal/kg ④ 8900 kcal/kg
[해설] 6940×0.92=6385 kcal/kg

14. 보일러의 마력을 옳게 나타낸 것은?
① 보일러 마력 = 15.65×매시 상당증발량
② 보일러 마력 = 15.65×매시 실제 증발량
③ 보일러 마력 = 15.65/매시 상당증발량
④ 보일러 마력 = 매시 상당증발량/15.65
[해설] 보일러 마력
$$= \frac{매시\ 상당증발량}{15.65}$$

15. 다음 중 비접촉식 온도계의 종류가 아닌 것은?
① 광전관식 온도계
② 방사 온도계
③ 광고 온도계
④ 열전대 온도계

[해설] 비접촉식 온도계의 종류
(1) 방사 온도계 (2) 광전관식 온도계
(3) 색 온도계   (4) 광고 온도계

16. 다음 중 보일러에서 연소가스의 배기가 잘 되는 경우는?
① 연도의 단면적이 작을 때
② 배기가스 온도가 높을 때
③ 연도에 급한 굴곡이 있을 때
④ 연도에 공기가 많이 침입 될 때

[해설] 배기가스와 외기의 온도차가 클수록 배기가 잘 된다(통풍력 증가).

17. 일반적으로 보일러 패널 내부 온도는 몇 도를 넘지 않도록 하는 것이 좋은가?
① 70℃   ② 60℃
③ 80℃   ④ 90℃

[해설] 패널의 내부 온도는 60℃ 이하가 이상적이다.

18. 수관식 보일러에서 건조 증기를 얻기 위하여 설치하는 것은?
① 급수내관
② 기수 분리기
③ 수위 경보기
④ 과열 저감기

19. 온수 보일러의 수위계 설치 시 수위계의 최고 눈금은 보일러의 최고 사용압력의 몇 배로 하여야 하는가?
① 1배 이상 3배 이하
② 3배 이상 4배 이하
③ 4배 이상 6배 이하
④ 7배 이상 8배 이하

[해설] (1) 수위계 : 최고 사용압력의 1배 이상 3배 이하
(2) 압력계 : 최고 사용압력의 1.5배 이상 3배 이하

20. 액체 연료의 연소용 공기 공급 방식에서 1차 공기를 설명한 것으로 가장 적합한 것은 어느 것인가?
① 연료의 무화와 산화반응에 필요한 공기
② 연료의 후열에 필요한 공기
③ 연료의 예열에 필요한 공기
④ 연료의 완전 연소에 필요한 부족한 공기를 추가로 공급하는 공기

[해설] (1) 1차 공기 : 무화용 공기
(2) 2차 공기 : 완전 연소용 공기

21. 그림 기호와 같은 밸브의 종류 명칭은?

① 게이트밸브   ② 체크밸브
③ 볼밸브   ④ 안전밸브

[해설] (1) 게이트밸브 : ▷◁
(2) 볼밸브 : ▶◀
(3) 안전밸브 : ▷▲

22. 보일러의 검사기준에 관한 설명으로 틀린 것은?
① 수압 시험은 보일러의 최고 사용압력이 15 kg/cm^{2}를 초과할 때에는 그 최고 사용압력의 1.5배의 압력으로 한다.

② 보일러 운전 중에 비눗물 시험 또는 가스 누설검사기로 배관 접속 부위 및 밸브류 등의 누설 유무를 확인한다.
③ 시험수압은 규정된 압력의 8 % 이상을 초과하지 않도록 모든 경우에 대한 적절한 제어를 마련하여야 한다.
④ 화재, 천재지변 등 부득이한 사정으로 검사를 실시할 수 없는 경우에는 재신청 없이 다시 검사를 하여야 한다.

[해설] 시험수압은 규정된 압력의 6 % 이상을 초과하면 안 된다.

23. 보일러 보존 시 건조제로 주로 쓰이는 것이 아닌 것은?

① 실리카겔 ② 활성알루미나
③ 염화마그네슘 ④ 염화칼슘

[해설] 건조제(흡습제)의 종류
(1) 생석회 (2) 실리카겔
(3) 염화칼슘 (4) 활성알루미나

24. 배관의 신축 이음 종류가 아닌 것은?

① 슬리브형 ② 벨로스형
③ 루프형 ④ 파일럿형

[해설] 배관의 신축 이음의 종류
(1) 루프형 (2) 벨로스형
(3) 스위블형 (4) 슬리브형

25. 진공환수식 증기 배관에서 리프트 피팅으로 흡상할 수 있는 1단 최고 흡상 높이는 몇 m 이하로 하는 것이 좋은가?

① 1 m ② 1.5 m
③ 2 m ④ 2.5 m

[해설] 증기 배관에서 리프트 피팅으로 흡상할 수 있는 1단 최고 흡상 높이는 1.5 m 이하로 한다.

26. 난방부하 계산 과정에서 고려하지 않아도 되는 것은?

① 난방 형식
② 유리창의 크기 및 문의 크기
③ 주위환경 조건
④ 실내와 외기의 온도

[해설] 난방부하 계산 시 고려 사항
(1) 주위환경 조건
(2) 유리창의 크기 및 문의 크기
(3) 실내와 외기의 온도
(4) 건물의 위치 및 건축 구조

27. 다음 보온재의 종류 중 안전사용 최고온도가 가장 낮은 것은?

① 펄라이트보온판·통
② 탄화코르판
③ 글라스울 블랭킷
④ 내화단열벽돌

[해설] (1) 탄화코르판 : 130℃ 정도
(2) 글라스울 블랭킷 : 350℃
(3) 펄라이트보온판·통 : 650℃ 정도
(4) 내화단열벽돌 : 1300℃ 이상

28. 다음 중 보일러 손상의 하나인 압궤가 일어나기 쉬운 부분은?

① 수관 ② 노통
③ 동체 ④ 갤러웨이관

[해설] (1) 압궤가 일어나기 쉬운 부분 : 노통
(2) 팽출이 일어나기 쉬운 부분 : 수관, 동체, 갤러웨이관

29. 다음 중 보일러의 안전장치에 해당되지 않는 것은?

① 방출밸브 ② 방폭문
③ 화염검출기 ④ 감압밸브

[해설] 안전장치의 종류

정답 23. ③ 24. ④ 25. ② 26. ① 27. ② 28. ② 29. ④

(1) 안전밸브 (2) 방폭문
(3) 고·저수위 경보기 (4) 화염검출기
(5) 가용전
(6) 증기압력 제한기

30. 열전도율이 다른 여러 층의 매체를 대상으로 정상상태에서 고온측으로부터 저온측으로 열이 이동할 때의 평균 열통과율을 의미하는 것은?

① 엔탈피 ② 열복사율
③ 열관류율 ④ 열용량

31. 다음 중 기체 연료의 연소 방식과 관계가 없는 것은?

① 확산 연소 방식
② 예혼합 연소 방식
③ 포트형과 버너형
④ 회전 분무식

[해설] 기체 연료의 연소 방식
(1) 확산 연소 방식 : 포트형, 버너형
(2) 예혼합 연소 방식 : 저압 버너, 고압 버너, 송풍 버너

32. 건도를 x라고 할 때 습증기는 다음 중 어느 것인가?

① $x=0$ ② $0<x<1$
③ $x=1$ ④ $x>1$

[해설] (1) 포화수 : $x=0$
(2) 습포화증기 : $0<x<1$
(3) 건포화증기 : $x=1$

33. 보일러 급수 펌프인 터빈 펌프의 일반적인 특징이 아닌 것은?

① 효율이 높고 안정된 성능을 얻을 수 있다.
② 구조가 간단하고 취급이 용이하므로 보수 관리가 편리하다.
③ 토출 시 흐름이 고르고 운전 상태가 조용하다.
④ 저속 회전에 적합하며 소형이면서 경량이다.

[해설] 터빈 펌프의 특징
(1) 고속·고양정
(2) 효율이 높다.
(3) 구조가 간단하다.
(4) 취급이 용이하다.

34. 보일러 부속장치 설명 중 잘못된 것은?

① 기수분리기 : 증기 중에 혼입된 수분을 분리하는 장치
② 수트블로어 : 보일러 동 저면의 스케일, 침전물 등 밖으로 배출하는 장치
③ 오일 스트레이너 : 연료 속의 불순물 방지 및 유량계 펌프 등의 고장을 방지하는 장치
④ 스팀 트랩 : 응축수를 자동으로 배출하는 장치

[해설] 수트블로어 : 전열면에 부착된 그을음을 공기나 증기로 불어내는 장치

35. 고체 연료와 비교하여 액체 연료 사용 시의 장점을 잘못 설명한 것은?

① 인화의 위험성이 없으며 역화가 발생하지 않는다.
② 그을음이 적게 발생하고 연소 효율도 높다.
③ 품질이 비교적 균일하며 발열량이 크다.
④ 저장 및 운반 취급이 용이하다.

[해설] 액체 연료는 역화의 우려가 있다.

36. 집진 효율이 대단히 좋고, 0.5 μm 이하 정도의 미세한 입자도 처리할 수 있는 집진 장치는?

① 관성력 집진기
② 전기식 집진기
③ 원심력 집진기
④ 멀티사이클론식 집진기

[해설] 전기식 집진기(코트렐 집진기)는 집진장치 중 효율이 가장 높다.

37. 열정산의 방법에서 입열 항목에 속하지 않는 것은?

① 발생증기의 흡수열
② 연료의 연소열
③ 연료의 현열
④ 공기의 현열

[해설] 발생증기의 흡수열은 출열 항목이다.

38. 보일러의 자동제어 장치로 쓰이지 않는 것은?

① 화염검출기   ② 안전밸브
③ 수위검출기   ④ 압력조절기

39. 급수온도 30℃에서 압력 1 MPa 온도 180℃의 증기를 1시간당 10000 kg 발생시키는 보일러에서 효율은 약 몇 %인가? (단, 증기엔탈피는 664 kcal/kg, 표준상태에서 가스 사용량은 500 m³/h, 이 연료의 저위발열량은 15000 kcal/m³이다.)

① 80.5%   ② 84.5%
③ 87.65%   ④ 91.65%

[해설]

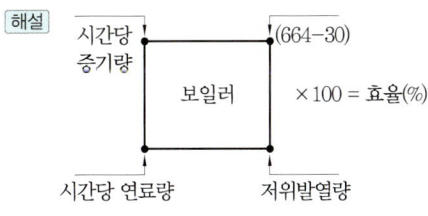

$$\therefore \frac{10000 \times (664-30)}{500 \times 15000} \times 100 = 84.5\%$$

40. 보일러의 사고 발생 원인 중 제작상의 원인에 해당되지 않는 것은?

① 용접 불량
② 가스 폭발
③ 강도 부족
④ 부속장치 미비

[해설] 보일러 사고 원인 중 제작상의 원인
(1) 용접 불량
(2) 강도 부족
(3) 부속장치 미비

41. 엘보나 티와 같이 내경이 나사로 된 부품을 폐쇄할 필요가 있을 때 사용되는 것은?

① 캡   ② 니펄
③ 소켓   ④ 플러그

[해설] (1) 내경이 나사로 된 부품을 폐쇄 : 플러그
(2) 외경이 나사로 된 부품을 폐쇄 : 캡

42. 사용 중인 보일러의 점화 전 주의사항으로 잘못된 것은?

① 연료 계통을 점검한다.
② 각 밸브의 개폐 상태를 확인한다.
③ 댐퍼를 닫고 프리퍼지를 한다.
④ 수면계의 수위를 확인한다.

[해설] 점화 전 댐퍼를 열고 프리퍼지를 한다.

43. 호칭지름 15 A의 강관을 굽힘 반지름 80 mm, 각도 90°로 굽힐 때 굽힘부의 필요한 중심 곡선부 길이는 약 몇 mm인가?

① 126   ② 135
③ 182   ④ 251

[해설] 곡선부 길이 $= 2\pi r \times \dfrac{\theta}{360}$
$= 2 \times 3.14 \times 80 \times \dfrac{90}{360} = 126$ mm

정답 37. ① 38. ② 39. ② 40. ② 41. ④ 42. ③ 43. ①

44. 난방부하가 2250 kcal/h인 경우 온수 방열기의 방열면적은 몇 m²인가?

① 3.5   ② 4.5
③ 5.0   ④ 8.3

해설

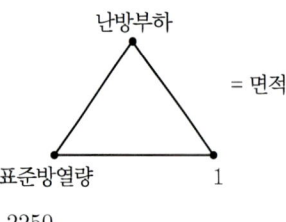

$$\therefore \frac{2250}{450} = 5.0 \text{ m}^2$$

45. 증기 트랩을 기계식 트랩, 온도조절식 트랩, 열역학적 트랩으로 구분할 때 온도조절식 트랩에 해당되는 것은?

① 버킷 트랩   ② 플로트 트랩
③ 열동식 트랩   ④ 디스크형 트랩

해설 증기 트랩의 종류
(1) 기계식 트랩 : 버킷식, 플로트식
(2) 온도조절식 트랩 : 바이메탈식, 벨로스식(열동식)
(3) 열역학적 트랩 : 오리피스식, 디스크식

46. 철금속 가열로란 단조가 가능하도록 가열하는 것을 주목적으로 하는 노로써 정격 용량이 몇 kcal/h를 초과하는 것을 말하는가?

① 200000   ② 500000
③ 100000   ④ 300000

47. 연소 시작 시 부속설비 관리에서 급수예열기에 대한 설명으로 틀린 것은?

① 바이패스 연도가 있는 경우에는 연소가스를 바이패스시켜 물이 급수예열기 내를 유동하게 한 후 연소가스를 급수예열기 연도에 보낸다.

② 댐퍼 조작은 급수예열기 연도의 입구 댐퍼를 먼저 연 다음에 출구 댐퍼를 열고 최후에 바이패스 연도 댐퍼를 닫는다.

③ 바이패스 연도가 없는 경우 순환관을 이용하여 급수예열기 내의 물을 유동시켜 급수예열기 내부에 증기가 발생하지 않도록 주의한다.

④ 순환관이 없는 경우는 보일러에 급수하면서 적량의 보일러수 분출을 실시하여 급수예열기 내의 물을 정체시키지 않도록 하여야 한다.

해설 급수예열기에 물을 유동시킨 후 댐퍼를 연다.

48. 다음 급수탱크의 설치에 대한 설명 중 틀린 것은?

① 급수탱크를 지하에 설치하는 경우에는 지하수, 하수, 침출수 등이 유입되지 않도록 하여야 한다.

② 급수탱크의 크기는 용도에 따라 1~2시간 정도 급수를 공급할 수 있는 크기로 한다.

③ 급수탱크는 얼지 않도록 보온 등 방호조치를 하여야 한다.

④ 탈기기가 없는 시스템의 경우 급수에 공기 용입 우려로 인해 가열장치를 설치해서는 안 된다.

해설 탈기기가 없는 시스템의 경우 급수에 공기 용입 우려로 인해 가열장치를 설치해야 한다.

49. 온수난방에서 역귀환방식을 채택하는 주된 이유는?

① 각 방열기에 연결된 배관의 신축을 조정하기 위해서

② 각 방열기에 연결된 배관 길이를 짧게 하기 위해서

정답 44. ③ 45. ③ 46. ② 47. ② 48. ④ 49. ④

③ 각 방열기에 공급되는 온수를 식지 않게 하기 위해서
④ 각 방열기에 공급되는 유량 분배를 균등하게 하기 위해서

[해설] 역귀환방식 채택 이유 : 각 방열기로 공급되는 에너지(온수)를 균등하게 배분하기 위함이다.

50. 본래 배관의 회전을 제한하기 위하여 사용되어 왔으나 근래에는 배관계의 축 방향의 안내 역할을 하며 축과 직각 방향의 이동을 구속하는 데 사용되는 리스트레인트의 종류는 어느 것인가?

① 앵커　　　② 가이드
③ 스토퍼　　④ 이어

[해설] 리스트레인트의 종류 : 앵커, 스토퍼, 가이드

51. 온실가스 배출량 및 에너지 사용량 등의 보고와 관련하여 관리업체는 해당 연도 온실가스 배출량 및 에너지 소비량에 관한 명세서를 작성하고 이에 대한 검증기관의 검증결과를 언제까지 부문별 관장기관에게 제출하여야 하는가?

① 해당 연도 12월 31일까지
② 다음 연도 1월 31일까지
③ 다음 연도 3월 31일까지
④ 다음 연도 6월 30일까지

52. 다음 중 에너지이용 합리화법의 목적이 아닌 것은?

① 에너지의 수급 안정
② 에너지의 합리적이고 효율적인 이용 증진
③ 에너지 소비로 인한 환경피해를 줄임
④ 에너지 소비 촉진 및 자원 개발

[해설] 에너지이용 합리화법의 목적
　(1) 수급 안정 도모
　(2) 합리적이고 효율적인 이용 증진
　(3) 환경피해 감소
　(4) 발전과 국민복지 증진에 기여

53. 정부는 국가전략을 효율적·체계적으로 이행하기 위해 몇 년마다 저탄소 녹색성장 국가전략 5개년 계획을 수립하는가?

① 2년　　　② 3년
③ 4년　　　④ 5년

[해설] 정부는 매 5년마다 저탄소 녹색성장 국가전략 5개년 계획을 수립한다.

54. 에너지이용 합리화법상 효율관리 기자재가 아닌 것은?

① 삼상유도전동기
② 선박
③ 조명기기
④ 전기냉장고

[해설] 효율관리 기자재
　(1) 전기냉장고, 전기세탁기, 전기냉방기
　(2) 자동차
　(3) 삼상유도전동기
　(4) 조명기기

55. 신축·증축 또는 개축하는 건축물에 대하여 그 설계 시 산출된 예상 에너지 사용량의 일정 비율 이상을 신·재생에너지를 이용하여 공급되는 에너지를 사용하도록 신·재생에너지 설비를 의무적으로 설치하게 할 수 있는 기관이 아닌 것은?

① 공기업
② 종교단체
③ 국가 및 지방자치단체
④ 특별법에 따라 설립된 법인

정답　50. ②　51. ③　52. ④　53. ④　54. ②　55. ②

해설 신·재생에너지를 이용하여 공급되는 에너지를 사용하도록 신·재생에너지 설비를 의무적으로 설치하게 할 수 있는 기관에는 국가 및 지방자치단체, 공기업, 특별법에 따라 설립된 법인 등이 있다.

56. 유기질 보온재에 속하지 않는 것은?
① 펠트   ② 세라크울
③ 코르크   ④ 기포성 수지

해설 유기질 보온재의 종류
(1) 코르크
(2) 펠트
(3) 텍스류
(4) 기포성 수지

57. 동관 작업용 공구의 사용 목적이 바르게 설명된 것은?
① 플레어링 툴 세트 : 관 끝을 소켓으로 만듦
② 익스팬더 : 직관에서 분기관 성형 시 사용
③ 사이징 툴 : 관 끝을 원형으로 정형
④ 튜브 벤더 : 동관을 절단함

해설 (1) 플레어링 툴 세트 : 관 끝을 나팔관 모양으로 성형
(2) 익스팬더 : 확관용 공구
(3) 튜브 벤더 : 동관 벤딩용

58. 온수난방의 배관 시공법에 관한 설명으로 틀린 것은?
① 배관 구배는 일반적으로 $\frac{1}{250}$ 이상으로 한다.
② 운전 중에 온수에서 분리한 공기를 배제하기 위해 개방식 팽창탱크로 향하여 선상향 구배로 한다.
③ 수평 배관에서 관지름을 변경할 경우 동심 이음쇠를 사용한다.
④ 온수 보일러에서 팽창탱크에 이르는 팽창관에는 되도록 밸브를 달지 않는다.

해설 수평 배관에서 관지름을 변경할 경우 편심 리듀서를 사용해야 한다.

59. 환수관의 배관 방식에 의한 분류 중 환수주관을 보일러의 표준 수위보다 낮게 배관하여 환수하는 방식은 어떤 배관 방식인가?
① 건식환수   ② 중력환수
③ 기계환수   ④ 습식환수

해설 습식환수 방식 : 환수주관을 보일러의 표준 수위보다 50 mm 낮게 배관하여 환수하는 방식

60. 에너지이용 합리화법의 위반사항과 벌칙 내용이 맞게 짝지워진 것은?
① 효율관리기자재 판매금지 명령 위반 시 : 1천만원 이하의 벌금
② 검사대상기기 조종자를 선임하지 않을 시 : 5백만원 이하의 벌금
③ 검사대상기기 검사의무 위반 시 : 1년 이하의 징역 또는 1천만원 이하의 벌금
④ 효율관리기자재 생산명령 위반 시 : 5백만원 이하의 벌금

해설 ① : 2천만원 이하의 벌금
② : 1천만원 이하의 벌금
④ : 2천만원 이하의 벌금

정답 56. ② 57. ③ 58. ③ 59. ④ 60. ③

에너지관리기능사

2012. 4. 8 시행

1. 버너에서 연료 분사 후 소정의 시간이 경과하여도 착화를 볼 수 없을 때 전자밸브를 닫아서 연소를 저지하는 제어는?
① 저수위 인터록
② 저연소 인터록
③ 불착화 인터록
④ 프리퍼지 인터록

해설 불착화 인터록(안전장치) : 버너에서 연료를 분사 후 일정 시간이 경과되어도 착화가 되지 않을 때 전자밸브를 닫아 연소를 저지하는 제어

2. 안전밸브의 수동시험은 최고사용압력의 몇 % 이상의 압력으로 행하는가?
① 50%
② 55%
③ 65%
④ 75%

3. 보일러 실제 증발량이 7000 kg/h이고, 최대연속 증발량이 8 t/h일 때, 이 보일러 부하율은 몇 %인가?
① 80.5%
② 85%
③ 87.5%
④ 90%

해설 보일러의 부하율 $= \dfrac{7000}{8000} \times 100 = 87.5\%$

4. 과잉공기량에 관한 설명으로 옳은 것은?
① (과잉공기량) = (실제공기량) × (이론공기량)
② (과잉공기량) = (실제공기량) / (이론공기량)
③ (과잉공기량) = (실제공기량) + (이론공기량)
④ (과잉공기량) = (실제공기량) − (이론공기량)

해설 과잉공기량 = 실제공기량 − 이론공기량
과잉공기계수$(m) = \dfrac{\text{실제공기량}(A)}{\text{이론공기량}(A_0)}$

5. 10℃의 물 400 kg과 90℃의 더운물 100 kg을 혼합하면 혼합 후의 물의 온도는?
① 26℃
② 36℃
③ 54℃
④ 78℃

해설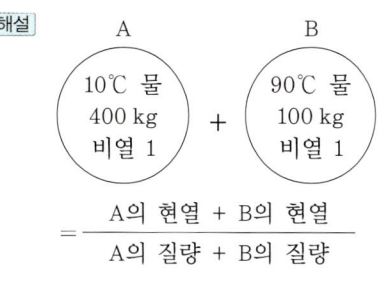

$= \dfrac{A\text{의 현열} + B\text{의 현열}}{A\text{의 질량} + B\text{의 질량}}$

$\therefore \dfrac{400 \times 1 \times 10 + 100 \times 1 \times 90}{400 + 100} = 26℃$

6. 다음 중 원통형 보일러에 관한 설명으로 틀린 것은?
① 입형 보일러는 설치면적이 적고 설치가 간단하다.
② 노통이 2개인 횡형 보일러는 코니시 보일러이다.
③ 패키지형 노통연관 보일러는 내분식이므로 방산 손실열량이 적다.
④ 기관본체를 둥글게 제작하여 이를 입형이나 횡형으로 설치 사용하는 보일러를 말한다.

해설 노통 보일러의 종류
(1) 코니시 보일러 : 노통 1개
(2) 랭커셔 보일러 : 노통 2개

7. 연료유 탱크에 가열장치를 설치한 경우에 대한 설명으로 틀린 것은?
① 열원에는 증기, 온수, 전기 등을 사용한다.
② 전열식 가열장치에 있어서는 직접식 또는 저항밀봉 피복식의 구조로 한다.

정답 1. ③ 2. ④ 3. ③ 4. ④ 5. ① 6. ② 7. ②

③ 온수, 증기 등의 열매체가 동절기에 동결할 우려가 있는 경우에는 동결을 방지하는 조치를 취해야 한다.
④ 연료유 탱크의 기름 취출구 등에 온도계를 설치하여야 한다.

[해설] 중유 가열장치의 분류
(1) 증기식
(2) 온수식
(3) 전열식 : 간접식, 저항밀봉 피복관식

8. 〈보기〉에서 설명한 송풍기의 종류는?

〈보기〉
- 경향 날개형이며 6~12매의 철판제 직선날개를 보스에서 방사한 스포크에 리벳죔을 한 것이며, 측판이 있는 임펠러와 측판이 없는 것이 있다.
- 구조가 견고하며 내마모성이 크고 날개를 바꾸기도 쉬우며 회진이 많은 가스의 흡출통풍기, 미분탄 장치의 배탄기 등에 사용된다.

① 터보 송풍기 ② 다익 송풍기
③ 축류 송풍기 ④ 플레이트 송풍기

[해설]

터보형	다익형(시로코형)	플레이트형
• 후향 날개형 • 효율이 높다.	• 전향 날개형 • 효율이 낮다.	• 경향 날개형 • 구조가 견고하다.

9. 플레임 아이에 대하여 옳게 설명한 것은?

① 연도의 가스온도로 화염의 유무를 검출한다.
② 화염의 도전성을 이용하여 화염의 유무를 검출한다.
③ 화염의 방사선을 감지하여 화염의 유무를 검출한다.
④ 화염의 이온화 현상을 이용해서 화염의 유무를 검출한다.

[해설] 플레임 아이 : 화염의 방사선(화염의 발광)을 감지하여 화염의 유무를 검출

10. 수트블로어 사용에 관한 주의사항으로 틀린 것은?

① 분출기 내의 응축수를 배출시킨 후 사용할 것
② 부하가 적거나 소화 후 사용하지 말 것
③ 원활한 분출을 위해 분출하기 전 연도 내 배풍기를 사용하지 말 것
④ 한 곳에 집중적으로 사용하여 전열면에 무리를 가하지 말 것

[해설] 원활한 분출을 위해 분출하기 전 연도 내 배풍기를 사용하여 유인통풍을 증가시켜야 한다.

11. 보일러의 열정산 목적이 아닌 것은?

① 보일러의 성능 개선 자료를 얻을 수 있다.
② 열의 행방을 파악할 수 있다.
③ 연소실의 구조를 알 수 있다.
④ 보일러 효율을 알 수 있다.

[해설] 열정산의 목적
(1) 열의 손실 파악
(2) 열설비의 성능 파악
(3) 조업 방법 개선
(4) 열의 행방 파악
(5) 보일러 효율 파악

12. 미리 정해진 순서에 따라 순차적으로 제어의 각 단계가 진행되는 제어 방식으로 작동 명령이 타이머나 릴레이에 의해서 수행되는 제어는?

① 시퀀스 제어 ② 피드백 제어
③ 프로그램 제어 ④ 캐스케이드 제어

13. 급수탱크의 수위조절기에서 전극형만의 특징에 해당하는 것은?

① 기계적으로 작동이 확실하다.
② 내식성이 강하다.
③ 수면의 유동에서도 영향을 받는다.
④ on-off의 스팬이 긴 경우는 적합하지 않다.

해설 전극형(전기전도성 이용) : 부식에는 약하지만 수면의 유동에서는 영향을 받지 않으며, on-off의 스팬이 긴 경우는 적합하지 않다.

14. 주철제 보일러의 특징에 관한 설명으로 틀린 것은?

① 내식성이 우수하다.
② 섹션의 증감으로 용량 조절이 용이하다.
③ 주로 고압용으로 사용된다.
④ 전열 효율 및 연소 효율은 낮은 편이다.

해설 주철제 보일러 : 소형 저압 보일러

15. 증기난방시공에서 관말 증기 트랩 장치에서 냉각 레그(cooling leg)의 길이는 일반적으로 몇 m 이상으로 해주어야 하는가?

① 0.7 m   ② 1.2 m
③ 1.5 m   ④ 2.0 m

16. 상당증발량 = G_e[kg/h], 보일러 효율= η, 연료소비량 = B[kg/h], 저위발열량 = H_l [kcal/kg], 증발잠열 = 539 kcal/kg일 때 상당증발량(G_e)을 옳게 나타낸 것은?

① $G_e = \dfrac{539\eta H_l}{B}$ ② $G_e = \dfrac{BH_l}{539\eta}$

③ $G_e = \dfrac{\eta B H_l}{539}$ ④ $G_e = \dfrac{539\eta B}{H_l}$

해설 보일러 효율
$$= \frac{상당증발량 \times 539}{연료소비량 \times 저위발열량} \times 100$$
$$상당증발량 = \frac{보일러 효율 \times 연료소비량 \times 저위발열량}{539}$$

참고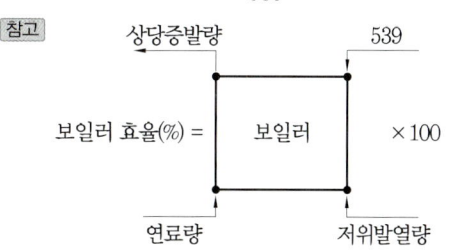

여기서, 상당증발량 × 539 = 난방부하

17. 액체 연료 중 경질유에 주로 사용하는 기화 연소 방식의 종류에 해당하지 않는 것은 어느 것인가?

① 포트식   ② 심지식
③ 증발식   ④ 무화식

해설 액체 연료 연소 방식
(1) 기화 연소 방식 : 경질유(휘발유, 등유, 경유)
(2) 무화 연소 방식 : 중질유(B-A, B-B, B-C)

18. 수소 15%, 수분 0.5% 중유의 고위발열량이 10000 kcal/kg이다. 이 중유의 저위발열량은 몇 kcal/kg인가?

① 8795   ② 8984
③ 9085   ④ 9187

해설 저위발열량=고위발열량−600(9H+W)
= 10000−600(9×0.15+0.005)
= 9187 kcal/kg

참고 저위발열량=고위발열량−수분량

19. 슈미트 보일러는 보일러 분류에서 어디에 속하는가?

① 관류식　　② 자연순환식
③ 강제순환식　④ 간접가열식

해설　간접가열식 보일러의 종류
(1) 슈미트 보일러　(2) 뢰플러 보일러

20. 1보일러 마력에 대한 설명에서 괄호 안에 들어갈 숫자로 옳은 것은?

"표준상태에서 한 시간에 (　) kg의 상당증발량을 나타낼 수 있는 능력이다."

① 16.56　　② 14.65
③ 15.65　　④ 13.56

해설　1보일러 마력(열출력 8435 kcal/h)은 100℃의 물 15.65 kg을 한 시간 동안 같은 온도의 증기로 변화시킬 수 있는 능력이다.

21. 보일러의 보존법 중 장기보존법에 해당하지 않는 것은?

① 가열건조법
② 석회밀폐건조법
③ 질소가스봉입법
④ 소다만수보존법

해설　가열건조법 : 보일러 신설 시 화실을 건조시킬 때 사용하는 방법

22. 난방부하 설계 시 고려하여야 할 사항으로 거리가 먼 것은?

① 유리창 및 문　② 천장 높이
③ 교통 여건　　④ 건물의 위치(방위)

해설　난방부하 설계 시 고려 사항
(1) 유리창 및 문　(2) 천장 높이
(3) 건물의 위치　(4) 건물의 단열 상태

23. 열팽창에 의한 배관의 이동을 구속 또는 제한하는 배관지구인 리스트레인트(restraint)의 종류가 아닌 것은?

① 가이드　　② 앵커
③ 스토퍼　　④ 행어

해설　리스트레인트의 종류 : 앵커, 스토퍼, 가이드

24. 배관의 신축 이음 중 지웰 이음이라고도 불리며, 주로 증기 및 온수난방용 배관에 사용되나, 신축량이 너무 큰 배관에서는 나사 이음부가 헐거워져 누설의 염려가 있는 신축 이음 방식은?

① 루프식　　② 벨로스식
③ 볼 조인트식　④ 스위블식

해설　스위블 이음
(1) 두 개 이상의 엘보를 조합하여 배관
(2) 저압 난방용으로 방열기 주위 배관에 시공

25. 보일러를 비상 정지시키는 경우의 일반적인 조치사항으로 잘못된 것은?

① 압력은 자연히 떨어지게 기다린다.
② 연소공기의 공급을 멈춘다.
③ 주증기 스톱밸브를 열어 놓는다.
④ 연료 공급을 중단한다.

해설　보일러 비상 정지 시 일반적으로 주증기 스톱밸브를 닫는다.

26. 보일러 운전자가 송기 시 취할 사항으로 맞는 것은?

① 증기헤더, 과열기 등의 응축수는 배출되지 않도록 한다.
② 증기 후에는 응축수 밸브를 완전히 열어 둔다.
③ 기수공발이나 수격작용이 일어나지 않도록 주의한다.
④ 주증기관은 스톱밸브를 신속히 열어 열손실이 없도록 한다.

정답　20. ③　21. ①　22. ③　23. ④　24. ④　25. ③　26. ③

27. 다음 중 구상부식(grooving)의 발생장소로 거리가 먼 것은?

① 경판의 급수구멍
② 노통의 플랜지 원형부
③ 접시형 경판의 구석 원통부
④ 보일러수의 유속이 늦은 부분

[해설] 구상부식 발생장소
 (1) 경판의 급수구멍
 (2) 노통의 플랜지 원형부
 (3) 접시형 경판의 구석 원통부

28. 다음 그림과 같은 동력 나사절삭기 종류의 형식으로 맞는 것은?

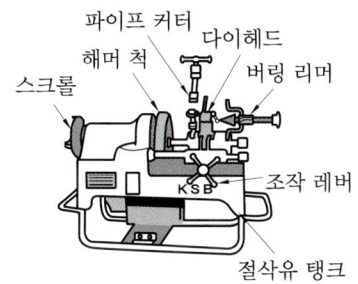

① 오스터형　② 호브형
③ 다이헤드형　④ 파이프형

[해설] 동력 나사절삭기의 종류
 (1) 오스터형　(2) 호브형
 (3) 다이헤드형 : 관의 절단, 거스러미 제거, 절삭

29. 난방부하가 5600 kcal/h, 방열기 계수 7 kcal/m²·h·℃, 송수온도 80℃, 환수온도 60℃, 실내온도 20℃일 때 방열기의 소요 방열면적은 몇 m²인가?

① 8　② 16　③ 24　④ 32

[해설] 방열면적 = $\dfrac{\text{난방부하}}{\text{방열기계수} \times \text{온도차}}$

$= \dfrac{5600}{7 \times \left(\dfrac{80+60}{2} - 20\right)} = 16 \text{ m}^2$

30. 보일러에서 포밍이 발생하는 경우로 거리가 먼 것은?

① 증기의 부하가 너무 적을 때
② 보일러수가 너무 농축되었을 때
③ 수위가 너무 높을 때
④ 보일러수 중에 유지분이 다량 함유되었을 때

[해설] 포밍의 발생 원인
 (1) 증기의 부하가 클 때
 (2) 보일러수의 농축
 (3) 고수위 시
 (4) 유지분 혼입 시

31. 액화석유가스(LPG)의 일반적인 성질에 대한 설명으로 틀린 것은?

① 기화 시 체적이 증가된다.
② 액화 시 적은 용기에 충전이 가능하다.
③ 기체 상태에서 비중이 도시가스보다 가볍다.
④ 압력이나 온도의 변화에 따라 쉽게 액화, 기화시킬 수 있다.

[해설] 액화석유가스(LPG)는 도시가스보다 비중이 1.5~2배 무겁다.

32. 보일러 본체에서 수부가 클 경우의 설명으로 틀린 것은?

① 부하 변동에 대한 압력 변화가 크다.
② 증기 발생시간이 길어진다.
③ 열효율이 낮아진다.
④ 보유 수량이 많으므로 파열 시 피해가 크다.

[해설] 수부가 클 경우 부하 변동에 대한 압력 변화가 작다.

정답 27. ④　28. ③　29. ②　30. ①　31. ③　32. ①

33. 다음 중 임계점에 대한 설명으로 틀린 것은 어느 것인가?
① 물의 임계온도는 374.15℃이다.
② 물의 임계압력은 225.65 kgf/cm²이다.
③ 물의 임계점에서의 증발잠열은 539 kcal/kg이다.
④ 포화수에서 증발의 현상이 없고 액체와 기체의 구별이 없어지는 지점을 말한다.
[해설] 물의 임계점에서 증발잠열은 0 kcal/kg 이다.

34. 다음 중 확산 연소 방식에 의한 연소장치에 해당하는 것은?
① 선회형 버너　② 저압 버너
③ 고압 버너　　④ 송풍 버너
[해설] 확산 연소 방식 : 포트식, 선회식

35. 급유장치에서 보일러 가동 중 연소의 소화, 압력 초과 등 이상 현상 발생 시 긴급히 연료를 차단하는 것은?
① 압력조절 스위치
② 압력제한 스위치
③ 강압밸브
④ 전자밸브
[해설] 전자밸브 : 보일러에 인터록 발생 시 보일러의 안전을 위하여 연료를 차단하는 밸브

36. 제어장치의 제어동작 종류에 해당되지 않는 것은?
① 비례 동작　　② 온 오프 동작
③ 비례적분 동작　④ 반응 동작
[해설] 제어동작의 분류
(1) 연속 동작 : 비례 동작, 적분 동작, 비례적분 동작, 미분 동작, 비례적분미분 동작
(2) 불연속 동작 : 온오프 동작, 다위치 동작

37. 급수예열기(절탄기, economizer)의 형식 및 구조에 대한 설명으로 틀린 것은?
① 설치 방식에 따라 부속식과 집중식으로 분류한다.
② 급수의 가열도에 따라 증발식과 비증발식으로 구분하며, 일반적으로 증발식을 많이 사용한다.
③ 평관 급수예열기는 부착하기 쉬운 먼지를 함유하는 배기가스에서도 사용할 수 있지만 설치공간이 넓어야 한다.
④ 핀튜브 급수예열기를 사용할 경우 배기가스의 먼지 생성에 주의할 필요가 있다.
[해설] 절탄기의 가열도에 따른 분류
(1) 증발식
(2) 비증발식(많이 사용)

38. 가장 미세한 입자의 먼지를 집진할 수 있고, 압력 손실이 작으며, 집진효율이 높은 집진장치 형식은?
① 전기식　② 중력식
③ 세정식　④ 사이클론식

39. 가스버너에서 종류를 유도혼합식과 강제혼합식으로 구분할 때 유도혼합식에 속하는 것은?
① 슬릿 버너
② 리본 버너
③ 라디언트 튜브 버너
④ 혼소 버너
[해설] 가스버너 종류
(1) 유도혼합식 버너 : 슬릿 버너, 링 버너, 파이프 버너 등
(2) 강제혼합식 버너 : 리본 버너, 라디언트 튜브 버너, 혼소 버너, 고압 버너 등

[정답] 33. ③　34. ①　35. ④　36. ④　37. ②　38. ①　39. ①

40. 배관에서 바이패스관의 설치 목적으로 가장 적합한 것은?
① 트랩이나 스트레이너 등의 고장 시 수리, 교환을 위해 설치한다.
② 고압 증기를 저압 증기로 바꾸기 위해 사용한다.
③ 온수 공급관에서 온수의 신속한 공급을 위해 설치한다.
④ 고온의 유체를 중간 과정 없이 직접 저온의 배관부로 전달하기 위해 설치한다.

41. 다음 중 글랜드 패킹의 종류에 해당하지 않는 것은?
① 편조 패킹
② 액상 합성수지 패킹
③ 플라스틱 패킹
④ 메탈 패킹
[해설] 액상 합성수지 패킹(테플론) : 나사 이음에서 기밀을 위해 사용된다.

42. 서비스 탱크는 자연압에 의하여 유류연료가 잘 공급될 수 있도록 버너보다 몇 m 이상 높은 장소에 설치하여야 하는가?
① 0.5 m ② 1.0 m ③ 1.2 m ④ 1.5 m

43. 보일러의 증기압력 상승 시의 운전관리에 관한 일반적 주의사항으로 거리가 먼 것은 어느 것인가?
① 보일러에 불을 붙일 때는 어떠한 이유가 있어도 급격한 연소를 시켜서는 안 된다.
② 급격한 연소는 보일러 본체의 부동팽창을 일으켜 보일러와 벽돌 쌓은 접촉부에 틈이 증가시키고 벽돌 사이에 벌어짐이 생길 수 있다.
③ 특히 주철제 보일러는 급랭급열 시에 쉽게 갈라질 수 있다.
④ 찬물을 가열할 경우에는 일반적으로 최저 20분~30분 정도로 천천히 가열한다.
[해설] 찬물을 가열할 경우에는 최소 1~2시간 정도로 천천히 가열한다.

44. 사용 중인 보일러의 점화 전에 점검해야 될 사항으로 가장 거리가 먼 것은?
① 급수장치, 급수계통 점검
② 보일러 동내 물때 점검
③ 연소장치, 통풍장치의 점검
④ 수면계의 수위 확인 및 조정
[해설] 보일러의 점화 전 점검사항
 (1) 급수장치, 급수계통 점검
 (2) 연소장치, 통풍장치의 점검
 (3) 수면계의 수위 확인 및 조정

45. 저온 배관용 탄소 강관의 종류의 기호로 맞는 것은?
① SPPG ② SPLT
③ SPPH ④ SPPS
[해설] (1) SPLT : 저온 배관용 탄소 강관
 (2) SPPH : 고압 배관용 탄소 강관
 (3) SPPS : 압력 배관용 탄소 강관

46. 링겔만 농도표는 무엇을 계측하는 데 사용되는가?
① 배출가스의 매연 농도
② 중유 중의 유황 농도
③ 미분탄의 입도
④ 보일러수의 고형물 농도

47. 온수난방 배관 시공 시 배관 구배는 일반적으로 얼마 이상이어야 하는가?
① $\frac{1}{100}$ ② $\frac{1}{150}$

[정답] 40. ① 41. ② 42. ④ 43. ④ 44. ② 45. ② 46. ① 47. ④

③ $\dfrac{1}{200}$ ④ $\dfrac{1}{250}$

[해설] • 온수난방 배관 시공 시 배관 구배 : $\dfrac{1}{250}$ 이상
• 증기난방 배관 시공 시 배관 구배 : $\dfrac{1}{200}$ 이상

48. 배관 이음 중 슬리브형 신축 이음에 관한 설명으로 틀린 것은?
① 슬리브 파이프를 이음쇠 본체측과 슬라이드 시킴으로써 신축을 흡수하는 이음 방식이다.
② 신축 흡수율이 크고 신축으로 인한 응력 발생이 적다.
③ 배관의 곡선 부분이 있어도 그 비틀림을 슬리브에서 흡수하므로 파손의 우려가 적다.
④ 장기간 사용 시에는 패킹의 마모로 인한 누설이 우려된다.

[해설] 배관에 곡선 부분이 있으면 신축을 흡수하기 어렵다.

49. 보일러 사고를 제작상의 원인과 취급상의 원인으로 구별할 때 취급상의 원인에 해당하지 않는 것은?
① 구조 불량   ② 압력 초과
③ 저수위 사고 ④ 가스 폭발

[해설] 보일러판 파열사고의 분류
(1) 구조상 결함 : 공작 불량, 설계 불량, 제작 불량, 재료 불량
(2) 취급상 결함 : 과열, 부식, 압력 초과, 저수위, 가스 폭발

50. 보일러의 옥내 설치 시 보일러 동체 최상부로부터 천장, 배관 등 보일러 상부에 있는 구조물까지의 거리는 몇 m 이상이어야 하는가?
① 0.5 ② 0.8 ③ 1.0 ④ 1.2

[해설] 보일러의 옥내 설치 : 보일러 동체 최상부로부터 천장, 배관 등 보일러 상부에 있는 구조물까지의 거리는 1.2 m 이상(소형 보일러인 경우 0.6 m 이상) 이격거리를 두어야 한다.

51. 저탄소 녹색성장 기본법에서 국내 총소비에너지량에 대하여 신·재생에너지 등 국내 생산에너지량 및 우리나라가 국외에서 개발(지분 취득 포함한다)한 에너지량을 합한 양이 차지하는 비율을 무엇이라고 하는가?
① 에너지원단위 ② 에너지생산도
③ 에너지비축도 ④ 에너지자립도

52. 에너지사용계획의 검토기준, 검토방법, 그 밖에 필요한 사항을 정하는 령은?
① 산업통상자원부령 ② 국토해양부령
③ 대통령령   ④ 고용노동부령

[해설] 에너지사용계획의 검토기준, 검토방법, 그 밖에 필요한 사항은 산업통상자원부령으로 정한다.

53. 에너지이용 합리화법상 검사대상기기 조종자를 반드시 선임해야 함에도 불구하고 선임하지 아니한 자에 대한 벌칙은?
① 2천만원 이하의 벌금
② 2년 이하의 징역 또는 2천만원 이하의 벌금
③ 1년 이하의 징역 또는 5백만원 이하의 벌금
④ 1천만원 이하의 벌금

[해설] 검사대상기기 조종자 불선임에 대한 벌칙 : 1천만원 이하의 벌금

54. 열사용기자재 관리규칙에서 용접검사가 면제될 수 있는 보일러의 대상 범위로 틀린 것은?

정답 48. ③ 49. ① 50. ④ 51. ④ 52. ① 53. ④ 54. ③

① 강철제 보일러 중 전열면적이 5 m² 이하이고, 최고사용 압력이 0.35 MPa 이하인 것
② 주철제 보일러
③ 제2종 관류 보일러
④ 온수 보일러 중 전열면적이 18 m² 이하이고, 최고사용 압력이 0.35 MPa 이하인 것

[해설] 열사용기자재 관리규칙에서 용접검사가 면제될 수 있는 보일러의 대상 범위는 ①, ②, ④항 외 제1종 관류 보일러이다.

55. 관리업체(대통령령으로 정하는 기준량 이상의 온실가스 배출업체 및 에너지소비업체)가 사업장별 명세서를 거짓으로 작성하여 정부에 보고하였을 경우 부과하는 과태료로 맞는 것은?

① 300만원의 과태료 부과
② 500만원의 과태료 부과
③ 700만원의 과태료 부과
④ 1천만원의 과태료 부과

[해설] 관리업체가 명세서를 거짓 보고하였을 때 : 1천만원의 과태료 부과

56. 보온재를 유기질 보온재와 무기질 보온재로 구분할 때 무기질 보온재에 해당하는 것은?

① 펠트   ② 코르크
③ 글라스 폼   ④ 기포성 수지

[해설] 유기질 보온재의 종류 : 코르크, 펠트류, 텍스류, 기포성 수지

57. 온수난방 배관 방법에서 귀환관의 종류 중 직접 귀환 방식의 특징 설명으로 옳은 것은 어느 것인가?

① 각 방열기에 이르는 배관 길이가 다르므로 마찰저항에 의한 온수의 순환율이 다르다.
② 배관 길이가 길어지고 마찰저항이 증가한다.
③ 건물 내 모든 실(室)의 온도를 동일하게 할 수 있다.
④ 동일층 및 각층 방열기의 순환율이 동일하다.

58. 보일러의 유류 배관의 일반 사항에 대한 설명으로 틀린 것은?

① 유류 배관은 최대 공급압력 및 사용온도에 견디어야 한다.
② 유류 배관은 나사 이음을 원칙으로 한다.
③ 유류 배관에는 유류가 새는 것을 방지하기 위해 부식 방지 등의 조치를 한다.
④ 유류 배관은 모든 부분의 점검 및 보수할 수 있는 구조로 하는 것이 바람직하다.

[해설] 유류 배관은 용접 이음을 하는 것이 원칙이다.

59. 합성수지 또는 고무질 재료를 사용하여 다공질 제품으로 만든 것이며 열전도율이 극히 낮고 가벼우며 흡수성은 좋지 않으나 굽힘성이 풍부한 보온재는?

① 펠트   ② 기포성 수지
③ 하이올   ④ 프리웨브

60. 에너지법에서 사용하는 "에너지"의 정의를 가장 올바르게 나타낸 것은?

① "에너지"라 함은 석유·가스 등 열을 발생하는 열원을 말한다.
② "에너지"라 함은 제품의 원료로 사용되는 것을 말한다.
③ "에너지"라 함은 태양, 조파, 수력과 같이 일을 만들어낼 수 있는 힘이나 능력을 말한다.
④ "에너지"라 함은 연료·열 및 전기를 말한다.

정답 55. ④ 56. ③ 57. ① 58. ② 59. ② 60. ④

에너지관리기능사

2012. 7. 22 시행

1. 수관식 보일러의 일반적인 장점에 해당하지 않는 것은?
① 수관의 관경이 적어 고압에 잘 견디며 전열면적이 커서 증기 발생이 빠르다.
② 용량에 비해 소요면적이 적으며, 효율이 좋고 운반, 설치가 쉽다.
③ 급수의 순도가 나빠도 스케일이 잘 발생하지 않는다.
④ 과열기, 공기예열기 설치가 용이하다.

[해설] 수관식 보일러의 특징
(1) 고온·고압의 보일러이다.
(2) 전열면적이 커서 증기 발생 속도가 빠르다.
(3) 효율이 좋고, 설치가 쉽다.
(4) 과열기, 공기예열기 설치가 용이하다.
(5) 급수의 순도가 나쁘면 스케일이 잘 발생된다.

2. 다음 중 물의 임계압력은 어느 정도인가?
① 100.43 kgf/cm²
② 225.65 kgf/cm²
③ 374.15 kgf/cm²
④ 539.15 kgf/cm²

[해설] • 임계압력 : 225.65 kgf/cm²
• 임계온도 : 374.15℃

3. 급수온도 21℃에서 압력 14 kgf/cm², 온도 250℃의 증기를 시간당 14000 kg을 발생하는 경우의 상당증발량은 약 몇 kg/h인가? (단, 발생증기의 엔탈피는 635 kcal/kg이다.)
① 15948 ② 25326
③ 3235   ④ 48159

[해설] 상당증발량
$$= \frac{\text{시간당 증기량}(\text{증기엔탈피}-\text{급수엔탈피})}{539}$$
$$= \frac{14000(635-21)}{539} = 15948 \text{ kg/h}$$

[참고] 여기서, 난방부하 = 시·증(증·엔 − 급·엔)

4. 스프링식 안전밸브에서 저양정식인 경우는?
① 밸브의 양정이 밸브시트 구경의 $\frac{1}{7}$ 이상 $\frac{1}{5}$ 미만인 것
② 밸브의 양정이 밸브시트 구경의 $\frac{1}{15}$ 이상 $\frac{1}{7}$ 미만인 것
③ 밸브의 양정이 밸브시트 구경의 $\frac{1}{40}$ 이상 $\frac{1}{15}$ 미만인 것
④ 밸브의 양정이 밸브시트 구경의 $\frac{1}{45}$ 이상 $\frac{1}{40}$ 미만인 것

[해설] 스프링식 안전밸브의 종류
(1) 저양정식 : 양정이 밸브시트 구경의 $\frac{1}{40} \sim \frac{1}{15}$
(2) 고양정식 : 양정이 밸브시트 구경의 $\frac{1}{15} \sim \frac{1}{7}$
(3) 전양정식 : 양정이 밸브시트 구경의 $\frac{1}{7}$ 이상
(4) 전양식 : 양정이 밸브 목부분의 1.05배

정답 1. ③ 2. ② 3. ① 4. ③

5. 다음 중 인젝터의 작동불량 원인과 관계가 먼 것은?
① 부품이 마모되어 있는 경우
② 내부 노즐에 이물질이 부착되어 있는 경우
③ 체크밸브가 고장 난 경우
④ 증기압력이 높은 경우

해설 인젝터의 작동압력 : 0.2 MPa(2 kgf/cm^2) 초과 1 MPa(10 kgf/cm^2) 이하에서 작동이 원활하다.

6. 보일러의 오일버너 선정 시 고려해야 할 사항으로 틀린 것은?
① 노의 구조에 적합할 것
② 부하변동에 따른 유량 조절 범위를 고려할 것
③ 버너 용량이 보일러 용량보다 적을 것
④ 자동제어 시 버너의 형식과 관계를 고려할 것

해설 버너 용량이 보일러 용량보다 클 것

7. 보일러 자동제어를 의미하는 용어 중 급수제어를 뜻하는 것은?
① A.B.C
② F.W.C
③ S.T.C
④ A.C.C

해설 F.W.C : 자동급수제어

8. 연소 시 공기비가 많은 경우 단점에 해당하는 것은?
① 배기가스량이 많아져서 배기가스에 의한 열손실이 증가한다.
② 불완전 연소가 되기 쉽다.
③ 미연소에 의한 열손실이 증가한다.
④ 미연소 가스에 의한 역화의 위험성이 있다.

해설 공기비가 크면 연소용 공기량이 많아져서 배기량이 증가하고 배기가스에 의한 열손실이 증가한다.

9. 다음 연료 중 단위 중량당 발열량이 가장 큰 것은?
① 등유
② 경유
③ 중유
④ 석탄

해설 발열량의 크기 : 등유 > 경유 > 중유 > 석탄

10. 연소에 있어서 환원염이란?
① 과잉 산소가 많이 포함되어 있는 화염
② 공기비가 커서 완전 연소된 상태의 화염
③ 과잉공기가 많아 연소가스가 많은 상태의 화염
④ 산소 부족으로 불완전 연소하여 미연분이 포함된 화염

해설 환원염 : 산소 부족에 의한 불완전 연소로 일산화탄소(CO) 발생

11. 보일러에서 노통의 약한 단점을 보완하기 위해 설치하는 약 1 m 정도의 노통 이음을 무엇이라고 하는가?
① 애덤슨 조인트
② 보일러 조인트
③ 브리징 조인트
④ 라몬트 조인트

해설 애덤슨 조인트 : 평형 노통에 설치하며 노통의 약한 단점을 보완하기 위해 1~2 m 정도 플랜지 형태로 분할 제작하는 노통 이음 방법

12. 연소 방식을 기화 연소 방식과 무화 연소 방식으로 구분할 때 일반적으로 무화 연소 방식을 적용해야 하는 연료는?
① 톨루엔
② 중유
③ 등유
④ 경유

해설
- 무화 연소 방식 : 중유
- 기화 연소 방식 : 등유, 경유

정답 5. ④ 6. ③ 7. ② 8. ① 9. ① 10. ④ 11. ① 12. ②

13. 보일러의 인터록 제어 중 송풍기 작동 유무와 관련이 가장 큰 것은?
① 저수위 인터록
② 불착화 인터록
③ 저연소 인터록
④ 프리퍼지 인터록

해설 프리퍼지 인터록 : 송풍기 작동이 멈추면 보일러 운전이 중지되는 안전장치

14. 보일러를 본체 구조에 따라 분류하면 원통형 보일러와 수관식 보일러로 크게 나눌 수 있다. 다음 중 수관식 보일러에 속하지 않는 것은?
① 노통 보일러
② 타쿠마 보일러
③ 라몬트 보일러
④ 슐처 보일러

해설 원통형 보일러의 종류
  (1) 입형 보일러   (2) 노통 보일러
  (3) 연관 보일러   (4) 노통연관 보일러

15. 수관 보일러에 설치하는 기수분리기의 종류가 아닌 것은?
① 스크레버형   ② 사이클론형
③ 배플형   ④ 벨로스형

해설 기수분리기의 종류
  (1) 사이클론식(원심력 이용)
  (2) 스크레버식(다수공판 이용)
  (3) 건조스크린식(금속망 조합)
  (4) 배플식(방향 전환)

16. 증기 보일러에서 압력계 부착 방법에 대한 설명으로 틀린 것은?
① 압력계의 콕은 그 핸들을 수직인 증기관과 동일 방향에 놓은 경우에 열려 있어야 한다.
② 압력계에는 안지름 12.7 mm 이상의 사이펀관 또는 동등한 작용을 하는 장치를 설치한다.
③ 압력계는 원칙적으로 보일러의 증기실에 눈금판의 눈금이 잘 보이는 위치에 부착한다.
④ 증기온도가 483K(210℃)를 넘을 때에는 황동관 또는 동관을 사용하여서는 안 된다.

해설 사이펀관의 크기 : 강관 12.7 mm 이상, 동관 6.5 mm 이상
참고 사이펀관의 설치 목적 : 압력계 파손 방지

17. 보일러용 가스버너에서 외부혼합형 가스버너의 대표적 형태가 아닌 것은?
① 분젠형   ② 스크롤형
③ 센터파이어형 ④ 다분기관형

해설 분젠형 : 유도혼합형 가스버너

18. 보일러 분출장치의 분출 시기로 적절하지 않은 것은?
① 보일러 가동 직전
② 프라이밍, 포밍 현상이 일어날 때
③ 연속 가동 시 열부하가 가장 높을 때
④ 관수가 농축되어 있을 때

해설 보일러 분출장치는 연속 가동 시 열부하가 가장 낮을 때 분출한다.

19. 보일러 자동제어에서 신호 전달 방식이 아닌 것은?
① 공기압식   ② 자석식
③ 유압식   ④ 전기식

해설 자동제어의 신호 전달 방식 : 전기식, 유압식, 공기압식

정답 13. ④   14. ①   15. ④   16. ②   17. ①   18. ③   19. ②

20. 육상용 보일러의 열정산 방식에서 환산 증발 배수에 대한 설명으로 맞는 것은?
① 증기의 보유 열량을 실제 연소열로 나눈 값이다.
② 발생증기 엔탈피와 급수 엔탈피의 차를 539로 나눈 값이다.
③ 매시 환산증발량을 매시 연료소비량으로 나눈 값이다.
④ 매시 환산증발량을 전열면적으로 나눈 값이다.

[해설] 환산 증발 배수 = $\dfrac{\text{매시 환산(상당)증발량}}{\text{매시 연료소비량}}$

21. 보일러 송기 시 주증기밸브 작동요령 설명으로 잘못된 것은?
① 만개 후 조금 되돌려 놓는다.
② 빨리 열고 만개 후 3분 이상 유지한다.
③ 주증기관 내에 소량의 증기를 공급하여 예열한다.
④ 송기하기 전 주증기밸브 등의 드레인을 제거한다.

[해설] 증기 발생 후 최초로 송기 시 수격 작용 방지를 위해 밸브를 천천히 열고 만개 후 조금 되돌려 놓는다.

22. 다른 보온재에 비하여 단열 효과가 낮으며 500°C 이하의 파이프, 탱크, 노벽 등에 사용하는 것은?
① 규조토   ② 암면
③ 글라스 울   ④ 펠트

23. 신설 보일러의 설치 제작 시 부착된 페인트, 유지, 녹 등을 제거하기 위해 소다보일링(soda boiling)할 때 주입하는 약액 조성에 포함되지 않는 것은?
① 탄산나트륨
② 수산화나트륨
③ 불화수소산
④ 제3인산나트륨

[해설] 소다보일링 시 주입하는 약제
(1) 탄산나트륨   (2) 수산화나트륨
(3) 제3인산나트륨   (4) 제1인산나트륨

24. 회전 이음, 지블 이음이라고도 하며, 주로 증기 및 온수 난방용 배관에 설치하는 신축 이음 방식은?
① 벨로스형   ② 스위블형
③ 슬리브형   ④ 루프형

[해설] 스위블 신축 이음의 특징
(1) 두 개 이상의 엘보를 사용한다.
(2) 주로 저압 배관 및 방열기 주위 배관에 사용한다.
(3) 나사부가 헐거워져 누설의 우려가 있다.

25. 증기난방을 고압 증기난방과 저압 증기난방으로 구분할 때 저압 증기난방의 특징에 해당하지 않는 것은?
① 증기의 압력은 약 0.15~0.35 kgf/cm² 이다.
② 증기 누설의 염려가 적다.
③ 장거리 증기 수송이 가능하다.
④ 방열기의 온도는 낮은 편이다.

[해설] 저압 증기난방은 장거리 증기 수송이 불가능하다.

26. 다음 중 무기질 보온재에 속하는 것은?
① 펠트(felt)   ② 규조토
③ 코르크(cork)   ④ 기포성 수지

[해설] 유기질 보온재의 종류
(1) 코르크   (2) 펠트류
(3) 텍스류   (4) 기포성 수지

[정답] 20. ③   21. ②   22. ①   23. ③   24. ②   25. ③   26. ②

27. 글라스 울 보온통의 안전사용(최고)온도는 어느 것인가?
① 100℃   ② 200℃
③ 300℃   ④ 400℃

28. 관속에 흐르는 유체의 화학적 성질에 따라 배관재료 선택 시 고려해야 할 사항으로 가장 관계가 먼 것은?
① 수송 유체에 따른 관의 내식성
② 수송 유체와 관의 화학반응으로 유체의 변질 여부
③ 지중 매설 배관할 때 토질과의 화학 변화
④ 지리적 조건에 따른 수송 문제

29. 온수난방은 고온수 난방과 저온수 난방으로 분류한다. 저온수 난방의 일반적인 온수온도는 몇 ℃ 정도를 많이 사용하는가?
① 40~50℃   ② 60~90℃
③ 100~120℃   ④ 130~150℃

[해설] 온수난방
(1) 고온수 난방 : 100℃ 이상
(2) 저온수 난방 : 60~90℃ 정도

30. 동관의 이음 방법 중 압축 이음에 대한 설명으로 틀린 것은?
① 한쪽 동관의 끝을 나팔 모양으로 넓히고 압축이음쇠를 이용하여 체결하는 이음 방법이다.
② 진동 등으로 인한 풀림을 방지하기 위하여 더블너트(double nut)로 체결한다.
③ 점검, 보수 등이 필요한 장소에 쉽게 분해, 조립하기 위하여 사용한다.
④ 압축 이음을 플랜지 이음이라고도 한다.

[해설] 압축 이음(플레어 이음) : 점검, 보수 등이 필요한 장소에 쉽게 분해, 조립하기 위하여 사용하며 20 mm 이하의 동관 접합에 사용된다.

31. 육상용 보일러 열정산 방식에서 증기의 건도는 몇 % 이상인 경우에 시험함을 원칙으로 하는가?
① 98 % 이상   ② 93 % 이상
③ 88 % 이상   ④ 83 % 이상

[해설] 열정산 증기 건도
(1) 육상용 보일러 : 98 % 이상
(2) 주철제 보일러 : 97 % 이상

32. 보일러 급수제어 방식의 3요소식에서 검출 대상이 아닌 것은?
① 수위   ② 증기유압
③ 급수유량   ④ 공기압

[해설] 급수제어 방식(FWC)
(1) 단요소식 : 수위 검출
(2) 2요소식 : 수위, 증기량 검출
(3) 3요소식 : 수위, 증기량, 급수량 검출

33. 물질의 온도는 변하지 않고 상(phase) 변화만 일으키는 데 사용되는 열량은?
① 잠열   ② 비열
③ 현열   ④ 반응열

[해설] • 현열 : 상 변화는 없고 물질의 온도 변화만 일으키는 데 필요한 열량
• 잠열 : 물질의 온도 변화는 없고 상 변화만 일으키는 데 필요한 열량

34. 충전탑은 어떤 집진법에 해당하는가?
① 여과식 집진법
② 관성력식 집진법
③ 세정식 집진법
④ 중력식 집진법

[정답] 27. ③ 28. ④ 29. ② 30. ④ 31. ① 32. ④ 33. ① 34. ③

[해설] 세정식 집진법
(1) 유수식
(2) 가압수식 : 제트 스크러버, 벤투리 스크러버, 사이클론 스크러버, 세정탑(충전탑)
(3) 회전식

35. 보일러에서 사용하는 급유펌프에 대한 일반적인 설명으로 틀린 것은?

① 급유펌프는 점성을 가진 기름을 이송하므로 기어펌프나 스크루펌프 등을 주로 사용한다.
② 급유탱크에서 버너까지 연료를 공급하는 펌프를 수송펌프(supply pump)라 한다.
③ 급유펌프의 용량은 서비스탱크를 1시간 내에 급유할 수 있는 것으로 한다.
④ 펌프 구동용 전동기는 작동유의 정도를 고려하여 30% 정도 여유를 주어 선정한다.

[해설] 수송펌프(이송펌프) : 급유탱크에서 서비스탱크로 연료를 공급하는 펌프

36. 다음 중 보일러 연소실 열부하의 단위로 맞는 것은?

① $kcal/m^3 \cdot h$ ② $kcal/m^2$
③ $kcal/h$ ④ $kcal/kg$

37. 과열증기에서 과열도는 무엇인가?

① 과열증기온도와 포화증기온도와의 차이다.
② 과열증기온도에 증발열을 합한 것이다.
③ 과열증기의 압력과 포화증기의 압력 차이다.
④ 과열증기온도에 증발열을 뺀 것이다.

[해설] 과열도=과열증기온도-포화증기온도

38. 수관식 보일러 중에서 기수드럼 2~3개와 수드럼 1~2개를 갖는 것으로 관의 양단을 구부려서 각 드럼에 수직으로 결합하는 구조로 되어 있는 보일러는?

① 타쿠마 보일러 ② 야로우 보일러
③ 스털링 보일러 ④ 가르베 보일러

39. 절탄기(economizer) 및 공기예열기에서 유황(S) 성분에 의해 주로 발생되는 부식은 어느 것인가?

① 고온 부식 ② 저온 부식
③ 산화 부식 ④ 점식

[해설] (1) 과열기·재열기 : 바나듐(V) 성분에 의한 고온 부식
(2) 절탄기·공기예열기 : 유황(S) 성분에 의한 저온 분식

40. 증기난방 배관 시공에 관한 설명으로 틀린 것은?

① 저압증기 난방에서 환수관을 보일러에 직접 연결할 경우 보일러수의 역류 현상을 방지하기 위해서 하트포드(hartford) 접속법을 사용한다.
② 진공환수방식에서 방열기의 설치 위치가 보일러보다 위쪽에 설치된 경우 리프트 피팅 이음 방식을 적용하는 것이 좋다.
③ 증기가 식어서 발생하는 응축수를 증기와 분리하기 위하여 증기트랩을 설치한다.
④ 방열기에는 주로 열동식 트랩이 사용되고, 응축수량이 많이 발생하는 증기관에는 버킷트랩 등 다량 트랩을 장치한다.

[해설] 진공환수식에서 방열기의 설치 위치가 보일러보다 아래쪽에 설치된 경우 리프트 피팅 이음 방식을 적용하는 것이 좋다.

41. 강철제 증기 보일러의 최고사용압력이 4 kgf/cm^2이면 수압시험압력은 몇 kgf/cm^2로 하는가?

정답 35. ② 36. ① 37. ① 38. ③ 39. ② 40. ② 41. ④

① 2.0 kgf/cm² ② 5.2 kgf/cm²
③ 6.0 kgf/cm² ④ 8.0 kgf/cm²

해설 수압시험압력
- 최고사용압력(P) 4.3 kgf/cm² 이하 : $P \times 2$
- 최고사용압력(P) 4.3 kgf/cm² 초과 15 kgf/cm² 이하 : $P \times 1.3 + 3$
- 최고사용압력(P) 15 kgf/cm² 초과 : $P \times 1.5$

∴ $4 \times 2 = 8$ kgf/cm²의 압력으로 수압시험을 한다.

참고 1 MPa=10 kgf/cm²

42. 신설 보일러의 사용 전 점검사항으로 틀린 것은?

① 노벽은 가동 시 열을 받아 과열 건조되므로 습기가 약간 남아 있도록 한다.
② 연도의 배플, 그을음 제거기 상태, 댐퍼의 개폐 상태를 점검한다.
③ 기수분리기와 기타 부속품의 부착 상태와 공구나 볼트, 너트, 헝겊 조각 등이 남아있는가를 확인한다.
④ 압력계, 수위제어기, 급수장치 등 본체와의 접속부 풀림, 누설, 콕의 개폐 등을 확인한다.

해설 신설 보일러의 사용 전에는 노벽의 습기가 완전히 건조된 상태이어야 한다.

43. 보일러의 용량을 나타내는 것으로 부적합한 것은?

① 상당증발량 ② 보일러의 마력
③ 전열면적   ④ 연료사용량

해설 보일러의 용량
(1) 상당증발량
(2) 보일러의 마력
(3) 전열면적

(4) 정격출력
(5) 정격용량
(6) 상당방열면적(EDR)

44. 진공환수식 증기난방에 대한 설명으로 틀린 것은?

① 환수관의 직경을 작게 할 수 있다.
② 방열기의 설치 장소에 제한을 받지 않는다.
③ 중력식이나 기계식보다 증기의 순환이 느리다.
④ 방열기의 방열량 조절을 광범위하게 할 수 있다.

해설 진공환수식 증기난방은 중력식이나 기계식보다 증기의 순환이 빠르다.

45. 열사용기자재 검사기준에 따라 안전밸브 및 압력방출장치의 규격 기준에 관한 설명으로 옳지 않은 것은?

① 소용량 강철제 보일러에서 안전밸브의 크기는 호칭지름 20 A로 할 수 있다.
② 전열면적 50 m² 이하의 증기 보일러에서 안전밸브의 크기는 호칭지름 20 A로 할 수 있다.
③ 최대증발량 5 t/h 이하의 관류 보일러에서 안전밸브의 크기는 호칭지름 20 A로 할 수 있다.
④ 최고사용압력이 0.1 MPa 이하의 보일러에서 안전밸브의 크기는 호칭지름 20 A로 할 수 있다.

해설 안전밸브 호칭지름을 20 A로 할 수 있는 경우는 ①, ③, ④항 외에
(1) 최고사용압력 0.5 MPa(5 kgf/cm²) 이하의 보일러로 동체의 안지름이 550 mm 이하이며, 동체의 길이가 1000 mm 이하의 것
(2) 최고사용압력 0.5 MPa(5 kgf/cm²) 이하의 보일러로 전열면적 2 m² 이하의 것

정답 42. ①　43. ④　44. ③　45. ②

46. 다음 중 복사난방의 일반적인 특징이 아닌 것은?

① 외기 온도의 급변화에 따른 온도 조절이 곤란하다.
② 배관 길이가 짧아도 되므로 설비비가 적게 든다.
③ 방열기가 없으므로 바닥면의 이용도가 높다.
④ 공기의 대류가 적으므로 바닥면의 먼지가 상승하지 않는다.

[해설] 복사난방의 특징
(1) 온도 조절이 곤란하다.
(2) 온도 분포가 균일하다.
(3) 쾌감도가 좋다.
(4) 실내 이용도가 좋다.
(5) 설비비가 많이 든다.
(6) 매입 배관으로 점검 및 수리가 어렵다.

47. 빔에 턴버클을 연결하여 파이프를 아래부분을 받쳐 달아 올린 것이며, 수직방향에 변위가 없는 곳에 사용하는 것은?

① 리지드 서포트
② 리지드 행어
③ 스토퍼
④ 스프링 서포트

48. 배관의 높이를 표시할 때 포장된 지표면을 기준으로 하여 배관 장치의 높이를 표시하는 경우 기입하는 기호는?

① BOP   ② TOP
③ GL   ④ FL

[해설] (1) EL : 배관의 높이를 관의 중심을 기준으로 표시
(2) GL : 포장된 지표면을 기준으로 표시
(3) FL : 1층 바닥면을 기준으로 표시
(4) BOP : 관바깥지름 아랫면을 기준으로 표시

(5) TOP : 관의 윗면을 기준으로 표시

49. 기름 연소 보일러의 수동 점화 시 5초 이내에 점화되지 않으면 어떻게 해야 하는가?

① 연료밸브를 더 많이 열어 연료 공급을 증가시킨다.
② 연료 분무용 증기 및 공기를 더 많이 분산시킨다.
③ 점화봉은 그대로 두고 프리퍼지를 행한다.
④ 불착화 원인을 완전히 제거한 후에 처음 단계부터 재점화 조작한다.

50. 보일러 수처리에서 순환계통 외 처리에 관한 설명으로 틀린 것은?

① 탁수를 침전지에 넣어서 침강 분리시키는 방법은 침전법이다.
② 증류법은 경제적이며 양호한 급수를 얻을 수 있어 많이 사용한다.
③ 여과법은 침전속도가 느린 경우 주로 사용하며 여과기 내로 급수를 통과시켜 여과한다.
④ 침전이나 여과로 분리가 잘 되지 않는 미세한 입자들에 대해서는 응집법을 사용하는 것이 좋다.

[해설] 증류법은 비경제적이며 양호한 급수를 얻을 수 없어 많이 사용하지 않는다.

51. 열사용기자재관리규칙상 검사대상기기의 검사 종류 중 유효기간이 없는 것은?

① 구조검사
② 계속사용검사
③ 설치검사
④ 설치장소변경검사

[해설] 구조검사, 용접검사는 유효기간이 없다.

정답 46. ② 47. ② 48. ③ 49. ④ 50. ② 51. ①

52. 다음 중 에너지법에서 정의한 에너지가 아닌 것은?
① 연료　② 열
③ 풍력　④ 전기

해설 "에너지"란 연료·열 및 전기를 말한다.

53. 신에너지 및 재생에너지 개발·이용·보급 촉진법에서 규정하는 신·재생에너지 설비 중 "지열에너지 설비"의 설명으로 옳은 것은?
① 바람의 에너지를 변환시켜 전기를 생산하는 설비
② 물의 유동에너지를 변환시켜 전기를 생산하는 설비
③ 폐기물을 변환시켜 연료 및 에너지를 생산하는 설비
④ 물, 지하수 및 지하의 열 등의 온도차를 변환시켜 에너지를 생산하는 설비

54. 에너지이용 합리화법에 따라 에너지다소비업자가 산업통상자원부령으로 정하는 바에 따라 매년 1월 31일까지 시·도지사에게 신고해야 하는 사항과 관련이 없는 것은?
① 전년도의 에너지사용량·제품생산량
② 전년도의 에너지이용 합리화 실적 및 해당 연도의 계획
③ 에너지사용기자재의 현황
④ 향후 5년 간의 에너지사용예정량·제품생산예정량

해설 에너지다소비업자는 매년 1월 31일까지 시·도지사에게 ①, ②, ③항 외에 해당연도의 에너지사용예정량 및 제품생산예정량을 신고해야 한다.

55. 저탄소 녹색성장 기본법에 따라 온실가스 감축 목표의 설정, 관리 및 필요한 조치에 관하여 총괄·조정 기능은 누가 수행하는가?
① 국토해양부 장관
② 산업통상자원부 장관
③ 농림수산식품부 장관
④ 환경부 장관

56. 보일러의 정격출력이 7500 kcal/h, 보일러 효율이 85 %, 연료의 저위발열량이 9500 kcal/kg인 경우, 시간당 연료소모량은 약 얼마인가?
① 1.49 kg/h　② 0.93 kg/h
③ 1.38 kg/h　④ 0.67 kg/h

해설 연료소모량 $= \dfrac{7500}{0.85 \times 9500} = 0.93$ kg/h

참고

$$\therefore \text{연료소모량} = \dfrac{\text{정격출력}}{\text{효율} \times \text{저위발열량}}$$

57. 철금속가열로 설치검사 기준에서 다음 괄호 안에 들어갈 항목으로 옳은 것은?

> 송풍기의 용량은 정격부하에서 필요한 이론공기량의 (　)를 공급할 수 있는 용량 이하이어야 한다.

① 80 %　② 100 %
③ 120 %　④ 140 %

해설 송풍기의 용량은 정격부하에서 필요한 이론공기량의 140%를 공급할 수 있는 용량 이하이어야 한다.

정답 52. ③　53. ④　54. ④　55. ④　56. ②　57. ④

58. 보일러 과열의 요인 중 하나인 저수위의 발생 원인으로 거리가 먼 것은?

① 분출밸브의 이상으로 보일러수가 누설
② 급수장치가 증발능력에 비해 과소한 경우
③ 증기 토출량이 과소한 경우
④ 수면계의 막힘이나 고장

59. 중유예열기(oil preheater)를 사용 시 가열온도가 낮을 경우 발생하는 현상이 아닌 것은?

① 무화 상태 불량
② 그을음, 분진 발생
③ 기름의 분해
④ 불길의 치우침 발생

[해설] 가열온도가 높을 때 기름의 분해 현상이 발생된다.

60. 에너지이용 합리화법에 따라 고효율 에너지 인증대상 기자재에 포함하지 않는 것은 어느 것인가?

① 펌프
② 전력용 변압기
③ LED 조명기기
④ 산업건물용 보일러

[해설] 고효율 에너지 인증대상 기자재에는 펌프, 산업건물용 보일러, 무정전 전원장치, 폐열회수형 환기장치, LED 조명기기 등이 있다.

정답 58. ③ 59. ③ 60. ②

에너지관리기능사

2012. 10. 20 시행

1. 보일러 자동제어에서 3요소식 수위제어의 3가지 검출요소와 무관한 것은?
① 노내 압력
② 수위
③ 증기유량
④ 급수유량

[해설] 자동 급수제어 방식(FWC)
(1) 단요소식 : 수위 검출
(2) 2요소식 : 수위, 증기량 검출
(3) 3요소식 : 수위, 증기량, 급수량 검출

2. 다음 부품 중 전후에 바이패스를 설치해서는 안 되는 부품은?
① 급수관
② 연료차단밸브
③ 감압밸브
④ 유류배관의 유량계

[해설] 안전장치에는 바이패스 배관을 설치하면 안 된다.

3. 피드백 제어를 가장 옳게 설명한 것은?
① 일정하게 정해진 순서에 의해 행하는 제어
② 모든 조건이 충족되지 않으면 정지되어 버리는 제어
③ 출력측의 신호를 입력측으로 되돌려 정정 동작을 행하는 제어
④ 사람의 손에 의해 조작되는 제어

4. 메탄(CH_4) 1 Nm^3 연소에 소요되는 이론공기량이 9.52 Nm^3이고, 실제공기량이 11.43 Nm^3일 때 공기비(m)는 얼마인가?
① 1.5
② 1.4
③ 1.3
④ 1.2

[해설] 공기비(m) = $\dfrac{실제공기량(A)}{이론공기량(A_0)}$
$= \dfrac{11.43}{9.52} = 1.2$

[참고] 실제공기량과 이론공기량은 같지 않다.
$A \neq A_0 (A > A_0)$
실제공기량은 이론공기량에 공기비(m)를 곱해주어야 한다($A = mA_0$).

5. 세정식 집진장치 중 하나인 회전식 집진장치의 특징에 관한 설명으로 틀린 것은?
① 가동 부분이 적고 구조가 간단하다.
② 세정용수가 적게 들며, 급수 배관을 따로 설치할 필요가 없으므로 설치 공간이 적게 든다.
③ 집진물을 회수할 때 탈수, 여과, 건조 등을 수행할 수 있는 별도의 장치가 필요하다.
④ 비교적 큰 압력손실을 견딜 수 있다.

[해설] 세정용수가 많이 들며, 급수 배관은 따로 설치해야 하므로 설치 공간을 많이 차지하는 편이다.

6. 보일러 부속장치에 대한 설명 중 잘못된 것은?
① 인젝터 : 증기를 이용한 급수장치
② 기수분리기 : 증기 중에 혼입된 수분을 분리하는 장치
③ 스팀 트랩 : 응축수를 자동으로 배출하는 장치
④ 수트블로어 : 보일러 동 저면의 스케일, 침전물을 밖으로 배출하는 장치

[해설] • 수저 분출장치 : 보일러 동 저면의 스케일, 침전물을 밖으로 배출하는 장치
• 수트블로어 : 전열면에 부착된 그을음을 제거하는 장치

[정답] 1. ① 2. ② 3. ③ 4. ④ 5. ② 6. ④

7. 다음 중 저수위 등에 따른 이상 온도의 상승으로 보일러가 과열되었을 때 작동하는 안전장치는?

① 가용마개　　② 인젝터
③ 수위계　　　④ 증기 헤더

[해설] 가용마개(가용전) : 저수위 등에 따른 이상 온도의 상승으로 보일러가 과열되었을 때 작동하는 안전장치로 연소실 또는 노통 상부에 설치한다.

8. 보일러용 연료 중에서 고체 연료의 일반적인 주성분은? (단, 중량 %를 기준으로 한 주성분을 구한다.)

① 탄소　　　　② 산소
③ 수소　　　　④ 질소

[해설] 고체 연료의 주성분 : 탄소(C)

9. 연소의 3대 조건이 아닌 것은?

① 이산화탄소 공급원
② 가연성 물질
③ 산소 공급원
④ 점화원

[해설] 연소의 3대 조건
(1) 가연성 물질
(2) 산소 공급원
(3) 점화원

10. 주철제 보일러인 섹셔널 보일러의 일반적인 조합 방법이 아닌 것은?

① 전후조합　　② 좌우조합
③ 맞세움조합　④ 상하조합

[해설] 섹셔널 보일러 조합방식의 분류
(1) 전후조합　(2) 좌우조합　(3) 맞세움조합

11. 전기식 온수온도 제한기의 구성 요소에 속하지 않는 것은?

① 온도 설정 다이얼
② 마이크로 스위치
③ 온도차 설정 다이얼
④ 확대용 링게이지

[해설] 전기식 온수온도 제한기의 구성 요소
(1) 온도 설정 다이얼
(2) 마이크로 스위치
(3) 온도차 설정 다이얼

12. 다음 중 보일러 통풍에 대한 설명으로 틀린 것은?

① 자연 통풍은 일반적으로 별도의 동력을 사용하지 않고 연돌로 인한 통풍을 말한다.
② 압입 통풍은 연소용 공기를 송풍기로 노 입구에서 대기압보다 높은 압력으로 밀어 넣고 굴뚝의 통풍 작용과 같이 통풍을 유지하는 방식이다.
③ 평형 통풍은 통풍 조절은 용이하나 통풍력이 약하여 주로 소용량 보일러에서 사용한다.
④ 흡입 통풍은 크게 연소가스를 직접 통풍기에 빨아들이는 직접 흡입식과 통풍기로 대기를 빨아들이게 하고 이를 이젝터로 보내어 그 작용에 의해 연소가스를 빨아들이는 간접 흡입식이 있다.

[해설] 평형 통풍은 통풍력이 강하여 주로 초대용량 보일러에 사용된다.

13. KS에서 규정하는 육상용 보일러의 열정산 조건과 관련된 설명으로 틀린 것은?

① 보일러의 정상 조업 상태에서 적어도 2시간 이상의 운전 결과에 따른다.
② 발열량은 원칙적으로 사용 시 연료의 저발열량(진발열량)으로 하며, 고발열량(총발열량)으로 사용하는 경우에는 기존 발열량을 분명하게 명기해야 한다.

정답　7. ①　8. ①　9. ①　10. ④　11. ④　12. ③　13. ②

③ 최대 출열량을 시험할 경우에는 반드시 정격부하에서 시험을 한다.
④ 열정산과 관련한 시험 시 시험 보일러는 다른 보일러와 무관한 상태로 하여 실시한다.

해설 발열량은 원칙적으로 연료의 고발열량으로 사용한다.

14. 기체 연료의 연소 방식 중 버너의 연료 노즐에서는 연료만을 분출하고 그 주위에서 공기를 별도로 연소실로 분출하여 연료가스와 공기가 혼합하면서 연소하는 방식으로 산업용 보일러의 대부분이 사용하는 방식은?

① 예증발 연소 방식
② 심지 연소 방식
③ 예혼합 연소 방식
④ 확산 연소 방식

해설 기체 연소 방식의 분류
(1) 확산 연소 방식 : 연료와 공기를 별도로 분출하여 연소하는 방식
(2) 예혼합 연소 방식 : 버너 내에서 공기와 연료를 혼합하여 분출하는 방식(역화의 우려가 있다.)

15. 고압과 저압 배관 사이에 부착하여 고압측의 압력 변화 및 증기 소비량 변화에 관계없이 저압 측의 압력을 일정하게 유지시켜 주는 밸브는?

① 감압밸브   ② 온도조절밸브
③ 안전밸브   ④ 플랩밸브

16. 보일러 급수 처리의 목적으로 거리가 먼 것은?

① 스케일의 생성 방지
② 점식 등의 내면 부식 방지
③ 캐리오버의 발생 방지
④ 황분 등에 의한 저온 부식 방지

해설 급수 처리의 목적 : ①, ②, ③항 외에 포밍, 프라이밍 현상의 발생 방지, 수격 작용 방지, 수명 연장 등이 있다.

17. 보일러의 분류 중 원통형 보일러에 속하지 않는 것은?

① 타쿠마 보일러   ② 랭커셔 보일러
③ 케와니 보일러   ④ 코니시 보일러

해설 타쿠마 보일러 : 수관 보일러 중 자연순환식에 속한다.

18. 보일러에서 C중유를 사용할 경우 중유예열장치로 예열할 때 적정 예열 범위는?

① 40~45℃   ② 80~105℃
③ 130~160℃   ④ 200~250℃

해설 C중유 연료는 무화를 시키기 위해 예열을 해야 하는데, 적정 예열온도는 80~105℃ 정도이다.

19. 어떤 액체 1200 kg을 30℃에서 100℃까지 온도를 상승시키는 데 필요한 열량은 몇 kcal인가? (단, 이 액체의 비열은 3 kcal/kg·℃이다.)

① 35000   ② 84000
③ 126000   ④ 252000

해설 열량 = 비열 × 질량 × 온도차
     = 3 × 1200 × (100-30) = 252000 kcal

참고

$$\frac{열량(kcal)}{물의 비열(kcal/kg·℃) \times 질량(kg) \times 온도차(℃)} \times 100 = 효율$$

정답 14. ④   15. ①   16. ④   17. ①   18. ②   19. ④

20. 매시간 1000 kg의 LPG를 연소시켜 15000 kg/h의 증기를 발생하는 보일러의 효율(%)은 약 얼마인가? (단, LPG의 총발열량은 12980 kcal/kg, 발생증기엔탈피는 750 kcal/kg, 급수엔탈피는 18 kcal/kg이다.)

① 79.8 ② 84.6
③ 88.4 ④ 94.2

해설 효율

$$= \frac{난방부하}{시간당\ 연료량 \times 저위발열량} \times 100$$

$$= \frac{15000(750-18)}{1000 \times 12980} \times 100 = 84.6\%$$

여기서, 난방부하 = 시간당 증기량(증기엔탈피 – 급수엔탈피)

21. 보일러에서 발생하는 부식을 크게 습식과 건식으로 구분할 때 다음 중 건식에 속하는 것은?

① 점식 ② 황화 부식
③ 알칼리 부식 ④ 수소취화

해설
- 건식에 의한 부식 : 고온 부식, 저온 부식(황화 부식)
- 습식에 의한 부식 : 점식, 알칼리 부식, 수소취화

22. 보일러의 점화 조작 시 주의사항에 대한 설명으로 잘못된 것은?

① 연료가스의 유출속도가 너무 빠르면 역화가 일어나고, 너무 늦으면 실화가 발생하기 쉽다.
② 연료의 예열온도가 낮으면 무화 불량, 화염의 편류, 그을음, 분진이 발생하기 쉽다.
③ 유압이 낮으면 점화 및 분사가 불량하고 유압이 높으면 그을음이 축적되기 쉽다.
④ 프리퍼지 시간이 너무 길면 연소실의 냉각을 초래하고, 너무 짧으면 역화를 일으키기 쉽다.

해설 연료가스의 유출속도가 너무 빠르면 실화가 일어나고, 너무 늦으면 역화가 발생한다.

23. 보일러 작업 종료 시의 주요 점검사항으로 틀린 것은?

① 전기의 스위치가 내려져 있는지 점검한다.
② 난방용 보일러에 대해서는 드레인의 회수를 확인하고 진공펌프를 가동시켜 놓는다.
③ 작업 종료 시 증기압력이 어느 정도인지 점검한다.
④ 증기밸브로부터 누설이 없는지 점검한다.

해설 진공환수식 펌프(진공펌프)는 대규모 설비에 사용되며, 작업 종료 시 드레인의 회수를 확인하고 진공펌프 가동을 정지시킨다.

24. 보일러 급수 중의 현탁질 고형물을 제거하기 위한 외처리 방법이 아닌 것은?

① 여과법 ② 탈기법
③ 침강법 ④ 응집법

해설 현탁질 고형물의 제거
(1) 여과법
(2) 침강법
(3) 응집법

25. 보일러설치기술규격(KBI)에 따라 열매체유 팽창탱크의 공간부에는 열매체의 노화를 방지하기 위해 N_2 가스를 봉입하는데, 이 가스의 압력이 너무 높게 되지 않도록 설정하는 팽창탱크의 최소 체적(V_T)을 구하는 식으로 옳은 것은? (단, V_E는 승온 시 시스템 내의 열매체유 팽창량(L)이고, V_M은 상온 시 탱크 내 열매체유 보유량(L)이다.)

① $V_T = V_E + 2V_M$

정답 20.② 21.② 22.① 23.② 24.② 25.②

② $V_T = 2V_E + V_M$
③ $V_T = 2V_E + 2V_M$
④ $V_T = 3V_E + V_M$

26. 수관식 보일러의 일반적인 특징이 아닌 것은?
① 구조상 저압으로 운용되어야 하며 소용량으로 제작해야 한다.
② 전열면적을 크게 할 수 있으므로 열효율이 높은 편이다.
③ 급수 처리에 주의가 필요하다.
④ 연소실을 마음대로 크게 만들 수 있으므로 연소 상태가 좋으며 또한 여러 종류의 연료 및 연소 방식이 적용된다.

[해설] 수관식 보일러는 고온·고압의 대용량 보일러이다.

27. 다음 중 자동연료차단장치가 작동하는 경우로 거리가 먼 것은?
① 버너가 연소 상태가 아닌 경우(인터록이 작동한 상태)
② 증기압력이 설정압력보다 높은 경우
③ 송풍기 팬이 가동할 때
④ 관류 보일러에 급수가 부족한 경우

[해설] 점화 전 송풍기가 작동을 하지 않으면 연료차단밸브(전자밸브)가 연료의 공급을 차단시킨다.

28. 섭씨온도(℃), 화씨온도(℉), 캘빈온도(K), 랭킨온도(°R)와의 관계식으로 옳은 것은?
① $℃ = 1.8 \times (℉ - 32)$
② $℉ = \dfrac{(℃ + 32)}{1.8}$
③ $K = \dfrac{5}{9} \times °R$
④ $°R = K \times \left(\dfrac{5}{9}\right)$

[해설] (1) $℃ = \dfrac{(℉ - 32)}{1.8}$ (2) $℉ = 1.8℃ + 32$
(3) $°R = K \times \dfrac{9}{5}$ (4) $K = °R \times \dfrac{5}{9}$

[참고] $℃ \underset{\div 1.8,\ -32}{\overset{\times 1.8,\ +32}{\rightleftarrows}} ℉$

29. 환산 증발 배수에 관한 설명으로 가장 적합한 것은?
① 연료 1 kg이 발생시킨 증발능력을 말한다.
② 보일러에서 발생한 순수 열량을 표준 상태의 증발잠열로 나눈 값이다.
③ 보일러의 전열면적 1 m²당 1시간 동안의 실제증발량이다.
④ 보일러 전열면적 1 m²당 1시간 동안의 보일러 열출력이다.

[해설] 환산 증발 배수(kg/kg, kg/Nm³) : 연료 1 kg(1 Nm³)이 발생시킨 증발 능력

30. 유류 보일러 시스템에서 중유를 사용할 때 흡입측의 여과망 눈 크기로 적합한 것은 어느 것인가?
① 1~10 mesh
② 20~60 mesh
③ 100~150 mesh
④ 300~500 mesh

31. 원통형 보일러의 일반적인 특징 설명으로 틀린 것은?
① 보일러 내 보유 수량이 많아 부하변동에 의한 압력 변화가 적다.
② 고압 보일러나 대용량 보일러에는 부적당하다.
③ 구조가 간단하고 정비, 취급이 용이하다.
④ 전열면적이 커서 증기 발생시간이 짧다.

[정답] 26. ①   27. ③   28. ③   29. ①   30. ②   31. ④

[해설] 원통형 보일러는 보유 수량이 많아서 증기 발생속도가 느리다.

32. 다음 중 과열기에 관한 설명으로 틀린 것은 어느 것인가?
① 연소 방식에 따라 직접 연소식과 간접 연소식으로 구분된다.
② 전열 방식에 따라 복사형, 대류형, 양자병용형으로 구분된다.
③ 복사형 과열기는 관열관을 연소실 내 또는 노벽에 설치하여 복사열을 이용하는 방식이다.
④ 과열기는 일반적으로 직접 연소식이 널리 사용된다.

[해설] 과열기의 형식 : 직접 연소식, 간접 연소식(널리 사용)

33. 표준 대기압 상태에서 0℃의 물 1 kg을 100℃ 증기로 만드는 데 필요한 열량은 몇 kcal인가? (단, 물의 비열은 1 kcal/kg·℃이고, 증발잠열은 539 kcal/kg이다.)
① 100 ② 500
③ 539 ④ 639

[해설] 열량 = 비열 × 물의 질량 × 온도차
　　　　＋ 물의 질량 × 증발잠열
　　　＝ 1×1×100 + 1×539 = 639 kcal

[참고]

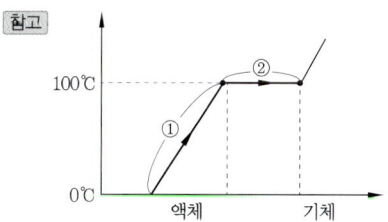

• ① 구간은 현열, ② 구간은 잠열
• 총 열량 = 현열 + 잠열 = 639 kcal

34. 다음 중 KS에서 규정하는 온수 보일러의 용량 단위는?
① Nm³/h ② kcal/m²
③ kg/h   ④ kJ/h

[해설] 온수 보일러의 용량 : 난방부하(kcal/h, kJ/h)

35. 열사용기자재 검사기준에 따라 온수 발생 보일러에 안전밸브를 설치해야 되는 경우는 온수온도 몇 ℃ 이상인 경우인가?
① 60℃   ② 80℃
③ 100℃ ④ 120℃

[해설] 온수 보일러 안전밸브 설치기준

　　　미만　　　　　　　　　이상
　◀──────── 120℃ 기준 ────────▶
　방출밸브 설치　　　　　　　안전밸브 설치

36. 지역난방의 일반적인 장점으로 거리가 먼 것은?
① 각 건물마다 보일러 시설이 필요 없고, 연료비와 인건비를 줄일 수 있다.
② 시설이 대규모이므로 관리가 용이하고 열효율 면에서 유리하다.
③ 지역난방설비에서 배관의 길이가 짧아 배관에 의한 열손실이 적다.
④ 고압증기나 고온수를 사용하여 관의 지름을 작게 할 수 있다.

[해설] 지역난방의 경우 열공급을 원거리까지 해야 하므로 열손실이 크다.

37. 다음 보온재 중 유기질 보온재에 속하는 것은?
① 규조토   ② 탄산마그네슘
③ 유리섬유   ④ 코르크

[해설] 유기질 보온재
　(1) 코르크　(2) 펠트류
　(3) 텍스류　(4) 기포성 수지

38. 수면측정장치 취급상의 주의사항에 대한 설명으로 틀린 것은?
① 수주 연결관은 수측 연결관의 도중에 오물이 끼기 쉬우므로 하향경사하도록 배관한다.
② 조명은 충분하게 하고 유리는 항상 청결하게 유지한다.
③ 수면계의 콕은 누설되기 쉬우므로 6개월 주기로 분해 정비하여 조작하기 쉬운 상태로 유지한다.
④ 수주관 하부의 분출관은 매일 1회 분출하여 수측 연결관의 찌꺼기를 배출한다.
해설 수주 연결관은 상향구배로 배관해야 한다.

39. 다음 중 보일러 수리 시의 안전사항으로 틀린 것은?
① 부식 부위의 해머 작업 시에는 보호안경을 착용한다.
② 파이프 나사 절삭 시 나사부는 맨손으로 만지지 않는다.
③ 토치 램프 작업 시 소화기를 비치해 둔다.
④ 파이프 렌치는 무거우므로 망치 대용으로 사용해도 된다.
해설 파이프 렌치는 망치 대용으로 사용하면 안 된다.

40. 관이음쇠로 사용되는 홈 조인트(groove joint)의 장점에 관한 설명으로 틀린 것은?
① 일반 용접식, 플랜지식, 나사식 관이음 방식에 비해 빨리 조립이 가능하다.
② 배관 끝단 부분의 간격을 유지하여 온도변화 및 진동에 의한 신축, 유동성이 뛰어나다.
③ 홈 조인트의 사용 시 용접 효율성이 뛰어나서 배관 수명이 길어진다.
④ 플랜지식 관이음에 비해 볼트를 사용하는 수량이 적다.
해설 홈 조인트 사용 시 용접 효율성이 떨어진다.

41. 어떤 건물의 소요 난방부하가 54600 kcal/h이다. 주철제 방열기로 증기난방을 한다면 약 몇 쪽(section)의 방열기를 설치해야 하는가? (단, 표준방열량으로 계산하며, 주철제 방열기의 쪽당 방열면적은 0.24 m^2이다.)
① 330쪽 ② 350쪽
③ 380쪽 ④ 400쪽

해설 섹션수 $= \dfrac{54600}{650 \times 0.24} = 350$ 쪽

참고 • 온수방열기 표준방열량 : 450 kcal/$m^2 \cdot$ h
• 증기방열기 표준방열량 : 650 kcal/$m^2 \cdot$ h

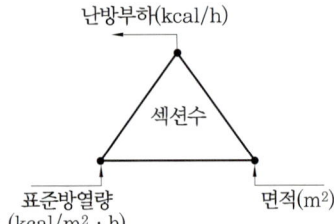

42. 관의 결합 방식 표시 방법 중 유니언식의 그림 기호로 맞는 것은?

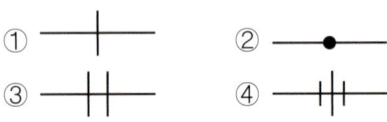

해설 ① : 나사 이음
② : 용접 이음
③ : 플랜지 이음
④ : 유니언 이음

43. 보일러에서 팽창탱크의 설치 목적에 대한 설명으로 틀린 것은?

① 체적팽창, 이상팽창에 의한 압력을 흡수한다.
② 장치 내의 온도와 압력을 일정하게 유지한다.
③ 보충수를 공급하여 준다.
④ 관수를 배출하여 열손실을 방지한다.

해설 분출장치 : 관수를 배출하여 슬러지를 제거하면 슬러지에 의한 과열사고 및 열손실을 방지할 수 있다.

44. 열사용기자재 검사기준에 따라 전열면적 12 m²인 보일러의 급수밸브의 크기는 호칭 몇 A 이상이어야 하는가?

① 15   ② 20
③ 25   ④ 32

해설 보일러 급수밸브의 크기
- 전열면적 10 m² 이하 : 15 A 이상
- 전열면적 10 m² 초과 : 20 A 이상

45. 다음 보온재 중 안전사용(최고)온도가 가장 낮은 것은?

① 규산칼슘 보온판
② 탄산마그네슘 물반죽 보온재
③ 경질 폼러버 보온통
④ 글라스울 블랭킷

해설 보온재 안전사용온도 크기 : 규산칼슘 > 글라스울 > 탄산마그네슘 > 경질 폼러버

46. 배관의 나사 이음과 비교하여 용접 이음의 장점이 아닌 것은?

① 누수의 염려가 적다.
② 관 두께에 불균일한 부분이 생기지 않는다.
③ 이음부의 강도가 크다.
④ 열에 의한 잔류응력 발생이 거의 일어나지 않는다.

해설 용접 이음은 열에 의한 잔류응력이 존재한다.

47. 파이프 축에 대해서 직각 방향으로 개폐되는 밸브로 유체의 흐름에 따른 마찰저항 손실이 적으며 난방 배관 등에 주로 이용되나 절반만 개폐하면 디스크 뒷면에 와류가 발생되어 유량 조절용으로는 부적합한 밸브는 어느 것인가?

① 버터플라이 밸브   ② 슬루스 밸브
③ 글로브 밸브   ④ 콕

해설
- 글로브 밸브 : 유량 조절 가능
- 슬루스 밸브 : 유량 조절에 부적합

48. 가동 중인 보일러를 정지시킬 때 일반적으로 가장 먼저 조치해야 할 사항은?

① 증기밸브를 닫고, 드레인 밸브를 연다.
② 연료의 공급을 정지한다.
③ 공기의 공급을 정지한다.
④ 댐퍼를 닫는다.

해설 보일러 정지 시 가장 먼저 연료 공급을 정지해야 한다.

49. 증기 보일러에서 수면계의 점검 시기로 적절하지 않은 것은?

① 2개의 수면계 수위가 다를 때 행한다.
② 프라이밍, 포밍 등이 발생할 때 행한다.
③ 수면계 유리관을 교체하였을 때 행한다.
④ 보일러의 점화 후에 행한다.

해설 수면계의 점검 시기
(1) 보일러 점화 전
(2) 두 개의 수면계 수위가 다를 때
(3) 수위가 의심스러울 때

정답 43. ④ 44. ② 45. ③ 46. ④ 47. ② 48. ② 49. ④

50. 보일러 내 처리로 사용되는 약제 중 가성취화 방지, 탈산소, 슬러지 조정 등의 작용을 하는 것은?

① 수산화나트륨
② 암모니아
③ 탄닌
④ 고급지방산폴리알코올

해설 (1) 가성취화 방지제 : 인산나트륨, 질산나트륨, 탄닌, 리그닌
(2) 탈산소제 : 아황산나트륨, 히드라진, 탄닌
(3) 슬러지 조정제 : 리그닌, 전분, 탄닌

51. 다음 중 동관 이음의 종류에 해당하지 않는 것은?

① 납땜 이음
② 기볼트 이음
③ 플레어 이음
④ 플랜지 이음

해설 동관 이음 방법 : 플레어 이음, 납땜 이음, 플랜지 이음

52. 〈보기〉와 같은 부하에 대해서 보일러의 "정격출력"을 올바르게 표시한 것은?

〈보기〉
H1 : 난방부하   H2 : 급탕부하
H3 : 배관부하   H4 : 시동부하

① H1+H2
② H1+H2+H3
③ H1+H2+H4
④ H1+H2+H3+H4

해설 정격출력(kcal/h) : 난방부하 + 급탕부하 + 배관부하 + 시동부하(예열부하)

53. 다음 중 보온재의 일반적인 구비 요건으로 틀린 것은?

① 비중이 크고 기계적 강도가 클 것
② 장시간 사용에도 사용온도에 변질되지 않을 것
③ 시공이 용이하고 확실하게 할 수 있을 것
④ 열전도율이 적을 것

해설 보온재는 ②, ③, ④항 외에 비중이 작고 기계적 강도가 커야 한다.

54. 상용보일러의 점화 전 연소계통의 점검에 관한 설명으로 틀린 것은?

① 중유예열기를 가동하되 예열기가 증기가열식인 경우에는 드레인을 배출시키지 않은 상태에서 가열한다.
② 연료 배관, 스트레이너, 연료펌프 및 수동 차단밸브의 개폐 상태를 확인한다.
③ 연소가스 통로가 긴 경우와 구부러진 부분이 많을 경우에는 완전한 환기가 필요하다.
④ 연소실 및 연도 내의 잔류가스를 배출하기 위하여 연도의 각 댐퍼를 전부 열어놓고 통풍기로 환기시킨다.

해설 증기가열식인 경우에는 드레인을 배출시킨 후 가열한다.

55. 에너지이용 합리화법에 따라 연료·열 및 전력의 연간 사용량의 합계가 몇 티오이 이상인 자를 "에너지다소비사업자"라 하는가?

① 5백
② 1천
③ 1천 5백
④ 2천

56. 에너지이용 합리화법에 따라 효율관리기자재 중 하나인 가정용 가스 보일러의 제조업자 또는 수입업자는 소비효율 또는 소비효율등급을 라벨에 표시하여 나타내야 하는데 이때 표시해야 하는 항목에 해당하지 않는 것은 어느 것인가?

정답 50. ③ 51. ② 52. ④ 53. ① 54. ① 55. ④ 56. ④

① 난방출력
② 표시난방열효율
③ 소비효율등급
④ 1시간 사용 시 CO_2 배출량

57. 신에너지 및 재생에너지 개발·이용·보급 촉진법에 따라 신·재생에너지의 기술개발 및 이용보급을 촉진하기 위한 기본 계획은 누가 수립하는가?
① 교육과학기술부 장관
② 환경부 장관
③ 국토해양부 장관
④ 산업통상자원부 장관

[해설] 신·재생에너지의 기술개발 및 이용보급을 촉진하기 위한 기본 계획은 산업통상자원부 장관이 수립한다.

58. 에너지법에서 정의하는 "에너지 사용자"의 의미로 가장 옳은 것은?
① 에너지 보급 계획을 세우는 자
② 에너지를 생산, 수입하는 사업자
③ 에너지 사용시설의 소유자 또는 관리자
④ 에너지를 저장, 판매하는 자

59. 에너지이용 합리화법에 따라 국내외 에너지사정의 변동으로 에너지수급에 중대한 차질이 발생하거나 발생할 우려가 있다고 인정되면 에너지수급의 안정을 기하기 위하여 필요한 범위 내에 조치를 취할 수 있는데, 다음 중 그러한 조치에 해당하지 않는 것은 어느 것인가?
① 에너지의 비축과 저장
② 에너지 판매시설의 확충
③ 에너지의 배급
④ 에너지공급설비의 가동 및 조업

[해설] 수급 안정을 위한 조정·명령, 기타 필요 조치 사항으로는 ①, ③, ④항 외에 지역별 주요 수급자별 에너지 할당, 에너지의 도입, 수출입 및 위탁가공 등이 있다.

60. 에너지이용 합리화법에 따라 보일러의 개조검사의 경우 검사 유효기간으로 옳은 것은 어느 것인가?
① 6개월   ② 1년
③ 2년   ④ 5년

[해설] 개조검사 유효기간 : 1년

정답 57. ④ 58. ③ 59. ② 60. ②

2013년 시행 문제

에너지관리기능사
2013. 1. 27 시행

1. 통풍 방식에 있어서 소요 동력이 비교적 많으나 통풍력 조절이 용이하고 노내압을 정압 및 부압으로 임의로 조절이 가능한 방식은?
① 흡인통풍 ② 평형통풍
③ 압입통풍 ④ 자연통풍

[해설] 평형통풍 : 소요 동력이 비교적 많이 드나 통풍력 조절이 용이하고 노내압을 정압 및 부압으로 임의로 조절이 가능한 강제 통풍 방식

2. 보일러 자동연소제어(ACC)의 조작량에 해당하지 않는 것은?
① 연소가스량 ② 공기량
③ 연료량 ④ 급수량

[해설] 자동연소제어(ACC)의 조작량 : 연소가스량, 공기량, 연료량

3. 다음 중 도시가스의 종류를 크게 천연가스와 석유계 가스, 석탄계 가스로 구분할 때 석유계 가스에 속하지 않는 것은?
① 코르크 가스 ② LPG 변성가스
③ 나프타 분해가스 ④ 정제소 가스

[해설] 코르크 가스는 석탄계 가스에 해당된다.

4. 다음 중 증기의 건도를 향상시키는 방법으로 틀린 것은?
① 증기 공간 내의 공기를 제거한다.
② 기수분리기를 사용한다.
③ 증기주관에서 효율적인 드레인 처리를 한다.
④ 증기의 압력을 더욱 높여서 초고압 상태로 만든다.

[해설] 증기의 압력을 높이면 증기 속에 수분이 포함될 수 있다.

5. 다음 중 연소 시에 매연 등의 공해 물질이 가장 적게 발생되는 연료는?
① 석탄 ② 액화천연가스
③ 중유 ④ 경유

[해설] 연소 시 발생되는 공해 물질의 양을 비교하면 고체 연료 > 액체 연료 > 기체 연료이다.

6. 다음 중 수관식 보일러에 해당되는 것은?
① 스코치 보일러 ② 배브콕 보일러
③ 코크란 보일러 ④ 케와니 보일러

[해설] 배브콕 보일러는 수관식 보일러로 자연순환식에 속한다.
(1) 스코치 보일러 : 노통 연관식 보일러
(2) 코크란 보일러 : 입형 보일러
(3) 케와니 보일러 : 연관 보일러

7. 1보일러 마력을 열량으로 환산하면 몇 kcal/h인가?
① 8435 kcal/h ② 9435 kcal/h
③ 7435 kcal/h ④ 10173 kcal/h

[해설] 1보일러 마력 = 15.65 kg/h × 539 kcal/kg
= 8435 kcal/h

정답 1. ② 2. ④ 3. ① 4. ④ 5. ② 6. ② 7. ①

8. 보일러 열효율 향상을 위한 방안으로 잘못 설명한 것은?

① 절탄기 또는 공기예열기를 설치하여 배기가스 열을 회수한다.
② 버너 연소부하조건을 낮게 하거나 연속운전을 간헐운전으로 개선한다.
③ 급수온도가 높으면 연료가 절감되므로 고온의 응축수는 회수한다.
④ 온도가 높은 블로 다운 수를 회수하여 급수 및 온수 제조 열원으로 활용한다.

[해설] 보일러를 연속운전이 아닌 간헐운전으로 하면 열효율이 저하된다.

9. 석탄의 함유 성분에 대해서 그 성분이 많을수록 연소에 미치는 영향에 대한 설명으로 틀린 것은?

① 수분 : 착화성이 저하된다.
② 회분 : 연소 효율이 증가한다.
③ 휘발분 : 검은 매연이 발생하기 쉽다.
④ 고정탄소 : 발열량이 증가한다.

[해설] 회분이 많으면 연소 효율이 저하된다.

10. 시간당 100 kg의 중유를 사용하는 보일러에서 총손실열량이 200000 kcal/h일 때 보일러의 효율은 약 얼마인가? (단, 중유의 발열량은 10000 kcal/kg이다.)

① 75 % ② 80 %
③ 85 % ④ 90 %

[해설] $\eta = \left(1 - \dfrac{200000}{100 \times 10000}\right) \times 100 = 80\%$

11. 오일 버너 종류 중 회전컵의 회전운동에 의한 원심력과 미립화용 1차 공기의 운동에너지를 이용하여 연료를 분무시키는 버너는 어느 것인가?

① 건타입 버너   ② 로터리 버너
③ 유압식 버너   ④ 기류 분무식 버너

12. 다음 중 프라이밍의 발생 원인으로 거리가 먼 것은?

① 보일러 수위가 높을 때
② 보일러수가 농축되어 있을 때
③ 송기 시 증기밸브를 급개할 때
④ 증발능력에 비하여 보일러수의 표면적이 클 때

[해설] 프라이밍은 ①, ②, ③항 외에 보일러 증발능력에 비하여 보일러수의 표면적이 작을 때 나타난다.

13. 다음 중 오일 여과기의 기능으로 거리가 먼 것은?

① 펌프를 보호한다.
② 유량계를 보호한다.
③ 연료 노즐 및 연료 조절밸브를 보호한다.
④ 분무 효과를 높여 연소를 양호하게 하고, 연소생성물을 활성화시킨다.

14. 다음 중 목표값이 변화되어 목표값을 측정하면서 제어 목표량을 목표량에 맞도록 하는 제어에 속하지 않는 것은?

① 추종 제어
② 비율 제어
③ 정치 제어
④ 캐스케이드 제어

[해설] (1) 정치 제어 : 목표값이 변화없이 일정한 값을 갖는 제어 방식
(2) 추치 제어 : 목표값이 변화되어 목표값을 측정하면서 제어 목표량을 목표값에 맞추는 제어 방식으로 추종 제어, 비율 제어, 프로그램 제어, 캐스케이드 제어가 이에 속한다.

정답 8. ② 9. ② 10. ② 11. ② 12. ④ 13. ④ 14. ③

15. 노통 보일러에서 갤러웨이 관(galloway tuve)을 설치하는 목적으로 가장 옳은 것은 어느 것인가?

① 스케일 부착을 방지하기 위하여
② 노통의 보강과 양호한 물 순환을 위하여
③ 노통의 진동을 방지하기 위하여
④ 연료의 완전 연소를 위하여

해설 갤러웨이 관(횡관)의 설치 목적
(1) 물(水)의 순환을 양호하게 한다.
(2) 전열면적을 증대시킨다.
(3) 노통의 보강

16. 다음 중 수트블로어의 종류가 아닌 것은 어느 것인가?

① 장발형   ② 건타입형
③ 정치회전형   ④ 콤버스터형

해설 콤버스터(보염장치) : 노내 점화 시 불꽃을 안정시키고 착화를 도모하기 위해 설치한다.

17. 건 배기가스 중의 이산화탄소분 최댓값이 15.7%이다. 공기비를 1.2로 할 경우 건 배기가스 중의 이산화탄소분은 몇 %인가?

① 11.21%   ② 12.07%
③ 13.08%   ④ 17.58%

해설 공기비 $= \dfrac{CO_2 \max}{CO_2}$, $1.2 = \dfrac{15.7}{CO_2}$

$CO_2 = 13.08\%$

18. 보일러 급수펌프 중 비용적식 펌프로서 원심 펌프인 것은?

① 워싱턴 펌프   ② 위어 펌프
③ 플런저 펌프   ④ 벌류트 펌프

해설 보일러 펌프의 종류
(1) 원심 펌프(비용적식) : 터빈 펌프, 벌류트 펌프
(2) 왕복동식 펌프 : 워싱턴 펌프, 위어 펌프, 플런저 펌프

19. 다음 자동제어에 대한 설명에서 온－오프(on－off) 제어에 해당되는 것은?

① 제어량이 목표값을 기준으로 열거나 닫는 2개의 조작량을 가진다.
② 비교부의 출력이 조작량에 비례하여 변화한다.
③ 출력편차량의 시간 적분에 비례한 속도로 조작량을 변화시킨다.
④ 어떤 출력편차의 시간 변화에 비례하여 조작량을 변화시킨다.

20. 다음 중 비열에 대한 설명으로 옳은 것은?

① 비열은 물질 종류에 관계없이 1.4로 동일하다.
② 질량이 동일할 때 열용량이 크면 비열이 크다.
③ 공기의 비열이 물보다 크다.
④ 기체의 비열비는 항상 1보다 작다.

해설 (1) 비열의 단위 : kcal/kg·℃
(2) 열용량(비열 × 질량)의 단위 : kcal/℃

21. 보일러 부속장치에 관한 설명으로 틀린 것은?

① 고압증기 터빈에서 팽창되어 압력이 저하된 증기를 재가열하는 것을 과열기라 한다.
② 배기가스의 열로 연소용 공기를 예열하는 것을 공기예열기라 한다.
③ 배기가스의 여열을 이용하여 급수를 예열하는 장치를 절탄기라 한다.

정답 15. ② 16. ④ 17. ③ 18. ④ 19. ① 20. ② 21. ①

④ 오일 프리히터는 기름을 예열하여 점도를 낮추고, 연소를 원활히 하는 데 목적이 있다.

[해설] ①항의 내용은 재열기에 대한 설명이다.

22. KS에서 규정하는 보일러의 열정산은 원칙적으로 정격 부하 이상에서 정상 상태(steady state)로 적어도 몇 시간 이상의 운전 결과에 따라야 하는가?
① 1시간 ② 2시간
③ 3시간 ④ 5시간

[해설] 보일러의 열정산은 원칙적으로 정격 부하 이상에서 정상 상태로 2시간 이상의 운전 결과에 따라야 한다.

23. 전기식 증기 압력조절기에서 증기가 벨로스 내에 직접 침입하지 않도록 설치하는 것으로 가장 적합한 것은?
① 신축 이음쇠 ② 균압관
③ 사이펀관   ④ 안전밸브

[해설] 사이펀관(압력계 파손 방지)은 증기가 벨로스식 압력계에 직접 침입하지 않도록 설치한다.

24. 외분식 보일러의 특징 설명으로 거리가 먼 것은?
① 연소실 개조가 용이하다.
② 노내 온도가 높다.
③ 연료의 선택 범위가 넓다.
④ 복사열의 흡수가 많다.

[해설] 외분식 보일러는 복사열의 흡수가 적다.

25. 열사용기자재의 검사 및 검사의 면제에 관한 기준에 따라 온수 발생 보일러(액상식 열매체 보일러 포함)에서 사용하는 방출밸브와 방출관의 설치 기준에 관한 설명으로 옳은 것은?

① 인화성 액체를 방출하는 열매체 보일러의 경우 방출밸브 또는 방출관은 밀폐식 구조로 하든가 보일러 밖의 안전한 장소에 방출시킬 수 있는 구조이어야 한다.
② 온수 발생 보일러에는 압력이 보일러의 최고사용압력에 달하면 즉시 작동하는 방출밸브 또는 안전밸브를 2개 이상 갖추어야 한다.
③ 393 K의 온도를 초과하는 온수 발생 보일러에는 안전밸브를 설치하여야 하며, 그 크기는 호칭지름 10 mm 이상이어야 한다.
④ 액상식 열매체 보일러 및 온도 393 K 이하의 온수 발생 보일러에는 방출밸브를 설치하여야 하며, 그 지름은 10 mm 이상으로 하고, 보일러의 압력이 보일러의 최고사용압력에 그 5%(그 값이 0.035 MPa 미만인 경우에는 0.035 MPa로 한다.)를 더한 값을 초과하지 않도록 지름과 개수를 정하여야 한다.

[해설] 온수 발생 보일러에는 압력이 보일러의 최고사용압력에 달하면 즉시 작동하는 방출밸브 또는 안전밸브를 1개 이상 갖추어야 한다.

26. 보일러와 관련한 기초 열역학에서 사용하는 용어에 대한 설명으로 틀린 것은?
① 절대압력 : 완전 진공상태를 0으로 기준하여 측정한 압력
② 비체적 : 단위 체적당 질량으로 단위는 kg/m^3임
③ 현열 : 물질 상태의 변화 없이 온도가 변화하는 데 필요한 열량

정답 22. ② 23. ③ 24. ④ 25. ① 26. ②

④ 잠열 : 온도의 변화 없이 물질 상태가 변화하는 데 필요한 열량

해설 비체적(m³/kg) : 단위 질량당 체적

27. 보일러에서 사용하는 안전밸브 구조의 일반사항에 대한 설명으로 틀린 것은?
① 설정압력이 3 MPa를 초과하는 증기 또는 온도가 508 K를 초과하는 유체에 사용하는 안전밸브에는 스프링이 분출하는 유체에 직접 노출되지 않도록 하여야 한다.
② 안전밸브는 그 일부가 파손하여도 충분한 분출량을 얻을 수 있는 것이어야 한다.
③ 안전밸브는 쉽게 조정이 가능하도록 잘 보이는 곳에 설치하고 봉인하지 않도록 한다.
④ 안전밸브의 부착부는 배기에 의한 반동력에 대하여 충분한 강도가 있어야 한다.

해설 안전밸브는 반드시 봉인 조치해야 한다.

28. 함진 배기가스를 액방울이나 액막에 충돌시켜 분진 입자를 포집 분리하는 집진장치는 어느 것인가?
① 중력식 집진장치
② 관성력식 집진장치
③ 원심력식 집진장치
④ 세정식 집진장치

29. 보일러 가동 중 실화(失火)가 되거나, 압력이 규정치를 초과하는 경우는 연료 공급을 자동적으로 차단하는 장치는?
① 광전관   ② 화염검출기
③ 전자밸브   ④ 체크밸브

30. 보일러 내처리로 사용되는 약제의 종류에서 pH, 알칼리 조정 작용을 하는 내처리제에 해당하지 않는 것은?
① 수산화나트륨   ② 히드라진
③ 인산   ④ 암모니아

해설 pH 및 알칼리 조정제의 종류
(1) 탄산나트륨   (2) 수산화나트륨
(3) 제3인산나트륨 (4) 제1인산나트륨
(5) 인산   (6) 암모니아

31. 보일러에서 발생하는 부식 형태가 아닌 것은?
① 점식   ② 수소취화
③ 알칼리 부식   ④ 래미네이션

해설 보일러의 부식
(1) 건식 부식 : 고온 부식(V), 저온 부식(S)
(2) 습식 부식 : 점식, 수소취화, 알칼리 부식

32. 보일러의 휴지(休止) 보존 시에 질소가스 봉입보존법을 사용할 경우 질소가스의 압력을 몇 MPa 정도로 보존하는가?
① 0.2   ② 06
③ 0.02   ④ 0.06

33. 증기, 물, 기름 배관 등에 사용되며 관내의 이물질, 찌꺼기 등을 제거할 목적으로 사용되는 것은?
① 플로트 밸브   ② 스트레이너
③ 세정 밸브   ④ 분수 밸브

34. 보일러 저수위 사고의 원인으로 가장 거리가 먼 것은?
① 보일러 이음부에서의 누설
② 수면계 수위의 오판
③ 급수장치가 증발능력에 비해 과소
④ 연료 공급 노즐의 막힘

정답 27. ③ 28. ④ 29. ③ 30. ② 31. ④ 32. ④ 33. ② 34. ④

35. 보일러에서 사용하는 수면계 설치 기준에 관한 설명 중 잘못된 것은?

① 유리 수면계는 보일러의 최고사용압력과 그에 상당하는 증기온도에서 원활히 작용하는 기능을 가져야 한다.
② 소용량 및 소형 관류 보일러에는 2개 이상의 유리 수면계를 부착해야 한다.
③ 최고사용압력 1 MPa 이하로서 동체 안지름이 750 mm 미만인 경우에 있어서는 수면계 중 1개는 다른 종류의 수면 측정장치로 할 수 있다.
④ 2개 이상의 원격 지시 수면계를 시설하는 경우에 한하여 유리 수면계를 1개 이상으로 할 수 있다.

[해설] 소용량 및 소형 관류 보일러에는 1개 이상의 유리 수면계를 부착해야 한다.

36. 증기난방에서 응축수의 환수 방법에 따른 분류 중 증기의 순환과 응축수의 배출이 빠르며, 방열량도 광범위하게 조절할 수 있어서 대규모 난방에서 많이 채택하는 방식은 어느 것인가?

① 진공환수식 증기난방
② 복관 중력환수식 증기난방
③ 기계환수식 증기난방
④ 단관 중력환수식 증기난방

[해설] 진공환수식 증기난방의 특징
(1) 증기의 순환과 응축수의 배출이 빠르다.
(2) 방열량을 광범위하게 조절할 수 있다.
(3) 대규모 난방 배관에 사용된다.
(4) 관경이 적어도 설치 가능하다.

37. 온수난방을 하는 방열기의 표준 방열량은 몇 kcal/m²·h인가?

① 440 ② 450
③ 460 ④ 470

[해설] 표준 방열량
(1) 온수난방 : 450 kcal/m²·h
(2) 증기난방 : 650 kcal/m²·h

38. 증기난방과 비교하여 온수난방의 특징을 설명한 것으로 틀린 것은?

① 난방부하의 변동에 따라서 열량 조절이 용이하다.
② 예열 시간이 짧고, 가열 후에 냉각 시간도 짧다.
③ 방열기의 화상이나, 공기 중의 먼지 등이 눌어붙어 생기는 나쁜 냄새가 적어 실내의 쾌적도가 높다.
④ 동일 발열량에 대하여 방열면적이 커야 하고 관경도 굵어야 하기 때문에 설비비가 많이 드는 편이다.

[해설] 증기는 물에 비해 비열이 작아 예열 시간이 짧고 가열 후 냉각 시간도 짧다.

39. 배관 내에 흐르는 유체의 종류를 표시하는 기호 중 증기를 나타내는 것은?

① A ② G ③ O ④ S

[해설] (1) 공기 : A   (2) 가스 : G
(3) 증기 : S   (4) 오일 : O

40. 보온 시공 시 주의사항에 대한 설명으로 틀린 것은?

① 보온재와 보온재의 틈새는 되도록 적게 한다.
② 겹침부의 이음새는 동일 선상을 피해서 부착한다.
③ 테이프 감기는 물, 먼지 등의 침입을 막기 위해 위에서 아래쪽으로 향하여 감아 내리는 것이 좋다.
④ 보온의 끝 단면은 사용하는 보온재 및 보온 목적에 따라서 필요한 보호를 한다.

정답 35. ② 36. ① 37. ② 38. ② 39. ④ 40. ③

해설 테이프 감기는 물, 먼지 등의 침입을 막기 위해 아래에서 위쪽으로 향하여 감아 올리는 것이 이상적이다.

41. 표준 방열량을 가진 증기방열기가 설치된 실내의 난방부하가 20000 kcal/h일 때 방열면적은 몇 m²인가?

① 30.8   ② 36.4
③ 44.4   ④ 57.1

해설 증기난방 표준 방열량 = 650 kcal/m²·h

$$방열면적 = \frac{20000}{650} = 30.8 \text{ m}^2$$

42. 보일러 배관 중에 신축 이음을 하는 목적으로 가장 적합한 것은?

① 증기 속의 이물질을 제거하기 위하여
② 열팽창에 의한 관의 파열을 막기 위하여
③ 보일러수의 누수를 막기 위하여
④ 증기 속의 수분을 분리하기 위하여

43. 가동 중인 보일러의 취급 시 주의사항으로 틀린 것은?

① 보일러수가 항시 일정 수위(상용 수위)가 되도록 한다.
② 보일러 부하에 응해서 연소율을 가감한다.
③ 연소량을 증가시킬 경우에는 먼저 연료량을 증가시키고 난 후 통풍량을 증가시켜야 한다.
④ 보일러수의 농축을 방지하기 위해 주기적으로 블로 다운을 실시한다.

해설 연소량을 증가시킬 경우에는 먼저 통풍량을 증가시킨 후 연료량을 증가시켜야 노내 가스 폭발을 방지할 수 있다.

44. 증기 보일러에는 원칙적으로 2개 이상의 안전밸브를 부착해야 하는데 전열면적이 몇 m² 이하이면 안전밸브를 1개 이상 부착해도 되는가?

① 50 m²   ② 30 m²
③ 80 m²   ④ 100 m²

해설 안전밸브 개수
- 전열면적 50 m² 이하 : 1개 이상
- 전열면적 50 m² 초과 : 2개 이상

45. 배관의 나사 이음과 비교한 용접 이음의 특징으로 잘못 설명된 것은?

① 나사 이음부와 같이 관의 두께에 불균일한 부분이 없다.
② 돌기부가 없어 배관상의 공간 효율이 좋다.
③ 이음부의 강도가 적고, 누수의 우려가 크다.
④ 변형과 수축, 잔류응력이 발생할 수 있다.

해설 용접 이음은 나사 이음에 비해 이음부의 강도가 크고, 누수의 우려가 적다.

46. 부식 억제제의 구비 조건에 해당하지 않는 것은?

① 스케일의 생성을 촉진할 것
② 정지나 유동 시에도 부식 억제 효과가 클 것
③ 방식 피막이 두꺼우며 열전도에 지장이 없을 것
④ 이종 금속과의 접촉 부식 및 이종 금속에 대한 부식 촉진 작용이 없을 것

해설 부식 억제제는 ②, ③, ④항 외에 스케일 생성이 없어야 한다.

47. 로터리 밸브의 일종으로 원통 또는 원뿔에 구멍을 뚫고 축을 회전함에 따라 개폐하는 것으로 플러그 밸브라고도 하며 0~90° 사이에 임의의 각도로 회전함으로써 유량을 조절하는 밸브는?

정답 41. ① 42. ② 43. ③ 44. ① 45. ③ 46. ① 47. ④

① 글로브 밸브 ② 체크 밸브
③ 슬루스 밸브 ④ 콕(cock)

48. 열사용기자재 검사기준에 따라 수압시험을 할 때 강철제 보일러의 최고사용압력이 0.43 MPa를 초과, 1.5 MPa 이하인 보일러의 수압시험압력은?

① 최고사용압력의 2배 + 0.1 MPa
② 최고사용압력의 1.5배 + 0.2 MPa
③ 최고사용압력의 1.3배 + 0.3 MPa
④ 최고사용압력의 2.5배 + 0.5 MPa

[해설] 수압시험압력
최고사용압력(P)이 0.43 MPa 초과 1.5 MPa 이하인 경우 : $P \times 1.3 + 0.3$ MPa

49. 방열기의 종류 중 관과 핀으로 이루어지는 엘리먼트와 이것을 보호하기 위한 덮개로 이루어지며, 실내 벽면 아랫부분의 나비 나무 부분을 따라서 부착하여 방열하는 형식의 것은?

① 컨벡터
② 패널 라디에이터
③ 섹셔널 라디에이터
④ 베이스 보드 히터

50. 신축 곡관이라고도 하며 고온, 고압용 증기관 등의 옥외 배관에 많이 쓰이는 신축 이음은?

① 벨로스형   ② 슬리브형
③ 스위블형   ④ 루프형

51. 신·재생에너지 설비 중 태양의 열에너지를 변환시켜 전기를 생산하거나 에너지원으로 이용하는 설비로 맞는 것은?

① 태양열 설비
② 태양광 설비
③ 바이오에너지 설비
④ 풍력 설비

52. 에너지이용 합리화법상 효율관리기자재에 해당하지 않는 것은?

① 전기냉장고   ② 전기냉방기
③ 자동차   ④ 범용선반

[해설] 효율관리기자재의 분류
(1) 전기냉장고, 전기세탁기, 전기냉방기
(2) 자동차
(3) 조명기기

53. 에너지이용 합리화법에 따라 산업통상자원부령으로 정하는 광고매체를 이용하여 효율관리기자재의 광고를 하는 경우에는 그 광고 내용에 에너지소비효율, 에너지소비효율등급을 포함시켜야 할 의무가 있는 자가 아닌 것은?

① 효율관리기자재 제조업자
② 효율관리기자재 광고업자
③ 효율관리기자재 수입업자
④ 효율관리기자재 판매업자

[해설] 효율관리기자재의 제조업자·수입업자 또는 판매업자가 산업통상자원부령으로 정하는 광고매체를 이용하여 효율관리기자재의 광고를 하는 경우에는 그 광고 내용에 에너지소비효율, 에너지소비효율등급을 포함시켜야 한다.

54. 에너지이용 합리화법에 따라 에너지 사용계획을 수립하여 산업통상자원부 장관에게 제출하여야 하는 민간사업주관자의 시설 규모로 맞는 것은?

① 연간 2500 티·오·이 이상의 연료 및 열을 사용하는 시설

정답 48. ③ 49. ④ 50. ④ 51. ① 52. ④ 53. ② 54. ②

② 연간 5000 티·오·이 이상의 연료 및 열을 사용하는 시설
③ 연간 1천만 킬로와트 이상의 전력을 사용하는 시설
④ 연간 500만 킬로와트 이상의 전력을 사용하는 시설

[해설] 민간사업주관자의 시설규모
(1) 연간 5천 티·오·이 이상의 연료 및 열을 사용하는 시설
(2) 연간 2천만 킬로와트 이상의 전력을 사용하는 시설

55. 효율관리기자재 운용규정에 따라 가정용 가스 보일러에서 시험성적서 기재 항목에 포함되지 않는 것은?

① 난방열효율 ② 가스소비량
③ 부하손실 ④ 대기전력

[해설] 가정용 가스 보일러 시험성적서 기재 항목
(1) 난방열효율 (2) 가스소비량
(3) 대기전력

56. 온수 순환 방법에서 순환이 빠르고 균일하게 급탕할 수 있는 방법은?

① 단관 중력순환식 배관법
② 복관 중력순환식 배관법
③ 건식순환식 배관법
④ 강제순환식 배관법

[해설] 온수 순환 방법에서 강제순환식 배관법은 펌프를 사용하여 순환이 빠르고 균일하게 급탕할 수 있다.

57. 연료(중유) 배관에서 연료 저장탱크와 버너 사이에 설치되지 않는 것은?

① 오일펌프 ② 여과기
③ 중유가열기 ④ 축열기

[해설] 연료 배관 중 저장탱크와 버너 사이에 축열기(잉여증기 저장고)는 설치되지 않는다.

58. 보일러 점화 조작 시 주의사항에 대한 설명으로 틀린 것은?

① 연소실의 온도가 높으면 연료의 확산이 불량해져서 착화가 잘 안 된다.
② 연료가스의 유출 속도가 너무 빠르면 실화 등이 일어나고, 너무 늦으면 역화가 발생한다.
③ 연료의 유압이 낮으면 점화 및 분사가 불량하고 높으면 그을음이 축적된다.
④ 프리퍼지 시간이 너무 길면 연소실의 냉각을 초래하고 너무 늦으면 역화를 일으킬 수 있다.

[해설] 연소실의 온도가 높으면 연료의 확산이 양호해져서 착화가 잘 된다.

59. 보일러 가동 시 맥동연소가 발생하지 않도록 하는 방법으로 틀린 것은?

① 연료 속에 함유된 수분이나 공기를 제거한다.
② 2차 연소를 촉진시킨다.
③ 무리한 연소를 하지 않는다.
④ 연소량의 급격한 변동을 피한다.

[해설] 맥동연소(진동연소) 방지법
(1) 연료 속에 포함된 수분 및 공기를 제거한다.
(2) 무리한 연소는 피한다.
(3) 연소량의 급격한 변화는 피한다.
(4) 공기의 유속을 느리게 한다.
(5) 버너의 분무 각도를 작게 한다.

60. 에너지이용 합리화법에서 정한 국가에너지절약추진위원회의 위원장은 누구인가?

① 산업통상자원부 장관
② 지방자치단체의 장
③ 국무총리
④ 대통령

[정답] 55. ③ 56. ④ 57. ④ 58. ① 59. ② 60. ①

에너지관리기능사
2013. 4. 14 시행

1. 다음 각각의 자동 제어에 관한 설명 중 맞는 것은?
① 목표값이 일정한 자동 제어를 추치 제어라고 한다.
② 어느 한쪽의 조건이 구비되지 않으면 다른 제어를 정지시키는 것은 피드백 제어이다.
③ 결과가 원인으로 되어 제어 단계를 진행하는 것을 인터록 제어라고 한다.
④ 미리 정해진 순서에 따라 제어의 각 단계를 차례로 진행하는 제어는 시퀀스 제어이다.

2. 난방 및 온수 사용열량이 400000 kcal/h인 건물에, 효율 80 %인 보일러로서 저위발열량 10000 kcal/Nm³인 기체 연료를 연소시키는 경우, 시간당 소요 연료량은 약 몇 Nm³/h인가?
① 45　　② 60
③ 56　　④ 50

[해설] 연료소비량 = $\dfrac{400000}{0.8 \times 10000}$ = 50 Nm³/h

[참고]
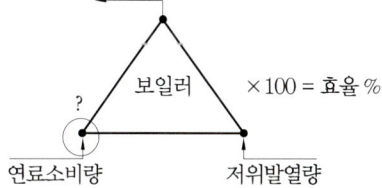

3. 다음 중 여과식 집진장치의 종류가 아닌 것은?
① 유수식　　② 원통식
③ 평판식　　④ 역기류 분사식

[해설] 세정식 집진장치의 종류
(1) 유수식　(2) 가압수식　(3) 회전식

4. 다음 중 보일러의 안전장치와 거리가 가장 먼 것은?
① 과열기　　② 안전밸브
③ 저수위 경보기　　④ 방폭문

[해설] 보일러의 안전장치의 종류
(1) 안전밸브　　(2) 방폭문
(3) 저수위 경보기　(4) 화염검출기
(5) 가용전　　(6) 증기압력 제한기

5. 보일러 마력(boiler horsepower)에 대한 정의로 가장 옳은 것은?
① 0℃ 물 15.65 kg을 1시간에 증기로 만들 수 있는 능력
② 100℃ 물 15.65 kg을 1시간에 증기로 만들 수 있는 능력
③ 0℃ 물 15.65 kg을 10분에 증기로 만들 수 있는 능력
④ 100℃ 물 15.65 kg을 10분에 증기로 만들 수 있는 능력

6. 엔탈피가 25 kcal/kg인 급수를 받아 1시간당 20000 kg의 증기를 발생하는 경우 이 보일러의 매시 환산증발량은 몇 kg/h인가? (단, 발생증기의 엔탈피는 725 kcal/kg이다.)
① 3246 kg/h　　② 6493 kg/h
③ 12987 kg/h　　④ 25974 kg/h

[해설] 환산(상당)증발량 = $\dfrac{난방부하}{539}$
= $\dfrac{20000(725-25)}{539}$ = 25974 kg/h

정답 1. ④　2. ④　3. ①　4. ①　5. ②　6. ④

참고

시간당 증기량 × (증기엔탈피 − 급수엔탈피)   난방부하

보일러 = 상당증발량 ➡ 상당 증발량

물의 증발잠열 539kcal   효율(1)   물의 증발잠열   효율

---

7. 다음 중 수트블로어에 관한 설명으로 잘못된 것은?

① 전열면 외측의 그을음 등을 제거하는 장치이다.
② 분출기 내의 응축수를 배출시킨 후 사용한다.
③ 부하가 50% 이하인 경우에만 블로한다.
④ 블로 시에는 댐퍼를 열고 흡입통풍을 증가시킨다.

[해설] 수트블로어(그을음 제거) : 보일러 부하가 50% 이상인 경우에만 블로한다.

8. 보일러에 부착하는 압력계의 취급상 주의 사항으로 틀린 것은?

① 온도가 353 K 이상 올라가지 않도록 한다.
② 압력계는 고장이 날 때까지 계속 사용하는 것이 아니라 일정 사용 시간을 정하고 정기적으로 교체하여야 한다.
③ 압력계 사이펀관의 수직부에 콕을 설치하고 콕의 핸들이 축 방향과 일치할 때에 열린 것이어야 한다.
④ 부르동관 내에 직접 증기가 들어가면 고장이 나기 쉬우므로 사이펀관에 물이 가득 차지 않도록 한다.

[해설] 부르동관 내에 직접 증기가 들어가면 고장이 나기 쉽지만 사이펀관 내에는 증기가 식은 물이 항상 채워져 있다.

9. 보일러 저수위 경보장치 종류에 속하지 않는 것은?

① 플로트식   ② 압력제어식
③ 열팽창관식   ④ 전극식

[해설] 저수위 경보장치의 종류
(1) 코프식(열팽창식) : 금속의 열팽창력 이용
(2) 전극식 : 전기전도성 이용
(3) 플로트식(맥도널식, 부자식) : 부력 이용

10. 고체 연료에서 탄화가 많이 될수록 나타나는 현상으로 옳은 것은?

① 고정탄소가 감소하고, 휘발분은 증가되어 연료비는 감소한다.
② 고정탄소가 증가하고, 휘발분은 감소되어 연료비는 감소한다.
③ 고정탄소가 감소하고, 휘발분은 증가되어 연료비는 증가한다.
④ 고정탄소가 증가하고, 휘발분은 감소되어 연료비는 증가한다.

[해설] 탄화도가 클수록 휘발분은 감소하고 고정탄소는 증가하므로 연료비($=\dfrac{고정탄소}{휘발분}$)는 증가한다.

11. 공기예열기에서 전열 방법에 따른 분류에 속하지 않는 것은?

① 열팽창식   ② 재생식
③ 히트파이프식   ④ 전도식

[해설] 공기예열기의 전열 방법에 따른 분류
(1) 전열식(전도식)
(2) 증기식(히트파이프식)
(3) 재생식(융스트롬식)

12. 다음 〈보기〉에서 그 연결이 잘못된 것은 어느 것인가?

정답 7. ③ 8. ④ 9. ② 10. ④ 11. ① 12. ①

〈보기〉
㉠ 가압수식 집진장치 : 임펄스 스크러버식
㉡ 전기식 집진장치 : 코트렐 집진장치
㉢ 저유수식 집진장치 : 로터리 스크러버식
㉣ 관성력 집진장치 : 충돌식, 반전식

① ㉠　　② ㉡
③ ㉢　　④ ㉣

해설　가압수식 집진장치의 종류
(1) 제트 스크러버식
(2) 벤투리 스크러버식
(3) 사이클론 스크러버식
(4) 세정탑식(충전탑식)

13. 보일러 자동제어에서 급수제어의 약호는 어느 것인가?

① ABC　　② FWC
③ STC　　④ ACC

해설　(1) ABC : 보일러 자동제어
(2) FWC : 급수제어
(3) STC : 증기온도제어
(4) ACC : 자동연소제어

14. 다음 중 외분식 보일러의 특징 설명으로 잘못된 것은?

① 연소실의 크기나 형상을 자유롭게 할 수 있다.
② 연소율이 좋다.
③ 사용 연료의 선택이 자유롭다.
④ 방사 손실이 거의 없다.

해설　방사 손실이 거의 없는 것은 내분식 보일러이다.

15. 원통형 보일러와 비교할 때 수관식 보일러의 특징 설명으로 틀린 것은?

① 수관의 관경이 적어 고압에 잘 견딘다.
② 보유수가 적어서 부하변동 시 압력 변화가 적다.
③ 보일러수의 순환이 빠르고 효율이 높다.
④ 구조가 복잡하여 청소가 곤란하다.

해설　보유수량이 적어 부하변동 시 압력 변화가 크다.

16. 절대온도 380 K를 섭씨온도로 환산하면 약 몇 ℃인가?

① 107℃　　② 380℃
③ 653℃　　④ 926℃

해설　K = 273+℃, ℃ = K−273
380 K를 섭씨온도로 환산하면,
380−273 = 107℃

17. 연료의 연소 시 과잉공기계수(공기비)를 구하는 올바른 식은?

① $\dfrac{연소가스량}{이론공기량}$　　② $\dfrac{실제공기량}{이론공기량}$

③ $\dfrac{배기가스량}{사용공기량}$　　④ $\dfrac{사용공기량}{배기가스량}$

해설　과잉공기계수(공기비)
$= \dfrac{실제공기량(A)}{이론공기량(A_0)}$

18. 증기 중에 수분이 많을 경우의 설명으로 잘못된 것은?

① 건조도가 저하된다.
② 증기의 손실이 많아진다.
③ 증기 엔탈피가 증가한다.
④ 수격 작용이 발생할 수 있다.

해설　증기 속에 수분이 많으면 엔탈피(증기가 가지고 있는 에너지)가 감소한다.

정답　13. ②　14. ④　15. ②　16. ①　17. ②　18. ③

19. 다음 중 고체 연료의 연소 방식에 속하지 않는 것은?
① 화격자 연소 방식
② 확산 연소 방식
③ 미분탄 연소 방식
④ 유동층 연소 방식

해설 고체 연료의 연소 방식의 분류
(1) 유동층 연소 방식
(2) 미분탄 연소 방식
(3) 화격자 연소 방식

20. 보일러 열정산 시 증기의 건도는 몇 % 이상에서 시험함을 원칙으로 하는가?
① 96 %   ② 97 %
③ 98 %   ④ 99 %

해설 열정산 시 증기 건도
(1) 강철제 보일러 : 98% 이상
(2) 주철제 보일러 : 97% 이상

21. 어떤 거실의 난방부하가 5000 kcal/h이고, 주철제 온수 방열기로 난방할 때 필요한 방열기의 쪽수(절수)는? (단, 방열기 1쪽당 방열면적은 0.26 m²이고, 방열량은 표준 방열량으로 한다.)
① 11   ② 21   ③ 30   ④ 43

해설 쪽수(절수) = $\dfrac{\text{난방부하}}{\text{표준 방열량} \times \text{면적}}$

$= \dfrac{5000}{450 \times 0.26} = 43$ 쪽

참고
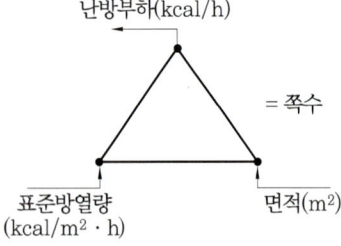

22. 점화장치로 이용되는 파일럿 버너는 화염을 안정시키기 위해 보염식 버너가 이용되고 있는데, 이 보염식 버너의 구조에 관한 설명으로 가장 옳은 것은?
① 동일한 화염 구멍이 8~9개 내외로 나뉘어져 있다.
② 화염 구멍이 가느다란 타원형으로 되어 있다.
③ 중앙의 화염 구멍 주변으로 여러 개의 작은 화염 구멍이 설치되어 있다.
④ 화염 구멍부 구조가 원뿔 형태와 같이 되어 있다.

23. 압축기 진동과 서징, 관의 수격 작용, 지진 등에서 발생하는 진동을 억제하는 데 사용되는 지지 장치는?
① 벤드벤   ② 플랩 밸브
③ 그랜드 패킹   ④ 브레이스

24. 관의 결합 방식 표시 방법 중 플랜지식의 그림 기호로 맞는 것은?

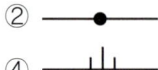

해설 ① : 나사 이음
② : 용접 이음
③ : 플랜지 이음
④ : 유니언 이음

25. 평소 사용하고 있는 보일러의 가동 전 준비사항으로 틀린 것은?
① 각종 기기의 기능을 검사하고 급수계통의 이상 유무를 확인한다.
② 댐퍼를 닫고 프리퍼지를 행한다.
③ 각 밸브의 개폐 상태를 확인한다.

정답 19. ② 20. ③ 21. ④ 22. ③ 23. ④ 24. ③ 25. ②

④ 보일러수의 물의 높이는 상용수위로 하여 수면계로 확인한다.

[해설] 보일러 가동 전 댐퍼를 열고 프리퍼지를 실시한다.

26. 다음 〈보기〉 중에서 보일러의 운전 정지 순서를 올바르게 나열한 것은?

―――〈보기〉―――
㉠ 증기밸브를 닫고, 드레인 밸브를 연다.
㉡ 공기의 공급을 정지시킨다.
㉢ 댐퍼를 닫는다.
㉣ 연료의 공급을 정지시킨다.

① ㉡ → ㉣ → ㉠ → ㉢
② ㉣ → ㉡ → ㉠ → ㉢
③ ㉢ → ㉣ → ㉠ → ㉡
④ ㉠ → ㉣ → ㉡ → ㉢

27. 증기 트랩의 설치 시 주의사항에 관한 설명으로 틀린 것은?

① 응축수 배출점이 여러 개가 있을 경우 응축수 배출점을 묶어서 그룹 트래핑을 하는 것이 좋다.
② 증기가 트랩에 유입되면 즉시 배출시켜 운전에 영향을 미치지 않도록 하는 것이 필요하다.
③ 트랩에서의 배출관은 응축수 회수주관의 상부에 연결하는 것이 필수적으로 요구되며, 특히 회수주관이 고가배관으로 되어 있을 때에는 더욱 주의하여 연결하여야 한다.
④ 증기 트랩에서 배출되는 응축수를 회수하여 재활용하는 경우에 응축수 환수관 내에는 원하지 않는 배압이 형성되어 증기 트랩의 용량에 영향을 미칠 수 있다.

[해설] 증기 트랩 설치 시 응축수 탱크로 개별적으로 보내주는 것이 그룹 트래핑하는 것보다 응축수 배출에 용이하다.

28. 보일러의 자동 연료차단장치가 작동하는 경우가 아닌 것은?

① 최고사용압력이 0.1 MPa 미만인 주철제 온수 보일러의 경우 온수 온도가 105℃인 경우
② 최고사용압력이 0.1 MPa를 초과하는 증기 보일러에서 보일러의 저수위 안전장치가 작동할 때
③ 관류 보일러에 공급하는 급수량이 부족한 경우
④ 증기압력이 설정압력보다 높은 경우

[해설] 최고사용압력이 0.1 MPa 초과하는 주철제 온수 보일러의 경우 온수 온도가 115℃ 초과인 경우 자동 연료차단장치가 작동한다.

29. 회전 이음, 지블 이음 등으로 불리며, 증기 및 온수난방 배관용으로 사용하고 현장에서 2개 이상의 엘보를 조립해서 설치하는 신축 이음은?

① 벨로스형 신축 이음
② 루프형 신축 이음
③ 스위블형 신축 이음
④ 슬리브형 신축 이음

[해설] 스위블형 신축 이음 : 현장에서 2개 이상의 엘보를 조립해서 설치하는 신축 이음이며, 누설의 우려가 크다.

30. 파이프 또는 이음쇠의 나사 이음 분해 조립 시, 파이프 등을 회전시키는 데 사용되는 공구는?

① 파이프 리머
② 파이프 익스팬더
③ 파이프 렌치
④ 파이프 커터

정답 26. ② 27. ① 28. ① 29. ③ 30. ③

31. 다음 중 수면계의 기능시험을 실시해야 할 시기로 옳지 않은 것은?
① 보일러를 가동하기 전
② 2개의 수면계의 수위가 동일할 때
③ 수면계 유리의 교체 또는 보수를 행하였을 때
④ 프라이밍, 포밍 등이 생길 때

해설 2개의 수면계 수위가 서로 다를 때 수면계를 점검한다.

32. 보일러 자동제어에서 신호 전달 방식 종류에 해당되지 않는 것은?
① 팽창식   ② 유압식
③ 전기식   ④ 공기압식

해설 보일러 자동제어 신호 전달 방식의 분류
  (1) 전기식 (2) 유압식 (3) 공기압식

33. 액체 연료의 일반적인 특징에 관한 설명으로 틀린 것은?
① 유황분이 없어서 기기 부식의 염려가 거의 없다.
② 고체 연료에 비해서 단위 중량당 발열량이 높다.
③ 연소 효율이 높고 연소 조절이 용이하다.
④ 수송과 저장 및 취급이 용이하다.

해설 액체 연료에는 유황분이 존재하기 때문에 부식의 우려가 크다.

34. 다음 중 보일러 스테이의 종류에 해당되지 않는 것은?
① 거싯(gusset) 스테이
② 바(bar) 스테이
③ 튜브(tube) 스테이
④ 너트(nut) 스테이

해설 보일러 스테이의 종류
  (1) 거싯 스테이   (2) 바 스테이
  (3) 튜브 스테이   (4) 거더 스테이

35. 어떤 물질의 단위 질량(1 kg)에서 온도를 1℃ 높이는 데 소요되는 열량을 무엇이라고 하는가?
① 열용량   ② 비열
③ 잠열   ④ 엔탈피

해설 비열의 단위 : kcal/kg·℃

36. 보일러에서 카본이 생성되는 원인으로 거리가 먼 것은?
① 유류의 분무 상태 또는 공기와의 혼합이 불량할 때
② 버너 타일공의 각도가 버너의 화염각도보다 작은 경우
③ 노통 보일러와 같이 가느다란 노통을 연소실로 하는 것에서 화염각도가 현저하게 작은 버너를 설치하고 있는 경우
④ 직립 보일러와 같이 연소실의 길이가 짧은 노에다가 화염의 길이가 매우 긴 버너를 설치하고 있는 경우

해설 노통 보일러와 같이 가느다란 노통을 연소실로 하는 것에서 화염각도가 현저하게 큰 버너를 설치하는 경우에 카본 생성이 많다.

37. 다음 보일러 중 특수 열매체 보일러에 해당되는 것은?
① 타쿠마 보일러
② 카네크롤 보일러
③ 슐처 보일러
④ 하우덴 존슨 보일러

해설 열매체의 종류
  (1) 카네크롤 (2) 수은   (3) 세큐리티
  (4) 다우섬   (5) 모빌섬

38. 유류보일러의 자동장치 점화 방법의 순서가 맞는 것은?

① 송풍기 기동 → 연료펌프 기동 → 프리퍼지 → 점화용 버너 착화 → 주버너 착화
② 송풍기 기동 → 프리퍼지 → 점화용 버너 착화 → 연료펌프 기동 → 주버너 착화
③ 연료펌프 기동 → 점화용 버너 착화 → 프리퍼지 → 주버너 착화 → 송풍기 기동
④ 연료펌프 기동 → 주버너 착화 → 점화용 버너 착화 → 프리퍼지 → 송풍기 기동

[해설] 송풍기 작동 후 프리퍼지가 진행되어야만 착화로 이어진다.

39. 보일러의 기수분리기를 가장 옳게 설명한 것은?

① 보일러에서 발생한 증기 중에 포함되어 있는 수분을 제거하는 장치
② 증기 사용처에서 증기 사용 후 물과 증기를 분리하는 장치
③ 보일러에 투입되는 연소용 공기 중의 수분을 제거하는 장치
④ 보일러 급수 중에 포함되어 있는 공기를 제거하는 장치

40. 액상 열매체 보일러 시스템에서 열매체유의 액팽창을 흡수하기 위한 팽창탱크의 최소 체적(V_T)을 구하는 식으로 옳은 것은? (단, V_E는 승온 시 시스템 내의 열매체유 팽창량, V_M은 상온 시 탱크 내의 열매체유 보유량이다.)

① $V_T = V_E + V_M$
② $V_T = V_E + 2V_M$
③ $V_T = 2V_E + V_M$
④ $V_T = 2V_E + 2V_M$

41. 진공환수식 증기난방 배관 시공에 관한 설명 중 맞지 않는 것은?

① 증기주관은 흐름 방향에 $\frac{1}{200} \sim \frac{1}{300}$의 앞내림 기울기로 하고 도중에 수직 상향부가 필요한 때 트랩장치를 한다.
② 방열기 분기관 등에서 앞단에 트랩장치가 없을 때는 $\frac{1}{50} \sim \frac{1}{100}$의 앞올림 기울기로 하여 응축수를 주관에 역류시킨다.
③ 환수관에 수직 상향부가 필요한 때는 리프트 피팅을 써서 응축수가 위쪽으로 배출하게 한다.
④ 리프트 피팅은 될 수 있으면 사용개소를 많게 하고 1단을 2.5 m 이내로 한다.

[해설] 진공환수식의 경우 리프트 피팅은 1단을 1.5 m 이내로 한다.

42. 보일러 사고의 원인 중 보일러 취급상의 사고 원인이 아닌 것은?

① 재료 및 설계 불량
② 사용압력 초과 운전
③ 저수위 운전
④ 급수처리 불량

[해설] 보일러 사고 원인 중 취급상의 원인에는 저수위, 과열, 부식, 압력 초과 등이 있다.

43. 연료의 완전 연소를 위한 구비 조건으로 틀린 것은?

① 연소실 내의 온도는 낮게 유지할 것
② 연료와 공기의 혼합이 잘 이루어지도록 할 것
③ 연료와 연소장치가 맞을 것
④ 공급 공기를 충분히 예열시킬 것

[해설] 연소실 내의 온도를 고온으로 유지해야만 완전 연소가 가능하다.

[정답] 38. ① 39. ① 40. ③ 41. ④ 42. ① 43. ①

44. 천연고무와 비슷한 성질을 가진 합성고무로서 내유성, 내후성, 내산화성, 내열성 등이 우수하며, 석유 용매에 대한 저항성이 크고 내열도는 −46~121℃ 범위에서 안정한 패킹 재료는?

① 과열 석면 ② 네오프렌
③ 테플론 ④ 하스텔로이

해설 네오프렌의 특징
(1) 내열온도 : −46~121℃
(2) 내유성, 내후성, 내산화성, 내열성 등이 우수하다.
(3) 증기 배관에 사용할 수 없다.

45. 파이프 커터로 관을 절단하면 안으로 거스러미(burr)가 생기는데 이것을 능률적으로 제거하는 데 사용되는 공구는?

① 다이 스토크 ② 사각줄
③ 파이프 리머 ④ 체인 파이프 렌치

46. 증기난방의 분류 중 응축수 환수방식에 의한 분류에 해당되지 않는 것은?

① 중력환수방식 ② 기계환수방식
③ 진공환수방식 ④ 상향환수방식

해설 응축수 환수방식에 의한 분류
(1) 중력환수방식 (2) 기계환수방식
(3) 진공환수방식

47. 다음 그림과 같이 개방된 표면에서 구멍 형태로 깊게 침식하는 부식을 무엇이라고 하는가?

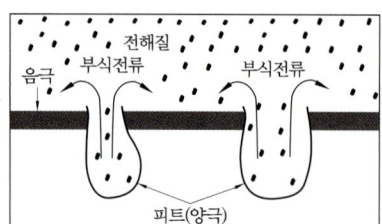

① 국부 부식 ② 그루빙(grooving)
③ 저온 부식 ④ 점식(pitting)

해설 점식(pitting) : 용존 산소에 의한 점 형태의 침식

48. 가스 폭발에 대한 방지 대책으로 거리가 먼 것은?

① 점화 조작 시에는 연료를 먼저 분무시킨 후 무화용 증기나 공기를 공급한다.
② 점화할 때에는 미리 충분한 프리퍼지를 한다.
③ 연료 속의 수분이나 슬러지 등은 충분히 배출한다.
④ 점화 전에는 중유를 가열하여 필요한 점도로 해둔다.

해설 점화 조작 시 먼저 프리퍼지를 행하고 연료를 공급한다.

49. 주증기관에서 증기의 건도를 향상시키는 방법으로 적당하지 않은 것은?

① 가압하여 증기의 압력을 높인다.
② 드레인 포켓을 설치한다.
③ 증기 공간 내에 공기를 제거한다.
④ 기수분리기를 사용한다.

해설 증기의 압력을 높이면 증기 속에 수분이 포함될 수 있다.

50. 보온재 선정 시 고려해야 할 조건이 아닌 것은?

① 부피 비중이 작을 것
② 보온 능력이 클 것
③ 열전도율이 클 것
④ 기계적 강도가 클 것

해설 보온재는 ①, ②, ④항 외에 열전도율이 낮아야 한다.

정답 44. ② 45. ③ 46. ④ 47. ④ 48. ① 49. ① 50. ③

51. 다음 ( ) 안의 ㉠, ㉡에 각각 들어갈 용어로 옳은 것은?

> 에너지이용 합리화법은 에너지의 수급을 안정시키고 에너지의 합리적이고 효율적인 이용을 증진하며 에너지소비로 인한 (㉠)을(를) 줄임으로써 국민경제의 건전한 발전 및 국민복지의 증진과 (㉡)의 최소화에 이바지함을 목적으로 한다.

	㉠	㉡
①	환경파괴	온실가스
②	자연파괴	환경피해
③	환경피해	지구온난화
④	온실가스배출	환경파괴

52. 신·재생에너지 설비인증 심사기준을 일반 심사기준과 설비 심사기준으로 나눌 때 다음 중 일반 심사기준에 해당되지 않는 것은?

① 신·재생에너지 설비의 제조 및 생산능력의 적정성
② 신·재생에너지 설비의 품질유지·관리능력의 적정성
③ 신·재생에너지 설비의 사후관리의 적정성
④ 신·재생에너지 설비의 에너지효율의 적정성

53. 제3자로부터 위탁을 받아 에너지사용시설의 에너지절약을 위한 관리·용역 사업을 하는 자로서 산업통상자원부 장관에게 등록을 한 자를 지칭하는 기업은?

① 에너지진단기업
② 수요관리투자기업
③ 에너지절약전문기업
④ 에너지기술개발전담기업

54. 에너지법상 지역에너지계획에 포함되어야 할 사항이 아닌 것은?

① 에너지 수급의 추이와 전망에 관한 사항
② 에너지이용 합리화와 이를 통한 온실가스 배출감소를 위한 대책에 관한 사항
③ 미활용에너지원의 개발·사용을 위한 대책에 관한 사항
④ 에너지 소비촉진 대책에 관한 사항

[해설] 지역에너지계획에 포함되어야 할 사항은 ①, ②, ③항 외에 환경친화적 에너지 사용을 위한 대책이다.

55. 에너지이용 합리화법에 따라 에너지다소비사업자에게 개선명령을 하는 경우는 에너지관리지도 결과 몇 % 이상의 에너지 효율 개선이 기대되고 효율개선을 위한 투자의 경제성이 인정되는 경우인가?

① 5 %   ② 10 %
③ 15 % ④ 20 %

[해설] 에너지다소비사업자에게 개선명령을 하는 경우는 에너지관리지도 결과 10 % 이상의 에너지 효율 개선이 기대되는 경우이다.

56. 증기난방과 비교하여 온수난방의 특징에 대한 설명으로 틀린 것은?

① 물의 현열을 이용하여 난방하는 방식이다.
② 예열에 시간이 걸리지만 쉽게 냉각되지 않는다.
③ 동일 방열량에 대하여 방열면적이 크고 관경도 굵어야 한다.
④ 실내 쾌감도가 증기난방에 비해 낮다.

[해설] 온수난방은 증기난방에 비해 실내 쾌감도가 높다.

정답 51. ③   52. ④   53. ③   54. ④   55. ②   56. ④

57. 다음 열역학과 관계된 용어 중 그 단위가 다른 것은?

① 열전달계수 ② 열전도율
③ 열관류율   ④ 열통과율

해설 (1) 열전달계수, 열관류율, 열통과율 : $kcal/m^2 \cdot h \cdot ℃$
(2) 열전도율 : $kcal/m \cdot h \cdot ℃$

58. 스케일의 종류 중 보일러 급수 중의 칼슘 성분과 결합하여 규산칼슘을 생성하기도 하며, 이 성분이 많은 스케일은 대단히 경질이기 때문에 기계적, 화학적으로 제거하기 힘든 스케일 성분은?

① 실리카   ② 황산마그네슘
③ 염화마그네슘 ④ 유지

해설 • 경질 스케일 : 규산염(실리카), 황산염
• 연질 스케일 : 탄산염

59. 다음 관이음 중 진동이 있는 곳에 가장 적합한 이음은?

① MR 조인트 이음 ② 용접 이음
③ 나사 이음   ④ 플렉시블 이음

해설 플렉시블 이음 : 배관의 진동을 흡수하여 장치의 파손 및 변형을 방지한다.

60. 에너지이용 합리화법에 따라 검사대상기기의 용량이 15 t/h인 보일러일 경우 조종자의 자격 기준으로 가장 옳은 것은?

① 에너지관리기능장 자격 소지자만이 가능하다.
② 에너지관리기능장, 에너지관리기사 자격 소지자만이 가능하다.
③ 에너지관리기능장, 에너지관리기사, 에너지관리산업기사 자격 소지자만이 가능하다.
④ 에너지관리기능장, 에너지관리기사, 에너지관리산업기사, 에너지관리기능사 자격 소지자만이 가능하다.

해설 검사대상기기 용량별 자격선임 기준
(1) 용량 10 ton/h 이하 : 모든 에너지관리자격증 소지자
(2) 용량 10 ton/h 초과 30 ton/h 이하 : 에너지관리산업기사, 에너지관리기사, 에너지관리기능장
(3) 용량 30 ton/h 초과 : 에너지관리기사, 에너지관리기능장

정답 57. ② 58. ① 59. ④ 60. ③

에너지관리기능사

2013. 7. 21 시행

1. 노내에 분사된 연료에 연소용 공기를 유효하게 공급 확산시켜 연소를 유효하게 하고 확실한 착화와 화염의 안정을 도모하기 위하여 설치하는 것은?
① 화염검출기   ② 보염장치
③ 버너 정지 인터록 ④ 연료 차단밸브

[해설] 보염장치 : 화염의 안정과 착화를 도모하는 장치로 종류에는 콤버스터, 버너 타일, 스태빌라이저, 윈드 박스 등이 있다.

2. 보일러의 수면계와 관련된 설명 중 틀린 것은?
① 증기 보일러에는 2개(소용량 및 소형 관류 보일러는 1개) 이상의 유리수면계를 부착하여야 한다. 다만, 단관식 관류 보일러는 제외한다.
② 유리수면계는 보일러 동체에만 부착하여야 하며 수주관에 부착하는 것은 금지하고 있다.
③ 2개 이상의 원격 지시 수면계를 시설하는 경우에 한하여 유리수면계를 1개 이상으로 할 수 있다.
④ 유리수면계는 상·하에 밸브 또는 콕을 갖추어야 하며, 한눈에 그것의 개·폐 여부를 알 수 있는 구조이어야 한다. 다만, 소형 관류 보일러에서는 밸브 또는 콕을 갖추지 아니할 수 있다.

[해설] 유리수면계는 보일러 본체에 직접 부착하지 않고 파손 방지를 위해 수주관에 부착해야 한다.

3. 다음 중 보일러의 안전장치로 볼 수 없는 것은?
① 급수펌프
② 화염검출기
③ 고저수위 경보장치
④ 압력조절기

[해설] 보일러의 안전장치의 종류
(1) 안전밸브   (2) 방폭문
(3) 저수위 경보기 (4) 화염검출기
(5) 가용전   (6) 증기압력 제한기

4. 어떤 보일러의 3시간 동안 증발량이 4500 kg이고, 그때의 급수엔탈피가 25 kcal/kg, 증기엔탈피가 680 kcal/kg이라면 상당증발량은 약 몇 kg/h인가?
① 551   ② 1684
③ 1823 ④ 3051

[해설] 상당증발량 = $\dfrac{\dfrac{4500}{3}(680-25)}{539}$
= 1823 kg/h

5. 보일러 2마력을 열량으로 환산하면 약 몇 kcal/h인가?
① 10780 ② 13000
③ 15650 ④ 16870

[해설] • 보일러 1마력 = 15.65 kg/h
• 물의 증발잠열 : 539 kcal/kg
∴ (15.65 × 2) × 539 = 16870 kcal/h

6. 전자밸브가 작동하여 연료 공급을 차단하는 경우로 거리가 먼 것은?
① 보일러수의 이상 감수 시
② 증기압력 초과 시
③ 점화 중 불착화 시
④ 배기가스온도의 이상 저하 시

[정답] 1. ② 2. ② 3. ① 4. ③ 5. ④ 6. ④

해설 배기가스온도의 이상 상승 시 전자밸브가 작동하여 연료 공급을 차단한다.

7. 운전 중 화염이 블로 오프(blow-off)된 경우 특정한 경우에 한하여 재점화 및 재시동을 할 수 있다. 이때 재점화와 재시동의 기준에 관한 설명으로 틀린 것은?
① 재점화에서의 점화장치는 화염의 소화 직후, 1초 이내에 자동으로 작동할 것
② 강제 혼합식 버너의 경우 재점화 동작 시 화염감시장치가 부착된 버너에는 가스가 공급되지 아니할 것
③ 재점화에 실패한 경우에는 지정된 안전차단시간 내에 버너가 작동 폐쇄될 것
④ 재시동은 가스의 공급이 차단된 후 즉시 표준연속프로그램에 의하여 자동으로 이루어질 것

해설 재점화에서 점화장치는 화염의 소화 직후 프리퍼지가 행하여지고 5초 이내에 자동으로 점화되어야 한다.

8. 연소가 이루어지기 위한 필수 요건에 속하지 않는 것은?
① 가연물
② 수소공급원
③ 점화원
④ 산소공급원

해설 연소의 3요소 : 가연물, 산소공급원, 점화원

9. 다음 중 보일러 통풍에 대한 설명으로 잘못된 것은?
① 자연통풍은 일반적으로 별도의 동력을 사용하지 않고, 연돌로 인한 통풍을 말한다.
② 평형통풍은 통풍 조절은 용이하나 통풍력이 약하여 주로 소용량 보일러에서 사용한다.
③ 압입통풍은 연소용 공기를 송풍기로 노 입구에서 대기압보다 높은 압력으로 밀어 넣고 굴뚝의 통풍 작용과 같이 통풍을 유지하는 방식이다.
④ 흡입통풍은 크게 연소가스를 직접 통풍기에 빨아들이는 직접흡입식과 통풍기로 대기를 빨아들이게 하고 이를 이젝터로 보내어 그 작용에 의해 연소가스를 빨아들이는 간접흡입식이 있다.

해설 평형통풍 : 통풍 조절이 용이하며 통풍력이 강하여 대용량 보일러에 사용한다.

10. 보일러 연료의 구비 조건으로 틀린 것은?
① 공기 중에 쉽게 연소할 것
② 단위 중량당 발열량이 클 것
③ 연소 시 회분 배출량이 많을 것
④ 저장이나 운반, 취급이 용이할 것

해설 보일러 연료는 연소 시 회분 배출량이 적어야 한다.

11. 보일러에서 사용하는 화염검출기에 관한 설명 중 틀린 것은?
① 보일러용 화염검출기에는 주로 광학식 검출기와 화염 검출봉식(flame rod) 검출기가 사용된다.
② 사용하는 연료의 화염을 검출하는 것에 적합한 종류를 적용해야 한다.
③ 화염검출기는 검출이 확실하고 검출에 요구되는 응답시간이 길어야 한다.
④ 광학식 화염검출기는 자회선식을 사용하는 것이 효율적이지만 유류보일러에서는 일반적으로 가시광선식 또는 적외선식 화염검출기를 사용한다.

해설 화염검출기는 검출에 요구되는 응답시간이 짧아야 한다.

정답 7. ① 8. ② 9. ② 10. ③ 11. ③

12. 과열기의 형식 중 증기와 열가스 흐름의 방향이 서로 반대인 과열기의 형식은?

① 병류식　　② 대향류식
③ 증류식　　④ 역류식

해설 과열기의 배기가스 흐름 방향에 따른 분류

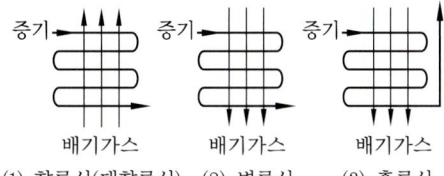

(1) 향류식(대향류식)　(2) 병류식　(3) 혼류식

13. 연소 시 공기비가 적을 때 나타나는 현상으로 거리가 먼 것은?

① 배기가스 중 NO 및 NO_2의 발생량이 많아진다.
② 불완전 연소가 되기 쉽다.
③ 미연소가스에 의한 가스 폭발이 일어나기 쉽다.
④ 미연소가스에 의한 열손실이 증가될 수 있다.

해설 • 공기비가 적을 때의 특징
(1) 불완전 연소가 일어나기 쉽고 매연이 발생된다.
(2) 미연소가스에 의한 열손실이 증가한다.
(3) 미연소가스에 의한 가스 폭발의 우려가 있다.
• 공기비가 클 때의 특징
(1) 연소실 온도 저하를 가져온다.
(2) 배기가스량이 많아져 열손실이 증가한다.
(3) 배기가스 중 질소산화물(NO, NO_2)의 생성으로 부식이 촉진되고 대기오염을 초래한다.

14. 보일러 부속장치에 대한 설명 중 잘못된 것은?

① 인젝터 : 증기를 이용한 급수장치
② 기수분리기 : 증기 중에 혼입된 수분을 분리하는 장치
③ 스팀트랩 : 응축수를 자동으로 배출하는 장치
④ 절탄기 : 보일러 동 저면의 스케일, 침전물을 밖으로 배출하는 장치

해설 • 수저분출장치 : 보일러 동 저면의 스케일, 침전물을 밖으로 배출하는 장치
• 절탄기 : 연소가스의 폐열을 이용하여 급수를 예열하는 장치

15. 고압관과 저압관 사이에 설치하여 고압측의 압력 변화 및 증기 사용량 변화에 관계없이 저압측의 압력을 일정하게 유지시켜 주는 밸브는?

① 감압밸브　　② 온도조절밸브
③ 안전밸브　　④ 플로트밸브

16. 포화증기와 비교하여 과열증기가 가지는 특징 설명으로 틀린 것은?

① 증기의 마찰 손실이 적다.
② 같은 압력의 포화증기에 비해 보유열량이 많다.
③ 증기 소비량이 적어도 된다.
④ 가열 표면의 온도가 균일하다.

해설 과열증기는 가열 표면의 온도가 불균일하다.

17. 다음 중 보일러의 급수장치에 해당되지 않는 것은?

① 비수방지관　　② 급수내관
③ 원심펌프　　④ 인젝터

해설 급수장치의 종류
(1) 급수펌프　(2) 인젝터
(3) 급수밸브　(4) 체크밸브
(5) 급수내관

정답 12. ②　13. ①　14. ④　15. ①　16. ④　17. ①

18. 전열면적이 30 m²인 수직 연관보일러를 2시간 연소시킨 결과 3000 kg의 증기가 발생하였다. 이 보일러의 증발률은 약 몇 kg/m²·h인가?

① 20　　② 30
③ 40　　④ 50

해설 증발률 = $\dfrac{\frac{3000}{2}}{30}$ = 50 kg/m²·h

참고

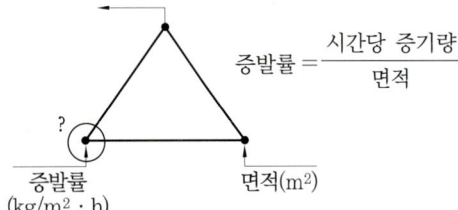

19. 대기압에서 동일한 무게의 물 또는 얼음을 다음과 같이 변화시키는 경우 가장 큰 열량이 필요한 것은? (단, 물과 얼음의 비열은 각각 1 kcal/kg·℃, 0.48 kcal/kg·℃이고, 물의 증발잠열은 539 kcal/kg, 물의 융해잠열은 80 kcal/kg이다.)

① -20℃의 얼음을 0℃의 얼음으로 변화
② 0℃ 얼음을 0℃의 물로 변화
③ 0℃ 물을 100℃의 물로 변화
④ 100℃ 물을 100℃의 증기로 변화

해설 ① 0.48 × 1 × (0-(-20)) = 9.6 kcal(현열)
② 80 × 1 = 80 kcal(융해잠열)
③ 1 × 1 × (100-0) = 100 kcal(현열)
④ 539 × 1 = 539 kcal(증발잠열)

20. 노통이 하나인 코니시 보일러에서 노통을 편심으로 설치하는 가장 큰 이유는?

① 연소장치의 설치를 쉽게 하기 위함이다.
② 보일러수의 순환을 좋게 하기 위함이다.
③ 보일러의 강도를 크게 하기 위함이다.
④ 온도 변화에 따른 신축량을 흡수하기 위함이다.

21. 기체 연료의 일반적인 특징을 설명한 것으로 잘못된 것은?

① 적은 공기비로 완전 연소가 가능하다.
② 수송 및 저장이 편리하다.
③ 연소 효율이 높고 자동 제어가 용이하다.
④ 누설 시 화재 및 폭발의 위험이 크다.

해설 기체 연료는 수송 및 저장이 불편하다.

22. 자동제어의 신호전달방법에서 공기압식의 특징으로 맞는 것은?

① 신호전달거리가 유압식에 비하여 길다.
② 온도 제어 등에 적합하고 화재의 위험이 많다.
③ 전송 시 시간 지연이 생긴다.
④ 배관이 용이하지 않고 보존이 어렵다.

해설 공기압식은 신호전달거리가 유압식에 비하여 짧고, 배관이 용이하며 보존이 쉽다.

23. 측정 장소의 대기압력을 구하는 식으로 옳은 것은?

① 절대압력 + 게이지압력
② 게이지압력 - 절대압력
③ 절대압력 - 게이지압력
④ 진공도 × 대기압력

해설 절대압력 = 대기압력 + 게이지압력
　　　　＝ 대기압력 - 진공압력
대기압력 = 절대압력 - 게이지압력

24. 다음 집진장치 중 가압수를 이용한 집진장치는?

① 포켓식

정답 18. ④　19. ④　20. ②　21. ②　22. ③　23. ③　24. ③

② 임펠러식
③ 벤투리 스크러버식
④ 타이젠 와셔식

[해설] 가압수식 집진장치
(1) 제트 스크러버식
(2) 벤투리 스크러버식
(3) 사이클론 스크러버식
(4) 세정탑식(충전탑식)

25. 온수 보일러에서 배플 플레이트(baffle plate)의 설치 목적으로 맞는 것은?

① 급수를 예열하기 위하여
② 연소 효율을 감소시키기 위하여
③ 강도를 보강하기 위하여
④ 그을음의 부착량을 감소시키기 위하여

[해설] 온수 보일러에서 배플 플레이트는 그을음의 부착량을 감소시키고 전열 효율을 증가시키기 위하여 설치한다.

26. 원통형 보일러의 일반적인 특징에 관한 설명으로 틀린 것은?

① 구조가 간단하고 취급이 용이하다.
② 수부가 크므로 열 비축량이 크다.
③ 폭발 시에도 비산 면적이 작아 재해가 크게 발생하지 않는다.
④ 사용증기량의 변동에 따른 발생 증기의 압력 변동이 작다.

[해설] 원통형 보일러는 보유수량이 많아 폭발 시 물에 의한 피해가 크다.

27. 보일러 효율이 85%, 실제 증발량이 5 t/h이고 발생 증기의 엔탈피 656 kcal/kg, 급수온도의 엔탈피는 56 kcal/kg, 연료의 저위발열량 9750 kcal/kg일 때 연료소비량은 약 몇 kg/h인가?

① 316 ② 362
③ 389 ④ 405

[해설] 연료사용량 = $\dfrac{5000 \times (656 - 56)}{0.85 \times 9750}$
= 362 kg/h

[참고]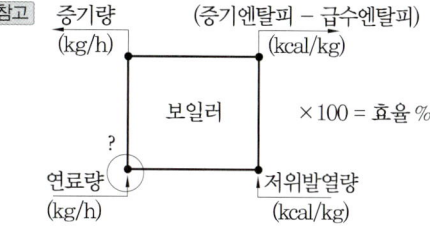

28. 보일러의 부속설비 중 연료 공급 계통에 해당하는 것은?

① 콤버스터   ② 버너 타일
③ 수트블로어 ④ 오일 프리히터

[해설] 연료 공급 계통
(1) 서비스 탱크   (2) 스트레이너
(3) 급유펌프   (4) 오일 프리히터
(5) 급유량계   (6) 버너

29. 보일러설치기술규격에서 보일러의 분류에 대한 설명 중 틀린 것은?

① 주철제 보일러의 최고사용압력은 증기 보일러의 경우 0.5 MPa까지, 온수온도는 373 K(100℃)까지로 국한된다.
② 일반적으로 보일러는 사용매체에 따라 증기 보일러, 온수 보일러 및 열매체 보일러로 분류된다.
③ 보일러의 재질에 따라 강철제 보일러와 주철제 보일러로 분류된다.
④ 연료에 따라 유류 보일러, 가스 보일러, 석탄 보일러, 목재 보일러, 폐열 보일러, 특수 연료 보일러 등이 있다.

[해설] 주철제 온수 보일러의 경우 최고사용압력은 0.5 MPa(5 kgf/cm²)까지, 온수온도는 393 K(120℃)까지로 국한된다.

30. 보일러가 최고사용압력 이하에서 파손되는 이유로 가장 옳은 것은?
① 안전장치가 작동하지 않기 때문에
② 안전밸브가 작동하지 않기 때문에
③ 안전장치가 불완전하기 때문에
④ 구조상 결함이 있기 때문에

31. 동관 이음에서 한쪽 동관의 끝을 나팔형으로 넓히고, 압축이음쇠를 이용하여 체결하는 이음 방법은?
① 플레어 이음   ② 플랜지 이음
③ 플라스턴 이음   ④ 몰코 이음

32. 보온재가 갖추어야 할 조건 설명으로 틀린 것은?
① 열전도율이 작아야 한다.
② 부피, 비중이 커야 한다.
③ 적합한 기계적 강도를 가져야 한다.
④ 흡수성이 낮아야 한다.

해설 보온재는 ①, ③, ④항 외에 부피 및 비중이 작고 가격이 저렴해야 한다.

33. 배관의 하중을 위에서 끌어당겨 지지할 목적으로 사용되는 지지구가 아닌 것은?
① 리지드 행어
② 앵커
③ 콘스턴트 행어
④ 스프링 행어

해설 행어 : 배관의 하중을 위에서 끌어당겨 지지할 목적으로 사용되는 장치로 종류에는 콘스턴트 행어, 리지드 행어, 스프링 행어 등이 있다.

34. 온수온돌의 방수 처리에 대한 설명으로 적절하지 않은 것은?
① 다층건물에 있어서도 전층의 온수온돌에 방수 처리를 하는 것이 좋다.
② 방수 처리는 내식성이 있는 루핑, 비닐, 방수모르타르로 하며, 습기가 스며들지 않도록 완전히 밀봉한다.
③ 벽면으로 습기가 올라오는 것을 대비하여 온돌 바닥보다 약 10 cm 이상 위까지 방수 처리를 하는 것이 좋다.
④ 방수 처리를 함으로써 열손실을 감소시킬 수 있다.

해설 다층건물인 경우 지면과 접하는 바닥을 방수 처리한다.

35. 원통 보일러에서 급수의 pH 범위(25℃ 기준)로 가장 적합한 것은?
① pH 3~5   ② pH 7~9
③ pH 11~12   ④ pH 14~15

해설 (1) 보일러의 급수 : pH 7~9 정도
(2) 보일러수 : pH 10.5~11.8 정도

36. 보일러에서 연소 조작 중의 역화의 원인으로 거리가 먼 것은?
① 불완전 연소의 상태가 두드러진 경우
② 흡입통풍이 부족한 경우
③ 연도댐퍼의 개도를 너무 넓힌 경우
④ 압입통풍이 너무 강한 경우

해설 연도댐퍼의 개도를 너무 넓히면 역화가 방지된다.

37. 보일러 운전 중 연도 내에서 폭발이 발생하면 제일 먼저 해야 할 일은?
① 급수를 중단한다.
② 증기밸브를 잠근다.
③ 송풍기 가동을 중지한다.
④ 연료 공급을 차단하고 가동을 중지한다.

정답 30. ④ 31. ① 32. ② 33. ② 34. ① 35. ② 36. ③ 37. ④

38. 보일러를 옥내에 설치할 때의 설치 시공 기준 설명으로 틀린 것은?

① 보일러에 설치된 계기들을 육안으로 관찰하는 데 지장이 없도록 충분한 조명시설이 있어야 한다.
② 보일러 동체에서 벽, 배관, 기타 보일러 측부에 있는 구조물(검사 및 청소에 지장이 없는 것은 제외)까지 거리는 0.6 m 이상이어야 한다. 다만, 소형 보일러는 0.45 m 이상으로 할 수 있다.
③ 보일러실은 연소 및 환경을 유지하기에 충분한 급기구 및 환기구가 있어야 하며 급기구는 보일러 배기가스 덕트의 유효단면적 이상이어야 하고, 도시가스를 사용하는 경우에는 환기구를 가능한 높이 설치하여 가스가 누설되었을 때 체류하지 않는 구조이어야 한다.
④ 연료를 저장할 때에는 보일러 외측으로부터 2 m 이상 거리를 두거나 방화격벽을 설치하여야 한다. 다만, 소형 보일러의 경우는 1 m 이상의 거리를 두거나 반격벽으로 할 수 있다.

[해설] 보일러 동체에서 벽, 배관, 기타 보일러 측부에 있는 구조물까지 거리는 0.45 m 이상이어야 한다. 다만, 소형 보일러는 0.3 m 이상으로 할 수 있다.

39. 강철제 보일러의 최고사용압력이 0.43 MPa 초과 1.5 MPa 이하일 때 수압시험압력 기준으로 옳은 것은?

① 0.2 MPa
② 최고사용압력의 1.3배에 0.3 MPa를 더한 압력
③ 최고사용압력의 1.5배의 압력
④ 최고사용압력의 2배에 0.5 MPa를 더한 압력

40. 증기난방 방식에서 응축수 환수 방법에 의한 분류가 아닌 것은?

① 진공환수식   ② 세정환수식
③ 기계환수식   ④ 중력환수식

[해설] 응축수 환수법에 의한 분류
(1) 중력환수식
(2) 기계환수식
(3) 진공환수식

41. 다음 난방설비와 관련된 설명 중 잘못된 것은?

① 증기난방의 표준방열량은 650 kcal/m^2·h 이다.
② 방열기는 증기 또는 온수 등의 열매를 유입하여 열을 방산하는 기구로 난방의 목적을 달성하는 장치이다.
③ 하트포드 접속법은 고압증기 난방에 필요한 접속법이다.
④ 온수난방에서 온수순환 방식에 따라 크게 중력순환식과 강제순환식으로 구분한다.

[해설] 하트포드 접속법은 저압증기 난방에 필요한 접속법이며, 증기관과 환수관 사이에 표준수면 50 mm 아래로 균형관을 설치한다.

42. 구상흑연 주철관이라고도 하며, 땅속 또는 지상에 배관하여 압력 상태 또는 무압력 상태에서 물의 수송 등에 주로 사용되는 주철관은?

① 덕타일 주철관
② 수도용 이형 주철관
③ 원심력 모르타르 라이닝 주철관
④ 수도용 원심력 금형 주철관

43. 다음 중 보온재의 종류가 아닌 것은?

① 코르크   ② 규조토
③ 기포성수지   ④ 제게르콘

정답 38. ② 39. ② 40. ② 41. ③ 42. ① 43. ④

[해설] 제게르콘은 보온재가 아니라 온도계이다.

44. 관의 접속 상태·결합 방식의 표시 방법에서 용접 이음을 나타내는 그림기호로 맞는 것은?

[해설] ① : 나사 이음
② : 유니언 이음
③ : 용접 이음
④ : 플랜지 이음

45. 손실열량 3000 kcal/h의 사무실에 온수 방열기를 설치할 때 방열기의 소요 섹션 수는 몇 쪽인가? (단, 방열기 방열량은 표준방열량으로 하며, 1섹션의 방열면적은 0.26 m²이다.)
① 12쪽 ② 15쪽 ③ 26쪽 ④ 32쪽

[해설] 섹션수 $= \dfrac{3000}{450 \times 0.26} = 26$쪽

46. 신축 곡관이라고 하며 강관 또는 동관을 구부려서 구부림에 따른 신축을 흡수하는 이음쇠는?
① 루프형 신축 이음쇠
② 슬리브형 신축 이음쇠
③ 스위블형 신축 이음
④ 벨로스형 신축 이음쇠

[해설] 루프형 신축 이음(신축 곡관) : 옥외 배관용이며, 고온·고압용 배관에 사용된다.

47. 보일러에서 이상고수위를 초래한 경우 나타나는 현상과 그 조치에 관한 설명으로 옳지 않은 것은?

① 이상고수위를 확인한 경우에는 즉시 연소를 정지시킴과 동시에 급수펌프를 멈추고 급수를 정지시킨다.
② 이상고수위를 넘어 만수 상태가 되면 보일러 파손이 일어날 수 있으므로 동체 하부에 분출밸브(콕)를 전개하여 보일러수를 전부 재빨리 방출하는 것이 좋다.
③ 이상고수위나 증기의 취출량이 많은 경우에는 캐리오버나 프라이밍 등을 일으켜 증기 속에 물방울이나 수분이 포함되며, 심할 경우 수격 작용을 일으킬 수 있다.
④ 수위가 유리수면계의 상단에 달했거나 조금 초과한 경우에는 급수를 정지시켜야 하지만, 연소는 정지시키지 말고 저연소율로 계속 유지하여 송기를 계속한 후 보일러 수위가 정상으로 회복되면 원래 운전 상태로 돌아오는 것이 좋다.

[해설] 이상고수위를 넘어 만수 상태가 되면 동체 하부에 분출밸브(콕)를 열어 보일러수를 일시에 방출하는 것은 위험하다.

48. 어떤 주철제 방열기 내의 증기의 평균 온도가 110℃, 실내 온도가 18℃일 때, 방열기의 방열량은? (단, 방열기의 방열계수는 7.2 kcal/m²·h·℃이다.)
① 236.4 kcal/m²·h
② 478.8 kcal/m²·h
③ 521.6 kcal/m²·h
④ 662.4 kcal/m²·h

[해설] 방열기의 방열량(kcal/m²·h)
= 방열계수×(방열기 내 증기의 평균 온도－실내 온도)
= 7.2×(110－18) = 662.4 kcal/m²·h

49. 보일러 휴지기간이 1개월 이하인 단기 보존에 적합한 방법은?
① 석회밀폐건조법 ② 소다만수보존법

정답 44. ③ 45. ③ 46. ① 47. ② 48. ④ 49. ③

③ 가열건조법   ④ 질소가스봉입법

50. 가스 보일러에서 가스 폭발의 예방을 위한 유의사항 중 틀린 것은?

① 가스압력이 적당하고 안정되어 있는지 확인한다.
② 화로 및 굴뚝의 통풍, 환기를 완벽하게 하는 것이 필요하다.
③ 점화용 가스의 종류는 가급적 화력이 낮은 것을 사용한다.
④ 착화 후 연소가 불안정할 때는 즉시 가스 공급을 중단한다.

해설 점화용 가스는 가급적 화력이 큰 것을 사용하여 5초 이내에 점화시킨다.

51. 저탄소 녹색성장 기본법에 따라 대통령령으로 정하는 기준량 이상의 에너지 소비업체를 지정하는 기준으로 옳은 것은? (기준일은 2013년 7월 21일)

① 해당 연도 1월 1일을 기준으로 최근 3년간 업체의 모든 사업체에서 소비한 에너지의 연평균 총량이 650 terajoules 이상
② 해당 연도 1월 1일을 기준으로 최근 3년간 업체의 모든 사업체에서 소비한 에너지의 연평균 총량이 550 terajoules 이상
③ 해당 연도 1월 1일을 기준으로 최근 3년간 업체의 모든 사업체에서 소비한 에너지의 연평균 총량이 450 terajoules 이상
④ 해당 연도 1월 1일을 기준으로 최근 3년간 업체의 모든 사업체에서 소비한 에너지의 연평균 총량이 350 terajoules 이상

해설 저탄소 녹색성장 기본법에 따라 대통령령으로 정하는 에너지 소비업체는 해당 연도 1월 1일을 기준으로 최근 3년간 업체의 모든 사업체에서 소비한 에너지의 연평균 총량이 350테라줄 이상인 업체를 말한다.

52. 에너지이용 합리화법에 따라 에너지이용 합리화 기본 계획에 포함될 사항으로 거리가 먼 것은?

① 에너지절약형 경제구조로의 전환
② 에너지이용 효율의 증대
③ 에너지이용 합리화를 위한 홍보 및 교육
④ 열사용기자재의 품질 관리

해설 에너지이용 합리화 기본 계획에는 열사용기자재의 품질 관리가 아닌 안전 관리가 포함된다.

53. 에너지이용 합리화법 시행령상 에너지 저장의무 부과대상자에 해당되는 자는?

① 연간 2만 석유환산톤 이상의 에너지를 사용하는 자
② 연간 1만 5천 석유환산톤 이상의 에너지를 사용하는 자
③ 연간 1만 석유환산톤 이상의 에너지를 사용하는 자
④ 연간 5천 석유환산톤 이상의 에너지를 사용하는 자

54. 에너지이용 합리화법에 따라 주철제 보일러에서 설치검사를 면제 받을 수 있는 기준으로 옳은 것은?

① 전열면적 30 m^2 이하의 유류용 주철제 증기 보일러
② 전열면적 40 m^2 이하의 유류용 주철제 온수 보일러
③ 전열면적 50 m^2 이하의 유류용 주철제 증기 보일러
④ 전열면적 60 m^2 이하의 유류용 주철제 온수 보일러

해설 주철제 보일러에서 설치검사 면제 기준 : 전열면적 30 m^2 이하의 유류용 주철제 증기 보일러

정답 50. ③ 51. ④ 52. ④ 53. ① 54. ①

55. 다음 중 에너지이용 합리화법의 목적이 아닌 것은?
① 에너지의 수급안정을 기함
② 에너지의 합리적이고 비효율적인 이용을 증진함
③ 에너지소비로 인한 환경피해를 줄임
④ 지구온난화의 최소화에 이바지함

[해설] 에너지이용 합리화법은 에너지의 합리적이고 효율적인 이용을 증진한다.

56. 온수난방에서 팽창탱크의 용량 및 구조에 대한 설명으로 틀린 것은?
① 개방식 팽창탱크는 저온수난방 배관에 주로 사용된다.
② 밀폐식 팽창탱크는 고온수난방 배관에 주로 사용된다.
③ 밀폐식 팽창탱크에는 수면계를 설치한다.
④ 개방식 팽창탱크에는 압력계를 설치한다.

[해설]
• 밀폐식 팽창탱크 주위 배관
 (1) 방출밸브(안전밸브) (2) 수위계
 (3) 압력계 (4) 배수관 (5) 급수관
• 개방식 팽창탱크 주위 배관
 (1) 팽창관 (2) 오버플로관 (3) 급수관
 (4) 배수관 (5) 배기관 (6) 안전관

57. 〈보기〉와 같은 부하에 대해서 보일러의 "정격출력"을 올바르게 표시한 것은?

〈보기〉
H1 : 난방부하   H2 : 급탕부하
H3 : 배관부하   H4 : 예열부하

① H1+H2+H3
② H2+H3+H4
③ H1+H2+H4
④ H1+H2+H3+H4

[해설] 정격출력 : 난방부하+급탕부하+배관부하+예열부하(시동부하)

58. 점화 조작 시 주의사항에 관한 설명으로 틀린 것은?
① 연료가스의 유출속도가 너무 빠르면 실화 등이 일어날 수 있고, 너무 늦으면 역화가 발생할 수 있다.
② 연소실의 온도가 낮으면 연료의 확산이 불량해지며 착화가 잘 안 된다.
③ 연료의 예열온도가 너무 높으면 기름이 분해되고, 분사각도가 흐트러져 분무상태가 불량해지며, 탄화물이 생성될 수 있다.
④ 유압이 너무 낮으면 그을음이 축적될 수 있고, 너무 높으면 점화 및 분사가 불량해질 수 있다.

[해설] 유압이 너무 낮으면 점화 및 분사가 불량해지고, 너무 높으면 그을음이 축적될 수 있다.

59. 보일러를 계획적으로 관리하기 위해서는 연간계획 및 일상보전계획을 세워 이에 따라 관리를 하는데 연간계획에 포함할 사항과 가장 거리가 먼 것은?
① 급수계획   ② 점검계획
③ 정비계획   ④ 운전계획

[해설] 보일러 관리 연간계획
 (1) 운전계획 (2) 점검계획
 (3) 연료계획 (4) 정비계획

60. 신·재생에너지 설비의 인증을 위한 심사기준 항목으로 거리가 먼 것은?
① 국제 또는 국내의 성능 및 규격에의 적합성
② 설비의 효율성
③ 설비의 우수성
④ 설비의 내구성

[해설] 신·재생에너지 설비의 인증 심사기준 항목
 (1) 국제 또는 국내의 성능 및 규격의 적합성
 (2) 설비의 효율성 및 내구성 등

정답 55. ② 56. ④ 57. ④ 58. ④ 59. ① 60. ③

에너지관리기능사

2013. 10. 12 시행

1. 연료 발열량은 9750 kcal/kg, 연료의 시간당 사용량은 300 kg/h인 보일러의 상당증발량이 5000 kg/h일 때 보일러 효율은 약 몇 %인가?

① 83 ② 85 ③ 87 ④ 92

[해설] 보일러 효율
$$= \frac{\text{상당증발량} \times 539}{\text{시간당 연료량} \times \text{연료의 발열량}} \times 100$$
$$= \frac{5000 \times 539}{300 \times 9750} \times 100 = 92\%$$

2. 보일러 예비 급수장치인 인젝터의 특징을 설명한 것으로 틀린 것은?

① 구조가 간단하다.
② 설치장소를 많이 차지하지 않는다.
③ 증기압이 낮아도 급수가 잘 이루어진다.
④ 급수온도가 높으면 급수가 곤란하다.

[해설] 인젝터는 ①, ②, ④항 외에 증기압이 낮으면 급수가 곤란하다.

3. 다음 중 액화천연가스(LNG)의 주성분은 어느 것인가?

① CH_4 ② C_2H_6
③ C_3H_8 ④ C_4H_{10}

[해설] • 액화석유가스(LPG)의 주성분 : C_3H_8(프로판), C_4H_{10}(부탄)
• 액화천연가스(LNG)의 주성분 : CH_4(메탄)

4. 보일러의 세정식 집진방법은 유수식과 가압수식, 회전식으로 분류할 수 있는데, 다음 중 가압수식 집진장치의 종류가 아닌 것은?

① 타이젠 와셔
② 벤투리 스크러버
③ 제트 스크러버
④ 충전탑

[해설] 가압수식 집진장치의 분류
(1) 제트 스크러버식
(2) 벤투리 스크러버식
(3) 사이클론 스크러버식
(4) 세정탑(충전탑)

5. 중유 연소에서 버너에 공급되는 중유의 예열온도가 너무 높을 때 발생되는 이상 현상으로 거리가 먼 것은?

① 카본(탄화물) 생성이 잘 일어날 수 있다.
② 분무상태가 고르지 못할 수 있다.
③ 역화를 일으키기 쉽다.
④ 무화 불량이 발생하기 쉽다.

6. 고체 연료의 고위발열량으로부터 저위발열량을 산출할 때 연료 속의 수분과 다른 한 성분의 함유율을 가지고 계산하여 산출할 수 있는데 이 성분은 무엇인가?

① 산소 ② 수소
③ 유황 ④ 탄소

[해설] 저위발열량 = 고위발열량 − 600(9H+W)
여기서, H : 수소, W : 수분

7. 노통 보일러에서 노통에 직각으로 설치하여 노통의 전열면적을 증가시키고, 이로 인한 강도 보강, 관수 순환을 양호하게 하는 역할을 위해 설치하는 것은?

① 갤러웨이관
② 애덤슨 조인트(Adamson joint)
③ 브리딩 스페이스(breathing space)
④ 반구형 경판

정답 1. ④ 2. ③ 3. ① 4. ① 5. ④ 6. ② 7. ①

[해설] 갤러웨이관의 설치 목적
  (1) 보일러수의 순환을 양호하게 한다.
  (2) 전열면적 증대
  (3) 노통 보강

8. 다음 중 열량(에너지)의 단위가 아닌 것은 어느 것인가?
  ① J ② cal
  ③ N ④ BTU
  [해설] N(뉴턴)은 힘의 단위이다.

9. 강철제 증기 보일러의 안전밸브 부착에 관한 설명으로 잘못된 것은?
  ① 쉽게 검사할 수 있는 곳에 부착한다.
  ② 밸브 축을 수직으로 하여 부착한다.
  ③ 밸브의 부착은 플랜지, 용접 또는 나사 접합식으로 한다.
  ④ 가능한 한 보일러의 동체에 직접 부착시키지 않는다.
  [해설] 안전밸브는 가능한 보일러의 동체에 직접 부착시킨다.
  [참고] 안전밸브의 종류
  (1) 지렛대식
  (2) 중추식
  (3) 스프링식(가장 많이 사용)

10. 연료유 저장탱크의 일반사항에 대한 설명으로 틀린 것은?
  ① 연료유를 저장하는 저장탱크 및 서비스탱크는 보일러의 운전에 지장을 주지 않는 용량의 것으로 하여야 한다.
  ② 연료유 탱크에는 보기 쉬운 위치에 유면계를 설치하여야 한다.
  ③ 연료유 탱크에는 탱크 내의 유량이 정상적인 양보다 초과, 또는 부족한 경우에 경보를 발하는 경보장치를 설치하는 것이 바람직하다.
  ④ 연료유 탱크에 드레인을 설치할 경우 누유에 따른 화재 발생 소지가 있으므로 이물질을 배출할 수 있는 드레인은 탱크 상단에 설치하여야 한다.
  [해설] 연료유 탱크에 드레인을 설치할 경우 탱크 하단부에 설치해야 한다.

11. 프로판 가스가 완전 연소될 때 생성되는 것은?
  ① CO와 C_3H_8 ② C_4H_{10}와 CO_2
  ③ CO_2와 H_2O ④ CO와 CO_2
  [해설] 탄화수소가 완전 연소될 때 이산화탄소(CO_2)와 물(H_2O)이 생성된다.

12. 보일러 수위제어 방식인 2요소식에서 검출하는 요소로 옳게 짝지어진 것은?
  ① 수위와 온도
  ② 수위와 급수유량
  ③ 수위와 압력
  ④ 수위와 증기유량
  [해설] 보일러 수위제어 방식
  (1) 1요소식(단요소식) : 수위 검출
  (2) 2요소식 : 수위, 증기량 검출
  (3) 3요소식 : 수위, 증기량, 급수량 검출

13. 일반적으로 보일러의 효율을 높이기 위한 방법으로 틀린 것은?
  ① 보일러 연소실 내의 온도를 낮춘다.
  ② 보일러 장치의 설계를 최대한 효율이 높도록 한다.
  ③ 연소장치에 적합한 연료를 사용한다.
  ④ 공기예열기 등을 사용한다.
  [해설] 연소실 온도를 낮추면 불완전 연소하여 보일러 효율이 낮아진다.

[정답] 8. ③ 9. ④ 10. ④ 11. ③ 12. ④ 13. ①

14. 보일러 전열면의 그을음을 제거하는 장치는?
① 수저 분출장치   ② 수트블로어
③ 절탄기   ④ 인젝터

15. 다음 중 주철제 보일러의 특징 설명으로 옳은 것은?
① 내열성 및 내식성이 나쁘다.
② 고압 및 대용량으로 적합하다.
③ 섹션의 증감으로 용량을 조절할 수 있다.
④ 인장 및 충격에 강하다.

[해설] 주철제 보일러의 특징
(1) 내열성 및 내식성이 좋다.
(2) 저압 및 소용량으로 적합하다.
(3) 섹션의 증감으로 용량을 조절할 수 있다.
(4) 인장 및 충격에 약하다.

16. 증기 공급 시 과열증기를 사용함에 따른 장점이 아닌 것은?
① 부식 발생 저감
② 열효율 증대
③ 증기소비량 감소
④ 가열장치의 열응력 저하

[해설] 과열증기 사용 시 장점
(1) 엔탈피의 증가로 적은 증기로 많은 열을 얻는다.
(2) 마찰저항 감소
(3) 관내 부식 방지(수격 작용 방지)
(4) 증기 보일러의 효율 증대

17. 화염검출기의 종류 중 화염의 발열을 이용한 것으로 바이메탈에 의하여 작동되며, 주로 소용량 온수 보일러의 연도에 설치되는 것은?
① 플레임 아이   ② 스택 스위치
③ 플레임 로드   ④ 적외선 광전관

[해설] 화염검출기의 종류
(1) 플레임 아이 : 화염의 발광체(광학적 성질) 이용
(2) 플레임 로드 : 화염의 이온화(전기전도성) 이용
(3) 스택 스위치 : 화염의 발열체(열적 변화) 이용

18. 다음 중 수위 경보기의 종류에 속하지 않는 것은?
① 맥도널식   ② 전극식
③ 배플식   ④ 마그네틱식

[해설] 수위 경보기의 종류
(1) 코프식
(2) 전극식
(3) 플로트식(부자식, 맥도널식)
(4) 마그네틱식

19. 보일러의 3대 구성 요소 중 부속장치에 속하지 않는 것은?
① 통풍장치   ② 급수장치
③ 여열장치   ④ 연소장치

[해설] 보일러의 3대 구성 요소
(1) 보일러 본체
(2) 연소장치
(3) 부속장치 : 안전장치, 급수장치, 통풍장치, 제어장치, 여열장치, 송기장치 등

20. 연소안전장치 중 플레임 아이(flame eye)로 사용되지 않는 것은?
① 광전관   ② CdS cell
③ PbS cell   ④ CdP cell

[해설] 플레임 아이의 종류
(1) 적외선 광전관
(2) 자외선 광전관
(3) 황화카드뮴(CdS) 셀
(4) 황화납(PbS) 셀

정답 14. ② 15. ③ 16. ④ 17. ② 18. ③ 19. ④ 20. ④

21. 보일러의 부속장치 중 축열기에 대한 설명으로 가장 옳은 것은?
① 통풍이 잘 이루어지게 하는 장치이다.
② 폭발 방지를 위한 안전장치이다.
③ 보일러의 부하 변동에 대비하기 위한 장치이다.
④ 증기를 한 번 더 가열시키는 장치이다.

22. 증기 보일러에 설치하는 압력계의 최고 눈금은 보일러 최고사용압력의 몇 배가 되어야 하는가?
① 0.5~0.8배　② 1.0~1.4배
③ 1.5~3.0배　④ 5.0~10.0배

23. 보일러의 연소장치에서 통풍력을 크게 하는 조건으로 틀린 것은?
① 연돌의 높이를 높인다.
② 배기가스 온도를 높인다.
③ 연도의 굴곡부를 줄인다.
④ 연돌의 단면적을 줄인다.
[해설] 연돌의 단면적을 크게 해야만 통풍력이 증가한다.

24. 보일러 액체 연료의 특징 설명으로 틀린 것은?
① 품질이 균일하여 발열량이 높다.
② 운반 및 저장, 취급이 용이하다.
③ 회분이 많고, 연소 조절이 쉽다.
④ 연소온도가 높아 국부 과열 위험성이 높다.
[해설] 액체 연료는 ①, ②, ④항 외에 회분이 적고 연소 조절이 용이하다.

25. 벽체 면적이 24 m², 열관류율이 0.5 kcal/m²·h·℃, 벽체 내부의 온도가 40℃, 벽체 외부의 온도가 8℃일 경우 시간당 손실열량은 약 몇 kcal/h인가?
① 294 kcal/h　② 380 kcal/h
③ 384 kcal/　④ 394 kcal/h
[해설] 손실열량(kcal/h)
= 열관류율 × 벽체 면적 × 온도차
= 0.5 × 24 × (40−8) = 384 kcal/h

[참고]

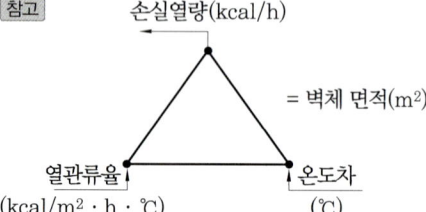

26. 1보일러 마력은 몇 kg/h의 상당증발량의 값을 가지는가?
① 15.65　② 79.8
③ 539　④ 860
[해설] 보일러 1마력 = 15.65 kg/h
　　　　　　　　= 8435 kcal/h

27. 보일러 증발률이 80 kg/m²·h이고, 실제 증발량이 40 t/h일 때, 전열면적은 약 몇 m²인가?
① 200　② 320
③ 450　④ 500
[해설] 전열면적(m²) = 실제 증발량 / 보일러 증발률
$$= \frac{40000}{80} = 500 \text{ m}^2$$

정답 21. ③　22. ③　23. ④　24. ③　25. ③　26. ①　27. ④

28. 보일러 자동제어에서 시퀀스(sequence) 제어를 가장 옳게 설명한 것은?

① 결과가 원인으로 되어 제어단계를 진행하는 제어이다.
② 목표값이 시간적으로 변화하는 제어이다.
③ 목표값이 변화하지 않고 일정한 값을 갖는 제어이다.
④ 제어의 각 단계를 미리 정해진 순서에 따라 진행하는 제어이다.

[해설] ① : 피드백 제어
② : 추치 제어
③ : 정치 제어
④ : 시퀀스 제어

29. 기름보일러에서 연소 중 화염이 점멸하는 등 연소 불안정이 발생하는 경우가 있다. 그 원인으로 적당하지 않은 것은?

① 기름의 점도가 높을 때
② 기름 속에 수분이 혼입되었을 때
③ 연료의 공급 상태가 불안정한 때
④ 노내가 부압(負壓)인 상태에서 연소했을 때

30. 공기예열기에서 발생되는 부식에 관한 설명으로 틀린 것은?

① 중유 연소 보일러의 배기가스 노점은 연료유 중의 유황성분과 배기가스의 산소농도에 의해 좌우된다.
② 공기예열기에 가장 주의를 요하는 것은 공기 입구와 출구부의 고온 부식이다.
③ 보일러에 사용되는 액체 연료 중에는 유황성분이 함유되어 있으며, 공기예열기 배기가스 출구 온도가 노점 이상인 경우에도 공기 입구 온도가 낮으면 전열관 온도가 배기가스의 노점 이하가 되어 전열관에 부식을 초래한다.
④ 노점에 영향을 주는 SO_2에서 SO_3로의 변환율은 배기가스 중의 O_2에 영향을 크게 받는다.

[해설] 공기예열기에 가장 주의를 요하는 것은 공기 입구와 출구부의 저온 부식이다.

31. 회전 이음이라고도 하며, 2개 이상의 엘보를 사용하여 이음부의 나사 회전을 이용해서 배관의 신축을 흡수하는 신축 이음쇠는?

① 루프형 신축 이음쇠
② 스위블형 신축 이음쇠
③ 벨로스형 신축 이음쇠
④ 슬리브형 신축 이음쇠

[해설] 스위블형 신축 이음의 특징
(1) 회전 이음이라고도 한다.
(2) 2개 이상의 엘보를 사용한다.
(3) 이음부의 나사 회전을 이용한다.
(4) 나사부가 헐거워져 누설 우려가 있다.

32. 단열재의 구비 조건으로 맞는 것은?

① 비중이 커야 한다.
② 흡수성이 커야 한다.
③ 가연성이어야 한다.
④ 열전도율이 작아야 한다.

[해설] 단열재의 구비 조건
(1) 비중이 작아야 한다.
(2) 흡수성이 작아야 한다.
(3) 열전도율이 작아야 한다.
(4) 가격이 저렴해야 한다
(5) 불연성 물질이어야 한다.

33. 보일러 사고 원인 중 취급 부주의가 아닌 것은?

① 과열   ② 부식
③ 압력 초과   ④ 재료 불량

[해설] 취급 부주의에 의한 보일러 사고
(1) 저수위 사고   (2) 과열 사고
(3) 부식 사고   (4) 압력 초과 사고

정답 28. ④ 29. ④ 30. ② 31. ② 32. ④ 33. ④

34. 보일러의 계속사용검사기준 중 내부검사에 관한 설명이 아닌 것은?

① 관의 부식 등을 검사할 수 있도록 스케일은 제거되어야 하며, 관 끝부분의 손상, 취화 및 빠짐이 없어야 한다.
② 노벽 보호 부분은 벽체의 현저한 균열 및 파손 등 사용상 지장이 없어야 한다.
③ 내용물의 외부 유출 및 본체의 부식이 없어야 한다. 이때 본체의 부식 상태를 판별하기 위하여 보온재 등 피복물을 제거하게 할 수 있다.
④ 연소실 내부에는 부적당하거나 결함이 있는 버너 또는 스토커의 설치 운전에 의한 현저한 열의 국부적인 집중으로 인한 현상이 없어야 한다.

[해설] 본체의 부식 상태를 판별하기 위해서 보온재 등 피복물을 제거할 필요는 없다.

35. 배관계에 설치한 밸브의 오작동 방지 및 배관계 취급의 적정화를 도모하기 위해 배관에 식별(識別) 표시를 하는데 관계가 없는 것은 어느 것인가?

① 지지하중 ② 식별색
③ 상태표시 ④ 물질표시

36. 증기난방의 중력환수식에서 복관식인 경우 배관기울기로 적당한 것은?

① $\frac{1}{50}$ 정도의 순 기울기
② $\frac{1}{100}$ 정도의 순 기울기
③ $\frac{1}{150}$ 정도의 순 기울기
④ $\frac{1}{200}$ 정도의 순 기울기

[해설] 배관의 구배(기울기)
(1) 증기난방 : $\frac{1}{200}$ 정도의 순 구배
(2) 온수난방 : $\frac{1}{250}$ 정도의 순 구배

37. 스테인리스 강관의 특징 설명으로 옳은 것은?

① 강관에 비해 두께가 얇고 가벼워 운반 및 시공이 쉽다.
② 강관에 비해 내열성은 우수하나 내식성은 떨어진다.
③ 강관에 비해 기계적 성질이 떨어진다.
④ 한랭지 배관이 불가능하며 동결에 대한 저항이 적다.

[해설] 스테인리스 강관의 특징
(1) 강관에 비해 얇고, 가벼우며, 시공 및 운반이 용이하다.
(2) 내식성 및 내열성이 좋다.
(3) 기계적 성질이 뛰어나다.
(4) 추운 한랭지 배관도 가능하다.

38. 증기난방의 시공에서 환수배관에 리프트 피팅(lift fitting)을 적용하여 시공할 때 1단의 흡상높이로 적당한 것은?

① 1.5 m 이내
② 2 m 이내
③ 2.5 m 이내
④ 3 m 이내

[해설] 증기난방의 시공에서 환수배관에 리프트 피팅을 적용하여 시공할 때 1단의 흡상높이는 1.5 m 이내로 한다.

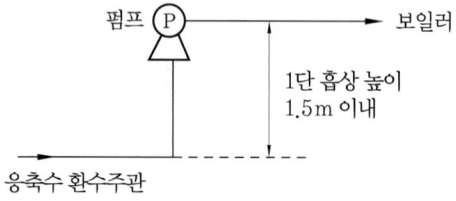

39. 수관 보일러 중 자연순환식 보일러와 강제순환식 보일러에 관한 설명으로 틀린 것은 어느 것인가?

① 강제순환식은 압력이 적어질수록 물과 증기와의 비중차가 적어서 물의 순환이 원활하지 않은 경우 순환력이 약해지는 결점을 보완하기 위해 강제로 순환시키는 방식이다.
② 자연순환식 수관 보일러는 드럼과 다수의 수관으로 보일러 물의 순환회로를 만들 수 있도록 구성된 보일러이다.
③ 자연순환식 수관 보일러는 곡관을 사용하는 형식이 널리 사용되고 있다.
④ 강제순환식 수관 보일러의 순환펌프는 보일러수의 순환회로 중에 설치한다.

[해설] 강제순환식 보일러 : 증기압이 임계압에 가까워지면 물과의 비중차가 적어서 보일러수의 순환이 불량해지므로 펌프를 사용해 순환을 시켜야 한다.

40. 보일러의 가동 중 주의해야 할 사항으로 맞지 않는 것은?

① 수위가 안전저수위 이하로 되지 않도록 수시로 점검한다.
② 증기압력이 일정하도록 연료 공급을 조절한다.
③ 과잉공기를 많이 공급하여 완전 연소가 되도록 한다.
④ 연소량을 증가시킬 때는 통풍량을 먼저 증가시킨다.

[해설] 보일러 연소 시 과잉공기를 연소실에 투입하면 연소실 온도가 내려가 보일러 효율이 저하된다.

41. 방열기내 온수의 평균온도 85℃, 실내온도 15℃, 방열계수 7.2 kcal/m²·h·℃인 경우 방열기 방열량은 얼마인가?

① 450 kcal/m²·h   ② 504 kcal/m²·h
③ 509 kcal/m²·h   ④ 515 kcal/m²·h

[해설] 방열기 방열량(kcal/m²·h)
= 방열계수 × 온도차
= 7.2 × (85-15) = 504 kcal/m²·h

[참고]

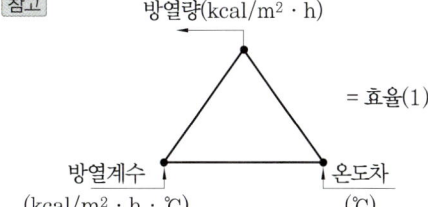

※ 문제에서 효율이 주어지지 않으면 1로 본다.

42. 보일러 건식보존법에서 가스봉입방식(기체보존법)에 사용되는 가스는?

① O_2 ② N_2
③ CO ④ CO_2

43. 보일러 점화 전 수위 확인 및 조정에 대한 설명 중 틀린 것은?

① 수면계의 기능테스트가 가능한 정도의 증기압력이 보일러 내에 남아 있을 때는 수면계의 기능시험을 해서 정상인지 확인한다.
② 2개의 수면계의 수위를 비교하고 동일 수위인지 확인한다.
③ 수면계에 수주관이 설치되어 있을 때는 수주연락관의 체크밸브가 바르게 닫혀 있는지 확인한다.
④ 유리관이 더러워졌을 때는 수위를 오인하는 경우가 있기 때문에 필히 청소하거나 또는 교환하여야 한다.

[해설] 수면계에 수주관이 설치되어 있을 때는 수면계와 수주연락관 사이에 있는 차단밸브가 열려 있는지 확인한다.

[정답] 39. ① 40. ③ 41. ② 42. ② 43. ③

44. 온수난방에 대한 특징을 설명한 것으로 틀린 것은?

① 증기난방에 비해 소요 방열면적과 배관경이 적게 되므로 시설비가 적어진다.
② 난방부하의 변동에 따라 온도 조절이 쉽다.
③ 실내온도의 쾌감도가 비교적 높다.
④ 밀폐식일 경우 배관의 부식이 적어 수명이 길다.

[해설] 온수난방의 특징(증기난방과 비교)
(1) 난방부하 변동에 따른 온도 조절이 용이하다.
(2) 실내온도의 쾌감도가 증기난방에 비해 비교적 높다.
(3) 예열에 시간이 필요하지만 쉽게 냉각되지 않는다.
(4) 동일 방열량에 대하여 방열면적이 크고 관지름도 굵어야 한다.
(5) 동결의 우려가 증기난방에 비해 적다.

45. 보일러 운전 중 정전이 발생한 경우의 조치사항으로 적합하지 않은 것은?

① 전원을 차단한다.
② 연료 공급을 멈춘다.
③ 안전밸브를 열어 증기를 분출시킨다.
④ 주증기밸브를 닫는다.

46. 증기난방에서 환수관의 수평배관에서 관지름이 가늘어지는 경우 편심 리듀서를 사용하는 이유로 적합한 것은?

① 응축수의 순환을 억제하기 위해
② 관의 열팽창을 방지하기 위해
③ 동심 리듀서보다 시공을 단축하기 위해
④ 응축수의 체류를 방지하기 위해

47. 온수난방설비에서 복관식 배관 방식에 대한 특징으로 틀린 것은?

① 단관식보다 배관 설비비가 적게 든다.
② 역귀환 방식의 배관을 할 수 있다.
③ 발열량을 밸브에 의하여 임의로 조정할 수 있다.
④ 온도 변화가 거의 없고 안정성이 높다.

[해설] 복관식이 단관식보다 배관 설비비가 많이 든다.

48. 개방식 팽창탱크에서 필요가 없는 것은?

① 배기관　　② 압력계
③ 급수관　　④ 팽창관

[해설] 개방식 팽창탱크
(1) 팽창관　(2) 오버플로관
(3) 급수관　(4) 배수관
(5) 배기관　(6) 안전관(방출관)

49. 다음 중 중앙식 급탕법에 대한 설명으로 틀린 것은?

① 기구의 동시 이용률을 고려하여 가열장치의 총용량을 적게 할 수 있다.
② 기계실 등에 다른 설비 기계와 함께 가열장치 등이 설치되기 때문에 관리가 용이하다.
③ 설비 규모가 크고 복잡하기 때문에 초기 설비비가 비싸다.
④ 비교적 배관길이가 짧아 열손실이 적다.

[해설] 중앙식 급탕법은 ①, ②, ③항 외에 비교적 배관길이가 길어 열손실이 크다.

50. 보일러의 손상에서 팽출(膨出)을 옳게 설명한 것은?

① 보일러의 본체가 화염에 과열되어 외부로 볼록하게 튀어나오는 현상
② 노통이나 화실이 외측의 압력에 의해 눌려 쭈그러져 찢어지는 현상

정답　44. ①　45. ③　46. ④　47. ①　48. ②　49. ④　50. ①

③ 강판에 가스가 포함된 것이 화염의 접촉으로 양쪽으로 오목하게 되는 현상
④ 고압 보일러 드럼 이음에 주로 생기는 응력 부식 균열의 일종

51. 보일러 취급자가 주의하여 염두에 두어야 할 사항으로 틀린 것은?
① 보일러 사용처의 작업 환경에 따라 운전 기준을 설정하여 둔다.
② 사용처에 필요한 증기를 항상 발생, 공급할 수 있도록 한다.
③ 보일러 제작사 취급설명서의 의도를 파악 숙지하여 그 지시에 따른다.
④ 증기 수요에 따라 보일러 정격한도를 10% 정도 초과하여 운전한다.
[해설] 보일러의 정격한도를 초과하여 운전하면 안 된다.

52. 캐리 오버(carry over)에 대한 방지 대책이 아닌 것은?
① 압력을 규정압력으로 유지해야 한다.
② 수면이 비정상적으로 높게 유지되지 않도록 높인다.
③ 부하를 급격히 증가시켜 증기실의 부하율을 높인다.
④ 보일러수에 포함되어 있는 유지류나 용해 고형물 등의 불순물을 제거한다.
[해설] 부하를 급격히 증가시켜 증기실의 부하율을 높이면 비수 현상이 발생되어 캐리 오버 현상이 일어난다.

53. 보일러 수압시험 시의 시험수압은 규정된 압력의 몇 % 이상을 초과하지 않도록 해야 하는가?
① 3% ② 4%
③ 5% ④ 6%
[해설] 보일러 수압시험 시 시험수압은 규정된 압력의 6% 이상을 초과하지 않도록 해야 한다.

54. 증기배관 내에 응축수가 고여 있을 때 증기밸브를 급격히 열어 증기를 빠른 속도로 보냈을 때 발생하는 현상으로 가장 적합한 것은?
① 압궤가 발생한다.
② 블리스터가 발생한다.
③ 수격 작용이 발생한다.
④ 팽출이 발생한다.

55. 에너지법에서 정한 에너지기술개발사업비로 사용될 수 없는 사항은?
① 에너지에 관한 연구인력 양성
② 온실가스 배출을 늘이기 위한 기술개발
③ 에너지사용에 따른 대기오염 저감을 위한 기술개발
④ 에너지기술개발 성과의 보급 및 홍보
[해설] 에너지기술개발사업비로 사용되는 항목은 ①, ③, ④항 외에 온실가스 배출을 줄이기 위한 기술개발이 해당한다.

56. 산업통상자원부 장관이 에너지저장의무를 부과할 수 있는 대상자로 맞는 것은?
① 연간 5천 석유환산톤 이상의 에너지를 사용하는 자
② 연간 6천 석유환산톤 이상의 에너지를 사용하는 자
③ 연간 1만 석유환산톤 이상의 에너지를 사용하는 자
④ 연간 2만 석유환산톤 이상의 에너지를 사용하는 자

[정답] 51. ④ 52. ③ 53. ④ 54. ③ 55. ② 56. ④

57. 신에너지 및 재생에너지 개발·이용·보급 촉진법에서 규정하는 신에너지 또는 재생에너지에 해당하지 않는 것은?

① 태양에너지　② 풍력
③ 원자력에너지　④ 수소에너지

[해설] 신·재생에너지의 분류
(1) 태양에너지
(2) 풍력
(3) 수소에너지(원자력에너지 제외)
(4) 수력 및 지열에너지

58. 에너지이용 합리화법에 따라 에너지다소비사업자가 매년 1월 31일까지 신고해야 할 사항과 관계없는 것은?

① 전년도의 에너지 사용량
② 전년도의 제품 생산량
③ 에너지사용기자재의 현황
④ 해당 연도의 에너지관리진단 현황

[해설] 에너지다소비사업자의 신고 사항 : ①, ②, ③항 외에 해당 연도의 에너지사용예정량 및 제품생산예정량

59. 저탄소 녹색성장 기본법에 따라 2020년의 우리나라 온실가스 감축 목표로 옳은 것은 어느 것인가?

① 2020년 온실가스 배출전망치 대비 100분의 20
② 2020년 온실가스 배출전망치 대비 100분의 30
③ 2020년 온실가스 배출량의 100분의 20
④ 2020년 온실가스 배출량의 100분의 30

[해설] 저탄소 녹생성장 기본법에 의한 2020년의 우리나라 온실가스 감축 목표는 2020년 온실가스 배출전망치 대비 100분의 30이다.

60. 에너지이용 합리화법의 목적과 거리가 먼 것은?

① 에너지 소비로 인한 환경피해 감소
② 에너지 수급 안정
③ 에너지 소비 촉진
④ 에너지의 효율적인 이용 증진

[해설] 에너지이용 합리화법의 목적은 ①, ②, ④항 외에 국민경제의 건전한 발전에 이바지하는 것이다.

2014년 시행 문제

에너지관리기능사   2014. 1. 26 시행

1. 두께가 13 cm, 면적이 10m²인 벽이 있다. 벽 내부온도는 200℃, 외부의 온도가 20℃일 때 벽을 통한 전도되는 열량은 약 몇 kcal/h인가? (단, 열전도율은 0.02 kcal/m·h·℃이다.)

① 234.2   ② 259.6
③ 276.9   ④ 312.3

해설 $Q = \dfrac{\lambda \cdot A \cdot \Delta t}{b}$ [kcal/h]

$= \dfrac{0.02 \times 10 \times (200-20)}{0.13}$

$= 276.9$ kcal/h

2. 보일러 본체나 수관, 연관 등에 발생하는 블리스터(blister)를 옳게 설명한 것은?

① 강판이나 관의 제조 시 두 장의 층을 형성하는 것
② 래미네이션된 강판이 열에 의해 혹처럼 부풀어 나오는 현상
③ 노통이 외부 압력에 의해 내부로 짓눌리는 현상
④ 리벳 조인트나 리벳 구멍 등의 응력이 집중하는 곳에 물리적 작용과 더불어 화학적 작용에 의해 발생하는 균열

해설 ① : 래미네이션
② : 블리스터
③ : 압궤
④ : 응력에 의한 리벳 균열

3. 일반 보일러(소용량 보일러 및 가스용 온수 보일러 제외)에서 온도계를 설치할 필요가 없는 곳은?

① 절탄기가 있는 경우 절탄기 입구 및 출구
② 보일러 본체의 급수 입구
③ 버너 급유 입구(예열을 필요로 할 때)
④ 과열기가 있는 경우 과열기 입구

해설 온도계 설치 위치
(1) 급수 입구의 급수 온도계
(2) 절탄기 또는 공기예열기가 설치된 경우에는 각 유체의 전후 온도계
(3) 보일러 본체 배기가스 온도계
(4) 버너 급유 입구의 급유 온도계
(5) 과열기 또는 재열기가 있는 경우에는 그 출구 온도계
(6) 유량계를 통과하는 온도를 측정할 수 있는 온도계

4. 다음 보일러의 휴지보존법 중 단기 보존법에 속하는 것은?

① 석회밀폐건조법
② 질소가스봉입법
③ 소다만수보존법
④ 가열건조법

5. 보일러에서 발생하는 고온 부식의 원인 물질로 거리가 먼 것은?

① 나트륨   ② 유황
③ 철   ④ 바나듐

해설 • 고온 부식의 원인 물질 : 나트륨(Na), 유황(S), 바나듐(V)
• 저온 부식의 원인 물질 : 유황(S)

정답 1. ③   2. ②   3. ④   4. ④   5. ③

6. 다음 중 수관식 보일러에 대한 설명으로 틀린 것은?

① 고온, 고압에 적당하다.
② 용량에 비해 소요면적이 적으며 효율이 높다.
③ 보유수량이 많아 파열 시 피해가 크고, 부하변동에 응하기 쉽다.
④ 급수의 순도가 나쁘면 스케일이 발생하기 쉽다.

해설 수관식 보일러는 보유수량이 적어 파열 시 피해가 적고 부하변동에 응하기 어렵다.

7. 보일러의 제어장치 중 연소용 공기를 제어하는 설비는 자동제어에서 어디에 속하는가?

① FWC ② ABC
③ ACC ④ AFC

해설 • FWC : 급수제어
• ABC : 보일러 자동제어
• ACC : 자동연소제어
• STC : 증기온도제어

8. 특수 보일러 중 간접 가열 보일러에 해당되는 것은?

① 슈미트 보일러 ② 벨록스 보일러
③ 벤슨 보일러   ④ 코니시 보일러

해설 간접 가열 보일러 : 슈미트 보일러, 뢰플러 보일러

9. 다음 중 자연통풍에 대한 설명으로 가장 옳은 것은?

① 연소에 필요한 공기를 압입 송풍기에 의해 통풍하는 방식이다.
② 연돌로 인한 통풍 방식이며, 소형 보일러에 적합하다.
③ 축류형 송풍기를 이용하여 연도에서 열가스를 배출하는 방식이다.
④ 송·배풍기를 보일러 전·후면에 부착하여 통풍하는 방식이다.

해설 ① : 압입(가압)통풍
② : 자연통풍
③ : 흡입(흡인)통풍
④ : 평형통풍

10. 다음 중 보일러에서 실화가 발생하는 원인으로 거리가 먼 것은?

① 버너의 팁이나 노즐이 카본이나 소손 등으로 막혀 있다.
② 분사용 증기 또는 공기의 공급량이 연료량에 비해 과다 또는 과소하다.
③ 중유를 과열하여 중유가 유관 내나 가열기 내에서 가스화하여 중유의 흐름이 중단되었다.
④ 연료 속의 수분이나 공기가 거의 없다.

해설 연료 속에 수분이나 공기가 거의 없으면 실화 발생이 방지된다.

11. 입형(직립) 보일러에 대한 설명으로 틀린 것은?

① 동체를 바로 세워 연소실을 그 하부에 둔 보일러이다.
② 전열면적을 넓게 할 수 있어 대용량에 적당하다.
③ 다관식은 전열면적을 보강하기 위하여 다수의 연관을 설치한 것이다.
④ 횡관식은 횡관의 설치로 전열면을 증가시킨다.

해설 입형(직립) 보일러는 전열면적이 적어 소용량에 적당하다.

12. 공기예열기에 대한 설명으로 틀린 것은?

① 보일러의 열효율을 향상시킨다.
② 불완전 연소를 감소시킨다.

정답 6. ③ 7. ③ 8. ① 9. ② 10. ④ 11. ② 12. ④

③ 배기가스의 열손실을 감소시킨다.
④ 통풍저항이 작아진다.

[해설] 공기예열기의 특징
(1) 보일러 열효율을 증대시킨다.
(2) 불완전 연소를 감소시킨다.
(3) 배기가스의 열손실을 감소시킨다.
(4) 통풍저항이 증가한다.

13. 가스버너에 리프팅(lifting) 현상이 발생하는 경우는?
① 가스압이 너무 높은 경우
② 버너부식으로 염공이 커진 경우
③ 버너가 과열된 경우
④ 1차 공기의 흡인이 많은 경우

[해설] 리프팅(선화) : 연소속도에 비해 가스의 유출속도가 클 경우 불꽃이 염공에 접하여 연소되지 않고 염공을 떠나 공중에서 연소되는 현상

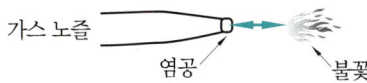

14. 다음 중 LPG의 주성분이 아닌 것은?
① 부탄   ② 프로판
③ 프로필렌 ④ 메탄

[해설]
• LPG(액화석유가스)의 주성분 : 프로판, 부탄, 프로필렌
• LNG(액화천연가스)의 주성분 : 메탄

15. 보일러의 안전 저수면에 대한 설명으로 적당한 것은?
① 보일러의 보안상, 운전 중에 보일러 전열면이 화염에 노출되는 최저 수면의 위치
② 보일러의 보안상, 운전 중에 급수하였을 때의 최초 수면의 위치
③ 보일러의 보안상, 운전 중에 유지해야 하는 일상적인 가동 시의 표준 수면의 위치
④ 보일러의 보안상, 운전 중에 유지해야 하는 보일러 드럼 내 최저 수면의 위치

16. 보일러에서 수면계 기능시험을 해야 할 시기로 가장 거리가 먼 것은?
① 수위의 변화에 수면계가 빠르게 반응할 때
② 보일러를 가동하기 전
③ 2개의 수면계 수위가 서로 다를 때
④ 프라이밍, 포밍 등이 발생한 때

[해설] 수면계의 기능시험 시기
(1) 점화 전
(2) 두 개의 수면계 수위가 서로 다를 때
(3) 수위가 의심스러울 때
(4) 프라이밍, 포밍 현상 발생 시
(5) 압력이 오르기 시작할 때

17. 열사용기자재의 검사 및 검사면제에 관한 기준에 따라 급수장치를 필요로 하는 보일러에는 기준을 만족시키는 주펌프 세트와 보조펌프 세트를 갖춘 급수장치가 있어야 하는데, 특정 조건에 따라 보조펌프 세트를 생략할 수 있다. 다음 중 보조펌프 세트를 생략할 수 없는 경우는?
① 전열면적이 10 m²인 보일러
② 전열면적이 8 m²인 가스용 온수 보일러
③ 전열면적이 16 m²인 가스용 온수 보일러
④ 전열면적이 50 m²인 관류 보일러

[해설] 보조펌프 세트를 생략할 수 있는 경우
(1) 전열면적이 12 m² 이하의 보일러
(2) 전열면적이 14 m² 이하의 가스용 온수 보일러
(3) 전열면적이 100 m² 이하의 관류 보일러

18. 다음 중 난방부하의 단위로 옳은 것은?
① kcal/kg   ② kcal/h
③ kg/h   ④ kcal/m² · h

정답 13. ① 14. ④ 15. ④ 16. ① 17. ③ 18. ②

19. 최고사용압력이 16 kgf/cm² 인 강철제 보일러의 수압시험압력으로 맞는 것은?
① 8 kgf/cm²   ② 16 kgf/cm²
③ 24 kgf/cm²   ④ 32 kgf/cm²

해설 최고사용압력(P)이 15 kgf/cm² 을 초과하므로 수압시험압력은 $P \times 1.5 = 16 \times 1.5 = 24$ kgf/cm² 이다.

20. 콘크리트 벽이나 바닥 등에 배관이 관통하는 곳에 관의 보호를 위하여 사용하는 것은 어느 것인가?
① 슬리브   ② 보온재료
③ 행거   ④ 신축곡관

21. 보일러의 압력이 8 kgf/cm² 이고, 안전밸브 입구 구멍의 단면적이 20 cm² 라면 안전밸브에 작용하는 힘은 얼마인가?
① 140 kgf   ② 160 kgf
③ 170 kgf   ④ 180 kgf

해설 압력 = $\dfrac{\text{작용하는 힘}}{\text{구멍의 단면적}}$

∴ 작용하는 힘 = $8 \times 20 = 160$ kgf

22. 1기압하에서 20℃의 물 10 kg을 100℃의 증기로 변화시킬 때 필요한 열량은 얼마인가? (단, 물의 비열은 1 kcal/kg · ℃이다.)
① 6190 kcal   ② 6390 kcal
③ 7380 kcal   ④ 7480 kcal

해설 (1) 열량(현열)
= 물의 비열 × 질량 × 온도차
= $1 \times 10 \times 80 = 800$ kcal
(2) 열량(잠열)
= 물의 증발잠열 × 질량
= $539 \times 10 = 5390$ kcal
∴ (1) + (2) = $800 + 5390 = 6190$ kcal

23. 다음 중 보일러의 출열 항목에 속하지 않는 것은?
① 불완전 연소에 의한 열손실
② 연소 잔재물 중의 미연소분에 의한 열손실
③ 공기의 현열손실
④ 방산에 의한 손실열

해설 (1) 입열 항목 : 연료의 연소열, 연료의 현열, 공기의 현열, 노내분입 증기열
(2) 출열 항목 : 유효 출열, 배기가스에 의한 손실열, 미연소가스에 의한 손실열, 방산에 의한 손실열

24. 다음 중 오일 프리히터의 사용 목적이 아닌 것은?
① 연료의 점도를 높여 준다.
② 연료의 유동성을 증가시켜 준다.
③ 완전 연소에 도움을 준다.
④ 분무상태를 양호하게 한다.

해설 오일 프리히터는 연료의 점도를 낮추는 역할을 한다.

25. 육상용 보일러의 열정산은 원칙적으로 정격부하 이상에서 정상 상태로 적어도 몇 시간 이상의 운전 결과에 따라 하는가? (단, 액체 또는 기체 연료를 사용하는 소형 보일러에서 인수 · 인도 당사자 간의 협정이 있는 경우는 제외)
① 0.5시간   ② 1시간
③ 1.5시간   ④ 2시간

해설 열정산은 원칙적으로 정격부하 이상에서 정상 상태로 적어도 2시간 이상의 운전 결과에 따른다.

26. 기체 연료의 발열량 단위로 옳은 것은?
① kcal/m²   ② kcal/cm²
③ kcal/mm²   ④ kcal/Nm³

정답 19. ③ 20. ① 21. ② 22. ① 23. ③ 24. ① 25. ④ 26. ④

[해설] 기체 연료의 발열량 단위는 kcal/Nm³, 고체 연료의 발열량 단위는 kcal/kg이다.
[참고] N(normal)은 표준상태, STP 상태(0℃, 1 atm)를 뜻한다.

27. 보일러 1마력을 상당증발량으로 환산하면 약 얼마인가?

① 13.65 kg/h ② 15.65 kg/h
③ 18.65 kg/h ④ 21.65 kg/h

[해설] 보일러 1마력=15.65 kg/h

28. 공기량이 지나치게 많을 때 나타나는 현상 중 틀린 것은?

① 연소실 온도가 떨어진다.
② 열효율이 저하한다.
③ 연료소비량이 증가한다.
④ 배기가스 온도가 높아진다.

[해설] 과잉공기 시 연소실 온도의 저하로 배기가스의 온도가 낮아진다.

29. 절대온도 360 K를 섭씨온도로 환산하면 약 몇 ℃인가?

① 97℃ ② 87℃
③ 67℃ ④ 57℃

[해설] K=273+℃
360 K를 섭씨온도로 환산하면
K−273=360−273=87℃

30. 보일러 효율 시험 방법에 관한 설명으로 틀린 것은?

① 급수온도는 절탄기가 있는 것은 절탄기 입구에서 측정한다.
② 배기가스의 온도는 전열면의 최종 출구에서 측정한다.
③ 포화증기의 압력은 보일러 출구의 압력으로 부르동관식 압력계로 측정한다.
④ 증기온도의 경우 과열기가 있을 때는 과열기 입구에서 측정한다.

[해설] 증기온도의 경우 과열기가 있을 때는 과열기의 출구에서 측정하고 온도조절장치가 있는 경우에는 그 뒤에서 측정한다.

31. 다음 중 열전달의 기본 형식에 해당되지 않는 것은?

① 대류 ② 복사
③ 발산 ④ 전도

[해설] 열전달의 기본 형식
(1) 전도 (2) 복사 (3) 대류

32. 수면계의 기능시험의 시기에 대한 설명으로 틀린 것은?

① 가마울림 현상이 나타날 때
② 2개 수면계의 수위에 차이가 있을 때
③ 보일러를 가동하여 압력이 상승하기 시작했을 때
④ 프라이밍, 포밍 등이 생길 때

[해설] 16번 문제 해설 참조

33. 보일러 동 내부 안전저수위보다 약간 높게 설치하여 유지분, 부유물 등을 제거하는 장치로서 연속 분출장치에 해당되는 것은?

① 수면 분출장치 ② 수저 분출장치
③ 수중 분출장치 ④ 압력 분출장치

34. 액체 연료의 유압분무식 버너의 종류에 해당되지 않는 것은?

① 플런저형   ② 외측 반환유형
③ 직접 분사형 ④ 간접 분사형

[해설] 유압분무식 버너의 종류
(1) 플런저형   (2) 외측 반환유형
(3) 내측 반환유형 (4) 직접 분사형

정답 27. ② 28. ④ 29. ② 30. ④ 31. ③ 32. ① 33. ① 34. ④

35. 어떤 보일러의 5시간 동안 증발량이 5000 kg이고, 그때의 급수 엔탈피가 25 kcal/kg, 증기 엔탈피가 675 kcal/kg이라면 상당증발량은 약 몇 kg/h인가?
① 1106
② 1206
③ 1304
④ 1451

[해설] 상당증발량 = $\dfrac{\dfrac{5000}{5}(675-25)}{539}$
     = 1206 kg/h

36. 증기 보일러에서 감압밸브 사용의 필요성에 대한 설명으로 가장 적합한 것은?
① 고압증기를 감압시키면 잠열이 감소하여 이용 열이 감소된다.
② 고압증기는 저압증기에 비해 관지름을 크게 해야 하므로 배관설비비가 증가한다.
③ 감압을 하면 열교환 속도가 불규칙하나 열전달이 균일하여 생산성이 향상된다.
④ 감압을 하면 증기의 건도가 향상되어 생산성 향상과 에너지 절감이 이루어진다.

[해설] 감압을 하면 증기의 건도가 향상되고 증발잠열을 많이 이용할 수 있어서 열효율이 증가한다.

37. 제어계를 구성하는 요소 중 전송기의 종류에 해당되지 않는 것은?
① 전기식 전송기
② 증기식 전송기
③ 유압식 전송기
④ 공기압식 전송기

[해설] 전송기(신호전달방식)의 종류
 (1) 전기식 전송기
 (2) 유압식 전송기
 (3) 공기압식 전송기

38. 과열기를 연소가스 흐름 상태에 의해 분류할 때 해당되지 않는 것은?

① 복사형
② 병류형
③ 향류형
④ 혼류형

[해설] 과열기의 연소가스(배기가스) 흐름 상태에 따른 분류
 (1) 병류형 (2) 향류형 (3) 혼류형

39. 보일러 연소장치의 선정기준에 대한 설명으로 틀린 것은?
① 사용 연료의 종류와 형태를 고려한다.
② 연소 효율이 높은 장치를 선택한다.
③ 과잉공기를 많이 사용할 수 있는 장치를 선택한다.
④ 내구성 및 가격 등을 고려한다.

[해설] 연소장치로 과잉공기를 적게 사용할 수 있는 장치를 선택해야 한다.

40. 액상 열매체 보일러 시스템에서 사용하는 팽창탱크에 관한 설명으로 틀린 것은?
① 액상 열매체 보일러 시스템에는 열매체유의 액팽창을 흡수하기 위한 팽창탱크가 필요하다.
② 열매체유 팽창탱크에는 액면계와 압력계가 부착되어야 한다.
③ 열매체유 팽창탱크의 설치장소는 통상 열매체유 보일러 시스템에서 가장 낮은 위치에 설치한다.
④ 열매체유의 노화 방지를 위해 팽창탱크의 공간부에는 N_2 가스를 봉입한다.

[해설] 열매체유 팽창탱크는 통상 열매체유 보일러 시스템에서 가장 높은 위치에 설치한다.

41. 보일러 급수처리의 목적으로 볼 수 없는 것은?
① 부식의 방지
② 보일러수의 농축 방지
③ 스케일 생성 방지

정답 35. ② 36. ④ 37. ② 38. ① 39. ③ 40. ③ 41. ④

④ 역화(back fire) 방지

[해설] 급수처리의 목적
(1) 부식 방지
(2) 보일러수의 농축 방지
(3) 스케일 및 슬러지 생성 방지
(4) 보일러 효율 증대

42. 포화온도 105℃인 증기난방 방열기의 상당 방열면적이 20 m²일 경우 시간당 발생하는 응축수량은 약 kg/h인가? (단, 105℃ 증기의 증발잠열은 536.6 kcal/kg이다.)
① 10.37   ② 20.57
③ 12.17   ④ 24.27

[해설] 응축수량 = $\dfrac{난방부하}{증발잠열}$

$= \dfrac{표준방열량 \times 면적}{증발잠열}$

$\therefore \dfrac{650 \times 20}{535.6} = 24.27 \text{ kg/h}$

43. 강관재 루프형 신축 이음은 고압에 견디고, 고장이 적어 고온·고압용 배관에 이용되는데 이 신축 이음의 곡률반지름은 관지름의 몇 배 이상으로 하는 것이 좋은가?
① 2배   ② 3배
③ 4배   ④ 6배

[해설] 루프형 신축 이음의 곡률반지름은 관지름의 6배 이상으로 한다.

44. 보온재 선정 시 고려하여야 할 사항으로 틀린 것은?
① 안전사용 온도 범위에 적합해야 한다.
② 흡수성이 크고 가공이 용이해야 한다.
③ 물리적, 화학적 강도가 커야 한다.
④ 열전도율이 가능한 적어야 한다.

[해설] 보온재 선정 시 고려 사항은 ①, ③, ④항 외에 흡수성이 작고, 가공이 용이해야 한다.

45. 수격 작용을 방지하기 위한 조치로 거리가 먼 것은?
① 송기에 앞서서 관을 충분히 데운다.
② 송기할 때 주증기밸브는 급히 열지 않고 천천히 연다.
③ 증기관은 증기가 흐르는 방향으로 경사가 지도록 한다.
④ 증기관에 드레인이 고이도록 중간을 낮게 배관한다.

[해설] 증기관 내에 응축수가 고여 있지 않도록 해야 한다.

46. 무기질 보온재 중 하나로 안산암, 현무암에 석회석을 섞어 용융하여 섬유 모양으로 만든 것은?
① 코르크   ② 암면
③ 규조토   ④ 유리섬유

47. 보일러수 처리에서 순환계통의 처리 방법 중 용해 고형물 제거 방법이 아닌 것은?
① 약제첨가법   ② 이온교환법
③ 증류법   ④ 여과법

[해설] • 용해 고형물의 제거 방법
(1) 약품첨가법
(2) 증류법
(3) 이온교환법
• 현탁 고형물의 제거 방법
(1) 여과법
(2) 침강법
(3) 응집법
• 용존가스의 제거 방법
(1) 탈기법
(2) 기폭법

정답 42. ④ 43. ④ 44. ② 45. ④ 46. ② 47. ④

48. 강관에 대한 용접 이음의 장점으로 거리가 먼 것은?
① 열에 의한 잔류응력이 거의 발생하지 않는다.
② 접합부의 강도가 강하다.
③ 접합부의 누수의 염려가 없다.
④ 유체의 압력손실이 적다.
[해설] 용접 이음은 잔류응력이 발생한다.

49. 가동 보일러에 스케일과 부식물 제거를 위한 산세척 처리 순서로 올바른 것은?
① 전처리 → 수세 → 산액처리 → 수세 → 중화·방청처리
② 수세 → 산액처리 → 전처리 → 수세 → 중화·방청처리
③ 전처리 → 중화·방청처리 → 수세 → 산액처리 → 수세
④ 전처리 → 수세 → 중화·방청처리 → 수세 → 산액처리

50. 방열기의 구조에 관한 설명으로 옳지 않은 것은?
① 주요 구조 부분은 금속재료나 그 밖의 강도와 내구성을 가지는 적절한 재질의 것을 사용해야 한다.
② 엘리먼트 부분은 사용하는 온수 또는 증기의 온도 및 압력을 충분히 견디어 낼 수 있는 것으로 한다.
③ 온수를 사용하는 것에는 보온을 위해 엘리먼트 내에 공기를 빼는 구조가 없도록 한다.
④ 배관 접속부는 시공이 쉽고 점검이 용이해야 한다.
[해설] 엘리먼트(방열판) 내에 공기를 빼는 구조가 있어야 한다.

51. 신·재생에너지 정책심의회의 구성으로 맞는 것은?
① 위원장 1명을 포함한 10명 이내의 위원
② 위원장 1명을 포함한 20명 이내의 위원
③ 위원장 2명을 포함한 10명 이내의 위원
④ 위원장 2명을 포함한 20명 이내의 위원
[해설] 신·재생에너지 정책심의회의 구성 : 위원장 1명을 포함한 20명 이내의 위원

52. 에너지 수급 안정을 위하여 산업통상자원부 장관이 필요한 조치를 취할 수 있는 사항이 아닌 것은?
① 에너지의 배급
② 산업별·주요 공급자별 에너지 할당
③ 에너지의 비축과 저장
④ 에너지의 양도·양수의 제한 또는 금지
[해설] 에너지 수급 안정을 위한 조치사항으로는 ①, ③, ④항 외에 지역별·주요 수급자별 에너지 할당이 있다.

53. 저탄소녹색성장 기본법에 의거 온실가스 감축목표 등의 설정·관리 및 필요한 조치에 관한 사항을 관장하는 기관으로 옳은 것은 어느 것인가?
① 농림축산식품부 : 건물·교통 분야
② 환경부 : 농업·축산 분야
③ 국토교통부 : 폐기물 분야
④ 산업통상자원부 : 산업·발전 분야

54. 에너지이용 합리화법상 검사대상기기 조종자가 퇴직하는 경우 퇴직 이전에 다른 검사대상기기 조종자를 선임하지 아니한 자에 대한 벌칙으로 맞는 것은?
① 1천만원 이하의 벌금
② 2천만원 이하의 벌금

③ 5백만원 이하의 벌금
④ 2년 이하의 징역

55. 에너지이용 합리화법에서 정한 검사대상기기 조종자의 자격에서 에너지관리기능사가 조정할 수 있는 조종범위로서 옳지 않은 것은?
① 용량이 15 t/h 이하인 보일러
② 온수발생 및 열매체를 가열하는 보일러로서 용량이 581.5킬로와트 이하인 것
③ 최고사용압력이 1 MPa 이하이고, 전열면적이 10 m² 이하인 증기 보일러
④ 압력용기

[해설] 에너지관리기능사 조종범위 : 용량이 10 ton/h 이하인 보일러

56. 배관 용접 작업 시 안전사항 중 산소용기는 일반적으로 몇 ℃ 이하의 온도로 보관하여야 하는가?
① 100℃ 이하 ② 80℃ 이하
③ 60℃ 이하   ④ 40℃ 이하

[해설] 산소용기의 보관온도 : 40℃ 이하

57. 단관 중력 순환식 온수난방의 배관은 주관을 앞내림 기울기로 하여 공기가 모두 어느 곳으로 빠지게 하는가?
① 드레인밸브
② 팽창밸브
③ 에어벤트밸브
④ 체크밸브

[해설] 단관 중력 순환식 온수난방의 배관은 주관을 앞내림 기울기로 하여 공기가 모두 팽창밸브로 빠지게 한다.

58. 배관지지 장치의 명칭과 용도가 잘못 연결된 것은?
① 파이프 슈 – 관의 수평부, 곡관부 지지
② 리지드 서포트 – 빔 등으로 만든 지지대
③ 롤러 서포트 – 방진을 위해 변위가 적은 곳에 사용
④ 행어 – 배관계의 중량을 위에서 달아매는 장치

[해설] 브레이스(brace) : 방진을 위해 변위가 적은 곳에 사용되며, 종류에는 방진기와 완충기가 있다.

59. 보일러 운전이 끝난 후의 조치사항으로 잘못된 것은?
① 유류 사용 보일러의 경우 연료 계통의 스톱밸브를 닫고 버너를 청소한다.
② 연소실 내의 잔류여열로 보일러 내부의 압력이 상승하는지 확인한다.
③ 압력계 지시압력과 수면계의 표준수위를 확인해 둔다.
④ 예열용 연료를 노내에 약간 넣어 둔다.

[해설] 보일러 운전이 끝난 후 노내에 미연소가스가 남지 않도록 프리퍼지를 행한다.

60. 에너지법에 의거 지역에너지계획을 수립한 시 · 도지사는 이를 누구에게 제출하여야 하는가?
① 대통령
② 산업통상자원부 장관
③ 국토교통부 장관
④ 에너지관리공단 이사장

[해설] 에너지법에 의거 지역에너지계획을 수립한 시·도지사는 이를 산업통상자원부 장관에게 제출해야 한다.

정답 55. ① 56. ④ 57. ② 58. ③ 59. ④ 60. ②

에너지관리기능사

2014. 4. 6 시행

1. 증기 보일러의 캐리오버(carry over)의 발생 원인과 가장 거리가 먼 것은?
   ① 보일러 부하가 급격하게 증대할 경우
   ② 증발부 면적이 불충분할 경우
   ③ 증기 정지밸브를 급격히 열었을 경우
   ④ 부유 고형물 및 용해 고형물이 존재하지 않을 경우

2. 보일러의 점화 조작 시 주의사항에 대한 설명으로 잘못된 것은?
   ① 유압이 낮으면 점화 및 분사가 불량하고 유압이 높으면 그을음이 축적되기 쉽다.
   ② 연료의 예열온도가 낮으면 무화불량, 화염의 편류, 그을음, 분진이 발생하기 쉽다.
   ③ 연료가스의 유출속도가 너무 빠르면 역화가 일어나고, 너무 늦으면 실화가 발생하기 쉽다.
   ④ 프리퍼지 시간이 너무 길면 연소실의 냉각을 초래하고, 너무 짧으면 역화를 일으키기 쉽다.

   [해설]
   • 역화의 발생 원인 : 연료가스의 유출속도가 너무 느릴 때
   • 선화의 발생 원인 : 연료가스의 유출속도가 너무 빠를 때

3. 보일러 건조 보존 시에 사용되는 건조제가 아닌 것은?
   ① 암모니아   ② 생석회
   ③ 실리카겔   ④ 염화칼슘

   [해설] 보일러 건조 보존 시 사용되는 건조제
   (1) 생석회
   (2) 실리카겔
   (3) 염화칼슘

4. 이동 및 회전을 방지하기 위해 지지점 위치에 완전히 고정하는 지지금속으로, 열팽창 신축에 의한 영향이 다른 부분에 미치지 않도록 배관을 분리하여 설치·고정해야 하는 리스트레인트의 종류는?
   ① 앵커   ② 리지드 행어
   ③ 파이프 슈   ④ 브레이스

   [해설] 리스트레인트 : 열팽창에 의한 배관의 이동을 구속 또는 제한하는 장치로 종류에는 앵커, 스토퍼, 가이드가 있다.

5. 다음 중 보일러 동체가 국부적으로 과열되는 경우는?
   ① 고수위로 운전하는 경우
   ② 보일러 동 내면에 스케일이 형성된 경우
   ③ 안전밸브의 기능이 불량한 경우
   ④ 주증기밸브의 개폐 동작이 불량한 경우

   [해설] 국부적 과열의 원인
   (1) 저수위 시
   (2) 보일러 동 내면에 스케일 형성 시
   (3) 관수의 농축 시

6. 매연분출장치에서 보일러의 고온부인 과열기나 수관부용으로 고온의 열가스 통로에 사용할 때만 사용되는 매연분출장치는?
   ① 정치 회전형
   ② 롱 레트랙터블형
   ③ 쇼트레트랙터블형
   ④ 이동 회전형

7. 보일러의 자동제어에서 연소제어 시 조작량과 제어량의 관계가 옳은 것은?
   ① 공기량 – 수위

[정답] 1. ④ 2. ③ 3. ① 4. ① 5. ② 6. ② 7. ③

② 급수량 – 증기온도
③ 연료량 – 증기압
④ 전열량 – 노내압

[해설] 보일러 자동제어

종류	제어대상	조작량
증기온도제어 (STC)	증기온도	전열량
급수제어 (FWC)	보일러 수위	급수량
연소제어 (ACC)	증기압력	공기량 연료량
	노내압력	연소가스량

8. 다음 보일러 중 수관식 보일러에 해당되는 것은?
① 타쿠마 보일러
② 카네크롤 보일러
③ 스코치 보일러
④ 하우덴 존슨 보일러

[해설] ① 타쿠마 보일러(수관식 보일러)
② 카네크롤 보일러(열매체 보일러)
③ 스코치 보일러(노통 보일러)
④ 하우덴 존슨 보일러(노통 보일러)

9. 보일러 화염검출장치의 보수나 점검에 대한 설명 중 틀린 것은?
① 플레임 아이 장치의 주위온도는 50℃ 이상이 되지 않게 한다.
② 광전관식은 유리나 렌즈를 매주 1회 이상 청소하고 강도 유지에 유의한다.
③ 플레임 로드는 검출부가 불꽃에 직접 접하므로 소손에 유의하고 자주 청소해 준다.
④ 플레임 아이는 불꽃의 직사광이 들어가면 오동작하므로 불꽃의 중심을 향하지 않도록 설치한다.

[해설] 플레임 아이는 불꽃의 중심을 향하도록 설치해야 한다.

10. 열용량에 대한 설명으로 옳은 것은?
① 열용량의 단위는 kcal/g·℃이다.
② 어떤 물질 1g의 온도를 1℃ 올리는 데 소요되는 열량이다.
③ 어떤 물질의 비열에 그 물질의 질량을 곱한 값이다.
④ 열용량은 물질의 질량에 관계없이 항상 일정하다.

[해설] 열용량(kcal/℃)
= 비열(kcal/kg·℃) × 질량(kg)

11. 보일러수의 급수장치에서 인젝터의 특징으로 틀린 것은?
① 구조가 간단하고 소형이다.
② 급수량의 조절이 가능하고 급수 효율이 높다.
③ 증기와 물이 혼합하여 급수가 예열된다.
④ 인젝터가 과열되면 급수가 곤란하다.

[해설] 인젝터는 급수량의 조절이 어렵고 급수 효율이 낮다.

12. 물의 임계압력에서의 잠열은 몇 kcal/kg 인가?
① 539   ② 100
③ 0   ④ 639

[해설] 물의 임계압력(225.65 kgf/cm²)에서 증발잠열은 0 kcal/kg이다.

13. 유류 연소 시의 일반적인 공기비는?
① 0.95~1.1   ② 1.6~1.8
③ 1.2~1.4   ④ 1.8~2.0

정답 8. ① 9. ④ 10. ③ 11. ② 12. ③ 13. ③

14. 〈보기〉와 같은 특징을 갖고 있는 통풍방식은?

〈보기〉
- 연도의 끝이나 연돌 하부에 송풍기를 설치한다.
- 연도 내의 압력은 대기압보다 작게 유지된다.
- 매연이나 부식성이 강한 배기가스가 통과하므로 송풍기의 고장이 자주 발생한다.

① 자연통풍 ② 압입통풍
③ 흡입통풍 ④ 평형통풍

15. 보일러의 열손실이 아닌 것은?
① 방열 손실 ② 배기가스 열손실
③ 미연소 손실 ④ 응축수 손실

해설 출열 항목
(1) 유효출열(증기의 보유열량)
(2) 배기가스에 의한 열손실
(3) 미연소가스분에 의한 열손실
(4) 방산열에 의한 열손실

16. 일반적으로 보일러 동(드럼) 내부에 물을 어느 정도로 채워야 하는가?

① $\frac{1}{4} \sim \frac{1}{3}$ ② $\frac{1}{6} \sim \frac{1}{5}$
③ $\frac{1}{4} \sim \frac{2}{5}$ ④ $\frac{2}{3} \sim \frac{4}{5}$

해설 보일러 동(드럼) 내부에 수부의 양: $\frac{2}{3} \sim \frac{4}{5}$ 정도

17. 다음 중 주철제 보일러의 특징 설명으로 틀린 것은?
① 내열·내식성이 우수하다.
② 쪽수의 증감에 따라 용량조절이 용이하다.
③ 재질이 주철이므로 충격에 강하다.
④ 고압 및 대용량에 부적당하다.

해설 주철제 보일러는 탄소 함량이 많아서 충격에 약한 단점이 있다.

18. 다음 중 잠열에 해당되는 것은?
① 기화열 ② 생성열
③ 중화열 ④ 반응열

해설 잠열의 종류: 융해열, 응고열, 기화열, 승화열 등

19. 노통 연관식 보일러의 특징으로 가장 거리가 먼 것은?
① 내분식이므로 열손실이 적다.
② 수관식 보일러에 비해 보유수량이 적어 파열 시 피해가 작다.
③ 원통형 보일러 중에서 효율이 가장 높다.
④ 원통형 보일러 중에서 구조가 가장 복잡한 편이다.

해설 노통 연관식 보일러는 보유수량이 많아 파열 시 피해가 크다.

20. 보일러 연소실 내에서 가스 폭발을 일으킨 원인으로 가장 적절한 것은?
① 프리퍼지 부족으로 미연소 가스가 충만되어 있었다.
② 연도 쪽의 댐퍼가 열려 있었다.
③ 연소용 공기를 다량으로 주입하였다.
④ 연료의 공급이 부족하였다.

21. 상당증발량이 6000 kg/h, 연료소비량이 400 kg/h인 보일러의 효율은 약 몇 %인가? (단, 연료의 저위발열량은 9700 kcal/kg이다.)

정답 14. ③ 15. ④ 16. ④ 17. ③ 18. ① 19. ② 20. ① 21. ②

① 81.3% ② 83.4%
③ 85.8% ④ 79.2%

[해설] $\eta = \dfrac{6000 \times 539}{400 \times 9700} \times 100 = 83.4\%$

[참고]

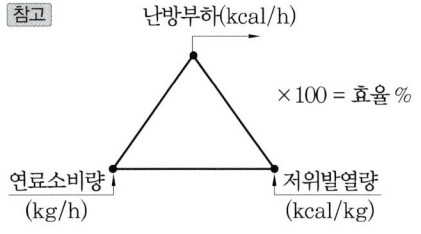

※ 여기서, 난방부하는 상당증발량 × 물의 증발잠열이다.

22. 다음 중 탄화수소비가 가장 큰 액체 연료는 어느 것인가?
① 휘발유 ② 등유
③ 경유   ④ 중유

[해설] 탄화수소비는 탄소수가 많을수록 크다.
(중유 > 경유 > 등유 > 휘발유)

23. 무게 80 kgf인 물체를 수직으로 5 m까지 끌어올리기 위한 일을 열량으로 환산하면 약 몇 kcal인가?
① 0.94 kcal ② 0.094 kcal
③ 40 kcal   ④ 400 kcal

[해설]

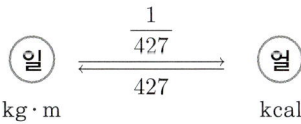

∴ $80 \times 5 \times \dfrac{1}{427} = 0.94$ kcal

24. 중유의 연소 상태를 개선하기 위한 첨가제의 종류가 아닌 것은?
① 연소촉진제   ② 회분개질제
③ 탈수제   ④ 슬러지 생성제

[해설] 중유 첨가제의 종류
(1) 연소촉진제 (2) 회분개질제
(3) 탈수제   (4) 슬러지 분산제

25. 보일러의 폐열회수장치에 대한 설명 중 가장 거리가 먼 것은?
① 공기예열기는 배기가스와 연소용 공기를 열교환하여 연소용 공기를 가열하기 위한 것이다.
② 절탄기는 배기가스의 여열을 이용하여 급수를 예열하는 급수예열기를 말한다.
③ 공기예열기의 형식은 전열 방법에 따라 전도식과 재생식, 히트파이프식으로 분류된다.
④ 급수예열기는 설치하지 않아도 되지만 공기예열기는 반드시 설치하여야 한다.

[해설] 급수예열기(절탄기) 및 공기예열기를 설치하여 보일러 효율을 증대시켜야 한다.

26. 복사난방의 특징에 관한 설명으로 옳지 않은 것은?
① 쾌감도가 좋다.
② 고장 발견이 용이하고, 시설비가 싸다.
③ 실내공간의 이용률이 높다.
④ 동일 방열량에 대한 열손실이 적다.

[해설] 복사난방은 고장 발견이 어렵고, 시설비가 많이 든다.

27. 다음 중 보일러 용수 관리에서 경도(hardness)와 관련되는 항목으로 가장 적합한 것은 어느 것인가?
① Hg, SVI   ② BOD, COD
③ DO, Na   ④ Ca, Mg

[해설] 경도(hardness) : 수중에 함유되어 있는 칼슘(Ca) 및 마그네슘(Mg)의 농도를 나타내는 척도

[정답] 22. ④ 23. ① 24. ④ 25. ④ 26. ② 27. ④

28. 보일러에서 열효율의 향상 대책으로 틀린 것은?

① 열손실을 최대한 억제한다.
② 운전 조건을 양호하게 한다.
③ 연소실 내의 온도를 낮춘다.
④ 연소장치에 맞는 연료를 사용한다.

해설 연소실 내의 온도를 높여야 열효율이 향상된다.

29. 보일러의 증기관 중 반드시 보온을 해야 하는 곳은?

① 난방하고 있는 실내에 노출된 배관
② 방열기 주위 배관
③ 주증기 공급관
④ 관말 증기트랩장치의 냉각레그

해설 주증기 공급관은 열손실을 방지하기 위해 반드시 보온 조치한다.

30. 강철제 증기 보일러의 최고사용압력이 2 MPa일 때 수압시험압력은?

① 2 MPa   ② 2.5 MPa
③ 3 MPa   ④ 4 MPa

해설 최고사용압력(P)이 1.5 MPa 초과 시 :
수압시험압력 = $P \times 1.5 = 2 \times 1.5 = 3$ MPa

31. 어떤 보일러의 시간당 발생증기량을 G_a, 발생증기의 엔탈피를 i_2, 급수엔탈피를 i_1라 할 때, 다음 식으로 표시되는 값(G_e)은?

$$G_e = \frac{G_a(i_2 - i_1)}{539} [\text{kg/h}]$$

① 증발률   ② 보일러 마력
③ 연소 효율   ④ 상당증발량

해설 $G_e = \dfrac{G_a \times (i_2 - i_1)}{539}$ [kg/h]

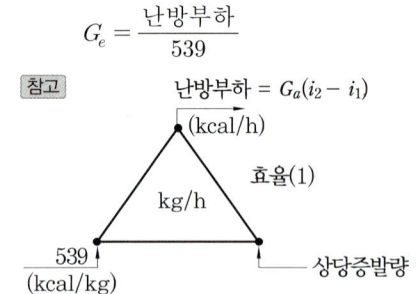

참고

$G_e = \dfrac{\text{난방부하}}{539}$

난방부하 = $G_a(i_2 - i_1)$ (kcal/h)

kg/h, 효율(1), 539 (kcal/kg), 상당증발량

32. 보일러의 자동 제어를 제어 동작에 따라 구분할 때 연속 동작에 해당되는 것은?

① 2위치 동작
② 다위치 동작
③ 비례 동작(P 동작)
④ 부동제어 동작

해설 제어 동작의 분류

불연속 동작	• 2위치 동작 • 다위치 동작 • 부동제어 동작
연속 동작	• 비례 동작(P 동작) • 적분 동작(I 동작) • 미분 동작(D 동작)
복합 동작	• 비례적분 동작(PI 동작) • 비례미분 동작(PD 동작) • 비례적분미분 동작(PID 동작)

33. 정격압력이 12 kgf/cm²일 때 보일러의 용량이 가장 큰 것은? (단, 급수온도는 10℃, 증기엔탈피는 663.8 kcal/kg이다.)

① 실제증발량 1200 kg/h
② 상당증발량 1500 kg/h
③ 정격출력 800000 kcal/h
④ 보일러 100마력(B-HP)

해설 ① $1200 \times (663.8 - 10) = 784560$ kcal/h
② $1500 \times 539 = 808500$ kcal/h
③ 800000 kcal/h
④ $8435 \times 100 = 843500$ kcal/h

정답 28. ③ 29. ③ 30. ③ 31. ④ 32. ③ 33. ④

34. 다음 중 프라이밍의 발생 원인으로 거리가 먼 것은?

① 보일러 수위가 낮을 때
② 보일러수가 농축되어 있을 때
③ 송기 시 증기밸브를 급개할 때
④ 증발능력에 비하여 보일러수의 표면적이 작을 때

[해설] 보일러 수위가 낮으면 과열에 의한 보일러 사고가 발생한다.

35. 흑체로부터의 복사 전열량은 절대온도의 몇 승에 비례하는가?

① 2승　② 3승
③ 4승　④ 5승

[해설] 흑체로부터의 복사 전열량(복사 에너지)은 절대온도의 4승에 비례한다.

36. 수관식 보일러의 특징에 관한 설명으로 틀린 것은?

① 구조상 고압 대용량에 적합하다.
② 전열면적을 크게 할 수 있으므로 일반적으로 효율이 높다.
③ 급수 및 보일러수 처리에 주의가 필요하다.
④ 전열면적당 보유수량이 많아 기동에서 소요증기가 발생할 때까지의 시간이 길다.

[해설] 수관식 보일러는 전열면적당 보유수량이 적어 기동에서 소요증기가 발생할 때까지의 시간이 짧다.

37. 화염검출기 기능 불량과 대책을 연결한 것으로 잘못된 것은?

① 집광렌즈 오염 – 분리 후 청소
② 증폭기 노후 – 교체
③ 동력선의 영향 – 검출회로와 동력선 분리
④ 점화전극의 고전압이 플레임 로드에 흐를 때 – 전극과 불꽃 사이를 넓게 분리

[해설] 전극봉과 불꽃 사이를 좁게 설치해야 화염을 검출할 수 있다.

38. 유압분무식 오일 버너의 특징에 관한 설명으로 틀린 것은?

① 대용량 버너의 제작이 가능하다.
② 무화 매체가 필요 없다.
③ 유량 조절 범위가 넓다.
④ 기름의 점도가 크면 무화가 곤란하다.

[해설] 유압분무식 오일 버너는 다른 종류의 버너에 비해 유량 조절 범위가 좁다.

39. 집진장치 중 집진효율은 높으나 압력손실이 낮은 형식은?

① 전기식 집진장치
② 중력식 집진장치
③ 원심력식 집진장치
④ 세정식 집진장치

[해설] 전기식 집진장치(코트렐 집진기) : 집진장치 중 효율이 가장 높고, 압력손실도 적다.

40. 강관 배관에서 유체의 흐름 방향을 바꾸는 데 사용되는 이음쇠는?

① 부싱　② 리턴 벤드
③ 리듀서　④ 소켓

[해설] 유체의 흐름 방향을 전환하는 부속의 종류
(1) 티(tee)
(2) 엘보(elbow)
(3) 리턴 벤드(return bend)

41. 액체 연료에서의 무화의 목적으로 틀린 것은?

① 연료와 연소용 공기와의 혼합을 고르게 하기 위해

[정답] 34. ①　35. ③　36. ④　37. ④　38. ③　39. ①　40. ②　41. ②

② 연료 단위 중량당 표면적을 작게 하기 위해
③ 연소 효율을 높이기 위해
④ 연소실 열발생률을 높게 하기 위해

[해설] 액체 연료의 무화 목적
(1) 연료와 공기의 혼합을 좋게 하기 위해서
(2) 연소 효율을 높이기 위해서
(3) 연료 단위 중량당 표면적을 크게 하기 위해서

42. 수면계의 점검순서 중 가장 먼저 해야 하는 사항으로 적당한 것은?
① 드레인콕을 닫고 물콕을 연다.
② 물콕을 열어 통수관을 확인한다.
③ 물콕 및 증기콕을 닫고 드레인콕을 연다.
④ 물콕을 닫고 증기콕을 열어 통기관을 확인한다.

[해설] 물콕을 닫는다. → 증기콕을 닫는다. → 드레인콕을 열어 물을 뺀다. → 물콕을 열어 확인 후 잠근다. → 증기콕을 연다. → 드레인콕을 닫고 물콕을 연다.

43. 팽창탱크 내의 물이 넘쳐 흐를 때를 대비하여 팽창탱크에 설치하는 관은?
① 배수관　　　② 환수관
③ 오버플로관　④ 팽창관

44. 배관 중간이나 밸브, 펌프, 열교환기 등의 접속을 위해 사용되는 이음쇠로서 분해, 조립이 필요한 경우에 사용되는 것은?
① 벤드　　　② 리듀서
③ 플랜지　　④ 슬리브

[해설] 분해, 조립이 필요한 경우에 사용되는 이음쇠로는 플랜지, 유니언 등이 있다.

45. 보일러의 부하율에 대한 설명으로 적합한 것은?
① 보일러의 최대증발량에 대한 실제증발량의 비율
② 증기발생량을 연료소비량으로 나눈 값
③ 보일러에서 증기가 흡수한 총열량을 급수량으로 나눈 값
④ 보일러 전열면적 1 m² 에서 시간당 발생되는 증기열량

[해설] 보일러 부하율 = $\dfrac{실제증발량}{최대증발량} \times 100\%$

46. 다음 난방부하의 발생 요인 중 맞지 않는 것은?
① 벽체(외벽, 바닥, 지붕 등)를 통한 손실 열량
② 극간 풍에 의한 손실열량
③ 외기(환기공기)의 도입에 의한 손실열량
④ 실내조명, 전열기구 등에서 발산되는 열부하

[해설] 난방 설계 시 실내조명 및 전열기구 등에서 발산되는 열부하는 난방부하 발생 요인과 관계가 미비하기 때문에 무시하고 계산할 수 있다.

47. 보일러의 수압시험을 하는 주된 목적은?
① 제한 압력을 결정하기 위하여
② 열효율을 측정하기 위하여
③ 균열의 여부를 알기 위하여
④ 설계의 양부를 알기 위하여

48. 규산칼슘 보온재의 안전사용 최고온도(℃)는?
① 300　　② 450
③ 650　　④ 850

[정답] 42. ③　43. ③　44. ③　45. ①　46. ④　47. ③　48. ③

49. 보일러 운전 중 저수위로 인하여 보일러가 과열된 경우의 조치법으로 거리가 먼 것은 어느 것인가?

① 연료 공급을 중지한다.
② 연소용 공기 공급을 중단하고 댐퍼를 전개한다.
③ 보일러가 자연 냉각하는 것을 기다려 원인을 파악한다.
④ 부동 팽창을 방지하기 위해 즉시 급수를 한다.

[해설] 저수위로 인하여 보일러가 과열된 경우 운전을 정지시킨 후 원인을 파악하고 이상이 없으면 서서히 급수를 행한다.

50. 보일러 운전 중 1일 1회 이상 실행하거나 상태를 점검해야 하는 것으로 가장 거리가 먼 사항은?

① 안전밸브 작동상태
② 보일러수 분출 작업
③ 여과기 상태
④ 저수위 안전장치 작동상태

[해설] 여과기는 6개월에 한 번씩 점검한다.

51. 저탄소 녹색성장 기본법상 온실가스에 해당하지 않는 것은?

① 이산화탄소
② 메탄
③ 수소
④ 육불화황

[해설] 온실가스의 종류 : 이산화탄소(CO_2), 메탄(CH_4), 육불화황(SF_6), 아산화질소(N_2O) 등

52. 에너지법상 에너지 공급설비에 포함되지 않는 것은?

① 에너지 수입설비
② 에너지 전환설비
③ 에너지 수송설비
④ 에너지 생산설비

[해설] 에너지 공급설비에는 ②, ③, ④항 외에 에너지 저장설비가 있다.

53. 온실가스 감축 목표의 설정·관리 및 필요한 조치에 관하여 총괄·조정 기능을 수행하는 자는?

① 환경부 장관
② 산업통상자원부 장관
③ 국토교통부 장관
④ 농림축산식품부 장관

54. 자원을 절약하고, 효율적으로 이용하며 폐기물의 발생을 줄이는 등 자원순환산업을 육성·지원하기 위한 다양한 시책에 포함되지 않는 것은?

① 자원의 수급 및 관리
② 유해하거나 재제조·재활용이 어려운 물질의 사용 억제
③ 에너지자원으로 이용되는 목재, 식물, 농산물 등 바이오매스의 수집·활용
④ 친환경 생산체제로의 전환을 위한 기술지원

55. 온실가스 감축, 에너지 절약 및 에너지 이용효율 목표를 통보받은 관리업체가 규정의 사항을 포함한 다음 연도 이행계획을 전자적 방식으로 언제까지 부문별 관장기관에게 제출하여야 하는가?

① 매년 3월 31일까지
② 매년 6월 30일까지
③ 매년 9월 30일까지
④ 매년 12월 31일까지

[정답] 49. ④ 50. ③ 51. ③ 52. ① 53. ① 54. ④ 55. ④

56. 환수관의 배관방식에 의한 분류 중 환수주관을 보일러의 표준수위보다 낮게 배관하여 환수하는 방식은 어떤 배관방식인가?

① 건식환수 ② 중력환수
③ 기계환수 ④ 습식환수

해설 환수관의 배관방식에 따른 분류
(1) 건식환수방식 : 환수주관을 보일러의 증기부에 연결하는 배관방식
(2) 습식환수방식 : 환수주관을 보일러의 표준수위보다 낮게 연결하는 배관방식

57. 세관 작업 시 규산염은 염산에 잘 녹지 않으므로 용해촉진제를 사용하는데 다음 중 어느 것을 사용하는가?

① H_2SO_4 ② HF
③ NH_3 ④ Na_2SO_4

해설 규산염(경질 스케일)은 염산에 잘 녹지 않으므로 용해촉진제인 불화수소산(HF)을 사용한다.

58. 주철제 보일러의 최고사용압력이 0.30 MPa인 경우 수압시험압력은?

① 0.15 MPa ② 0.30 MPa
③ 0.43 MPa ④ 0.60 MPa

해설 최고사용압력(P)이 0.43 MPa 이하 시 :
수압시험압력 $= P \times 2 = 0.3 \times 2 = 0.6$ MPa

59. 강관 용접 접합의 특징에 대한 설명으로 틀린 것은?

① 관내 유체의 저항 손실이 적다.
② 접합부의 강도가 강하다.
③ 보온피복 시공이 어렵다.
④ 누수의 염려가 적다.

해설 용접 접합은 보온피복 시공이 용이하다.

60. 다음 중 에너지이용 합리화법상 열사용기자재가 아닌 것은?

① 강철제 보일러
② 구멍탄용 온수 보일러
③ 전기순간온수기
④ 2종 압력용기

해설 열사용기자재의 종류
(1) 강철제 보일러
(2) 주철제 보일러
(3) 소형 온수 보일러
(4) 구멍탄용 온수 보일러
(5) 축열식 전기 보일러
(6) 1, 2종 압력용기

정답 56. ④ 57. ② 58. ④ 59. ③ 60. ③

에너지관리기능사

2014. 7. 20 시행

1. 원통형 및 수관식 보일러의 구조에 대한 설명 중 틀린 것은?

① 노통 접합부는 애덤슨 조인트(Adamson joint)로 연결하여 열에 의한 신축을 흡수한다.
② 코니시 보일러는 노통을 편심으로 설치하여 보일러수의 순환이 잘 되도록 한다.
③ 갤러웨이관은 전열면을 증대하고 강도를 보강한다.
④ 강수관의 내부는 열가스가 통과하여 보일러수 순환을 증진한다.

[해설] 강수관 내부는 보일러수가 순환하고, 강수관 외부는 열가스가 통과한다.

2. 열의 일당량 값으로 옳은 것은?

① 427 kg·m/kcal
② 327 kg·m/kcal
③ 273 kg·m/kcal
④ 472 kg·m/kcal

[해설]

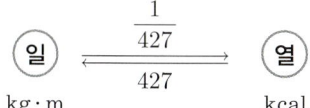

3. 보일러 시스템에서 공기예열기 설치 사용 시 특징으로 틀린 것은?

① 연소 효율을 높일 수 있다.
② 저온 부식이 방지된다.
③ 예열공기의 공급으로 불완전 연소가 감소된다.
④ 노내의 연소속도를 빠르게 할 수 있다.

[해설] 공기예열기 설치 사용 시 저온 부식이 발생된다.

4. 보일러 연료로 사용되는 LNG의 성분 중 함유량이 가장 많은 것은?

① CH_4 ② C_2H_6
③ C_3H_8 ④ C_4H_{10}

[해설] LNG(액화천연가스)의 주성분 : CH_4(메탄)

5. 공기예열기 설치 시 이점으로 옳지 않은 것은?

① 예열공기의 공급으로 불완전 연소가 감소한다.
② 배기가스의 열손실이 증가된다.
③ 저질 연료도 연소가 가능하다.
④ 보일러 열효율이 증가한다.

[해설] 공기예열기 설치 시 배기가스의 열손실이 감소한다.

6. 보일러 중에서 관류 보일러에 속하는 것은 어느 것인가?

① 코크란 보일러
② 코니시 보일러
③ 스코치 보일러
④ 슐처 보일러

[해설] 관류 보일러의 종류
(1) 벤슨 보일러 (2) 슐처 보일러
(3) 람진 보일러 (4) 엣모스 보일러

7. 보일러 효율이 85%, 실제증발량이 5 t/h이고, 발생증기의 엔탈피 656 kcal/kg, 급수온도의 엔탈피는 56 kcal/kg, 연료의 저위발열량이 9750 kcal/kg일 때 연료소비량은 약 몇 kg/h인가?

① 316 ② 362

정답 1. ④ 2. ① 3. ② 4. ① 5. ② 6. ④ 7. ②

③ 389　　　　　　④ 405

[해설] 연료소비량 = $\dfrac{5000 \times (656-56)}{0.85 \times 9750}$
　　　　　　　　 = 362 kg/h

[참고]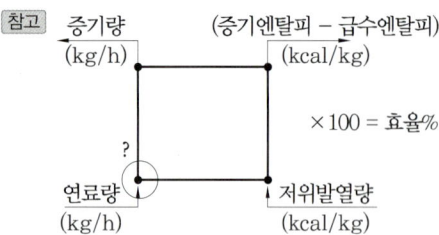

※ 난방부하 = 증기량(증·엔 - 급·엔)

8. 물질의 온도 변화에 소요되는 열, 즉 물질의 온도를 상승시키는 에너지로 사용되는 열은 무엇인가?
① 잠열　　　　② 증발열
③ 융해열　　　④ 현열

[해설] • 현열 : 온도 변화는 있고, 상 변화는 없다.
　　　 • 잠열 : 상 변화는 있고, 온도 변화는 없다.

9. 용적식 유량계가 아닌 것은?
① 로터리형 유량계
② 피토관식 유량계
③ 루트형 유량계
④ 오벌기어형 유량계

[해설] 피토관 유량계는 유속식 유량계이다.

10. 다음 중 가압수식 집진장치의 종류에 속하는 것은?
① 백필터　　　　② 세정탑
③ 코트렐　　　　④ 배플식

[해설] 가압수식 집진장치의 종류
　(1) 제트 스크러버식
　(2) 벤투리 스크러버식
　(3) 사이클론 스크러버식
　(4) 세정탑식(충전탑식)

11. 분사관을 이용해 선단에 노즐을 설치하여 청소하는 것으로 주로 고온의 전열면에 사용하는 수트블로어(soot blower)의 형식은 어느 것인가?
① 롱 레트랙터블(long retractable)형
② 로터리(rotary)형
③ 건(gun)형
④ 에어히터클리너(air heater cleaner)형

12. 긴 관의 한 끝에서 펌프로 압송된 급수가 관을 지나는 동안 차례로 가열, 증발, 과열된 다음 과열증기가 되어 나가는 형식의 보일러는 어느 것인가?
① 노통보일러　　② 관류 보일러
③ 연관보일러　　④ 입형보일러

13. 보일러 연소실 내의 미연소가스 폭발에 대비하여 설치하는 안전장치는?
① 가용전　　　② 방출밸브
③ 안전밸브　　④ 방폭문

14. 연료를 연소시키는 데 필요한 실제공기량과 이론공기량의 비, 즉 공기비를 m 이라 할 때 다음 식이 뜻하는 것은?

$$(m-1) \times 100\%$$

① 과잉공기율
② 과소공기율
③ 이론공기율
④ 실제공기율

[해설] 과잉공기율 = $(m-1) \times 100\%$

[정답] 8. ④　9. ②　10. ②　11. ①　12. ②　13. ④　14. ①

15. 보일러의 자동제어 신호 전달 방식 중 전달거리가 가장 긴 것은?

① 전기식　　② 유압식
③ 공기식　　④ 수압식

[해설] 자동제어 신호 전달 방식의 전달거리 순서 : 전기식 > 유압식 > 공기압식

16. 다음 중 연소의 속도에 미치는 인자가 아닌 것은?

① 반응물질의 온도
② 산소의 온도
③ 촉매물질
④ 연료의 발열량

[해설] 연소 속도에 미치는 인자
(1) 반응물질의 온도
(2) 산소의 온도
(3) 촉매물질
(4) 연소 압력
(5) 활성화 에너지

17. 자동제어의 신호 전달 방법 중 신호 전송 시 시간 지연이 있으며, 전송거리가 100~150 m 정도인 것은?

① 전기식　　② 유압식
③ 기계식　　④ 공기식

18. 액체 연료 중 경질유에 주로 사용하는 기화 연소 방식의 종류에 해당하지 않는 것은 어느 것인가?

① 포드식　　② 심지식
③ 증발식　　④ 무화식

[해설] 액체 연료의 연소 방식
(1) 기화 연소 방식 : 경질유(등유, 경유) 사용
(2) 무화 연소 방식 : 중질유(중유 B-A, B-B, B-C) 사용

19. 보일러에 과열기를 설치하여 과열증기를 사용하는 경우의 설명으로 잘못된 것은?

① 과열증기란 포화증기의 온도와 압력을 높인 것이다.
② 과열증기는 포화증기보다 보유 열량이 많다.
③ 과열증기를 사용하면 배관부의 마찰저항 및 부식을 감소시킬 수 있다.
④ 과열증기를 사용하면 보일러의 열효율을 증대시킬 수 있다.

[해설] 과열증기란 포화증기의 압력은 일정하게 유지하고 온도만 상승시킨 것이다.

20. 플로트 트랩은 어떤 종류의 트랩인가?

① 디스크 트랩　　② 기계적 트랩
③ 온도조절 트랩　　④ 열역학적 트랩

[해설] (1) 기계적 트랩 : 버킷식, 플로트식(다량 트랩)
(2) 온도조절식 트랩 : 바이메탈식, 벨로스식(열동식 트랩)
(3) 열역학적 트랩 : 오리피스식, 디스크식

21. 보일러의 외처리 방법 중 탈기법에서 제거되는 것은?

① 황화수소　　② 수소
③ 망간　　④ 산소

[해설] 보일러의 외처리 방법
(1) 용존가스의 제거(탈기법, 기폭법)
　• 탈기법 : 용존산소 및 탄산가스 제거
　• 기폭법 : 탄산가스체나 철, 망간 등을 제거
(2) 현탁 고형물의 제거 : 여과법, 침강법, 응집법
(3) 용해 고형물의 제거 : 약품첨가법, 증류법, 이온교환법

정답 15. ①　16. ④　17. ④　18. ④　19. ①　20. ②　21. ④

22. 보일러의 외부 부식 발생 원인과 관계가 가장 먼 것은?
① 빗물, 지하수 등에 의한 습기나 수분에 의한 작용
② 보일러수 등의 누출로 인한 습기나 수분에 의한 작용
③ 연소가스 속의 부식성 가스(아황산가스 등)에 의한 작용
④ 급수 중에 유지류, 산류, 탄산가스, 산소, 염류 등의 불순물 함유에 의한 작용

해설 ④항은 내부 부식 발생의 원인에 해당된다.

23. 실내의 온도 분포가 가장 균등한 난방방식은 무엇인가?
① 온풍 난방 ② 방열기 난방
③ 복사 난방 ④ 온돌 난방

24. 관을 아래서 지지하면서 신축을 자유롭게 하는 지지물은 무엇인가?
① 스프링 행어 ② 롤러 서포트
③ 콘스턴트 행어 ④ 리스트레인트

해설 서포트는 배관의 하중을 밑에서 떠받쳐 지지하는 장치로 파이프 슈, 롤러 서포트, 리지드 서포트, 스프링 서포트 등이 있다.

25. 고체 내부에서의 열의 이동 현상으로 물질은 움직이지 않고, 열만 이동하는 현상은 무엇인가?
① 전도 ② 전달
③ 대류 ④ 복사

26. 연료 중 표면 연소하는 것은?
① 목탄 ② 경유
③ 석탄 ④ LPG

해설 (1) 고체 연료의 연소 형태
 • 표면 연소 : 목탄(숯), 코크스, 금속분말
 • 분해 연소 : 석탄, 목재
(2) 액체 연료의 연소 형태
 • 증발 연소 : 휘발유, 등유, 중유, 알코올
 • 분해 연소 : 중유
(3) 기체 연료의 연소 형태
 • 확산 연소 : 프로판을 제외한 기체 연료
 • 예혼합 연소 : 프로판(C_3H_8)

27. 서로 다른 두 종류의 금속판을 하나로 합쳐 온도 차이에 따라 팽창 정도가 다른 점을 이용한 온도계는?
① 바이메탈 온도계
② 압력식 온도계
③ 전기저항 온도계
④ 열전대 온도계

28. 일반적으로 효율이 가장 좋은 보일러는?
① 코니시 보일러
② 입형 보일러
③ 연관 보일러
④ 수관 보일러

해설 보일러 효율 순서 : 관류 보일러 > 수관 보일러 > 노통연관 보일러 > 연관 보일러 > 노통 보일러 > 입형 보일러

29. 급유장치에서 보일러 가동 중 연소의 소화, 압력 초과 등 이상 현상 발생 시 긴급히 연료를 차단하는 것은?
① 압력조절 스위치
② 압력제한 스위치
③ 감압밸브
④ 전자밸브

정답 22. ④ 23. ③ 24. ② 25. ① 26. ① 27. ① 28. ④ 29. ④

30. 급유량계 앞에 설치하는 여과기의 종류가 아닌 것은?
① U형 ② V형
③ S형 ④ Y형

해설 여과기(불순물 제거 장치) 종류 : Y형, V형, U형

31. 보일러 증기 발생량이 5 t/h, 발생 증기 엔탈피는 650 kcal/kg, 연료 사용량이 400 kg/h, 연료의 저위발열량이 9750 kcal/kg일 때 보일러 효율은 약 몇 %인가? (단, 급수 온도는 20℃이다.)
① 78.8% ② 80.8%
③ 82.4% ④ 84.2%

해설 보일러 효율
$= \dfrac{5000 \times (650-20)}{400 \times 9750} \times 100 = 80.8\%$

32. 보일러 급수배관에서 급수의 역류를 방지하기 위하여 설치하는 밸브는?
① 체크밸브 ② 슬루스밸브
③ 글로브밸브 ④ 앵글밸브

33. 보일러 중 노통연관식 보일러는?
① 코니시 보일러
② 랭커셔 보일러
③ 스코치 보일러
④ 타쿠마 보일러

해설 ① 코니시 보일러 : 노통 보일러
② 랭커셔 보일러 : 노통 보일러
③ 스코치 보일러 : 노통연관 보일러
④ 타쿠마 보일러 : 수관식 보일러

34. 수면계의 기능시험 시기로 틀린 것은?
① 보일러를 가동하기 전
② 수위의 움직임이 활발할 때
③ 보일러를 가동하여 압력이 상승하기 시작했을 때
④ 2개 수면계의 수위에 차이를 발견했을 때

35. 강관의 스케줄 번호가 나타내는 것은?
① 관의 중심 ② 관의 두께
③ 관의 외경 ④ 관의 내경

해설 스케줄 번호(Sch. No) : 관의 두께를 표시

$\text{Sch. No} = \dfrac{\text{사용압력}}{\text{허용응력}} \times 10$

$= \dfrac{\text{사용압력}}{\dfrac{\text{인장강도}}{\text{안전율}}} \times 10$

사용압력 : kgf/cm^2 허용응력 : kgf/mm^2
인장강도 : kgf/mm^2
10 : 분모, 분자의 단위를 맞춰주기 위함

36. 가정용 온수 보일러 등에 설치하는 팽창탱크의 주된 설치 목적은 무엇인가?
① 허용압력 초과에 따른 안전장치 역할
② 배관 중의 맥동을 방지
③ 배관 중의 이물질 제거
④ 온수순환의 원활

해설 팽창탱크의 설치 목적
(1) 체적팽창을 흡수한다.
(2) 보충수를 공급한다.
(3) 온수와 압력을 일정하게 유지한다.
(4) 열손실을 방지한다.

37. 난방부하가 15000 kcal/h이고, 주철제 증기 방열기로 난방한다면 방열기 소요 방열 면적은 약 몇 m²인가? (단, 방열기의 방열량은 표준 방열량으로 한다.)
① 16 ② 18 ③ 20 ④ 23

정답 30. ③ 31. ② 32. ① 33. ③ 34. ② 35. ② 36. ① 37. ④

해설 소요 방열면적(m²) = 난방부하 / 표준 방열량

$= \dfrac{15000}{650} = 23 \text{ m}^2$

참고

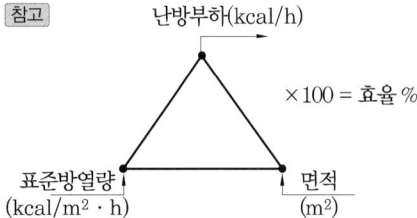

38. 증기 난방과 비교한 온수 난방의 특징 설명으로 틀린 것은?

① 예열시간이 길다.
② 건물 높이에 제한을 받지 않는다.
③ 난방부하 변동에 따른 온도 조절이 용이하다.
④ 실내 쾌감도가 높다.

해설 온수 난방은 건물 높이에 제한을 받는다.

39. 증기 보일러에서 송기를 개시할 때 증기 밸브를 급히 열면 발생할 수 있는 현상으로 가장 적당한 것은?

① 캐비테이션 현상
② 수격작용
③ 역화
④ 수면계의 파손

40. 배관의 단열공사를 실시하는 목적에서 가장 거리가 먼 것은?

① 열에 대한 경제성을 높인다.
② 온도 조절과 열량을 낮춘다.
③ 온도 변화를 제한한다.
④ 화상 및 화재 방지를 한다.

41. 냉동용 배관 결합 방식에 따른 도시 방법 중 용접식을 나타내는 것은?

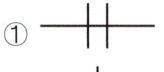

해설 ① : 플랜지 이음 방식
② : 용접 이음 방식
③ : 나사 이음 방식
④ : 유니언 이음 방식

42. 방열기 설치 시 벽면과의 간격으로 가장 적합한 것은?

① 50 mm ② 80 mm
③ 100 mm ④ 150 mm

해설 방열기 설치

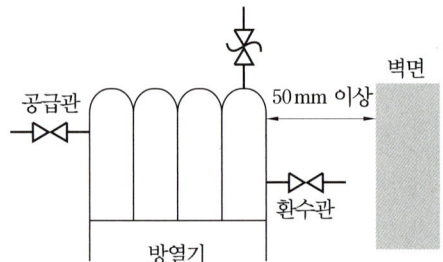

43. 20A 관을 90°로 구부릴 때 중심곡선의 적당한 길이는 약 몇 mm인가? (단, 곡률 반지름 $R = 100$ mm이다.)

① 147 ② 157
③ 167 ④ 177

해설 곡선부의 길이 $= 2\pi r \times \dfrac{\theta}{360}$

$= 2 \times 3.14 \times 100 \times \dfrac{90}{360} = 157$ mm

44. 다음 중 가스 절단 조건에 대한 설명 중 틀린 것은?

정답 38. ② 39. ② 40. ② 41. ② 42. ① 43. ② 44. ③

① 금속 산화물의 용융온도가 모재의 용융온도보다 낮을 것
② 모재의 연소온도가 그 용융점보다 낮을 것
③ 모재의 성분 중 산화를 방해하는 원소가 많을 것
④ 금속 산화물 유동성이 좋으며, 모재로부터 이탈될 수 있을 것

[해설] 가스 절단 시 모재의 성분 중 산화를 방해하는 원소는 적어야 한다.

45. 에너지법에서 사용하는 "에너지"의 정의를 가장 올바르게 나타낸 것은?
① "에너지"라 함은 석유·가스 등 열을 발생하는 열원을 말한다.
② "에너지"라 함은 제품의 원료로 사용되는 것을 말한다.
③ "에너지"라 함은 태양, 조파, 수력과 같이 일을 만들어 낼 수 있는 힘이나 능력을 말한다.
④ "에너지"라 함은 연료·열 및 전기를 말한다.

46. 신·재생에너지 설비의 설치를 전문으로 하려는 자는 자본금·기술인력 등의 신고기준 및 절차에 따라 누구에게 신고를 하여야 하는가?
① 국토해양부 장관
② 환경부 장관
③ 고용노동부 장관
④ 산업통상자원부 장관

47. 에너지절약 전문기업의 등록은 누구에게 하도록 위탁되어 있는가?
① 지식경제부 장관
② 에너지관리공단 이사장
③ 시공업자단체의 장
④ 시·도지사

48. 에너지법상 지역에너지계획은 몇 년마다 몇 년 이상을 계획기간으로 수립·시행하는가?
① 2년마다 2년 이상
② 5년마다 5년 이상
③ 7년마다 7년 이상
④ 10년마다 10년 이상

[해설] 에너지법상 지역에너지계획은 5년마다 5년 이상을 계획기간으로 수립·시행한다.

49. 열사용기자재 관리규칙에서 용접검사가 면제될 수 있는 보일러의 대상 범위로 틀린 것은?
① 강철제 보일러 중 전열면적이 $5\,m^2$ 이하이고, 최고사용압력이 0.35 MPa 이하인 것
② 주철제 보일러
③ 제2종 관류 보일러
④ 온수 보일러 중 전열면적이 $18\,m^2$ 이하이고, 최고사용압력이 0.35 MPa 이하인 것

[해설] ①, ②, ④항 외에 제1종 관류 보일러는 용접검사가 면제될 수 있다.

50. 저탄소 녹색성장기본법상 녹색성장위원회는 위원장 2명을 포함한 몇 명 이내의 위원으로 구성하는가?
① 25   ② 30
③ 45   ④ 50

[해설] 녹색성장위원회는 위원장 2명을 포함한 50명 이내의 위원으로 구성한다.

51. 신축 이음 종류 중 고온, 고압에 적당하며, 신축에 따른 자체응력이 생기는 결점이

정답 45. ④ 46. ④ 47. ② 48. ② 49. ③ 50. ④ 51. ①

있는 신축 이음쇠는?
① 루프형(loop type)
② 스위블형(swivel type)
③ 벨로스형(bellows type)
④ 슬리브형(sleeve type)

52. 난방부하 계산 시 사용되는 용어에 대한 설명 중 틀린 것은?
① 열전도 : 인접한 물체 사이의 열의 이동 현상
② 열관류 : 열이 한 유체에서 벽을 통하여 다른 유체로 전달되는 현상
③ 난방부하 : 방열기가 표준 상태에서 $1m^2$ 당 단위시간에 방출하는 열량
④ 정격용량 : 보일러 최대 부하상태에서 단위시간당 총 발생되는 열량

해설 난방부하 : 난방을 목적으로 실내온도를 유지하기 위해 공급되는 시간당 열량(kcal/h)

53. 증기 보일러의 관류밸브에서 보일러와 압력릴리프밸브와의 사이에 체크밸브를 설치할 경우 압력릴리프밸브는 몇 개 이상 설치하여야 하는가?
① 1개 ② 2개
③ 3개 ④ 4개

해설 관류 보일러에서는 보일러와 압력방출장치와의 사이에 체크밸브를 설치할 경우 압력방출장치는 2개 이상이어야 한다.

54. 보일러 설치·시공기준상 가스용 보일러의 경우 연료배관 외부에 표시하여야 하는 사항이 아닌 것은? (단, 배관은 지상에 노출된 경우임)
① 사용 가스명
② 최고사용압력
③ 가스 흐름 방향
④ 최저사용온도

55. 유류 연소 수동보일러의 운전 정지 내용으로 잘못된 것은?
① 운전 정지 직전에 유류예열기의 전원을 차단하고 유류예열기의 온도를 낮춘다.
② 연소실내, 연도를 환기시키고 댐퍼를 닫는다.
③ 보일러 수위를 정상 수위보다 조금 낮추고 버너의 운전을 정지한다.
④ 연소실에서 버너를 분리하여 청소를 하고, 기름이 누설되는지 점검한다.

해설 수동보일러의 운전 정지 시 수위는 정상 수위보다 약간 높게 유지한 후 버너의 운전을 정지한다.

56. 증기 트랩의 종류가 아닌 것은?
① 그리스 트랩
② 열동식 트랩
③ 버킷식 트랩
④ 플로트 트랩

해설 증기 트랩의 종류
(1) 기계식 트랩 : 버킷식, 플로트식
(2) 온도조절식 트랩 : 바이메탈식, 벨로스식(열동식)
(3) 열역학적 트랩 : 오리피스식, 디스크식

57. 강판 제조 시 강괴 속에 함유되어 있는 가스체 등에 의해 강판이 두 장의 층을 형성하는 결함은?
① 래미네이션 ② 크랙
③ 블리스터 ④ 심 리프트

해설 블리스터 : 래미네이션 현상을 갖고 있는 재료가 화염의 접촉에 의해 부풀어 오르는 현상

58. 가연가스와 미연가스가 노 내에 발생하는 경우가 아닌 것은?

① 심한 불완전연소가 되는 경우
② 점화 조작에 실패한 경우
③ 소정의 안전 저연소율보다 부하를 높여서 연소시킨 경우
④ 연소 정지 중에 연료가 노 내에 스며든 경우

[해설] 소정의 안전 저연소율보다 부하를 낮게 하여 연소시키면 점화에 실패하여 노 내 미연소가스가 발생한다.

59. 보일러 급수의 pH로 가장 적합한 것은?

① 4~6 ② 7~9
③ 9~11 ④ 11~13

[해설] (1) 보일러 급수의 pH : 7~9 정도
(2) 보일러수의 pH : 10.5~11.8 정도

60. 보일러의 운전 정지 시 가장 뒤에 조작하는 작업은?

① 연료의 공급을 정지시킨다.
② 연소용 공기의 공급을 정지시킨다.
③ 댐퍼를 닫는다.
④ 급수펌프를 정지시킨다.

[해설] 보일러 운전 정지 순서 : 연료의 공급을 정지시킨다. → 연소용 공기의 공급을 정지시킨다. → 급수펌프를 정지시킨다. → 댐퍼를 닫는다.

[정답] 58. ③ 59. ② 60. ③

에너지관리기능사

2014. 10. 11 시행

1. 보일러의 여열을 이용하여 증기 보일러의 효율을 높이기 위한 부속장치로 맞는 것은?

① 버너, 댐퍼, 송풍기
② 절탄기, 공기예열기, 과열기
③ 수면계, 압력계, 안전밸브
④ 인젝터, 저수위 경보장치, 집진장치

해설 폐열회수장치(여열장치)

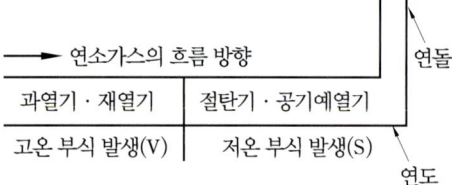

2. 스팀 헤더(steam header)에 관한 설명으로 틀린 것은?

① 보일러의 주증기관과 부하측 증기관 사이에 설치한다.
② 송기 및 정지가 편리하다.
③ 불필요한 장소에 송기하기 때문에 열손실은 증가한다.
④ 증기의 과부족을 일부 해소할 수 있다.

해설 스팀 헤더는 불필요한 장소에 송기하지 않아 열손실이 감소한다.

3. 보일러 기관 작동을 저지시키는 인터록 제어에 속하지 않는 것은?

① 저수위 인터록
② 저압력 인터록
③ 저연소 인터록
④ 프리퍼지 인터록

해설 인터록 제어의 종류
 (1) 저수위 인터록
 (2) 저연소 인터록
 (3) 프리퍼지 인터록
 (4) 압력 초과 인터록
 (5) 불착화 인터록

4. 다음 중 특수 보일러에 속하는 것은?

① 벤슨 보일러
② 슐처 보일러
③ 소형관류 보일러
④ 슈미트 보일러

해설 간접가열 보일러(특수 보일러)의 종류
 (1) 슈미트 보일러
 (2) 뢰플러 보일러

5. 보일러 연소실이나 연도에서 화염의 유무를 검출하는 장치가 아닌 것은?

① 스태빌라이저
② 플레임 로드
③ 플레임 아이
④ 스택 스위치

해설 화염검출기의 종류
 (1) 플레임 아이
 (2) 플레임 로드
 (3) 스택 스위치

6. 수관식 보일러의 특징에 대한 설명으로 틀린 것은?

① 전열면적이 커서 증기의 발생이 빠르다.
② 구조가 간단하여 청소, 검사, 수리 등이 용이하다.
③ 철저한 급수 처리가 요구된다.
④ 보일러수의 순환이 빠르고 효율이 좋다.

해설 수관식 보일러는 구조가 복잡하여 청소, 검사, 수리 등이 불편하다.

정답 1. ② 2. ③ 3. ② 4. ④ 5. ① 6. ②

7. 연소가스와 대기의 온도가 각각 250℃, 30℃이고 연돌의 높이가 50 m일 때 이론 통풍력은 약 얼마인가? (단, 연소가스와 대기의 비중량은 각각 1.35 kg/Nm³, 1.25 kg/Nm³이다.)

① 21.08 mmAq ② 23.12 mmAq
③ 25.02 mmAq ④ 27.36 mmAq

[해설] 이론통풍력(Z)
$$= \left[\gamma_a \times \frac{273}{(273+t_a)} - \gamma_g \times \frac{273}{(273+t_g)}\right] \times 높이$$
$$= \left[1.25 \times \frac{273}{(273+30)} - 1.35 \times \frac{273}{(273+250)}\right] \times 50$$
$$= 21.08 \text{ kg/m}^2 = 21.08 \text{ mmH}_2\text{O} = 21.08 \text{ mmAq}$$

[참고] $1 \text{ kgf/m}^2 = 1 \text{mmH}_2\text{O} = 1 \text{ mmAq}$

8. 사이클론 집진기의 집진율을 증가시키기 위한 방법으로 틀린 것은?

① 사이클론의 내면을 거칠게 처리한다.
② 블로 다운 방식을 사용한다.
③ 사이클론 입구의 속도를 크게 한다.
④ 분진박스와 모양은 적당한 크기와 형상으로 한다.

[해설] 사이클론은 내면을 매끈하게 처리해야 집진율이 증가한다.

9. 건포화증기의 엔탈피와 포화수의 엔탈피의 차는?

① 비열   ② 잠열
③ 현열   ④ 액체열

[해설] 증발잠열 = 건포화증기 엔탈피 − 포화수 엔탈피

10. 보일러에서 발생하는 증기를 이용하여 급수하는 장치는?

① 슬러지(sludge)
② 인젝터(injector)
③ 콕(cock)
④ 트랩(trap)

[해설] 인젝터(무동력 급수 보조장치) : 보일러에서 발생하는 증기를 이용하여 급수하는 장치

11. 연관식 보일러의 특징으로 틀린 것은?

① 동일 용량인 노통 보일러에 비해 설치면적이 작다.
② 전열면적이 커서 증기 발생이 빠르다.
③ 외분식은 연료 선택 범위가 좁다.
④ 양질의 급수가 필요하다.

[해설] 외분식 보일러는 화실의 용적이 커서 연료의 선택 범위가 넓다.

12. 보일러의 수위 제어에 영향을 미치는 요인 중에서 보일러 수위 제어 시스템으로 제어할 수 없는 것은?

① 급수온도
② 급수량
③ 수위 검출
④ 증기량 검출

[해설] 보일러 수위 제어 시스템으로 제어할 수 있는 것은 수위, 증기량, 급수량이다.

13. 수트블로어(soot blower) 사용 시 주의사항으로 거리가 먼 것은?

① 한 곳으로 집중하여 사용하지 말 것
② 분출기 내의 응축수를 배출시킨 후 사용할 것
③ 보일러 가동을 정지 후 사용할 것
④ 연도 내 배풍기를 사용하여 유인통풍을 증가시킬 것

[해설] 수트블로어는 전열면에 부착된 그을음을 제거하는 장치로 보일러 부하가 50% 이상일 때 사용한다.

정답 7. ① 8. ① 9. ② 10. ② 11. ③ 12. ① 13. ③

14. 보일러의 과열 원인으로 적당하지 않은 것은?

① 보일러수의 순환이 좋은 경우
② 보일러 내에 스케일이 부착된 경우
③ 보일러 내에 유지분이 부착된 경우
④ 국부적으로 심하게 복사열을 받는 경우

해설 보일러수의 순환이 좋은 경우에는 과열을 방지한다.

15. 오일 버너의 화염이 불안정한 원인과 가장 무관한 것은?

① 분무 유압이 비교적 높을 경우
② 연료 중에 슬러지 등의 협잡물이 들어 있을 경우
③ 무화용 공기량이 적절치 않을 경우
④ 연료용 공기의 과다로 노내 온도가 저하될 경우

해설 분무 유압이 낮으면 화염이 불안정하여 불완전연소가 일어난다.

16. 열전도에 적용되는 푸리에의 법칙 설명 중 틀린 것은?

① 두 면 사이에 흐르는 열량은 물체의 단면적에 비례한다.
② 두 면 사이에 흐르는 열량은 두 면 사이의 온도차에 비례한다.
③ 두 면 사이에 흐르는 열량은 시간에 비례한다.
④ 두 면 사이에 흐르는 열량은 두 면 사이의 거리에 비례한다.

해설 열전도량
$= \dfrac{\text{열전도율} \times \text{단면적} \times \text{온도차}}{\text{두 면 사이의 거리}} \times \text{시간}$

열전도량은 단면적, 온도차, 시간, 열전도율과는 비례하고 두 면 사이의 거리와는 반비례한다.

17. 최근 난방 또는 급탕용으로 사용되는 진공 온수 보일러에 대한 설명 중 틀린 것은?

① 열매수의 온도는 운전 시 100℃ 이하이다.
② 운전 시 열매수의 급수는 불필요하다.
③ 본체의 안전장치로서 용해전, 온도퓨즈, 안전밸브 등을 구비한다.
④ 추기장치는 내부에서 발생하는 비응축가스 등을 외부로 배출시킨다.

해설 진공 온수 보일러는 팽창, 파열 등이 발생하지 않으므로 안전밸브를 설치하지 않는다.

18. 보일러에서 실제 증발량(kg/h)을 연료 소모량(kg/h)으로 나눈 값은?

① 증발 배수
② 전열면 증발량
③ 연소실 열부하
④ 상당증발량

해설 증발 배수 $= \dfrac{\text{실제 증발량(kg/h)}}{\text{연료 소모량(kg/h)}}$

19. 보일러 제어에서 자동연소제어에 해당하는 약호는?

① A.C.C   ② A.B.C
③ S.T.C   ④ F.W.C

해설 ① A.C.C : 자동연소제어
② A.B.C : 보일러 자동제어
③ S.T.C : 증기온도제어
④ F.W.C : 자동급수제어

20. 프로판(C_3H_8) 1 kg이 완전연소하는 경우 필요한 이론 산소량은 약 몇 Nm^3인가?

① 3.47   ② 2.55
③ 1.25   ④ 1.50

정답 14. ① 15. ① 16. ④ 17. ③ 18. ① 19. ① 20. ②

[해설] 프로판의 연소 반응식
$$C_3H_8 + 5O_2 \rightarrow 3CO_2 + 4H_2O$$
44 kg   5×22.4 Nm³
1 kg x [Nm³]
$$\therefore x = \frac{5 \times 22.4}{44} = 2.55 \text{ Nm}^3$$

21. 고체 연료와 비교하여 액체 연료 사용 시의 장점을 잘못 설명한 것은?
① 인화의 위험성이 없으며 역화가 발생하지 않는다.
② 그을음이 적게 발생하고 연소 효율도 높다.
③ 품질이 비교적 균일하며 발열량이 크다.
④ 저장 중 변질이 적다.
[해설] 액체 연료는 인화 및 역화의 우려가 있다.

22. 고압, 중압 보일러 급수용 및 고양정 급수용으로 쓰이는 것으로 임펠러와 안내날개가 있는 펌프는?
① 벌류트 펌프   ② 터빈 펌프
③ 워싱턴 펌프   ④ 위어 펌프
[해설] 펌프의 종류
(1) 회전식
 • 터빈 펌프 : 고속, 고양정용(안내날개가 있다.)
 • 벌류트 펌프 : 저속, 저양정용(안내날개가 없다.)
(2) 왕복동식 : 워싱턴 펌프, 위어 펌프, 플런저 펌프

23. 증기압력이 높아질 때 감소되는 것은?
① 포화온도   ② 증발잠열
③ 포화수 엔탈피   ④ 포화증기 엔탈피
[해설] 보일러의 증기압력이 높아지면 포화온도는 상승하고, 포화수 엔탈피와 포화증기 엔탈피는 증가한다.

24. 노통 보일러에서 애덤슨 조인트를 하는 목적은?
① 노통 제작을 쉽게 하기 위해서
② 재료를 절감하기 위해서
③ 열에 의한 신축을 조절하기 위해서
④ 물 순환을 촉진하기 위해서

25. 다음 중 압력계의 종류가 아닌 것은?
① 부르동관식 압력계
② 벨로스식 압력계
③ 유니버설 압력계
④ 다이어프램 압력계
[해설] 탄성식 압력계의 종류
(1) 벨로스식 압력계
(2) 부르동관식 압력계
(3) 다이어프램식 압력계

26. 500 W의 전열기로서 2 kg의 물을 18°C로부터 100°C까지 가열하는 데 소요되는 시간은 얼마인가? (단, 전열기 효율은 100 %로 가정한다.)
① 약 10분   ② 약 16분
③ 약 20분   ④ 약 23분
[해설] 1 kWh : 860 kcal = 0.5 kWh : x [kcal]
$\therefore x = 860 \times 0.5 = 430$ kcal
소요열량 = 비열 × 질량 × 온도차
= 1 × 2 × (100−18) = 164 kcal
$\therefore$ 소요시간 = $\frac{164}{430} \times 60 = 23$ 분

27. 랭커셔 보일러는 어디에 속하는가?
① 관류 보일러   ② 연관 보일러
③ 수관 보일러   ④ 노통 보일러
[해설] 노통 보일러 : 코니시 보일러, 랭커셔 보일러

정답 21. ① 22. ② 23. ② 24. ③ 25. ③ 26. ④ 27. ④

28. 액체 연료 연소에서 무화의 목적이 아닌 것은?
① 단위중량당 표면적을 크게 한다.
② 연소 효율을 향상시킨다.
③ 주위 공기와 혼합을 좋게 한다.
④ 연소실의 열부하를 낮게 한다.

29. 단관 중력환수식 온수난방에서 방열기 입구 반대편 상부에 부착하는 밸브는?
① 방열기 밸브
② 온도조절 밸브
③ 공기빼기 밸브
④ 배니 밸브

해설 온수난방에서 방열기 입구(S) 반대편 상부에 공기빼기 밸브를 설치해야 한다.

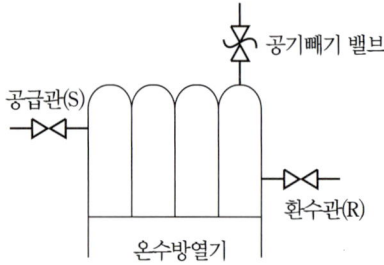

30. 보일러에서 기체 연료의 연소 방식으로 가장 적당한 것은?
① 화격자연소   ② 확산연소
③ 증발연소   ④ 분해연소

해설 기체 연료의 연소 방식
 (1) 확산연소 방식
 (2) 예혼합연소 방식

31. 보일러 수트블로어를 사용하여 그을음 제거 작업을 하는 경우의 주의사항 설명으로 가장 옳은 것은?
① 가급적 부하가 높을 때 실시한다.
② 보일러를 소화한 직후에 실시한다.
③ 흡출 통풍을 감소시킨 후 실시한다.
④ 작업 전에 분출기 내부의 드레인을 충분히 제거한다.

해설 작업 전에 유인 통풍(흡입 통풍)을 증가시키고 분출기 내부의 드레인을 충분히 제거한다.

32. 보일러 내부에 아연판을 매다는 가장 큰 이유는?
① 기수공발을 방지하기 위하여
② 보일러 판의 부식을 방지하기 위하여
③ 스케일 생성을 방지하기 위하여
④ 프라이밍을 방지하기 위하여

33. 보일러 수(水) 중의 경도 성분을 슬러지로 만들기 위하여 사용하는 청관제는?
① 가성취화 억제제
② 연화제
③ 슬러지 조정제
④ 탈산소제

해설 보일러 수 중에 연화제를 첨가하면 경도 성분이 슬러지로 침전되어 배출된다.

34. 보일러 내면의 산세정 시 염산을 사용하는 경우 세정액의 처리온도와 처리시간으로 가장 적합한 것은?
① 60±5℃, 1~2시간
② 60±5℃, 4~6시간
③ 90±5℃, 1~2시간
④ 90±5℃, 4~6시간

35. 다른 보온재에 비하여 단열 효과가 낮으며 500℃ 이하의 파이프, 탱크, 노벽 등에 사용하는 것은?

정답 28. ④ 29. ③ 30. ② 31. ④ 32. ② 33. ② 34. ② 35. ①

① 규조토   ② 암면
③ 글라스 울   ④ 펠트

36. 점화 전 댐퍼를 열고 노내와 연도에 체류하고 있는 가연성가스를 송풍기로 취출시키는 작업은?
① 분출   ② 송풍
③ 프리퍼지   ④ 포스트퍼지

해설 프리퍼지 : 노내 환기 작업

37. 건물을 구성하는 구조체, 즉 바닥, 벽 등에 난방용 코일을 묻고 열매체를 통과시켜 난방을 하는 것은?
① 대류난방   ② 복사난방
③ 간접난방   ④ 전도난방

38. 배관의 높이를 관의 중심을 기준으로 표시한 기호는?
① TOP   ② GL
③ BOP   ④ EL

해설 (1) TOP : 관의 윗면을 기준으로 표시한다.
(2) GL : 지면을 기준으로 표시한다.
(3) BOP : 관의 밑면을 기준으로 표시한다.
(4) EL : 관의 중심을 기준으로 표시한다.

39. 다음 중 보일러의 열효율 향상과 관계가 없는 것은?
① 공기예열기를 설치하여 연소용 공기를 예열한다.
② 절탄기를 설치하여 급수를 예열한다.
③ 가능한 한 과잉공기를 줄인다.
④ 급수펌프로는 원심펌프를 사용한다.

40. 보일러 급수 성분 중 포밍과 관련이 가장 큰 것은?
① pH   ② 경도 성분
③ 용존 산소   ④ 유지 성분

해설 포밍, 프라이밍 현상 발생의 원인 불질은 유지분이다.

41. 다음 중 보일러에서 역화의 발생 원인이 아닌 것은?
① 점화 시 착화가 지연되었을 경우
② 연료보다 공기를 먼저 공급한 경우
③ 연료 밸브를 과대하게 급히 열었을 경우
④ 프리퍼지가 부족할 경우

해설 역화는 공기보다 연료를 먼저 공급하는 경우에 발생한다.

42. 보일러 유리수면계의 유리 파손 원인과 무관한 것은?
① 유리관 상하 콕의 중심이 일치하지 않을 때
② 유리가 알칼리 부식 등에 의해 노화되었을 때
③ 유리관 상하 콕의 너트를 너무 조였을 때
④ 증기의 압력을 갑자기 올렸을 때

해설 수면계의 유리 파손 원인은 ①, ②, ③항 외에 수면계 외부에서 충격을 가했을 때이다.

43. 가정용 온수 보일러 등에 설치하는 팽창탱크의 주된 기능은?
① 배관 중의 이물질 제거
② 온수 순환의 맥동 방지
③ 열효율의 증대
④ 온수의 가열에 따른 체적 팽창 흡수

해설 팽창탱크는 온수의 가열에 따른 체적 팽창을 흡수하여 보일러의 압력을 일정하게 유지하여 준다.

정답 36. ③   37. ②   38. ④   39. ④   40. ④   41. ②   42. ④   43. ④

44. 다음 지역난방의 특징을 설명한 것 중 틀린 것은?

① 설비가 길어지므로 배관 손실이 있다.
② 초기 시설 투자비가 높다.
③ 개개 건물의 공간을 많이 차지한다.
④ 대기오염의 방지를 효과적으로 할 수 있다.

[해설] 지역난방은 개개 건물의 공간이용률이 높다.

45. 증기 보일러에 설치하는 유리수면계는 2개 이상이어야 하는데 1개만 설치해도 되는 경우는?

① 소형 관류 보일러
② 최고사용압력 2 MPa 미만의 보일러
③ 동체 안지름 800 mm 미만의 보일러
④ 1개 이상의 원격지시 수면계를 설치한 보일러

[해설] 유리수면계를 1개만 설치해도 되는 경우
(1) 소형 관류 보일러와 소용량 보일러
(2) 최고사용압력이 1 MPa(10 kgf/cm²) 미만의 보일러
(3) 동체 안지름이 750 mm 미만의 보일러
(4) 2개 이상의 원격지시 수면계를 설치한 보일러

46. 진공환수식 증기난방에서 리프트 피팅이란 무엇인가?

① 저압 환수관이 진공펌프의 흡입구보다 낮은 위치에 있을 때 이음 방법이다.
② 방열기보다 낮은 곳에 환수주관이 설치된 경우 적용되는 이음 방법이다.
③ 진공펌프가 환수주관과 같은 위치에 있을 때 적용되는 이음 방법이다.
④ 방열기와 환수주관의 위치가 같을 때 적용되는 이음 방법이다.

[해설] 리프트 피팅 : 저압 환수관(응축수 환수관)이 진공펌프의 흡입구보다 낮은 위치에 있을 때 이음 방법

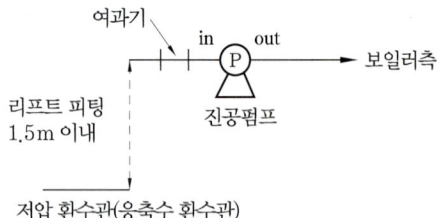

47. 보일러에서 분출 사고 시 긴급조치 사항으로 틀린 것은?

① 연도 댐퍼를 전개한다.
② 연소를 정지시킨다.
③ 압입통풍기를 가동시킨다.
④ 급수를 계속하여 수위의 저하를 막고 보일러의 수위 유지에 노력한다.

[해설] 분출 사고 시 압입통풍기를 정지시킨다.

48. 다음 중 유리솜 또는 암면의 용도와 관계없는 것은?

① 보온재   ② 보랭재
③ 단열재   ④ 방습재

49. 호칭지름 20 A인 강관을 그림과 같이 배관할 때 엘보 사이의 파이프의 절단 길이는? (단, 20 A 엘보의 끝단에서 중심까지 거리는 32 mm이고, 파이프의 물림 길이는 13 mm이다.)

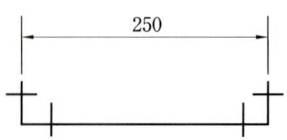

① 210 mm   ② 212 mm
③ 214 mm   ④ 216 mm

[해설] $250 - (32 - 13) \times 2 = 212$ mm

50. 보온재 중 흔히 스티로폼이라고도 하며, 체적의 97~98%가 기공으로 되어 있어 열차단 능력이 우수하고, 내수성도 뛰어난 보온재는?

① 폴리스티렌 폼
② 경질 우레탄 폼
③ 코르크
④ 글라스 울

51. 방열기의 표준 방열량에 대한 설명으로 틀린 것은?

① 증기의 경우 게이지 압력 1 kgf/cm², 온도 80℃로 공급하는 것이다.
② 증기 공급 시의 표준 방열량은 650 kcal/m²·h이다.
③ 실내 온도는 증기일 경우 21℃, 온수일 경우 18℃ 정도이다.
④ 온수 공급 시의 표준 방열량은 450 kcal/m²·h이다.

[해설]

구분	표준 방열량 (kcal/m²·h)	방열기 내의 평균온도(℃)
온수	450	80
증기	650	102

52. 증기난방의 분류에서 응축수 환수방식에 해당하는 것은?

① 고압식
② 상향 공급식
③ 기계환수식
④ 단관식

[해설] 응축수 환수방식의 분류
(1) 중력환수식
(2) 기계환수식
(3) 진공환수식

53. 어떤 거실의 난방부하가 5000 kcal/h이고, 주철제 온수 방열기로 난방할 때 필요한 방열기 쪽수는? (단, 방열기 1쪽당 방열면적은 0.26 m²이고, 방열량은 표준 방열량으로 한다.)

① 11쪽
② 21쪽
③ 30쪽
④ 43쪽

[해설] 쪽수 = $\dfrac{5000}{450 \times 0.26} = 43$

[참고]

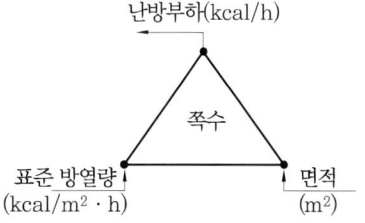

54. 온수난방 배관 시공법의 설명으로 잘못된 것은?

① 온수난방은 보통 1/250 이상의 끝올림 구배를 주는 것이 이상적이다.
② 수평 배관에서 관경을 바꿀 때는 편심 리듀서를 사용하는 것이 좋다.
③ 지관이 주관 아래로 분기될 때는 45° 이상 끝내림 구배로 배관한다.
④ 팽창탱크에 이르는 팽창관에는 조정용 밸브를 단다.

[해설] 팽창탱크에 이르는 팽창관에는 조정용 밸브 및 체크밸브 등을 설치해서는 안 된다.

55. 에너지이용 합리화법상 에너지의 최저소비효율기준에 미달하는 효율관리기자재의 생산 또는 판매금지 명령을 위반한 자에 대한 벌칙 기준은?

① 1년 이하의 징역 또는 1천만원 이하의 벌금
② 1천만원 이하의 벌금
③ 2년 이하의 징역 또는 2천만원 이하의 벌금

정답 50.① 51.① 52.③ 53.④ 54.④ 55.④

④ 2천만원 이하의 벌금

[해설] 에너지의 최저소비효율기준에 미달하는 효율관리기자재의 생산 및 판매금지 명령을 위반한 자는 2천만원 이하의 벌금형에 처해진다.

56. 다음은 저탄소 녹색성장 기본법에 명시된 용어의 뜻이다. ( ) 안에 알맞은 것은?

> 온실가스란 (㉠), 메탄, 아산화질소, 수소불화탄소, 과불화탄소, 육불화황 및 그 밖에 대통령령으로 정하는 것으로 (㉡) 복사열을 흡수하거나 재방출하여 온실효과를 유발하는 대기 중의 가스 상태의 물질을 말한다.

	㉠	㉡
①	일산화탄소	자외선
②	일산화탄소	적외선
③	이산화탄소	자외선
④	이산화탄소	적외선

[해설] 온실가스는 이산화탄소, 메탄, 아산화질소 등 그 밖에 대통령령으로 정하는 것으로 적외선 복사열을 흡수하거나 재방출하여 온실효과를 유발한다.

57. 특정열사용기자재 중 산업통상자원부령으로 정하는 검사대상기기를 폐기한 경우에는 폐기한 날부터 며칠 이내에 폐기신고서를 제출해야 하는가?

① 7일 이내에 ② 10일 이내에
③ 15일 이내에 ④ 30일 이내에

58. 특정열사용기자재 중 산업통상자원부령으로 정하는 검사대상기기의 계속사용검사 신청서는 검사유효기간 만료 며칠 전까지 제출해야 하는가?

① 10일 전까지
② 15일 전까지
③ 20일 전까지
④ 30일 전까지

[해설] 검사대상기기의 계속사용검사 신청서는 검사유효기간 만료 10일 전까지 제출한다.

59. 화석연료에 대한 의존도를 낮추어 청정에너지의 사용 및 보급을 확대하여 녹색기술 연구개발, 탄소흡수원 확충 등을 통하여 온실가스를 적정 수준 이하로 줄이는 것에 대한 정의로 옳은 것은?

① 녹색성장 ② 저탄소
③ 기후변화 ④ 자원순환

60. 에너지이용 합리화법상의 목표에너지 단위를 가장 옳게 설명한 것은?

① 에너지를 사용하여 만드는 제품의 단위당 폐연료 사용량
② 에너지를 사용하여 만드는 제품의 연간 폐열 사용량
③ 에너지를 사용하여 만드는 제품의 단위당 에너지 사용 목표량
④ 에너지를 사용하여 만드는 제품의 연간 폐열 에너지 사용 목표량

[해설] 목표에너지의 단위
= $\dfrac{\text{에너지 사용 목표량}}{\text{에너지를 사용하여 만드는 제품의 단위}}$

정답 56. ④ 57. ③ 58. ① 59. ② 60. ③

2015년 시행 문제

에너지관리기능사 　　　　　　　　　　　　2015. 1. 25 시행

1. 증발량 3500 kgf/h인 보일러의 증기엔탈피가 640 kcal/kg이고, 급수의 온도는 20℃이다. 이 보일러의 상당증발량은 얼마인가?

① 약 3786 kgf/h
② 약 4156 kgf/h
③ 약 2760 kgf/h
④ 약 4026 kgf/h

[해설] 상당증발량 = $\dfrac{난방부하}{539}$ [kgf/h]

$= \dfrac{3500 \times (640-20)}{539}$

$= 4026$ kgf/h

[참고]
증기량(증기엔탈피 - 급수엔탈피)
(kcal/h)

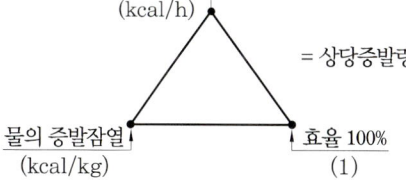

물의 증발잠열 (kcal/kg)　　효율 100% (1)
= 상당증발량

2. 액체 연료 연소장치에서 보염장치(공기조절장치)의 구성 요소가 아닌 것은?

① 바람상자　② 보염기
③ 버너 팁　④ 버너타일

[해설] 보염장치(공기조절장치)의 구성 요소
(1) 윈드박스(바람상자)
(2) 보염기(스태빌라이저)
(3) 콤버스터
(4) 버너타일

3. 다음 중 보일러의 상당증발량을 옳게 설명한 것은?

① 일정 온도의 보일러수가 최종의 증발상태에서 증기가 되었을 때의 중량
② 시간당 증발된 보일러수의 중량
③ 보일러에서 단위시간에 발생하는 증기 또는 온수의 보유열량
④ 시간당 실제증발량이 흡수한 전열량을 온도 100℃의 포화수를 100℃의 증기로 바꿀 때의 열량으로 나눈 값

[해설] 상당증발량
$= \dfrac{시간당\ 실제증발량(난방부하)}{물의\ 증발잠열(539)}$

※ 물의 증발잠열 : 온도 100℃의 포화수를 100℃ 증기로 변화시킬 때의 열량

4. 안전밸브의 종류가 아닌 것은?

① 레버 안전밸브
② 추 안전밸브
③ 스프링 안전밸브
④ 핀 안전밸브

[해설] 안전밸브의 종류
(1) 지렛대식(레버식)
(2) 중추식(추식)
(3) 스프링식(용수철식)

5. 증기 보일러의 압력계 부착에 대한 설명으로 틀린 것은?

① 압력계와 연결된 관의 크기는 강관을 사용할 때에는 안지름이 6.5 mm 이상이어야 한다.

[정답] 1. ④　2. ③　3. ④　4. ④　5. ①

② 압력계는 눈금판의 눈금이 잘 보이는 위치에 부착하고 얼지 않도록 하여야 한다.
③ 압력계는 사이펀관 또는 동등한 작용을 하는 장치가 부착되어야 한다.
④ 압력계의 콕은 그 핸들을 수직인 관과 동일 방향에 놓은 경우에 열려 있는 것이어야 한다.

[해설] 사이펀관(압력계 파손 방지)의 안지름
(1) 동관 및 황동관 : 6.5 mm 이상
(2) 강관 : 12.7 mm 이상

6. 육용 보일러 열 정산의 조건과 관련된 설명 중 틀린 것은?
① 전기 에너지는 1 kW당 860 kcal/h로 환산한다.
② 보일러 효율 산정 방식은 입출열법과 열손실법으로 실시한다.
③ 열 정산 시험 시의 연료 단위량은 액체 및 고체 연료의 경우 1 kg에 대하여 열 정산을 한다.
④ 보일러의 열 정산은 원칙적으로 정격 부하 이하에서 정상 상태로 3시간 이상의 운전 결과에 따라 한다.

[해설] 보일러의 열 정산은 원칙적으로 정격 부하 이상에서 정상 상태로 2시간 이상의 운전 결과에 따라야 한다.

7. 보일러 본체에서 수부가 클 경우의 설명으로 틀린 것은?
① 부하 변동에 대한 압력 변화가 크다.
② 증기 발생시간이 길어진다.
③ 열효율이 낮아진다.
④ 보유 수량이 많으므로 파열 시 피해가 크다.

[해설] 수부가 클 경우 부하 변동에 대한 압력 변화가 작다.

8. 분진가스를 방해판 등에 충돌시키거나 급격한 방향 전환 등에 의해 매연을 분리 포집하는 집진 방법은?
① 중력식 　　　② 여과식
③ 관성력식 　　④ 유수식

9. 보일러에 사용되는 열교환기 중 배기가스의 폐열을 이용하는 교환기가 아닌 것은?
① 절탄기 　　　② 공기예열기
③ 방열기 　　　④ 과열기

[해설] 폐열회수장치(여열장치)
(1) 과열기
(2) 재열기
(3) 절탄기
(4) 공기예열기

10. 수관식 보일러의 일반적인 특징에 관한 설명으로 틀린 것은?
① 구조상 고압 대용량에 적합하다.
② 전열면적을 크게 할 수 있으므로 일반적으로 열효율이 좋다.
③ 부하 변동에 따른 압력이나 수위의 변동이 적으므로 제어가 편리하다.
④ 급수 및 보일러수 처리에 주의가 필요하며 특히 고압보일러에서는 엄격한 수질관리가 필요하다.

[해설] 수관식 보일러는 수부가 적어 부하 변동에 따른 압력이나 수위의 변동이 크기 때문에 제어가 불편하다.

11. 보일러 피드백 제어에서 동작 신호를 받아 규정된 동작을 하기 위해 조작 신호를 만들어 조작부에 보내는 부분은?
① 조절부 　　　② 제어부
③ 비교부 　　　④ 검출부

[정답] 6. ④　7. ①　8. ③　9. ③　10. ③　11. ①

12. 다음 중 수관식 보일러에 속하는 것은?
① 기관차 보일러 ② 코니시 보일러
③ 타쿠마 보일러 ④ 랭커셔 보일러

[해설] (1) 기관차 보일러 : 연관 보일러
(2) 코니시, 랭커셔 보일러 : 노통 보일러
(3) 타쿠마 보일러 : 자연순환식 수관 보일러

13. 게이지 압력이 1.57 MPa이고 대기압이 0.103 MPa일 때 절대압력은 몇 MPa인가?
① 1.467 ② 1.673
③ 1.783 ④ 2.008

[해설] 절대압력＝대기압＋게이지압
＝0.103＋1.57＝1.673 MPa

14. 매시간 1500 kg의 연료를 연소시켜서 시간당 11000 kg의 증기를 발생시키는 보일러의 효율은 몇 %인가? (단, 연료의 발열량은 6000 kcal/kg, 발생증기의 엔탈피는 742 kcal/kg, 급수의 엔탈피는 20 kcal/kg 이다.)
① 88% ② 80%
③ 78% ④ 70%

[해설] 보일러 효율(%)
$= \dfrac{\text{시간당 증기발생량(증기엔탈피－급수엔탈피)}}{\text{연료소비량}\times\text{연료의 발열량}}$
$\times 100 = \dfrac{11000(742-20)}{1500\times 6000}\times 100 = 88\%$

[참고]

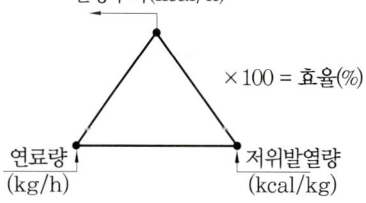

15. 연소용 공기를 노의 앞에서 불어 넣으므로 공기가 차고 깨끗하며 송풍기의 고장이 적고 점검 수리가 용이한 보일러의 강제통풍 방식은?
① 압입통풍 ② 흡입통풍
③ 자연통풍 ④ 수직통풍

16. 가스용 보일러의 연소방식 중에서 연료와 공기를 각각 연소실에 공급하여 연소실에서 연료와 공기가 혼합되면서 연소하는 방식은 어느 것인가?
① 확산연소식 ② 예혼합연소식
③ 복열혼합연소식 ④ 부분예혼합연소식

17. 액화석유가스(LPG)의 특징에 대한 설명 중 틀린 것은?
① 유황분이 없으며 유독성분도 없다.
② 공기보다 비중이 무거워 누설 시 낮은 곳에 고여 인화 및 폭발성이 크다.
③ 연소 시 액화천연가스(LNG)보다 소량의 공기로 연소한다.
④ 발열량이 크고 저장이 용이하다.

[해설] • LPG(프로판)의 이론공기량 :
$\dfrac{5}{0.21} = 23.81$

• LNG(메탄)의 이론공기량 : $\dfrac{2}{0.21} = 9.52$

따라서, LPG 소요공기는 LNG 소요공기보다 2.5~3배 정도 더 필요하다

18. 액면계 중 직접식 액면계에 속하는 것은 어느 것인가?
① 입력식 ② 방사선식
③ 초음파식 ④ 유리관식

[해설] 액면계의 분류
(1) 직접식 액면계 : 유리관식, 부자식
(2) 간접식 액면계 : 압력식, 방사선식, 초음파식

19. 분출밸브의 최고사용압력은 보일러 최고사용압력의 몇 배 이상이어야 하는가?
① 0.5배   ② 1.0배
③ 1.25배 ④ 2.0배

20. 증기 또는 온수 보일러로써 여러 개의 섹션(section)을 조합하여 제작하는 보일러는 어느 것인가?
① 열매체 보일러   ② 강철제 보일러
③ 관류 보일러   ④ 주철제 보일러

[해설] 주철제 보일러(주철제 섹션 보일러)는 소형 난방용이며, 여러 개의 섹션을 조합하여 전열면적을 증감한다.

21. 증기난방 시공에서 관말 증기 트랩 장치의 냉각레그(cooling leg) 길이는 일반적으로 몇 m 이상으로 해주어야 하는가?
① 0.7 m   ② 1.0 m
③ 1.5 m   ④ 2.5 m

[해설]
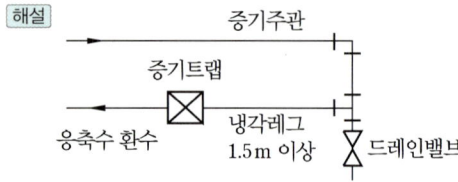

22. 드럼 없이 초임계압력하에서 증기를 발생시키는 강제순환 보일러는?
① 특수 열매체 보일러
② 2중 증발 보일러
③ 연관 보일러
④ 관류 보일러

23. 연료유 탱크에 가열장치를 설치한 경우에 대한 설명으로 틀린 것은?
① 열원에는 증기, 온수, 전기 등을 사용한다.
② 전열식 가열장치에 있어서는 직접식 또는 저항밀봉피복식의 구조로 한다.
③ 온수, 증기 등의 열매체가 동절기에 동결할 우려가 있는 경우에는 동결을 방지하는 조치를 취해야 한다.
④ 연료유 탱크의 기름 취출구 등에 온도계를 설치하여야 한다.

[해설] 전열식 가열장치는 간접식 또는 저항밀봉피복관식의 구조로 한다.

24. 보일러 급수예열기를 사용할 때의 장점을 설명한 것으로 틀린 것은?
① 보일러의 증발능력이 향상된다.
② 급수 중 불순물의 일부가 제거된다.
③ 증기의 건도가 향상된다.
④ 급수와 보일러수와의 온도 차이가 적어 열응력 발생을 방지한다.

[해설] 절탄기(급수예열기) 사용 시 장점
(1) 보일러의 증발능력이 향상된다.
(2) 급수 중 불순물의 일부가 제거된다.
(3) 열응력 발생을 방지한다.
(4) 보일러 효율이 증가한다.

25. 보일러 연료 중에서 고체 연료를 원소 분석하였을 때 일반적인 주성분은? (단, 중량%를 기준으로 한 주성분을 구한다.)
① 탄소   ② 산소
③ 수소   ④ 질소

[해설] 고체 연료의 주성분 : C(탄소)

26. 보일러 자동제어 신호 전달 방식 중 공기압 신호 전송의 특징 설명으로 틀린 것은?
① 배관이 용이하고 보존이 비교적 쉽다.
② 내열성이 우수하나 압축성이므로 신호 전달에 지연된다.
③ 신호 전달 거리가 100~150 m 정도이다.

④ 온도 제어 등에 부적합하고 위험이 크다.
해설 공기압식은 온도 제어에 사용하고 위험성이 적은 편이다.

27. 증기의 압력을 높일 때 변하는 현상으로 틀린 것은?

① 현열이 증대한다.
② 증발잠열이 증대한다.
③ 증기의 비체적이 증대한다.
④ 포화수 온도가 높아진다.
해설 증기압력을 높이면 물의 증발잠열 값이 감소한다.

28. 보일러 자동제어의 급수제어(F.W.C)에서 조작량은?

① 공기량 ② 연료량
③ 전열량 ④ 급수량
해설 급수제어의 제어 대상은 보일러 수위이며, 조작량은 급수량이다.

29. 물의 임계압력은 약 몇 kgf/cm²인가?

① 175.23 ② 225.65
③ 374.15 ④ 539.75
해설 • 물의 임계압력 : 225.65 kgf/cm²
• 물의 임계온도 : 374.15℃

30. 경납땜의 종류기 이닌 것은?

① 황동납 ② 인동납
③ 은납   ④ 주석-납
해설 납땜은 용융점 450℃를 기준으로 연납땜(450℃ 이하)과 경납땜(450℃ 이상)으로 구분한다.
• 연납땜 : 주석-납
• 경납땜 : 은납, 황동납, 인동납

31. 보일러에서 발생한 증기 또는 온수를 건물의 각 실내에 설치된 방열기에 보내어 난방하는 방식은?

① 복사난방법 ② 간접난방법
③ 온풍난방법 ④ 직접난방법

32. 보일러수 중에 함유된 산소에 의해서 생기는 부식의 형태는?

① 점식   ② 가성취화
③ 그루빙 ④ 전면부식
해설 점식 : 보일러수 중에 함유된 산소(용존산소)에 의해 생기는 점 부식

33. 보일러 사고의 원인 중 취급상의 원인이 아닌 것은?

① 부속장치 미비
② 최고사용압력의 초과
③ 저수위로 인한 보일러의 과열
④ 습기나 연소가스 속의 부식성 가스로 인한 외부 부식
해설 ①은 제작상의 원인에 해당한다.
참고 제작상의 원인
 (1) 공정 불량 (2) 설계 불량
 (3) 제작 불량 (4) 재료 불량

34. 보일러 점화 시 역화가 발생하는 경우와 가장 거리가 먼 것은?

① 댐퍼를 너무 조인 경우나 흡입통풍이 부족할 경우
② 적정 공기비로 점화한 경우
③ 공기보다 먼저 연료를 공급했을 경우
④ 점화할 때 착화가 늦어졌을 경우
해설 역화의 발생 원인
 (1) 흡입통풍이 부족할 경우(노내 환기 부족 시)
 (2) 공기보다 먼저 연료를 공급했을 경우
 (3) 점화할 때 착화가 늦어졌을 경우
 (4) 적정 공기비로 점화하지 않았을 경우

정답 27. ② 28. ④ 29. ② 30. ④ 31. ④ 32. ① 33. ① 34. ②

35. 온수난방 배관 시공법에 대한 설명 중 틀린 것은?
① 배관구배는 일반적으로 1/250 이상으로 한다.
② 배관 중에 공기가 모이지 않게 배관한다.
③ 온수관의 수평배관에서 관경을 바꿀 때는 편심이음쇠를 사용한다.
④ 지관이 주관 아래로 분기될 때는 90° 이상으로 끝올림 구배로 한다.

해설
- 지관이 주관 아래로 분기할 경우 : 45° 이상으로 끝내림 구배로 설치
- 지관이 주관 위로 분기할 경우 : 45° 이상으로 끝올림 구배로 설치

36. 방열기내 온수의 평균온도 80℃, 실내온도 18℃, 방열계수 7.2 kcal/m²·h·℃인 경우 방열기 방열량은 얼마인가?
① 346.4 kcal/m²·h
② 446.4 kcal/m²·h
③ 519 kcal/m²·h
④ 560 kcal/m²·h

해설 방열기 방열량 = 방열기 계수 × 온도차
= 7.2 × (80-18) = 446.4 kcal/m²·h

참고 방열기 방열량 (kg/m²·h) = 효율(I), 방열기 계수 (kcal/m²·h·℃), 온도차 (℃)

37. 배관의 이동 및 회전을 방지하기 위해 지지점 위치에 완전히 고정시키는 장치는?
① 앵커   ② 서포트
③ 브레이스   ④ 행거

해설 리스트레인트의 종류에는 앵커, 스토퍼, 가이드 등이 있다.

38. 보일러 산세정의 순서로 옳은 것은?
① 전처리 → 산액처리 → 수세 → 중화방청 → 수세
② 전처리 → 수세 → 산액처리 → 수세 → 중화방청
③ 산액처리 → 수세 → 전처리 → 중화방청 → 수세
④ 산액처리 → 전처리 → 수세 → 중화방청 → 수세

해설 보일러 산세정의 순서
(1) 전처리   (2) 수세   (3) 산액처리
(4) 수세   (5) 중화방청

39. 땅속 또는 지상에 배관하여 압력 상태 또는 무압력 상태에서 물의 수송 등에 주로 사용되는 덕타일 주철관을 무엇이라 부르는가?
① 회주철관   ② 구상흑연 주철관
③ 모르타르 주철관 ④ 사형 주철관

40. 보일러 과열의 요인 중 하나인 저수위의 발생 원인으로 거리가 먼 것은?
① 분출밸브의 이상으로 보일러수가 누설
② 급수장치가 증발능력에 비해 과소한 경우
③ 증기 토출량이 과소한 경우
④ 수면계의 막힘이나 고장

해설 증기 토출량이 많은 경우에 저수위사고가 발생된다.

41. 보일러의 설치·시공기준상 가스용 보일러의 연료 배관 시 배관의 이음부와 전기계량기 및 전기개폐기와의 유지 거리는 얼마인가? (단, 용접이음매는 제외한다.)
① 15 cm 이상   ② 30 cm 이상
③ 45 cm 이상   ④ 60 cm 이상

정답 35. ④ 36. ② 37. ① 38. ② 39. ② 40. ③ 41. ④

해설 연료 배관 시 배관의 이음부와 전기계량기 및 전기개폐기와의 유지 거리는 60 cm 이상 되어야 한다.

42. 다음 보온재 중 안전사용온도가 가장 높은 것은?
① 펠트   ② 암면
③ 글라스울   ④ 세라믹 파이버

해설 안전사용온도 순서 : 세라믹 파이버 > 암면 > 글라스울 > 펠트

43. 동관 끝을 원형으로 정형하기 위해 사용하는 공구는?
① 사이징 툴   ② 익스팬더
③ 리머   ④ 튜브벤더

해설 ① 사이징 툴 : 동관의 끝부분을 원형으로 정형하는 데 사용하는 공구
② 익스팬더 : 동관의 끝을 확관하는 공구
③ 리머 : 동관 절단 시 생기는 거스러미 제거
④ 튜브벤더 : 동관의 굽힘 작업 시 사용

44. 어떤 건물의 소요 난방부하가 45000 kcal/h이다. 주철제 방열기로 증기난방을 한다면 약 몇 쪽(section)의 방열기를 설치해야 하는가? (단, 표준방열량으로 계산하며, 주철제 방열기의 쪽당 방열면적은 0.24 m^2이다.)
① 156쪽   ② 254쪽
③ 289쪽   ④ 315쪽

해설 쪽수 = $\dfrac{45000}{650 \times 0.24}$ = 289쪽

참고
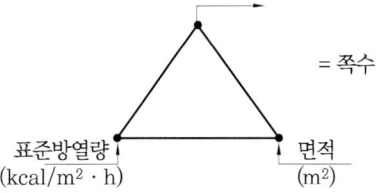

45. 단열재를 사용하여 얻을 수 있는 효과에 해당하지 않는 것은?
① 축열용량이 작아진다.
② 열전도율이 작아진다.
③ 노 내의 온도분포가 균일하게 된다.
④ 스폴링 현상을 증가시킨다.

해설 단열재는 스폴링(표면이 거칠어지고 박리됨) 현상을 방지하여 내화물의 수명을 연장시켜 준다.

46. 증기난방방식을 응축수환수법에 의해 분류하였을 때 해당되지 않는 것은?
① 중력환수식
② 고압환수식
③ 기계환수식
④ 진공환수식

해설 응축수 환수방식의 분류
(1) 중력환수식
(2) 기계환수식
(3) 진공환수식

47. 보일러의 계속사용검사기준에서 사용 중 검사에 대한 설명으로 거리가 먼 것은?
① 보일러 지지대의 균열, 내려앉음, 지지부재의 변형 또는 파손 등 보일러의 설치상태에 이상이 없어야 한다.
② 보일러와 접속된 배관, 밸브 등 각종 이음부에는 누기, 누수가 없어야 한다.
③ 연소실 내부가 충분히 청소된 상태이어야 하고, 축로의 변형 및 이탈이 없어야 한다.
④ 보일러 동체는 보온 및 케이싱이 분해되어 있어야 하며, 손상이 약간 있는 것은 사용해도 관계가 없다.

해설 손상이 약간 있는 보일러 동체는 사용해서는 안 된다.

정답 42. ④ 43. ① 44. ③ 45. ④ 46. ② 47. ④

48. 보일러 운전정지의 순서를 바르게 나열한 것은?

> ㉠ 댐퍼를 닫는다.
> ㉡ 공기의 공급을 정지한다.
> ㉢ 급수 후 급수펌프를 정지한다.
> ㉣ 연료의 공급을 정지한다.

① ㉠ → ㉡ → ㉢ → ㉣
② ㉠ → ㉣ → ㉡ → ㉢
③ ㉣ → ㉠ → ㉡ → ㉢
④ ㉣ → ㉡ → ㉢ → ㉠

49. 보일러 점화 전 자동제어장치의 점검에 대한 설명이 아닌 것은?

① 수위를 올리고 내려서 수위검출기 기능을 시험하고, 설정된 수위 상한 및 하한에서 정확하게 급수펌프가 기동, 정지하는지 확인한다.
② 저수탱크 내의 저수량을 점검하고 충분한 수량인 것을 확인한다.
③ 저수위경보기가 정상 작동하는 것을 확인한다.
④ 인터록 계통의 제한기는 이상 없는지 확인한다.

50. 상용 보일러의 점화 전 준비사항과 관련이 없는 것은?

① 압력계 지침의 위치를 점검한다.
② 분출밸브 및 분출콕을 조작해서 그 기능이 정상인지 확인한다.
③ 연소장치에서 연료배관, 연료펌프 등의 개폐 상태를 확인한다.
④ 연료의 발열량을 확인하고, 성분을 점검한다.

51. 주철제 방열기를 설치할 때 벽과의 간격은 약 몇 mm 정도로 하는 것이 좋은가?

① 10~30 ② 50~60
③ 70~80 ④ 90~100

[해설] 주철제 방열기와 벽과의 간격 : 50~60 mm 정도

52. 보일러수 속에 유지류, 부유물 등의 농도가 높아지면 드럼 수면에 거품이 발생하고, 또한 거품이 증가하여 드럼의 증기실에 확대되는 현상은?

① 포밍   ② 프라이밍
③ 워터 해머링 ④ 프리퍼지

53. 보일러에서 래미네이션(lamination)이란?

① 보일러 본체나 수관 등이 사용 중에 내부에서 2장의 층을 형성한 것
② 보일러 강판이 화염에 닿아 불룩 튀어 나온 것
③ 보일러 동에 작용하는 응력의 불균일로 동의 일부가 함몰된 것
④ 보일러 강판이 화염에 접촉하여 점식된 것

[해설] 래미네이션 : 보일러 강판이나 강관을 제조할 때 재질 내부에 가스체 등이 함유되어 2장의 층을 형성하고 있는 상태의 흠

54. 벨로스형 신축이음쇠에 대한 설명으로 틀린 것은?

① 설치 공간을 넓게 차지하지 않는다.
② 고온, 고압 배관의 옥내 배관에 적당하다.
③ 일명 팩리스(pack less) 신축이음쇠라고도 한다.
④ 벨로스는 부식되지 않는 스테인리스, 청동 제품 등을 사용한다.

[해설] 벨로스형 신축이음쇠는 고온, 고압 배관에는 부적당하다(80℃ 이하의 배관에 사용).

정답 48. ④ 49. ② 50. ④ 51. ② 52. ① 53. ① 54. ②

55. 에너지이용 합리화법상 에너지를 사용하여 만드는 제품의 단위당 에너지사용목표량 또는 건축물의 단위면적당 에너지사용목표량을 정하여 고시하는 자는?

① 산업통상자원부 장관
② 에너지관리공단 이사장
③ 시·도지사
④ 고용노동부 장관

[해설] 산업통상자원부 장관이 에너지를 사용하여 만드는 제품의 단위당 에너지사용목표량 또는 건축물의 단위면적당 에너지사용목표량을 정하여 고시한다.

56. 다음 중 에너지다소비사업자가 매년 1월 31일까지 신고해야 할 사항에 포함되지 않는 것은?

① 전년도의 분기별 에너지사용량·제품생산량
② 해당 연도의 분기별 에너지사용량·제품생산예정량
③ 에너지사용기자재의 현황
④ 전년도의 분기별 에너지 절감량

[해설] 에너지다소비사업자는 ①, ②, ③항 외에 전년도의 에너지이용 합리화 실적 및 해당 연도의 계획 등을 신고해야 한다.

57. 정부는 국가전략을 효율적·체계적으로 이행하기 위하여 몇 년마다 저탄소 녹색성장 국가전략 5개년 계획을 수립하는가?

① 2년   ② 3년
③ 4년   ④ 5년

[해설] 정부는 국가전략을 효율적·체계적으로 이행하기 위하여 5년마다 저탄소 녹색성장 국가전략 5개년 계획을 수립한다.

58. 에너지이용 합리화법에서 정한 검사에 합격되지 아니한 검사대상기기를 사용한 자에 대한 벌칙은?

① 1년 이하의 징역 또는 1천만원 이하의 벌금
② 2년 이하의 징역 또는 2천만원 이하의 벌금
③ 3년 이하의 징역 또는 3천만원 이하의 벌금
④ 4년 이하의 징역 또는 4천만원 이하의 벌금

[해설] 에너지이용 합리화법에서 정한 검사에 합격되지 아니한 검사대상기기를 사용한 자는 1년 이하의 징역 또는 1천만원 이하의 벌금형에 처한다.

59. 에너지이용 합리화법상 대기전력 경고표지를 하지 아니한 자에 대한 벌칙은?

① 2년 이하의 징역 또는 2천만원 이하의 벌금
② 1년 이하의 징역 또는 1천만원 이하의 벌금
③ 5백만원 이하의 벌금
④ 1천만원 이하의 벌금

[해설] 에너지이용 합리화법상 대기전력 경고표지를 하지 아니한 자는 5백만원 이하의 벌금형에 처한다.

60. 신에너지 및 재생에너지 개발·이용·보급·촉진법에 따라 건축물 인증기관으로부터 건축물 인증을 받지 아니하고 건축물 인증의 표시 또는 이와 유사한 표시를 하거나 건축물 인증을 받은 것으로 홍보한 자에 대해 부과하는 과태료 기준으로 맞는 것은?

① 5백만원 이하의 과태료 부과
② 1천만원 이하의 과태료 부과
③ 2천만원 이하의 과태료 부과
④ 3천만원 이하의 과태료 부과

[해설] 건축물 인증기관으로부터 건축물 인증을 받지 않고 건축물 인증의 표시 또는 이와 유사한 표시를 하거나 건축물 인증을 받은 것으로 홍보하면 1천만원 이하의 과태료를 부과하게 된다.

정답   55. ①   56. ④   57. ④   58. ①   59. ③   60. ②

에너지관리기능사

2015. 4. 4 시행

1. 연도에서 폐열회수장치의 설치 순서가 옳은 것은?
   ① 재열기 → 절탄기 → 공기예열기 → 과열기
   ② 과열기 → 재열기 → 절탄기 → 공기예열기
   ③ 공기예열기 → 과열기 → 절탄기 → 재열기
   ④ 절탄기 → 과열기 → 공기예열기 → 재열기

   해설 폐열회수장치의 설치 순서 : 과열기 → 재열기 → 절탄기 → 공기예열기

2. 다음 중 수관식 보일러 종류에 해당되지 않는 것은?
   ① 코니시 보일러   ② 슐처 보일러
   ③ 다쿠마 보일러   ④ 라몬트 보일러

   해설 노통 보일러 : 코니시 보일러, 랭커셔 보일러

3. 탄소(C) 1 kmol이 완전 연소하여 탄산가스(CO_2)가 될 때, 발생하는 열량은 몇 kcal인가?
   ① 29200   ② 57600
   ③ 68600   ④ 97200

4. 일반적으로 보일러의 열손실 중에서 가장 큰 것은?
   ① 불완전 연소에 의한 손실
   ② 배기가스에 의한 손실
   ③ 보일러 본체 벽에서의 복사, 전도에 의한 손실
   ④ 그을음에 의한 손실

   해설 열손실 중에서 가장 큰 손실은 배기가스에 의한 손실이다.

5. 압력이 일정할 때 과열증기에 대한 설명으로 가장 적절한 것은?
   ① 습포화증기에 열을 가해 온도를 높인 증기
   ② 건포화증기에 압력을 높인 증기
   ③ 습포화증기에 과열도를 높인 증기
   ④ 건포화증기에 열을 가해 온도를 높인 증기

   해설 과열증기 : 압력은 동일한 상태에서 건포화증기에 열을 가해 온도만 높게 만든 증기

6. 노통연관식 보일러에서 노통을 한쪽으로 편심시켜 부착하는 이유로 가장 타당한 것은 어느 것인가?
   ① 전열면적을 크게 하기 위해서
   ② 통풍력의 증대를 위해서
   ③ 노통의 열신축과 강도를 보강하기 위해서
   ④ 보일러수를 원활하게 순환하기 위해서

7. 스프링식 안전밸브에서 전양정식의 설명으로 옳은 것은?
   ① 밸브의 양정이 밸브 시트 구경의 $\frac{1}{40} \sim \frac{1}{15}$ 미만인 것
   ② 밸브의 양정이 밸브 시트 구경의 $\frac{1}{15} \sim \frac{1}{7}$ 미만인 것
   ③ 밸브의 양정이 밸브 시트 구경의 $\frac{1}{7}$ 이상인 것

정답 1. ② 2. ① 3. ④ 4. ② 5. ④ 6. ④ 7. ③

④ 밸브 시트 증기 통로 면적은 목부분 면적의 1.05배 이상인 것

[해설] ① : 저양정식   ② : 고양정식
       ③ : 전양정식   ④ : 전양식

8. 2차 연소의 방지대책으로 적합하지 않은 것은?

① 연도의 가스 포켓이 되는 부분을 없앨 것
② 연소실 내에서 완전 연소시킬 것
③ 2차 공기 온도를 낮추어 공급할 것
④ 통풍 조절을 잘 할 것

[해설] 2차 연소를 방지하려면 ①, ②, ④항 외에 2차 공기 온도를 높여 공급해야 한다.

9. 〈보기〉에서 설명한 송풍기의 종류는?

─〈보기〉─

㉠ 경향 날개형이며 6~12매의 철판제 직선 날개를 보스에서 방사한 스포우크에 리벳죔을 한 것이며, 측판이 있는 임펠러와 측판이 없는 것이 있다.
㉡ 구조가 견고하며 내마모성이 크고 날개를 바꾸기도 쉬우며 회진이 많은 가스의 흡출 통풍기, 미분탄 장치의 배탄기 등에 사용된다.

① 터보 송풍기   ② 다익 송풍기
③ 축류 송풍기   ④ 플레이트 송풍기

10. 기름예열기에 대한 설명 중 옳은 것은?

① 가열온도가 낮으면 기름분해와 분무상태가 불량하고 분사각도가 나빠진다.
② 가열온도가 높으면 불길이 한쪽으로 치우쳐 그을음, 분진이 일어나고 무화상태가 나빠진다.
③ 서비스탱크에서 점도가 떨어진 기름을 무화에 적당한 온도로 가열시키는 장치이다.
④ 기름예열기에서의 가열온도는 인화점보다 약간 높게 한다.

[해설] 중유예열기(기름예열기)의 설치 목적
(1) 기름을 예열하여 점도를 낮춘다.
(2) 유동성을 증가시킨다.
(3) 무화를 순조롭게 한다.

11. 보일러에 부착하는 압력계에 대한 설명으로 옳은 것은?

① 최대증발량이 10 t/h 이하인 관류 보일러에 부착하는 압력계는 눈금판의 바깥지름을 50 mm 이상으로 할 수 있다.
② 부착하는 압력계의 최고 눈금은 보일러의 최고사용압력의 1.5배 이하의 것을 사용한다.
③ 증기 보일러에 부착하는 압력계 눈금판의 바깥지름은 80 mm 이상의 크기로 한다.
④ 압력계를 보호하기 위하여 물을 넣은 안지름 6.5 mm 이상의 사이펀관 또는 동등한 장치를 부착하여야 한다.

[해설] ① 최대증발량이 5 t/h 이하인 관류 보일러에 부착하는 압력계는 눈금판의 바깥지름을 60 mm 이상으로 할 수 있다.
② 부착하는 압력계의 최고 눈금은 보일러의 최고사용압력의 1.5배 이상 3배 이하의 것을 사용한다.
③ 증기 보일러에 부착하는 압력계 눈금판의 바깥지름은 100 mm 이상의 크기로 한다.

12. 연통에서 배기되는 가스량이 2500 kg/h이고, 배기가스 온도가 230℃, 가스의 평균비열이 0.31 kcal/kg·℃, 외기온도가 18℃이면, 배기가스에 의한 손실열량은?

① 164300 kcal/h   ② 174300 kcal/h
③ 184300 kcal/h   ④ 194300 kcal/h

[해설] 손실열량＝비열 × 질량 × 온도차
＝ 0.31 × 2500 × (230−18)
＝ 164300 kcal/h

[정답] 8. ③   9. ④   10. ③   11. ④   12. ①

13. 보일러 집진장치의 형식과 종류를 짝지은 것 중 틀린 것은?
① 가압수식 – 제트 스크러버
② 여과식 – 충격식 스크러버
③ 원심력식 – 사이클론
④ 전기식 – 코트렐

해설 여과식 – 백 필터

14. 소형 연소기를 실내에 설치하는 경우, 급배기통을 전용 체임버 내에 접속하여 자연통기력에 의해 급배기하는 방식은?
① 강제배기식
② 강제급배기식
③ 자연급배기식
④ 옥외급배기식

해설 자연급배기식 : 소형 연소기를 실내에 설치하는 경우는 급배기통을 전용 체임버 내에 접속하여 자연통기력에 의해 급배기하는 방식

15. 연소효율이 95%, 전열효율이 85%인 보일러의 효율은 약 몇 %인가?
① 90 ② 81 ③ 70 ④ 61

해설 보일러 효율 = 전열효율 × 연소효율
= 0.85 × 0.95 × 100 ≒ 81%

16. 보일러의 자동제어 중 제어 동작이 연속동작에 해당하지 않는 것은?
① 비례 동작   ② 적분 동작
③ 미분 동작   ④ 다위치 동작

해설 다위치 동작은 불연속 동작에 해당한다.

17. 바이패스(by-pass)관에 설치해서는 안되는 부품은?
① 플로트트랩
② 연료차단밸브
③ 감압밸브
④ 유류배관의 유량계

18. 다음 중 압력의 단위가 아닌 것은?
① mmHg   ② bar
③ N/m²   ④ kg · m/s

해설 kg · m/s : 일률(량)의 단위

19. 수관보일러의 특징에 대한 설명으로 틀린 것은?
① 자연순환식 고압이 될수록 물과의 비중차가 적어 순환력이 낮아진다.
② 증발량이 크고 수부가 커서 부하변동에 따른 압력변화가 적으며 효율이 좋다.
③ 용량에 비해 설치면적이 적으며 과열기, 공기예열기 등 설치와 운반이 쉽다.
④ 구조상 고압 대용량에 적합하며 연소실의 크기를 임의로 할 수 있어 연소상태가 좋다.

해설 수관보일러는 증발량이 커서 효율이 높고 수부가 작아 부하변동에 응하기는 어려우나 파열 시 피해는 적다.

20. 수트블로어 사용에 관한 주의사항으로 틀린 것은?
① 분출기 내의 응축수를 배출시킨 후 사용할 것
② 그을음 불어내기를 할 때는 통풍력을 크게 할 것
③ 원활한 분출을 위해 분출하기 전 연도 내 배풍기를 사용하지 말 것
④ 한 곳에 집중적으로 사용하여 전열면에 무리를 가하지 말 것

해설 수트블로어(soot blower) 사용 시 분출하기 전 연도 내 배풍기를 사용해 유인통풍을 증가시켜야 한다.

정답 13. ② 14. ③ 15. ② 16. ④ 17. ② 18. ④ 19. ② 20. ③

21. 가스버너 연소방식 중 예혼합 연소방식이 아닌 것은?
① 저압 버너 ② 포트형 버너
③ 고압 버너 ④ 송풍 버너

해설 • 예혼합 연소방식의 분류
  (1) 고압 버너
  (2) 저압 버너
  (3) 송풍 버너
• 확산 연소방식의 분류
  (1) 포트형 버너
  (2) 버너형 버너

22. 증기 축열기(steam accumulator)에 대한 설명으로 옳은 것은?
① 송기압력을 일정하게 유지하기 위한 장치
② 보일러 출력을 증가시키는 장치
③ 보일러에서 온수를 저장하는 장치
④ 증기를 저장하여 과부하 시에는 증기를 방출하는 장치

해설 증기 축열기(steam accumulator) : 잉여 증기를 일시 저장하였다가 과부하 시에 증기를 방출하는 장치

23. 물체의 온도를 변화시키지 않고, 상(相) 변화를 일으키는 데만 사용되는 열량은?
① 감열 ② 비열
③ 현열 ④ 잠열

해설 • 잠열 : 물체의 온도를 변화시키지 않고, 상(相) 변화에만 사용되는 열량
• 현열 : 물체의 상(相) 변화는 없고, 온도 변화에만 사용되는 열량

24. 전열면적이 25m²인 연관보일러를 8시간 가동시킨 결과 4000 kgf의 증기가 발생하였다면, 이 보일러의 전열면의 증발률은 몇 kgf/m²·h인가?

① 20 ② 30
③ 40 ④ 50

해설 증발률 = $\dfrac{4000}{25 \times 8} = 20$ kgf/m²·h

25. 물을 가열하여 압력을 높이면 어느 지점에서 액체, 기체 상태의 구별이 없어지고 증발 잠열이 0 kcal/kg이 된다. 이 점을 무엇이라 하는가?
① 임계점 ② 삼중점
③ 비등점 ④ 압력점

해설 임계점 : 물을 가열하여 압력을 높이면 액체와 기체의 두 상태를 서로 분간할 수 없게 되는 상태로 되며, 증발 잠열이 0 kcal/kg이 된다.

26. 다음 그림은 인젝터의 단면을 나타낸 것이다. C부의 명칭은?

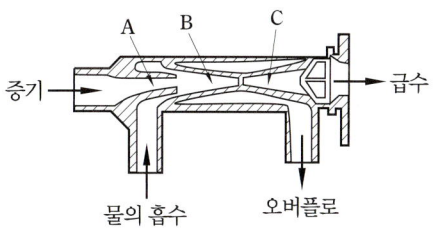

① 증기노즐 ② 혼합노즐
③ 분출노즐 ④ 고압노즐

해설 A : 증기노즐, B : 혼합노즐,
  C : 분출노즐

27. 고체벽의 한쪽에 있는 고온의 유체로부터 이 벽을 통과하여 다른 쪽에 있는 저온의 유체로 흐르는 열의 이동을 의미하는 용어는 어느 것인가?
① 열관류 ② 현열
③ 잠열 ④ 전열량

정답 21. ② 22. ④ 23. ④ 24. ① 25. ① 26. ③ 27. ①

[해설] 열관류(열통과) : 고체벽의 한쪽에 있는 고온의 유체로부터 이 벽을 통과하여 다른 쪽에 있는 저온의 유체로 흐르는 열의 이동을 의미하며, 단위는 $kcal/m^2 \cdot h \cdot \text{℃}$이다.

28. 증기난방과 비교한 온수난방의 특징에 대한 설명으로 틀린 것은?

① 가열시간은 길지만 잘 식지 않으므로 동결의 우려가 적다.
② 난방부하의 변동에 따라 온도 조절이 용이하다.
③ 취급이 용이하고 표면의 온도가 낮아 화상의 염려가 없다.
④ 방열기에는 증기트랩을 반드시 부착해야 한다.

[해설] 온수난방의 특징으로는 ①, ②, ③항이 있으며, 방열기 증기트랩은 증기난방에만 부착한다.

29. 외기온도 20℃, 배기가스온도 200℃이고, 연돌 높이가 20 m일 때 통풍력은 약 몇 mmAq인가?

① 5.5 ② 7.2
③ 9.2 ④ 12.2

[해설] (1) 자연통풍력(Z) 계산

$$Z = \left\{ 1.29 \times \frac{273}{(273+20)} - 1.34 \times \frac{273}{(273+200)} \right\} \times 20$$

$= 8.8$ mmAq

(2) 자연통풍력 약식 계산

$$20 \times 355 \times \left(\frac{1}{273+20} - \frac{1}{273+200} \right)$$

$≒ 9.2$ mmAq

30. 과잉공기량에 관한 설명으로 옳은 것은?

① (실제공기량) × (이론공기량)
② (실제공기량) / (이론공기량)
③ (실제공기량) + (이론공기량)
④ (실제공기량) − (이론공기량)

[해설] 과잉공기량 = 실제공기량 − 이론공기량

31. 호칭지름 15 A의 강관을 90° 각도로 구부릴 때 곡선부의 길이는 약 몇 mm인가? (단, 곡선부의 반지름은 90 mm로 한다.)

① 141.4 ② 145.5
③ 150.2 ④ 155.3

[해설] 곡선부의 길이 $= 2\pi r \times \dfrac{\theta}{360}$

$= 2 \times \pi \times 90 \times \dfrac{90°}{360°} ≒ 141.4$ mm

32. 보일러 사고에서 제작상의 원인이 아닌 것은?

① 구조 불량 ② 재료 불량
③ 캐리 오버 ④ 용접 불량

[해설] 보일러 사고에서 제작상의 원인으로는 ①, ②, ④항 외에 제작 불량 및 설계 불량이 있다.

33. 파이프 벤더에 의한 구부림 작업 시 관에 주름이 생기는 원인으로 가장 옳은 것은?

① 압력 조정이 세고 저항이 크다.
② 굽힘 반지름이 너무 작다.
③ 받침쇠가 너무 나와 있다.
④ 바깥지름에 비하여 두께가 너무 얇다.

34. 보일러 급수의 수질이 불량할 때 보일러에 미치는 장해와 관계가 없는 것은?

① 보일러 내부의 부식이 발생된다.
② 래미네이션 현상이 발생한다.
③ 프라이밍이나 포밍이 발생된다.
④ 보일러 내부에 슬러지가 퇴적된다.

정답 28. ④ 29. ③ 30. ④ 31. ① 32. ③ 33. ④ 34. ②

해설 래미네이션 : 보일러 강판이나 강관을 제조할 때 재질 내부에 가스체 등이 함유되어 2장의 층을 형성하고 있는 상태의 흠

35. 주철제 벽걸이 방열기의 호칭 방법은?
① W – 형 × 쪽수
② 종별 – 치수 × 쪽수
③ 종별 – 쪽수 × 형
④ 치수 – 종별 × 쪽수

해설 벽걸이 방열기의 호칭 방법 : W(종별) – 형 × 쪽수

36. 증기난방에서 응축수의 환수방법에 따른 분류 중 증기의 순환과 응축수의 배출이 빠르며, 방열량도 광범위하게 조절할 수 있어서 대규모 난방에서 많이 채택하는 방식은?
① 진공환수식 증기난방
② 복관 중력환수식 증기난방
③ 기계환수식 증기난방
④ 단관 중력환수식 증기난방

37. 저탕식 급탕설비에서 급탕의 온도를 일정하게 유지시키기 위해서 가스나 전기를 공급 또는 정지하는 것은?
① 사일런서   ② 순환펌프
③ 가열코일   ④ 서모스탯

38. 보일러의 점화 조작 시 주의사항으로 틀린 것은?
① 연료가스의 유출속도가 너무 빠르면 실화 등이 일어나고 너무 늦으면 역화가 발생한다.
② 연소실의 온도가 낮으면 연료의 확산이 불량해지며 착화가 잘 안 된다.
③ 연료의 예열온도가 낮으면 무화불량, 화염의 편류, 그을음, 분진이 발생한다.
④ 유압이 낮으면 점화 및 분사가 양호하고 높으면 그을음이 없어진다.

해설 유압이 낮으면 분사가 불량해진다.

39. 온수난방에서 상당방열면적이 45 m²일 때 난방부하는? (단, 방열기의 방열량은 표준방열량으로 한다.)
① 16450kcal/h   ② 18500kcal/h
③ 19450kcal/h   ④ 20250kcal/h

해설 난방부하(kcal/h) = 450×45
= 20250 kcal/h

참고
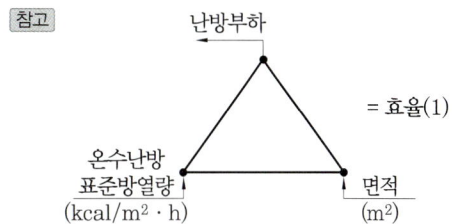

40. 보일러의 정상 운전 시 수면계에 나타나는 수위의 위치로 가장 적당한 것은?
① 수면계의 최상위
② 수면계의 최하위
③ 수면계의 중간
④ 수면계 하부의 1/3 위치

해설 정상 운전 수위(상용 수위) : 수면계의 중간

41. 유류 연소 자동점화 보일러의 점화 순서 상 화염검출기 작동 후 다음 단계는?
① 공기댐퍼 열림   ② 전자밸브 열림
③ 노내압 조정   ④ 노내 환기

해설 점화순서 : 기동스위치 → 프리퍼지 → 스파크 점화 → 파일럿 밸브 열림 → 버너 착화 → 화염검출기 작동 → 전자밸브 열림

정답 35. ① 36. ① 37. ④ 38. ④ 39. ④ 40. ③ 41. ②

42. 보일러 내처리제에서 가성취화 방지에 사용되는 약제가 아닌 것은?
① 인산나트륨 ② 질산나트륨
③ 탄닌 ④ 암모니아

해설 가성취화 방지제의 종류
  (1) 인산나트륨
  (2) 질산나트륨
  (3) 탄닌

43. 연관 최고부보다 노통 윗면이 높은 노통 연관 보일러의 최저수위(안전저수면)의 위치는 어느 것인가?
① 노통 최고부 위 100 mm
② 노통 최고부 위 75 mm
③ 연관 최고부 위 100 mm
④ 연관 최고부 위 75 mm

해설 (1) 연관 최고부보다 노통 윗면이 높은 경우 : 노통 최고부 위 100 mm
  (2) 노통 윗면보다 연관 최고부가 높은 경우 : 연관 최고부 위 75 mm

44. 보일러의 과열 원인과 무관한 것은?
① 보일러수의 순환이 불량할 경우
② 스케일 누적이 많은 경우
③ 저수위로 운전할 경우
④ 1차 공기량의 공급이 부족한 경우

해설 1차 공기량은 연료의 무화와 관계가 있다.

45. 증기난방 배관시공 시 환수관이 문 또는 보와 교차할 때 이용되는 배관 형식으로 위로는 공기, 아래로는 응축수를 유통시킬 수 있도록 시공하는 배관은?
① 루프형 배관
② 리프트 피팅 배관
③ 하트포드 배관
④ 냉각 배관

46. 강철제 증기 보일러의 최고사용압력이 0.4 MPa인 경우 수압시험압력은?
① 0.16 MPa ② 0.2 MPa
③ 0.8 MPa ④ 1.2 MPa

해설 최고사용압력(P)이 0.43 MPa 이하인 경우 수압시험압력은 $P \times 2 = 0.4 \times 2 = 0.8$ MPa 이다.

47. 질소 봉입 방법으로 보일러 보존 시 보일러 내부에 질소가스의 봉입압력(MPa)으로 적합한 것은?
① 0.02 ② 0.03
③ 0.06 ④ 0.08

해설 질소 봉입 보존 시 봉입압력을 0.06 MPa (0.6 kgf/cm^2)로 유지하여 보존해야 한다.

48. 보일러의 외부 검사에 해당되는 것은?
① 스케일, 슬러지 상태 검사
② 노벽 상태 검사
③ 배관의 누설 상태 검사
④ 연소실의 열 집중 현상 검사

해설 ①, ②, ④항은 보일러의 내부 검사에 해당된다.

49. 보일러 강판이나 강관을 제조할 때 재질 내부에 가스체 등이 함유되어 두 장의 층을 형성하고 있는 상태의 흠은?
① 블리스터 ② 팽출
③ 압궤 ④ 래미네이션

50. 다음 중 오일 프리히터의 종류에 속하지 않는 것은?
① 증기식 ② 직화식
③ 온수식 ④ 전기식

정답 42. ④ 43. ① 44. ④ 45. ① 46. ③ 47. ③ 48. ③ 49. ④ 50. ②

[해설] 오일 프리히터의 종류
(1) 전기식
(2) 증기식
(3) 온수식

51. 다음 중 보온재의 종류가 아닌 것은?
① 코르크
② 규조토
③ 프탈산수지도료
④ 기포성수지

[해설] 프탈산수지도료는 도장용 도료이다.

52. 에너지이용 합리화법상 검사대상기기 설치자가 검사대상기기의 조종자를 선임하지 않았을 때의 벌칙은?
① 1년 이하의 징역 또는 2천만원 이하의 벌금
② 1년 이하의 징역 또는 5백만원 이하의 벌금
③ 1천만원 이하의 벌금
④ 5백만원 이하의 벌금

[해설] 검사대상기기 설치자가 검사대상기기의 조종자를 선임하지 않았을 때는 1천만원 이하의 벌금형에 처해진다.

53. 에너지이용 합리화법령상 산업통상자원부 장관이 에너지다소비사업자에게 개선명령을 할 수 있는 경우는 에너지관리지도 결과 몇 % 이상 에너지 효율 개선이 기대되는 경우인가?
① 2%   ② 3%
③ 5%   ④ 10%

[해설] 에너지이용 합리화법령상 산업통상자원부 장관이 에너지다소비사업자에게 개선명령을 할 수 있는 경우는 에너지관리지도 결과 10% 이상 에너지 효율 개선이 기대되는 경우이다.

54. 다음 보온재 중 안전사용 (최고)온도가 가장 높은 것은?
① 탄산마그네슘 물반죽 보온재
② 규산칼슘 보온판
③ 경질 폼러버 보온통
④ 글라스울 블랭킷

[해설] (1) 탄산마그네슘 물반죽 보온재 : 약 200℃ 정도
(2) 규산칼슘 보온판 : 약 650℃ 정도
(3) 경질 폼러버 보온통 : 약 100℃ 정도
(4) 글라스울 블랭킷 : 약 350℃ 정도

55. 저탄소 녹색성장 기본법상 녹색성장위원회의 위원으로 틀린 것은?
① 국토교통부 장관
② 미래창조과학부 장관
③ 기획재정부 장관
④ 고용노동부 장관

[해설] 고용노동부 장관은 녹색성장 기본법상 녹색성장위원회 위원과는 상관이 없다.

56. 에너지이용 합리화법상 에너지사용자와 에너지공급자의 책무로 맞는 것은?
① 에너지의 생산·이용 등에서의 그 효율을 극소화
② 온실가스 배출을 줄이기 위한 노력
③ 기자재의 에너지효율을 높이기 위한 기술개발
④ 지역경제발전을 위한 시책 강구

[해설] 에너지이용 합리화법상 에너지사용자와 에너지공급자는 온실가스 배출을 줄이기 위한 노력을 해야 한다.

57. 에너지이용 합리화법상 평균에너지소비

정답 51. ③ 52. ③ 53. ④ 54. ② 55. ④ 56. ② 57. ①

효율에 대하여 총량적인 에너지효율의 개선이 특히 필요하다고 인정되는 기자재는?

① 승용자동차
② 강철제보일러
③ 1종 압력용기
④ 축열식 전기보일러

[해설] 효율관리기자재
(1) 전기냉장고
(2) 전기냉방기
(3) 전기세탁기
(4) 조명기기
(5) 삼상유도전동기(三相誘導電動機)
(6) 자동차
(7) 그 밖에 산업통상자원부 장관이 그 효율의 향상이 특히 필요하다고 인정하여 고시하는 기자재 및 설비

58. 보일러 급수 중 Fe, Mn, CO_2를 많이 함유하고 있는 경우의 급수 처리 방법으로 가장 적합한 것은?

① 분사법
② 기폭법
③ 침강법
④ 가열법

[해설] 기폭법 : 급수 중에 용존되어 있는 Fe, Mn, CO_2를 제거하는 데 이용된다.

59. 에너지이용 합리화법에 따라 에너지 진단을 면제 또는 에너지진단주기를 연장받으려는 자가 제출해야 하는 첨부서류에 해당하지 않는 것은?

① 보유한 효율관리기자재 자료
② 중소기업임을 확인할 수 있는 서류
③ 에너지 절약 유공자 표창 사본
④ 친에너지형 설비 설치를 확인할 수 있는 서류

[해설] 에너지 진단을 면제 또는 에너지진단주기를 연장받으려는 자가 제출해야 하는 첨부서류는 다음과 같다.
(1) 중소기업임을 확인할 수 있는 서류
(2) 에너지절약 유공자 표창 사본
(3) 친에너지형 설비 설치를 확인할 수 있는 서류
(4) 에너지관리시스템 구축 내역을 확인할 수 있는 서류
(5) 자발적 협약 우수사업장임을 확인할 수 있는 서류
(6) 에너지진단 결과를 반영한 에너지절약 투자 및 개선실적을 확인할 수 있는 서류

60. 증기난방에서 방열기와 벽면과의 적합한 간격(mm)은?

① 30~40   ② 50~60
③ 80~100 ④ 100~120

[해설] 방열기와 벽면과의 거리 : 50~60 mm 정도

[정답] 58. ② 59. ① 60. ②

에너지관리기능사

2015. 7. 19 시행

1. 보일러에서 배출되는 배기가스의 여열을 이용하여 급수를 예열하는 장치는?
① 과열기 ② 재열기
③ 절탄기 ④ 공기예열기

[해설] 절탄기는 보일러에서 배출되는 배기가스의 여열을 이용하여 급수를 예열하는 장치로 보일러의 효율을 증대시킨다.

2. 다음 중 목표값이 시간에 따라 임의로 변화되는 것은?
① 비율 제어 ② 추종 제어
③ 프로그램 제어 ④ 캐스케이드 제어

[해설] (1) 비율 제어 : 목표값이 다른 양과 일정한 비율 관계에서 변화되는 추치 제어
(2) 프로그램 제어 : 목표값이 이미 정해진 계획에 따라 시간적으로 변화되는 추치 제어
(3) 캐스케이드 제어 : 1차 제어장치가 작동하면 2차 제어장치가 이 명령을 바탕으로 제어량을 조절하는 측정 제어

3. 보일러 부속품 중 안전장치에 속하는 것은 어느 것인가?
① 감압밸브 ② 주증기밸브
③ 가용전 ④ 유량계

[해설] 안전장치의 종류
(1) 안전밸브 (2) 방폭문
(3) 고·저수위 경보기 (4) 화염검출기
(5) 가용전 (6) 증기압력 제한기

4. 캐비테이션의 발생 원인이 아닌 것은?
① 흡입양정이 지나치게 클 때
② 흡입관의 저항이 작은 경우
③ 유량의 속도가 빠른 경우
④ 관로 내의 온도가 상승되었을 때

[해설] 캐비테이션의 발생 원인은 ①, ③, ④항 외에 흡입관의 저항이 큰 경우이다.

5. 다음 중 연료의 연소 온도에 가장 큰 영향을 미치는 것은?
① 발화점 ② 공기비
③ 인화점 ④ 회분

[해설] 연소 온도에 영향을 주는 요인
(1) 공기비
(2) 연료의 발열량
(3) 산소의 농도

6. 수소 15%, 수분 0.5%인 중유의 고위발열량이 10000 kcal/kg이다. 이 중유의 저위발열량은 몇 kcal/kg인가?
① 8795 ② 8984
③ 9085 ④ 9187

[해설] 저위발열량
= 고위발열량 − 600(9×수소+수분)
= 10000 − 600(9×0.15+0.005)
= 9187 kcal/kg

7. 부르동관 압력계를 부착할 때 사용되는 사이펀관 속에 넣는 물질은?
① 수은 ② 증기
③ 공기 ④ 물

[해설] 부르동관 압력계의 과열 방지를 위해서 사이펀관 속에는 항상 물(증기가 식은 응축수)이 들어 있다.

8. 집진장치의 종류 중 건식 집진장치의 종류가 아닌 것은?

정답 1. ③ 2. ② 3. ③ 4. ② 5. ② 6. ④ 7. ④ 8. ①

① 가압수식 집진기
② 중력식 집진기
③ 관성력식 집진기
④ 원심력식 집진기

[해설] 습식 집진장치의 종류
 (1) 유수식
 (2) 가압수식 : 제트 스크러버, 벤투리 스크러버, 사이클론 스크러버, 세정탑(충전탑)
 (3) 회전식

9. 수관식 보일러에 속하지 않는 것은?
① 입형횡관식   ② 자연순환식
③ 강제순환식   ④ 관류식

[해설] 수관식 보일러의 분류
 (1) 자연순환식 보일러
 (2) 강제순환식 보일러
 (3) 관류식 보일러

10. 공기예열기의 종류에 속하지 않는 것은?
① 전열식   ② 재생식
③ 증기식   ④ 방사식

[해설] 공기예열기의 분류
 (1) 증기식
 (2) 재생식(융스트롬식)
 (3) 전열식(판형, 관형)

11. 비접촉식 온도계의 종류가 아닌 것은?
① 광전관식 온도계
② 방사 온도계
③ 광고 온도계
④ 열전대 온도계

[해설] 비접촉식 온도계의 종류
 (1) 방사 온도계
 (2) 광고 온도계
 (3) 색온도계
 (4) 광전관식 온도계

12. 보일러의 전열면적이 클 때의 설명으로 틀린 것은?
① 증발량이 많다.   ② 예열이 빠르다.
③ 용량이 적다.   ④ 효율이 높다.

[해설] 보일러의 전열면적이 크면 보일러 용량이 크다.

13. 보일러 연도에 설치하는 댐퍼의 설치 목적과 관계가 없는 것은?
① 매연 및 그을음의 제거
② 통풍력의 조절
③ 연소가스 흐름의 차단
④ 주연도와 부연도가 있을 때 가스의 흐름을 전환

[해설] 수트블로어 : 전열면에 부착된 그을음을 제거하는 장치

14. 다음 중 통풍력을 증가시키는 방법으로 옳은 것은?
① 연도는 짧고, 연돌은 낮게 설치한다.
② 연도는 길고, 연돌의 단면적을 작게 설치한다.
③ 배기가스의 온도는 낮춘다.
④ 연도는 짧고, 굴곡부는 적게 한다.

[해설] 통풍력을 증가시키려면 연도는 최대한 짧게 설치하며 굴곡부는 3개소 이하로 설치하는 것이 좋다.

15. 연료의 연소에서 환원염이란?
① 산소 부족으로 인한 화염이다.
② 공기비가 너무 클 때의 화염이다.
③ 산소가 많이 포함된 화염이다.
④ 연료를 완전 연소시킬 때의 화염이다.

[해설] 환원염은 산소 부족으로 인한 불완전 연소에 의해 발생된 화염으로 불꽃의 길이가 긴 장염이다.

정답 9. ① 10. ④ 11. ④ 12. ③ 13. ① 14. ④ 15. ①

16. 보일러 화염 유무를 검출하는 스택 스위치에 대한 설명으로 틀린 것은?
① 화염의 발열 현상을 이용한 것이다.
② 구조가 간단하다.
③ 버너 용량이 큰 곳에 사용된다.
④ 바이메탈의 신축작용으로 화염 유무를 검출한다.

[해설] 스택 스위치는 버너 용량이 작은 곳에 사용된다.

17. 3요소식 보일러 급수 제어 방식에서 검출하는 3요소는?
① 수위, 증기유량, 급수유량
② 수위, 공기압, 수압
③ 수위, 연료량, 공기압
④ 수위, 연료량, 수압

[해설] 보일러의 급수 제어
  (1) 단요소식 : 수위 검출
  (2) 2요소식 : 수위, 증기유량 검출
  (3) 3요소식 : 수위, 증기유량, 급수유량 검출

18. 대형 보일러인 경우에 송풍기가 작동되지 않으면 전자밸브가 열리지 않고, 점화를 저지하는 인터록의 종류는?
① 저연소 인터록
② 압력초과 인터록
③ 프리퍼지 인터록
④ 불착화 인터록

19. 수위의 부력에 의한 플로트 위치에 따라 연결된 수은 스위치로 작동하는 형식으로 중·소형 보일러에 가장 많이 사용하는 저수위 경보장치의 형식은?
① 기계식   ② 전극식
③ 자석식   ④ 맥도널식

[해설] 맥도널식(저수위 경보장치) : 수위의 부력에 의한 플로트 위치에 따라 연결된 수은 스위치로 작동하여 보일러의 이상 수위에 의한 사고를 미연에 방지하기 위한 안전장치

20. 증기의 발생이 활발해지면 증기와 함께 물방울이 같이 비산하여 증기관으로 취출되는데, 이때 드럼 내에 증기 취출구에 부착하여 증기 속에 포함된 수분 취출을 방지해주는 관은?
① 워터실링관
② 주증기관
③ 베이퍼로크 방지관
④ 비수방지관

[해설] 비수방지관 : 증기 발생이 활발해지면 증기와 함께 물방울이 같이 비산하여 증기관으로 취출될 때 증기 속에 포함된 수분을 제거하는 장치로 원통 보일러에 있어서 건조 증기를 송출하기 위한 장치이다.

21. 증기의 과열도를 옳게 표현한 식은?
① 과열도 = 포화증기온도 − 과열증기온도
② 과열도 = 포화증기온도 − 압축수의 온도
③ 과열도 = 과열증기온도 − 압축수의 온도
④ 과열도 = 과열증기온도 − 포화증기온도

[해설] 과열도 : 과열증기온도 − 포화증기온도

22. 어떤 액체 연료를 완전 연소시키기 위한 이론공기량이 10.5 Nm³/kg이고, 공기비가 1.4인 경우 실제공기량은?
① 7.5 Nm³/kg
② 11.9 Nm³/kg
③ 14.7 Nm³/kg
④ 16.0 Nm³/kg

[해설] 실제공기량(A) = 공기비(m) × 이론공기량(A_0) = $1.4 \times 10.5 = 14.7$ Nm³/kg

정답 16. ③ 17. ① 18. ③ 19. ④ 20. ④ 21. ④ 22. ③

23. 파형 노통보일러의 특징을 설명한 것으로 옳은 것은?
① 제작이 용이하다.
② 내·외면의 청소가 용이하다.
③ 평형 노통보다 전열면적이 크다.
④ 평형 노통보다 외압에 대하여 강도가 적다.

[해설] 파형 노통 보일러의 특징
 (1) 제작이 어렵다.
 (2) 내·외면의 청소가 힘들다.
 (3) 평형 노통보다 전열면적이 크다.
 (4) 평형 노통보다 외압에 대하여 강도가 크다.

24. 보일러에 과열기를 설치할 때 얻어지는 장점으로 틀린 것은?
① 증기관 내의 마찰저항을 감소시킬 수 있다.
② 증기기관의 이론적 열효율을 높일 수 있다.
③ 같은 압력은 포화증기에 비해 보유열량이 많은 증기를 얻을 수 있다.
④ 연소가스의 저항으로 압력손실을 줄일 수 있다.

[해설] 연소가스의 저항으로 압력손실이 크다.

25. 다음 중 수트블로어 사용 시 주의사항으로 틀린 것은?
① 부하가 50% 이하인 경우에 사용한다.
② 보일러 정지 시 수트블로어 작업을 하지 않는다.
③ 분출 시에는 유인 통풍을 증가시킨다.
④ 분출기 내의 응축수를 배출시킨 후 사용한다.

[해설] 수트블로어는 부하가 50% 이상인 경우에 사용해야 한다.

26. 후향 날개 형식으로 보일러의 압입송풍에 많이 사용되는 송풍기는?
① 다익형 송풍기
② 축류형 송풍기
③ 터보형 송풍기
④ 플레이트형 송풍기

27. 연료의 가연 성분이 아닌 것은?
① N ② C ③ H ④ S

[해설] 연료의 가연 성분 : 탄소(C), 수소(H), 황(S)

28. 효율이 82%인 보일러로 발열량 9800 kcal/kg의 연료를 15 kg 연소시키는 경우의 손실 열량은?
① 80360 kcal ② 32500 kcal
③ 26460 kcal ④ 120540 kcal

[해설] 총열량 = 15×9800 = 147000 kcal
∴ 손실 열량 = 147000×(1−0.82)
    = 26460 kcal

[참고]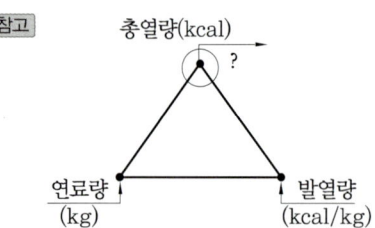

∴ 손실 열량 = 총열량×(1−효율)

29. 보일러 연소용 공기조절장치 중 착화를 원활하게 하고 화염의 안정을 도모하는 장치는 어느 것인가?
① 윈드박스(wind box)
② 보염기(stabilizer)
③ 버너타일(burner tile)
④ 플레임 아이(flame eye)

[해설] ① 윈드박스 : 송풍기로부터 받은 연소용 공기를 받아 공기 흐름을 규제함과 동시에 동압의 대부분을 정압으로 변환시켜 노내로 보내지는 공기 흐름을 일정하게 유지시켜 준다.

② 보염기(스태빌라이저) : 화염의 안정을 도모하고 착화를 원활하게 하는 장치
③ 버너타일 : 연소실에서 버너 주위에 과열을 방지하기 위해 붙인 타일
④ 플레임 아이 : 보일러 버너의 화염검출기로 물질에 입사되는 빛에너지의 세기에 따라 전자의 흐름이 달라지는 성질을 이용하여 화염을 검출한다.

30. 증기난방설비에서 배관 구배를 부여하는 가장 큰 이유는 무엇인가?

① 증기의 흐름을 빠르게 하기 위해서
② 응축수의 체류를 방지하기 위해서
③ 배관시공을 편리하게 하기 위해서
④ 증기와 응축수의 흐름마찰을 줄이기 위해서

31. 보일러 배관 중에 신축 이음을 하는 목적으로 가장 적합한 것은?

① 증기 속의 이물질을 제거하기 위하여
② 열팽창에 의한 관의 파열을 막기 위하여
③ 보일러수의 누수를 막기 위하여
④ 증기 속의 수분을 분리하기 위하여

32. 팽창탱크에 대한 설명으로 옳은 것은?

① 개방식 팽창탱크는 주로 고온수 난방에서 사용한다.
② 팽창관에는 방열관에 부착하는 크기의 밸브를 설치한다.
③ 밀폐형 팽창탱크에는 수면계를 구비한다.
④ 밀폐형 팽창탱크는 개방식 팽창탱크에 비하여 적어도 된다.

[해설] • 저온수 난방(100℃ 미만) : 개방식 팽창탱크 사용
• 고온수 난방(100℃ 초과) : 밀폐형 팽창탱크 사용

33. 다음 중 온수난방의 특성을 설명한 것으로 틀린 것은?

① 실내 예열시간이 짧지만 쉽게 냉각되지 않는다.
② 난방부하 변동에 따른 온도조절이 쉽다.
③ 단독주택 또는 소규모 건물에 적용된다.
④ 보일러 취급이 비교적 쉽다.

[해설] 실내 예열시간은 길지만 쉽게 냉각되지 않는다.

34. 다음 중 주형 방열기의 종류로 거리가 먼 것은?

① 1주형   ② 2주형
③ 3세주형   ④ 5세주형

[해설] 주형 방열기(라디에이터)의 종류
 (1) 2주형   (2) 3주형
 (3) 3세주형   (4) 5세주형

35. 보일러 점화 시 역화의 원인과 관계가 없는 것은?

① 착화가 지연될 경우
② 점화원을 사용한 경우
③ 프리퍼지가 불충분한 경우
④ 연료 공급밸브를 급개하여 다량으로 분무한 경우

[해설] 역화의 원인
 (1) 착화기 지연될 경우
 (2) 프리퍼지가 불충분한 경우
 (3) 연료를 다량으로 분무한 경우
 (4) 가동 중 실화 시

36. 압력계로 연결하는 증기관을 황동관이나 동관을 사용할 경우, 증기온도는 약 몇 ℃ 이하인가?

① 210℃   ② 260℃
③ 310℃   ④ 360℃

정답 30. ② 31. ② 32. ③ 33. ① 34. ① 35. ② 36. ①

37. 보일러를 비상 정지시키는 경우의 일반적인 조치사항으로 거리가 먼 것은?
① 압력은 자연히 떨어지게 기다린다.
② 주증기 스톱밸브를 열어 놓는다.
③ 연소공기의 공급을 멈춘다.
④ 연료 공급을 중단한다.

[해설] 보일러를 비상 정지시키는 경우 주증기 스톱밸브를 닫아 놓는다.

38. 금속 특유의 복사열에 대한 반사 특성을 이용한 대표적인 금속질 보온재는?
① 세라믹 파이버
② 실리카 파이버
③ 알루미늄 박
④ 규산칼슘

39. 기포성 수지에 대한 설명으로 틀린 것은?
① 열전도율이 낮고 가볍다.
② 불에 잘 타며 보온성과 보랭성은 좋지 않다.
③ 흡수성은 좋지 않으나 굽힘성은 풍부하다.
④ 합성수지 또는 고무질 재료를 사용하여 다공질 제품으로 만든 것이다.

[해설] 기포성 수지는 불에 잘 타며 보온성과 보랭성이 좋다.

40. 온수 보일러의 순환펌프 설치 방법으로 옳은 것은?
① 순환펌프의 모터 부분은 수평으로 설치한다.
② 순환펌프는 보일러 본체에 설치한다.
③ 순환펌프는 송수주관에 설치한다.
④ 공기빼기 장치가 없는 순환펌프는 체크밸브를 설치한다.

[해설] 순환펌프의 설치 방법
(1) 환수주관에 설치함이 원칙이다.
(2) 순환펌프의 모터 부분은 수평으로 설치한다.
(3) 순환펌프의 입구측에는 여과기를 설치한다.
(4) 순환펌프에는 바이패스를 설치한다.

41. 보일러 가동 시 매연 발생의 원인과 가장 거리가 먼 것은?
① 연소실 과열
② 연소실 용적의 과소
③ 연료 중의 불순물 혼입
④ 연소용 공기의 공급 부족

[해설] 연소실 과열은 보일러 파열사고와 관계가 있다.

42. 중유 연소 시 보일러 저온부식의 방지대책으로 거리가 먼 것은?
① 저온의 전열면에 내식재료를 사용한다.
② 첨가제를 사용하여 황산가스의 노점을 높여 준다.
③ 공기예열기 및 급수예열장치 등에 보호피막을 한다.
④ 배기가스 중의 산소함유량을 낮추어 아황산가스의 산화를 제한한다.

[해설] 연도의 저온부식을 방지하려면 첨가제를 사용하여 황산가스의 노점을 강하시킨다.

43. 물의 온도가 393 K를 초과하는 온수발생 보일러에는 크기가 몇 mm 이상인 안전밸브를 설치하여야 하는가?
① 5   ② 10
③ 15   ④ 20

[해설] • 120℃(393 K) 미만 : 방출밸브(20 mm 이상)
• 120℃(393 K) 초과 : 안전밸브(20 mm 이상)

정답 37. ② 38. ③ 39. ② 40. ① 41. ① 42. ② 43. ④

44. 보일러 부식에 관련된 설명 중 틀린 것은 어느 것인가?
① 점식은 국부전지의 작용에 의해서 일어난다.
② 수용액 중에서 부식 문제를 일으키는 주요인은 용존산소, 용존가스 등이다.
③ 중유 연소 시 중유 회분 중에 바나듐이 포함되어 있으면 바나듐 산화물에 의한 고온부식이 발생한다.
④ 가성취화는 고온에서 알칼리에 의한 부식 현상을 말하며, 보일러 내부 전체에 걸쳐 균일하게 발생한다.

[해설] 가성취화 : 철강 조직의 입자 사이가 부식되어 취약하게 되고 결정 입자의 경계에 따라 균열이 생긴다.

45. 증기난방의 중력환수식에서 단관식인 경우 배관 기울기로 적당한 것은?
① $\frac{1}{100} \sim \frac{1}{200}$ 정도의 순 기울기
② $\frac{1}{200} \sim \frac{1}{300}$ 정도의 순 기울기
③ $\frac{1}{300} \sim \frac{1}{400}$ 정도의 순 기울기
④ $\frac{1}{400} \sim \frac{1}{500}$ 정도의 순 기울기

46. 보일러 용량 결정에 포함될 사항으로 거리가 먼 것은?
① 난방부하   ② 급탕부하
③ 배관부하   ④ 연료부하

[해설] 보일러 용량(정격출력) : 난방부하+급탕부하+배관부하+예열부하(시동부하)

47. 온수난방 배관에서 수평주관에 지름이 다른 관을 접속하여 연결할 때 가장 적합한 관 이음쇠는?
① 유니언   ② 편심 리듀서
③ 부싱   ④ 니플

48. 온수순환 방식에 의한 분류 중에서 순환이 자유롭고 신속하며, 방열기의 위치가 낮아도 순환이 가능한 방법은?
① 중력 순환식
② 강제 순환식
③ 단관식 순환식
④ 복관식 순환식

49. 온수 보일러 개방식 팽창탱크 설치 시 주의사항으로 틀린 것은?
① 팽창탱크에는 상부에 통기구멍을 설치한다.
② 팽창탱크 내부의 수위를 알 수 있는 구조이어야 한다.
③ 탱크에 연결되는 팽창흡수관은 팽창탱크 바닥면과 같게 배관해야 한다.
④ 팽창탱크의 높이는 최고 부위 방열기보다 1 m 이상 높은 곳에 설치한다.

[해설] 탱크에 연결되는 팽창흡수관(팽창관)은 팽창탱크 바닥에서 25 mm 이상 높아야 한다.

50. 열팽창에 의한 배관의 이동을 구속 또는 제한하는 배관 지지구인 리스트레인트(restraint)의 종류가 아닌 것은?
① 가이드   ② 앵커
③ 스토피   ④ 행어

51. 보통 온수식 난방에서 온수의 온도는?
① 65~70℃   ② 75~80℃
③ 85~90℃   ④ 95~100℃

정답 44. ④   45. ①   46. ④   47. ②   48. ②   49. ③   50. ④   51. ③

52. 장시간 사용을 중지하고 있던 보일러의 점화 준비에서, 부속장치 조작 및 시동으로 틀린 것은?

① 댐퍼는 굴뚝에서 가까운 것부터 차례로 연다.
② 통풍장치의 댐퍼 개폐도가 적당한지 확인한다.
③ 흡입통풍기가 설치된 경우는 가볍게 운전한다.
④ 절탄기나 과열기에 바이패스가 설치된 경우는 바이패스 댐퍼를 닫는다.

해설 절탄기나 과열기에 바이패스가 설치된 경우 먼저 바이패스로 연결한 후에 시간이 지나면 밸브를 닫고, 주라인 밸브를 열어 사용한다.

53. 응축수 환수방식 중 중력환수 방식으로 환수가 불가능한 경우, 응축수를 별도의 응축수 탱크에 모으고 펌프 등을 이용하여 보일러에 급수를 행하는 방식은?

① 복관환수식　　② 부력환수식
③ 진공환수식　　④ 기계환수식

해설 기계환수식 : 펌프를 사용하여 응축수를 회수하는 방법

54. 무기질 보온재에 해당되는 것은?

① 암면　　② 펠트
③ 코르크　　④ 기포성 수지

해설 유기질 보온재의 종류
　(1) 코르크　(2) 펠트류
　(3) 텍스류　(4) 기포성 수지

55. 에너지이용 합리화법상 효율관리기자재의 에너지소비효율등급 또는 에너지소비효율을 효율관리시험기관에서 측정 받아 해당 효율관리기자재에 표시하여야 하는 자는?

① 효율관리기자재의 제조업자 또는 시공업자
② 효율관리기자재의 제조업자 또는 수입업자
③ 효율관리기자재의 시공업자 또는 판매업자
④ 효율관리기자재의 시공업자 또는 수입업자

56. 저탄소 녹색성장 기본법상 녹색성장위원회의 심의 사항이 아닌 것은?

① 지방자치단체의 저탄소 녹색성장의 기본방향에 관한 사항
② 녹색성장국가전략의 수립·변경·시행에 관한 사항
③ 기후변화대응 기본계획, 에너지기본계획 및 지속가능발전 기본계획에 관한 사항
④ 저탄소 녹색성장을 위한 재원의 배분방향 및 효율적 사용에 관한 사항

해설 저탄소 녹색성장 기본법상 녹색성장위원회의 심의 사항은 저탄소 녹색성장 정책의 기본 방향에 관한 사항이다.

57. 에너지법령상 "에너지 사용자"의 정의로 옳은 것은?

① 에너지 보급 계획을 세우는 자
② 에너지를 생산, 수입하는 사업자
③ 에너지사용시설의 소유자 또는 관리자
④ 에너지를 저장, 판매하는 자

58. 에너지이용 합리화법규상 냉난방온도제한 건물에 냉난방 제한온도를 적용할 때의 기준으로 옳은 것은? (단, 판매시설 및 공항의 경우는 제외한다.)

정답　52. ④　53. ④　54. ①　55. ②　56. ①　57. ③　58. ④

① 냉방 : 24℃ 이상, 난방 : 18℃ 이하
② 냉방 : 24℃ 이상, 난방 : 20℃ 이하
③ 냉방 : 26℃ 이상, 난방 : 18℃ 이하
④ 냉방 : 26℃ 이상, 난방 : 20℃ 이하

59. 다음 ( )에 알맞은 것은?

> 에너지법령상 에너지 총조사는 (㉠)마다 실시하되, (㉡)이 필요하다고 인정할 때에는 간이조사를 실시할 수 있다.

	㉠	㉡
①	2년	행정자치부 장관
②	2년	교육부 장관
③	3년	산업통상자원부 장관
④	3년	고용노동부 장관

[해설] 에너지법령상 에너지 총조사 3년마다 실시하되, 산업통상자원부 장관이 필요하다고 인정할 때에는 간이조사를 실시할 수 있다.

60. 에너지이용 합리화법상 검사대상기기 설치자가 시·도지사에게 신고하여야 하는 경우가 아닌 것은?

① 검사대상기기를 정비한 경우
② 검사대상기기를 폐기한 경우
③ 검사대상기기의 사용을 중지한 경우
④ 검사대상기기의 설치자가 변경된 경우

[해설] 검사대상기기 설치자가 시·도지사에게 신고해야 하는 경우는 ②, ③, ④항 외에 검사대상기기를 설치하거나 개조한 경우이다.

정답 59. ③ 60. ①

에너지관리기능사

2015. 10. 10 시행

1. 중유의 성상을 개선하기 위한 첨가제 중 분무를 순조롭게 하기 위하여 사용하는 것은?

① 연소촉진제
② 슬러지 분산제
③ 회분개질제
④ 탈수제

[해설] 연소촉진제 : 중유의 성상을 개선하기 위한 첨가제 중 분무를 순조롭게 하기 위하여 사용하며, 니켈, 크롬, 망간, 철 및 계면활성제 등이 있다.

2. 천연가스의 비중이 약 0.64라고 표시되었을 때, 비중의 기준은?

① 물 ② 공기
③ 배기가스 ④ 수증기

[해설] • 기체 비중의 기준 물질 : 공기
• 액체 비중의 기준 물질 : 물

3. 30마력(PS)인 기관이 1시간 동안 행한 일량을 열량으로 환산하면 약 몇 kcal인가? (단, 이 과정에서 행한 일량은 모두 열량으로 변환된다고 가정한다.)

① 14360 ② 15240
③ 18970 ④ 20402

[해설] 1 PS : 632.32 kcal/h = 30 PS : x [kcal/h]
∴ $x = 632.32 \times 30 ≒ 18970$ kcal/h

[참고] 1 PS = 75 kg·m/s = 632.32 kcal/h

$\dfrac{75 \text{ kg}\cdot\text{m}}{\text{s}} \bigg| \dfrac{3600 \text{ s}}{1 \text{ h}} \bigg| \dfrac{1 \text{ kcal}}{427 \text{ kg}\cdot\text{m}} = 632.32 \text{ kcal/h}$

4. 프로판(propane) 가스의 연소식은 다음과 같다. 프로판 가스 10 kg을 완전 연소시키는 데 필요한 이론산소량은?

$$C_3H_8 + 5O_2 \rightarrow 3CO_2 + 4H_2O$$

① 약 11.6 Nm^3 ② 약 13.8 Nm^3
③ 약 22.4 Nm^3 ④ 약 25.5 Nm^3

[해설] $C_3H_8 + 5O_2 \rightarrow 3CO_2 + 4H_2O$
44 kg 5×22.4 Nm^3
10 kg x [Nm^3]

$x = \dfrac{10 \times 5 \times 22.4}{44} = 25.5 \text{ Nm}^3$

5. 화염검출기 종류 중 화염의 이온화를 이용한 것으로 가스 점화 버너에 주로 사용하는 것은?

① 플레임 아이 ② 스택 스위치
③ 광도전 셀 ④ 플레임 로드

[해설] 플레임 로드 : 전기 전도성 및 화염의 이온화를 이용

6. 수위경보기의 종류 중 플로트의 위치 변위에 따라 수은 스위치 또는 마이크로 스위치를 작동시켜 경보를 울리는 것은?

① 기계식 경보기
② 자석식 경보기
③ 전극식 경보기
④ 맥도널식 경보기

[해설] 맥도널식(저수위 경보장치) : 수위의 부력에 의한 플로트 위치에 따라 연결된 수은 스위치로 작동하여 보일러의 이상 수위에 의한 사고를 미연에 방지하기 위한 안전장치

7. 보일러 열정산을 설명한 것 중 옳은 것은?

① 입열과 출열은 반드시 같아야 한다.
② 방열손실로 인하여 입열이 항상 크다.

[정답] 1. ① 2. ② 3. ③ 4. ④ 5. ④ 6. ④ 7. ①

③ 열효율 증대장치로 인하여 출열이 항상 크다.
④ 연소효율에 따라 입열과 출열은 다르다.

[해설] 열정산(열수지) : 입열과 출열은 반드시 같아야 한다.

8. 보일러 액체 연료 연소장치인 버너의 형식별 종류에 해당되지 않는 것은?
① 고압기류식 ② 왕복식
③ 유압분사식 ④ 회전식

[해설] 액체 연료 버너의 종류
(1) 유압식   (2) 고압기류식
(3) 회전식   (4) 저압공기식

9. 매시간 425 kg의 연료를 연소시켜 4800 kg/h의 증기를 발생시키는 보일러의 효율은 약 얼마인가? (단, 연료의 발열량 : 9750 kcal/kg, 증기엔탈피 : 676 kcal/kg, 급수온도 : 20℃이다.)
① 76%   ② 81%
③ 85%   ④ 90%

[해설] 효율$(\eta) = \dfrac{4800(676-20)}{425 \times 9750} \times 100 = 76\%$

10. 함진가스에 선회운동을 주어 분진입자에 작용하는 원심력에 의하여 입자를 분리하는 집진장치로 가장 적합한 것은?
① 백필터식 집진기
② 사이클론식 집진기
③ 전기식 집진기
④ 관성력식 집진기

11. "1 보일러 마력"에 대한 설명으로 옳은 것은?
① 0℃의 물 539 kg을 1시간에 100℃의 증기로 바꿀 수 있는 능력이다.
② 100℃의 물 539 kg을 1시간에 같은 온도의 증기로 바꿀 수 있는 능력이다.
③ 100℃의 물 15.65 kg을 1시간에 같은 온도의 증기로 바꿀 수 있는 능력이다.
④ 0℃의 물 15.65 kg을 1시간에 100℃의 증기로 바꿀 수 있는 능력이다.

12. 연료 성분 중 가연 성분이 아닌 것은?
① C   ② H
③ S   ④ O

[해설] 연료의 가연 성분은 C(탄소), H(수소), S(황)이며, O(산소)는 조연 성분이다.

13. 다음 중 보일러 급수내관의 설치 위치로 옳은 것은?
① 보일러의 기준수위와 일치되게 설치한다.
② 보일러의 상용수위보다 50 mm 정도 높게 설치한다.
③ 보일러의 안전저수위보다 50 mm 정도 높게 설치한다.
④ 보일러의 안전저수위보다 50 mm 정도 낮게 설치한다.

14. 보일러 배기가스의 자연 통풍력을 증가시키는 방법으로 틀린 것은?
① 연도의 길이를 짧게 한다.
② 배기가스 온도를 낮춘다.
③ 연돌 높이를 증가시킨다.
④ 연돌의 단면적을 크게 한다.

[해설] 배기가스 온도를 높이면 자연 통풍력이 증가한다.

15. 증기의 건조도(x) 설명이 옳은 것은?
① 습증기 전체 질량 중 액체가 차지하는 질량비를 말한다.

정답 8. ② 9. ① 10. ② 11. ③ 12. ④ 13. ④ 14. ② 15. ②

② 습증기 전체 질량 중 증기가 차지하는 질량비를 말한다.
③ 액체가 차지하는 전체 질량 중 습증기가 차지하는 질량비를 말한다.
④ 증기가 차지하는 전체 질량 중 습증기가 차지하는 질량비를 말한다.

해설 증기의 건조도(x)
 $x=0$: 포화수
 $0<x<1$: 습포화증기
 $x=1$: 건포화증기

16. 다음 중 저양정식 안전밸브의 단면적 계산식은? (단, A = 단면적(mm^2), P = 분출압력(kgf/cm^2), E = 증발량(kg/h)이다.)

① $A = \dfrac{22E}{(1.03P+1)}$

② $A = \dfrac{10E}{(1.03P+1)}$

③ $A = \dfrac{5E}{(1.03P+1)}$

④ $A = \dfrac{2.5E}{(1.03P+1)}$

해설 ① 저양정식 ② 고양정식
 ③ 전양정식 ④ 전양식

17. 입형 보일러에 대한 설명으로 거리가 먼 것은?
① 보일러 동을 수직으로 세워 설치한 것이다.
② 구조가 간단하고 설비비가 적게 든다.
③ 내부 청소 및 수리나 검사가 불편하다.
④ 열효율이 높고 부하능력이 크다.

해설 입형 보일러(원통형 보일러)는 열효율이 낮고 부하능력이 작다(가정용 보일러).

18. 보일러용 가스버너 중 외부 혼합식에 속하지 않는 것은?
① 파일럿 버너
② 센터파이어형 버너
③ 링형 버너
④ 멀티스폿형 버너

해설 파일럿 버너 : 내부 혼합식 가스버너

19. 보일러 부속장치인 증기 과열기를 설치 위치에 따라 분류할 때, 해당되지 않는 것은 어느 것인가?
① 복사식   ② 전도식
③ 접촉식   ④ 복사접촉식

해설 열가스 접촉에 의한 과열기의 분류
 (1) 복사식
 (2) 대류식(접촉식)
 (3) 복사대류식(복사접촉식)

20. 가스 연소용 보일러의 안전장치가 아닌 것은?
① 가용마개   ② 화염검출기
③ 이젝터   ④ 방폭문

해설 보일러의 안전장치의 종류
 (1) 안전밸브
 (2) 방폭문
 (3) 저수위 경보기
 (4) 화염검출기
 (5) 가용전
 (6) 증기압력 제한기

21. 보일러에서 제어해야 할 요소에 해당되지 않는 것은?
① 급수 제어   ② 연소 제어
③ 증기온도 제어 ④ 전열면 제어

해설 보일러 자동제어(ABC)
 (1) 급수 제어(FWC)
 (2) 연소 제어(ACC)
 (3) 증기온도 제어(STC)

정답 16. ① 17. ④ 18. ① 19. ② 20. ③ 21. ④

22. 관류 보일러의 특징에 대한 설명으로 틀린 것은?

① 철저한 급수 처리가 필요하다.
② 임계압력 이상의 고압에 적당하다.
③ 순환비가 1이므로 드럼이 필요하다.
④ 증기의 가동 발생 시간이 매우 짧다.

해설 관류 보일러는 순환비가 1이므로 드럼이 필요 없다.

23. 보일러 전열면적 1 m² 당 1시간에 발생되는 실제 증발량은 무엇인가?

① 전열면의 증발률
② 전열면의 출력
③ 전열면의 효율
④ 상당증발 효율

해설 전열면 증발률
$$= \frac{\text{매시 실제 증발량(kg/h)}}{\text{전열면적(m}^2\text{)}}$$

24. 50 kg의 −10℃ 얼음을 100℃의 증기로 만드는 데 소요되는 열량은 몇 kcal인가? (단, 물과 얼음의 비열은 각각 1 kcal/kg·℃, 0.5 kcal/kg·℃로 한다.)

① 36200   ② 36450
③ 37200   ④ 37450

해설 (1) 얼음의 현열 = 0.5×50×(0−(−10))
    = 250 kcal
(2) 얼음의 잠열 = 50×80 = 4000 kcal
(3) 물의 현열 = 1×50×(100−0) = 5000 kcal
(4) 물의 잠열 = 50×539 = 26950 kcal
∴ (1)+(2)+(3)+(4) = 36200 kcal

해설 얼음의 잠열(융해잠열) : 80 kcal/kg
물의 잠열(증발잠열) : 539 kcal/kg

25. 피드백 자동제어에서 동작신호를 받아서 제어계가 정해진 동작을 하는 데 필요한 신호를 만들어 조작부에 보내는 부분은?

① 검출부   ② 제어부
③ 비교부   ④ 조절부

26. 중유 보일러의 연소 보조 장치에 속하지 않는 것은?

① 여과기
② 인젝터
③ 화염검출기
④ 오일 프리히터

해설 인젝터 : 무동력 급수 보조 장치

27. 보일러 분출의 목적으로 틀린 것은?

① 불순물로 인한 보일러수의 농축을 방지한다.
② 포밍이나 프라이밍의 생성을 좋게 한다.
③ 전열면에 스케일 생성을 방지한다.
④ 관수의 순환을 좋게 한다.

해설 보일러 분출의 목적은 포밍, 프라이밍 현상을 방지하는 것이다.

28. 캐리오버로 인하여 나타날 수 있는 결과로 거리가 먼 것은?

① 수격 현상   ② 프라이밍
③ 열효율 저하   ④ 배관의 부식

해설 유지분에 의해 포밍, 프라이밍이 발생하면 캐리오버 현상이 일어나며, 캐리오버로 인하여 수격 현상, 열효율 저하, 배관의 부식이 나타난다.

29. 입형 보일러 특징으로 거리가 먼 것은?

① 보일러 효율이 높다.
② 수리나 검사가 불편하다.
③ 구조 및 설치가 간단하다.

정답 22. ③　23. ①　24. ①　25. ④　26. ②　27. ②　28. ②　29. ①

④ 전열면적이 적고 소용량이다.

해설 입형 보일러는 효율이 낮은 가정용 보일러이다.

30. 보일러의 점화 시 역화 원인에 해당되지 않는 것은?
① 압입통풍이 너무 강한 경우
② 프리퍼지의 불충분이나 또는 잊어버린 경우
③ 점화원을 가동하기 전에 연료를 분무해 버린 경우
④ 연료 공급밸브를 필요 이상 급개하여 다량으로 분무한 경우

해설 압입통풍이 약할 때 역화가 발생된다.

31. 관속에 흐르는 유체의 종류를 나타내는 기호 중 증기를 나타내는 것은?
① S   ② W
③ O   ④ A

해설 ① S : 증기   ② W : 물
     ③ O : 기름   ④ A : 공기

32. 보일러 청관제 중 보일러수의 연화제로 사용되지 않는 것은?
① 수산화나트륨   ② 탄산나트륨
③ 인산나트륨   ④ 황산나트륨

해설 탈산소제 : 아황산나트륨, 히드라진, 탄닌

33. 어떤 방의 온수난방에서 소요되는 열량이 시간당 21000 kcal이고, 송수온도가 85℃이며, 환수온도가 25℃라면, 온수의 순환량은? (단, 온수의 비열은 1 kcal/kg · ℃이다.)
① 324 kg/h   ② 350 kg/h
③ 398 kg/h   ④ 423 kg/h

해설 물의 열량＝비열×온수순환량×온도차

$$온수순환량 = \frac{물의\ 열량}{비열 \times 온도차}$$
$$= \frac{21000}{1 \times (85-25)} = 350\ kg/h$$

참고

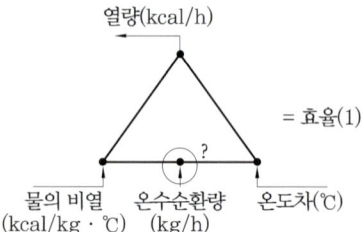

34. 보일러에 사용되는 안전밸브 및 압력방출장치 크기를 20 A 이상으로 할 수 있는 보일러가 아닌 것은?
① 소용량 강철제 보일러
② 최대증발량 5 t/h 이하의 관류 보일러
③ 최고사용압력 1 MPa(10 kgf/cm²) 이하의 보일러로 전열면적 5 m² 이하의 것
④ 최고사용압력 0.1 MPa(1 kgf/cm²) 이하의 보일러

해설 최고사용압력 0.5 MPa(5 kgf/cm²) 이하의 보일러로 전열면적 2m² 이하의 경우 20 A 이상이다.

35. 배관계의 식별 표시는 물질의 종류에 따라 달리한다. 물질과 식별색의 연결이 틀린 것은?
① 물 : 파랑
② 기름 : 연한 주황
③ 증기 : 어두운 빨강
④ 가스 : 연한 노랑

해설 배관계의 식별 표시(KS A 0503)
• 기름 : 어두운 주황
• 전기 : 연한 주황
• 공기 : 흰색
• 산 또는 알칼리 : 회보라

정답 30. ① 31. ① 32. ④ 33. ② 34. ③ 35. ②

36. 다음 보온재 중 안전사용 온도가 가장 낮은 것은?
① 우모펠트 ② 암면
③ 석면   ④ 규조토

해설 안전사용 온도 순서 : 암면 > 석면 > 규조토 > 펠트류

37. 주증기관에서 증기의 건도를 향상시키는 방법으로 적당하지 않은 것은?
① 가압하여 증기의 압력을 높인다.
② 드레인 포켓을 설치한다.
③ 증기공간 내에 공기를 제거한다.
④ 기수분리기를 사용한다.

해설 증기의 건도를 향상시키려면 감압하여 증기의 압력을 낮춰야 한다.

38. 보일러 기수공발(carry over)의 원인이 아닌 것은?
① 보일러의 증발능력에 비하여 보일러수의 표면적이 너무 넓다.
② 보일러의 수위가 높아지거나 송기 시 증기밸브를 급개하였다.
③ 보일러수 중의 가성소다, 인산소다, 유지분 등의 함유 비율이 많았다.
④ 부유 고형물이나 용해 고형물이 많이 존재하였다.

해설 기수공발은 보일러의 증발능력에 비하여 보일러수의 표면적이 너무 좁은 경우에 일어난다.

39. 동관의 끝을 나팔 모양으로 만드는 데 사용하는 공구는?
① 사이징 툴 ② 익스팬더
③ 플레어링 툴 ④ 파이프 커터

해설 (1) 사이징 툴 : 동관의 끝부분을 원으로 정형하는 공구
(2) 익스팬더 : 동관의 관 끝 확관용 공구
(3) 파이프 커터 : 동관 절단용 공구

40. 다음 보일러 분출 시의 유의사항 중 틀린 것은?
① 분출 도중 다른 작업을 하지 말 것
② 안전저수위 이하로 분출하지 말 것
③ 2대 이상의 보일러를 동시에 분출하지 말 것
④ 계속 운전 중인 보일러는 부하가 가장 클 때 할 것

해설 보일러 분출은 부하가 가장 작을 때 실행한다.

41. 난방부하 계산 시 고려해야 할 사항으로 거리가 먼 것은?
① 유리창 및 문의 크기
② 현관 등의 공간
③ 연료의 발열량
④ 건물 위치

해설 난방부하 계산 시 고려사항
(1) 유리창 및 문의 크기
(2) 현관 등의 공간
(3) 건물 위치
(4) 건축물 구조
(5) 천장 높이

42. 보일러에서 수압시험을 하는 목적으로 틀린 것은?
① 분출 증기압력을 측정하기 위하여
② 가중 덮개를 장치한 후의 기밀도를 확인하기 위하여
③ 수리한 경우 그 부분의 강도나 이상 유무를 판단하기 위하여
④ 구조상 내부검사를 하기 어려운 곳에는 그 상태를 판단하기 위하여

정답 36. ① 37. ① 38. ① 39. ③ 40. ④ 41. ③ 42. ①

43. 온수난방법 중 고온수 난방에 사용되는 온수의 온도는?
① 100℃ 이상
② 80℃~90℃
③ 60℃~70℃
④ 40℃~60℃

[해설] • 고온수 난방 : 100℃ 이상
• 저온수 난방 : 80~90℃ 정도

44. 온수방열기의 공기빼기 밸브의 위치로 적당한 것은?
① 방열기 상부
② 방열기 중부
③ 방열기 하부
④ 방열기의 최하단부

45. 관의 방향을 바꾸거나 분기할 때 사용되는 이음쇠가 아닌 것은?
① 벤드
② 크로스
③ 엘보
④ 니플

[해설] 관의 방향을 바꾸거나 분기할 때 사용하는 이음쇠에는 벤드, 크로스, 엘보, 티 등이 있다. 니플은 지름이 같은 관을 직선으로 연결할 때 사용하며 양쪽이 모두 수나사로 되어 있다.

46. 보일러 운전이 끝난 후, 노내와 연도에 체류하고 있는 가연성 가스를 배출시키는 작업은?
① 페일 세이프(fail safe)
② 풀 프루프(fool proof)
③ 포스트 퍼지(post-purge)
④ 프리 퍼지(pre-purge)

47. 온도 조절식 트랩으로 응축수와 함께 저온의 공기도 통과시키는 특성이 있으며, 진공 환수식 증기 배관의 방열기 트랩이나 관말 트랩으로 사용되는 것은?
① 버킷 트랩
② 열동식 트랩
③ 플로트 트랩
④ 매니폴드 트랩

[해설] 온도 조절식 트랩 : 바이메탈식, 벨로스식(열동식)

48. 온수 난방의 특징에 대한 설명으로 틀린 것은?
① 실내의 쾌감도가 좋다.
② 온도 조절이 용이하다.
③ 화상의 우려가 적다.
④ 예열시간이 짧다.

[해설] 온수 난방은 쾌감도가 좋고, 온도 조절이 용이하며, 화상의 우려가 적은 장점이 있으나, 예열시간이 긴 단점이 있다.

49. 고온 배관용 탄소강 강관의 KS 기호는?
① SPHT
② SPLT
③ SPPS
④ SPA

[해설] ① 고온 배관용 탄소강 강관
② 저온 배관용 탄소강 강관
③ 압력 배관용 탄소강 강관
④ 배관용 합금강 강관

50. 다음 중 보일러 수위에 대한 설명으로 옳은 것은?
① 항상 상용수위를 유지한다.
② 증기 사용량이 적을 때는 수위를 높게 유지한다.
③ 증기 사용량이 많을 때는 수위를 얕게 유지한다.
④ 증기 압력이 높을 때는 수위를 높게 유지한다.

51. 급수펌프에서 송출량이 10 m³/min이고, 전양정이 8 m일 때, 펌프의 소요마력은?

[정답] 43. ① 44. ① 45. ④ 46. ③ 47. ② 48. ④ 49. ① 50. ① 51. ③

(단, 펌프 효율은 75%이다.)

① 15.6 PS ② 17.8 PS
③ 23.7 PS ④ 31.6 PS

[해설] $\dfrac{1000 \times 10 \times 8}{75 \times 0.75 \times 60} = 23.7\ \text{PS}$

[참고]
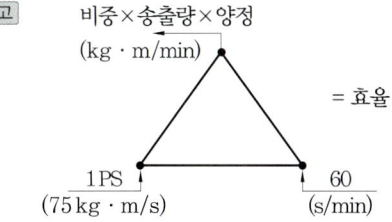

52. 다음 증기난방 배관에 대한 설명 중 옳은 것은?

① 건식환수식이란 환수주관이 보일러의 표준수위보다 낮은 위치에 배관되고 응축수가 환수주관의 하부를 따라 흐르는 것을 말한다.
② 습식환수식이란 환수주관이 보일러의 표준수위보다 높은 위치에 배관되는 것을 말한다.
③ 건식환수식에서는 증기트랩을 설치하고, 습식환수식에서는 공기빼기 밸브나 에어포켓을 설치한다.
④ 단관식 배관은 복관식 배관보다 배관의 길이가 길고 관경이 작다.

[해설] ① 건식환수식은 환수주관이 보일러의 표준수위보다 높은 위치에 배관된다.
② 습식환수식은 환수주관이 보일러의 표준수위보다 낮은 위치에 배관된다.
④ 단관식 배관은 복관식 배관보다 배관의 길이가 짧고 관경이 크다

53. 사용 중인 보일러의 점화 전 주의사항으로 틀린 것은?

① 연료 계통을 점검한다.
② 각 밸브의 개폐 상태를 확인한다.
③ 댐퍼를 닫고 프리퍼지를 한다.
④ 수면계의 수위를 확인한다.

[해설] 댐퍼를 열고 프리퍼지를 한다.

54. 다음 중 보일러의 안전장치에 해당되지 것은?

① 방출밸브
② 방폭문
③ 화염검출기
④ 감압밸브

[해설] 감압밸브는 송기장치에 속한다.

55. 에너지이용 합리화법에 따른 열사용기자재 중 소형온수 보일러의 적용 범위로 옳은 것은?

① 전열면적 24 m² 이하이며, 최고사용압력이 0.5 MPa 이하의 온수를 발생하는 보일러
② 전열면적 14 m² 이하이며, 최고사용압력이 0.35 MPa 이하의 온수를 발생하는 보일러
③ 전열면적 20 m² 이하인 온수 보일러
④ 최고사용압력이 0.8 MPa 이하의 온수를 발생하는 보일러

56. 에너지이용 합리화법상 목표에너지 단위란?

① 에너지를 사용하여 만드는 제품의 종류별 연간 에너지 사용 목표량
② 에너지를 사용하여 만드는 제품의 단위당 에너지 사용 목표량
③ 건축물의 총 면적당 에너지 사용 목표량
④ 자동차 등의 단위연료당 목표주행거리

[정답] 52. ③ 53. ③ 54. ④ 55. ② 56. ②

57. 저탄소 녹색성장 기본법령상 관리업체는 해당 연도 온실가스 배출량 및 에너지 소비량에 관한 명세서를 작성하고, 이에 대한 검증기관의 검증 결과를 부문별 관장기관에게 전자적 방식으로 언제까지 제출하여야 하는가?

① 해당 연도 12월 31일까지
② 다음 연도 1월 31일까지
③ 다음 연도 3월 31일까지
④ 다음 연도 6월 30일까지

[해설] 관리업체는 해당 연도 온실가스 배출량 및 에너지 소비량에 관한 명세서를 작성하고, 이에 대한 검증기관의 검증 결과를 첨부하여 부문별 관장기관에게 다음 연도 3월 31일까지 전자적 방식으로 제출한다.

58. 에너지이용 합리화법 시행령에서 에너지다소비사업자라 함은 연료·열 및 전력의 연간 사용량 합계가 얼마 이상인 경우인가?

① 5백 티오이
② 1천 티오이
③ 1천5백 티오이
④ 2천 티오이

[해설] 에너지다소비사업자라 함은 연료·열 및 전력의 연간 사용량 합계 2천 티오이 이상인 경우이다.

59. 에너지이용 합리화법상 에너지소비효율등급 또는 에너지소비효율을 해당 효율관리기자재에 표시할 수 있도록 효율관리 기자재의 에너지 사용량을 측정하는 기관은?

① 효율관리진단기관
② 효율관리전문기관
③ 효율관리표준기관
④ 효율관리시험기관

60. 에너지이용 합리화법상 법을 위반하여 검사대상기기 조종자를 선임하지 아니한 자에 대한 벌칙기준으로 옳은 것은?

① 2년 이하의 징역 또는 2천만원 이하의 벌금
② 2천만원 이하의 벌금
③ 1천만원 이하의 벌금
④ 500만원 이하의 벌금

[해설] 검사대상기기 조종자를 선임하지 아니한 자는 1천만원 이하의 벌금형에 처한다.

정답 57. ③ 58. ④ 59. ④ 60. ③

2016년 시행 문제

에너지관리기능사　　　　　　2016. 1. 24 시행

1. 연소가스 성분 중 인체에 미치는 독성이 가장 적은 것은?
① SO_2　　　② NO_2
③ CO_2　　　④ CO

해설　인체에 미치는 독성 비교
　　　$CO_2 < CO < NO_2 < SO_2$

2. 유류용 온수 보일러에서 버너가 정지하고 리셋 버튼이 돌출하는 경우는?
① 연통의 길이가 너무 길다.
② 연소용 공기량이 부적당하다.
③ 오일 배관 내의 공기가 빠지지 않고 있다.
④ 실내 온도조절기의 설정온도가 실내 온도보다 낮다.

해설　오일 배관 내의 공기가 빠지지 않아 오일 공급이 원활하지 못할 때 버너가 정지하고 리셋 버튼이 돌출한다.

3. 보일러 사용 시 이상 저수위의 원인이 아닌 것은?
① 증기 취출량이 과대한 경우
② 보일러 연결부에서 누출이 되는 경우
③ 급수장치가 증발능력에 비해 과소한 경우
④ 급수탱크 내 급수량이 많은 경우

해설　급수탱크 내 급수량이 많으면 저수위를 방지한다.

4. 어떤 물질 500 kg을 20℃에서 50℃로 올리는 데 3000 kcal의 열량이 필요하였다. 이 물질의 비열은?
① 0.1 kcal/kg·℃　② 0.2 kcal/kg·℃
③ 0.3 kcal/kg·℃　④ 0.4 kcal/kg·℃

해설　열량 = 비열 × 질량 × 온도차
$$비열 = \frac{열량}{질량 \times 온도차}$$
$$= \frac{3000}{500 \times (50-20)} = 0.2 \text{ kcal/kg·℃}$$

참고

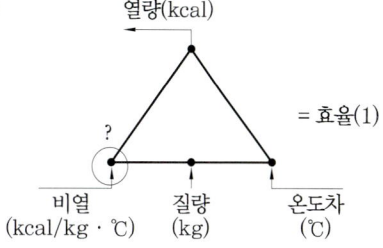

5. 중유의 첨가제 중 슬러지의 생성 방지제 역할을 하는 것은?
① 회분개질제　　② 탈수제
③ 연소촉진제　　④ 안정제

해설　① 회분개질제 : 부식 방지
　　　② 탈수제 : 수분 제거
　　　③ 연소촉진제 : 산화 촉진
　　　④ 안정제 : 슬러지 생성 방지

6. 보일러 드럼 없이 초임계 압력 이상에서 고압증기를 발생시키는 보일러는?
① 복사 보일러
② 관류 보일러
③ 수관 보일러
④ 노통연관 보일러

정답　1. ③　2. ③　3. ④　4. ②　5. ④　6. ②

7. 보일러 1마력에 대한 표시로 옳은 것은?
① 전열면적 10 m²
② 상당증발량 15.65 kg/h
③ 전열면적 8 ft²
④ 상당증발량 30.6 lb/h

[해설] 보일러 1마력 : 100℃ 물 15.65 kg을 1시간에 같은 온도의 증기로 바꿀 수 있는 능력

8. 제어장치에서 인터록(inter lock)이란?
① 정해진 순서에 따라 차례로 동작이 진행되는 것
② 구비조건에 맞지 않을 때 작동을 정지시키는 것
③ 증기 압력의 연료량, 공기량을 조절하는 것
④ 제어량과 목표치를 비교하여 동작시키는 것

9. 동작유체의 상태 변화에서 에너지의 이동이 없는 변화는?
① 등온 변화   ② 정적 변화
③ 정압 변화   ④ 단열 변화

10. 연소 시 공기비가 작을 때 나타나는 현상으로 틀린 것은?
① 불완전연소가 되기 쉽다.
② 미연소가스에 의한 가스 폭발이 일어나기 쉽다.
③ 미연소가스에 의한 열손실이 증가될 수 있다.
④ 배기가스 중 NO 및 NO_2의 발생량이 많아진다.

[해설] 공기비가 클 때 배기가스 중 NO 및 NO_2의 발생이 많아진다.

11. 다음 중 보일러 연소장치와 가장 거리가 먼 것은?
① 스테이   ② 버너
③ 연도   ④ 화격자

[해설] 연소장치의 종류에는 버너, 연도, 화격자, 오일 프리히터 등이 있으며, 스테이는 보일러의 경판(마구리판)의 강도를 높이기 위한 보강재이다.

12. 증기트랩이 갖추어야 할 조건에 대한 설명으로 틀린 것은?
① 마찰저항이 클 것
② 동작이 확실할 것
③ 내식, 내마모성이 있을 것
④ 응축수를 연속적으로 배출할 수 있을 것

[해설] 증기트랩의 구비조건
(1) 공기빼기를 할 수 있을 것
(2) 동작이 확실할 것
(3) 내식성, 내마모성이 있을 것
(4) 유체에 대한 마찰저항이 작을 것

13. 다음은 증기 보일러를 성능 시험하고 결과를 산출하였다. 보일러 효율은?

- 급수온도 : 12℃
- 연료의 저위 발열량 : 10500 kcal/Nm³
- 발생증기의 엔탈피 : 663.8 kcal/kg
- 연료 사용량 : 373.9 Nm³/h
- 증기 발생량 : 5120 kg/h
- 보일러 전열면적 : 102 m²

① 78%   ② 80%
③ 82%   ④ 85%

[해설] 효율$(\eta) = \dfrac{5120 \times (663.8 - 12)}{373.9 \times 10500} \times 100$
$= 85\%$

14. 과열증기에서 과열도는 무엇인가?
① 과열증기의 압력과 포화증기의 압력 차이다.

정답 7. ② 8. ② 9. ④ 10. ④ 11. ① 12. ① 13. ④ 14. ②

② 과열증기온도와 포화증기온도와의 차이다.
③ 과열증기온도에 증발열을 합한 것이다.
④ 과열증기온도에 증발열을 뺀 것이다.

해설 과열도 = 과열증기온도 - 포화증기온도

15. 자동제어의 신호 전달 방법에서 공기압식의 특징으로 옳은 것은?

① 전송 시 시간 지연이 생긴다.
② 배관이 용이하지 않고 보존이 어렵다.
③ 신호 전달 거리가 유압식에 비하여 길다.
④ 온도 제어 등에 적합하고 화재의 위험이 많다.

해설 공기압식의 특징
(1) 전송 시 시간 지연이 생긴다.
(2) 배관이 용이하고 보존이 쉽다.
(3) 신호 전달 거리가 유압식에 비하여 짧다.
(4) 온도 제어 등에 부적합하고 화재의 위험이 적다.

16. 보일러 유류연료 연소 시에 가스 폭발이 발생하는 원인이 아닌 것은?

① 연소 도중에 실화되었을 때
② 프리퍼지 시간이 너무 길어졌을 때
③ 소화 후에 연료가 흘러들어 갔을 때
④ 점화가 잘 안되는데 계속 급유했을 때

해설 프리퍼지 시간이 길어지면 가스 폭발이 방지된다.

17. 세정식 집진장치 중 하나인 회전식 집진장치의 특징에 관한 설명으로 가장 거리가 먼 것은?

① 구조가 대체로 간단하고 조작이 쉽다.
② 급수 배관을 따로 설치할 필요가 없으므로 설치공간이 적게 든다.
③ 집진물을 회수할 때 탈수, 여과, 건조 등을 수행할 수 있는 별도의 장치가 필요하다.
④ 비교적 큰 압력손실을 견딜 수 있다.

해설 세정식 집진장치는 급수 배관이 필요하다.

18. 다음 열효율 증대장치 중에서 고온부식이 잘 일어나는 장치는?

① 공기예열기 ② 과열기
③ 증발전열면 ④ 절탄기

해설 과열기, 재열기에서는 고온부식(V)이 일어나고, 절탄기, 공기예열기에서는 저온부식(S)이 일어난다.

19. 증기과열기의 열 가스 흐름방식 분류 중 증기와 연소가스의 흐름이 반대방향으로 지나면서 열교환이 되는 방식은?

① 병류형 ② 혼류형
③ 향류형 ④ 복사대류형

20. 열정산의 방법에서 입열 항목에 속하지 않는 것은?

① 발생 증기의 흡수열
② 연료의 연소열
③ 연료의 현열
④ 공기의 현열

해설 입열 항목
(1) 연료의 연소열
(2) 연료의 현열
(3) 공기의 현열
(4) 노내 분입증기에 의한 입열

21. 가스용 보일러 설비 주위에 설치해야 할 계측기 및 안전장치와 무관한 것은?

① 급기 가스 온도계
② 가스 사용량 측정 유량계

정답 15. ① 16. ② 17. ② 18. ② 19. ③ 20. ① 21. ①

③ 연료 공급 자동차단장치
④ 가스 누설 자동차단장치

22. 수위 자동제어 장치에서 수위와 증기유량을 동시에 검출하여 급수밸브의 개도가 조절되도록 한 제어방식은?
① 단요소식　　② 2요소식
③ 3요소식　　④ 모듈식

해설　수위 자동제어 장치
　(1) 단요소식 : 수위 검출
　(2) 2요소식 : 수위, 증기량 검출
　(3) 3요소식 : 수위, 증기량, 급수량 검출

23. 일반적으로 보일러의 상용수위는 수면계의 어느 위치와 일치시키는가?
① 수면계의 최상단부
② 수면계의 $\frac{2}{3}$ 위치
③ 수면계의 $\frac{1}{2}$ 위치
④ 수면계의 최하단부

해설　보일러의 상용수위 : 수면계의 $\frac{1}{2}$ 위치

24. 왕복동식 펌프가 아닌 것은?
① 플런저 펌프
② 피스톤 펌프
③ 터빈 펌프
④ 다이어프램 펌프

해설　원심식 펌프의 종류
　(1) 터빈 펌프　(2) 벌류트 펌프

25. 어떤 보일러의 증발량이 40 t/h이고, 보일러 본체의 전열면적이 580 m²일 때 이 보일러의 증발률은?
① 14 kg/m²·h　　② 44 kg/m²·h
③ 57 kg/m²·h　　④ 69 kg/m²·h

해설　증발률 = $\frac{40000}{580}$ = 68.96 kg/m²·h

26. 보일러의 수위제어 검출방식의 종류로 가장 거리가 먼 것은?
① 피스톤식　　② 전극식
③ 플로트식　　④ 열팽창관식

해설　보일러의 수위제어 검출방식의 종류
　(1) 전극식
　(2) 코프식(열팽창식)
　(3) 플로트식(맥도널식)

27. 자연통풍 방식에서 통풍력이 증가되는 경우가 아닌 것은?
① 연돌의 높이가 낮은 경우
② 연돌의 단면적이 큰 경우
③ 연도의 굴곡수가 적은 경우
④ 배기가스의 온도가 높은 경우

해설　자연통풍력을 증가시키는 방법
　(1) 연도의 길이를 짧게 한다.
　(2) 배기가스의 온도를 높인다.
　(3) 연돌의 높이를 증가시킨다.
　(4) 연돌의 단면적을 크게 한다.

28. 액체 연료의 주요 성상으로 가장 거리가 먼 것은?
① 비중　　② 점도
③ 부피　　④ 인화점

29. 절탄기에 대한 설명으로 옳은 것은?
① 연소용 공기를 예열하는 장치이다.
② 보일러의 급수를 예열하는 장치이다.
③ 보일러용 연료를 예열하는 장치이다.
④ 연소용 공기와 보일러 급수를 예열하는 장치이다.

정답　22. ②　23. ③　24. ③　25. ④　26. ①　27. ①　28. ③　29. ②

[해설] 절탄기 : 배기가스의 현열을 이용하여 보일러의 급수를 예열하는 장치

30. 보일러를 장기간 사용하지 않고 보존하는 방법으로 가장 적당한 것은?
① 물을 가득 채워 보존한다.
② 배수하고 물이 없는 상태로 보존한다.
③ 1개월에 1회씩 급수를 공급 교환한다.
④ 건조 후 생석회 등을 넣고 밀봉하여 보존한다.

[해설] 보일러의 장기 보존 : 건조 후 생석회 등을 넣고 밀봉하여 보존한다(6개월 이상).

31. 하트포드 접속법(hartford connection)을 사용하는 난방방식은?
① 저압 증기난방
② 고압 증기난방
③ 저온 온수난방
④ 고온 온수난방

[해설] 하드포드 접속법 : 저압 증기난방의 습식 환수방식에 있어 보일러의 수위가 환수관의 파열로 인해 누설되어 저수위 사고가 일어날 것을 방지하기 위해 증기관과 환수관 사이에 표준수면에서 50 mm 아래로 균형관을 설치한다.

32. 온수난방설비에서 온수, 온도차에 의한 비중력차로 순환하는 방식으로 단독주택이나 소규모 난방에 사용되는 난방방식은?
① 강제순환식 난방
② 하향순환식 난방
③ 자연순환식 난방
④ 상향순환식 난방

33. 압축기 진동과 서징, 관의 수격작용, 지진 등에서 발생하는 진동을 억제하기 위해 사용되는 지지 장치는?
① 벤드벤
② 플랩 밸브
③ 그랜드 패킹
④ 브레이스

[해설] 브레이스(brace) : 펌프, 압축기 등에서 발생하는 진동, 서징, 수격작용, 지진 등에 의한 진동, 충격 등을 완화하는 완충기(방진기)

34. 온수 보일러에 팽창탱크를 설치하는 주된 이유로 옳은 것은?
① 물의 온도 상승에 따른 체적 팽창에 의한 보일러의 파손을 막기 위한 것이다.
② 배관 중의 이물질을 제거하여 연료의 흐름을 원활히 하기 위한 것이다.
③ 온수 순환펌프에 의한 맥동 및 캐비테이션을 방지하기 위한 것이다.
④ 보일러, 배관, 방열기 내에 발생한 스케일 및 슬러지를 제거하기 위한 것이다.

35. 온수난방에서 방열기내 온수의 평균온도가 82℃, 실내온도가 18℃이고, 방열기의 방열계수가 6.8 kcal/m²·h·℃인 경우 방열기의 방열량은?
① 650.9 kcal/m²·h
② 557.6 kcal/m²·h
③ 450.7 kcal/m²·h
④ 435.2 kcal/m²·h

[해설] 방열기 방열량 = 6.8×(82−18)
= 435.2 kcal/m²·h

[참고]

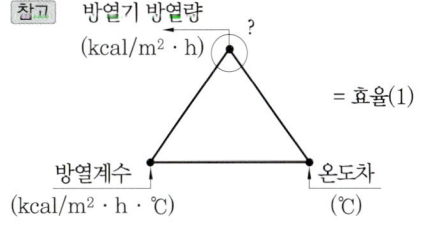

36. 보일러 설치·시공 기준상 유류 보일러의 용량이 시간당 몇 톤 이상이면 공급 연료량에 따라 연소용 공기를 자동 조절하는 기능이 있어야 하는가? (단, 난방 보일러인 경우이다.)

① 1 t/h ② 3 t/h
③ 5 t/h ④ 10 t/h

[해설] 가스용 보일러 및 용량 5 t/h(난방 전용은 10 ton/h) 이상인 유류 보일러에는 공급 연료량에 따라 연소용 공기를 자동 조절하는 기능이 있어야 한다.

37. 포밍, 프라이밍의 방지 대책으로 부적합한 것은?

① 정상 수위로 운전할 것
② 급격한 과연소를 하지 않을 것
③ 주증기밸브를 천천히 개방할 것
④ 수저 또는 수면 분출을 하지 말 것

[해설] 수저 또는 수면 분출을 하면 포밍, 프라이밍 현상을 방지할 수 있다.

38. 다음 중 증기 보일러의 기타 부속장치가 아닌 것은?

① 비수방지관 ② 기수분리기
③ 팽창탱크   ④ 급수내관

[해설] 팽창탱크는 온수 보일러의 부속장치이다.

39. 온도 25℃의 급수를 공급받아 엔탈피가 725 kcal/kg의 증기를 1시간당 2310 kg을 발생시키는 보일러의 상당증발량은?

① 1500 kg/h   ② 3000 kg/h
③ 4500 kg/h   ④ 6000 kg/h

[해설] 상당증발량 = $\dfrac{2310(725-25)}{539}$
$= 3000$ kg/h

40. 다음 중 가스관의 누설검사 시 사용하는 물질로 가장 적합한 것은?

① 소금물 ② 증류수
③ 비눗물 ④ 기름

41. 보일러 사고의 원인 중 제작상의 원인에 해당되지 않는 것은?

① 구조의 불량 ② 강도 부족
③ 재료의 불량 ④ 압력 초과

[해설] 제작상의 원인에는 구조의 불량, 강도 부족, 재료의 불량, 용접 불량 등이 있으며, 압력 초과는 취급상의 원인에 해당된다.

42. 열팽창에 대한 신축이 방열기에 영향을 미치지 않도록 주로 증기 및 온수난방용 배관에 사용되며, 2개 이상의 엘보를 사용하는 신축 이음은?

① 벨로스 이음 ② 루프형 이음
③ 슬리브 이음 ④ 스위블 이음

[해설] 스위블 이음 : 2개 이상의 엘보를 사용하여 나사의 회전에 의해 신축을 흡수하는 형식으로 주로 방열기용으로 쓰인다.

43. 보일러 급수 중의 용존(용해) 고형물을 처리하는 방법으로 부적합한 것은?

① 증류법
② 응집법
③ 약품첨가법
④ 이온교환법

[해설] 보일러 급수 중의 용존 고형물 처리 방법
 (1) 약품첨가법
 (2) 증류법
 (3) 이온교환법

정답 36. ④ 37. ④ 38. ③ 39. ② 40. ③ 41. ④ 42. ④ 43. ②

44. 다음 중 난방부하를 구성하는 인자에 속하는 것은?
① 관류 열손실
② 환기에 의한 취득열량
③ 유리창으로 통한 취득 열량
④ 벽, 지붕 등을 통한 취득열량

45. 증기 보일러에는 2개 이상의 안전밸브를 설치하여야 하는 반면에 1개 이상으로 설치 가능한 보일러의 최대 전열면적은?
① 50 m²   ② 60 m²
③ 70 m²   ④ 80 m²

[해설] 증기 보일러에는 2개 이상의 안전밸브를 설치한다. 단, 전열면적이 50 m² 이하의 증기 보일러에서는 1개 이상 설치한다.

46. 증기난방에서 저압증기 환수관이 진공펌프의 흡입구보다 낮은 위치에 있을 때 응축수를 원활히 끌어올리기 위해 설치하는 것은 어느 것인가?
① 하트포드 접속(hartford connection)
② 플래시 레그(flash leg)
③ 리프트 피팅(lift fitting)
④ 냉각관(cooling leg)

[해설] 리프트 피팅(lift fitting) : 환수주관보다 지름이 작은 치수를 사용하고 1단의 흡상 높이는 1.5 m 이내로 하며 사용 개수를 가능하면 적게 한다.

47. 중력순환식 온수난방법에 관한 설명으로 틀린 것은?
① 소규모 주택에 이용된다.
② 온수의 밀도차에 의해 온수가 순환한다.
③ 자연순환이므로 관경을 작게 하여도 된다.
④ 보일러는 최하위 방열기보다 더 낮은 곳에 설치한다.

[해설] 중력순환식(자연순환식) : 관경을 작게 하면 순환에 문제가 생긴다.

48. 연료의 연소 시 이론공기량에 대한 실제 공기량의 비, 즉 공기비(m)의 일반적인 값으로 옳은 것은?
① $m = 1$ ② $m < 1$
③ $m < 0$ ④ $m > 1$

[해설] 공기비(m) = $\dfrac{\text{실제공기량}(A)}{\text{이론공기량}(A_0)}$
※ 공기비(m)는 항상 1보다 크다.

49. 보일러수 내처리 방법으로 용도에 따른 청관제로 틀린 것은?
① 탈산소제 – 염산, 알코올
② 연화제 – 탄산소다, 인산소다
③ 슬러지 조정제 – 탄닌, 리그닌
④ pH 조정제 – 인산소다, 암모니아

[해설] 탈산소제의 종류
 (1) 아황산나트륨 (2) 히드라진 (3) 탄닌

50. 진공환수식 증기 난방장치의 리프트 이음 시 1단 흡상 높이는 최고 몇 m 이하로 하는가?
① 1.0   ② 1.5
③ 2.0   ④ 2.5

51. 보일러 급수처리 방법 중 5000 ppm 이하의 고형물 농도에서는 비경제적이므로 사용하지 않고, 선박용 보일러에 사용하는 급수를 얻을 때 주로 사용하는 방법은?
① 증류법   ② 가열법
③ 여과법   ④ 이온교환법

정답 44. ① 45. ① 46. ③ 47. ③ 48. ④ 49. ① 50. ② 51. ①

52. 가스 보일러에서 가스 폭발의 예방을 위한 유의사항으로 틀린 것은?
① 가스 압력이 적당하고 안정되어 있는지 점검한다.
② 화로 및 굴뚝의 통풍, 환기를 완벽하게 하는 것이 필요하다.
③ 점화용 가스의 종류는 가급적 화력이 낮은 것을 사용한다.
④ 착화 후 연소가 불안정할 때는 즉시 가스 공급을 중단한다.

[해설] 점화용 가스는 가급적 화력이 큰 가스를 사용하여 점화 시 1회에 바로 점화가 되도록 해야 한다.

53. 보일러 드럼 및 대형 헤더가 없고, 지름이 작은 전열관을 사용하는 관류 보일러의 순환비는?
① 4　　　　② 3
③ 2　　　　④ 1

[해설] 관류 보일러는 순환비($\frac{급수량}{증발량}$)가 1로 보일러 드럼이 필요 없다.

54. 증기관이나 온수관 등에 대한 단열로서 불필요한 방열을 방지하고 인체에 화상을 입히는 위험 방지 또는 실내공기의 이상 온도 상승 방지 등을 목적으로 하는 것은?
① 방로　　　　② 보랭
③ 방한　　　　④ 보온

55. 효율관리기자재가 최저소비효율기준에 미달하거나 최대사용량기준을 초과하는 경우 제조·수입·판매업자에게 어떠한 조치를 명할 수 있는가?
① 생산 또는 판매 금지
② 제조 또는 설치 금지
③ 생산 또는 세관 금지
④ 제조 또는 시공 금지

[해설] 효율관리기자재가 최저소비효율기준에 미달하거나 최대사용량 기준을 초과하는 경우 제조·수입·판매업자에게 생산 또는 판매 금지를 명할 수 있다.

56. 에너지이용 합리화법에 따라 산업통상자원부령으로 정하는 광고매체를 이용하여 효율관리기자재의 광고를 하는 경우에는 그 광고 내용에 에너지소비효율, 에너지소비효율등급을 포함시켜야 할 의무가 있는 자가 아닌 것은?
① 효율관리기자재의 제조업자
② 효율관리기자재의 광고업자
③ 효율관리기자재의 수입업자
④ 효율관리기자재의 판매업자

[해설] 효율관리기자재의 광고업자는 산업통상자원부령으로 정하는 광고매체를 이용하여 효율관리기자재의 광고를 하는 경우 그 광고 내용에 에너지소비효율, 에너지소비효율등급을 포함시켜야 할 의무가 없다.

57. 에너지이용 합리화법상 에너지 진단기관의 지정기준은 누구의 령으로 정하는가?
① 대통령
② 시·도지사
③ 시공업자단체장
④ 산업통상자원부 장관

[해설] 에너지 진단기관의 지정기준은 대통령령으로 정한다.

58. 열사용기자재 중 온수를 발생하는 소형 온수 보일러의 적용 범위로 옳은 것은?

정답 52. ③　53. ④　54. ④　55. ①　56. ②　57. ①　58. ④

① 전열면적 12 m² 이하, 최고사용압력 0.25 MPa 이하의 온수를 발생하는 것
② 전열면적 14 m² 이하, 최고사용압력 0.25 MPa 이하의 온수를 발생하는 것
③ 전열면적 12 m² 이하, 최고사용압력 0.35 MPa 이하의 온수를 발생하는 것
④ 전열면적 14 m² 이하, 최고사용압력 0.35 MPa 이하의 온수를 발생하는 것

59. 에너지법에서 정한 지역에너지계획을 수립·시행하여야 하는 자는?

① 행정자치부 장관
② 산업통상자원부 장관
③ 한국에너지공단 이사장
④ 특별시장·광역시장·도지사 또는 특별자치도지사

[해설] 지역에너지계획을 수립·시행하는 자 : 특별시장·광역시장·도지사 또는 특별자치도지사

60. 검사대상기기 조종범위 용량이 10 t/h 이하인 보일러의 조종자 자격이 아닌 것은?

① 에너지관리기사
② 에너지관리기능장
③ 에너지관리기능사
④ 인정검사대상기기조종자 교육이수자

[해설] 용량이 10 t/h 이하인 보일러의 조종자 자격은 에너지관리기능장, 에너지관리기사, 에너지관리산업기사 또는 에너지관리기능사이다.

정답 59. ④ 60. ④

에너지관리기능사

2016. 4. 2 시행

1. 압력에 대한 설명으로 옳은 것은?
① 단위 면적당 작용하는 힘이다.
② 단위 부피당 작용하는 힘이다.
③ 물체의 무게를 비중량으로 나눈 값이다.
④ 물체의 무게에 비중량을 곱한 값이다.

해설 압력 = $\dfrac{누르는 힘}{단위 면적}$

2. 유류 버너의 종류 중 수 기압(MPa)의 분무매체를 이용하여 연료를 분무하는 형식의 버너로서 2유체 버너라고도 하는 것은?
① 고압기류식 버너 ② 유압식 버너
③ 회전식 버너 ④ 환류식 버너

해설 고압기류식 버너 : 0.2~0.7 MPa 고압 공기를 사용하여 연료를 분무하는 형식의 버너로서 2유체 버너라고도 한다. 유량 조절 범위는 1:10 정도로 넓으나 분무각이 30°로 좁다.

3. 증기 보일러의 효율 계산식을 바르게 나타낸 것은?

① 효율(%) = $\dfrac{상당증발량 \times 538.8}{연료소비량 \times 연료의 발열량} \times 100$

② 효율(%) = $\dfrac{증기소비량 \times 538.8}{연료소비량 \times 연료의 비중} \times 100$

③ 효율(%) = $\dfrac{급수량 \times 538.8}{연료소비량 \times 연료의 발열량} \times 100$

④ 효율(%) = $\dfrac{급수사용량}{증기발열량} \times 100$

4. 보일러 열효율 정산방법에서 열정산을 위한 액체 연료량을 측정할 때, 측정의 허용오차는 일반적으로 몇 %로 하여야 하는가?
① ±1.0% ② ±1.5%
③ ±1.6% ④ ±2.0%

해설 열정산을 위한 측정의 허용오차
(1) 고체 연료 : ±1.5%
(2) 액체 연료 : ±1.0%
(3) 기체 연료 : ±1.6%

5. 중유 예열기의 가열하는 열원의 종류에 따른 분류가 아닌 것은?
① 전기식 ② 가스식
③ 온수식 ④ 증기식

해설 중유 예열기의 가열하는 열원의 종류에 따른 분류
(1) 전기식 (2) 증기식 (3) 온수식

6. 공기비를 m, 이론공기량을 A_o라고 할 때, 실제공기량 A를 계산하는 식은?
① $A = m \cdot A_o$
② $A = \dfrac{m}{A_o}$
③ $A = \dfrac{1}{(m \cdot A_o)}$
④ $A = A_o - m$

해설 $A \neq A_o$ (A와 A_o는 같지 않다.)
$A = mA_o$ (같아지기 위해서는 A_o에 공기비 (m)를 곱해주어야 한다.)

7. 보일러 급수장치의 일종인 인젝터 사용 시 장점에 관한 설명으로 틀린 것은?
① 급수 예열 효과가 있다.
② 구조가 간단하고 소형이다.
③ 설치에 넓은 장소를 요하지 않는다.

정답 1.① 2.① 3.① 4.① 5.② 6.① 7.④

④ 급수량 조절이 양호하여 급수의 효율이 높다.

[해설] 인젝터 사용 시 급수량 조절이 어렵고 급수의 효율이 낮다.

8. 다음 중 슈미트 보일러는 보일러 분류에서 어디에 속하는가?
① 관류식 ② 간접가열식
③ 자연순환식 ④ 강제순환식

[해설] 간접가열식 보일러 : 슈미트 보일러, 뢰플러 보일러

9. 다음 중 보일러의 안전장치에 해당되지 않는 것은?
① 방폭문 ② 수위계
③ 화염검출기 ④ 가용마개

[해설] 안전장치의 종류
(1) 안전밸브   (2) 방폭문
(3) 고·저수위 경보기 (4) 화염검출기
(5) 가용전(가용마개)
(6) 증기압력 제한기(증기압력 조절기)

10. 보일러의 시간당 증발량 1100 kg/h, 증기엔탈피 650 kcal/kg, 급수 온도 30℃일 때, 상당증발량은?
① 1050kg/h ② 1265kg/h
③ 1415kg/h ④ 1733kg/h

[해설] 상당증발량 $= \dfrac{1100 \times (650-30)}{539}$
$= 1265 \text{ kg/h}$

11. 보일러의 자동 연소 제어와 관련이 없는 것은?
① 증기압력 제어 ② 온수온도 제어
③ 노내압 제어 ④ 수위 제어

[해설] 자동 연소 제어
(1) 증기압력 제어
(2) 온수온도 제어
(3) 노내압 제어

12. 보일러의 과열방지장치에 대한 설명으로 틀린 것은?
① 과열방지용 온도퓨즈는 373 K 미만에서 확실히 작동하여야 한다.
② 과열방지용 온도퓨즈가 작동한 경우 일정 시간 후 재점화되는 구조로 한다.
③ 과열방지용 온도퓨즈는 봉인을 하고 사용자가 변경할 수 없는 구조로 한다.
④ 일반적으로 용해전은 369~371 K에 용해되는 것을 사용한다.

13. 보일러 급수 처리의 목적으로 볼 수 없는 것은?
① 부식의 방지
② 보일러수의 농축 방지
③ 스케일 생성 방지
④ 역화 방지

[해설] 급수 처리의 목적
(1) 부식의 방지
(2) 보일러수의 농축 방지
(3) 스케일 생성 방지
(4) 보일러 효율 증대

14. 배기가스 중에 함유되어 있는 CO_2, O_2, CO 3가지 성분을 순서대로 측정하는 가스 분석계는?
① 전기식 CO_2계
② 헴펠식 가스 분석계
③ 오르사트 가스 분석계
④ 가스 크로마토 그래픽 가스 분석계

정답 8. ② 9. ② 10. ② 11. ④ 12. ② 13. ④ 14. ③

15. 보일러 부속장치에 관한 설명으로 틀린 것은?

① 기수분리기 : 증기 중에 혼입된 수분을 분리하는 장치
② 수트블로어 : 보일러 동 저면의 스케일, 침전물 등을 밖으로 배출하는 장치
③ 오일 스트레이너 : 연료 속의 불순물 방지 및 유량계 펌프 등의 고장을 방지하는 장치
④ 스팀 트랩 : 응축수를 자동으로 배출하는 장치

[해설] 수트블로어 : 전열면에 부착된 그을음을 제거하는 장치
 (1) 롱 레트랙터블식 : 고온의 전열면에 사용
 (2) 로터리식(회전식) : 저온의 전열면에 사용
 (3) 건형(총형) : 일반적인 전열면에 사용

16. 일반적으로 보일러 판넬 내부 온도는 몇 ℃를 넘지 않도록 하는 것이 좋은가?

① 60℃ ② 70℃
③ 80℃ ④ 90℃

17. 함진 배기가스를 액방울이나 액막에 충돌시켜 분진 입자를 포집 분리하는 집진장치는 어느 것인가?

① 중력식 집진장치
② 관성력식 집진장치
③ 원심력식 집진장치
④ 세정식 집진장치

[해설] 세정식 집진장치 : 함진 배기가스를 액방울이나 액막에 충돌시켜 분진 입자를 포집하는 방식으로 건식법에 비해 높은 집진율을 얻을 수 있으나 용수의 확보와 배수 처리 대책이 문제된다.

18. 보일러 인터록과 관계가 없는 것은?

① 압력초과 인터록
② 저수위 인터록
③ 불착화 인터록
④ 급수장치 인터록

[해설] 인터록의 종류
 (1) 저연소 인터록   (2) 저수위 인터록
 (3) 압력초과 인터록 (4) 불착화 인터록
 (5) 프리퍼지 인터록

19. 상태 변화 없이 물체의 온도 변화에만 소요되는 열량은?

① 고체열 ② 현열
③ 액체열 ④ 잠열

[해설] • 현열 : 상태 변화 없이 물체의 온도 변화에만 소요되는 열량
 • 잠열 : 물체의 온도 변화 없이 상태 변화에만 소요되는 열량

20. 보일러용 오일 연료에서 성분 분석 결과 수소 12.0%, 수분 0.3%라면, 저위발열량은? (단, 연료의 고위발열량은 10600 kcal/kg이다.)

① 6500 kcal/kg ② 7600 kcal/kg
③ 8590 kcal/kg ④ 9950 kcal/kg

[해설] 저위발열량
 = 고위발열량−600(9×수소+수분)
 = 10600−600(9×0.12+0.003)
 = 9950 kcal/kg

21. 보일러에서 보염장치의 설치목적에 대한 설명으로 틀린 것은?

① 화염의 전기전도성을 이용한 검출을 실시한다.
② 연소용 공기의 흐름을 조절하여 준다.
③ 화염의 형상을 조절한다.
④ 확실한 착화가 되도록 한다.

정답 15. ② 16. ① 17. ④ 18. ④ 19. ② 20. ④ 21. ①

[해설] 보염장치 : 화염의 안정과 착화를 도모하는 장치로 종류에는 콤버스터, 버너 타일, 스태빌라이저, 윈드 박스 등이 있다.

22. 증기사용압력이 같거나 또는 다른 여러 개의 증기사용 설비의 드레인관을 하나로 묶어 한 개의 트랩으로 설치한 것을 무엇이라고 하는가?
① 플로트 트랩   ② 버킷 트래핑
③ 디스크 트랩   ④ 그룹 트래핑

23. 보일러 윈드박스 주위에 설치되는 장치 또는 부품과 가장 거리가 먼 것은?
① 공기예열기   ② 화염검출기
③ 착화버너   ④ 투시구
[해설] 공기예열기는 폐열회수장치로서 연도에 설치한다.

24. 보일러 운전 중 정전이나 실화로 인하여 연료의 누설이 발생하여 갑자기 점화되었을 때 가스 폭발 방지를 위해 연료 공급을 차단하는 안전장치는?
① 폭발문   ② 수위경보기
③ 화염검출기   ④ 안전밸브

25. 다음 중 보일러에서 연소가스의 배기가 잘 되는 경우는?
① 연도의 단면적이 작을 때
② 배기가스 온도가 높을 때
③ 연도에 급한 굴곡이 있을 때
④ 연도에 공기가 많이 침입될 때
[해설] 자연통풍력을 증가시키는 방법
 (1) 연도의 단면적을 크게 한다.
 (2) 배기가스의 온도를 높인다.
 (3) 연도의 굴곡부는 3개소 이내로 한다.
 (4) 연도에 차가운 공기의 유입을 막는다.

26. 전열면적이 40 m²인 수직 연관보일러를 2시간 연소시킨 결과 4000 kg의 증기가 발생하였다. 이 보일러의 증발률은?
① 40 kg/m²·h   ② 30 kg/m²·h
③ 60 kg/m²·h   ④ 50 kg/m²·h
[해설] 보일러 증발률 = $\dfrac{\frac{4000}{2}}{40}$ = 50 kg/m²·h

27. 다음 중 보일러 스테이(stay)의 종류로 거리가 먼 것은?
① 거싯(gusset) 스테이
② 바(bar) 스테이
③ 튜브(tube) 스테이
④ 너트(nut) 스테이
[해설] 보일러 스테이의 종류
 (1) 거싯 스테이   (2) 바 스테이
 (3) 튜브 스테이   (4) 볼트 스테이

28. 과열기의 종류 중 열가스 흐름에 의한 구분 방식에 속하지 않는 것은?
① 병류식   ② 접촉식
③ 향류식   ④ 혼류식
[해설] 열가스 흐름에 따른 과열기의 분류
 (1) 병류식   (2) 향류식   (3) 혼류식

29. 고체 연료의 고위발열량으로부터 저위발열량을 산출할 때 연료 속의 수분과 다른 한 성분의 함유율을 가지고 계산하여 산출할 수 있는데 이 성분은 무엇인가?
① 산소   ② 수소
③ 유황   ④ 탄소
[해설] 저위발열량 = 고위발열량 − 600(9×수소 + 수분)

정답 22. ④ 23. ① 24. ③ 25. ② 26. ④ 27. ④ 28. ② 29. ②

30. 상용 보일러의 점화 전 준비 사항에 관한 설명으로 틀린 것은?

① 수저분출밸브 및 분출 콕의 기능을 확인하고, 조금씩 분출되도록 약간 개방하여 둔다.
② 수면계에 의하여 수위가 적정한지 확인한다.
③ 급수배관의 밸브가 열려 있는지, 급수펌프의 기능은 정상인지 확인한다.
④ 공기빼기 밸브는 증기가 발생하기 전까지 열어 놓는다.

[해설] 수저분출밸브와 분출 콕에서 분출이 되면 보일러에 저수위가 일어나 큰 사고가 일어나기 때문에 개방을 하면 안 된다.

31. 도시가스 배관의 설치에서 배관의 이음부(용접이음매 제외)와 전기점멸기 및 전기접속기와의 거리는 최소 얼마 이상 유지해야 하는가?

① 10 cm ② 15 cm
③ 30 cm ④ 60 cm

[해설] 배관의 이음부와 전기점멸기 및 전기접속기와의 거리는 30 cm 이상, 전기계량기 및 전기개폐기와의 거리는 60 cm 이상 유지해야 한다.

32. 증기 보일러에는 2개 이상의 안전밸브를 설치하여야 하지만, 전열면적이 몇 이하인 경우에는 1개 이상으로 해도 되는가?

① 80 m² ② 70 m²
③ 60 m² ④ 50 m²

[해설] 증기 보일러에는 2개 이상이 안전밸브를 설치한다. 단, 전열면적이 50 m² 이하의 증기 보일러에서는 1개 이상 설치한다.

33. 배관 보온재의 선정 시 고려해야 할 사항으로 가장 거리가 먼 것은?

① 안전사용 온도 범위
② 보온재의 가격
③ 해체의 편리성
④ 공사 현장의 작업성

[해설] 보온재 선정 시 고려사항
(1) 안전사용 온도 범위
(2) 공사 현장의 작업성
(3) 보온재의 가격
(4) 안전성 및 편리성

34. 파이프와 파이프를 홈 조인트로 체결하기 위하여 파이프 끝을 가공하는 기계는?

① 띠톱 기계
② 파이프 벤딩기
③ 동력파이프 나사절삭기
④ 그루빙 조인트 머신

35. 증기주관의 관말 트랩 배관의 드레인 포켓과 냉각관 시공 요령이다. 다음 ( ) 안에 적절한 것은?

> 증기주관에서 응축수를 건식환수관에 배출하려면 주관과 동경으로 (㉠) 이상 내리고 하부로 (㉡) mm 이상 연장하여 (㉢)을(를) 만들어준다. 냉각관은 (㉣) 앞에서 1.5 m 이상 나관으로 배관한다.

	㉠	㉡	㉢	㉣
①	150	100	트랩	드레인 포켓
②	100	150	드레인 포켓	트랩
③	150	100	드레인 포켓	드레인 밸브
④	100	150	드레인 밸브	드레인 포켓

[해설] 증기주관에서 응축수를 건식환수관에 배출하려면 주관과 동경으로 100 mm 이상 내리고 하부로 150 mm 이상 연장하여 드레인 포켓을 만들어준다. 냉각관은 트랩 앞에서 1.5 m 이상 나관으로 배관한다.

36. 보일러 보존 시 동결사고가 예상될 때 실시하는 밀폐식 보존법은?
① 건조 보존법 ② 만수 보존법
③ 화학적 보존법 ④ 습식 보존법

[해설] 만수 보존법은 동결 우려가 없을 경우나 건식 보존이 어려울 경우에 실시한다.

37. 온수난방 배관 시공 시 이상적인 기울기는 얼마인가?
① $\frac{1}{100}$ 이상 ② $\frac{1}{150}$ 이상
③ $\frac{1}{200}$ 이상 ④ $\frac{1}{250}$ 이상

[해설]
• 온수난방 구배 : $\frac{1}{250}$ 이상
• 증기난방 구배 : $\frac{1}{200}$ 이상

38. 온수난방 설비의 내림구배 배관에서 배관 아랫면을 일치시키고자 할 때 사용되는 이음쇠는?
① 소켓 ② 편심 리듀서
③ 유니언 ④ 이경엘보

[해설] 편심 리듀서 : 내림구배 배관에서 물의 고임을 방지하기 위해 사용한다.

39. 두께 150 mm, 면적이 15 m²인 벽이 있다. 내면 온도는 200℃, 외면 온도가 20℃일 때 벽을 통한 열손실량은? (단, 열전도율은 0.25 kcal/m·h·℃이다.)
① 101kcal/h ② 675kcal/h
③ 2345kcal/h ④ 4500kcal/h

[해설] 열손실량
$= \dfrac{0.25 \times 15 \times (200-20)}{0.15} = 4500 \text{ kcal/h}$

[참고]

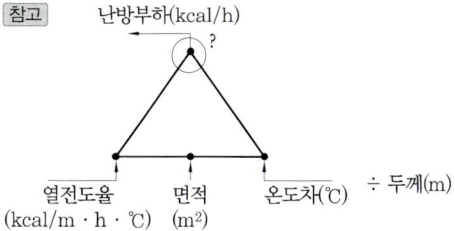

40. 보일러수에 불순물이 많이 포함되어 보일러수의 비등과 함께 수면 부근에 층을 형성하여 수위가 불안정하게 되는 현상은?
① 포밍 ② 프라이밍
③ 캐리오버 ④ 공동현상

[해설] 포밍 : 보일러수에 유지분 및 불순물이 많이 포함되어 보일러수의 비등과 함께 수면 부근에 층을 형성하여 수위가 불안정하게 되는 현상

41. 수질이 불량하여 보일러에 미치는 영향으로 가장 거리가 것은?
① 보일러의 수명과 열효율에 영향을 준다.
② 고압보다 저압일수록 장애가 더욱 심하다.
③ 부식현상이나 증기의 질이 불순하게 된다.
④ 수질이 불량하면 관계통에 관석이 발생한다.

[해설] 저압보다 고압일수록 장애가 더욱 심하다.

42. 다음 보온재 중 유기질 보온재에 속하는 것은?
① 규조토 ② 탄산마그네슘
③ 유리섬유 ④ 기포성수지

[해설] 유기질 보온재의 종류
(1) 코르크 (2) 펠트류
(3) 텍스류 (4) 기포성수지

[정답] 36. ① 37. ④ 38. ② 39. ④ 40. ① 41. ② 42. ④

43. 관의 접속 상태·결합 방식의 표시 방법에서 용접 이음을 나타내는 그림 기호로 맞는 것은?

① ─┼─ ② ─╫─
③ ─●─ ④ ─╫

해설 ① : 나사 이음 ② : 유니언 이음
③ : 용접 이음 ④ : 플랜지 이음

44. 보일러 점화 불량의 원인으로 가장 거리가 먼 것은?

① 댐퍼 작동 불량
② 파일럿 오일 불량
③ 공기비의 조정 불량
④ 점화용 트랜스의 전기 스파크 불량

45. 다음 방열기 도시 기호 중 벽걸이 종형 도시 기호는?

① W－H   ② W－V
③ W－Ⅱ   ④ W－Ⅲ

해설 • 벽걸이 종형 : W-V
• 벽걸이 횡형 : W-H

46. 배관 지지구의 종류가 아닌 것은?

① 파이프 슈   ② 콘스턴트 행어
③ 리지드 서포트 ④ 소켓

해설 소켓은 지름이 같은 관을 직선으로 연결할 때 사용하는 관 이음쇠이다.

47. 보온 시공 시 주의사항에 대한 설명으로 틀린 것은?

① 보온재와 보온재의 틈새는 되도록 적게 한다.
② 겹침부의 이음새는 동일 선상을 피해서 부착한다.
③ 테이프 감기는 물, 먼지 등의 침입을 막기 위해 위에서 아래쪽으로 향하여 감아 내리는 것이 좋다.
④ 보온의 끝 단면은 사용하는 보온재 및 보온 목적에 따라서 필요한 보호를 한다.

해설 테이프 감기는 물, 먼지 등의 침입을 막기 위해 아래에서 위쪽 방향으로 감아 올리는 것이 좋다.

48. 온수난방에 관한 설명으로 틀린 것은?

① 단관식은 보일러에서 멀어질수록 온수의 온도가 낮아진다.
② 4관식은 방열량의 변화가 일어나지 않고 밸브의 조절로 방열량을 가감할 수 있다.
③ 역귀환 방식은 각 방열기의 방열량이 거의 일정하다.
④ 증기난방에 비하여 소요방열면적과 배관경이 작게 되어 설비비를 비교적 절약할 수 있다.

해설 온수난방은 증기난방에 비해 소요방열면적과 배관경이 크게 되어 설비비가 많이 든다.

49. 온수 보일러에서 팽창탱크를 설치할 경우 주의사항으로 틀린 것은?

① 밀폐식 팽창탱크의 경우 상부에 물빼기 관이 있어야 한다.
② 100℃의 온수에도 충분히 견딜 수 있는 재료를 사용하여야 한다.
③ 내식성 재료를 사용하거나 내식 처리된 탱크를 설치하여야 한다.
④ 동결 우려가 있을 경우에는 보온을 한다.

해설 밀폐식 팽창탱크 하부에 물빼기 관이 있어야 한다.

정답 43. ③ 44. ② 45. ② 46. ④ 47. ③ 48. ④ 49. ①

50. 보일러 내부 부식에 속하지 않는 것은?
① 점식   ② 저온 부식
③ 구식   ④ 알칼리 부식

[해설] 저온 부식은 외부 부식에 해당된다.

51. 보일러 내부의 건조방식에 대한 설명 중 틀린 것은?
① 건조제로 생석회가 사용된다.
② 가열장치로 서서히 가열하여 건조시킨다.
③ 보일러 내부 건조 시 사용되는 기화성 부식 억제제(VCI)는 물에 녹지 않는다.
④ 보일러 내부 건조 시 사용되는 기화성 부식 억제제(VCI)는 건조제와 병용하여 사용할 수 있다.

[해설] 기화성 부식 억제제(VCI)는 물에 잘 녹는다.

52. 증기 난방시공에서 진공환수식으로 하는 경우 리프트 피팅(lift fitting)을 설치하는데, 1단의 흡상높이로 적절한 것은?
① 1.5 m 이내   ② 2.0 m 이내
③ 2.5 m 이내   ④ 3.0 m 이내

53. 배관의 나사 이음과 비교한 용접 이음에 관한 설명으로 틀린 것은?
① 나사 이음부와 같이 관의 두께에 불균일한 부분이 없다.
② 돌기부가 없어 배관상의 공간효율이 좋다.
③ 이음부의 강도가 적고, 누수의 우려가 크다.
④ 변형과 수축, 잔류응력이 발생할 수 있다.

[해설] 용접 이음은 이음부의 강도가 크고, 누수의 우려가 적다.

54. 보일러 외부 부식의 한 종류인 고온 부식을 유발하는 주된 성분은?
① 황   ② 수소
③ 인   ④ 바나듐

[해설] 바나듐(V)은 고온 부식을 유발하고, 황(S)은 저온 부식을 유발한다.

55. 에너지이용 합리화법에 따라 고시한 효율관리기자재 운용규정에 따라 가정용 가스보일러의 최저소비효율기준은 몇 %인가?
① 63%   ② 68%
③ 76%   ④ 86%

56. 에너지다소비사업자는 산업통상자원부령이 정하는 바에 따라 전년도의 분기별 에너지사용량·제품생산량을 그 에너지사용 시설이 있는 지역을 관할하는 시·도지사에게 매년 언제까지 신고해야 하는가?
① 1월 31일까지
② 3월 31일까지
③ 5월 31일까지
④ 9월 30일까지

[해설] 에너지다소비사업자는 산업통상자원부령이 정하는 바에 따라 전년의 분기별 에너지사용량·제품생산량을 그 에너지사용시설이 있는 지역을 관할하는 시·도지사에게 매년 1월 31일까지 신고해야 한다.

57. 저탄소 녹색성장 기본법에서 사람의 활동에 수반하여 발생하는 온실가스가 대기 중에 축적되어 온실가스 농도를 증가시킴으로써 지구 전체적으로 지표 및 대기의 온도가 추가적으로 상승하는 현상을 나타내는 용어는?
① 지구온난화   ② 기후변화
③ 자원순환   ④ 녹색경영

정답 50. ② 51. ③ 52. ① 53. ③ 54. ④ 55. ③ 56. ① 57. ①

58. 에너지이용 합리화법에 따라 산업통상자원부 장관 또는 시·도지사로부터 한국에너지공단에 위탁된 업무가 아닌 것은?
① 에너지사용계획의 검토
② 고효율시험기관의 지정
③ 대기전력경고표지대상제품의 측정결과 신고의 접수
④ 대기전력저감대상제품의 측정결과 신고의 접수

해설 산업통상자원부 장관 또는 시·도지사로부터 한국에너지공단에 위탁된 업무에는 ①, ③, ④항 외에 효율관리기자재의 측정 결과 신고의 접수, 고효율에너지기자재 인증취소 또는 인증사용 정지명령 등이 있다.

59. 에너지이용 합리화법에서 효율관리기자재의 제조업자 또는 수입업자가 효율관리기자재의 에너지 사용량을 측정받는 기관은?
① 산업통상자원부 장관이 지정하는 시험기관
② 제조업자 또는 수입업자의 검사기관
③ 환경부 장관이 지정하는 진단기관
④ 시·도지사가 지정하는 측정기관

60. 에너지이용 합리화법에서 정한 국가에너지절약추진위원회의 위원장은?
① 산업통상자원부 장관
② 국토교통부 장관
③ 국무총리
④ 대통령

정답 58. ② 59. ① 60. ①

에너지관리기능사
2016. 7. 10 시행

1. 비점이 낮은 물질인 수은, 다우삼 등을 사용하여 저압에서도 고온을 얻을 수 있는 보일러는?
   ① 관류식 보일러
   ② 열매체식 보일러
   ③ 노통연관식 보일러
   ④ 자연순환 수관식 보일러
   [해설] 열매체식 보일러
   - 저압으로 고온의 증기를 얻을 수 있다.
   - 열매체의 종류 : 카네크롤, 수은, 세큐리티, 다우삼, 모빌섬 등

2. 90℃의 물 1000 kg에 15℃의 물 2000 kg을 혼합시키면 온도는 몇 ℃가 되는가?
   ① 40   ② 30
   ③ 20   ④ 10
   [해설] 물의 혼합 온도
   $$= \frac{A의\ 열량 + B의\ 열량}{A의\ 질량 + B의\ 질량}$$
   $$= \frac{(1 \times 1000 \times 90) + (1 \times 2000 \times 15)}{1000 + 2000}$$
   $$= 40℃$$
   (여기서, 물의 비열은 1 kcal/kg·℃, 열량 = 비열×질량×온도차)

3. 보일러 효율 시험방법에 관한 설명으로 틀린 것은?
   ① 급수온도는 절탄기가 있는 것은 절탄기 입구에서 측정한다.
   ② 배기가스의 온도는 전열면의 최종 출구에서 측정한다.
   ③ 포화증기의 압력은 보일러 출구의 압력으로 부르동관식 압력계로 측정한다.
   ④ 증기온도의 경우 과열기가 있을 때는 과열기 입구에서 측정한다.
   [해설] 증기온도의 경우 과열기가 있을 때는 과열기 출구에서 측정한다.

4. 보일러의 최고사용압력이 0.1 MPa 이하일 경우 설치 가능한 과압방지 안전장치의 크기는?
   ① 호칭지름 5 mm   ② 호칭지름 10 mm
   ③ 호칭지름 15 mm ④ 호칭지름 20 mm
   [해설] 과압방지 안전장치의 크기는 최고사용압력이 $0.1\ \mathrm{MPa}(1\ \mathrm{kgf/cm^2})$ 이하인 경우 20 mm 이상, $0.1\ \mathrm{MPa}(1\ \mathrm{kgf/cm^2})$ 이상인 경우 25 mm 이상이다.

5. 연관보일러에서 연관에 대한 설명으로 옳은 것은?
   ① 관의 내부로 연소가스가 지나가는 관
   ② 관의 외부로 연소가스가 지나가는 관
   ③ 관의 내부로 증기가 지나가는 관
   ④ 관의 내부로 물이 지나가는 관
   [해설]
   - 연관 : 관의 내부로 연소가스가 지나가는 관
   - 수관 : 관의 내부로 물이 지나가는 관

6. 고체 연료에 대한 연료비를 가장 잘 설명한 것은?
   ① 고정탄소와 휘발분의 비
   ② 회분과 휘발분의 비
   ③ 수분과 회분의 비
   ④ 탄소와 수소의 비
   [해설] 연료비 $= \dfrac{고정탄소}{휘발분}$
   → 연료비가 크다는 것은 고정탄소가 많고 발열량이 높다는 것을 의미한다.

정답 1. ② 2. ① 3. ④ 4. ④ 5. ① 6. ①

7. 석탄의 함유 성분이 많을수록 연소에 미치는 영향에 대한 설명으로 틀린 것은?
① 수분 : 착화성이 저하된다.
② 회분 : 연소 효율이 증가한다.
③ 고정탄소 : 발열량이 증가한다.
④ 휘발분 : 검은 매연이 발생하기 쉽다.
> [해설] 석탄에 회분량이 많을 경우 발열량이 감소하고 불완전 연소로 연소 효율이 감소한다.

8. 다음 중 보일러의 손실열 중 가장 큰 것은?
① 연료의 불완전 연소에 의한 손실열
② 노내 분입증기에 의한 손실열
③ 과잉 공기에 의한 손실열
④ 배기가스에 의한 손실열

9. 다음 중 수관식 보일러 종류가 아닌 것은?
① 타쿠마 보일러
② 가르베 보일러
③ 야로우 보일러
④ 하우덴 존슨 보일러
> [해설] 하우덴 존슨 보일러 : 노통 연관 보일러

10. 어떤 보일러의 연소 효율이 92%, 전열면 효율이 85%이면 보일러 효율은?
① 73.2%   ② 74.8%
③ 78.2%   ④ 82.8%
> [해설] 보일러 효율 = 연소 효율 × 전열 효율 × 100%
> = 0.92 × 0.85 × 100 = 78.2%

11. 원심형 송풍기에 해당하지 않는 것은?
① 터보형
② 다익형
③ 플레이트형
④ 프로펠러형
> [해설]
> • 원심식 송풍기 : 다익형(시로코형), 플레이트형(방사형), 터보형(후향 날개형)
> • 축류식 송풍기 : 프로펠러형(고속 운전 가능)

12. 보일러 수위 제어 검출 방식에 해당되지 않는 것은?
① 유속식   ② 전극식
③ 차압식   ④ 열팽창식
> [해설] 보일러 수위 제어 검출 방식 : 전극식, 차압식, 열팽창식(코프스식)

13. 보일러의 자동제어에서 제어량에 따른 조작량의 대상으로 옳은 것은?
① 증기온도 : 연소가스량
② 증기압력 : 연료량
③ 보일러수위 : 공기량
④ 노내압력 : 급수량
> [해설] 제어량에 따른 조작량
> ① 증기온도 : 전열량
> ② 증기압력 : 연료량, 공기량
> ③ 보일러수위 : 급수량
> ④ 노내압력 : 연소가스량

14. 화염검출기에서 검출되어 프로텍터 릴레이로 전달된 신호는 버너 및 어떤 장치로 다시 전달되는가?
① 압력제한 스위치
② 저수위 경보장치
③ 연료차단밸브
④ 안전밸브
> [해설] 화염검출기 : 화염의 유무를 검출하여 정상 연소 상태가 아닌 경우 연료차단밸브(전자밸브)를 닫아 연료의 누입을 방지하는 안전장치이다.

정답 7. ② 8. ④ 9. ④ 10. ③ 11. ④ 12. ① 13. ② 14. ③

15. 기체 연료의 특징으로 틀린 것은?

① 연소 조절 및 점화나 소화가 용이하다.
② 시설비가 적게 들며 저장이나 취급이 편리하다.
③ 회분이나 매연 발생이 없어서 연소 후 청결하다.
④ 연료 및 연소용 공기도 예열되어 고온을 얻을 수 있다.

[해설] 시설비가 많이 들고 설비 공사에 많은 기술을 요하며 저장이나 수송이 곤란하다.

16. 증기의 압력에너지를 이용하여 피스톤을 작동시켜 급수를 행하는 펌프는?

① 워싱턴 펌프   ② 기어 펌프
③ 벌류트 펌프   ④ 디퓨저 펌프

17. 유류 보일러 시스템에서 중유를 사용할 때 흡입측의 여과망 눈 크기로 적합한 것은?

① 1~10 mesh
② 20~60 mesh
③ 100~150 mesh
④ 300~500 mesh

[해설] 중유 여과기의 여과망 눈 크기
• 흡입측 : 20~60 mesh
• 출구측 : 60~120 mesh

18. 절탄기에 대한 설명으로 옳은 것은?

① 절탄기의 설치방식은 혼합식과 분배식이 있다.
② 절탄기의 급수예열온도는 포화온도 이상으로 한다.
③ 연료의 절약과 증발량의 감소 및 열효율을 감소시킨다.
④ 급수와 보일러수의 온도차 감소로 열응력을 줄여준다.

[해설] ① 절탄기는 설치 방식에 따라 부속식과 집중식으로 분류한다.
② 절탄기의 급수예열온도는 포화온도 이하로 한다.

19. 유류 연소 버너에서 기름의 예열온도가 너무 높은 경우에 나타나는 주요 현상으로 옳은 것은?

① 버너 화구의 탄화물 축적
② 버너용 모터의 마모
③ 진동, 소음의 발생
④ 점화 불량

[해설] 기름의 예열온도가 너무 높은 경우 나타나는 현상
• 탄화물 생성의 원인이 된다.
• 분사각도가 흐트러진다.
• 분무 상태가 고르지 못하다.
• 관내에서 기름의 분해가 일어난다.

20. 습증기의 엔탈피 h_x를 구하는 식으로 옳은 것은? (단, h : 포화수의 엔탈피, x : 건조도, r : 증발잠열(숨은열), v : 포화수의 비체적)

① $h_x = h + x$ ② $h_x = h + r$
③ $h_x = h + xr$ ④ $h_x = v + h + xr$

[해설] 습증기 엔탈피 = 포화수 엔탈피 + (건조도 × 증발잠열)

21. 화염검출기의 종류 중 화염의 이온화 현상에 따른 전기 전도성을 이용하여 화염의 유무를 검출하는 것은?

① 플레임 로드   ② 플레임 아이
③ 스택 스위치   ④ 광전관

[해설] 화염검출기의 종류
(1) 플레임 아이 : 화염의 발광체(광학적 성질) 이용

(2) 플레임 로드 : 화염의 이온화(전기전도성) 이용
(3) 스택 스위치 : 화염의 발열체(열적 변화) 이용

22. 비열이 0.6 kcal/kg·℃인 어떤 연료 30 kg을 15℃에서 35℃까지 예열하고자 할 때 필요한 열량은 몇 kcal인가?
① 180 ② 360
③ 450 ④ 600

[해설] 열량＝비열×질량×온도차
＝0.6×30×(35－15)＝360 kcal

23. 보일러 1마력을 열량으로 환산하면 약 몇 kcal/h인가?
① 15.65 ② 539
③ 1078   ④ 8435

[해설] 보일러 마력 : 표준대기압(0℃, 1 atm)에서 100℃의 포화수 15.65 kg을 1시간에 100℃의 포화증기로 바꿀 수 있는 능력을 말한다.
∴ 15.65 kg/h×539 kcal/kg＝8435 kcal/h
(여기서, 539 kcal/kg는 물의 증발잠열을 뜻함)

24. 보일러수 분출의 목적이 아닌 것은?
① 보일러수의 농축을 방지한다.
② 프라이밍, 포밍을 방지한다.
③ 관수의 순환을 좋게 한다.
④ 포화증기를 과열증기로 증기의 온도를 상승시킨다.

[해설] 분출의 목적은 ①, ②, ③항 외에 관수의 pH 조절 및 스케일 생성 방지이다.

25. 대형 보일러인 경우에 송풍기가 작동하지 않으면 전자밸브가 열리지 않고, 점화를 저지하는 인터록은?

① 프리퍼지 인터록
② 불착화 인터록
③ 압력초과 인터록
④ 저수위 인터록

26. 분진가스를 집진기 내에 충돌시키거나 열가스의 흐름을 반전시켜 급격한 기류의 방향 전환에 의해 분진을 포집하는 집진장치는 어느 것인가?
① 중력식 집진장치
② 관성력식 집진장치
③ 사이클론식 집진장치
④ 멀티사이클론식 집진장치

27. 다음 중 가압수식을 이용한 집진장치가 아닌 것은?
① 제트 스크러버
② 충격식 스크러버
③ 벤투리 스크러버
④ 사이클론 스크러버

[해설] 가압수식 집진장치의 종류에는 ①, ③, ④항 외에 충전탑이 있다.

28. 보일러 부속장치에서 연소가스의 저온 부식과 가장 관계가 있는 것은?
① 공기예열기   ② 과열기
③ 재생기   ④ 재열기

[해설] • 과열기와 재열기 : 고온 부식 발생
• 절탄기와 공기예열기 : 저온 부식 발생

29. 비교적 많은 동력이 필요하나 강한 통풍력을 얻을 수 있어 통풍저항이 큰 대형 보일러나 고성능 보일러에 널리 사용되고 있는 통풍 방식은?
① 자연통풍 방식

정답 22. ② 23. ④ 24. ④ 25. ① 26. ② 27. ② 28. ① 29. ②

② 평형통풍 방식
③ 직접흡입 통풍 방식
④ 간접흡입 통풍 방식

해설 평형통풍 : 소요 동력이 비교적 많이 드나 통풍력 조절이 용이하고 노내압을 정압 및 부압으로 임의로 조절이 가능한 강제 통풍 방식

30. 보일러 강판의 가성취화 현상의 특징에 관한 설명으로 틀린 것은?

① 고압 보일러에서 보일러수의 알칼리 농도가 높은 경우에 발생한다.
② 발생하는 장소로는 수면 상부의 리벳과 리벳 사이에 발생하기 쉽다.
③ 발생하는 장소로는 관 구멍 등 응력이 집중하는 곳의 틈이 많은 곳이다.
④ 외견상 부식성이 없고, 극히 미세한 불규칙적인 방사상 형태를 하고 있다.

해설 가성취화 현상은 수면 하부의 리벳과 리벳 사이에서 발생한다.

31. 급수 중 불순물에 의한 장해나 처리방법에 대한 설명으로 틀린 것은?

① 현탁고형물의 처리 방법에는 침강분리, 여과, 응집침전 등이 있다.
② 경도 성분은 이온 교환으로 연화시킨다.
③ 유지류는 거품의 원인이 되나, 이온교환수지의 능력을 향상시킨다.
④ 용존 산소는 급수 계통 및 보일러 본체의 수관을 산화 부식시킨다.

해설 유지류는 거품의 원인이 되고, 이온교환수지의 능력을 저하시킨다.

32. 보일러 전열면의 과열 방지대책으로 틀린 것은?

① 보일러 내의 스케일을 제거한다.
② 다량의 불순물로 인해 보일러수가 농축되지 않게 한다.
③ 보일러의 수위가 안전 저수면 이하가 되지 않도록 한다.
④ 화염을 국부적으로 집중 가열한다.

33. 중력환수식 온수난방법의 설명으로 틀린 것은?

① 온수의 밀도차에 의해 온수가 순환한다.
② 소규모 주택에 이용된다.
③ 보일러는 최하위 방열기보다 더 낮은 곳에 설치한다.
④ 자연순환이므로 관경을 작게 하여도 된다.

해설 ④항은 기계환수식 온수난방법에 대한 설명이다.

34. 증기난방에서 환수관의 수평 배관에서 관경이 가늘어지는 경우 편심 리듀서를 사용하는 이유로 적합한 것은?

① 응축수의 순환을 억제하기 위해
② 관의 열팽창을 방지하기 위해
③ 동심 리듀서보다 시공을 단축하기 위해
④ 응축수의 체류를 방지하기 위해

해설 편심 리듀서를 사용하는 이유는 물(응축수)의 체류를 방지하여 순환을 양호하게 하기 위함이다.

35. 온수난방 설비의 밀폐식 팽창탱크에 설치되지 않는 것은?

① 수위계   ② 압력계
③ 배기관   ④ 안전밸브

해설 밀폐식 팽창탱크에는 안전밸브(방출밸브), 압력계, 수위계, 급수관, 배수관, 컴프레서 등이 설치되며, 배기관은 개방식 팽창탱크에 설치된다.

정답 30. ② 31. ③ 32. ④ 33. ④ 34. ④ 35. ③

36. 다른 보온재에 비하여 단열 효과가 낮으며, 500°C 이하의 파이프, 탱크, 노벽 등에 사용하는 보온재는?
① 규조토
② 암면
③ 기포성수지
④ 탄산마그네슘

37. 압력 배관용 탄소 강관의 KS 규격 기호는 어느 것인가?
① SPPS   ② SPLT
③ SPP   ④ SPPH

해설 ① : 압력 배관용 탄소 강관
② : 저온 배관용 탄소 강관
③ : 일반 배관용 탄소 강관
④ : 고압 배관용 탄소 강관

38. 보일러 성능시험에서 강철제 증기 보일러의 증기 건도는 몇 % 이상이어야 하는가?
① 89   ② 93
③ 95   ④ 98

해설 보일러 성능시험 증기 건도(%)
• 강철제 보일러 : 98% 이상
• 주철제 보일러 : 97% 이상

39. 난방설비 배관이나 방열기에서 높은 위치에 설치해야 하는 밸브는?
① 공기빼기밸브   ② 안전밸브
③ 전자밸브   ④ 플로트밸브

40. 온수온돌의 방수 처리에 대한 설명으로 적절하지 않은 것은?
① 다층건물에 있어서도 전층의 온수온돌에 방수 처리를 하는 것이 좋다.
② 방수 처리는 내식성이 있는 루핑, 비닐, 방수모르타르로 하며, 습기가 스며들지 않도록 완전히 밀봉한다.
③ 벽면으로 습기가 올라오는 것을 대비하여 온돌바닥보다 약 10 cm 이상 위까지 방수 처리를 하는 것이 좋다.
④ 방수 처리를 함으로써 열손실을 감소시킬 수 있다.

해설 다층건물인 경우 지면과 접하는 바닥을 방수 처리한다.

41. 기름보일러에서 연소 중 화염이 점멸하는 등 연소 불안정이 발생하는 경우가 있다. 그 원인으로 가장 거리가 먼 것은?
① 기름의 점도가 높을 때
② 기름 속에 수분이 혼입되었을 때
③ 연료의 공급 상태가 불안정한 때
④ 노내가 부압(負壓)인 상태에서 연소했을 때

42. 진공환수식 증기난방 배관시공에 관한 설명으로 틀린 것은?
① 증기주관은 흐름 방향에 $\frac{1}{200} \sim \frac{1}{300}$의 앞내림 기울기로 하고 도중에 수직 상향부가 필요할 때 트랩장치를 한다.
② 방열기 분기관 등에서 앞단에 트랩장치가 없을 때에는 $\frac{1}{50} \sim \frac{1}{100}$의 앞올림 기울기로 하여 응축수를 주관에 역류시킨다.
③ 환수관에 수직 상향부가 필요한 때에는 리프트 피팅을 써서 응축수가 위쪽으로 배출되게 한다.
④ 리프트 피팅은 될 수 있으면 사용개소를 많게 하고 1단을 2.5 m 이내로 한다.

해설 리프트 피팅은 될 수 있으면 사용개소를 적게 하고 1단을 1.5 m 이내로 한다.

정답 36. ① 37. ① 38. ④ 39. ① 40. ① 41. ④ 42. ④

43. 어떤 강철제 증기 보일러의 최고사용압력이 0.35 MPa이면 수압시험압력은?

① 0.35 MPa
② 0.5 MPa
③ 0.7 MPa
④ 0.95 MPa

[해설] 수압시험압력
- 최고사용압력(P) 0.43 MPa 이하 : $P \times 2$
- 최고사용압력(P) 0.43 MPa 초과 1.5 MPa 이하 : $P \times 1.3 + 3$
- 최고사용압력(P) 1.5 MPa 초과 : $P \times 1.5$
따라서 $0.35 \times 2 = 0.7$ MPa의 압력으로 수압시험을 한다.

44. 전열면적 12 m²인 보일러의 급수밸브의 크기는 호칭 몇 A 이상이어야 하는가?

① 15   ② 20
③ 25   ④ 32

[해설] 급수밸브의 크기
- 전열면적 10 m² 이하 : 15 A 이상
- 전열면적 10 m² 초과 : 20 A 이상

45. 다음 중 배관의 관 끝을 막을 때 사용하는 부품은?

① 엘보   ② 소켓
③ 티   ④ 캡

[해설] 캡, 플러그, 막힘 플랜지 등은 배관의 관 끝을 막을 때 사용하는 부품이다.

46. 보온재의 열전도율과 온도와의 관계를 맞게 설명한 것은?

① 온도가 낮아질수록 열전도율은 커진다.
② 온도가 높아질수록 열전도율은 작아진다.
③ 온도가 높아질수록 열전도율은 커진다.
④ 온도에 관계없이 열전도율은 일정하다.

[해설] 보온재의 열전도율과 온도는 비례 관계이다.

47. 보일러에서 발생한 증기를 송기할 때의 주의사항으로 틀린 것은?

① 주증기관 내의 응축수를 배출시킨다.
② 주증기 밸브를 서서히 연다.
③ 송기한 후에 압력계의 증기압 변동에 주의한다.
④ 송기한 후에 밸브의 개폐 상태에 대한 이상 유무를 점검하고 드레인 밸브를 열어 놓는다.

[해설] 증기를 송기한 후 밸브의 개폐 상태에 대한 이상 유무를 점검하고 드레인 밸브를 잠근다.

48. 실내의 천장 높이가 12 m인 극장에 대한 증기난방 설비를 설계하고자 한다. 이때의 난방부하 계산을 위한 실내 평균온도는? (단, 호흡선 1.5 m에서의 실내온도는 18℃이다.)

① 23.5℃   ② 26.1℃
③ 29.8℃   ④ 32.7℃

[해설] $t_m = 0.05t(h-3) + t$
여기서, t_m : 실내 평균온도(℃)
t : 호흡선 1.5 m에서의 실내온도(℃)
h : 천장 높이(m)
∴ $t_m = 0.05 \times 18 \times (12-3) + 18 = 26.1$ ℃

49. 난방부하가 2250 kcal/h인 경우 온수방열기의 방열면적은? (단, 방열기의 방열량은 표준방열량으로 한다.)

① 3.5 m²   ② 4.5 m²
③ 5.0 m²   ④ 8.3 m²

정답 43. ③ 44. ② 45. ④ 46. ③ 47. ④ 48. ② 49. ③

[해설] 방열면적 = $\dfrac{난방부하}{온수난방 시 표준방열량}$

$= \dfrac{2250}{450} = 5\,\mathrm{m}^2$

50. 다음 중 보일러의 내부 부식에 속하지 않는 것은?
① 점식 ② 구식
③ 알칼리 부식 ④ 고온 부식
[해설] 외부 부식 : 고온 부식, 저온 부식, 산화 부식

51. 보일러 사고의 원인 중 보일러 취급상의 사고 원인이 아닌 것은?
① 재료 및 설계 불량
② 사용압력초과 운전
③ 저수위 운전
④ 급수처리 불량
[해설] 제작상의 사고 원인
(1) 재료 및 설계 불량
(2) 공작 및 제작 불량

52. 증기 트랩을 기계식, 온도조절식, 열역학적 트랩으로 구분할 때 온도조절식 트랩에 해당하는 것은?
① 버킷 트랩
② 플로트 트랩
③ 열동식 트랩
④ 디스크형 트랩
[해설] 온도조절식 트랩 : 바이메탈식 트랩, 벨로스식 트랩(열동식 트랩)

53. 배관 중간이나 밸브, 펌프, 열교환기 등의 접속을 위해 사용되는 이음쇠로서 분해, 조립이 필요한 경우에 사용되는 것은?
① 벤드 ② 리듀서
③ 플랜지 ④ 슬리브
[해설] 배관의 분해, 조립이 필요한 경우 사용되는 이음쇠로 플랜지, 유니언 등이 있다.

54. 다음 중 글랜드 패킹의 종류에 해당하지 않는 것은?
① 편조 패킹
② 액상 합성수지 패킹
③ 플라스틱 패킹
④ 메탈 패킹
[해설] 나사용 패킹 : 액상 합성수지, 일산화연, 페인트

55. 다음은 에너지이용 합리화법의 목적에 관한 내용이다. ( ) 안의 ㉠, ㉡에 각각 들어갈 용어로 옳은 것은?

에너지이용 합리화법은 에너지의 수급을 안정시키고 에너지의 합리적이고 효율적인 이용을 증진하며 에너지소비로 인한 (㉠)을(를) 줄임으로써 국민경제의 건전한 발전 및 국민복지의 증진과 (㉡)의 최소화에 이바지함을 목적으로 한다.

	㉠	㉡
①	환경파괴	온실가스
②	자연파괴	환경피해
③	환경피해	지구온난화
④	온실가스배출	환경파괴

[해설] 에너지용 합리화법의 목적은 에너지의 수급을 안정시키고 에너지의 합리적이고 효율적인 이용을 증진하며 에너지소비로 인한 환경피해를 줄임으로써 국민경제의 건전한 발전 및 국민복지의 증진과 지구온난화의 최소화에 이바지함을 목적으로 한다.

[정답] 50. ④　51. ①　52. ③　53. ③　54. ②　55. ③

56. 에너지법에 따라 에너지기술개발 사업비의 사업에 대한 지원 항목에 해당되지 않는 것은?

① 에너지기술의 연구·개발에 관한 사항
② 에너지기술에 관한 국내협력에 관한 사항
③ 에너지기술의 수요조사에 관한 사항
④ 에너지에 관한 연구인력 양성에 관한 사항

[해설] 에너지기술에 관한 국제협력에 관한 사항이 에너지기술개발 사업비의 사업에 대한 지원 항목에 해당된다.

57. 에너지이용 합리화법에 따라 검사에 합격되지 아니한 검사대상기기를 사용한 자에 대한 벌칙은?

① 6개월 이하의 징역 또는 5백만원 이하의 벌금
② 1년 이하의 징역 또는 1천만원 이하의 벌금
③ 2년 이하의 징역 또는 2천만원 이하의 벌금
④ 3년 이하의 징역 또는 3천만원 이하의 벌금

[해설] 에너지이용 합리화법에 따라 검사에 합격되지 아니한 검사대상기기를 사용한 자는 1년 이하의 징역 또는 1천만원 이하의 벌금에 처한다.

58. 에너지이용 합리화법상 시공업자단체의 설립, 정관의 기재 사항과 감독에 관하여 필요한 사항은 누구의 령으로 정하는가?

① 대통령령
② 산업통상자원부령
③ 고용노동부령
④ 환경부령

[해설] 에너지이용 합리화법상 시공업자단체의 설립, 정관의 기재 사항과 감독에 관하여 필요한 사항은 대통령령으로 정한다.

59. 에너지이용 합리화법에 따라 고효율 에너지 인증대상 기자재에 포함되지 않는 것은 어느 것인가?

① 펌프
② 전력용 변압기
③ LED 조명기기
④ 산업건물용 보일러

[해설] 고효율 에너지 인증대상 기자재에는 ①, ③, ④항 외에 폐열회수형 환기장치, 무정전 전원장치 등이 있다.

60. 에너지이용 합리화법상 열사용기자재가 아닌 것은?

① 강철제 보일러
② 구멍탄용 온수 보일러
③ 전기순간온수기
④ 2종 압력용기

[해설] 열사용기자재의 종류
(1) 강철제 보일러
(2) 주철제 보일러
(3) 소형 온수 보일러
(4) 구멍탄용 온수 보일러
(5) 축열식 전기 보일러
(6) 1, 2종 압력용기

정답 56. ② 57. ② 58. ① 59. ② 60. ③

에너지관리기능사 필기시험

2018년 1월 10일 인쇄
2018년 1월 15일 발행

저자 : 박병우 · 윤상민
펴낸이 : 이정일

펴낸곳 : 도서출판 **일진사**
www.iljinsa.com

(우)04317 서울시 용산구 효창원로 64길 6
대표전화 : 704-1616, 팩스 : 715-3536
등록번호 : 제1979-000009호(1979.4.2)

값 20,000원

ISBN : 978-89-429-1527-9

* 이 책에 실린 글이나 사진은 문서에 의한 출판사의
 동의 없이 무단 선재 · 복제를 금합니다.